"大国三农"系列规划教材　高等学校"十四五"农林规划新形态教材

U0184852

动物生理学

（第2版）

主　编　夏国良　王超　刘佳利

编　者　（以姓氏拼音为序）：

韩莹莹（北京林业大学）

康友敏（中国农业大学）

刘佳利（中国农业大学）

罗昊澍（中国农业大学）

王　超（中国农业大学）

夏国良（中国农业大学）

英郑欣（中国农业大学）

张　成（首都师范大学）

周　波（中国农业大学）

主　审　柳巨雄（吉林大学）

中国教育出版传媒集团

高等教育出版社·北京

内容提要

　　全书以哺乳动物为主要对象,系统论述了生理学的基本理论,重点阐述了哺乳动物生命活动的基本规律和进展,并适度介绍了生理学研究领域的新理论、新发现和发展趋势。在内容编排方面,以演化的思想编撰各章内容,并从比较生理学角度适度地丰富各章节的相应材料。以此为基础,使读者能对动物界的生理现象有一个全方位的认知,能够以演化的观点思考某些生命现象。本书的另一个特点是从便于读者阅读的角度考虑,规范了写作风格,注重内容的可读性。本书有大量的自绘图、表,图文并茂;与书配套的数字化资源包含了验证部分经典理论的实验录像、多种形式的思考题、开放性讨论题、自测题和知识导图,方便学生理解和自学。

　　本书适合作为农林院校、综合院校和师范院校生物科学、生物技术、动物科学、动物医学、野生动物保护等专业的教材,也可作为生物学相关专业研究生教学用书和科技工作者的参考书。

图书在版编目（ＣＩＰ）数据

动物生理学 / 夏国良,王超,刘佳利主编 . --2 版 .
-- 北京：高等教育出版社,2023.3
ISBN 978-7-04-059243-6

Ⅰ. ①动… Ⅱ. ①夏… ②王… ③刘… Ⅲ. ①动物学
- 生理学 - 高等学校 - 教材 Ⅳ. ① Q4

中国版本图书馆 CIP 数据核字（2022）第 144773 号

Dongwu Shenglixue

| 策划编辑 | 张磊 | 责任编辑 | 张磊 | 封面设计 | 张楠 | 责任印制 | 韩刚 |

出版发行	高等教育出版社	网　　址	http://www.hep.edu.cn
社　　址	北京市西城区德外大街4号		http://www.hep.com.cn
邮政编码	100120	网上订购	http://www.hepmall.com.cn
印　　刷	北京印刷集团有限责任公司		http://www.hepmall.com
开　　本	889mm×1194mm 1/16		http://www.hepmall.cn
印　　张	28.5	版　　次	2013 年 6 月第 1 版
字　　数	760 千字		2023 年 3 月第 2 版
购书热线	010-58581118	印　　次	2023 年 3 月第 1 次印刷
咨询电话	400-810-0598	定　　价	65.00元

本书如有缺页、倒页、脱页等质量问题,请到所购图书销售部门联系调换
版权所有　侵权必究
物 料 号　59243-00

数字课程（基础版）

动物生理学

（第2版）

主编 夏国良 王超 刘佳利

新形态教材网
Abooks

动物生理学（第2版）

　　本数字课程与纸质教材紧密配合，一体化设计，包括教学课件、自测题、参考文献以及与教学内容有关的实验录像资料等，充分运用多种形式的媒体资源，为师生提供教学参考。

用户名：　　　密码：　　　验证码：　　　5360　忘记密码？　**登录**　注册

http://abooks.hep.com.cn/59243

扫描二维码，进入新形态教材小程序

录像资料目录

0-1　生理学与哲学的统一 / 2

0-2　生理学与研究方法概述 / 6

1-1　生命活动的特征——新陈代谢 / 10

1-2　生命活动的特征——兴奋性 / 11

1-3　刺激与反应的关系 / 11

1-4　刺激强度与刺激频率 / 12

1-5　静息电位与动作电位 / 19

1-6　反射弧的组成 / 23

1-7　神经调节 / 25

1-8　体液调节 / 25

3-1　心脏的泵血机能 / 79

3-2　心音 / 82

3-3　心输出量及影响因素 / 83

3-4　心肌的生理特性 / 92

3-5　心电图的测定 / 97

3-6　血压及测定方法 / 102

3-7　影响动脉血压的因素 / 103

3-8　中心静脉压及测定方法 / 105

3-9　毛细血管中血流特点 / 108

3-10　组织液的生成 / 110

3-11　淋巴液的生成 / 111

3-12　心脏功能的影响因素 / 112

4-1　（家兔）胸内负压的测定 / 135

4-2　（家兔）呼吸运动的调节 / 150

5-1　（犬）腮腺瘘管手术 / 173

5-2　胃液的消化能力实验 / 174

5-3　（犬）分胃手术 / 176

5-4　（马）胃蠕动 / 180

5-5　复胃的解剖结构 / 182

5-6　（羊）瘤胃微生物提取及观察 / 183

5-7　（猪）胰液分泌在体实验 / 190

5-8　（猪）胰液的消化作用实验 / 190

5-9　（猪）胆汁分泌在体实验 / 192

5-10　（猪）胆汁的消化作用实验 / 192

5-11　（兔）小肠蠕动 / 195

5-12　（兔）小肠运动的调节实验 / 195

5-13　小肠黏膜观察 / 199

6-1　肾的组织结构 / 214

6-2　肾单位生理功能 / 214

6-3　尿的生成 / 228

6-4　尿的理化特性 / 233

6-5　排尿 / 234

7-1　神经纤维传导兴奋的基本特征 / 240

7-2　突触 / 247

7-3　反射与反射弧 / 260

7-4　感觉投射系统 / 279

7-5　神经系统对运动的调节 / 284

7-6　神经系统对内脏活动的调节 / 292

7-7　非条件反射与条件反射 / 312

8-1　内分泌概述 / 317

8-2　甲状腺 / 324

8-3　神经内分泌系统 / 338

8-4　机体重要生命活动的激素调节 / 344

9-1　生殖的基本过程 / 355

9-2　精子形态结构 / 366

9-3　精液及精子呼吸 / 369

9-4　雄激素的生理作用 / 370

9-5　雌激素的生理作用 / 377

9-6　发情周期及鉴定 / 387

9-7　性反射 / 388

9-8　受精过程 / 391

9-9　PMSG 的生理作用 / 394

9-10　分娩 / 397

10-1　乳腺结构 / 401

10-2　泌乳的发动与排乳 / 408

第 2 版前言

转眼，《动物生理学》第 1 版已出版近 10 年。就像我在第 1 版的前言中所述：动物生理学作为传统而又年轻的学科近年来发展很快，而且正越来越受到重视。新技术和交叉学科的快速融合发展同样给生理学带来了新的挑战和活力。尤其是随着基因组计划的完成，对各种基因功能的研究已成为当今世界生命科学研究的重点。这就要求生物学家应该具备一定的生理学知识，这样才能较好地理解和诠释生命活动过程中不同的基因和蛋白质在生理学上发挥的作用及意义。

本书第 1 版的编撰主要是从便于学生阅读和理解的角度出发，以比较生理学作为基础撰写各章节内容，力争做到让学生学习后能够对动物生理学有一个全方位的、简单而清晰的认知，能够以演化的观点去观察生命活动并分析其因果关系，从而得出正确的判断。第 1 版教材从帮助学生独立学习的角度考虑，注重教材的可读性并以哺乳动物为重点来阐述生理学的基本规律。

近年来，在互联网技术普及和新冠肺炎疫情暴发的双重影响下，大学生和研究生已习惯于通过网络来获取信息和知识，由此促使开展线上模式的教学和提供新媒体形态教材的改革成为了必然，而编撰顺应时代发展和教学需求的新形态动物生理学教材也是大势所趋。过去 10 年中，在不断涌现的前沿技术和研究模型对生理学研究的推动下，一些新成果为诠释经典生理学问题提供了补充证据，因此有必要将其纳入教材以充实和丰富动物生理学的教学内容。同时，探索如何在网络化背景下培养学生正确的人生观、价值观和国际视野，也是本次《动物生理学》修订通盘考虑和做出努力的方面。在第 2 版教材中，我们在保留原有基本架构的基础上，吸收了很多的意见和建议，从多个方面进行了改进。我们增加了生理学相关的免疫学、能量代谢和感觉器官等内容，以便更全面地反映动物生理学的概貌和研究前沿；自绘和修订了绝大部分图表，以尽可能契合正文知识并保持统一风格；增加了案例分析、开放式讨论、知识导图以及大量的章后数字化资源，特别是一些经典理论的实验验证录像等，以方便学生随时通过手机或电脑来获取更全面丰富的信息，加强理解关键理论和方便记忆知识点；除此以外，在相关章节里也简要介绍了能体现中国生理学家爱国情怀及其国际前沿水平的研究成果，以此增强青年人才的民族自信心和自豪感，激发其科技报国的热情。

本版《动物生理学》修订恰逢新冠肺炎疫情，为了使修订工作能够顺利地推进，我们仅邀请了在京的兄弟院校和我校几位多年来一直从事动物生理学教学和科研的教师共同参与编写。这些编者不仅在动物生理学教学方面很有心得，在科研方面也都做得很好。各章的编写分工是：绪论及机体的生命活动，夏国良教授；血液生理，周波副教授；循环生理，康友敏副教授；呼吸生理，刘佳利副教授；消化生理，韩莹莹副教授、英郑欣教授；泌尿生理，王超教授；神经生理，英郑欣教授、罗昊澍副教授；内分泌生理，张成教授；生殖生理，王超教授；泌乳生理，张成教授；免疫生理，康友敏副教授。此外，中国农业大学孙德昊老师、张华教授以及全体编者均参与了对文稿的审校。我们还邀请了参与第 1 版编写的吉林大学柳巨雄教授作为主审。

感谢各位编者能够在繁重的科研和教学任务之余抽出宝贵的时间来编写本书，大家对各自编写的章节均做了认真和充分的准备，广泛地参阅了最新的国内外相关教材和文献。我们还要感谢中国农业大学本科生院和研究生院对本书再版的大力支持，感谢"北京市高等教育精品教材"立项项目和中国农业大学"大国三农"系列规划教材项目的大力支持，感谢高等教育出版社孟丽副编审、张磊编辑给予的极大帮助。感谢中国农业大学生物学院 2019 级本科生陈紫暄同学对全书绝大部分图表的绘制工作。

最后我想说的是，第 2 版教材无论在内容还是形式上都力图有所创新，但难免存在这样或那样的问题。希望大家在使用过程中能不吝赐教。我诚挚地感谢你们的意见和建议，并会在下一次修订中做出调整。

夏国良

2022 年 10 月

第1版前言

动物生理学作为传统而又年轻的学科近年来发展很快，而且正越来越受到重视，新技术和其他学科的快速发展给生理学带来了新的挑战但同时也为生理学的发展注入了新的活力。尤其是随着基因组计划的完成，对各种基因功能的研究已成为当今世界生命科学研究的重点，这就要求生物学家应该具备一定的生理学知识，这样才能较好地理解和诠释生命活动过程中不同的基因和蛋白质在生理学上发挥的作用及意义。

生理学是研究生命活动基本规律的学科，其内容涉及整个生命活动的各个方面。学习生理学要求学生善于将书本中的内容与生活实践联系起来，能够将所学的理论知识融会贯通。因此学生有必要有一本可读性较强的生理学教材，它会使学生愿意也喜欢去阅读相关知识。本人教授"动物生理学"已30多年了，而且当年作为学生和年轻教师学习生理学及其相关知识也有10年的历程，经历和见证了该课程随着学校和相关专业的调整而改革的整个过程（包括在历次的生理学相关学会的交流中了解到各学校授课情况的基本信息）。一直要编撰一本学生喜欢读的动物生理学教材，现在该领域教材实在不少，可适合综合性院校和农林院校生物科学和生物技术专业，以及动物科学和动物医学的教材似乎不多。目前有些动物生理学教材的编写过分偏重于医学和人体生理，而医学生理学显得专、深了些。因此在本教材编撰过程中，我们有意强调以进化的思想编撰相应各章内容，适度地从比较生理学的角度书写各章节相应材料，力争做到让学生看后能对动物界的生理现象有一个全方位的认知，能够以进化的观点思考某些生命现象，特别是从学生阅读的角度考虑，注重本书的可读性，以哺乳动物为重点来阐述生命活动的基本规律。

近年来随着学科调整，理论教学学时的降低，很多生理学基础内容被大量缩减，这造成学生在理解生理学相应结构与功能的关系上缺少联系。本教材为了避免整体篇幅过大而加重学生的学习负担，特将一些超出本教材范围的内容（如一些组织结构的特征以及一些与现实生活相联系的内容）以小字体编排，还有一部分以批注的形式列出，便于学生学习。通过这些努力，希望能有利于学生更好地把握章节相关知识点的内容以及提高学生学以致用的能力。为了使其对所学的知识有一个整体的认识，在有的章节，比如"内分泌腺和激素"一章，我们没有将每种激素或腺体一一列出来介绍它们的作用，而是将它们在整体活动中的协同调节功能作为重点来介绍。如我们将机体活动中属于激素调节的重要活动分为3个功能群，即"血糖稳定"、"血钙稳定"和"应急与应激调节"，同时向大家介绍了有哪些激素参与了哪个功能群的调节，其调节的机制是怎样的。这样写的目的就是希望大家在学习了本书之后能够系统地认知关于机体功能调节的机制，而不仅仅是让大家知道每种激素的单独作用是什么。另外考虑到"新陈代谢和体温调节"中新陈代谢的内容在其他许多相关学科都有介绍，而高等动物体温调节的主要内容属于神经调节的范畴，因此本书在编写过程中没有将"新陈代谢和体温调节"作为"章"来编写，而是将体温调节的内容放到了"神经系统"来介绍，这也是该教材一次新的尝试。

由于本人的知识和能力有限，在编写这本教材时邀请了其他兄弟院校和我校其他几位多年来一直从事"动物生理学"教学和科研的教师共同参与编写。这些教师不仅在"动物生理学"教学方面很有心得，在科研方面也做得很好。本书各章节编写情况是：第一章、第八章和第九章由本人编写；第二章由周波副教授编写；第三章由张美佳教授编写；第四章由刘佳利副教授编写；第五章由江青艳教授（华南农业大学）编写；第六章由柳巨雄教授（吉林大学）编写；第七章由崔胜教授和罗昊澍副教授编写；第十章由刘峰副教授编写。

感谢各位编者能够在繁重的科研和教学任务之余抽出宝贵的时间来编写本教材，这在当下国内的科研教学氛围中实属不易，大家对各自编写的章节仍然做了认真准备，广泛地参阅了最新的国内外相关教材和文章。还要感谢中国农业大学教务处领导的大力支持，感谢北京市教育委员会设置的"北京高等教育精品教材"立项项目的大力支持，感谢高等教育出版社的潘超老师给予的极大帮助。

最后我想说的是，本教材无论内容还是形式上都是该教材编写的首次，难免存在这样或那样的问题。希望在使用过程中大家能不吝赐教，我诚挚地感谢你们的意见和建议，并会在下一次出版中做出调整。

夏国良

2012 年 8 月

目　录

绪论 ……………………………………… 1
　一、生理学研究历史 …………………… 2
　二、生理学研究范围 …………………… 4
　三、生理学研究目的和任务 …………… 6
　四、生理学研究方法 …………………… 6

第一章　机体的生命活动 ……………… 9
第一节　生命活动的基本特征 ………… 10
　一、新陈代谢 …………………………… 10
　二、兴奋性 ……………………………… 10
　三、适应性 ……………………………… 13
　四、生殖 ………………………………… 14
第二节　细胞的生物电现象 …………… 14
　一、细胞的静息电位和动作电位 ……… 14
　二、产生生物电现象的机理 …………… 17
　三、动作电位的引起和传播 …………… 20
第三节　机体生理活动的调节 ………… 22
　一、神经调节系统 ……………………… 22
　二、体液调节系统 ……………………… 25
　三、自身调节 …………………………… 26
　四、体液调节与神经调节之间的关系 … 26
　五、反馈与前馈 ………………………… 27
第四节　肌肉的收缩 …………………… 29
　一、骨骼肌的收缩 ……………………… 29
　二、平滑肌的收缩 ……………………… 41
　三、影响肌肉收缩特性的因素 ………… 42

第二章　血液生理 ……………………… 45
第一节　血液组成和理化特性 ………… 46
　一、血液组成 …………………………… 46
　二、血液的理化特性 …………………… 47
第二节　血细胞 ………………………… 51
　一、红细胞 ……………………………… 51
　二、白细胞 ……………………………… 57

　三、血小板 ……………………………… 60
第三节　止血、血液凝固和纤维蛋白溶解 …… 62
　一、止血和血液凝固 …………………… 62
　二、纤维蛋白溶解 ……………………… 68
　三、不同物种的凝血机制 ……………… 69
第四节　输血和血型 …………………… 70
　一、血型 ………………………………… 70
　二、输血 ………………………………… 73
　三、交叉配血 …………………………… 74
第五节　血液的机能 …………………… 74

第三章　循环生理 ……………………… 76
第一节　心脏的泵血功能 ……………… 77
　一、心肌收缩的特性 …………………… 78
　二、心脏泵血功能的周期性活动 ……… 79
　三、心脏泵血功能的评价 ……………… 83
　四、影响心输出量的因素 ……………… 85
第二节　心肌细胞的生物电现象和生理特性 … 87
　一、心肌细胞的生物电现象 …………… 87
　二、心肌细胞的生理特性 ……………… 92
第三节　血管生理 ……………………… 99
　一、血管的种类与功能 ………………… 99
　二、血流量、血流阻力和血压 ……… 100
　三、静脉血压和静脉回心血量 ……… 105
　四、微循环 …………………………… 107
　五、组织液和淋巴液的生成 ………… 110
第四节　心血管活动的调节 ………… 112
　一、神经调节 ………………………… 112
　二、体液调节 ………………………… 119
　三、局部血流调节 …………………… 122
　四、动脉血压的长期调节 …………… 123
第五节　器官循环 …………………… 124
　一、冠脉循环 ………………………… 124
　二、肺循环 …………………………… 125

三、脑循环 ……………………… 127

第四章　呼吸生理 …………………… 130
第一节　肺通气 …………………… 132
一、呼吸器官 ……………………… 132
二、肺通气的力学 ………………… 134
三、呼吸运动 ……………………… 137
四、呼吸时肺容积的变化 ………… 139
五、肺和肺泡的通气量 …………… 141
第二节　气体交换 ………………… 142
一、气体交换的动力原理 ………… 142
二、气体交换的过程 ……………… 142
三、影响气体交换的因素 ………… 143
第三节　血液中的气体运输 ……… 144
一、氧在血液中的运输 …………… 144
二、二氧化碳在血液中的运输 …… 146
第四节　呼吸的调节 ……………… 148
一、呼吸中枢与呼吸节律 ………… 148
二、呼吸运动的反射性调节 ……… 150
第五节　其他脊椎动物呼吸的特征 … 154
一、鱼类呼吸的特征 ……………… 154
二、两栖类呼吸的特征 …………… 154
三、鸟类呼吸的特征 ……………… 155

第五章　消化生理 …………………… 157
第一节　概述 ……………………… 158
一、消化方式 ……………………… 159
二、消化管的运动 ………………… 160
三、消化腺的分泌 ………………… 161
四、消化管功能的调节 …………… 163
五、消化管的免疫功能 …………… 166
第二节　动物摄食及调控 ………… 167
一、摄食方式 ……………………… 167
二、摄食行为的发动与终止 ……… 167
三、摄食的调控机制 ……………… 167
第三节　口腔消化 ………………… 171
一、咀嚼与吞咽 …………………… 171
二、唾液分泌 ……………………… 172
第四节　单胃消化 ………………… 174
一、单胃的化学性消化 …………… 174
二、单胃的物理性消化 …………… 179
第五节　复胃消化 ………………… 182
一、前胃消化 ……………………… 182
二、皱胃消化 ……………………… 189

第六节　小肠消化 ………………… 189
一、小肠的化学性消化 …………… 190
二、小肠的物理性消化 …………… 194
第七节　大肠消化 ………………… 196
一、大肠液的分泌 ………………… 196
二、大肠内的微生物消化 ………… 196
三、大肠运动 ……………………… 197
四、粪便的形成与排粪 …………… 197
第八节　吸收 ……………………… 198
一、营养物质吸收概述 …………… 198
二、主要营养物质的吸收 ………… 200
第九节　能量代谢 ………………… 206
一、能量的存在形式及用途 ……… 207
二、代谢率及其测量 ……………… 208
三、基础代谢率与标准代谢率 …… 209
四、代谢率与动物体型大小的关系 … 209
五、食物中的能量与动物生长 …… 211

第六章　泌尿生理 …………………… 213
第一节　肾的功能解剖和血液循环 … 214
一、肾的功能解剖特点 …………… 214
二、肾的血液循环及其调节 ……… 216
第二节　肾小球的滤过作用 ……… 218
一、滤过膜及其通透性 …………… 218
二、有效滤过压 …………………… 219
三、影响肾小球滤过的因素 ……… 219
第三节　肾小管和集合管的重吸收与分泌
作用 …………………… 220
一、肾小管和集合管的物质转运方式 … 220
二、肾小管和集合管中的重吸收作用 … 221
三、远端小管和集合管中的分泌与排泄 … 223
第四节　尿的浓缩与稀释 ………… 225
一、尿的稀释 ……………………… 225
二、尿的浓缩 ……………………… 225
三、直小血管在维持肾髓质高渗中的
作用 …………………… 228
第五节　尿生成的调节 …………… 228
一、肾内自身调节 ………………… 229
二、神经和体液调节 ……………… 229
第六节　排尿 ……………………… 233
一、尿液的基本性质 ……………… 233
二、膀胱与尿道的神经支配 ……… 233
三、排尿反射 ……………………… 234
第七节　肾的其他功能 …………… 235

一、肾对酸碱平衡的调节 …………… 235
二、活化维生素 D_3 ………………… 236
三、促进红细胞生成 ………………… 236
四、调节动脉血压 …………………… 236

第七章　神经生理 ……………………… 238
第一节　组成神经系统的基本元件 … 239
一、神经元与神经纤维 ……………… 239
二、神经胶质细胞 …………………… 243
三、哺乳动物神经系统的基本结构 … 245
第二节　神经元之间的功能联系 …… 246
一、神经元之间的信号传递
　　——突触传递 ………………… 246
二、突触传递的信息接受机制
　　——神经递质和受体 ………… 254
三、多个神经元之间的功能联系
　　——反射与反射弧 …………… 260
第三节　神经系统的感觉功能 ……… 263
一、感觉器官 ………………………… 263
二、感觉传导通路 …………………… 278
三、大脑皮层的感觉分析功能 ……… 280
四、痛觉 ……………………………… 282
第四节　神经系统对躯体运动的调节 … 284
一、脊髓对躯体运动的调节 ………… 284
二、脑干对肌紧张和姿势的调节 …… 287
三、小脑对躯体运动的调节 ………… 289
四、基底神经节对躯体运动的调节 … 290
五、大脑皮层对躯体运动的调节 …… 291
第五节　神经系统对内脏活动的调节 … 292
第六节　神经系统对体温的调节 …… 297
一、变温动物和恒温动物 …………… 297
二、动物的体温及其正常波动 ……… 298
三、产热和散热 ……………………… 299
四、产热和散热的调节基础 ………… 301
五、体温调节的机理 ………………… 303
六、动物的耐热与抗寒 ……………… 306
第七节　脑的高级功能 ……………… 308
一、大脑皮层的生物电活动 ………… 308
二、觉醒与睡眠 ……………………… 309
三、学习与记忆 ……………………… 311

第八章　内分泌生理 …………………… 316
第一节　内分泌腺体与激素调节机体
　　　　活动的细胞与分子基础 …… 317

一、内分泌系统的进化 ……………… 317
二、内分泌细胞与靶细胞之间的相互
　　联系 ……………………………… 318
三、信号转导通路 …………………… 329
四、激素发挥调节作用的方式 ……… 336
第二节　神经内分泌系统 …………… 338
一、垂体激素的反馈调节 …………… 338
二、下丘脑神经激素的调节 ………… 343
第三节　机体重要生命活动的激素调节 … 344
一、糖代谢的激素调节 ……………… 344
二、内分泌对血钙浓度的调节 ……… 347
三、应急反应和应激反应的激素调节 … 349
第四节　机体其他内分泌腺体及其激素 … 352

第九章　生殖生理 ……………………… 354
第一节　性腺和配子发育的控制 …… 356
一、生殖系统的发育 ………………… 356
二、下丘脑–垂体对生殖的控制 …… 359
三、促性腺激素释放的变化 ………… 359
第二节　雄性生殖系统 ……………… 362
一、雄性哺乳动物生殖系统的解剖结构 … 362
二、精子发生 ………………………… 365
三、精液 ……………………………… 369
四、精子生成的激素调控 …………… 369
五、雄激素的功能 …………………… 370
六、机体对雄激素分泌的调节 ……… 371
第三节　雌性生殖系统 ……………… 371
一、雌性哺乳动物生殖系统的解剖结构 … 371
二、卵子发生与卵泡发育 …………… 372
三、排卵和黄体的控制 ……………… 378
四、卵巢周期 ………………………… 385
五、生殖周期 ………………………… 386
六、妊娠和分娩 ……………………… 391

第十章　泌乳生理 ……………………… 400
第一节　乳腺的基本结构与发育 …… 401
一、乳腺的基本结构 ………………… 401
二、乳腺的发育及调节 ……………… 403
第二节　乳汁的分泌 ………………… 408
一、泌乳的发动 ……………………… 408
二、泌乳的维持 ……………………… 410
三、乳汁的排出 ……………………… 412
四、乳汁的成分 ……………………… 413
第三节　催乳素控制父母的行为 …… 413

第十一章　免疫生理 …………………… 415
　第一节　免疫系统的组成及功能 ………… 416
　　一、免疫系统的组成 ………………… 416
　　二、免疫系统的功能 ………………… 426
　第二节　免疫应答 ……………………… 426
　　一、抗原 …………………………… 426
　　二、先天性免疫 …………………… 428
　　三、获得性免疫 …………………… 430
　　四、免疫耐受 ……………………… 437
　第三节　免疫调节 ……………………… 438
　　一、免疫分子的调节 ……………… 439
　　二、免疫细胞的调节 ……………… 439
　　三、免疫系统与神经、内分泌系统的
　　　　相互调节 ……………………… 440

绪论

知识导图

【科学家故事】中国现代生理学奠基人——林可胜先生

林可胜先生（1897—1969）是中国现代生理学奠基人。他的一生颇具传奇色彩，既是杰出的生理学家又是伟大的爱国者。

在林先生一生的研究中，以消化生理和痛觉生理两方面最为突出。在消化生理方面，他主要进行了胃液分泌的研究，其中最重要的发现是脂肪在小肠中能够抑制胃液分泌和胃运动，并提出脂肪的这种抑制性作用是通过血液传递的某种物质（激素）实现的，而这一物质被命名为"肠抑胃素"。这是由中国人发现的第一种激素。除此之外，林先生在他生命的最后十多年间，依然投身于科研事业，对镇痛研究尤其是阿司匹林相关功能开展了深入研究。直到他逝世的1969年，他仍有论文发表在《美国科学院院刊》和《生理学年评》上。林先生以自己的身体力行向后辈学者们展示出了老一辈科学家对科学持之以恒的热爱和孜孜不倦的探索精神。

作为卓越的生理学家，林先生为中国现代生理学的建立和发展作出了不朽功绩。在协和医学院工作的十多年间，他刻苦钻研、锐意创新，发起并成立了中国生理学会、创办了《中国生理学杂志》、大力培养生理学人才、推动全国生理实验室建设，在科研、教学、人才培养等方面取得了突出成绩，为中国生理学研究的起步与走向世界奠定了坚实基础。

林先生令人尊敬之处，不仅是在现代生理学领域开拓进取，更是在抗日战争爆发、祖国处于危难之际，毅然以学者身份投身军旅，积极组织战地救护，创建红十字会救护总队，逐步完成整个战地救护体系的建构。他舍生忘死、全力以赴救助伤兵，为抗日战争的胜利做出了无私的奉献。虽然林先生生于异国，长于他乡，但是他身上强烈的民族意识和爱国精神，深深地感染并影响着后人。

联系本章内容思考下列问题：

请就我国现代生理学的奠基人林可胜先生为促进北京协和医学院早期的生理学研究做出的贡献，以及林可胜先生所在生理学系所坚持的学术传统对我国生理学发展的影响加以讨论。

参考资料：

曹育.中国现代生理学奠基人林可胜博士［J］.中国科技史料，1998，19（1）：26–41.

孟昭威，吕运明，王志均.纪念卓越的生理学家林可胜教授［J］.生理科学进展，1982，13（4）：373–375.

【学习要点】

动物生理学的概念和分类；学习生理学的目的和意义；生理学的研究方法。

生理学（physiology）是生物科学的一个重要分支，是研究生物机体正常生命活动规律的科学。当通称生理学时，一般指的是人体生理学。具体来讲，食物的消化与吸收、气体的吸入与呼出、血液的循环与调节以及代谢产物的利用与排出等有关机体活动的机理都是其研究的范围。

一、生理学研究历史

（一）生理学发展史概述

☞ 贝尔纳曾说："医学是关于疾病的科学，而生理学是关于生命的科学，后者比前者更具有普遍性。"

生理学的发展史是和医学发展史紧密相关的。无论中外，一些经典的医学著作中都有对人体器官生理功能的描述。如我国古医书《黄帝内经》中就有诸多对人体经络、脏腑、七情六淫和气血营卫等生理学理论的记载。现代生理学知识的积累是过去几百年来众多科学家在生理学不同领域所做杰出贡献的集合。生理学研究的先驱者，最早可追溯到西方医学之父希波克拉底（Hippocrates，前460—前370）和古希腊百科全书式的学者亚里士多德（Aristotle，前384—前322）。虽然他们并不是真正的实验生理学家，但前者已开始强调治疗疾病时要注意观察的重要性，而后者则强调了结构与功能间关系的重要性。恰好，这两点是贯穿生理学研究历史的关键所在。盖伦（Claudius Galenus，129—199）首次系统地通过实验设计研究了有机体的功能。他大量利用非人灵长类和哺乳动物组织分离技术来验证他的生理学设想。例如，通过结扎尿道来观察膀胱的膨胀，进而得出肾在尿液形成过程中的作用等。到了中世纪，古希腊科学家的医学传统得到了广泛实践和发展，其中最著名的是纳菲斯（Ibn Al-Nafis，1213—1288）第一次正确描述了心脏的解剖结构、冠状动脉循环、肺结构和肺循环，同时首次描述了肺与血液气体交换的关系。

☞ 从生理学的研究历史来看，早期的生理学家大都是哲学家。生理学研究和学习的特点就是用哲学的思想去阐明生命活动的本质。

▶▶ 录像资料 0-1
生理学与哲学的统一

随着欧洲文艺复兴的开始，西方人将生理学研究推向了新高潮。费纳尔（Jean-Francois Fernal，1497—1558）的研究奠定了现代人类健康和疾病知识的框架。维萨里（Andreas Vesalius，1514—1564）主编了第一部现代解剖学教材，其研究促进了现代解剖学和生理学的进一步发展。1628年，哈维（William Harvey，1578—1657）的著作《心与血的运动》确定了体循环的通路并证明血流动力来自于心脏收缩，同时阐述了利用组织切割和精密实验设计来近距离观察机体功能的方法。

☞ 这是人类历史上第一本基于实验证据的生理学著作。

在18世纪前，生理学研究就已经形成了两大学术阵营：一是由医学和化学家所提出的，他们认为机体的功能都是化学反应所引起的；二是由医学和物理学家所提出的，他们认为生理学是由物理过程所形成的。随后，到了17世纪末18世纪初，荷兰医生波尔哈夫（Hermann Boerhaave）及其瑞士学生哈勒（Albrecht von Haller）提出了兼容的观点：机体的功能是由生化和物理反应相结合而产生的。以该观点为基础，现代生理学研究得以起步。

进入19世纪后，生理学知识得到了快速发展和积累。例如施莱登（Matthias Schleiden）和施旺（Theodor Schwann）于1838—1839年提出的"细胞学说"具有重要意义，它强调了机体是由细胞这一基本单位所构成的观点，从而奠定了现代生理学的基础。同时，贝尔纳（Claude Bernard，1813—1878）不仅发现血红蛋白可携带氧、肝可合成糖原、神经可调节血流以及无管腺体可分泌激素等生理学现象，还提出"内环境"（internal environment）的概念。以此为基础，美国生理学家坎农（Walter Bradford Cannon，1871—1945）将其发展成现在广为认同的体液平衡概念。但这一时期生理学家的局限性在于，他们并未对动物生理和医学生理的区别给予足够重视，一般都是通过动物生理学研究来了解人体健康和疾病的发生。

进入20世纪后，生物学家开始对生活在不同环境下动物的生理学差异产生了兴趣，并试图了解动物生理多样性的本质。朔兰德（Per Scholander）是最早开始研究比较生理学的科学家之一，其研究包括脊椎动物的潜水机理和变温动物对冷刺激的反应等。值得一提的是普罗瑟（Ladd Prosser）提出的"中枢行为类型发动机"的概念，即中枢神经元整合大量有节律的活动，包括呼吸和行走等；他还发现了肌肉直径与信号传导速率的关系。而生理学家尼尔森（Knut Schmidt-Nielsen）将其毕生精力贡献于研究动物在逆境下生存的机理。例如，与其他动物相比骆驼可保留 60% 的水分，因而适于在沙漠中的生存，这与其鼻腔中存在血液的逆流交换结构有关，该结构的特点是可在干燥环境中捕捉到空气中的水分。巴塞洛缪（George Bartholomew）是动物生态环境与生理学关系的奠基人，他将动物行为学、生态学和生理学结合起来研究动物对环境的适应性进化的意义。他强调动物个体是自然选择的基本单位，这种观点对于理解生理学功能的变化具有重要意义。霍查卡（Peter Hochachka）和萨梅罗（George Somero）则善于利用生化技术和理念来研究动物比较生理学，例如将动物如何适应逆境的研究深入到亚细胞水平，通过生化机制展现了生活在深海、高山及亚热带雨林的动物习性。

（二）中国近现代生理学简史

我国近代生理学研究始于 1920 年代。其特征是以实验为基础开展科研，其标志性事件是 1926 年在林可胜先生推动下成立的中国生理学会（Chinese Association for Physiological Sciences，CAPS）以及翌年创刊的《中国生理学杂志》。其鼎盛时期是在 1926—1935 的 10 年间，当时共有 934 篇论文在国内外发表，总量是 1926 年前 33 年发表论文总数的 5 倍。其中，以林可胜先生有关脂肪类物质刺激小肠分泌肠抑胃素的观点、冯德培先生关于神经细胞信号传导的化学传递机制及钙离子对神经肌肉接头释放递质的作用研究等为代表的成果，均已被国际学术界广泛认同。

1950 年代初，我国的生理学研究和学会活动得到了全面恢复。其中，以张香桐先生为代表的有关神经元树突功能的研究成果具有划时代的意义，被誉为"历史上第一个阐述了树突上突触连接重要性的人"。他后期还发现了光照视网膜提高大脑兴奋性的"张氏效应"现象，并对针刺镇痛的机制研究做出了贡献。

1960 年代起，尽管我国经济和社会发展遇到了很多困难，但生理学的发展仍然取得了进步。如王志均先生有关迷走神经 - 胰岛素系统和交感神经 - 肾上腺系统在食物消化吸收和物质代谢中的作用以及迷走神经 - 促胃液素机制在胃液分泌中的重要性等均属于国际前沿的重要成果。

1978 年，随着第 15 届中国生理学年会的召开，《中国生理学杂志》复刊并更名为《生理学报》，以及《生理科学进展》创刊，标志着我国生理学研究进入了现代化阶段，并逐渐与国际学术研究普遍接轨，如 1980 年成为国际生理科学联合会（IUPS）会员，1990 年加入亚洲和大洋洲生理科学联合会（AOPS）。

动物生理学研究在改革开放后也取得了创新性成果，研究水平和普及率得到极大提高。韩正康先生首创的动物十二指肠、胰、胆三通瘘管为促进反刍动物营养学发展作出了贡献；杨传任先生率先建立了羊催乳素的放射免疫测定法，组织开展了我国主要畜禽生理正常值测定，促进了生殖内分泌学的发展；向墙先生有关甲状腺激素分泌及微量元素对禽繁殖和生殖内分泌作用机制的研究促进了畜禽代谢与繁殖学科的发展。

进入 21 世纪以来，随着学科间的交叉融合不断增强、各种高端研究设备和技术手段以及基因修饰动物模型的推广，使得我国生理学研究呈现出一片繁荣景象，同时也体现了通过学科融合式发展的特点。

二、生理学研究范围

纵观科学发展史，生理学最初是以人类机体的正常生命活动为研究对象的，但后来随着动物生产实践和科学发展的需要，生理学的研究对象又进一步拓展到各种动物机体和植物机体，于是生理学也就相应地被分为人体生理学、动物生理学和植物生理学。家畜生理学也是生理学的一个分支，其研究对象仅局限于人们生产实践中经常接触的畜牧业动物，是研究健康家畜所表现的正常生命现象或生理活动及其规律为主的科学。

☞ 家畜生理学与动物生理学的主要区别在于研究的水平和对象上。

在生理学研究的过程中，人们发现不同的动物具有不同的生理现象。然而具体到许多重要的基本生命活动规律，不同的动物间又存在很大的相似性。研究者对动物生理学基本规律的认识，是我们进行生理学研究的法宝。

机体之所以能够执行正常生命活动，首先是基于机体本身是完整的统一体这一前提，其具体内容体现在机体各部分之间经常而且必须保持密切联系，以及机体的内部活动情况维持在相对恒定或稳定的状态等方面。例如，动物在运动时表现出心血管活动加强、呼吸活动加快，但此时消化活动却会有所减弱，这样就不至于使过多的血液进入消化系统，因而可以维持肌肉运动对能量的需求和促进代谢产物的运输与排出。同时，机体与其生活的周围环境也随时保持着密切联系并随外界环境的变化而改变其生命活动，借以做出相应的反应以适应环境的变化。如动物的季节性繁殖、季节性迁徙以及体温随环境改变而变化等现象。

☞ 尽管我们可以将生理学的研究划分成不同的层次，但在学习生理学的过程中，要时刻注意各个层次之间的有机联系，从整体水平出发去阐明生命活动的规律。

实际上，机体能否完成上述功能活动和对环境变化作出反应，在很大程度上取决于其结构单位，即组织和细胞的生理特性和物理特性，而这些特性归根到底又取决于细胞内的化学组成和这些组成分子的物理和化学变化。因此，我们可以从研究水平上将生理学分为不同的层次。其中，动物生理学家所关心和研究的内容往往主要集中在其中的一两个方面，但也会兼顾其他层次的生命活动。目前公认的有三种划分生理学研究水平或层次的方法，分别是根据有机体的生物学层次、引起生理学变化过程的性质以及生理学研究的最终目标来划分。

（一）根据有机体的生物学层次划分

1. 分子与细胞水平生理学

以细胞及其所含物质分子的运动规律为研究对象的生理学叫作分子与细胞水平生理学。例如，在研究肌肉收缩机理时，必然要揭示肌细胞为何会发生缩短现象，结果发现：肌细胞内存在着特殊的收缩蛋白（肌动蛋白和肌球蛋白），而这些蛋白在其他辅助蛋白和酶的作用下会发生滑动，因而会造成肌纤维的缩短。实际上，任何刺激与反应都是由不同的分子间相互作用来完成的。在细胞水平研究诸如细胞信号转导、分子遗传学、代谢生物化学以及膜生物力学等都属于该类范畴。

2. 器官与系统水平生理学

以各器官/系统所表现的各种特殊的运动过程和规律及其对整体生理机能的作用为研究对象的生理学叫作器官与系统水平生理学。例如，在研究心脏的收缩与舒张关系及其与各心房、心室之间压力变化的关系，特别是在研究哪些体内因素会对上述活动产生影响时，为了排除神经系统的影响，研究者们就会采用器官体外循环的方法研究这些问题。实际上，器官与系统水平生理学就是研究细胞或组织如何相互作用来执行整体的生物学特殊反应，如循环生理以及呼吸生理等。

3. 整体和环境水平生理学

从整体各系统之间以及整体与外界环境之间的相互关系，也就是从整体观点出发去研究机体各系统之间如何通过复杂的调节系统进行相互配合，以适应不断变化的环境条件的生理学研究称为整体和环境水平生理学。例如，骨骼肌活动加强时，为什么心脏活动和肺活动加强而消化运动受到抑制？实际上，整体和环境生理学的研究重点是回答机体是如何通过调节系统将上述两个水平的研究结果整合到一起的，从而为解释机体对环境的变化做出适当的反应的机制提供证据和理论支持。可以说，整体和环境生理学是所有研究水平相互结合的结果。此外，该水平的生理学还可以细分出两个亚类，即生态生理学和整合生理学。其中，生态生理学重点研究一种动物如何通过生理功能的变化来适应环境的变化，如环境的营养分布如何影响动物的生长速率以及为什么生态环境的不同会产生动物的多样性等问题。整合生理学重点研究在各种环境和条件下，机体内生理系统活动的机制，如研究血红蛋白基因表达水平的变化是否与氧在血液中运输的差异有关，以及在不同的地理环境下不同动物如何从环境中摄取氧等。

实际上，上述研究水平的分类在某种程度上具有一定的交叉性。

（二）根据有机体的大体变化过程划分

1. 发育生理学

发育生理学重点研究动物在整个发育过程的不同时期结构与功能的关系，包括从多能干细胞到定向分化干细胞的转化、形成多细胞组织和形成器官与系统之间的结构变化与功能关系。

2. 环境生理学

环境生理学主要研究动物对环境变化的反应机理。例如，动物是如何通过复杂的调节系统对温度变化的刺激做出反应的。

3. 进化生理学

进化生理学主要是解释为什么通过动物的不断进化会形成特殊的生理特征。进化生理学更注重在单个品种的群体中出现变异的原因，以及在非常相似的动物之间出现差异的基础。

（三）根据生理学研究的最终目标划分

1. 家畜生理学

家畜生理学主要依据动物的经济效益研究如何促进动物的健康。

2. 医学生理学

医学生理学主要研究人类各种正常生理活动的规律，特别是寻找疾病发生的生理基础，以便为预防和治疗疾病提供重要的科学依据。需要强调的是，人类的生理学研究需依赖其他动物模型作为基础方可达到目的。

3. 比较生理学

比较生理学主要研究或探索不同动物生理多样性的起源和性质，并在众多的变化中找到其统一性。这一点在后面介绍的有关生物电产生机理方面将有所体现。

一般来说，动物生理学会对分子细胞生理学以及器官与系统生理学进行比较深入的研究，而人体生理学和家畜生理学的研究重点应该是整体和环境生理学。因为在畜牧生产过程中的重点就是研究家畜如何适应环境来提高生产性能，所以分子细胞生理学以及器官与系统生理学的研究成果为整体和环境生理学的深入研究打下了深厚的基础。应该注意的是，动物生理学和人体生理学两者之间的关系既不是等同的，也不是决然不同的。从生物进化的角度看，人类是高等动物发展而来的，属于脊椎动物中的哺乳类。人类的生命活动在许多基本方面与一般脊椎动物，特别是哺乳动物（包括家畜在内）具有共同的特征。科学实践证明：研究动物，特别是哺乳类动物的生命活动规律，对于认识人类生命活动的规律具有重要的参考价值。同样，在人体生理学方面的研究进展对于进一步理解和解决动物生理学中存在的问题也有不可低估的作用。当然，动物的生命活动有许多是其特有的特征，只能从以动物本身为对象的研究中获得。

三、生理学研究目的和任务

由于动物生理学是应动物医学临床实践和动物生产实践以及野生动物保护和饲养的需要而发展起来的学科，其理论基础是生产实践。因此，研究这门学科的目的不仅在于揭示动物生命活动的规律，解释各种生命活动现象，更重要的还在于掌握动物生命活动的规律后如何控制这些活动，从而能更有效地预防和治疗动物疾病，促进物生产的发展，使动物朝着有利于提高生产性能和生命健康的方向发展。同时，为野生动物的保护以及濒危动物的拯救措施提供有效的理论基础。例如，人们在认识和掌握了动物生殖生理规律的基础上，创造了人工授精和精子长期保存的技术，大大推动了畜牧业的发展。人工授精技术的应用又为生理学家提出了如何使受体动物同时发情的理论问题，促使生理学家进一步深入研究动物发情的内分泌调控机理，发展了动物人工同期发情和超数排卵等技术。这些技术又进一步促进了胚胎移植和试管婴儿等的临床应用，推动了动物生产和人类不育的治疗。特别重要的是通过认识和掌握生理学理论，人们可以深入了解疾病的发病机理，采取合理的治疗措施来保证人类的生命健康，这一点是至关重要的。因为一切病理现象都是建立在生理现象的基础上的，所以不了解生命活动的基本规律，就无法认识生命机体的病理现象和发病机理。

四、生理学研究方法

学会深入细致地观察生命活动的变化和归纳其特征是发现问题和解决问题的开始，更是锻炼创新性学习能力的关键。因此，生理学的研究方法中既包括了对生命现象的观察，也包括了生理学实验。实际上，早期的生理学研究方法因实验手段的限制故而主要以观察为主。所谓观察，就是把生命活动现象，如动物的发情周期和呼吸运动的频率等，如实地记录和综合分析并作出结论。这种观察结果为今后进一步深入研究其机理奠定了重要基础。应该指出的是，如何对观察到的生命活动现象做出合理的解释或结论是一件非常值得重视和慎重的事，这需要研究者有一定的基础理论背景。

在生理学研究的早期，人们对观察所得结果往往不能解释或者无法阐明其机理，但为了说明生命活动的规律，人们便提出了各种假说，这就是为什么早期的生理学家往往又是哲学家的原因。不过，要想证明这些假说的真伪，就必须开展各种生理学实验。于是，为了揭示生命活动的规律，人们创新性地开发出了一系列实验手段并不断改进。日积月累之下，各种生理学实验方法也就自然而然地得以发展。

所谓生理学实验，就是人为地创造一定的条件，将平时不易从外表观察到的隐蔽或细微的生理活动暴露出来，使人们可以较容易地观察或认识某种生理过程的因果关系。因此，在做生理学实验时需要对某组织、器官或细胞的某些特定生理活动，如器官灌流、细胞兴奋性的测定和内分泌细胞的分泌等，在不受其他因素影响的条件下进行孤立的分析研究。由于生理学实验方法难免损伤机体，因此在多数情况下会采用实验动物来替代家畜或人体完成。以现阶段的生物医药科学研究发展趋势看，使用实验动物的标准化程度（包括动物的遗传质量、繁育及卫生质量控制和饲养管理水平等）越高，该地区或者该国家整体科学研究的水平和研究质量也就越容易得到认可，所得科学数据的可重复性、准确性和可靠性也就越高。

值得指出的是，从进化论的角度讲，哺乳动物与其他一些低等动物也有许多基

▶▶ 录像资料 0-2
生理学与研究方法
概述

本相似的结构和功能，如神经和肌肉的生物电活动和动作电位的变化等。因此，利用一些结构和功能比较简单的动物或动物材料探索一些基本的生命活动规律，不仅便于分析某些机能，而且从尊重动物福利和伦理角度也是较为合适的。如目前我们知道的有关人类和哺乳动物神经动作电位产生的机理就是源于对海产动物枪乌贼神经动作电位的研究成果。但同时应该注意的是，动物在进化过程中已获得了与其他哺乳动物，特别是人类不同的生命活动特点，这就显示出了单纯使用实验动物开展科学研究对了解人类生理活动及功能的局限性。综合起来，开展生理学研究必须根据研究课题的性质来选择适宜的动物（包括多种实验动物和同一种动物的不同品系、年龄、性别、生理状态以及所能达到的卫生质量标准等）作为研究对象，同时在应用动物资料时要注意其与家畜或人类间存在的细微差别。

☞ 可见，利用合适的、简单的实验动物材料去研究或阐明生命活动的基本规律是非常重要的。

　　生理学实验方法归纳起来有两种：一是急性动物实验，二是慢性动物实验。

　　急性动物实验（acute animal experiment）是以完整动物或动物材料为研究对象，在人工控制实验条件下开展的短期实验，目的是观察并记录动物的某些生理活动。其优点是实验条件简单、容易掌握且对器官或组织能够直接进行细致的观察和分析；其缺点是实验时间短促且不能反复进行，同时由于动物的机体不完整或者不清醒，故所得实验结果也不一定能代表该器官或组织在机体的正常活动下的真实状况。此外，实验通常是破坏性的、不可逆的，可造成实验动物的死亡。

　　根据研究目的的不同，急性实验可采取离体组织/器官实验法或活体解剖实验法。

　　1. 离体组织/器官实验法［体外（in vitro）实验法］

　　离体组织/器官实验法即从活着的或刚刚死亡的动物机体中取出欲研究的器官或组织后，置于人工培养环境中使其在短时间内保持生理功能以进行研究的方法。例如，取出蛙的心脏后在体外进行液体灌流，就可以研究不同离子及其浓度变化等对心跳的影响。现代生理学研究所用的许多方法，诸如细胞培养、蛋白质测定与提纯、激光扫描共聚焦检测组织/细胞中某种分子的变化与定位等，都属于此方法。

　　2. 活体解剖实验法［体内（in vivo）实验法］

　　活体解剖实验法即在动物被麻醉或其大脑被破坏的条件下，对动物进行活体解剖，暴露出所要观察的器官或组织并对其进行研究。例如，我们在研究血压和呼吸的调节时可以暴露出颈动脉和气管，分别用套管连接到相应的换能器上，通过刺激不同的神经来研究其对血压和呼吸的调节功能。

　　由于上述两种方法的实验过程不能持久，实验动物往往会死亡，故称急性实验。正是由于这种实验会造成动物死亡，因此只能用实验动物来进行。这也是有关人类研究资料十分匮乏的根本原因。目前掌握这方面资料比较多的国家主要是美国和日本，原因是第二次世界大战中纳粹德国和法西斯日本在侵略其他国家中实行了惨无人道的人类急性实验，如细菌对人类的致死效果、急性冻伤效果及毒气致死效果等。二战结束后，战胜国美国从德国和日本获取了大量这方面的资料。

　　慢性动物实验（chronic animal experiment）是指以完整健康的动物机体为研究对象，并在相对自然的外周环境下进行实验。这种方法往往要对实验动物在无菌条件下进行手术，待动物清醒和伤口恢复以后再进行相应的实验。例如，在研究胃液的分泌和调节机制时，先在胃的底部装上胃瘘管并将其连接到体外，以便于在研究过程中能够随时对胃液进行收集。慢性实验法的优点是动物机体完整而且清醒，得出的数据能够较好地反映器官在整体情况下的活动，但其缺点是实验需要时间长，条件较难掌握，而且也不便于分析其他因素对所获得的实验数据的影响。

　　随着20世纪50年代细胞生物学和分子生物学的快速发展以及新型现代实验仪器的不断更新和应用，生理学的研究手段变得更加先进，研究水平也不断地向更深更广的方向发展。进入21世纪以来，这种伴随技术进步促进科学发展的趋势也显得更加突出，人们得以用相对更短的时间取得了较之前更多的重要科研成果，这些成果为揭示人类和动物生命活动的奥秘，使人们的生活质量向更加健康的方向发展等作出了重要贡献。

推荐阅读

王志均.生命科学今昔谈［M］.北京：人民卫生出版社，1998.

吴忠华.杰出的法国生理学家伯尔纳——实验医学的创建人［J］.生物学通报，1987（11）：45-46.

张铭.诺奖往事——诺贝尔生理学或医学奖史话［M］.北京：科学出版社，2018.

开放式讨论

以史为鉴，新时代有志于生理学研究的青年应该如何做才能将国运兴衰与树立自己的科研目标有效地结合起来？

复习思考题

1. 人体生理学和动物生理学的区别与相似之处是什么？
2. 动物生理学的目的和任务是什么？
3. 生理学的研究方法有哪些？

更多数字资源

教学课件、自测题、参考文献。

第一章
机体的生命活动

知识导图

【概念阐述】机体生命活动的控制系统

人们把运用数学和物理学的原理和方法来分析研究机器内部和动物（包括人）体内的控制和通信的一般规律的学科称为控制论。控制论以各类系统所共同具有的通信和控制方面的特征为研究对象，着重分析研究信息传送过程中的数学关系，而不涉及过程内在的理化、生物或其他方面的现象。控制论的产生是多学科交叉融合的产物。从控制论的观点分析，人体内的控制系分为非自动控制系统、反馈控制系统和前馈控制系统三类，其中发挥重要作用的主要是后两种。

控制论的创始人是美国数学家维纳（Norbert Wiener）。他于1930年代在哈佛大学医学院工作，其间参加了由生理学家罗森勃吕特（Arturo Rosenblueth）领导的关于科学方法的月度讨论会。罗森勃吕特是哈佛大学医学院著名的生理学家坎农教授的同事和合作者。参加讨论会的都是医学院的青年科学家，范围涉及数学、物理、电子、工程生理、心理、医学等各行业。在每月一次的聚餐过程中，由其中一员或一位被邀请的客人宣读一篇关于某个科学问题的方法论论文。这种充满了尖锐但善意批评的讨论会让才华出众且兴趣广泛的维纳获益匪浅，最终促使他在1947年成功地创立了"控制论"这个崭新的学科，并于翌年出版了《控制论》一书。

控制论对揭示生理现象的贡献是巨大的。人们在生理学研究中结合控制论的理论精髓，系统分析和研究了动物机体在器官和系统水平以及整体水平的控制系统的工作机制，特别是把工程概念中的反馈概念引入到了生物系统中，从而极大地丰富和发展了生理学理论，促使坎农提出的稳态调节这一奠基性基本概念得以在生理学界被广泛认可。

联系本章内容思考下列问题：

你能举出多少种可反映人体内存在的反馈系统和前馈系统调节生理功能的例子？

参考资料：

维纳. 控制论［M］. 郝季仁，译. 2版. 北京：科学出版社，2009.

IBERALL A S，CARDON S Z. Control in biological systems—a physical review［J］. Ann NY Acad Sci，1964，117：445–518.

【学习要点】

哺乳动物生命活动的基本特征，特别是刺激与反应的关系；静息电位和动作电位的产生机理，特别是钾离子平衡电位的产生机理；机体活动的调节系统及基本规律，特别是反馈性调节的意义；肌肉收缩的机理以及骨骼肌与平滑肌的收缩差异。

生理学是研究机体正常生命活动规律的科学，而一切生命机体都生活在一定的外界环境之中。因此，机体与环境相适应是生物机体生存和发展的根本条件。也正因为此，一切活的有生命的组织与机体对于环境的改变都具有发生反应的能力。所以，生理学的首要问题就是阐明环境刺激与机体反应的关系，以及机体调节这种反应的基本原理。

☞ 一切有生命的机体都具有非常相似的特征，即都要生活在环境中。

动物机体的生命活动尽管各不相同，但都具有各种动物所共有的一些基本生理特征。简要了解这些基本特征有助于促进我们对动物生理活动特殊规律的理解。这里所提到的生命活动的基本特征包括：新陈代谢、兴奋性、适应性和生殖。

第一节　生命活动的基本特征

一、新陈代谢

▶ 录像资料 1-1
生命活动的特征——
新陈代谢

有生命的机体与无生命的物体之间的根本区别在于，前者能够而且必须不断地从外界摄取可利用的物质来营养自己，同时也不断地把自身物质分解的产物向外界排出。机体这种同外界不断交换物质以及物质在体内变化的过程，总称为新陈代谢（metabolism），简称代谢。动物机体和人类也是这样，在与外界环境的新陈代谢过程中实现了生长、发育、生殖与衰老。一旦新陈代谢停止，生命也就随之停止。所以说新陈代谢是生命的基本生存条件，机体的各种活动无不建立在新陈代谢的基础之上。

生物体的新陈代谢包括同化（合成）代谢（anabolism）和异化（分解）代谢（catabolism）这两个方面：机体从外界环境中摄取营养物质并把它们转化为自身的过程，叫作同化代谢；而机体分解自身的物质并释放出能量以便供应机体生命活动的需要，同时排出其分解产物的过程，叫作异化代谢。机体内任何物质的变化都同时伴有能量的转化。当机体摄取外界营养物质的时候也就获得了物质中的能量——势能。当这些物质在体内分解时就产生了可被生物体利用的能量。这些能量的一部分供给机体活动的需要，其余大部分则以热的形式释放于外界。因此，新陈代谢就包括了物质代谢和能量代谢两方面。

动物机体内各种营养物质分解供能的过程主要是氧化分解过程。在这一过程中，机体必须从外周环境中吸入所需要的氧而排出机体代谢产生的二氧化碳，否则新陈代谢就不能进行。所以说，体内的物质代谢、能量代谢和气体交换是相互联系而不可分割的。物质的变化必定伴有能量的转移，而气体交换则是这个变化中的必要条件。

二、兴奋性

☞ 人类在生活中无时无刻不在利用这一关系去适应不断变化的环境。一旦不能对环境的变化做出适当的反应，就意味着消亡。

动物机体与外界环境的关系，不仅表现在物质交换方面，还表现在环境条件改变时机体活动发生改变。例如，天气变冷会引起动物外表状态的改变和机体内部代谢活动的变化。这就关系到生命活动的另一个重要特征，即兴奋性（excitability）的问题。为了说明兴奋性的含义，我们先介绍与兴奋性有关的两个生理学概念。

（一）刺激与反应

在生理学中，我们把能够引起组织或细胞发生反应的环境条件的变化称为刺激（stimulus）。需要强调的是，并不是所有的因素都能够引起机体活动的改变，只有那些能够被机体所感受并且正在变化着的环境因素才能引起机体活动的改变。

由于刺激的作用，引起组织、细胞和机体功能或生化活动发生的变动或应答，称为反应（response）。

那么，什么是兴奋性呢？生理学上把细胞对刺激发生反应的特性称为兴奋性或应激性（irritability）。这两个概念稍有区别，对于可兴奋细胞（包括神经细胞、骨骼肌细胞、平滑肌细胞、心肌细胞和一些内分泌细胞等）来说，应激性就是兴奋性。而对于其他细胞来讲，刺激所产生的反应只能称为应激性。可见，兴奋性的概念所涵盖的范围比应激性要小一些。但在讨论可兴奋组织时两者可以互用。

（二）兴奋与抑制

在可兴奋组织中，细胞对刺激的反应形式可以分为两类：一是兴奋，二是抑制。要正确分辨细胞对刺激发生反应的形式，需要从以下两个方面考虑来加以判断。

1. 外在表现

细胞由相对静止变为活动或由活动弱变为活动强，称为兴奋（excitation）。反之，细胞由活动转为静止或由活动强变为活动弱，则称为抑制（inhibition）。

▶▶ 录像资料 1-2
生命活动的特征——
兴奋性

2. 内在表现

从细胞生物电的变化看，若使细胞膜的膜电位发生去极化，则称为兴奋；而使细胞膜的膜电位发生超极化，则称为抑制。注意，所谓抑制，并不是无反应，也不是一种消极的活动，而是一种与兴奋相对立的主动过程。例如，在交感神经与副交感神经（迷走神经）共同对心脏活动产生调节的过程中，交感神经兴奋会促进心脏活动加强，而迷走神经兴奋则引起心脏活动减弱，二者间存在对立统一的关系。心脏中的这两种神经系统会同时发挥作用，但总会有一方，主要是副交感神经系统在个体生命活动的大多数时间内起主导作用，从而适时适度地调节和维持心脏的收缩活动，使之能够保持一定的收缩速度和收缩强度。

细胞在接受刺激以后到底是引起兴奋还是抑制呢？这取决于两个条件：① 刺激的性质和刺激的强度；② 细胞本身的状态。例如，适宜的刺激强度引起兴奋，而过强的刺激则引起抑制。但是，如果细胞本身处于极度疲劳的状况时，则即使细胞受到的刺激是原本适宜的刺激，也不会引起细胞的反应。

（三）刺激与反应的关系

1. 刺激性质与反应的关系

刺激的性质包括适宜刺激与不适宜刺激。在自然条件下，能够引起某种细胞发生反应的刺激叫作这种细胞的适宜刺激，而不能够引起某种细胞发生反应的刺激叫作这种细胞的不适宜刺激。显然，针对具体的刺激来讲，其或许对某种细胞是适宜的，但并不一定对其他细胞也是适宜的。不同的细胞有不同的适宜刺激。例如，一定波长的光对于眼中的感光细胞是适宜刺激，而一定频率的声波则只是耳蜗中声音感受细胞的适宜刺激。但需要注意的是，有时刺激的性质可以发生转化。例如，条件反射的建立就是通过把某些原来不是适宜刺激的刺激转变为适宜刺激而实现的。例如，引起动物唾液分泌的适宜刺激通常是食物入口的刺激。但在高等动物大脑皮层结构和功能完整的情况下，经过训练的动物对于诸如食物的气味和看到饲养员出现等一些原本不适宜刺激也能产生反应并引起唾液分泌。此时，食物的气味和饲养员的出现就可以看作是适宜刺激。不过，这种刺激条件的性质发生转化也能引起动物反应的情况是有条件限制的，即它必须建立在原有的适宜刺激的基础之上才可以实现（此处的条件是给予动物食物）。

刺激要引起反应通常必须具备三个条件，即足够的刺激强度、足够的刺激作用时间和适当的刺激强度 – 时间变化率。

▶▶ 录像资料 1-3
刺激与反应的关系

☞ 任何事物都具有两面性。如何将不利的因素转化为有利的因素，是小到个人大到社会所要时刻面临的问题。解决的办法在于对人类智慧的发掘。

2. 刺激强度与反应的关系

适宜刺激要想引起细胞发生反应，还必须有一定的刺激强度才能实现。若固定刺激作用时间的同时，保持刺激强度 – 时间变化率不变，而单独改变刺激强度去刺激活组织细胞，可观察到不同的刺激强度对活组织细胞反应的影响。

通常，我们把能够引起细胞发生反应的最小刺激强度称为阈刺激强度（threshold intensity）或阈值（threshold）。阈值的大小反映了组织兴奋性的高低，兴奋性越高的组织或细胞其兴奋所需的阈刺激强度越小。而强度没有达到阈值的过弱刺激叫作阈下刺激，该刺激强度称为阈下刺激强度，它不能引起细胞的反应。阈上刺激是指刺激强度超过阈值的过强刺激。一般规定，凡是能引起细胞产生最大反应的最小刺激称为最适刺激。需要提醒的是，如果刺激的强度超过了最大限度，则常常不再能够引起细胞的反应，反而会使细胞受到伤害。如各种毒素和高温刺激等对机体的伤害就属此类。

3. 刺激作用时间与反应的关系

为了引起细胞发生反应，除了需要适宜刺激要有一定的强度外，还需要使刺激保留一定的作用时间，称为作用时间阈值（temporal threshold）。如果刺激作用的时间过短，则即使刺激强度达到阈值以上也不能引起细胞的反应，而只能引起细胞内单纯的物理性电热效应。一般来说，细胞的兴奋性越低，其兴奋所需的刺激作用时间就越长。但如果刺激作用时间过长，则细胞对刺激会产生适应（敏感性下降），而不再发生反应。例如，皮肤感觉细胞对适宜的温度刺激的反应以及眼睛对光刺激的反应等都属此类。

4. 强度 – 时间曲线

▶️ 录像资料 1–4
刺激强度与刺激频率

任何可兴奋组织和细胞对刺激发生反应时，都对刺激有一定的限制要求。实际上，在适宜刺激条件下，刺激的强度和刺激的作用时间是引起细胞发生反应的两个必要条件。换句话说，使用任何一种刺激强度都要有与之对应的不同的刺激作用时间，只有同时考虑两个因素才能全面地衡量细胞兴奋性的高低。通常，当我们将刺激作用的时间设置得足够长时，引起细胞发生反应的最低刺激强度阈值被称为基强度（rheobase）。在基强度下，引起组织兴奋所需要的最短刺激作用时间，被称为利用时（utilization time）。鉴于利用时不易被准确地测定，为解决这个问题，法国生理学家拉皮克（Louis Lapicque）提出将时值（chronaxie）作为衡量组织兴奋性的指标之一。所谓时值，是指当刺激强度在基强度2倍时的最短刺激作用时间。所以，时值的单位是时间，一般用毫秒（ms）来表示。拉皮克发现，当某种刺激引起组织兴奋时，在一定范围内，刺激的基强度与刺激作用时间之间存在一定的相反关系。即当组织兴奋性降低时，时值延长；当组织的兴奋性增高时，时值缩短。也就是说，时值的长短在一定程度上与组织兴奋性呈相反关系。也因此，兴奋性的水平常用强度 – 时间曲线来表示（图1–1），即用时值作为兴奋性的指标。在曲线上，任何一点都表示组织在该刺激强度作用下的时间阈值，反之亦然。

之所以把时值规定在2倍基强度时是因为该曲线上在2倍基强度时总是处于曲线最敏感的拐弯处。在此处，刺激作用时间稍有改变，刺激的强度阈值就会发生显著的改变；反之，当刺激强度稍有改变时，刺激作用时间阈值也会发生较明显的变化。曲线右上部的任何一点都是该组织的阈上刺激，曲线左下部的任何一点都是该组织的阈下刺激。所以，曲线如果发生向右上方的位移，其时值必然要延长、基强度增大，表明该组织的兴奋性降低了。反之，则表明该组织的兴奋性升高了。

但实际上，在衡量组织兴奋性的指标中，时值的使用远远不如刺激强度阈值更为普遍。

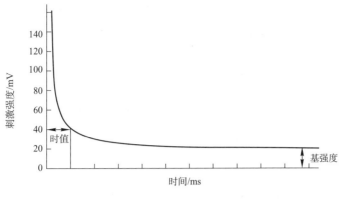

图 1-1　强度 - 时间曲线

（四）细胞兴奋性的变化

任何细胞的兴奋性都不是固定不变的，而是经常发生变化的。细胞在接受刺激产生兴奋的过程中，其兴奋性一般要经历 4 个阶段的连续变化，然后才能恢复正常（图 1-2）。这 4 个变化阶段分别是：①绝对不应期；②相对不应期；③超常期；④低常期。关于这 4 个阶段变化的具体内容将在第三章中介绍。

需要指出的是，细胞兴奋性的变化对于维持机体正常功能的发挥非常重要。例如，心脏的心房肌与心室肌收缩之所以能够成为单收缩，就与心肌细胞的兴奋性变化有关。

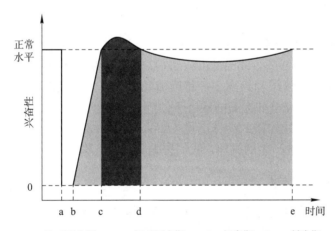

a–b：绝对不应期；b–c：相对不应期；c–d：超常期；d–e：低常期
图 1-2　组织兴奋及恢复过程中的兴奋性变化示意图

三、适应性

动物机体不仅能感受环境因素的变化而发生一定的反应，更有意义的是通过这种反应，机体能够随着环境的变化不断地调整自身各个器官或组织之间的关系，使得机体内部活动情况能够经常保持相对稳定（或恒定），从而有利于在不断变化的环境中进行正常的生理活动。生命有机体这种能够根据外界情况而调整其自身内部关系的生理特性，称为适应性（adaptability）。

适应性是动物在长期进化和个体生活过程中逐渐发展起来并臻于完善的。动物的进化程度越高，其适应性越强。成熟个体要比初生或衰老的个体适应性强，例如动物的体温调节就是如此。

注意，适应性与兴奋性是既有区别也有联系的。具体来讲，兴奋性强调的是细胞与组织对环境变化做出反应的能力，而适应性强调的则是在机体各种调节系统的参与下，生命有机体根据环境的变化对其内部各器官或组织的生理活动做出协调性反应的能力。也就是说，适应性是建立在兴奋性基础之上的。

四、生殖

生殖（reproduction）是生命有机体繁衍后代和维系种族的重要生命活动过程。在哺乳动物中，生殖活动是指机体通过配子成熟、受精、胚胎着床及在子宫中发育形成胎儿，并最终分娩出与其亲代具有密切相关遗传特征的成熟后代的一系列复杂的过程。一个个体出生后，如果没有生殖过程其仍然可以存活，但是一个物种如果没有生殖活动，则其种族必将消亡。因此，生殖是物种繁衍的基础。

第二节　细胞的生物电现象

☞ 早在公元前300多年，亚里士多德就观察到了电鳐在捕食时先对水中的动物施以电击使之麻痹。

生物电（bioelectricity）是活细胞所具备的基本特征。动物机体内的神经、肌肉（包括骨骼肌、平滑肌和心肌）和腺体细胞等活细胞发生兴奋的同时伴随有细胞膜内外两侧电位的变化。由于这种电位变化是生物组织产生的，所以统称为生物电现象。虽然各种组织细胞的生物电现象略有差异，但就其产生的本质来说，是基本相同的。

一、细胞的静息电位和动作电位

所有细胞原生质膜两侧均有一定程度的电位差异，称为跨膜电位（transmembrane potential），简称膜电位（membrane potential）。这种电位差是由一些带电离子，包括钠离子、钾离子、氯离子和钙离子等跨膜流动而产生的。根据可兴奋细胞膜电位的表现形式，可以将生物电分为安静状态下的静息电位（resting potential，RP）和受刺激后迅速发生并向远处传播的动作电位（action potential，AP）两种。为了帮助大家更好地理解细胞生物电产生的机理，我们首先介绍一下静息电位发现的历史。

（一）损伤电位的发现

☞ 这是一个典型的通过细致观察、实验并分析得到结论的例子。

☞ 这一发现为人们随后发现细胞中存在的静息电位和动作电位奠定了坚实的基础。它同时也为电池（包括燃料电池）和电生理学的发展奠定了基础。

人类对于生物个体电学特征的认识最初仅限于一些常见的带电动物，如电鳗、黑电鳐等。直到18世纪，人们在对电学的基础知识有所了解以后，才逐步认识到了动物放电的性质和特点，但仍局限于一些电鱼等，而并不了解其他动物也带电的事实。1786年，意大利生理学家伽伐尼（Luigi Galvani）采用离体的蛙坐骨神经－腓肠肌标本作为研究材料，开展了一个非常有趣的实验。他发现，如果用两种金属组成的回路与新制备的坐骨神经－腓肠肌标本连起来，马上会使得肌肉抽搐、抖动。伽伐尼发现的这种电流来自生物本身，因此称为生物电。

尽管受当时的实验条件所限，人们还无法测定到底有没有所谓的电位差及可能存在的电位差的大小，但这个实验本身却引起了生理学家的高度重视，并进一步推论认为可能在细胞膜内、外之间本身也存在着电位差。后来，随着各种灵敏的电流计的发明，人们最终证明了伽伐尼结论的正确性。

杜布瓦－雷蒙（Emil Du Bois-Reymond，1818—1896）在伽伐尼研究的基础上进一步研究发现：肌肉和神经的完好表面与损伤处相比，其损伤处的电位为负，而完好表面的电位为正。当用导线将这两处接通后，就有电流从完好表面经过电流计流至损伤处，于是人们称这两处之间的电位差为损伤电位（injury potential），而由损伤电位差形成的电流即称为损伤电流（injury current）。在刺激外周神经引起其活动时必定伴随出现这个损伤电位的暂时减小或消失，刺激终止后损伤电位又恢复。

（二）静息电位

静息电位是指细胞处于安静状态时，存在于细胞膜内外两侧的电位差，又称休止电位、跨膜静息电位或膜电位。

那么，静息电位是如何被证明的呢？尽管早期生理学家根据损伤电位的启示，很早提出细胞在静息时细胞膜内外可能存在电位差，但随后为了证明这一点人们却花了 100 多年的时间。1939 年，英国生理学家霍奇金（Alan Hodgkin）和赫胥黎（Andrew Feilding Huxley）利用一种海生动物——枪乌贼对静息电位进行了研究。枪乌贼的巨大神经纤维（其直径为 500~1 000 μm）为该研究提供了非常便利和易操作的实验材料。实验开始时，他们将一根玻璃管制成的内含海水的微电极（其尖端直径为 50~130 μm）垂直插入该神经纤维来测量神经纤维内部的电位，而将参考电极置于神经纤维表面（此处的电位为零）。实验过程中，当将神经纤维内外两根电极连于阴极射线示波器（现多用计算机软件进行信号处理后来模拟）时，可见其神经纤维内的电位为负值（约为 –50 mV）。这是生理学史上首次以上述电压钳（voltage clamp）实验证明在新鲜离体的神经纤维的膜内外之间，在没有任何外来刺激（没有神经冲动传播）的情况下，确实存在跨膜电位差。这种电位差被简称为膜电位或静息电位。图 1-3 显示了使用微电极记录细胞内静息电位的技术原理。

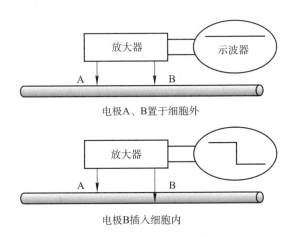

电极A、B置于细胞外

电极B插入细胞内

图 1-3 应用电压钳装置测定细胞膜上的静息电位

为了记录更微小面积的细胞膜、单个或几个离子通道电流和更纯净的未叠加电流，1976 年德国学者内尔（Erwin Neher）和萨克曼（Bert Sakmann）又发明了膜片钳技术（patch clamp technique）。应用膜片钳技术可直接观察和分辨单离子通道电流及其开闭时程、区分离子通道的离子选择性，同时可发现新的离子通道及亚型，并能在记录单细胞电流和全细胞电流的基础上进一步计算出细胞膜的通道数和开放概率，还可研究某些胞内或胞外物质对离子通道开闭及离子通道电流的影响。例如，人们利用该技术发现了突触传递的长时程增强现象。膜片钳技术的应用使人们对膜电流的产生和离子通道的工作机制认识更加深入，同时也丰富了"光遗传学"技术，使得人们得以同时记录大量脑部神经细胞的电活动并使之可视化，在一定程度上成为现代研究神经细胞功能活动的有力工具。新光学、显微成像及图像分析技术等的进步扩展了荧光膜片钳技术的记录范围、分辨精度及敏感度，使研究者以前所未有的时空分辨率来实时观察和记录离子通道蛋白的结构变化。

研究证明，枪乌贼的神经细胞膜内外存在电位差是因为其膜外有正电荷聚集而膜内有负电荷聚集，使得细胞膜处于有极性的状态。我们把这种细胞在安静状态下膜内外电位稳定于某一数值的状态，称为极化状态（polarization）。神经细胞膜上存

☞ 杜布瓦－雷蒙充分认识到了自己的发现的重要意义。他说："我成功地实现了近百年来物理学家和生理学家的梦想，证明了神经本原与电的同一性。"

☞ 霍奇金和赫胥黎因开发电压钳技术而获得 1963 年诺贝尔生理学或医学奖，内尔和萨克曼因开发膜片钳技术而获得 1991 年诺贝尔生理学或医学奖

☞ 如荧光膜片钳（patch-clamp fluorometry，PCF）是将离子通道蛋白局部的构象变化和门控紧密结合实时记录同一膜片上离子通道的荧光和电流信号的技术。它将经典的膜片钳和现代光学记录结合以同步呈现离子通道执行其功能时的蛋白质构象信息。与 X 射线和冷冻电镜不同的是，荧光膜片钳可提供离子通道处于真实细胞膜生理环境并执行功能时的实时动态结构信息。

在的极化状态既与膜内外存在各种电解质的离子浓度差有关，也与膜对各种离子的通透性存在差异有关。

习惯上，人们规定膜外电位为零（作为参考），因此膜内电位为负值。来自动物不同组织的细胞，其膜内外的膜电位会有差异，一般介于 –100 ~ –10 mV 之间。例如神经细胞中的膜电位一般约为 –70 mV，骨骼肌细胞约为 –90 mV，平滑肌约为 –55 mV，而红细胞约为 –10 mV。尽管静息电位仅存在于细胞膜的内外表面间各不足 1 nm 的厚度范围内，但二者间所形成的电位梯度却能达到很大。例如，当静息电位为 –80 mV 时，在厚度约 6 nm 的细胞质膜两侧可以形成并保持 133 000 V/cm 的电位梯度。

生理学上通常以极化状态为基础对膜电位的变化做如下定义：若细胞受某种因素影响，其膜内电位向负值减小的方向变化，称为去极化（depolarization）；去极化至零电位后，膜电位如果进一步变为正值，则称为反极化（reverse polarization），其中超过 0 mV 的部分称为超射（overshoot）；细胞先发生去极化，然后又向原来的极化状态恢复的过程，称为复极化（repolarization）；膜内电位向负值增大的方向变化，称为超极化（hyperpolarization）。值得注意的是，在物理学上，电位向正值方向的变化是升高，但在电生理学中主要考虑的是跨膜电位差的大小，故在生理学中称为电位降低。

（三）动作电位

☞ 神经细胞发生兴奋的基本表现形式是爆发可扩布的动作电位。

当肌细胞或神经细胞的某一个部位受到刺激而兴奋时，就会在细胞膜静息电位的基础上发生一次短暂的电位变化（暂时反转）。而且，这种短暂的电位波动可以沿着细胞膜向周围扩散，使得整个细胞膜都依次经历一次这样的电位波动，这种电位被称为动作电位（图 1-4）。由图可见，该过程只需数毫秒的时间（如在神经纤维中只持续 0.5 ms 至几毫秒）。

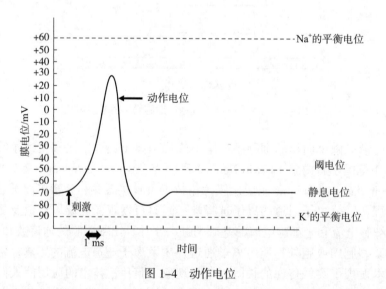

图 1-4 动作电位

神经细胞或骨骼肌细胞等可兴奋细胞受到刺激产生动作电位期间，细胞膜的局部电位会经历去极化、反极化和复极化的过程。在刺激来临时，细胞的极化状态被破坏并随即发生了去极化，而且短时间内会发生膜内电位高于膜外电位的反转现象，即膜内为正电位而膜外为负电位（形成反极化状态）。接着，在极短时间内细胞膜又恢复了原来的外正内负状态（极化状态）。

具体来看：① 当动作电位产生时，细胞膜内原有的负电位迅速消失进而转变为正电位。电位由原来的 –90 ~ –70 mV 转变为 +20 ~ +40 mV，出现了膜电位的倒转，变成膜内为正、膜外为负，且电位变化幅度达 90~130 mV，从而构成了动作电位的上升支。② 当动作电位的上升支（反极化）到达顶点后，该电位随后迅速下降到接近静息电位的水平，构成动作电位曲线的下降支，称为复极化作用。可见，动作电位是在静息电位的基础上，膜两侧电位发生的一次快速波动或可逆性反转。由于其图形为一短促而尖锐的脉冲，因此动作电位也称锋电位（spike potential）。③ 在锋电位完全恢复到静息电位水平以前，细胞膜两侧电位还会经历一次微小而缓慢的波动，称为后电位（after potential）。后电位分为两部分，前者为负后电位，包括快速复极化末期到接近但仍小于静息电位部分；后者为正后电位，包括超过静息电位水平一直到恢复到静息电位部分。负后电位与正后电位是沿用细胞外记录法所做的命名，如果使用现代电生理学的细胞内记录方法（参考电极），也可将其分别称为后去极化（after depolarization）和后超极化（after hyperpoloarization）。

实际上，人们通常所说的神经冲动或兴奋波就是指一个个沿着神经纤维传导的锋电位（动作电位）。

如果把动作电位的全过程与前面介绍过的兴奋性变化阶段相比较，就不难看出二者间存在一个对应关系，即锋电位的存在时间正好与兴奋性的绝对不应期大致相当，而锋电位下降支的末段和负后电位的开始段与兴奋性的相对不应期大致相当，负后电位的后段则与兴奋性的超常期相当，而正后电位的出现与兴奋性的低常期相当（图 1-5）。

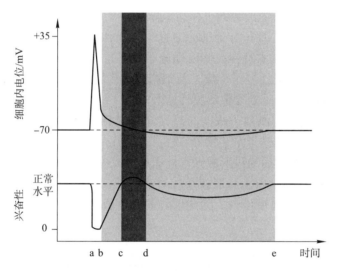

a-b：锋电位——绝对不应期；b-c：负后电位的前段——相对不应期；
c-d：负后电位的后段——超常期；d-e：正后电位——低常期
图 1-5 动作电位和兴奋性变化的时间对应关系

二、产生生物电现象的机理

（一）静息电位的产生和钾离子的平衡电位

静息电位和动作电位究竟是如何产生的呢？目前生理学家普遍认同用离子学说（ionic theory）来解释。该学说的核心是：生物电的产生与细胞膜内外离子的分布、运动以及细胞膜对带电离子的通透性（permeability）或电导（conductance）有关。

1. 不同离子在细胞膜内外的分布存在高度差异

众所周知，细胞膜内外的液体是由多种带电离子所组成的电解质溶液。无论是细胞内液还是细胞外液中，各种带电离子的总数都是基本相等的，也不存在电位梯度（呈电中性）。细胞膜脂质双层构成的绝缘层把含有电解质的细胞内液和细胞外液

☞ 膜两侧带电离子的浓度差异和膜对带电离子的通透性决定了离子的走向，而细胞膜上的钠钾泵则对于建立和维持膜两侧的离子浓度差同样发挥了重要功能。

分隔开，从而形成了类似于物理学上的一个可储存电荷的平行板电容器。当膜上的离子通道开放而引起带电离子跨膜流动时，就相当于在电容器上充电或者放电，从而在膜两侧产生电位差。

重要的是，具体到各种离子本身，其存在于细胞膜内外的生理浓度并不是相等的，即存在浓度差或称为浓度梯度（concentration gradient）。如在静息状态下，枪乌贼神经细胞和狗骨骼肌细胞膜内外液体中离子浓度分布就有差异（表1-1）。即在正离子中，细胞内的钾离子浓度比细胞外高20～30倍，而细胞外的钠离子浓度则是细胞内的8～12倍。在负离子中，细胞外以氯离子为主，而细胞内则是以大分子有机负离子（A⁻）为主。这类有机负离子是细胞代谢的有机物与无机磷和硫的结合物。

表1-1   枪乌贼神经细胞 / 狗骨骼肌细胞膜内外液体中离子浓度

单位：mmol/L

离子类型	细胞内浓度	细胞外浓度
Na^+	50/12	440/145
K^+	400/150	20/4
Cl^-	52/3.8	560/120
A^-	385/155	—

2. 细胞膜对不同离子的通透性也存在差异

细胞内外的离子浓度差异对于维持细胞的存活和实现其功能都至关重要。细胞膜本身的脂质双层具有疏水特性，脂溶性分子和不带电小分子可以通过简单扩散穿过质膜，其余绝大多数极性分子、离子及细胞代谢产物都很难穿过质膜而自由转运。因此这类物质的跨膜转运就需要依赖膜转运蛋白。

目前认为，细胞膜两侧离子浓度的差异分布主要受两类转运蛋白的调控：一类是特殊的膜转运蛋白，如钠钾泵（钠钾ATP酶）；另一类是离子通道蛋白。通道蛋白被（如化学刺激物）激活后通过形成亲水性通道，允许特定离子通过来实现对溶质的跨膜转运（图1-6）。细胞膜上一般仅存在对钠离子、钾离子、钙离子、氢离子和氯离子有转运功能的天然通道蛋白，除此以外的其他金属和非金属离子均不存在通道蛋白。

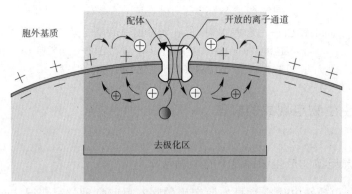

图1-6   由化学刺激物诱导的细胞膜局部去极化和电位梯度
正电荷通过开放的离子通道向细胞内流入，使得细胞膜局部发生了去极化，该处的局部电流随即向四周扩布。

☞ 引起细胞膜通透性增加的原因是膜上的离子通道被激活而开放了，而引起膜电位发生改变则是由于特定带电离子通过开放的通道时改变了细胞膜内外的电荷数所致。

通常，不同的分子通过细胞膜的难易程度主要取决于物质的脂溶性程度，以及分子的大小、构象和解离情况等。在不同的生理情况下，细胞膜对不同的离子具有不同的通透性。细胞膜通透性的增加允许离子沿着电化学梯度跨细胞膜进出（易化扩散）。

3. 静息电位形成的根本原因是离子的跨膜扩散

首先，在静息状态下，细胞膜对钾离子的通透性较大。细胞膜上有许多持续开放的钾离子通道，称为钾泄漏通道（potassium leak channel）。相反，细胞对钠离子的通透性很低，而对有机负离子则无通透性。与此同时，因为细胞内液中的钾离子浓度远远高于细胞外液，于是钾离子在化学驱动力的作用下顺着化学浓度梯度由膜内向膜外扩散，从而导致膜外正电荷增多因此电位升高，而膜内则因正电荷减少、负电荷相对增多因此电位降低。于是，最终形成了内负外正的电位差（电位梯度）（potential gradient）。

其次，细胞膜上的钠钾泵工作时，其每消耗 1 分子 ATP，通过构象改变即可将 3 个钠离子泵出细胞，将 2 个钾离子泵入细胞，从而有助于膜内产生过量的负离子，这对形成静息电位也是有贡献的（它可使膜电位增加约 –6 mV）。

再有，由于细胞膜内有机负离子不能透过细胞膜而留在膜内，于是由钾离子向外扩散所形成的内负外正的电位差，因受到膜内负电荷的吸引和膜外正电荷的排斥，使钾离子的外流受到阻止。而且，随着钾离子的不断外流，这种阻力会不断增大。当促使钾离子外流的浓度差动力和阻碍其外流的电位差动力达到平衡（二者的代数和为零）时，钾离子向细胞外的净扩散便停止了。换句话说，当由浓度梯度促使钾离子外流的力量与由电位梯度促使钾离子内流的力量达到平衡时，钾离子进出细胞膜的净通量为零。于是细胞膜两侧的电位梯度即维持在某一稳定不变的数值，这一电位梯度就叫做钾离子的平衡电位，也就是静息电位。

▶️ 录像资料 1-5
静息电位与动作电位

钾离子平衡电位的具体数值可以应用物理化学上的能斯特（Nernst）公式来计算。

在 37℃时，以膜外电位为零，则膜内钾离子的平衡电位 E_K 为：

$$E_K = 61.5 \lg \frac{[K^+]_o}{[K^+]_i}$$

式中：61.5 为 RT/ZF 的比值，其中的 R 为摩尔气体常数（8.31 J·mol^{-1}·K^{-1}），T 为绝对温度，Z 为离子价（钾离子为 1），F 为法拉第常数（9 650 C·mol^{-1}）；$[K^+]_o$ 和 $[K^+]_i$ 分别为细胞外和细胞内钾离子浓度。

根据表 1-1 中狗的骨骼肌细胞内外离子浓度的数据可知，细胞内液钾离子浓度为 150 mmol/L，而组织液中钾离子浓度为 4 mmol/L，代入上述公式，则 E_K 应为：

$$E_K = 61.5 \lg (4/150) = -97 (mV)$$

由此计算出的钾离子电学 – 化学平衡电位的理论值与实际测得的细胞膜的静息电位的数值十分接近。但实际上静息电位并不等于钾离子的平衡电位，例如枪乌贼巨大神经轴突的钾离子平衡电位的理论值约是 –87 mV，而其静息电位的实测值只有 –77 mV。这是因为在静息条件下，细胞膜对钠离子和氯离子也有一定的通透性，少量钠离子和氯离子的内流对静息状态时的膜电位也有一定的影响，这是造成静息电位与钾离子平衡电位不能完全相同的主要原因。总体上，静息电位的产生主要是因为钾离子的跨膜扩散（外流）造成的。

（二）动作电位产生的机理

如果大家理解了静息电位产生的机理，就很容易理解动作电位产生的原因了。实际上，动作电位产生的机理与静息电位一样，也是以细胞膜的通透性和细胞膜内外离子运动的改变两方面的变化为依据而形成的。

前面讲过，在不同的条件下，细胞膜的通透性是会发生改变的。这是因为在周围环境变化的刺激下，细胞膜离子通道蛋白的空间构象发生了变化，致使某些离子的特异性通道封闭，而另一些离子的特异性通道开放所致（图 1-7）。

就神经细胞和肌细胞来说，其细胞膜上都有钠离子通道。当细胞受到刺激而发

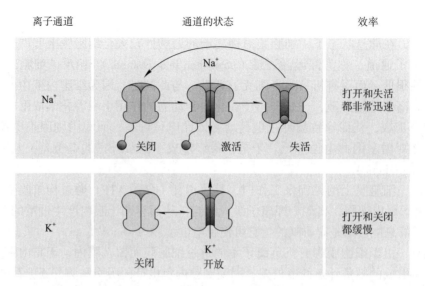

图 1-7 电压门控的钠离子和钾离子通道工作机制

细胞膜的去极化会使得钠离子通道迅速打开，而其失活则会伴随着钾离子通道的开放而发生。
当膜的复极化达到负电位时，钠离子和钾离子通道将均处于关闭状态。

生反应时，细胞膜对钠离子和钾离子的通透性发生了变化，即本来在静息状态下对钠离子通透性很小的细胞膜，由于钠离子通道的开放而对钠离子的通透性突然增大（增大至静息时的 500 倍）。于是，在细胞膜内外存在的钠离子浓度差和电位差的双重作用下，钠离子就由细胞膜外向膜内扩散，使细胞膜内外原有的电位差（静息电位）迅速减少并消除静息状态时细胞膜的极化状态，即发生了去极化。随着更多的钠离子迅速进入细胞内，结果是形成了膜内电位增高的状况。电位增高不仅使原来的负电位消失，而且进一步使膜内出现正电位，从而形成了细胞膜内为正而膜外为负的反极化或超射状态，此即动作电位曲线的上升支。当动作电位的上升支达到顶点时——即达到钠离子的平衡电位时（由于钠离子浓度差造成的将钠离子向细胞内运动的力量和由于细胞膜内外正负离子的电位差阻止钠离子进入细胞膜内的力量达到了平衡），钠离子的净通量为零。此时，细胞膜对钠离子的通透性迅速下降，而对钾离子的通透性大幅增加。这样，钾离子就会由于其电位差和浓度差的存在（膜内钾离子浓度大于膜外，以及膜外电位为负）而迅速外流。于是，膜外电位上升而膜内电位下降。最后，膜内外的电位又恢复到原有的内负外正的极化状态，这就构成了动作电位的下降支。由于钾离子外流的速度要比去极化时钠离子内流的速度慢，所以复极化过程也较缓慢（图 1-8）。

由图 1-8 可见，每次动作电位发生后都会有一些钠离子流入细胞内，而一些钾离子流出细胞外。因此，细胞要完全恢复到原有的静息状态时的电位水平，就需要将流入细胞内的钠离子和流出细胞外的钾离子摄取回来。这种恢复过程就要靠细胞膜上的钠泵的作用。而如前所述，钠泵的功能主要与细胞膜内外阳离子正常浓度的维持有关。

钠泵的活动要消耗 ATP，而 ATP 的产生要靠正常的新陈代谢。因此，低温、缺氧、使用某种代谢抑制物或者使用可直接抑制钠钾泵的药物［如哇巴因（ouabain）］，都可使细胞内钾离子浓度降低，钠离子浓度升高，促使细胞静息电位降低（负值变小）。

三、动作电位的引起和传播

前面介绍过动作电位产生的机理是钠离子的流入引起的，那是不是说只要钠离

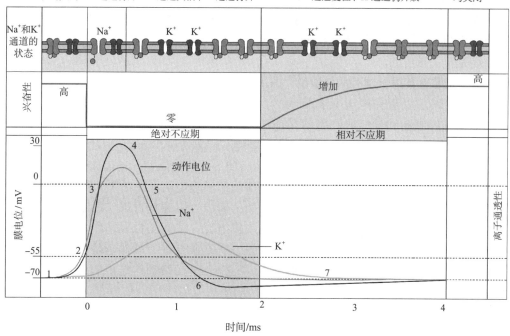

图 1-8 动作电位产生时，细胞膜对钠离子和钾离子的通透性及膜电位的变化特征

子流入细胞膜内就会引起动作电位的产生呢？实际上并不是这样。为了说明钠离子流入在什么情况下会引起动作电位的产生，我们需要先了解两个电生理学的概念。

（一）阈电位和阈刺激

1. 低极化状态

当细胞受到有效刺激但未产生动作电位前，细胞膜原有的极化程度会减弱，即静息电位数值减小，此时膜电位的状态被称为低极化（hypopolarization）。准确地说，动作电位发生时，细胞膜对钠离子的通透性增加是有一个过程的。当细胞受到刺激而发生兴奋时，首先是细胞膜对钠离子的通透性逐渐增加，流入细胞内的钠离子逐渐增多，从而使细胞膜内外原有的电位差逐渐减小。仅当膜电位减小到一定的临界数值时，细胞膜中电压门控钠离子通道才打开，细胞膜对钠离子的通透性突然增大，钠离子突然大量流入细胞内，发生膜电位的去极化和反极化过程，进而爆发动作电位。可见，只有当钠离子通道的通透性突然增大造成大量钠离子流入的情况下才会产生动作电位。

2. 阈电位

能打开电压门控钠离子通道、使细胞膜对钠离子通透性突然增大的临界膜电位数值，称为阈电位（threshold potential）。在神经细胞和肌细胞膜上的阈电位的数值大约为 –50～–70 mV。实际上，膜电位与阈电位之间距离的大小决定了细胞兴奋性的高低。一般说来，两者之间距离变小，说明细胞的兴奋性增高；距离变大，则兴奋性降低。

☞ 阈电位在细胞兴奋性的变化中是一个十分重要的指标。

3. 阈刺激

本章第一节中介绍的阈刺激的概念是从细胞对刺激发生反应的外在表现形式来定义的。现在了解了细胞发生反应的本质以后，我们再从细胞的内在表现形式给阈刺激下个定义：能使细胞膜电位达到阈值（阈电位），从而爆发动作电位的最小刺激强度，称为阈刺激。

（二）动作电位的传播

前已述及，当神经细胞和肌细胞的某一部位在发生兴奋产生动作电位后，这一锋电位并不停留在局部，而是沿着细胞膜的表面以一定的速度向其他相邻的部位传播。在心肌细胞和大多数平滑肌细胞中，由于细胞间存在大量缝隙连接而使得动作电位还可以从一个细胞传到另一个细胞，这一点对于保证心肌细胞和平滑肌的同时性收缩是至关重要的。

动作电位的传播机理有两种学说，即局部电流（动作电流）学说和跳跃传导学说。

1. 局部电流（动作电流）学说

无髓神经细胞和骨骼肌细胞的兴奋性传导就是以这种方式进行的。以哺乳动物神经细胞为例：锋电位一般为 +40 mV，静息电位一般为 –70 mV。因此，细胞膜的兴奋部位与邻近的静息部位之间将产生波幅达 110 mV 的电位差。这样大的电位差必然会在兴奋部位和邻近的静息部位之间产生很强的动作电流。由于所产生的动作电流显著大于阈刺激，所以它本身就将是一个新的刺激，引起临近部位的细胞膜发生兴奋，促使钠离子通道开放，产生一个新的动作电位。依此类推，动作电位就这样沿着细胞膜一个个的产生下去。需要强调的是，从本质上讲，动作电位的传播不是初始动作电位在产生后沿着细胞膜传播下去，而是由于初始动作电位的刺激引起了相邻部位一个个新的动作电位的产生而传播下去的。

在一般情况下，引起动作电位的临界去极化仅需要约 15 mV 的电位差，就可以达到阈刺激强度。

2. 跳跃传导学说

动作电位在有髓神经纤维的传导是以这种方式传导的，原因是有髓神经纤维的外周包围有绝缘的髓鞘结构。关于跳跃式传导的机理，我们将在第七章中介绍。

第三节　机体生理活动的调节

生命有机体之所以能够以统一的整体形式进行各种各样的生命活动，就是由于全身各器官、系统的活动都受体内一系列的调节机制控制才得以实现的。正是由于这些调节机制的存在，才使得各器官、系统的生理活动能够互相配合和协调，而不互相干扰和排斥，从而形成了一个高度统一的整体。例如，运动时，骨骼肌的活动得到了增强，此时，为了向骨骼肌提供更多的能量和氧气，以及快速将肌细胞代谢产生的废物运走，机体会出现心脏收缩力加强收缩频率加快、呼吸加深加快而胃肠的活动相应减弱的情况。这种调整是为了保证机体的活动和外界环境的变化之间形成统一，从而使得正常的生命活动得以维持。

哺乳动物生命活动调节的基本方式主要分为以下三种：即神经调节系统（neuroregulation system）、体液调节系统（humoral regulation system）和自身调节（autoregulation）。

一、神经调节系统

（一）反射

机体中的很多生理功能是受神经系统调节后完成的，故称为神经调节（neuroregulation）。神经系统主要是以反射（reflex）的形式来调节全身各部分的机能活动。反射的基本结构称为反射弧（reflex arc）。所谓反射，就是通过一定的反射弧实现的神经调节。

那么，什么是反射弧？我们以刺激人的脚底部皮肤会引起抬腿动作这个反射活动为例加以说明。当脚底部的皮肤痛觉感受器受到刺激（伤害性刺激）而发生兴奋时，该兴奋经过传入神经到达脊髓的反射中枢，中枢神经的兴奋再经过传出神经传到腿部肌肉（效应器）引起腿部的屈肌收缩，于是发生了抬腿动作。可见，完成一个反射活动，需要5个环节，即感受器（receptor）、传入或感觉神经（afferent or sensory nerve）、中枢（center）、传出或运动神经（efferent or motor nerve）和效应器（effector）。这5个环节联系起来，就构成了神经调节系统的结构单位和功能单位——反射弧。

▶▶ 录像资料1-6
反射弧的组成

从上面的例子中我们可以发现，感受器接受外界和机体内部的刺激后发生的兴奋，先是由感觉神经的传导而进入到脊髓或脑的一定部位（中枢），引起有关中枢部位的分析和整合活动；随后，从中枢部位分析得到的结果（神经冲动）再由运动神经传出并作用到效应器上后，要么会发动和促进效应器的活动，要么会制止和减弱效应器的活动。这种以反射的形式来调节机体各部分活动的机制，总称为反射性调节。一旦构成反射弧的任何一个环节受到破坏或其功能发生障碍，则都不能出现反射现象。换句话说，当我们在体外对组织或细胞进行刺激时（此时的组织已脱离了中枢的控制），所看到的组织与细胞的反应是不能称为反射的。

前面所举的例子是最简单的反射活动（称为躯体反射），因为该反射活动最终是由运动神经兴奋后引起的躯体活动。下面再举一个较为复杂的反射活动的例子：当脚底部受到较严重的伤害性刺激（如刀割破脚底）时，除了引起腿部屈肌的反射性收缩（躯体反射）外，还会引起一些内脏器官的反射性活动，如皮肤血管的收缩、心跳加快、呼吸加快或抑制和胃肠运动被抑制等。这些反射活动有别于躯体反射，因此总称为内脏反射。此例中，内脏反射的反射弧与躯体反射的相比，有其相同之处但也存在明显的区别，这是因为调节内脏器官活动的神经结构属于自主神经（包括针对同一内脏器官或组织的，既相互协同又有拮抗的交感神经和副交感神经），而非躯体运动神经。其中，相同的是其感受器和传入神经以及向中枢传入的路径，但到达中枢的具体部位以及传出的路径就截然不同了。单就传出神经来说，支配骨骼肌的传出神经冲动是由脊髓的前角细胞发出后直达骨骼肌细胞的；而支配皮肤血管、心脏、肺和胃肠的传出神经则从脊髓发出后分为前后两部分来发挥效应的，即神经冲动先从脊髓侧角的节前神经元出发并沿其轴突到达脊椎两侧的交感神经节（椎旁神经节），或到达腹腔的交感神经节（椎前神经节）中的神经元（节后神经元）。在此，节前神经元的轴突通过突触联系将信息传递给节后神经元，再由节后神经纤维发出轴突分别支配皮肤血管、心脏、肺及胃肠的生理活动（图1-9）。

需要强调的是，机体的生命活动是作为一个统一的整体存在的。因此，真正意义上的神经调节情况要比这复杂得多。特别是反射弧的中枢部位的活动更为复杂。直到今天为止，关于这方面的知识仍然相当缺乏。这是因为感受器的兴奋传入中枢后，并不只是引起某一中枢部位的神经细胞发生兴奋，还要影响到与其相邻的神经细胞群的活动以及通过中枢神经系统的上行和下行神经通路的传导，进而引起其他部位神经细胞群的活动。因此，当我们提到某一反射中枢时，都要从机能上去理解。这是因为某一中枢的大致解剖位置往往并不局限于一点，有的相互交叉在一起，而有的又分散存在。

☞ 在正常生命活动中，只有在整体的情况下或反射弧不受破坏的条件下，反射性（神经）调节才存在。

（二）非条件反射和条件反射

人们对反射活动的认识是一个渐进的过程。在20世纪以前，有关反射的概念只是指先天遗传的低级形式和机械的反射活动。如前所述的两个反射，以及如食物入口引起的唾液分泌和高温引起出汗等，都属于这种反射活动。但从20世纪初开始，以俄国生理学家巴甫洛夫（Ivan Petrovich Pavlov，1849—1936）在研究消化生理时的发现为标志，使得我们对反射活动的认识进入到了更高层次的认识阶段。巴甫洛夫观察到狗的流涎反射不仅可以由食物入口所引起，还能在它看到食物甚至见到饲养

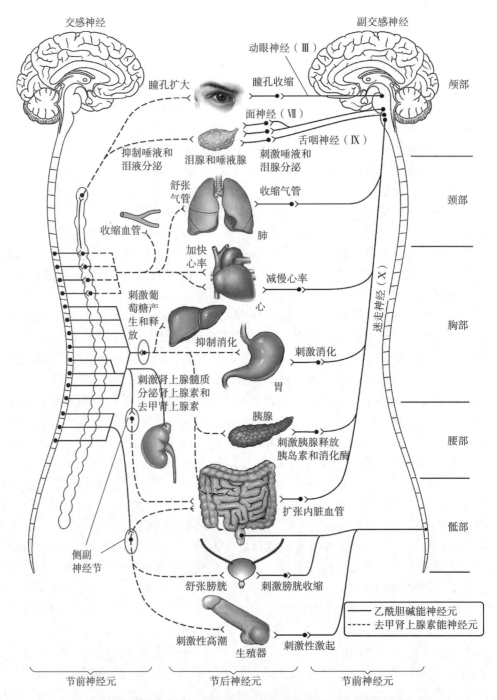

交感神经   副交感神经

动眼神经（Ⅲ）

瞳孔扩大   瞳孔收缩   颅部

面神经（Ⅶ）

舌咽神经（Ⅸ）

抑制唾液和   刺激唾液和
泪液分泌   泪液分泌
泪腺和唾液腺   颈部

舒张   收缩气管
气管

收缩血管   肺

加快
心率   减慢心率

心

刺激葡
萄糖产   胸部
生和释
放   抑制消化   刺激消化

迷
走
神
经
（
Ⅹ
）

刺激肾上腺髓质   胃
分泌肾上腺素和
去甲肾上腺素

胰腺   腰部

刺激胰腺释放
胰岛素和消化酶

扩张内脏血管   骶部

侧副
神经节

舒张膀胱   刺激膀胱收缩

乙酰胆碱能神经元
去甲肾上腺素能神经元

刺激性高潮   刺激性激起
生殖器

节前神经元   节后神经元   节前神经元

图 1-9   自主神经系统交感和副交感神经的分布示意图（引自梅岩艾等，2011）

员时也发生。如果事先通过手术切除狗的大脑皮层，则其流涎反射只能由食物入口
所引起。巴甫洛夫又经过长期细致的研究后，首次提出了反射活动可分为两大类：
一是前面提到的先天遗传的反射，称之为非条件反射（unconditioned reflex）；二是后
天训练获得的反射，则称为条件反射（conditioned reflex）。

非条件反射是维持机体生命活动最基本也是最重要的反射活动，但同时也是比
较简单的反射活动。其基本的神经中枢大都位于中枢神经系统的较低级部位，因而
是一种较低级的神经调节方式。相对而言，由于条件反射的形成需要大脑皮层的存
在，故也称为高级神经活动。

对于高等动物（包括人）来说，条件反射的建立对于提高和扩大动物适应环境
的能力，以及提高对危险的预见性和种群的生存能力等都具有不可低估的作用。因
此，在现代动物生产实践中，如何有效地建立有利于提高动物生产性能和促进动物

健康的条件反射是我们应该重点关注的问题。

（三）神经调节的特点

神经调节的特点可以归纳为：迅速、准确、高度规律性、高度自动化、作用范围小、持续时间短。

录像资料 1-7
神经调节

首先，由于神经调节是以反射的形式实现的，而反射弧又有严格的定位，因此神经调节就具有迅速、准确和高度规律性的特点。这是因为每一个神经反射建立时，其神经联系都是有规律的，而且每个反射之间的相互影响也是有规律的。其次，由于神经系统的调节环路之间还存在完善的反馈调节系统，因此神经调节还具有高度自动化的特点。一般来说，机体重要的生命活动（如心血管和呼吸活动等）的快速瞬间调节都通过神经调节实现。

神经调节的局限性则主要在于它的作用范围比较小，作用时间比较短。因此，有关机体的生长发育、代谢以及生殖等活动则主要依赖于机体的另一个主要调节系统——体液调节来完成。

二、体液调节系统

体液调节是指机体的某些组织细胞所分泌的特殊的化学物质，通过体液途径到达并作用于靶器官，进而发挥其调节器官、组织和细胞功能活动的作用。在物种进化过程中，不但动物机体的神经调节系统不断得以发展，其体液调节系统也在不断地进化，最终形成了一系列特殊的内分泌腺体和具有内分泌能力的特殊组织和细胞。总的来说，动物机体的体液调节可大致分类如下。

录像资料 1-8
体液调节

（一）内分泌

内分泌（endocrine）是指具备内分泌功能的腺体或细胞所分泌的激素（hormone）经血液循环流动，达到靶器官或靶组织，进而调节其细胞功能活动的调节方式。哺乳动物的体液调节主要是激素的调节。机体内多种内分泌腺体和特殊的内分泌组织及细胞分泌的几十种激素，可以分别专一性地对不同的组织或器官的活动发挥各自特殊的调节作用。

与神经系统的调节相似，各种激素的调节活动并不是彼此孤立的。相反，它们常常同时作用于同一组织或器官，有的发生相互协调作用，有的则发生相互拮抗作用；还有的激素本身对某一组织或器官并没有直接作用，但是它的存在可以使其他激素发挥生物学效应，即激素的"允许作用"。许多激素在分泌的过程中还存在相互影响和相互制约的关系，如由胰腺中胰岛组织所分泌的胰岛素和胰高血糖素，它们在调节血糖水平的过程中就存在这种情况。正是由于激素之间的这种复杂的相互关系，才使体液调节发展成为除神经调节方式以外的另一种比较完善的调节系统。

内分泌调节的特点是缓慢、弥散而持久。由于激素的生成、分泌/释放、运输到靶器官、通过受体发挥作用等过程需要较长的时间，因此它的调节作用往往产生得比较慢，但作用时间较长，有一定的弥散性，因此它主要参与动物的新陈代谢、生长发育和生殖等生命活动的调节。

（二）旁分泌

前面讲过内分泌调节所依赖的激素是通过血液运输后到达靶组织的，但是有些细胞分泌的生物活性物质并不通过血液循环，而是经细胞外液的扩散直接作用于与其相邻的组织和细胞来发挥调节作用，这种分泌调节方式称为旁分泌（paracrine）。

例如，调节内脏活动的组织胺、激肽以及前列腺素等活性物质（又称局部激素）的分泌就属于这一类。实际上旁分泌方式也存在于内分泌组织中。例如，胰岛的 A 细胞分泌胰高血糖素，B 细胞分泌胰岛素，D 细胞分泌生长抑素以及 F 细胞分泌胰多肽，它们既可以通过血液循环而发挥内分泌激素的调节作用，调节远处的靶器官或靶组织，又可以通过旁分泌方式调节相邻组织或细胞的活动（图 1-10）。

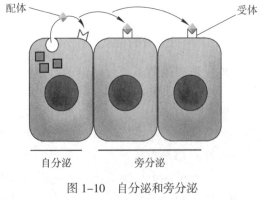

图 1-10　自分泌和旁分泌
（引自 Silverthorn，2009）

（三）自分泌

除了上述两种分泌调节方式外，机体对组织或细胞活动的调节还存在自分泌（autocrine）调节方式。它指的是细胞自身分泌的活性物质往往可以通过存在于细胞自身的受体，进而调节细胞自身的活动（图 1-10）。一般情况下，这一类调节方式多是一些生长因子对自身细胞的调节。需要指出的是，生长因子更重要的调节作用是通过内分泌方式和旁分泌方式对其他靶组织或细胞的调节。

（四）代谢产物

某些代谢产物，如腺苷、氢离子及二氧化碳等也对局部组织具有一定程度的调节作用。例如，对局部的微血管具有舒张作用，促进局部血液循环，进而使积蓄在局部的代谢产物较快地清除。这种调节方式也称为局部体液调节。

三、自身调节

上述两种调节系统是哺乳动物最重要的调节方式。除此之外，机体还存在自身调节方式。那么什么是自身调节？举例来说：在正常情况下，骨骼肌的收缩活动主要是靠神经调节系统来调的。但是，在一定范围内，在骨骼肌收缩前，其肌纤维的长度也可以影响肌肉收缩时的力量。如果收缩前肌纤维的长度较长，所发生的收缩力量就较大。这种基本不依赖神经或体液调节的器官的、组织和细胞对环境变化所做出的适应性反应，就叫作自身调节。再比如，当肾小球入球小动脉（毛细血管前阻力血管）血压波动在一定范围内时，可通过血管平滑肌的自身调节来改变血管口径大小，使血流量保持相对稳定，从而维持正常的肾小球滤过率，此即贝利斯反应（Bayliss myogenic response），是由英国生理学家贝利斯（William Bayliss）于 1902 年发现的。这类反应既不受肾上腺素能阻断剂的影响，也不因去掉神经支配而发生改变，显然是一种自身的肌源性反应。

一般说来，自身调节能调节的范围较小，也欠敏感，但仍有一定的生理意义，可能是动物进化过程中最早发育出来的调节方式。

四、体液调节与神经调节之间的关系

在整体中，体液调节和神经调节经常是密切联系的。一方面，有的激素（如甲状腺激素）是中枢神经系统的高级部位——大脑皮层发育时所必需的调节物。在胚胎期甲状腺激素即可诱导某些生长因子合成，促进神经元分裂，轴突和树突形成，以及髓鞘及胶质细胞的生长。因此，在缺乏甲状腺激素的情况下，大脑发育和骨骼成

☞ 机体的活动千变万化，而机体的调节系统要想精确地保证其反应能适应这种变化，就需要依赖现代自动化理论所述的控制系统才行。

熟全都受损，导致呆小症（cretinism，克汀病）。因此在缺碘地区，为预防呆小症的发生，妇女在妊娠期要注意补充碘。另一方面，许多激素的分泌又是直接或间接地受神经系统控制的，如下丘脑的一些神经元释放的肽类物质（激素）随神经轴突的轴浆流至末梢，由末梢释放入血，进而进入腺垂体以控制该部位多种激素的分泌。这后一种作用方式常被称为神经内分泌（neuroendocrine）调节。

随着 20 世纪后期这方面研究的深入，人们发现在神经系统、消化系统、甲状腺、肾上腺髓质和垂体等组织中的内分泌细胞都具有摄取胺前体、进行脱羧而产生肽类和活性胺的能力，具有这种能力的细胞统称为 APUD 细胞（amine precursor uptake and decarboxylation cell），于是又有人提出了另一种新的调节方式，即 APUD 调节。

参与 APUD 调节系统的细胞都具有共同的生理生化特点，尤其是它们都能摄取胺的前体物质，而后使之脱去羧基并转化为胺类产物。迄今为止，已经在哺乳动物机体内发现了 40～50 种之多的 APUD 细胞，且已经确认由 APUD 细胞分泌的肽类物质也有 40 余种。

APUD 细胞的分布大致可分为两类：一是位于中枢神经系统中的细胞；二是分布在外周器官中的细胞。其中，中枢神经系统的 APUD 细胞主要位于垂体、下丘脑和松果体等部位；而外周组织的 APUD 细胞则主要分布在胃肠道及胰腺，同时也分布于呼吸道、泌尿生殖道、甲状腺、甲状旁腺和肾上腺髓质等部位。

APUD 细胞分泌的肽类物质有的进入血液，发挥内分泌激素的作用；有的具有旁分泌性质，分泌产物只在局部对周围的细胞起作用；有的则属于 APUD 细胞的神经元和神经纤维释放的肽类，具有神经递质的作用。越来越多的实验证据表明神经细胞与 APUD 细胞具有很多相似之处：① 所有的神经细胞几乎都具有 APUD 的功能。② 许多肽类物质既存在于 APUD 细胞中，也存在于中枢与外周的神经细胞中。这些肽类统称为脑肠肽（brain-gut peptide）。目前已经确定的脑肠肽有 30 余种。③ 原来认为只存在于神经细胞的特异性烯醇化酶也几乎存在于所有的 APUD 细胞中。④ 在胚胎发生上，APUD 细胞也基本上起源于外胚层。所以，有人认为神经系统与 APUD 系统可能是一个整体，叫作弥散性神经内分泌系统（diffuse neuroendocrine system）。也可以说 APUD 系统是神经系统的第三个分支。它与另外两个分支（运动神经系统和植物性/自主性神经系统）一起，共同调节和控制机体的动态平衡和生理活动过程。但与神经系统相比，APUD 系统启动慢、作用持续时间长，其特点类似于内分泌系统，通常作为除了神经系统、内分泌系统外的第三种稳态调节系统发挥作用。

五、反馈与前馈

在整体条件下，机体或组织细胞接受刺激而发生的反应是否充分、及时并能实现适可而止，都对机体的活动保持在相对恒定的水平以达到生理需要的状态具有非常重要的生理意义。那么，通过上述调节系统的调节与控制，机体的反应活动效果是否就能达到恰到好处了呢？为什么正常的生命活动能够达到恰到好处？实际上，机体对刺激的反应之所以能达到恰到好处，主要与上述各种调节方式中均存在一些反馈（feedback）与前馈（feed-forward）的调节机制有关。

（一）反馈

按照自动化控制理论，由控制部分发出的信息改变受控部分的工作状态仅是控制和调节的一个方面。另一方面，要想真正达到精确的调节，还必须在受控部分工作的同时又不断地根据受控部分工作的结果发出信息返回到控制部分，从而不断地纠正和调整控制部分对受控部分的指令强度。因此，这种由受控部分返回到控制部分的信息就称为反馈信息。

这种工作机制具体联系到动物身上，则可认为中枢神经系统就是其所谓的控制部分，而机体中的各类效应器就是受控部分。也就是说，效应器在受到中枢的指令改变活动的同时，又不断地通过感受器将效应器反应的效果及时地反馈到中枢，以纠正和调整中枢系统的信息发布质量或精确度。通常，人们将这种由效应器发出的返回信息对中枢控制系统功能的纠正或调整作用，称为反馈作用。

根据反馈信息所引起的效果，可将反馈作用分为以下两类。

1. 负反馈

负反馈（negative feedback）的特征是反馈信息抑制中枢控制部分的活动，使其活动减弱，降低或抑制效应器的活动强度。一般来说，机体内某种生理活动之所以能够在一定水平上保持相对恒定，其自动控制过程几乎都是由负反馈来实现的。

在神经调节中负反馈机制发挥着重要的作用。例如，脊髓的 α- 运动神经元在发出信息促进骨骼肌收缩的同时，还会通过其分支作用到闰绍细胞（一种中间神经元）上。闰绍细胞兴奋后发出返回信息到达中枢，进而抑制 α- 运动神经元的进一步活动。这种调节对于保证反射活动的适可而止是十分重要的。

在体液调节中也存在很多这样的负反馈调节机制。以甲状腺激素（TH，主要是 T_3 和 T_4）的分泌调节为例，当下丘脑释放的促甲状腺激素释放激素（TRH）通过血液循环进入腺垂体后，会促进腺垂体分泌促甲状腺激素（TSH）。当甲状腺受到 TSH 的作用而增强了其分泌 TH 的活动时，由于分泌入血液中的游离 TH 浓度升高，后者反过来也会作用于腺垂体以及下丘脑特定的内分泌细胞，分别抑制 TRH 和 TSH 的分泌，从而使得血液中 TH 的水平能够在一定范围内保持稳定，也就能保证甲状腺对机体各器官细胞的生理功能调节处于一个合适的范围内或水平上。

负反馈机制在整体活动中处处可见。在今后的章节中，大家会不断地体会到这一机制的重要性。

2. 正反馈

正反馈（positive feedback）的特征是反馈信息促进控制部分的活动，使其活动加强。通常，机体一些需要迅速达到某种活动状态的过程都有正反馈的存在。例如，在动作电位产生过程中，可兴奋细胞受到刺激，首先是引起细胞的去极化导致低极化状态，低极化引起细胞膜对钠离子的通透性升高，导致钠离子进入胞内，而钠离子的进入又进一步促进了去极化过程。当去极化达到一定水平时，就会引起钠离子通道的快速开放，使大量的钠离子进入细胞内并导致动作电位的产生。这种再生性去极化就是动作电位发生的基本机制，也恰好是通过正反馈机制实现的。消化系统中，胃壁上皮分泌的无活性的胃蛋白酶原在盐酸的作用下转变成有活性的胃蛋白酶，而有活性的胃蛋白酶又可反过来对胃蛋白酶原起激活作用，形成局部正反馈。另外，机体因出血引起的血液凝固的过程、分娩过程、排尿过程以及有雌激素参与的排卵过程等，也存在正反馈机制。

（二）前馈

现代化自动控制系统除了上面介绍的负反馈控制外，为了达到系统控制的精确性，还有完善的追随伺服系统。实际上，这种追随伺服系统就是通过前馈实现的。一般来说，在动物体内前馈控制系统（feed-forward control system）主要发生在中枢系统内。

同样，根据前馈信息引起的效果，也可以分为两类：正前馈和负前馈。

1. 正前馈

正前馈（positive feed-forward）的特征是前馈信息对受控部分的活动具有加强作用。例如，运动员在赛跑前，尽管信号枪还没响起，但其自身通过前馈调节就会出现心率加快、心输出量增加、肺通气量增加以及肾上腺素分泌增加等一系列应急反应，从而让运动员能够提前适应比赛时机体血供需求增加和耗氧量增加的需要。再例如，在整体条件下，中枢神经系统的高级部位通过下行通路兴奋脊髓前角的α运动神经元，使骨骼肌梭外纤维收缩。但同时，中枢神经高级部位的下行通路通常也使得脊髓的γ运动神经元兴奋，γ运动神经元通过γ环路则使α运动神经元活动进一步加强。在这里，γ环路（促进骨骼肌梭内纤维收缩）对α环路就是起着追随伺服的作用。这对于运动的协调维持具有重要意义。

2. 负前馈

负前馈（negative feed-forward）的特征是前馈信息对受控部分的活动具有抑制作用。例如，在小脑中，篮细胞细胞与浦肯野细胞可被同一中枢神经纤维发出的冲动刺激而产生兴奋。但篮细胞兴奋后所发出的冲动会反过来抑制浦肯野细胞的兴奋。可见，兴奋的篮细胞对浦肯野细胞的兴奋程度具有调节作用，从而实现了生理功能调节上的"适可而止"的目的。

明确机体中存在反馈与前馈的概念及意义不仅对理解生理功能以及功能的调节是必需的，而且对于临床实践也具有重要的指导意义。例如，我们已经知道肾上腺皮质分泌的糖皮质激素对下丘脑及垂体的相关激素分泌具有负反馈调节。给患者长期使用糖皮质激素后，就会使下丘脑和垂体中分泌相应激素的功能下降。而患者一旦突然停止使用外源的糖皮质激素，就会使得患者因为这种"皮质激素危象"而导致其腺垂体功能减退症状加剧，导致患者可能出现脱水、电解质紊乱、低血糖和低血压等后果，严重时或可危及生命。因此，在一般情况下医生都要求患者逐渐停止服用糖皮质激素类药物。此外，对于运动失调的患者，临床上除了给予可刺激α环路的药物进行治疗外，还要考虑是否通过刺激γ环路来改善治疗效果的必要性。

第四节 肌肉的收缩

机体的活动都是在神经内分泌系统的调控下进行的，大体可分为躯体活动和内脏活动。肌肉是参与机体运动的主要组织之一，而肌肉活动的主要形式是收缩。其中躯体运动全部是由骨骼肌（因显微镜下可见明显的明暗相间的横纹，而称为横纹肌）参与的活动。同样地，很大一部分内脏运动也是由平滑肌参与的活动。此外，心脏的活动由心肌（横纹肌）负责完成。骨骼肌的收缩受躯体运动神经系统的支配和控制，而平滑肌和心肌的收缩受自主神经系统控制。为了便于大家对后面介绍的机体各系统活动规律的理解，本节将肌肉组织的收缩规律单独加以介绍。

一、骨骼肌的收缩

（一）骨骼肌的收缩特性

1. 物理特性

（1）展长性 展长性即骨骼肌受到外力时，会被拉长的特性。骨骼肌受其细胞内组织结构的限制，其展长性比平滑肌的小。

（2）弹性 弹性即当外力解除后，骨骼肌恢复原状的特性。骨骼肌的弹性也比平滑肌小。

（3）黏性 黏性即骨骼肌伸长或恢复过程中，其细胞或分子间存在的摩擦阻力可阻滞肌肉伸长或恢复的特性。骨骼肌的黏性还是比平滑肌小。

在上述三个特性中，展长性和弹性是决定骨骼肌收缩性能的关键，而黏性的大小则决定了肌肉收缩的阻力。对于一束功能良好的肌肉来讲，其展长性和弹性升高而黏性下降。但当该束肌肉功能下降时，其展长性和弹性下降而黏性升高。

2. 生理特性

（1）兴奋性　相比而言，骨骼肌的兴奋性比心肌和平滑肌都高。此外，骨骼肌只接受躯体运动神经的支配且其不应期比心肌短，这是骨骼肌可以发生强直收缩而心肌不会发生强直收缩的主要原因。

（2）传导性　骨骼肌动作电位的传导速度比心肌和平滑肌快。不过，骨骼肌细胞兴奋时，其动作电位的传导仅局限在同一条肌纤维内，而不能传导到相邻的其他肌纤维中。与骨骼肌细胞不同的是，心肌和平滑肌细胞的胞膜上都因为有大量的缝隙连接结构而存在胞间离子通道，因而可以保证动作电位向相邻细胞传导。

（3）收缩性　骨骼肌的收缩速度快、强度大，但不能持久。这一点与平滑肌正好相反。

（二）收缩特征

1. 影响肌肉收缩的因素

肌肉的收缩过程受多种因素的影响，其中最主要的是肌肉收缩前后所承受的负荷（load）及肌肉收缩能力（contractility）。

（1）肌肉缩短的幅度、速度，以及张力增加的幅度和速度都取决于肌肉所承受的负荷。因肌肉所承受负荷的不同而使肌肉收缩呈现不同的形式。

① 前负荷（preload）是指肌肉在收缩前所承受的负荷，是牵拉肌肉的力量。由于前负荷的存在，使肌肉在收缩前就具有一个特定长度，称为初长度（initial length）。习惯上，在肌肉收缩实验中用初长度来代表肌肉的前负荷；改变前负荷或初长度即可改变肌肉收缩产生的张力。

肌肉能产生最大收缩张力时所对应的初长度就称作最适初长度（optimal initial length）。对应于最适初长度的前负荷称作最适前负荷。肌肉的初长度大于或小于最适初长度时，其收缩张力都会下降。也因此，肌肉通常都处于最适初长度状态以便随时达到最大收缩张力。这是因为肌张力的大小取决于肌节中能与细肌丝对接的横桥的数目。仅当肌肉处于最适初长度时二者的对接或重叠才最完全，此时所有的横桥都能与细肌丝重叠而发挥作用。因前负荷过大导致初长度长于最适初长度时，部分横桥无法与细肌丝对接因而不工作；反之，短于最适初长度时两侧细肌丝在暗带中央相互重叠而发生卷曲也会影响部分横桥与细肌丝的接触，其收缩所产生的张力也就相应减小。

实际上在机体内，受骨骼长度的影响，骨骼肌的初长度已经由肌肉的起止点固定于最适初长度，因而其收缩做功主要受后负荷影响。但心肌的初长度与其内部腔室的充盈程度有关，因而会影响其收缩做功。

② 后负荷（afterload）是肌肉开始收缩后遇到的负荷。例如，生理情况下心室将血液泵出心脏的前提是必须克服大动脉血压所构成的阻力，因此大动脉血压就是心室收缩时所遇到的后负荷。

与前负荷不同，后负荷不影响肌肉初长度，但却影响肌肉在收缩过程中缩短的速度和产生张力的大小。肌肉收缩与负荷大小的关系如图 1–11 所示。心室后负荷的改变可以直接影响心搏出量，大动脉血压降低将有利于心室射血。由于在特定条件下，肌肉做功的总量是一定的。因此，随着后负荷的增加，肌肉收缩需产生更大张力以克服阻力，此时肌肉缩短的速度就会减慢且缩短的程度也会减小。当负荷等于零时，则肌肉收缩可达最大收缩速度。反之，当后负荷增加到使肌肉不能再缩短时，肌肉可以产生最大的收缩张力。动物的肌肉能够根据刺激的变化（后负荷的大小）而相应做出不同强度的收缩是因为神经系统能够根据刺激强度而发出不同的神经冲

☞ 对于心脏来说，心室的初长度决定于心室舒张末期的血液充盈量。因此，其前负荷（也称容量负荷）是指心室舒张末期的容量或心室舒张末期心室壁张力。这是由于心室内压比心室容积更易测量且心室舒张末期容积与压力间在一定范围内相关度高。同时，因为正常动物心室舒张末期心房内压力与心室内压力几乎相等且心房内压力更易测定，故常用心室舒张末期的心房内压力来反映心室的前负荷。

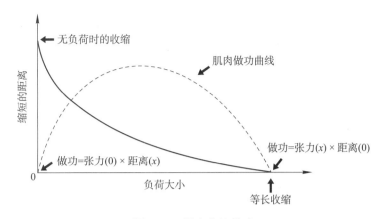

图 1-11　肌肉收缩做功

张力换能器记录显示，当肌肉无负荷时，其产生的收缩距离最长。当存在负荷时，肌肉的缩短距离
随着负荷的增大而减小。将肌肉张力（负荷大小）与其缩短距离相乘，即可得到肌肉的做功曲线。

动频率，引起肌肉收缩强度的变化。

（2）肌肉本身的功能状态也可影响肌肉收缩的效能。

通常把不依赖于前、后负荷而影响肌肉收缩效能的肌肉内在特性称作肌肉的收缩能力。肌肉收缩能力主要取决于兴奋－收缩偶联过程中肌细胞内钙离子的浓度及 ATP 酶活性等因素。肌肉收缩能力既可影响肌肉收缩产生张力的大小，也可影响其收缩时的缩短速度。如肌肉收缩能力增强时，有可能使同一前负荷条件下肌肉收缩产生的张力增加，也可使同样后负荷时肌肉缩短的速度增加。而肌肉收缩能力减弱时，引起相反的结果。

另外，胞外生理性信号如肾上腺素和咖啡因等通过神经体液调节，以及尼古丁等药物通过影响肌细胞收缩机制等，也可提高肌肉的收缩效果；而病理性因素如缺氧和酸中毒，以及某些毒物（如筒箭毒或 α-银环蛇毒素）等则会降低其收缩效果。

2. 等长收缩和等张收缩

肌肉收缩的表现形式分为两种，即张力变化和长度变化（图 1-12）。当具有后负荷的肌肉进入收缩时，这两个过程是相互关联的。在生理学上，我们把张力发生变化但肌肉长度不变的收缩形式称作等长收缩（isometric contraction）。例如，某人手提重物时，其肌肉通过用力收缩产生了张力克服了物体重力但自身并未缩短即为等长收缩。把肌肉收缩时长度发生变化而张力不变的收缩形式称作等张收缩（isotonic contraction）。例如，某人上肢举起某重物过程中，其上肢的屈肌收缩所产生的张力足以克服物体的重力，随后肌肉开始缩短并将重物举起。肌肉在缩短过程中其张力不再增加，此即等张收缩。实际上，骨骼肌的收缩兼顾了这两种变化，不存在绝对的等长收缩和等张收缩，一般只是以某种收缩形式为主，另一种为辅而已。例如，维持机体姿势的肌肉以等长收缩为主，而引起动物运动的收缩，例如膈肌收缩是以等张收缩为主。

3. 单收缩、复合收缩和强直收缩

如果将肌肉的收缩过程用记录仪记录下来，所记录的骨骼肌收缩波形会因刺激的频率不同，而发生以下不同的变化。

（1）单收缩

当离体肌肉接受一个短促有效的刺激时，发生一次可传导的兴奋并做一次收缩，继而舒张并回复原状，此即单收缩。

单收缩曲线分为三段（图 1-13）：潜伏期，是肌肉从接受刺激开始到肌肉收缩开始的时间，它表示刺激引起冲动传导的过程和通过神经肌肉接头的时间，以及兴奋－

（A）骨骼肌等长收缩张力变化曲线记录

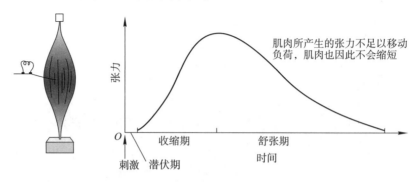

（B）骨骼肌等张收缩张力变化曲线记录

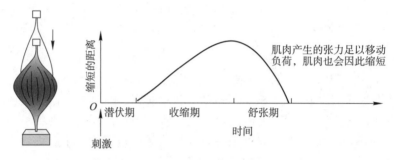

图 1-12   实验记录到的骨骼肌等长收缩和等张收缩的差异

（A）在等长收缩中，肌肉产生了收缩，但并不会移动负荷。（B）在等张收缩中，
一旦骨骼肌的收缩力达到负荷相等值，则肌肉缩短并将负荷移动。

收缩偶联的时间之和；缩短期，是从肌肉收缩开始到收缩到极点为止所经历的时间；舒张期，是从肌肉收缩的最高点回落到基点所需的时间。

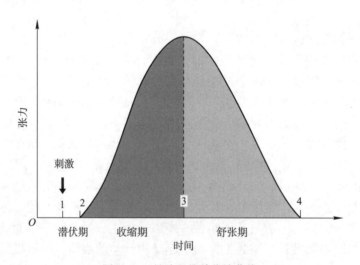

图 1-13   骨骼肌的单收缩曲线

（2）复合收缩

复合收缩即给骨骼肌连续两个以上不同频率的强刺激，以保证全部肌纤维都发生兴奋和收缩。当刺激间隔小于肌肉单收缩的时程，肌肉产生的收缩波就会发生叠加，称为复合收缩（图 1-14）。值得注意的是，其曲线形状会因刺激的时间间隔不同而发生相应的变化。

从图 1-14 可以看到，从（A）到（B），如果两个刺激在一定的范围内连续出现且刺激间隔小于肌肉单收缩的时程时，骨骼肌的收缩曲线表现出了第二个收缩波在

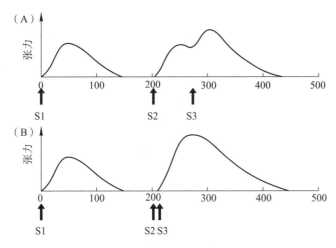

图1-14　骨骼肌的复合收缩（引自Widmaier，2010）

第一个收缩波的基础上逐渐加强的趋势，即复合收缩的幅度超过单收缩，说明肌肉的收缩是可以叠加的，这是由于骨骼肌兴奋后的不应期相对较短所导致的。

（3）强直收缩

在复合收缩中，当刺激间隔小于肌肉收缩的总时程而大于潜伏期和收缩期时程时，肌肉收缩的波形叠加发生在肌肉前一次收缩的舒张期，肌肉尚未完全舒张就再次收缩，形成锯齿状的收缩曲线，该现象称为不完全强直收缩。若刺激间隔小于肌肉收缩的收缩期（但必须大于动作电位的不应期），就会使肌肉出现收缩期复合，形成一个光滑而连续的收缩曲线，称作强直收缩（图1-15）。我们把产生强直收缩所需的刺激频率称作融合频率。

☞ 动作电位与收缩波的关系：如果同时记录肌肉的动作电位和肌肉收缩的曲线，可以发现存在融合频率的条件下，每个刺激产生的动作电位都是分开的，但收缩曲线却融合在一起。这说明：肌肉的兴奋不能总和而机械收缩活动可以总和。这就是为什么骨骼肌可以强力做功的基础。

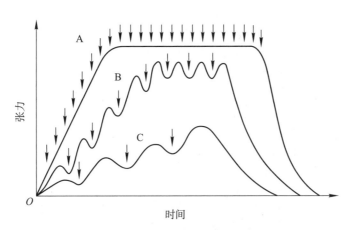

图1-15　刺激频率改变与骨骼肌发生强直收缩的对应关系
A、B、C三条曲线分别代表施加给肌肉的不同频率刺激。

4. 运动单位

从运动单位这一概念我们也可以理解为什么我们的肌肉可以做各种各样精细复杂的活动。前面介绍过，骨骼肌的特点是它必须接受运动神经的支配才能发生活动。也就是说，每个肌纤维细胞都要接受神经支配。生理学上习惯于把一个运动神经元和它所支配的全部肌纤维称作一个运动单位。由于骨骼肌的收缩都是以一群肌肉做功体现出来的，因此每块肌肉中所有的肌纤维可能接受同一个运动神经元末梢的支配，也可能接受不同运动神经元末梢的支配；反之，同一肌纤维也可能接受不同运动神经元的支配。因此，在肌肉中，运动单位的多少或大小与肌肉的功能复杂程度有关。例如，腓肠肌有300多个运动单位，而眼肌只有十几个运动单位。

５. 骨骼肌类型

哺乳动物的骨骼肌因其功能的不同大体分为快肌纤维和慢肌纤维。快肌纤维主要完成快速和短暂的收缩活动。快肌纤维因其所呈现的颜色又被称为白肌纤维，其结构特点为肌细胞内肌糖原和乳酸脱氢酶的含量均较高，适于糖酵解代谢，故快肌纤维收缩速度快但易疲劳。慢肌纤维又称为红肌纤维，主要参与维持正常姿势等。该细胞含有丰富的肌红蛋白，后者能够储备氧。其结构特点为肌细胞内的线粒体发达，故慢肌纤维有氧代谢能力强但不易疲劳。

（三）骨骼肌收缩的过程和机理

1. 神经肌肉接头的兴奋传递

（1）运动终板的结构特征

神经元（神经细胞）末梢与骨骼肌细胞之间的联系和神经元与神经元之间的突触联系非常相似。首先，神经元的轴突末梢的膨大部与肌细胞膜之间会形成一种非实质性的扣状联系（称作运动终板，motor endplate）。神经轴突末梢与肌细胞膜之间的间隙称作终板间隙或接头间隙，其中神经元轴突末梢为接头前膜、肌细胞膜为接头后膜。神经轴突末梢的膨大处有许多囊泡（突触小泡）。这些小泡内含神经递质——乙酰胆碱（acetylcholine，ACh）。而接头后膜上嵌有可以与乙酰胆碱特异性结合的受体（图 1-16）。

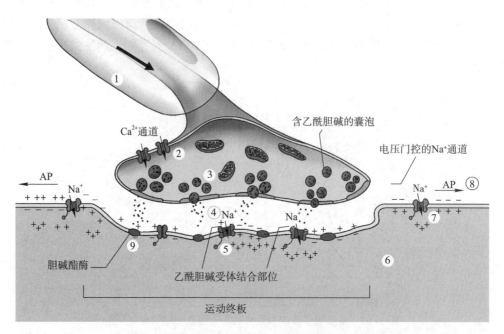

1. 运动神经元动作电位传导；2. Ca^{2+} 经电压敏感通道入胞；3. 释放乙酰胆碱；
4. 乙酰胆碱与受体结合通道打开；5. Na$^+$ 进入；6. 位于去极化终板和毗邻胞质间的局部电位传导；
7. 肌细胞动作电位；8. 动作电位的传导方向；9. 乙酰胆碱被降解
图 1-16　神经肌肉接头处的肌细胞膜动作电位产生机制
尽管乙酰胆碱受体被打开时钾离子也会被移出肌细胞，但此时的钠离子入胞及去极化是主导性的。

（2）神经肌肉接头的兴奋传递机制

当运动神经元兴奋（产生动作电位）时，其神经冲动（动作电位）传递到神经轴突末梢的膨大处，引起突触小泡释放乙酰胆碱。乙酰胆碱通过终板间隙扩散并与终板后膜的特异性受体结合，引起肌细胞膜对钠离子的通透性升高，导致钠离子顺浓度差内流，进而引起肌细胞膜后膜去极化并产生肌细胞局部性电位变化（微终板电位，miniature endplate potential，MEPP）。MEPP 的出现是以囊泡为单位的递质随机释放所导致的结果。当神经冲动到来时，会引起轴突末梢中大量的囊泡（约 200 ~ 300 个）同时释放，由此导致微终板电位叠加后形成终板电位（endplate potential，EPP）。由于每次神经冲动总要引发大量的囊泡释放，其所产生的终板电位会达数十毫伏，这就足以使肌细胞膜产生自己的动作电位，从而保证了每一次神经元的冲动到达神经末梢时都能可靠地引起肌细胞的兴奋和收缩。肌肉收缩就是通过肌肉的兴奋 – 收缩偶联机制而引发的。

在正常情况下，一个神经冲动只引起一次乙酰胆碱囊泡的释放，产生一个终板电位。原因是乙酰胆碱的水解速度很快，可被肌细胞膜外接头间隙处的乙酰胆碱酯酶迅速分解，这一点对于保证肌肉收缩与舒张的适时进行和及时终止都非常重要。想象一下，如果乙酰胆碱不能被快速分解，则会造成其与受体的不断结合，进而引起肌肉的持续收缩。假如这一情况发生在心脏和呼吸系统的肌肉中，就会危及个体的生命。现实生活中，家畜或动物发生有机磷中毒时，就会出现包括肌肉强直收缩等一系列症状在内的表型，这是因为被机体摄入的有机磷农药破坏了胆碱酯酶的活性所致。

（3）神经肌肉接头结构信号传递的特征

① 单方向传递：神经冲动传导到肌细胞的方向只能是单方向的，而不能从肌细胞再传递到神经元，这是因为乙酰胆碱受体只存在于肌细胞膜上。

② 传递延搁：与神经元之间的突触传递一样，当冲动通过运动终板引起肌细胞产生动作电位的过程中，也会发生延迟的现象。这是因为神经冲动这一电位变化转变为肌细胞膜电位变化过程中，存在着乙酰胆碱释放、扩散并与其受体结合的化学变化过程，而这些过程都要耗费一定的时间。

③ 容易发生疲劳：这是因为神经轴突末梢的神经递质可以被消耗殆尽，而其合成过程需要时间。

2. 骨骼肌收缩的机理

（1）骨骼肌的功能性结构

骨骼肌的基本功能单位是肌细胞（肌纤维），而肌纤维又包括以下几个部分：肌膜（sarcolemma）、肌原纤维（myofibrilla）、肌质、肌细胞核和肌管系统（sarcotubular system）（图 1–17）。在肌肉收缩过程中，除细胞核与肌肉收缩无直接关系外，其他结构都与肌肉收缩有关。

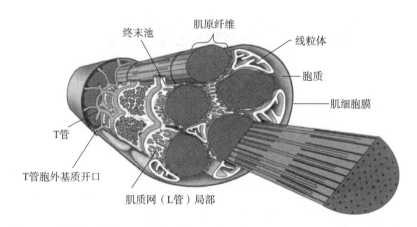

图 1–17　骨骼肌单个肌纤维中 T 管和肌质网的相对位置（改自 Guyton 等，2005）

① 肌原纤维（myofibril）：是位于肌纤维内的，与肌纤维平行排列的亚细胞结构，直径 1 ~ 2 μm。肌原纤维中含有若干个肌小节（sacomere），每个肌小节又主要由粗肌丝和细肌丝构成。一个肌小节的长度 =1/2 明带 + 暗带 +1/2 明带。肌小节是肌肉收缩和舒张的最基本功能单位。

　　（a）粗肌丝的结构：由肌球蛋白（也称肌凝蛋白，myosin）组成。一条粗肌丝包含200～300个肌球蛋白，每个分子长150 nm，形状如豆芽，分头部和杆部（图1-18）。其中杆部朝向M线，构成粗肌丝的主干。头部朝向Z线，形成一些等间距的突起——横桥（cross bridge）。当肌肉安静时，横桥由粗肌丝表面突出约6 nm，与主干方向垂直。

　　粗肌丝上只有在M线两侧各100 nm的范围内无横桥。其中在同一周径上，一般只有2个相互隔开180°的横桥出现，而每隔14.3 nm又出现下一对横桥并与前一对有60°的夹角。当出现第4对时，其位置与第1对平行，但彼此相距42.9 nm（图1-18）。

（A）肌小节

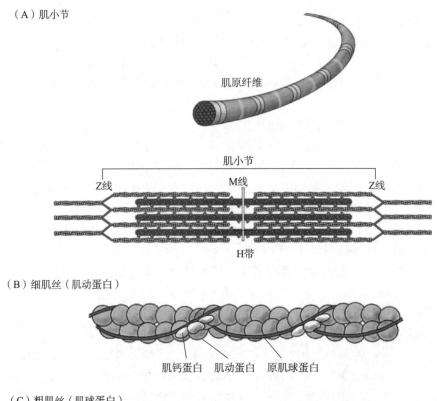

（B）细肌丝（肌动蛋白）

（C）粗肌丝（肌球蛋白）

（D）单个肌球蛋白分子

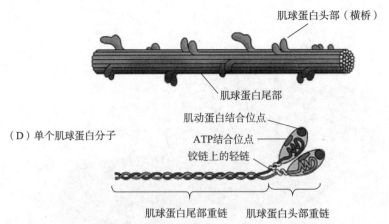

图1-18　横纹肌功能基本单位——肌小节的结构

（A）粗肌丝和细肌丝相互重叠和滑动即可产生收缩。（B）每条细丝都是由2条以松散的螺旋结构排列的球状肌动蛋白分子链组成。细肌丝中还包括原肌球蛋白和肌钙蛋白。（C）粗肌丝由肌球蛋白分子形成。（D）每个完整的肌球蛋白分子包含6条多肽链：2条重链和4条轻链。每个肌凝蛋白分子中均含有2条重链，二者互相缠绕形成粗肌丝的尾部。每条重链的氨基末端形成头部的一部分。头部含有1个结合肌动蛋白的位点和1个结合并水解ATP的位点。在铰链区域连接粗肌丝的头部和尾部处含有与每个头部相连的2条较小轻链。在不同类型的肌肉中，重链和轻链的分子组成各不相同。不同的肌球蛋白重链和轻链异构体赋予了其不同的功能特性（如肌球蛋白ATP酶水解ATP的效率）。

横桥有三个重要特性：能与 ATP 结合、具有 ATP 酶活性以及能与细肌丝的肌动蛋白可逆性结合。

（b）细肌丝的结构：细肌丝由以下三种蛋白质构成（图 1–18）。

肌动蛋白（actin）：它是细肌丝的主干，由肌动蛋白单体（G 型，直径 5.5 nm）彼此连接而成。每 2 条单体相互扭转成双螺旋链（F 型）。每个肌动蛋白单体上有一个能与肌球蛋白的横桥结合的位点。

原肌球蛋白（tropomyosin）：由 2 条多肽链扭成螺旋状组成，分子间首尾相连，呈长丝状。当肌肉舒张时，原肌球蛋白的位置介于肌动蛋白的 2 条链所形成的沟与粗肌丝的横桥之间。

肌钙蛋白（troponin）：由 3 个亚基组成。T 亚基是原肌球蛋白结合亚基；I 亚基可与肌动蛋白结合，阻碍肌动蛋白与肌球蛋白之间的互作；C 亚基是钙结合蛋白，每个分子可与 2 个钙离子结合。

原肌球蛋白和肌钙蛋白不直接参与肌肉收缩过程，但影响收缩蛋白之间的相互作用，故称其为收缩调节蛋白。

② 肌管系统：包括横管系统和纵管系统。

（a）横管系统（T 管，transverse tubule）：位于肌细胞外，是由肌细胞膜在骨骼肌横纹的明带 Z 线处向细胞内凹陷，并深入细胞内而成。横管系统包绕每根肌原纤维，管内液体与细胞外液相通。T 管膜与肌细胞膜相似，可以产生以钠离子为基础的去极化和动作电位，产生的动作电位可由横管系统传入到肌纤维内部（图 1–17）。

（b）纵管系统（L 管，longitudinal tubule）：位于肌细胞内，相当于一般细胞中的滑面内质网结构，故亦称肌质网（sarcoplasmic reticulum）。L 管与肌原纤维平行，包绕每个肌小节。L 管在明带和暗带交界处膨大成泡状，称之为终末池（terminal cisterna），内含大量钙离子（图 1–17）。每 2 个终末池之间有 1 条横小管（T 管），三者共同构成所谓的三联管（triad）。终末池虽与 T 管不相通，但在靠近 T 管的终末池膜上有钙离子释放通道。相应地，在终末池钙离子通道相对应的 T 管膜上有另一种 L 型钙离子通道。肌质网中还存在有另外一种钙泵（钙镁 ATP 酶）。它可以将钙离子主动转移入终末池。

当肌细胞处于静息状态时，L 型钙离子通道起着阻断肌质网膜上的钙离子通道开放以阻止钙离子释放的作用。只有当动作电位到达 T 管的 L 型钙离子通道（电压敏感通道），并引起通道蛋白发生构象变化时，才能解除其对终末池膜上的钙离子通道的阻断作用，允许终末池中的钙离子被释放入胞质中，参与肌肉收缩。这种钙释放称为构象变化触发的钙释放。

心肌细胞 T 管膜上的钙离子通道与骨骼肌有所不同，因而其肌质网释放钙离子的机制也有所不同，即在动作电位出现在心肌细胞膜上后，先是细胞外液（即横管液）中的少量钙离子进入肌质，然后由进入肌质的钙离子来激活终末池膜的钙离子通道，使终末池释放大量钙离子。这种钙释放称为钙触发的钙释放。

（2）骨骼肌收缩原理和兴奋收缩偶联

① 肌丝滑动学说（sliding filament theory of muscle contraction）：关于肌肉收缩的机理，生理学家目前公认的学说是肌丝滑动学说。它是 20 世纪 50 年代中期由霍奇金及赫胥黎提出的。该学说认为肌肉收缩时肌纤维长度并没有缩短，而是肌小节的长度发生了变化。肌小节变短的原因是细肌丝向粗肌丝中间滑动的结果（图 1–19）。

实际上，肌肉收缩过程中其每个肌细胞内的细肌丝和粗肌丝的长度都没有变化，只是细肌丝在向粗肌丝中间滑行时增加了粗、细肌丝重叠的区域，从而造成 H 区的宽度变窄甚至消失的结果。其具体过程可人为分为 5 个阶段。细肌丝向粗肌丝滑动工作的机理如下。

☞ 钙离子和肌钙蛋白结合与否与钙离子的浓度有关。一般情况下，细胞内的钙离子浓度都保持在相对较低的水平。当胞质中钙离子浓度达 10^{-5} mol/L 时，钙离子与肌钙蛋白结合。当胞质中钙离子浓度达 10^{-7} mol/L 时，两者分离。

☞ 钙通道依据电生理和药理学特性可分为 L、N、P/Q、R 和 T 五型。其中，能被二氢吡啶类（dihydropyridine，DHR）拮抗的 VGCC 通道属于 L 型钙离子通道（L-type calcium channel，LTCC）。

☞ RyR 是一种因对植物碱雷诺丁（ryanodine）敏感而得名的钙通道蛋白。事实上，除了雷诺丁外，还有其他物质均可使该离子通道开放。在动作电位诱发 RyR 释放钙离子的过程中，位于 T 管膜上的 L 型钙离子通道与 RyR 的相互作用至关重要。

（a）肌肉处于安静状态时，由于原肌球蛋白占据了肌动蛋白和肌球蛋白两者结合的位点，粗肌丝的横桥不能与肌动蛋白结合，因此肌肉不能收缩（图 1-19A）。

（b）肌肉兴奋时，由于动作电位到达三联管处后引起了 T 管 L 型钙离子通道蛋白构象的变化，使得终末池中的钙离子大量释放。胞质中瞬间增加的大量钙离子得以与肌钙蛋白结合。

（c）由于钙离子与肌钙蛋白的结合，造成肌钙蛋白构象发生了变化。它会牵引原肌球蛋白移位，暴露出肌动蛋白与横桥的结合位点。横桥与肌动蛋白结合，形成肌动球蛋白（actomyosin）。

（d）一旦横桥与肌动蛋白结合，就激活了横桥 ATP 酶，使 ATP 分解并释放能量。该能量使横桥向 M 线的方向摆动，牵引细肌丝在粗肌丝间向 M 线方向滑动，造成肌小节缩短，最终体现为整个肌肉的收缩（图 1-19B）。

（e）当动作电位消失后，肌细胞内的终末池钙离子通道关闭。此时，钙泵开始工作，并将释放出的钙离子重新摄入肌浆网保存。当肌细胞质中钙离子的浓度下降后，肌钙蛋白与钙离子分离，肌钙蛋白恢复了原来构象而原肌球蛋白又掩盖了横桥与肌动蛋白结合的位点，由此产生的位阻效应使得肌球蛋白与肌动球蛋白分开，细肌丝从粗肌丝中滑回到原来位置，肌小节结构恢复原状并最终体现出肌肉舒张的状态。总体上，肌肉长度与张力的关系如图 1-20 所示。

② 骨骼肌兴奋 – 收缩偶联（excitation contraction coupling）：从上面的介绍中我们可以看到，肌肉收缩的起因是神经的兴奋冲动传递到肌肉细胞时，经过化学传递过程引起了肌细胞的电位变化，再进一步导致肌肉的收缩。因此，肌肉兴奋—收缩偶联的概念就是：从肌肉兴奋的电变化开始到导致肌肉收缩的机械变化的中间过程（图 1-21）。该过程主要分三个步骤：一是电兴奋通过横管系统传向肌细胞深处；二是三联管结构的信息传递；三是肌质网对钙离子的储存、释放和再储存。

在肌细胞收缩过程中，钙离子浓度是决定肌丝相互作用的关键因素，即由钙离子触发了细肌丝向粗肌丝的滑行。而钙离子的浓度又受到一系列因素的调控，这些调控是从肌细胞膜产生的动作电位开始的。钙离子的调控主要涉及终末池或肌质网钙离子释放及再储存的联动机制。电压门控型钙离子通道（voltage-gated calcium channel，VGCC）是钙内流的主要途径。

当动作电位经 T 管膜传至肌细胞深处时，引起钙离子由肌质网的终末池释放。动作电位可激活 T 管的 L 型钙离子通道，后者通过变构效应引起位于肌质网上的另

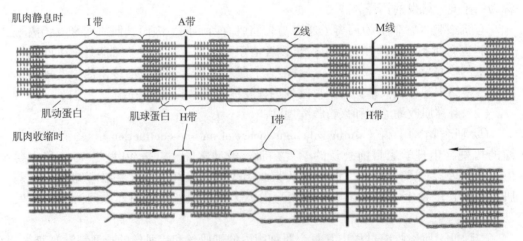

图 1-19　肌丝滑动学说

通过粗细肌丝彼此滑动会产生肌肉收缩，其中粗肌丝通过横桥把细肌丝拉向每个肌节的中心（M 线）。粗细肌丝不会在该过程中变短，但每个肌节的 I 带和 H 带会变短。由于肌原纤维中的肌小节接续相连，导致整个肌原纤维缩短。箭头所示为两个肌小节通过滑动后缩短。

（A）

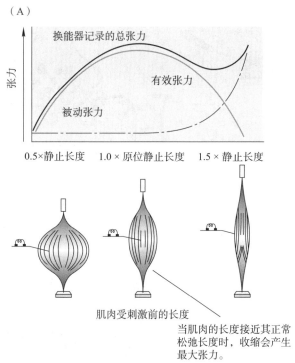

肌肉受刺激前的长度

当肌肉的长度接近其正常
松弛长度时，收缩会产生
最大张力。

（B）

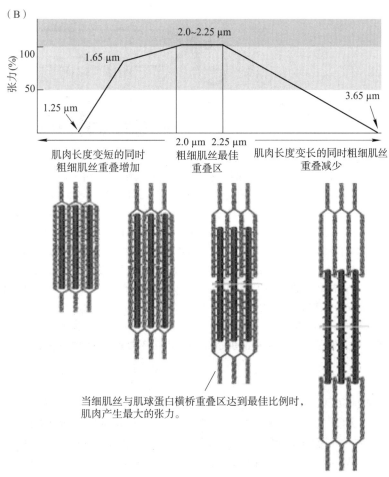

当细肌丝与肌球蛋白横桥重叠区达到最佳比例时，
肌肉产生最大的张力。

图1-20 肌丝滑行学说中肌肉长度与张力的关系

（A）蛙的整束肌肉处于接近其正常静止长度时因受到刺激而产生了等长收缩。肌肉的张力会随着肌肉变短或者
牵拉变长而降低。换能器记录了肌肉收缩过程中的总的张力变化曲线。有效张力（经肌小节活动实现）等于肌
肉收缩中记录的总张力减去荷载施加到肌肉上使其拉长的被动张力。（B）单个肌原纤维做等长收缩的张力大小
与刺激来临前肌小节长度相关。当绝大多数的肌球蛋白横桥与细肌丝肌动蛋白发生重叠时所产生的张力是最
大的。

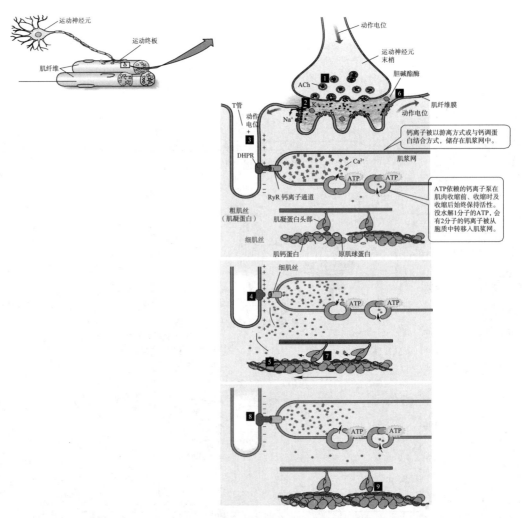

1. 来自运动神经元的动作电位触发轴突前膜释放神经递质乙酰胆碱。2. 配体门通道结合乙酰胆碱后，通道被打开。钠离子净流入胞膜，启动了动作电位。3. 动作电位沿着肌细胞胞膜向四周传导并使得 T 管去极化。此处显示去极化传播接近了一个位于 T 管深部的电压门控的 L 型钙离子通道（DHPR），但尚未对其通道的打开产生影响。4. 当去极化到达 DHPR 时，会引起 RyR 构象改变，打开肌浆网的钙离子通道。钙离子由此进入胞质中发挥作用。5. 钙离子与肌钙蛋白结合，原肌球蛋白移动位置后暴露肌动蛋白上的粗肌丝结合表位。6. 钙离子与肌钙蛋白结合，原肌球蛋白移动位置后暴露肌动蛋白上的粗肌丝结合表位。7. 只要钙离子还与肌钙蛋白有结合，那么横桥的摆动就会持续多个循环。8. 一旦去极化波终止，DHPR 会恢复到初始构象，此时 RyR 钙离子通道也会被关闭。9. 一旦 ATP 依赖的钙离子泵的工作使得胞质中钙离子的浓度下降，则肌钙蛋白会与钙离子解离。肌钙蛋白随即阻断肌凝蛋白在肌动蛋白上的结合位点，肌肉收缩由此终止。DHPR，二氢吡啶类拮抗的 L 型钙离子通道；RyR，可被植物碱 ryanodine 活化的肌质网膜钙离子通道

图 1-21　骨骼肌细胞的兴奋和收缩偶联机制由 T 管和肌浆网相互配合完成

一种钙离子通道蛋白，即雷诺丁受体（ryanodine receptor，RyR）的活化。从结构上看，L 型钙离子通道与 RyR 两两相对并紧密接触，彼此间只有很小的空间。当动作电位激活 T 管膜上 L 型钙离子通道后，通过其空间上的紧密连接促使 RyR 开放，从而引起钙离子通道打开。在此过程中，L 型通道并不开通，而是作为一个电压传感器，将动作电位的信息传递至肌质网的 RYR，使后者开放。由于肌质网钙离子浓度远高于肌质，RyR 的开放引起钙离子的释放，导致肌质钙离子浓度迅速升高。而当钙离子浓度升高触发肌丝滑行引起肌肉收缩的同时也激活了位于肌质网上的钙泵。钙泵利用分解 ATP 产生的能量将肌质的钙离子逆浓度梯度转运至肌质网，这一方面降低了肌质钙离子浓度，另一方面也保持了肌质网内的高钙离子浓度。

肌肉收缩和舒张的相互转化过程如表 1-2 所示：

表 1-2　肌肉收缩和舒张的转化过程

肌肉收缩	肌肉舒张
运动神经冲动	冲动停止
肌细胞膜电位变化	肌细胞膜电位复原
横管膜电位变化	横管膜电位复原
纵管膜构象变化（钙离子释放）	纵管膜构象复原（钙离子回收）
钙离子和肌钙蛋白结合	钙离子和肌钙蛋白解离
位阻效应解除	产生位阻效应
肌动球蛋白复合体形成	肌动球蛋白复合体分离
横桥 ATP 酶活性升高	横桥 ATP 酶活性下降

二、平滑肌的收缩

（一）平滑肌的类型

除了躯体运动和心脏活动的主要参与者骨骼肌和心肌外，机体各内脏器官，包括血管的活动大都依赖平滑肌的收缩来完成。平滑肌大体可分为两类。

（1）单单位平滑肌（single-unit smooth muscle），又称为内脏平滑肌，主要分布于消化管、子宫及输尿管等器官或组织。它的特点之一是多个细胞间可以借助缝隙连接（gap junction）结构完成动作电位的传播，实现同步收缩。缝隙连接为相邻两细胞实现信息的有效连通提供了细胞质间的通道，它允许小分子物质经由这些通道进行跨细胞扩散。因此，当一个平滑肌细胞兴奋时，可通过离子的跨细胞扩散使相邻细胞也产生兴奋，由此导致细胞的同步化活动，即要么不兴奋不活动，要么当某一个细胞兴奋时就会引起所有细胞同时进入兴奋状态。单单位平滑肌的另一个特点是具有自动节律性，这使得这类平滑肌能够自发地产生节律性收缩。

（2）多单位平滑肌（multi-unit smooth muscle），主要分布于大血管及呼吸道中大的气管和支气管，以及竖毛肌、虹膜肌和瞬膜肌等部位。由于这类平滑肌细胞间很少有缝隙连接结构，因此每个细胞的活动都是彼此独立的，相互影响很小。此外，这类平滑肌不具有自律性，其肌细胞的活动受支配它的神经或激素的控制，具有类似于骨骼肌的运动单位。

实际上，体内还有一些平滑肌兼有上述两类平滑肌的特性，如末梢小动脉和小静脉的平滑肌。它们虽然属于多单位平滑肌，但又有自律性。再比如膀胱平滑肌，它们虽然没有自律性，但受到牵张时肌肉又可以进行整体同步收缩，因此被划分到单单位平滑肌一类。

（二）平滑肌的收缩

1. 平滑肌的结构特征

平滑肌的结构特征可以概括为三个。首先，与骨骼肌和心肌相比，平滑肌由于其粗肌丝和细肌丝的数量少且排列无规则，所以在显微镜下看不到横纹。其次，平滑肌肌丝和肌小节排列的不规则，使得平滑肌具有很大的展长性，这是胃可以一次性容纳很多食物的原因。第三，尽管平滑肌没有横管系统，但也呈现出细胞膜内陷呈袋状结构的特征。其靠近肌膜袋状结构处的纵管末端也膨大形成终末池，内存钙离子。

2. 平滑肌的收缩

平滑肌的收缩与骨骼肌相比，既有相似之处，也存在不同的特点。

（1）肌质网钙离子释放机制不同。与骨骼肌一样，平滑肌收缩也需要钙离子的参与及胞质内钙离子浓度的升高。但由于平滑肌细胞的肌质网不发达，由此引起细胞内钙离子释放的机制在很大程度上依赖于细胞外钙离子的内流，这是与骨骼肌和心肌细胞有所区别之处。而胞外钙离子的内流，一方面可提高胞质内钙离子浓度，另一方面又可通过肌质网膜上的钙依赖性钙通道触发细胞内肌质网钙离子的释放。这一点是与骨骼肌不同的。

（2）用钙调蛋白取代肌钙蛋白参与肌丝滑动。由于平滑肌缺乏肌钙蛋白，因此它的收缩机制有别于骨骼肌。平滑肌的收缩也是通过横桥的摆动引起粗、细肌丝相对滑动实现的。但不同的是，平滑肌的细肌丝不含肌钙蛋白，转而用一种与肌钙蛋白相似的调节蛋白——钙调蛋白（calmodulin，CaM）来替代。钙调蛋白与钙离子结合形成复合物后，可激活胞质中的肌球蛋白轻链激酶，引起 ATP 水解，促进肌球蛋白轻链的磷酸化进而导致肌球蛋白的头部构象发生变化，最终导致横桥和肌动蛋白结合。随着横桥的摆动，促进肌小节缩短，肌肉出现收缩现象。

（3）平滑肌收缩过程缓慢。平滑肌与骨骼肌的另一个不同之处在于，平滑肌细胞中 ATP 分解速度较慢，故其提供能量的水平和速度也较慢。因此，平滑肌的收缩比骨骼肌和心肌都要慢。此外，平滑肌细胞释放到胞质中的钙离子回收速度也慢，所以平滑肌收缩后的舒张过程也较慢。

三、影响肌肉收缩特性的因素

肌肉的收缩特性可以随着生理条件的变化而改变。首先，肌肉的重塑最初是发生在早期胚胎发育过程中。胚胎期的骨骼肌细胞中含有很多蛋白质的慢肌异构体，它们会随着胎儿的发育而部分被快肌蛋白所取代。其次，成年个体的肌肉也可以根据活动水平和环境温度的变化而进行重塑。例如，体育训练可以引起心肌和骨骼肌的深刻变化。第三，激素和非激素机制也都可以控制肌肉的重塑。我们以甲状腺激素为例来加以说明。甲状腺激素被认为是影响肌球蛋白亚型表达模式的关键分子，可以通过其特殊的核受体来影响靶基因的表达。当其核受体与具有甲状腺激素反应元件的启动子区结合时，被激活的受体就会招募其他蛋白质形成多蛋白复合物，从而增加或降低靶基因的转录效率。例如，在心肌细胞中，甲状腺激素对肌球蛋白的基因表达有不同作用，具体表现为它在抑制 β 肌球蛋白 Ⅱ 基因表达的同时，诱导 α 肌球蛋白 Ⅱ 基因的表达。如果甲状腺激素的平均水平在几周内能保持在较高水平，则肌肉的收缩机制会逐渐被重塑，即细胞会用 α 肌球蛋白 Ⅱ 代替 β 肌球蛋白 Ⅱ。作为 ATP 酶，β 肌球蛋白二聚体具有最快的肌动蛋白 - 肌球蛋白 ATP 酶促速率，因此会对肌肉重塑产生重要影响。由于甲状腺激素既可调节许多与肌肉生成有关的基因的表达，也可调节其他组织中许多基因的表达，因此面对复杂的生理环境挑战，动物往往通过使用这类内分泌激素来协调多组织的重塑和生理功能调整。

另外，肌肉重塑还存在一些与上述内分泌控制机制不同的情况，即肌肉自身诱导的局部信号的反应（图 1-22）。研究发现，肌肉细胞中的机械感受器可检测到肌肉形状的物理变化并触发胞内相应的信号通路的变化。当肌肉细胞被拉伸时，它会合成影响肌肉重塑的一些调节蛋白。其中一种蛋白质是胰岛素样生长因子 Ⅱ（insulin like growth factor Ⅱ，IGF-Ⅱ）。后者合成后会被分泌到细胞外。IGF-Ⅱ 与肌肉质膜上的受体结合后，再次触发胞内信号级联通路，从而改变一些编码肌肉蛋白基因的表达。

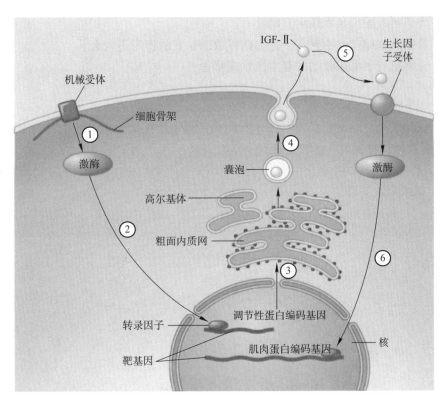

图 1-22　肌肉组织通过张力受体控制基因表达示意图

部分肌肉细胞能够感受到不同张力的差异，并通过机械张力受体产生级联反应，
从而最终控制肌肉中相关的基因表达。

可见，肌肉组织通过自分泌刺激并结合内分泌途径来实现对肌肉的重塑以应对各种复杂的生理挑战。

推荐阅读

WATERS J，SCHAEFER A，SAKMANN B. Backpropagating action potentials in neurons：measurement，mechanisms and potential functions［J］. Prog Biophys Mol Biol，2005，87（1）：145-170.

开放式讨论

临床检查时用到的心电图记录的是患者心肌细胞去极化和复极化过程中的电位变化。学习了本章基本内容和循环系统内容后，你认为自己能看懂心电图报告吗？结合循环系统内容，试述理解心肌静息电位的形成机制和动作电产生的原理对于医生正确诊断心律失常等疾病的重要性。

复习思考题

1. 生命活动的基本特征有哪些？
2. 试述刺激与反应的关系，特别是刺激性质的变化与反应的关系。
3. 试述动作电位的产生与钠离子通道的关系。
4. 试述阈电位与细胞兴奋性的关系。
5. 试述反馈与前馈的区别及它们在机体活动调节过程中的意义。

6. 骨骼肌收缩的基本结构是哪些？

7. 骨骼肌收缩过程中钙离子是如何释放的，它的作用是什么？

8. 骨骼肌与平滑肌收缩的基本区别在哪里？

更多数字资源

教学课件、自测题、参考文献。

第二章

血液生理

知识导图

【发现之路】血型

生理学起源于解剖学和医学以及生产实践。17世纪欧洲就有医生尝试给"性格异常"的人输入温顺的小牛血液来改变这些人的行为，其结果存在很大差异且导致被输血者的生命健康受到威胁的风险也较高；19世纪英国产科医生布朗德尔（James Blundell，1791—1878）尝试给11位因为大出血而濒临死亡的产妇输血，其中5人得救。后期对输血实践进行的一个统计显示输血成功率在40%左右。直到19世纪末20世纪初，奥地利医生和免疫学家兰德施泰纳（Karl Landsteiner，1868—1943）在一个偶然的实验中发现，将不同人的血液两两混合在一起时，有的会凝集，有的却不会，从而发现了红细胞的ABO血型，后来又陆续发现了MN血型和Rh血型。兰德施泰纳也因ABO血型的发现获得了1930年的诺贝尔生理学或医学奖。

联系本章内容思考下列问题：

1. 人类为什么要有血型？所有的动物都有血型吗？

2. 如果动物的血型比人类的多，那为什么会存在这么多血型？

3. 你知道血液干细胞在临床和生产实践中都有哪些应用吗？

4. 血液的成分复杂，这些成分在动物体内是很容易改变的吗？

案例参考资料：

吴乃优. 人类文明因你而辉煌：诺贝尔奖历史追踪与剖析［M］. 北京：中国科学技术出版社，2019.

张铭. 诺奖往事：诺贝尔生理学或医学奖史话［M］. 北京：科学出版社，2018.

矢沢科学事务所. 诺贝尔奖中的科学：生理学或医学奖卷［M］. 王沥，译. 北京：科学出版社，2012.

唐明. 诺贝尔奖百年鉴：解读人体：生理现象及机制［M］. 上海：上海科技教育出版社，2001.

【学习要点】

血液的组成；血浆蛋白质的作用；红细胞的生理特性；红细胞运输氧气的机制；红细胞发生；各类白细胞的功能；血液凝固的机制；纤溶机制，血型的基本概念和输血。

血液是动物演化过程中出现的特殊"结缔组织"，是体液的一部分。地球早期出现的单细胞生命存活于海洋中，而原始海洋是生物赖以生活的外环境。后来，随着多细胞动物个体体型的增大和生理所需，动物逐渐演化出了开放式和闭管式两种循环系统及在循环系统中往复流动的血液。开放式循环系统动物的血液一般称作血淋巴，其含有的有机成分相对较少，血细胞数也较少。广义上讲，无脊椎动物的体液都可以叫作血淋巴。而闭管式循环系统动物的血液在机体内的封闭管道中流动，具有血液循环速度快、血液的成分复杂以及担负的功能多样的特点。

体液可分为两大部分：存在于细胞外的称为细胞外液，存在于细胞内的称为细胞内液。细胞外液又可分为血液、组织间液、淋巴液和脑脊液等。多细胞动物的细胞大多数与外界不直接接触，而是浸浴于细胞外液中，因此细胞外液又被称为机体的内环境（internal environment）。内环境是机体细胞直接生活和赖以生存的环境，是细胞进行新陈代谢的场所。内环境的相对稳定对于维持细胞的正常生理功能及细胞生存具有重要意义。

由于细胞与内环境之间、内环境与外环境之间不断地互相作用，因此细胞的代谢活动和外环境的不断变化必然会影响内环境理化性质的变化，如 pH 值、渗透压及温度等。动物能够通过自身的生理性调节维护内环境的相对稳定，从而保证正常生理功能的顺利完成。

第一节 血液组成和理化特性

一、血液组成

处理动物血液得到的血浆，其颜色因动物的种类和进食的不同而有差异。人的血浆为浅黄色半透明；猫、狗、绵羊和山羊的血浆颜色较浅，为无色或者淡黄色；而牛和马的尤其是马的血浆颜色较深。家畜血浆的颜色是由血液中胆红素的含量决定的，胡萝卜素及血液中的其他成分也会影响血浆的颜色。

血液与适宜的抗凝剂混匀后置入离心管中，经一定的速度离心后可见分层现象，分为上层淡黄色或者无色的血浆和下层的红细胞（图 2-1）。同时，在血浆和红细胞之间可见一薄层灰白色物质，这主要是白细胞和血小板。因此，血细胞大部分是由红细胞构成的。在机体血管中，这些血细胞悬浮于血浆中。

血浆一般占全血的 55%～70%，其中含有水、无机离子、蛋白质、酶、激素、葡萄糖、脂类物质及机体代谢产物等多种物质。血浆成分的多样性与血液所行使的多样化生理功能密切相关。

（一）水和无机离子

血浆中绝大部分是水，占血浆的 90%～92%。血浆中还含有各种无机离子，包括 Na^+、K^+、Ca^{2+}、Mg^{2+}、Cl^-、HCO_3^- 以及 HPO_4^- 等，占血浆的 1%。其中，Na^+ 是主要阳离子，Cl^-、HCO_3^- 是主要阴离子。这些离子在形成血浆晶体渗透压、维持机体酸碱平衡、保持神经肌肉兴奋性、调节骨骼发育和代谢以及调节肌肉、血细胞和其他组织中的各种酶、蛋白质和脂类等的组成和正常生理功能都发挥了重要作用。

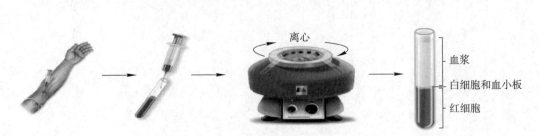

图 2-1 采血离心（引自 McKinley 等，2017）

（二）血浆蛋白

血浆中含有多种蛋白质，其总量约占血浆固形成分的 6%～8%。用盐析法可将血浆中蛋白质分为白蛋白、球蛋白和纤维蛋白原。

人、绵羊、山羊和狗血液中的白蛋白含量远多于球蛋白含量。比如，正常成人血浆蛋白浓度约为 65～85 g/L，白蛋白可达 40～48 g/L；球蛋白只有 15～30 g/L。马、猪、奶牛和猫血液中的白蛋白含量和球蛋白含量几乎相等。纤维蛋白原分子量最大，含量最少。正常成人血液中的纤维蛋白原约为 1～4 g/L。

血浆白蛋白不仅对于血浆胶体渗透压的调节和维持具有重要作用，而且还是体内多种物质的运输载体。如激素、游离脂肪酸、胆酸、胆红素以及重要的一些金属阳离子（铁、铜、钴、锰和锌等）和代谢产物等小分子物质的转运都需要血浆白蛋白。此外，白蛋白还和 HCO_3^- 以及 HPO_4^- 离子等共同构成了调节体液酸碱平衡的关键缓冲对。

血浆球蛋白主要有 5 种，包括 α_1、α_2、β_1、β_2 以及 γ 球蛋白。其中，淋巴细胞产生的 γ 球蛋白和溶于血浆中的 B 淋巴细胞产生的抗体共称为免疫球蛋白（Ig），它们参与了机体内的免疫反应，有抵御病原微生物和中和毒素等多种作用。这类细胞的功能将重点在免疫学章节进行介绍。

血浆纤维蛋白原参与血液凝固，是纤维蛋白的前体物质。

高等脊椎动物血浆中的白蛋白、纤维蛋白原、一些球蛋白还有凝血酶原都是在肝脏中生成的。

（三）血浆中的其他成分

血浆除了含有蛋白质外还有非蛋白有机物，包括含氮化合物和不含氮化合物两大类：含氮化合物主要有氨基酸、尿素、尿酸和肌酸等，不含氮化合物主要是葡萄糖以及各种脂类、酮体和乳酸等。

血浆中含有溶解的气体，如 O_2、CO_2、H_2、NO 以及 H_2S 等，也含有一些微量物质，如酶、维生素、激素以及抗凝血成分等。

二、血液的理化特性

（一）血液的颜色与气味

血液的颜色一般是由血浆或血细胞中负责运输氧气的血色蛋白的颜色决定的。动物中存在血紫蛋白、血蓝蛋白、血绿蛋白以及血红蛋白等几种血色蛋白。这些参与呼吸作用的血色蛋白也称为呼吸色素，是能够与氧发生可逆结合的含有铁、铜或钒等金属离子的蛋白质。因此，动物血液显现出的不一定是红色。脊椎动物的血液一般是红色的，而有些动物的血液是绿色或蓝色的，如鲨的血液为蓝色（图 2-2）。

扫码见彩图

图 2-2　鲨的蓝色血液

☞ 许多新生哺乳动物（不包括啮齿类和灵长类）血液中缺乏 γ 球蛋白或含量很少。其母体产生的 γ 球蛋白经胎盘进入胎儿体内，胎儿自身不能生成。新生儿需通过吮吸母体初乳而获得被动免疫。初乳中 γ 球蛋白的含量很高，并且很容易通过幼年动物的肠道屏障，因此初乳对于幼畜／仔非常重要。

☞ 体内主要由嗜碱性粒细胞产生的肝素这种高效的天然抗凝血物质。体外血液实验常用的抗凝剂还有柠檬酸或者草酸的钠钾盐等，它们均通过螯合 Ca^{2+} 以达到抗凝血的目的。

☞ 血紫蛋白（又称蚯蚓血红蛋白）与氧结合后呈紫红色，脱氧时基本无色。血蓝蛋白（又称血青蛋白、血青素）是含铜的蛋白质，溶解在血浆或淋巴液中，软体动物与部分的节肢动物用血蓝蛋白输送氧气。血绿蛋白含钒元素，血液呈绿色。血红蛋白含铁元素，血液呈红色。

☞ 蚯蚓的血呈玫瑰红色，对虾、河蟹的血呈淡青色，鲨的血呈蓝色，河蚌的血呈淡蓝色，沙蚕、乌贼的血呈绿色。昆虫血液颜色主要是由取食和生理状态决定，种类最多。昆虫血液中不含呼吸色素，其血液中所含的色素物质决定了其血液最终的颜色。常见的有黄色、橙红色、蓝绿色和绿色等。如绿血蜥蜴血液中胆绿素含量高，血液为绿色。

大多数无脊椎动物的呼吸色素存在于血淋巴中而不是存在于血细胞中；有的动物体内有 1 种呼吸色素，有的含有 2 种呼吸色素。脊椎动物血液的颜色与红细胞中的血红蛋白含氧量有关。其中，动脉血中因血红蛋白氧结合量高，故而呈鲜红色；而静脉血中血红蛋白氧结合量低，故其颜色相对较暗。

血液中由于存在挥发性脂肪酸，故有特殊的血腥味。血液中因含有 Na^+ 等盐离子而稍带咸味。

（二）血量和血液的比重

动物的血量是指动物全身血液的总量。陆生脊椎动物的血量包括大部分在心血管系统中快速循环流动的循环血量和部分滞留在肝、肺、腹腔静脉及皮下静脉丛等脏器内的贮存血量。一旦失血或剧烈运动时，这些贮存血液就会进入血液循环系统。

血量的相对恒定是维持正常血压和各组织、器官正常血液供应的必要条件。机体有一整套维持和调节血量使之保持相对稳定的机制，因此不会因进食或少量失血等因素而使得血液总量受到显著影响（表 2-1）。比如，一个人一次献血 200～400 mL 只占其总血量的 5%～10%，对循环血量影响不大，且献血后储存的血液会很快得到补充，因此不会减少循环血容量。一般来讲，献血后失去的水分和无机物会在 1～2 h 就能得到补充，血浆蛋白质由肝脏合成后也能在一两天内得到补充，而血小板、白细胞和红细胞也很快就能恢复到原来水平。

> ☞ 动物的血量其实是一个估测值。用传统的放血法，动物其血管和器官内仍然保有少量血液，达不到 100% 的放出。实测中是给动物血液内注入能够和血浆蛋白结合的依兰染料或者放射性的碘同位素（^{131}I），一定时间后测定每毫升血浆中的外源性物质稀释倍数从而间接估测。此方法也可以测定红细胞的总量，只是需要注射的是放射性同位素磷（^{32}P），放射性同位素铁（^{59}Fe）或者放射性同位素铬（^{51}Cr）。

表 2-1   家畜的血量范围

物种	血量 /mL（按每千克体重计）
猫	65～75
狗	85～90
牛	52～60
挽马	60～70
纯血马	100～110
绵羊	60～65
山羊	70～72
猪	35～45
鸡	65～70

（资料引自 Reece，2004）

血液的比重指一定体积血液的重量除以同样体积水的重量所得到的值。健康成年人血液的比重为 1.050～1.060，血浆的比重为 1.025～1.030，红细胞的比重为 1.090～1.092。牛和羊的红细胞比重是 1.084（1.079～1.090），而血清的比重是 1.027（1.021～1.029）。不同物种之间血液的比重有差异（表 2-2）。

表 2-2   常见家畜血液的比重

物种	比重（变动范围）
马	1.053（1.046～1.059）
牛	1.052（1.046～1.061）
绵羊	1.051（1.041～1.061）
山羊	1.042（1.036～1.051）

续表

物种	比重（变动范围）
猪	1.045（1.035 ~ 1.055）
猫	1.050（1.045 ~ 1.057）
狗	1.047（1.045 ~ 1.052）

（资料引自 Reece，2004）

全血的比重与红细胞的数量成正比，血浆的比重与血浆蛋白的浓度成正比。利用红细胞和血浆比重的差异，可以进行红细胞与血浆的分离以及红细胞沉降率和血细胞比容的测定。

红细胞沉降率（erythrocyte sedimentation rate，ESR）指红细胞在一定条件下沉降的速度，简称血沉。将经过抗凝处理的血液静置于垂直竖立的小玻璃管中时，由于红细胞的比重较大，受重力作用而自然下沉。血沉的快慢主要与血浆蛋白的种类及含量有关。正常情况下其下沉十分缓慢，常以红细胞在第 1 小时结束时下沉的距离来表示红细胞沉降的速度（表 2-3）。动物和人的血沉数值在一个较狭窄范围内波动，但在许多病理情况下血沉明显增快。

☞ 抗凝剂一般使用肝素或者 EDTA，目的是尽量减少对 ESR 测定的影响。

☞ 马血液中的红细胞下沉较快，反刍动物血液红细胞下沉较慢，其机制目前不是很清楚。一般急性感染、恶性肿瘤、炎症、甲状腺机能衰退或妊娠条件下都可导致红细胞沉降率增加。测定 ESR 有助于某些疾病的诊断，但仅作为判断病情变化的参考。

表 2-3　常见家畜的红细胞沉降率

物种	下降距离 /mm	下降时间 /h	红细胞比容
猫	53	1	27
	15.4（7 ~ 27）	1	37.3（34.5 ~ 41.0）
	22.7（0.5 ~ 51）	1	38.7（30 ~ 48.5）
牛	2.4	7	—
鸡	0.5（0.1）	0.5	30.6（29.8 ~ 31.6）
	1.5（1 ~ 3）	1	—
	6.7（3 ~ 10）	3	—
	14.4（10 ~ 18）	6	—
狗	1 ~ 5	0.5	—
	6 ~ 10	1	—
马	2 ~ 12	1/6	—
猪	0 ~ 6	0.5	—
	1 ~ 14	1	—

（资料引自 Reece，2004）

血细胞比容指血细胞在血液中所占容积的百分比。由于血液中红细胞约占血细胞总数的 99%，因此通常把血细胞比容称为红细胞比容（packed cell volume，PCV）。实际上，无论是动物的血量还是红细胞比容都会因物种间或者物种内动物的年龄、营养状态、健康程度、生理活性、运动、性别和生殖以及环境中的温度和海拔等多种因素而发生变化。以人为例：正常成年男性的血细胞比容为 40% ~ 50%，成年女性为 37% ~ 48%；而严重贫血患者血细胞比容较小，严重脱水患者的血细胞比容较大。测定血细胞比容可反映全血中细胞数量和血浆容量的相对关系。

（三）血液的黏滞性

血液有黏性。血液的黏滞性一般是指血液与水相比的相对黏滞度。血液的黏滞性约为水的 4 ~ 5 倍，而血浆的黏滞性约为水的 1.6 ~ 2.4 倍（温度在 37℃条件下）。

血液黏滞性的相对恒定对于维持正常的血液速度和血压是很重要的。例如，血液的黏滞性是形成血流阻力的重要因素之一，因此会影响血压。

全血的黏滞性主要决定于所含的红细胞数，而血浆的黏滞性主要决定于血浆蛋白的含量。动物因某种疾病使微环境血流速度显著减慢时，红细胞发生叠连和聚集，这会对血流造成很大的阻力，影响循环的正常进行。

（四）血液渗透压

渗透压指的是溶质分子通过半透膜的一种吸水力，其大小取决于溶质颗粒数目的多少，而与溶质的分子量等特性无关。血液渗透压由血浆晶体渗透压和血浆胶体渗透压组成，两者在形成、大小及作用机制上均有不同。血浆中晶体溶质数目远远大于胶体数目，所以血浆渗透压主要由晶体渗透压构成，后者总渗透压的99%以上。

血浆晶体渗透压主要是由电解质、葡萄糖和尿素等小分子晶体物质形成的渗透压。这些物质可以自由通过有孔的毛细血管。由于血浆与组织液中晶体物质的浓度几乎相等，因此它们的晶体渗透压也基本相等。晶体渗透压的相对稳定，对于保持细胞内外的水平衡极为重要。

血浆中虽含有多种蛋白质，但蛋白质分子量相对较大，不能自由通过有孔的毛细血管，由其所产生的渗透压称为胶体渗透压。由于组织液中蛋白质很少，所以血浆的胶体渗透压高于组织液的胶体渗透压。血浆蛋白质中白蛋白的分子量远小于球蛋白，但是数量远大于球蛋白，故构成血浆胶体渗透压的成分主要是由白蛋白承担。血浆胶体渗透压虽小，但是对于维持血管内外的水平衡以及血量等都具有重要作用。

（五）血液的pH值

动物保持机体内血液pH值的相对稳定是非常重要的。一般血液的pH值在7.0 ~ 7.8之间，其中人的血浆pH值为7.35 ~ 7.45。表2-4是几种动物和人血液pH值的测定值，可见血液pH值的变动仅仅在很小的范围内。动脉血的pH值偏微弱碱性，静脉血偏微弱酸性，这和静脉血中浓度较高的CO_2水解产生的H^+相关。

📖 相比较而言，一般纤维蛋白原的分子量接近300 000，白蛋白是70 000，球蛋白是180 000。当血浆中的球蛋白和白蛋白的浓度接近时，白蛋白产生的渗透压是球蛋白产生的2~3倍多。若白蛋白明显减少，即使球蛋白增加而保持血浆蛋白总含量基本不变，血浆胶体渗透压也会明显减小。再者，如果血液中的总蛋白含量过低，可能因为胶体渗透压过小而使机体发生浮肿。

表2-4　几种动物和人血液 pH 的均值和变动范围

物种	采血位置	血液 pH 的均值（范围）
牛	动脉	7.38（7.27 ~ 7.49）
绵羊	静脉	7.44（7.32 ~ 7.54）
马	动脉	7.38（7.32 ~ 7.44）
狗	动脉	7.36（7.31 ~ 7.42）
猫	动脉	7.35（7.24 ~ 7.40）
鸡	静脉	7.54（7.45 ~ 7.63）
人	动脉	7.39（7.33 ~ 7.45）

（资料引自 Reece，2004）

血浆pH值的相对恒定取决于血液缓冲系统的缓冲能力。当酸性或碱性物质进入血液时，血浆中的缓冲物质可有效减轻酸性或碱性物质对血浆pH值的影响。血浆的缓冲物质包括$NaHCO_3/H_2CO_3$、蛋白质钠盐/蛋白质和Na_2HPO_4/NaH_2PO_4这几对主要的缓冲系。其中，以$NaHCO_3/H_2CO_3$最为重要，故常把血浆中的$NaHCO_3$的含量称为血液的碱储（alkali reserve）。例如，进食后由于胃酸分泌的过程产生了大量的HCO_3^-，导致血液pH值偏碱性，被称为餐后碱潮。此外，红细胞内还有血红蛋白钾盐/血红蛋白、氧合血红蛋白钾盐/氧合血红蛋白、K_2HPO_4/KH_2PO_4以及$KHCO_3/H_2CO_3$等缓冲

📖 消化系统中"餐后碱潮"产生机理，见"消化生理"章节。

对参与维持血浆 pH 值的恒定。高等动物的肺和肾能排出体内过多的 CO_2 和 NH_4^+ 以及 H^+，使得血浆 pH 值的波动极小。

第二节　血　细　胞

一、红细胞

（一）红细胞形态和数量

大多数无脊椎动物没有红细胞。海洋中的软体动物门、环节动物门和棘皮动物门中的少数种类，如蜒虫、光裸星虫、绿纽虫、海豆芽、扫帚虫、魁蛤以及海棒槌等具有红细胞。虽然这些动物的红细胞和白细胞彼此间并没有明显区别，但和脊椎动物相比则差异较明显。

脊椎动物红细胞的形态、大小和数量变化很大。许多脊椎动物（主要是冷血动物还有禽类）红细胞呈纺锤体椭球形，有核（有些鱼类和两栖类的红细胞没有核），而山羊的红细胞接近圆形，骆驼和羊驼的红细胞是椭圆形的；但是很多哺乳类动物红细胞呈中部凹陷的圆盘状且无核，凹陷程度因动物种类而有差异，其中猫、马和山羊的红细胞凹陷较小。哺乳动物红细胞的双凹盘状可以增加其表面积，减小物质通透的距离，使物质更容易通过细胞膜，最大限度地从周围摄取 O_2，放出 CO_2。

脊椎动物红细胞的大小也因动物种类不同而相差较大。一般来讲，低等脊椎动物的红细胞都比哺乳动物和鸟类的红细胞体积大，但其数量和高等脊椎动物相比却较少。哺乳类的红细胞直径为 4~8 μm，厚度为 1.5~2.5 μm（图 2-3）；鸟类红细胞直径为 12~15 μm，厚度为 7~9 μm，鸟类中鸵鸟的红细胞是最大的；爬行类红细胞的直径为 17~20 μm，厚度为 10~14 μm；两栖类红细胞的直径为 23~60 μm，厚度为 13~35 μm。两栖类中火蜥蜴的红细胞是脊椎动物中最大的，而鼷鼠类中鼠鹿的红

☞ 山羊红细胞虽然接近圆形，但是和其他家畜比较每单位体积血液中的红细胞数量最多，但红细胞的直径和体积最小，故可以用数量的优势来弥补运输 O_2 的红细胞形态上的相对劣势。

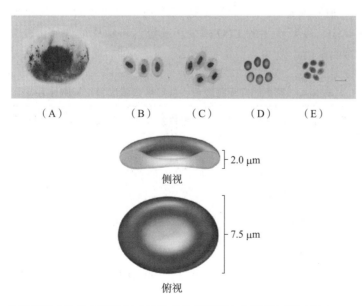

（A）　　（B）　　（C）　　（D）　　（E）

2.0 μm
侧视

7.5 μm
俯视

图 2-3　各种脊椎动物的红细胞以及哺乳动物双凹型红细胞剖面图（引自 Miller，2016）

（A）光镜下看到的火蜥蜴（两栖类）的红细胞，有核；（B）蛇（爬行类）的红细胞，有核；（C）鸵鸟（鸟类）的红细胞，有核；（D）红袋鼠的红细胞，双凹圆形无核；（E）骆驼的红细胞，椭圆形无核。

细胞是脊椎动物中最小的，二者直径相差近 2 000 倍。不同鱼类血液中的红细胞大小差异明显。

哺乳动物造血组织中的红细胞有细胞核。成熟的红细胞一般由骨髓造血干细胞分化而来，分化过程分成几个阶段。其中，在网织红细胞阶段的细胞还是有细胞核和线粒体的，但成熟的红细胞则没有线粒体和细胞核。进入血液循环的红细胞都是成熟的红细胞，无线粒体、核糖体和细胞核，因此哺乳动物红细胞不具有蛋白质合成和细胞分裂的能力，但仍具有一定的代谢功能。

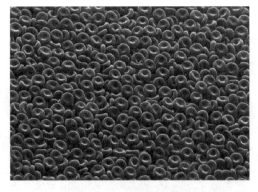

图 2-4　哺乳动物的红细胞
引自 2008 年维康基金（Wellcome Trust）图片获奖摄影（摄影者 Cavanagh 和 McCarthy）。

红细胞数量因动物的种类、年龄、性别、运动、营养状态、妊娠、产蛋或者排卵、月经周期、兴奋、生活环境、取样采血的时间、环境温度、海拔和气候等众多因素影响而变化较大（表 2-5）。一般来说，动物越高等，其红细胞的数目就越多，体积就越小，同时血细胞分化程度也越高。一般雄性动物的红细胞数量多于雌性，营养好的多于营养不良的。例如：成年男性的红细胞数量为（4.0 ~ 5.5）× 10^{12} 个 /L，血红蛋白浓度为 120 ~ 160 g/L；成年女性红细胞数量为（3.5 ~ 5.0）× 10^{12} 个 /L，血红蛋白浓度为 110 ~ 150 g/L。一般具有较大红细胞的动物，其单位体积中红细胞数量相对较少。冬眠动物的红细胞数会显著少于其活动时期的。

动物红细胞数量的变化有两个最主要的原因：一是新陈代谢的快慢，如壮年的红细胞数量比老年的多；二是机体活动和环境变化。而后者又分两种情况：① 暂时性变化，即引起红细胞的重新分配，如运动时贮存的红细胞释放引起的变化。此外，大出汗、脱水时血浆减少，这种变化会因为补水而得以迅速恢复。② 长期的变化。这种变化主要由促红细胞生成素（erythropoietin，EPO）控制红细胞的生成速度造成的。如高原环境中促红细胞生成素分泌相对更多，引起红细胞生成增加。现在已知动物血液缺氧可以促使肾的某些细胞产生 EPO，肝也可以产生 EPO。在成年动物中，85% 的 EPO 来源于肾，还有 15% 来源于肝。在胚胎和新生动物中，EPO 主要是由肝产生的。促红细胞生成素作用于骨髓促进红细胞生成，随后增多的红细胞就可解除动脉血的缺氧状态，使肾产生的 EPO 减少。通过这种负反馈调节，在 2 ~ 3 天内就可提高红细胞的数目。

☞ 有些运动员违规注射外源性的 EPO 以促进体内红细胞数量增加，改善运氧能力来提高运动成绩。因此血液中对外源性 EPO 等物质的检测也是大型国际比赛常规兴奋剂检测的一项主要内容。

表 2-5　家畜的红细胞数量、血红蛋白浓度和红细胞比容

物种	红细胞数量 /（10^{12} 个 /L）	血红蛋白浓度 /（g/L）	红细胞比容 /%
犬科	5.5 ~ 8.5	120 ~ 180（80 ~ 120）*	37 ~ 55（25 ~ 37）*
猫科	5.0 ~ 10.0	100 ~ 150（80 ~ 110）*	30 ~ 45（24 ~ 34）*
牛属	5.0 ~ 10.0	80 ~ 150	24 ~ 46
马属	7.0 ~ 11.0	115 ~ 160	34 ~ 45
猪属	5.0 ~ 8.0	100 ~ 160	32.0 ~ 50.0
羊属	9.0 ~ 15.0	90 ~ 150	27.0 ~ 45.0
公山羊	8.0 ~ 18.0	80 ~ 120	22 ~ 38

* 猫和狗在 5 ~ 6 周龄时含量很低，但数值逐渐增加，5 月龄时达到成年值。
（资料引自 Reece，2004）

（二）红细胞的组成

　　成年哺乳动物的红细胞大约含水 62%~72%，剩余 35% 左右是固形物。固形物中 95% 是血红蛋白，其余的成分有细胞质中和细胞膜上的蛋白质，脂质如磷脂（卵磷脂、脑磷脂和神经鞘磷脂）、游离脂肪酸、胆固醇酯、中性脂肪酸，作为辅酶的功能性维生素，葡萄糖，多种酶类（胆碱酯酶、磷酸酶、碳酸酐酶、肽酶、糖酵解相关的酶类），还有各种矿物质元素如磷、硫、氯、钾、钠、镁等。此外，细胞膜上有钠泵和阴阳离子共同维持着红细胞内的电位梯度和稳定状态。

（三）红细胞的起源和发生

　　幼畜（仔、雏）发育早期的有核红细胞由卵黄囊产生，后来转变为由胎儿的肝、脾和淋巴结产生。鸟类腔上囊也可产生红细胞。妊娠后期和出生后动物的红细胞自骨髓产生。较老的动物膜性成骨位置（脊椎骨、骨盆、肋骨和胸骨）的骨髓腔依旧能够产生红细胞，但随着年龄的进一步增长而逐渐失去造血能力。成年后，可产生红细胞的长骨骨髓被脂肪组织取代而失去造血功能。如果动物有严重的贫血或者在长期贫血等病理情况下，其肝、脾和淋巴结依旧能够产生红细胞，且原先能够产生红细胞的骨骼也继续保持造血能力（比如长骨和脊椎骨的骨髓腔）。

　　个体发育过程中，来自于卵黄囊脏壁中胚层的间质细胞产生原始干细胞或形成几种多能干细胞。这些多能干细胞受激素等因素影响随血液迁移，种植于肝、脾的血窦处，以及胸腺、骨髓和淋巴结中。随后，在造血器官中一方面通过增殖、分化为造血祖细胞并持续地产生各种血细胞，另一方面通过有丝分裂和自我复制以保持造血干细胞自身数量的相对恒定。

　　多能造血干细胞分化为多能造血祖细胞和各系造血祖细胞。它们只能朝着一个方向分化，在调节因子的作用下进行有限的细胞增殖活动。处于此阶段的祖细胞开始对调节因子产生应答反应。在适宜的刺激下，造血多能干细胞再次分化为红细胞系、骨髓系、淋巴系以及巨核细胞系等几个造血祖细胞系。这些细胞系接着分化就产生了红细胞、颗粒细胞、单核细胞、B 淋巴细胞和血小板（源于巨噬细胞）（图 2-5）。淋巴干细胞产生 T 淋巴细胞，然后从骨髓腔迁移进入胸腺，在那里最终发育成熟并进入血液发挥功能。

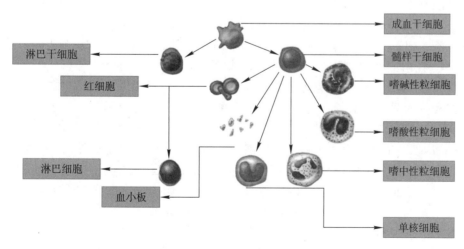

图 2-5　血细胞的发育和分化简图（引自 Seeley 等，2006）

　　各细胞系在祖细胞形成以后，其发育成熟过程中的形态变化似有一定的规律。红细胞系胞体和胞核由大变小，粒系细胞的胞核由大变小。晚幼红细胞期后核消失，晚幼粒细胞期后出现核分叶，染色质由细而疏转变成粗而密，核仁从有到无；胞质由少到多，嗜碱性由强转弱最后消失，特殊产物从无到有并逐步增多（如血红蛋白从早幼红细胞开始出现，粒细胞的特殊颗粒出现在早幼晚期到中幼阶段）；细胞分裂能力到晚幼阶段消失。巨核细胞系的胞体由小变大，胞核也由小增大，进一步出现分叶。单核细胞系的细胞无明显变化，胞质始终保持不同程度的嗜碱性。淋巴细胞系的胞体与胞核都由大变小，但胞核与胞质比例无明显增减。

红细胞的前体细胞是原始红细胞，来自红细胞的单能性的成克隆集落。原始红细胞增殖后发育成为早幼红细胞。早幼红细胞发育成熟后，变为中幼红细胞最后发育为红细胞。原始红细胞发育分化为红细胞需要 4~5 天的时间。

偏红细胞是红细胞在骨髓腔内的前体细胞，有核。其细胞核在红细胞进入血流时外排或者被吸收。在这之前，若用甲基蓝染料染红细胞可见很多的网状纤维，因此命名网织红细胞。网织红细胞仍然带有部分核的片段和核糖体。动物大失血或者患有血液性疾病或被寄生虫感染时，机体将从骨髓腔中释放有核红细胞和网织红细胞进入循环血液。但是，马的红细胞生成释放机制似乎并非如此，其外周血中很难找到有核红细胞和网织红细胞。

从对红细胞的发育进程的分析中可以得出以下几个结论：①越年轻的细胞就越大，随着发育进展，其体积变小；②越年轻的细胞核就越大，但随着发育核体积减小，并且最后哺乳动物红细胞的核消失；③随着发育分化的进行，细胞核内的染色体越来越致密，DNA 高度紧缩；④原始红细胞的细胞质中有 RNA，发育分化到中幼红细胞阶段开始显现红色，这时细胞质内开始出现血红蛋白。

（四）红细胞的生成

红细胞的生成是一个连续的过程，且需要利用一些重要的营养物质，如氨基酸、脂肪、糖类以及铁和营养因子（叶酸与维生素 B_{12}）等。

铁元素是血红蛋白上负责和氧气结合的重要金属元素。如果机体的铁储备不足，就会出现缺铁导致的血红蛋白合成量不足、红细胞会变小、红细胞数目减少、血液颜色偏浅；若铁原子储备过多则会引起严重的中毒。铁元素来源于食物和衰老的血红蛋白在脾和肝中的分解。分解后的铁离子会被释放到血浆中并与转铁蛋白（transferrin）结合，大部分的铁便是由此蛋白质转运回骨髓，以作为合成新生红细胞的原料。

叶酸和维生素 B_{12} 都是合成 DNA 所需的辅酶。叶酸在体内须转化为四氢叶酸方可参与 DNA 合成，而这一转化过程需要维生素 B_{12} 的参与。

叶酸（folic acid）也是一种维生素，对于胸腺嘧啶 DNA 的合成相当重要。因此，当其含量不足时会影响细胞的正常分裂，如导致成熟红细胞的数量减少。

维生素 B_{12}（含钴）也是促进红细胞成熟的重要元素。机体需要的维生素 B_{12} 量相当少（一天只需 1 μg），但它对于保障叶酸发挥作用却相当重要。需要指出的是，维生素 B_{12} 作为促进红细胞成熟的"外因子"，必须通过与胃黏膜壁细胞分泌的内因子（intrinsic factor）结合才能避免被胃液中的酶消化，仅当其进入到回肠并被蛋白酶水解而释放出来后才能被吸收。内因子也是蛋白质。因此，无论是先天性缺乏内因子（如恶性贫血患者），或者是由于胃部手术而使内因子合成量下降导致缺乏，都可导致维生素 B_{12} 吸收障碍，从而影响骨髓内红细胞的成熟。

叶酸缺乏时和维生素 B_{12} 缺乏时引起的贫血，在临床症状上不易区别。两者的主要差异是：维生素 B_{12} 缺乏往往还引起神经系统症状，如深部感觉障碍和肢体运动失调等，而叶酸无此症状；叶酸的吸收不需内因子。矿质元素钴对于反刍动物很重要，因为反刍动物在瘤胃中生成维生素 B_{12} 必须要有钴的参与。

其他对红细胞生成具有重要作用的维生素还有维生素 B_6、核黄素、烟酰胺、泛酸、硫胺素和抗坏血酸等。这些营养物质缺乏都会影响红细胞的生成和发育。

☞ 正常人 100 mL 血含有 15 mg 血红蛋白，其中铁占 0.33%。红细胞寿命为 120 天。以每人 6 000 mL 血计算，每天损失约 50 mL 血，释放出的铁 2.5 mg，其中只有 1.2 mg 从消化道和尿液中排出，其他全部重新被利用。

☞ 叶酸的故事

（五）红细胞的寿命和命运

成年动物红细胞的产生和消亡有其独特的特点，即红细胞不断地从骨髓腔内产生，同时也不断地衰老死亡。机体通过一系列的动态平衡机制来调节红细胞的生成、释放、存活、清除或死亡，借以保证血液内的总红细胞数量不会发生大的波动。

人的红细胞平均寿命约 120 天；狗的红细胞寿命为 100 ~ 130 天，平均为 118 天；猫的为 70 ~ 80 天；马的为 140 ~ 150 天；牛、绵羊和山羊红细胞的寿命是 125 ~ 150 天，但羊羔和牛犊的红细胞寿命仅为 50 ~ 100 天；鸡红细胞寿命在 20 ~ 30 天，鸭为 30 ~ 40 天。禽类红细胞寿命普遍比哺乳动物的短，原因可能与禽类自身的高体温和高代谢率有关。

红细胞在通过毛细血管网时有很大的变形能力。一个直径 7 ~ 10 μm 的红细胞可以通过一个 3 ~ 5 μm 内径的毛细血管。当红细胞到达其生命极限时，其外形的变形能力大大下降。约有 10% 的衰老红细胞会因其膜的通透性和渗透压的变化，导致其在通过毛细血管网时发生裂解。被裂解的红细胞中的血红蛋白被释放出来并和血浆中的触珠蛋白（又称结合珠蛋白，haptoglobin）相结合，最后被单核巨噬细胞吞噬，这就是所谓的血管内溶血。其余 90% 的衰老红细胞和细胞碎片可能都是被单核巨噬细胞系统直接吞噬，这就是血管外溶血。

许多家畜的红骨髓是吞噬衰老红细胞的基本场所，人类的脾可能是吞噬衰老红细胞的重要场所，有些动物（如禽类）的肝可能是衰老红细胞被破坏的重要场所。

当红细胞被单核巨噬细胞吞噬后，其细胞组分如血红蛋白、其他的蛋白质以及细胞膜脂继续发生相应的生化反应。血红蛋白中的铁离子和球蛋白分开后，球蛋白被降解为氨基酸，然后再次被利用。铁离子被储藏于细胞内以备再次用于合成铁蛋白和血铁黄素，或被转移到血浆中。铁离子和血浆中的脱辅基转铁蛋白结合后，被运到骨髓用于重新生成血红蛋白。由吞噬细胞释放出来的铁离子有被优先使用的倾向。

红细胞死亡后其血红蛋白中的血红素被转化成胆绿素或还原为胆红素。游离胆红素（几乎不溶于水）被释放进入血浆中和白蛋白结合，被运转至肝后和白蛋白分开。难溶的胆红素和葡萄糖酸结合生成可溶的二葡萄糖醛酸胆红素，然后分泌到胆汁中，再经小肠到达大肠。在大肠中由微生物将其还原为尿胆素原（也称牛胆红素），后者大部分以氧化的形式转变为尿胆素或者粪胆素随粪便一起排出。部分尿胆素经肝胆循环再次被吸收，用于合成胆汁（图 2-6）。有些被吸收的尿胆素离开肝，

☞ 当发生了大量的血管外溶血后，会使血浆游离血红蛋白明显增多，甚至超过触珠蛋白的结合能力以及肾近曲小管的重吸收能力，导致血红蛋白尿的出现。

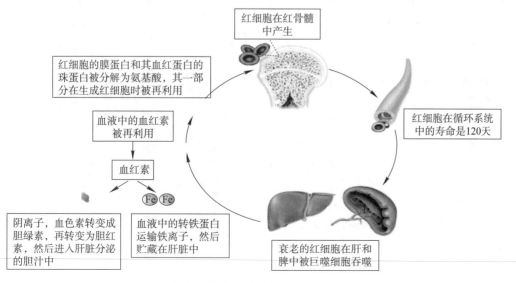

图 2-6　红细胞的命运（引自 McKinley 等，2017）

进入循环系统，最后被排到尿液中，成为决定尿液颜色的因素之一。

　　肝发生疾病时，会影响白蛋白结合的游离胆红素在肝中的分离，最终导致其在血浆和细胞外液中的浓度增加；有时胆管堵塞会造成二葡萄糖醛酸胆红素从肝中进入血浆，上述情况都将导致出现以组织发黄为特征的黄疸病。

（六）红细胞的生理特性和功能

1. 红细胞的生理特性

（1）通透性：红细胞膜与其他细胞膜一样有脂质双分子层的基本膜骨架，O_2、CO_2 和尿素等脂溶性小分子物质可以自由通透，而非脂溶性物质如 Na^+、K^+ 则不易通透，红细胞的通透性是红细胞能够运输气体的前提条件。

（2）可塑变形性：指正常红细胞在外力作用下具有变形能力的特性。红细胞必须经过变形才能通过口径比它小的毛细血管和血窦孔隙。红细胞变形能力与表面积和体积之比以及红细胞膜的弹性呈正相关，与红细胞内的黏度呈负相关。

（3）悬浮稳定性：虽然红细胞的比重远大于血浆，但机体内红细胞在血浆中下沉却较为缓慢，能较长时间保持悬浮状态，这一特征称红细胞的悬浮稳定性。红细胞悬浮稳定性通常用红细胞沉降率来反映。关于维持红细胞悬浮稳定性的原因，目前认为是由于红细胞表面带有负电荷因而同性电荷相斥，所以红细胞不易彼此聚集，从而呈现出较好的悬浮稳定性。如果血浆中带正电荷的蛋白质增加，其被红细胞吸附后，使红细胞表面的电荷量减少，这样就会促进红细胞的聚集和叠连，使总的外表面积与容积之比减少、摩擦力减小和红细胞沉降率加快。

（4）渗透脆性：正常状态下红细胞内的渗透压与血浆渗透压大致相等，这对保持红细胞的形态十分重要。红细胞膜对低渗溶液具有一定的抵抗力，这一特征称红细胞的渗透脆性（osmotic fragility）。测定红细胞脆性有助于一些疾病的诊断。

2. 红细胞的功能

（1）运输 O_2 和 CO_2 的主要功能

运输气体是通过红细胞中的血红蛋白（Hb）来实现的。贫血时，因血液中的红细胞数量过少或者 Hb 含量过少，会影响血液运氧功能。

每个 Hb 分子由 4 个亚基构成，每个亚基包含 1 个血红素（heme）以及 1 个和血红素连接的多肽链（图 2-7）。Hb 内的多肽称为球蛋白（globin），而每个血红素当中含有 1 个铁原子。Hb 分子中的 Fe^{2+} 在氧分压高时，如肺中与 O_2 结合形成氧合血红蛋白（HbO_2）；在氧分压低时，如组织中又与 O_2 解离而释放出 O_2，成为去氧血红蛋白，由此实现运输 O_2 的功能。1 个 Hb 可和 4 个氧分子结合。血红蛋白中 Fe^{2+} 氧化成 Fe^{3+}，称高铁血红蛋白，后者丧失携带 O_2 的能力。

不同动物的 Hb 分子量是有差异的，从 66 000 到 69 000 不等。这种差异主要是球蛋白的分子量大小不同产生的，这和动物的物种演化有关。

家畜中，胎儿之所以能从母体血液中获取氧，与其 Hb 的亲和力强于成年动物（母体）Hb 亲和力有关，这是因为胎儿血液中的 2,3-二磷酸甘油酸的浓度较低。由于 2,3-二磷酸甘油酸可以明显降低 O_2 和 Hb 的氧亲和力，因此使得胎儿的 Hb 获得了比成年动物 Hb 更高氧亲和力。人胎儿出生后 20 周左右，胎儿

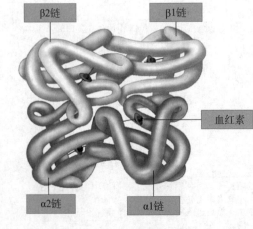

图 2-7　血红蛋白结构
（引自 McKinley 等，2017）

☞ 由于红细胞膜表面积与细胞容积之比较大，将红细胞置于渗透压稍低的溶液中，水分子可渗入红细胞内。将红细胞置于等渗溶液它能保持正常的大小和形态。但如把红细胞置于高渗溶液中，红细胞将因失水而皱缩。若将红细胞置于低渗溶液中，红细胞膨胀变成球形，直至膨胀而破裂，血红蛋白释放入溶液中，称为溶血（hemolysis）。

☞ 机体自身可以清除体内自发产生的高铁血红蛋白，但是有时因为药物（氢氰酸等）或者动物采食食物的原因，使得体内该物质含量过多，而使红细胞运输 O_2 能力大大下降，引起发紫绀症状。

Hb 就转变为成年人的形式；牛胎儿 Hb 在出生后 2～3 月龄时就基本上转变为成年动物的形式了。

Hb 也可以运送由机体产生的 CO_2。红细胞内有碳酸酐酶，它是将 CO_2 转化为 HCO_3^- 的可逆反应中起催化作用的酶。Hb 和 O_2 结合时，血液就变得鲜红；Hb 和 CO_2 结合时，血液就变得暗红。

Hb 与 CO 的亲和力比和 O_2 的亲和力大 210 倍。当空气中 CO 浓度增高时，Hb 与 CO 结合，因而丧失运输 O_2 的能力，称为 CO 中毒（即煤气中毒）。

（2）缓冲酸碱度

红细胞内有 4 对缓冲对（血红蛋白钾盐 / 血红蛋白、氧合血红蛋白钾盐 / 氧合血红蛋白、K_2HPO_4/KH_2PO_4 以及 $KHCO_3/H_2CO_3$）能起到缓冲血液中酸碱度的变化的作用。

（3）调节心血管功能

至少目前发现啮齿类和人类的红细胞能合成某些生物活性物质，如抗高血压因子，因此对心血管活动具有一定的调节作用。

（4）参与免疫

红细胞膜表面存在补体 C3b 受体，因而能吸附抗原 – 补体（抗体）并形成免疫复合物。后者再由吞噬细胞吞噬，由此参与了机体的免疫活动。

二、白细胞

（一）白细胞的数量和形态

血液中的白细胞数量远远小于红细胞的数量，比如：山羊血液中的白细胞与红细胞的比例接近 1∶1 300，绵羊接近 1∶1 200，马接近 1∶1 000，牛接近 1∶800，人接近 1∶700，猫和狗接近 1∶600，猪接近 1∶400，鸡接近 1∶100。贫血可使得上述比例减少，而细菌感染引起的白细胞增多（特别是中性粒白细胞数量）使上述比例趋于减小。有些病毒感染会引发白细胞数量（主要也是中性粒细胞）减少，肿瘤会引起白细胞数量的显著增多，动物兴奋或者因为外源性肾上腺素注射都会引起血流中的白细胞数量增加。人的白细胞数量男女无明显差别，婴幼儿的稍高于成人的。

血液中白细胞的数值同样受各种生理因素的影响，如物种、年龄、运动、饮食、健康及生殖周期等（表 2-6）。所有脊椎动物的白细胞都有核，具有正常细胞的全部功能。

☞ 疾病会导致白细胞总数及各种白细胞的百分比值皆发生改变，因此检查白细胞总数及各种白细胞数成为临床诊断的一种重要方法和依据。白细胞增多见于急性感染、尿毒症、严重烧伤急性出血、组织损伤、大手术后白血病等。白细胞减少见于伤寒及副伤寒、疟疾、再生障碍性贫血、急性粒细胞缺乏症、脾功能亢进、放射性核素照射以及使用某些抗癌药物等。

表 2-6　每微升血液中的白细胞数量和每种白细胞的比例

物种	白细胞总数 / 个（范围）	每种白细胞所占百分比 /%				
		中性粒白细胞	淋巴细胞	单核细胞	嗜酸性粒白细胞	嗜碱性粒白细胞
猪						
1 天	10 000～12 000	70	20	5～6	2～5	<1
1 周	10 000～12 000	50	40	5～6	2～5	<1
2 周	10 000～12 000	40	50	5～6	2～5	<1
6 周以上	15 000～22 000	30～35	55～60	5～6	2～5	<1
马	8 000～11 000	50～60	30～40	5～6	2～5	<1

续表

物种	白细胞总数 / 个（范围）	每种白细胞所占百分比 /%				
		中性粒白细胞	淋巴细胞	单核细胞	嗜酸性粒白细胞	嗜碱性粒白细胞
奶牛	7 000 ~ 10 000	25 ~ 30	60 ~ 65	5	2 ~ 5	<1
绵羊	7 000 ~ 10 000	25 ~ 30	60 ~ 65	5	2 ~ 5	<1
山羊	8 000 ~ 12 000	35 ~ 40	50 ~ 55	5	2 ~ 5	<1
狗	9 000 ~ 13 000	65 ~ 70	20 ~ 25	5	2 ~ 5	<1
猫	10 000 ~ 15 000	55 ~ 60	30 ~ 35	5	2 ~ 5	<1
鸡	20 000 ~ 30 000	25 ~ 30	55 ~ 60	10	3 ~ 8	1 ~ 4

（资料引自 Reece，2015）

血涂片中的白细胞，经染料染色后，根据其光镜下的形态差异和细胞质内有无特有的颗粒可分为两大类（图 2-8）：有粒白细胞和无粒白细胞。有粒白细胞又根据颗粒的嗜色性，分为中性粒细胞（neutrophil）、嗜酸性粒细胞（eosinophil）和嗜碱性粒细胞（basophil）。无粒白细胞有单核细胞（monocyte）和淋巴细胞（lymphocyte）两种。

白细胞一般有活跃的移动能力。它们可以从血管内迁移到血管外，或从血管外的组织迁移到血管内，因此白细胞除存在于血液和淋巴中外，也广泛存在于血管、淋巴管以外的组织中。这些地方是白细胞发挥功能的主要场所。

（二）白细胞的功能

白细胞是机体防御系统的一个重要组成部分。它通过吞噬和产生抗体等多种方式来抵御和消灭入侵的病原微生物。不同类型的白细胞具有不同的功能。

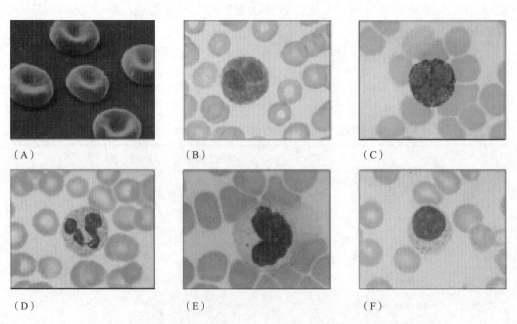

（A）   （B）   （C）

（D）   （E）   （F）

图 2-8   红细胞和光镜下的各种白细胞（引自 Miller，2016）

（A）人的双凹形红细胞（扫描电镜照片，1 500×）；（B）嗜酸性粒细胞；（C）嗜碱性粒细胞；（D）中性粒细胞；（E）单核细胞（较大）；（F）淋巴细胞。（B-F 是光镜照片，710×）

1. 吞噬作用

吞噬作用是生物体最古老的，也是最基本的防卫机制之一。白细胞的作用对象无特异性，在免疫学中称为非特异性免疫作用。其中，中性粒细胞和单核细胞的吞噬作用很强，而嗜酸性粒细胞游走性很强但吞噬能力较弱。

白细胞通过毛细血管的内皮间隙，从血管内渗出，在组织间隙中游走以吞噬侵入的细菌、病毒、寄生虫等病原体和一些坏死的组织碎片。通常细菌体或死亡的细胞所产生的化学刺激是诱发白细胞向该处移动的原因。此外，机体组织受病原微生物侵袭而发炎时所产生的物质，也是诱发白细胞游走的因素之一。

中性粒细胞：中性粒细胞是数量最多的白细胞。由于中性粒细胞具有活跃的变形运动和吞噬功能，因此具有非特异性细胞免疫功能。炎症发生时，中性粒细胞产生的热源性物质作用于脑部后会引起体温升高。体温升高的意义在于可以增强炎症反应和加强免疫系统功能，由此可以延缓病毒和细菌的繁殖。

单核细胞：单核细胞由骨髓生成。单核细胞在血液内仅存活 3～4 天后即进入肝、脾、肺和淋巴等组织，在那里转变为巨噬细胞。单核细胞是白细胞中体积最大的细胞。它一旦转变为巨噬细胞后，其体积会进一步增大，胞内的溶酶体增多，因此导致其吞噬和消化能力也增强。单核－巨噬细胞能合成和释放多种细胞因子，如集落刺激因子、白介素、肿瘤坏死因子以及干扰素等；也能在抗原信息传递、特异性免疫应答的诱导和调节中起重要作用。在哺乳动物胚胎发育过程中，巨噬细胞是最早出现的免疫细胞。其吞噬对象主要为进入细胞内的致病物，如病毒、疟原虫和细菌等。巨噬细胞还参与激活淋巴细胞的特异性免疫功能。

2. 特异性免疫功能

所谓特异性免疫，就是淋巴细胞针对某一种特异性抗原，产生与之相对应的抗体或进行局部性细胞反应，以杀灭特异性抗原。实际上，淋巴细胞并非单一的细胞群体，而是泛指。根据它们的发生部位、表面特征、寿命长短和免疫功能的不同，淋巴细胞至少分为 T 淋巴细胞系和 B 淋巴细胞系两类。

（1）细胞免疫：细胞免疫主要是由 T 淋巴细胞来实现的。人体内的这种细胞在血液中占淋巴细胞总数的 80%～90%。T 细胞受抗原刺激变成致敏细胞后，其免疫作用表现为：直接接触并攻击具有特异抗原性的异物，如肿瘤细胞及异体移植细胞；分泌多种淋巴因子，破坏含有病原体的细胞或抑制病毒繁殖。T 细胞与 B 细胞起协同作用，通过互相加强生理学功能来杀灭病原微生物。

（2）体液免疫：体液免疫主要是通过 B 淋巴细胞来实现的。B 细胞内有丰富的粗面内质网且蛋白质合成旺盛。当此细胞受到抗原刺激变成具有免疫活性的浆细胞后，便会针对不同的抗原产生并分泌多种特异性的抗体，即免疫球蛋白。抗体通过与相应抗原发生免疫反应来中和、沉淀、凝集或溶解抗原等，以消除其对机体的有害作用。

3. 嗜碱性和嗜酸性粒细胞的功能

这两种细胞在血液中停留时间不长，主要在组织中发生作用。

（1）嗜碱性粒细胞：嗜碱性粒细胞的颗粒内含有组织胺、肝素和过敏性慢反应物质等。组织胺的作用是使体循环微血管扩张，但却使肺循环微血管收缩，进而可使毛细血管和毛细血管后微静脉的通透性增加，因此是速发型过敏反应的重要介质。肝素有抗凝血作用，也是机体内抗凝血最强的物质。肝素主要通过增强抗凝血酶 Ⅲ 的活性而间接发挥抗凝作用。该细胞的颗粒中还含有一种可使小血管扩张的脂类分子。但该分子也会使支气管和细支气管平滑肌发生收缩并导致哮喘。由于该分子产生时需要的潜伏期较组织胺更长，但作用持续时间也更长，故被称为慢反应物质。

嗜碱性粒细胞位于结缔组织和黏膜上皮内时，称肥大细胞，因此其结构和功能与嗜碱性粒细胞相似。

（2）嗜酸性粒细胞：嗜酸性粒细胞平时只占白细胞总数的 3%。仅当过敏性疾

☞ 巨噬细胞是人体免疫系统的重要组成细胞之一。传统观念认为巨噬细胞的主要功能是吞噬并清除入侵的病原体以及死亡的细胞，发挥身体清道夫的功能。但近些年的研究提示，巨噬细胞的功能远比最初的认知复杂。它还可以促进组织发育，维持组织动态平衡，影响组织再生以及调控神经活性和网络组成。巨噬细胞功能的失调与癌症、糖尿病及神经退行性疾病等多种疾病密切相关。

病或寄生虫病时，血液中的嗜酸性粒细胞才会增多。嗜酸性粒细胞也能做变形运动，并具有趋化性。它能吞噬抗原抗体复合物，释放组胺酶灭活组胺，从而减弱过敏反应。此外，嗜酸性粒细胞还能借助抗体与某些寄生虫表面结合，通过释放颗粒内物质来杀灭寄生虫。故而嗜酸性粒细胞具有抗过敏和抗寄生虫作用。虽然这类细胞吞噬细菌能力较弱，但其吞噬抗原－抗体复合物的能力较强。此外，该细胞还能在限制嗜碱性粒细胞和肥大细胞过敏反应中起作用。

需要强调的是，白细胞是一个庞大的家族。在体内，无论其形态结构还是生理功能都是多样的。我们不能机械地认为不同类型的白细胞之间是相互孤立和单独发挥作用的，而是要认识到在机体的防护、免疫、创伤治愈乃至自身免疫性疾病等诸多过程中，各种白细胞相互协作共同发挥着作用。

（三）白细胞的寿命

白细胞的寿命与红细胞的相比不易测定。有粒白细胞的平均寿命大概为 9 天。当有粒白细胞进入血液继续发育后大概可以存活 6 天，但是在循环血液中它们发挥功能时却只能存活 6～20 h。机体存在病原微生物感染时，有粒白细胞会连续不断地通过渗出离开血液，进入发生炎症的组织灶点。在那里，它们可以存活 2～3 天；它们也可以通过胃肠道、泌尿以及生殖管道等到达黏膜组织，并就此发挥阻止外源性微生物进入机体的作用。

单核细胞从骨髓进入循环系统后可能只能存活 24 h 或者更短时间。当它们到达相应的组织变为巨噬细胞后，可以存活几个月。

动物淋巴细胞的生命周期变动很大。T 淋巴细胞生命周期长达 100～200 天，B 淋巴细胞较短，一般有 2～4 天。但是，记忆性 T 淋巴细胞和记忆性 B 淋巴细胞生命周期很长，可以达到几年甚至几十年。

三、血小板

哺乳动物中的凝血细胞叫作血小板（platelet/thrombocyte，PTL），无核；而非哺乳动物的凝血细胞是纺锤体形，有核。血小板胞内有细胞器，但实际上不是完整的细胞。其内部有散在分布的颗粒成分，这是其具有独立进行代谢活动的必要结构，赋予血小板一些活细胞的特性。血小板的基本功能是当血管损伤发生时起止血作用。

哺乳动物血小板无核，小而无色、形状不规则，平均直径均 3 μm。人的血小板比红细胞和白细胞均小得多，无核，有质膜。其平均直径 2～4 μm，厚 0.5～1.5 μm，平均体积 7 μm^3。

不同物种的血小板含量变化很大，就是同一动物动脉和静脉血液中的血小板数也不同。许多家畜血小板数大概在 450 000±150 000 个 /μL；鸡的一般有 25 000～40 000 个 /μL；挽马一般 300 000±150 000 个 /μL，而纯血马的血小板含量只有挽马的一半；猪的血小板含量一般有 350 000±150 000 个 /μL。羔羊和犊牛的血小板含量大于成年的绵羊和牛，但是幼龄狗的比高龄狗的要少。人的亦是如此，年龄小的数量相对较少。正常人血小板计数为 100 000±300 000 个 /μL，占血液体积的 0.3%，妇女月经期可减少 50%～75%。人的血小板约 2/3 在末梢血循环中，1/3 在脾中，并在两者之间相互交换。

（一）血小板的生理特性

血小板的主要功能是参与生理止血过程、促进凝血和维持毛细血管壁的完整性和正常通透性。这些特性与血小板黏着、聚集、释放反应、收缩、吸附以及修复的生理特性密切相关。

（1）黏着 血小板与非血小板表面的黏着，称血小板黏附。当血管损伤暴露其内膜下的胶原组织时，血小板便黏着于胶原组织上，这是血小板发挥作用的开始。血管受损后，血管壁下的胶原纤维暴露，血浆中的某些成分首先与胶原纤维结合，再与血小板膜糖蛋白结合，形成胶原 – 血浆成分 – 血小板复合物，从而使血小板黏附于血管壁。血小板在黏附过程中需要 Ca^{2+} 的参与。血小板发生黏附后即被迅速激活，产生变形、黏附、聚集和释放等反应。因此，血小板黏附这一特性是其参与生理止血过程的重要机制之一。

（2）聚集 聚集是血小板彼此聚合的现象。血小板聚集可分为两个时相：第一时相发生迅速，为可逆聚集（血小板聚集后还可解聚），是由受损伤组织释放的 ADP 引起。肾上腺素、5– 羟色胺、组胺、胶原以及凝血酶等都可以引起血小板聚集。其中，ADP 是引起血小板聚集的最重要物质。第二时相发生较缓慢，是由血小板自身释放的 ADP 引起。在 Ca^{2+} 和纤维蛋白原的参与下，第二时相一旦发生血小板便不能再解聚，故称为不可逆聚集。血小板的聚集可明显促进血小板血栓的形成。某些药物如阿司匹林可抑制血小板的聚集。

（3）释放反应 血小板受刺激后，将贮存在致密颗粒、α 颗粒或溶酶体内的物质排出的现象，称血小板的释放。血小板的生理功能与其所释放的物质有密切的关系。这些物质主要有：ADP、ATP、5– 羟色胺、血小板因子 4/5、血小板源性生长因子、纤维蛋白原以及 Ca^{2+} 等。许多生理性和病理性因素均可引起血小板的释放反应，而且血小板的黏附、聚集和释放几乎是同时发生的。

（4）收缩 血小板内的收缩蛋白发生收缩作用。血小板中存在着类似肌原纤维中的收缩蛋白系统，包括肌动蛋白和肌球蛋白等各种相关蛋白质，因此具有 ATP 酶的活性并可在 Ca^{2+} 的参与下可发生收缩。当血凝块形成后，血凝块中的血小板伸出伪足。当伪足中的收缩蛋白发生收缩时，可使血凝块回缩并挤出血清，进而使血凝块缩小变硬导致血凝块更加牢固。

（5）吸附 悬浮于血浆中的血小板因子 3 是一种磷脂胶粒，能吸附许多凝血因子于其表面，如纤维蛋白原、因子 V、因子 XI 以及因子 XIII 等，由此可以使破损局部的凝血因子浓度显著增高，从而促进并加速凝血过程。

（6）修复 血小板能融合血管内皮细胞，保持血管内皮结构的完整性并修复受损伤的内皮细胞。

（二）血小板的生理功能

（1）参与生理止血 这是由血管、血小板和血浆中凝血因子协同作用而实现的复杂过程。血小板释放缩血管物质，使受损血管收缩，血流减慢，裂口缩小，因而有利于出血停止；此后，血小板黏着、聚集形成较松软的血小板止血栓以暂时堵塞小的出血口（图 2-9）。

（2）促进凝血 血小板含有许多与凝血过程有关的因子可在血管破损处参与形成坚实的凝血块以完成生理止血过程，因而它具有较强的促进血液凝固的作用。

（3）维持血管内皮的完整性 血小板可以随时沉着在毛细血管壁上，以填补因损伤而产生的裂隙，进而与内皮细

☞ 血小板之所以可以和胶原组织发生黏着，是因为胶原组织带负电荷。实验中所用的纱布、棉球、玻璃等表面都带负电荷，都可以引起血小板的黏着。

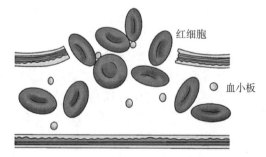

红细胞

血小板

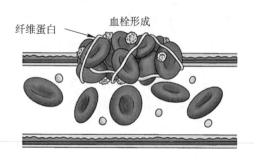

纤维蛋白

血栓形成

图 2-9 血小板参与止血（引自姚泰，2006）

胞融合而完成修复过程，从而维持毛细血管壁的正常通透性。另外，血小板通过释放血小板源生长因子（platelet-derived growth factor，PDGF）可以促进血管内皮细胞、平滑肌细胞及成纤维细胞的增殖，从而有利于受损血管的修复。

（三）血小板的形成与破坏

血小板是胎儿的肝、脾和骨髓中产生的，肺也是产生血小板的一个生理组织。成年哺乳动物基本上由骨髓产生，它是从骨髓成熟的巨核细胞裂解脱落后形成的。

人血液循环中的血小板是由骨髓中巨核细胞系定向祖细胞发育而来。巨核母细胞的细胞核内DNA合成时，细胞并不分裂，从而使核内的DNA的含量增加十几倍，成为多倍体。细胞的体积不断增大，此时称为巨核细胞。当此细胞进一步分化接近成熟时，细胞膜向胞质内凹陷，并将整个细胞质分隔成许多小区，最后各小区之间继续断裂，形成游离的血小板。

巨核细胞的成熟时间为2~3天。每个巨核细胞产生血小板的数量大约为2 000~8 000个。一般认为，血小板的生成受血液中的血小板生成素调节，但其详细过程和机制不清楚。新生成的血小板先通过脾，随即约有1/3的细胞会在此贮存。贮存的血小板可与进入循环血中的血小板自由交换，以维持血中的正常量。

动物血小板在血液中的存活时间在7~14天或者更短。衰老的血小板被脾和肝的网状内皮系统吞噬和破坏，也有少数衰老血小板在循环过程中被破坏。此外，还有的血小板在执行功能时被消耗，如融入血管内皮细胞等。

第三节　止血、血液凝固和纤维蛋白溶解

一、止血和血液凝固

血液由流动的液体经一系列酶促反应转变为不能流动的凝胶状半固体的过程，称为血液凝固（blood coagulation）。正常的血液凝固是机体的一种自身保护机制，是机体保持稳态的重要组成部分。

机体在外伤出血或血管内膜受损时会发生生理性止血，一般经几步反应引发血液凝固以防止因血液外流而引起的血压急剧下降：首先是局部的信号和交感神经激活诱导血管收缩，减少血液的外流；接着，形成血小板栓塞以临时性地堵塞血管破裂处；最后，通过一系列的凝血级联反应形成凝块完成生理性止血。

血液凝固的变化过程是非常复杂的，而研究清楚其基本过程也经历了很长的时期。如20世纪40年代起相继发现了各种凝血因子，至70年代中期才形成了已被广泛接受的凝血因子相互作用的接力式连续酶促反应的"瀑布学说"，而且该学说又在90年代得以修正。目前认为，血液凝固是一系列凝血因子相继被激活的过程，其血液凝固的实质是血浆中可溶性纤维蛋白原转变为不可溶性的纤维蛋白（血纤维），最终血纤维网罗血细胞形成血凝块后完成整个过程（图2-10）。凝血酶在整个止血凝血过程中扮演着重要角色。这不仅是因为它在纤维蛋白的形成中发挥了功能，而且是因为它在激活血小板以及选择性地和血管内皮细胞互作启动纤溶过程中都具有重要的作用。

机体凝血系统包括凝血和抗凝两个方面，两者间的动态平衡是正常机体维持体内血液流动状态和防止血液流失的关键。形成血凝块后，机体最后还要使血凝块溶解以保证凝血和溶血之间的平衡。机体的正常止血、凝血主要依赖血液系统中的三个基本的成分，即完整的血管内皮细胞、有效的血小板质量和数量以及正常的血浆凝血因子活性。

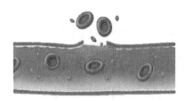

❶ 血管损伤，暴露血管内的肌肉层和组织　　❷ 血管收缩，减少血流

❸ 血小板栓塞形成，血小板黏附　　❹ 血凝块形成，可溶性的纤维蛋白原变成
　　成团于破损处　　　　　　　　　　　不溶性的纤维蛋白包裹住红细胞和血小板

图 2-10　生理性止血

（一）血管内皮细胞

血管内皮细胞的功能是维持正常血流。静态的血管内皮细胞有能力产生活性的抗血栓形成表面。血管内皮细胞的三个特性保障了抗血栓的形成：表面光滑，不利于激活血小板；有能力合成和分泌抑制血小板功能和纤维蛋白发挥功能的抑制物；可选择性地释放纤维蛋白降解激活剂。

（二）凝血因子

血液和组织中参与血液凝固的化学物质统称为凝血因子（blood clotting factor）。历史上，凝血因子基本上都是在有遗传缺陷疾病的人身上首先发现的。世界卫生组织按这些因子被发现的先后次序，以罗马数字统一进行了凝血因子的命名，以作为国际上通用的名称，即将凝血因子分别命名为因子Ⅰ、Ⅱ一直到ⅩⅢ共 12 个因子（表 2-7）。其中，因后续发现Ⅵ是因子Ⅴ的激活产物，不是一个独立的凝血因子，现

表 2-7　与纤维蛋白形成相关的凝血因子

编号	另外的名称	合成位点以及特性
Ⅰ	纤维蛋白原	主要由肝合成，可激活为纤维蛋白
Ⅱ	凝血酶原	主要由肝合成（需维生素 K），可在凝血酶原激物的作用下激活为凝血酶
Ⅲ	组织因子	由内皮细胞和其他损伤组织释放的磷脂蛋白复合体，在肺、脑、胎盘等组织中含量丰富，与因子Ⅶ结合后启动外源性凝血机制
Ⅳ	钙离子	从饮食和骨中获得，参与凝血的全过程
Ⅴ	前加速素	由肝合成或血小板释放的血浆蛋白，可大大提高 X_a 的活性
Ⅶ	前转变素	由肝合成的血浆蛋白（需维生素 K），参与外源性凝血机制
Ⅷ	抗血友病因子	肝合成的球蛋白，可大大提高 XI_a 的活性，缺乏时可引起血友病 A
Ⅸ	血浆凝血激酶	肝合成的血浆蛋白（需维生素 K），参与内源性凝血，缺乏时可引起血友病 B
Ⅹ	斯图亚特因子	肝合成的球蛋白（需维生素 K），是形成凝血酶原激物的主要成分，参与内源性和外源性凝血机制
Ⅺ	血浆凝血激酶前质	肝合成的血浆蛋白，参与内源性凝血，缺乏时可引起血友病 C
Ⅻ	哈格曼因子	为蛋白水解酶，启动内源性凝血机制，并可激活纤维蛋白溶解酶原
ⅩⅢ	纤维蛋白稳定因子	为血浆和血小板中的酶，可加强纤维蛋白间的结合和稳定

（资料改自于 Reece，2015）

已被取消。此外，除了通过罗马数字统一编号的凝血因子外，其他物质如前激肽释放酶、高分子激肽原以及血小板磷脂（PF3）等亦直接参与了血液凝固。

凝血因子具有如下特征：①凝血因子中除Ⅳ和磷脂外，其余均为蛋白质；②肝是合成凝血因子的重要器官，其中因子Ⅱ、Ⅶ、Ⅸ、Ⅹ在合成过程中需维生素 K 的参与，故又称依赖维生素 K 的凝血因子；③因子Ⅱ、Ⅸ、Ⅹ、Ⅺ、Ⅻ、ⅩⅢ等均以无活性的酶原形式存在于血浆中，其右下方标 a 表示已被激活，起酶促作用，可对特定的肽链进行有限的水解；④因子Ⅶ以活性形式存在于血浆中，但需与因子Ⅲ结合后才能发挥作用，由于因子Ⅲ存在于血浆外，故因子Ⅶ在血浆中一般不发挥作用；⑤因子Ⅲ、Ⅴ、Ⅷ以及 Ca^{2+} 和高分子激肽原在凝血过程中起辅助因子的作用，其中因子Ⅷ和Ⅴ是血液凝固过程中的限速因子，可分别加强因子$Ⅸ_a$和$Ⅹ_a$的活性；⑥在凝血过程中，因子Ⅰ、Ⅱ、Ⅴ、Ⅷ、ⅩⅢ被消耗。当个体受遗传或基因突变等影响而发生基因缺陷时，如当人体内的因子Ⅷ或Ⅴ因遗传或基因突变导致缺陷时，其合成明显减少，导致内源性凝血途径障碍及出血性倾向，引起血友病。

（三）血液凝固的过程

目前认为血液凝固过程至少包括三个基本的生化反应：凝血酶原激活物（prothrombin activator）的形成；凝血酶原激活物在钙离子的参与下使凝血酶原转变为有活性的凝血酶（thrombin）；可溶性的纤维蛋白原（fibrinogen）在凝血酶的作用下转变为不溶性的纤维蛋白（fibrin）。生理情况下，上述三个步骤紧密相关（图 2-11）。

由于纤维蛋白形如细丝，纵横交错，故可以网罗大量血细胞并形成胶冻状的血块。

血液自然凝固后血凝块回缩，会析出淡黄色透明的液体称血清（serum）。血清与血浆的区别在于，血清中不含某些在凝血过程中被消耗的凝血因子如纤维蛋白原、凝血酶原、因子Ⅴ、Ⅷ和ⅩⅢ等，而增添了在血液凝固过程中由血管内皮和血小板所释放的化学物质。

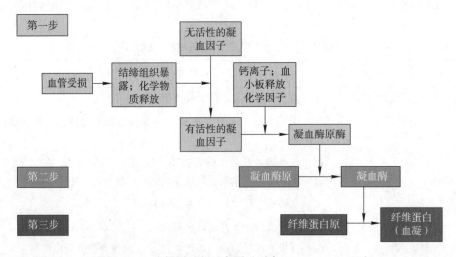

图 2-11　血液凝固过程示意图（引自 Sherwood，2012）

1. 凝血酶原激活物形成

凝血酶原激活物是因子$Ⅹ_a$和因子Ⅴ、Ca^{2+}及 PF3 共同形成的复合物。其中，根据因子Ⅹ的激活过程的不同，可分为内源性凝血和外源性凝血两条途径（图 2-12）。

（1）内源性凝血途径：内源性途径（intrinsic pathway）是指参与凝血的凝血因子全部来自血液。内源性凝血途径是指从因子Ⅻ激活到因子Ⅹ激活的过程。通常，当血管内皮受损时血浆中的因子Ⅻ（接触因子）与带负电荷的异物表面如血管内皮下的胶原组织接触后导致Ⅻ因子的激活而启动该过程。因子Ⅻ与带负电荷的异物表面接触而激活为$Ⅻ_a$后，一方面可使因子Ⅺ激活为$Ⅺ_a$，另一方面还可在高分子激肽原的存在下激活前激肽释放酶为激肽释放酶。后者以正反馈方式进一步促进XII_a的形成。从因子XII结合于异物表面至IX_a形成的过程又称表面激活。XI_a形成后在Ca^{2+}的参与下使IX激活形成IX_a。而IX_a形成后再与因子VIII、PF3和Ca^{2+}结合成复合物，即可激活X因子并使之成为X_a。IX_a与因子VIII、PF3及Ca^{2+}结合所形成的复合物是血液凝固过程中一个极为重要的限速步骤。例如，在有因子VIII存在的条件下，IX_a激活因子X为X_a的速度可提高20万倍。

由于因子VIII是血液凝固过程中的重要限速因子之一，故当遗传或基因突变而发生缺陷时，人体内的因子VIII合成明显减少，而导致内源性凝血途径障碍及出血性倾向的发生，出现甲型血友病。

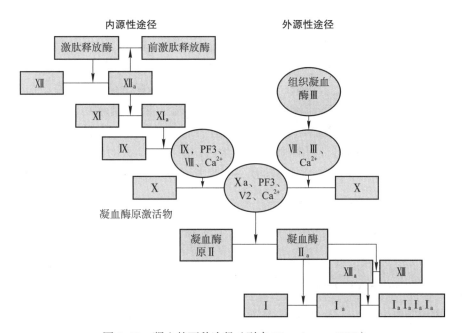

图 2-12 凝血的两种途径（引自 Silverthorn，2009）

（2）外源性凝血途径：来自血液之外的因子III（组织凝血激酶，又称组织因子）暴露于血液时，会与血管内的凝血因子共同作用而启动的凝血过程称为外源性途径（extrinsic pathway）。因子III是一种跨膜糖蛋白，存在于大多数组织细胞，而尤以脑、肺和胎盘等组织为丰富。

生理情况下，因子III并不与血液直接接触。当血管损伤时，因子III得以与血液接触，并作为VII_a的受体与VII_a结合形成复合物。在Ca^{2+}的存在的条件下，它会迅速激活因子X使之成为X_a。在激活因子X的过程中，VII_a作为蛋白酶发挥对因子X的激活作用，而因子III则起催化作用，可使VII_a的催化效力提高 1 000 倍。X_a形成后又可正反馈激活因子VII，生成更多的X_a。外源性凝血途径参与反应的步骤比内源性凝血途径少，速度相对快（几秒钟）。研究表明，内源凝血和外源凝血途径可以相互活化。

在病理状态下，细菌内毒素、补体 C5a、免疫复合物以及肿瘤坏死因子等均可刺激血管内皮细胞和单核细胞表达因子III，从而启动凝血过程，引起弥漫性血管内凝血。

2. 凝血酶形成

经过内源性或外源性途径生成的X_a，在 PF3 提供的磷脂膜上与因子V、PF3 及Ca^{2+}结合，形成X_a–PF3–V–Ca^{2+}复合物，即凝血酶原激活物。后者激活因子II（凝血酶原）为II_a（凝血酶）。凝血酶除可催化纤维蛋白原形成纤维蛋白外，还可激活多种凝血因子，如因子V、VII、VIII、XI及XIII，使凝血过程不断加速。

3. 纤维蛋白形成

凝血酶形成后可催化血浆中可溶性纤维蛋白原转变为可溶性纤维蛋白单体。同时，凝血酶可激活因子 XIII 为 XIII$_a$。XIII$_a$ 在 Ca^{2+} 的作用下，使可溶性纤维蛋白单体形成不可溶性的纤维蛋白多聚体（血纤维）。由于纤维蛋白与凝血酶有高亲和力，因此一旦纤维蛋白生成即能吸附凝血酶，这样不仅有助于局部血凝块的形成，而且可以避免凝血酶向循环中扩散。

在实验室或临床工作中，可按需要针对凝血过程中的各个环节采取不同措施，以达到延缓凝血或有效止血的目的。首先，在血液凝固的三个阶段中，Ca^{2+} 具有重要作用。若去除血浆中的 Ca^{2+}，则血液凝固不能进行。鉴于此，在实验室工作中常用的抗凝剂草酸盐，可与血浆中游离的 Ca^{2+} 结合，形成不易电离的草酸钙而沉淀，使血浆中游离的 Ca^{2+} 浓度降低。而在临床医疗工作中，也常用抗凝剂柠檬酸钠与血浆中游离的 Ca^{2+} 结合成可溶性的络合物以降低血浆中游离的 Ca^{2+} 浓度来达到抗凝的目的。其次，人们发现凝血因子 II、VII、IX 及 X 都在肝脏中合成，在它们形成的过程中均需要维生素 K 的参与。因此，缺乏维生素 K 将会出现出血倾向；反之，临床上应用维生素 K 则可以改善凝血不良症状。第三，由于血液凝固是一个酶促反应过程，因而适当加温可提高酶的活性，促进酶促反应，加速凝血，而低温则能使凝血延缓。最后，由于利用粗糙面可促进凝血因子的激活，促进血小板的聚集和释放，从而加速血液凝固，因而手术时常用温热盐水纱布压迫创面，促进生理性止血，以减少手术创面的出血。

人们对凝血机制的研究促进了对许多出血性疾病的认识。如血友病（病人凝血过程非常缓慢甚至微小的损伤也出血不止）主要是由于血浆中缺乏凝血因子 VIII 造成的。

（四）血液中的抗凝因素

生理情况下，由于血管内皮保持光滑完整，因子 XII 不易与异物表面接触而激活，同时因子 III 难以与血液接触，故一般不会启动凝血过程。而且，即使血管内皮发生损伤，并由此而发生凝血，这一过程也通常仅限于局部而不至于扩散至全身。这是因为正常机体内的血液中存在一些重要的抗凝物质，它们使血液始终能够保持流体状态而不阻碍全身血液循环。血液中的抗凝系统主要包括细胞抗凝系统和体液抗凝系统两类。

1. 细胞抗凝系统

细胞抗凝系统通过单核－吞噬细胞系统对凝血因子的吞噬灭活作用和血管内皮细胞的抗血栓形成作用来限制血液凝固的形成和发展。单核－吞噬细胞系统能吞噬灭活凝血因子、组织因子、凝血酶原复合物及可溶性纤维蛋白单体。

正常的血管内皮作为一个屏障，可防止凝血因子、血小板与内皮下成分接触。血管内皮合成的前列环素和一氧化氮能抑制血小板的黏着和聚集。血管内皮细胞能合成组织因子途径抑制物、抗凝血酶 III、血栓调制素和蛋白质 S 等抗凝物质。因此，血管内皮细胞在防止血液凝固反应的蔓延中起重要的作用。

2. 体液抗凝系统

体液抗凝系统主要包括组织因子途径抑制物、蛋白质 C 系统和丝氨酸蛋白酶抑制物三类。

（1）组织因子途径抑制物（tissue factor pathway inhibitor, TFPI）：TFPI 主要来自小血管内皮细胞，是一种相对稳定的糖蛋白。目前认为 TFPI 是体内主要的生理性抗凝物质，其主要作用是与 X$_a$ 结合，抑制 X$_a$ 的催化活性；同时，它可在 Ca^{2+} 存在的情况下，转而与 VII$_a$－III 复合物结合，形成 X$_a$－TFPI－VII$_a$－III 四合体以抑制 VII$_a$－III 复合物的活性，最终对外源性凝血途径产生负反馈抑制作用。

☞ 维生素 K 可使凝血因子肽链上某些谷氨酸残基于 γ 位羧化成为 γ- 羧谷氨酸残基，后者构成了凝血因子的 Ca^{2+} 结合部位。

（2）蛋白质 C 系统：包括蛋白质 C、凝血酶调节蛋白、蛋白质 S 和蛋白质 C 的抑制物。蛋白质 C 是以酶原形式存在的具有抗凝作用的血浆蛋白，在肝细胞内合成时依赖维生素 K。当凝血酶与血管内皮上的凝血酶调节蛋白结合后，可激活蛋白质 C。蛋白质 C 的主要作用是在磷脂和 Ca^{2+} 存在的情况下灭活因子 V 和Ⅷ；阻碍 X_a 与血小板上的磷脂结合，削弱 X_a 对凝血酶原的激活作用；刺激纤溶酶原激活物的释放，增强纤溶酶的活性。蛋白质 S 是蛋白 C 的辅助因子，可使激活后的蛋白 C 的作用大大增强。

（3）抗凝血酶Ⅲ（antithrombin Ⅲ）：抗凝血酶Ⅲ是一种丝氨酸蛋白酶抑制物，主要由肝细胞和血管内皮细胞分泌。抗凝血酶Ⅲ通过其分子结构中的精氨酸残基与 $Ⅱ_a$、IX_a、X_a、XI_a 以及 XII_a 分子活性部位的丝氨酸残基结合，使这些凝血因子灭活而产生抗凝作用。在正常情况下，抗凝血酶Ⅲ的直接抗凝作用非常缓慢而且较弱，但它与肝素结合后，其抗凝作用可增强约 2 000 倍。

（4）肝素（heparin）：肝素是一种酸性黏多糖，主要由肥大细胞和嗜碱性粒细胞产生。其发挥生理性抗凝作用的途径有以下几种：首先，肝素能与血浆中的一些抗凝蛋白结合增强它们的抗凝作用，特别是肝素可明显加强抗凝血酶Ⅲ的抗凝活性。其次，肝素可刺激血管内皮细胞释放大量 TFPI 和其他抗凝物质以抑制凝血过程。最后，肝素还可增强蛋白质 C 的活性并增强纤维蛋白溶解（纤溶）。因此，肝素主要通过间接作用发挥抗凝作用。

（五）血小板与凝血

血小板对于血液凝固也有重要的促进作用。如将血液置于管壁涂有薄层硅胶的玻璃管中，使血小板不易解体，此时虽然未加入任何抗凝剂但血液可保持液态达 72 h 以上；反之，若加入血小板匀浆则立即发生凝血。这说明，血小板破裂后的产物对于凝血过程有很强的促进作用。

血小板表面的质膜结合有多种凝血因子，如纤维蛋白原和因子 V、XI、XIII 等。其中，α 颗粒中也含有纤维蛋白原、因子 XIII 和一些血小板因子（PF）。其中，PF2 和 PF3 都是促进血凝的，PF4 可中

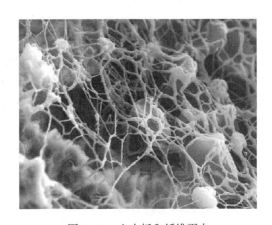

图 2-13 血小板和纤维蛋白

和肝素，而 PF6 则抑制纤溶。当血小板经表面激活后，它能加速凝血因子 XII 和 XI 的表面激活过程。血小板所提供的磷脂表面（PF3），据估计可使凝血酶原的激活加快 20 000 倍。因子 X_a 和 V 连接于此磷脂表面后，还可以免受抗凝血酶Ⅲ和肝素对它们的抑制作用。

当血小板聚集成止血栓时，凝血过程已在此局部进行，血小板已暴露大量磷脂表面（图 2-14），为因子 X 和凝血酶原的激活提供了极为有利的条件。血小板聚集后，其 α 颗粒中的各种血小板因子释放出来，促进血纤维蛋白的形成和增多，并网罗其他血细胞形成凝块。因而血小板虽逐渐解体，止血栓仍可增大。血凝块中留下的血小板有伪足伸入血纤维网中，这些血小板中的收缩蛋白收缩，使血凝块回缩，挤压出其中的血清而成为坚实的止血栓，牢牢地封住血管缺口。

在表面激活血小板和血凝系统时，同时也激活了纤溶系统。血小板内所含的纤溶酶及其激活物将释放出来。血纤维蛋白和血小板释放的 5- 羟色胺等也能使内皮细胞释放激活物。但是由于血小板解体，同时释放出 PF6 和另一些抑制蛋白酶的物质，所以在形成血栓时，不致受到纤溶活动的干扰。

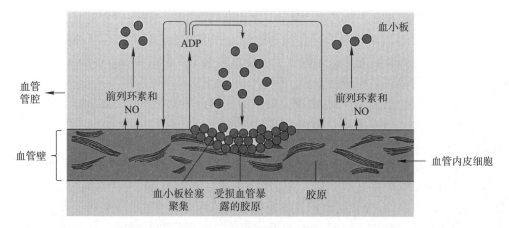

图 2-14　血小板凝血机制（引自 Sherwood，2012）

二、纤维蛋白溶解

纤维蛋白分解液化的过程简称纤溶（fibrinolysis）。它是指血纤维蛋白溶酶作用于纤维蛋白原或纤维蛋白，能将其多肽链的赖氨酸结合部位切断使之溶解的现象。

纤维蛋白原是一种由肝脏合成的具有凝血功能的蛋白质，是纤维蛋白的前体。该分子的分子量约为 340 000，半衰期为 4~6 天。血浆中的纤维蛋白原的参考值为 2~4 g/L。纤维蛋白原由 α、β 及 γ 三对不同多肽链所组成，多肽链间以二硫键相连。在凝血酶作用下，α 链与 β 链分别释放出 A 肽与 B 肽生成纤维蛋白单体。在此过程中，由于释放了酸性多肽，其负电性降低，故单体易于聚合成纤维蛋白多聚体。但此时单体之间借氢键及疏水键相连，尚可溶于稀酸和尿素溶液中。进一步地，在 Ca^{2+} 与活化的因子 XIII 作用下，单体之间以共价键相连，则变成稳定的不溶性纤维蛋白凝块，最终完成凝血过程。肝功能严重障碍或先天性缺乏，均可使血浆纤维蛋白原浓度下降，严重时可有出血倾向。

纤维蛋白溶解系统包括四种成分，即纤维蛋白溶解酶原（plasminogen，简称纤溶酶原，又称血浆素原）、纤维蛋白溶解酶（plasmin，简称纤溶酶，又称血浆素）、纤溶原激活物与纤溶抑制物。纤溶的基本过程可分两个阶段，即纤溶酶原的激活与纤维蛋白（或纤维蛋白原）的降解。

（一）纤溶酶原激活

纤溶酶原很可能是在肝、骨髓、嗜酸性粒细胞与肾中合成的。正常成年人每 100 mL 血浆中约含 10~20 mg 纤溶酶原，婴儿较少，妇女妊娠晚期时增多。

正常情况下，血浆中的纤溶酶原无活性。只有在激活物的作用下，它才能转变成具有催化活性的纤溶酶。纤溶酶原的激活物存在于血液、各种组织和组织液中，也可由微生物产生。主要有三类：

（1）血管激活物　血管激活物在小血管的内皮细胞中合成后，释放入血。如血管内出现血凝块，它可使血管内皮细胞释放大量的这种激活物，并被吸附于血纤凝块上面。肌肉运动、静脉阻塞、儿茶酚胺与组织胺等也可促进血管内皮细胞合成与释放这种激活物。

（2）组织激活物　组织激活物（tPA）存在于很多种组织细胞中，以子宫、甲状腺和淋巴结等组织中含量最高，肺和卵巢次之。正常时，组织激活物存在于细胞内，当组织受损时释放入血，促使纤溶酶原变为纤溶酶。临床手术常易发生术后渗血现象，而妇女的月经血也不凝固等都与这些组织内含有丰富的组织激活物有关。

（3）尿激活物　尿液中含有纤溶酶原激活物，称尿激酶（uPA）。它是肾脏及泌尿道上皮细胞释放的。

除以上三类外，在胆汁、唾液、乳汁、脑脊液、羊水、腹水、关节腔液中，均含有一些激活物原或激活物。这些激活物都具有防止纤维蛋白栓塞，保持管腔通畅的生理作用。

某些细菌也含有激活纤溶酶原的物质，如链球菌中含有链激酶而葡萄球菌中含有葡激酶等。故机体感染这些细菌后，均可激活纤溶酶原转变成为纤溶酶。

（二）纤维蛋白（与纤维蛋白原）的降解

纤溶酶和凝血酶一样，也是蛋白酶，但是它对纤维蛋白原的作用与凝血酶不同。凝血酶只是使纤维蛋白原从其中两对肽链的 N 端各脱下一个小肽，使纤维蛋白原转变成纤维蛋白。相反，纤溶酶却是水解肽链上各单位的赖氨酸 – 精氨酸肽键，从而逐步将整个纤维蛋白或纤维蛋白原分割成很多可溶的小肽，总称为纤维蛋白降解产物。纤维蛋白降解产物一般不能再出现凝固，而且其中一部分还有抗血凝的作用。

纤溶酶是血浆中活性最强的蛋白酶，但特异性较小。尽管纤溶酶可以水解凝血酶和因子 V、VIII、XII$_a$，促使血小板聚集和释放 5– 羟色胺和 ADP 等，以及激活血浆中的补体系统，但它的主要作用是水解纤维蛋白原和纤维蛋白。当血管内出现血栓时，纤溶主要局限于血栓，这可能是血浆中有大量抗纤溶物质（即抑制物）存在，而血栓中的纤维蛋白却可吸附或结合较多的激活物所致。

正常情况下，血管内膜表面经常有低水平的纤溶活动，很可能血管内也经常有低水平的凝血过程，两者处于平衡状态（图 2-15）。

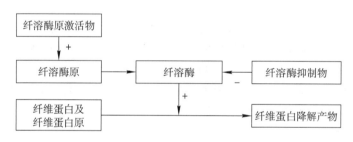

注：+ 表示促进作用；– 表示抑制作用。

图 2-15 纤凝和纤溶

（三）抑制物

血液中存在的纤溶抑制物主要是抗纤溶酶（antiplasmin），但其特点是特异性不高。例如，α2 巨球蛋白能普遍抑制各种内切酶，包括纤溶酶、胰蛋白酶、凝血酶以及激肽释放酶等。每一分子 α2 巨球蛋白可结合一分子纤溶酶，然后迅速被吞噬细胞清除。血浆中 α1 抗胰蛋白酶也对纤溶酶有抑制作用，但作用较慢。然而由于它分子量小，可渗出血管，故可控制血管外的纤溶活动。总体来讲，这些抑制物都是在广泛控制凝血与纤溶两个过程中起作用的一些酶类，这对于将血凝与纤溶局限于创伤部位有重要意义。

三、不同物种的凝血机制

非常有趣的是，海洋类哺乳动物、爬行类动物和禽类均与陆生哺乳动物在体外的凝血机制上存在显著不同。许多海洋类哺乳动物和爬行类动物血液在体外的凝血时间反而比体内更长，这是因为其缺乏因子XII的原因造成的。禽类的血液在体外凝血速度非常快，尤其是在血管壁创口发生肌肉收缩的时候显得更明显。

家畜和实验动物中，就血小板功能而言，其凝血和纤维蛋白溶解上的机制基本是相似的。然而与人的标准比较而言，不同动物血浆中蛋白激活功能方面存在着明显的差异。另外，不同物种之间在凝血反应上虽无性别差异，但是在不同年龄上却具有差异。例如猫、狗、马、羊、猪、豚鼠以及兔子在出生时在血液循环系统中缺乏几种凝血蛋白，但其凝血系统在 7～10 天内就会快速成熟，这和人体内的情况是类似的。

第四节　输血和血型

一、血型

通常所说的血型（blood group 或 blood type）就是指红细胞的血型，是根据红细胞表面抗原的特异性来确定的。狭义地讲，血型专指红细胞抗原在个体间的差异；但现已知道除红细胞外，在白细胞、血小板乃至某些血浆蛋白，甚至个体之间也存在着抗原差异。因此，广义的血型应包括血液各成分的抗原在个体间出现的差异。

遗传学上将出现在某一染色体的同一位置上的不同基因，称为等位基因。因此，在生理上也通常将同一组等位基因所控制的抗原归于同一血型系统。如 ABO 血型中控制 A 和 B 型血的基因，可出现于同一染色体的同一位置上，就是属于同一组的等位基因。有时，控制不同抗原的基因虽然不在同一位置上，然而其位置十分接近，因此也可归于同一血型系统（如 Rh 系统）。

常见人类血型有 A、B、AB 和 O 型 4 种，但 2012 年人们又发现了两种全新的血型——兰格瑞斯（Langereis）和尤尼奥尔（Junior）血型，从而使人类已发现的血型的总数增至 32 种。除了 A、B、AB 和 O 型外，其他血型都属于稀有血型。这些稀有血型往往以存在某种特殊抗原物质为典型特征，并以发现者的名字命名。

目前认为，个体间血型的匹配度对临床上实施输血、器官移植、甚至是女性怀孕等都有重要的影响。

（一）血型系统

1. 血型抗原

血型抗原是镶嵌于红细胞膜上的糖蛋白和糖脂。血型抗原的特异性决定于暴露于膜表面的寡糖链的组成与联结顺序。

如 ABO 血型中 H 抗原（寡糖链）是构成 A、B 抗原的共同基础。若在 H 抗原基础上，再在寡糖链上接一个乙酰半乳糖胺基，则成为 ABO 系统中的 A 抗原；但若是接一个半乳糖基则成为 B 抗原，如只有 H 抗原，则血型变化为 O 型。所以，ABO 型的抗原特异性都是在 H 抗原基础上形成的，故又称 ABH 系统（图 2-16）。

2. 血型抗体

血型抗体主要为 IgM 和 IgG 两型。ABO 血型系统存在"天然抗体"，即婴儿出生半年左右时其血液中将出现一些血型相关抗体，从而可以对抗自己没有的抗原。如某人血型为 A，则血清中出现抗 B 抗体。产生天然抗体的原因不明，但这类抗体多系 IgM 且这种抗体不能穿过胎盘。因此，A 型母亲的血中虽有天然的抗 B，但一般不能通过胎盘使 B 型的婴儿血中的红细胞发生凝集反应。

另一型是由输入不同抗原后产生的，属于 IgG。如输入 Rh 抗原阴性的红细胞给 Rh 阳性的人，或其他不同血型的抗原物质进入受体体内（如妊娠期间胎儿的红细胞可随脱落的绒毛膜进入母体）而产生的免疫抗体。这类抗体可以通过胎盘进入婴儿体内使得胎儿血液发生凝集反应，并最终在补体的作用下引起溶血。

☞ 2020 年的全球新型冠状病毒肺炎流行病（COVID-19）的大数据分析表明，不同 ABO 血型个体在 COVID-19 的易感性以及感染后造成的疾病严重性方面均存在差异。并且，ABO 血型还可以通过充当微生物、寄生虫和病毒的受体或共受体而在其他类型的感染中发挥直接作用。

☞ 血型的化学本质是构成血型抗原的糖蛋白或糖脂，而血型的特异性主要取决于血型抗原糖链的组成（血型抗原的决定簇在糖链上）。A、B 血型抗原化学结构的差异，仅在于糖链末端的 1 个单糖。A 抗原糖链末端为 N-乙酰半乳糖，而 B 抗原糖链末端为半乳糖。1981 年已有人用绿咖啡豆酶（半乳糖苷酶）作用于 B 型红细胞，切去 B 抗原上的半乳糖，从而使 B 型转变成 O 型。

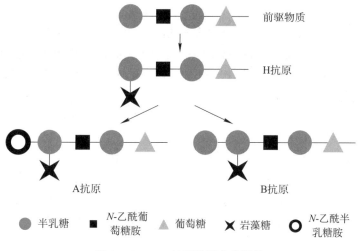

图 2-16　ABH 抗原物质化学结构

3. ABO 血型系统

1901 年由兰德施泰纳发现的 ABO 血型系统是人类最基本的血型系统。

ABO 血型可分为 A、B、AB 和 O 型 4 种（图 2-17）。其中，若红细胞含 A 抗原叫作 A 型，A 型的人血清中含有抗 B 抗体；若红细胞含 B 抗原叫作 B 型，B 型的人血清中含有抗 A 抗体；若红细胞含 A 抗原和 B 抗原，叫作 AB 型，这种血型的人血清中没有抗 A 抗体和抗 B 抗体；而若 O 型的人血清中同时含有抗 A 抗体和抗 B 抗体。这些抗原在凝集反应中被称为凝集原（agglutinogen），而能与红细胞膜上的凝集原起反应的特异抗体，称为凝集素（agglutinin）。

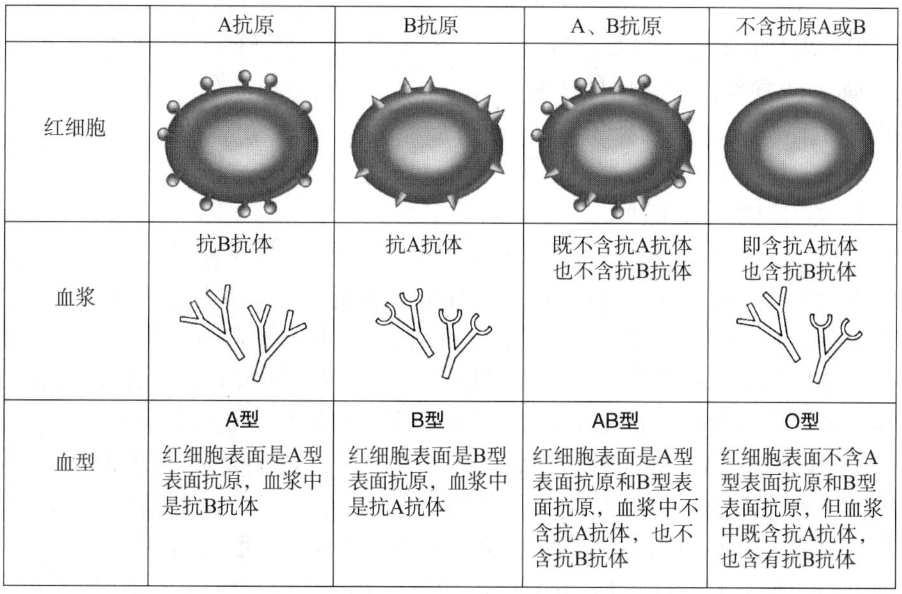

	A抗原	B抗原	A、B抗原	不含抗原A或B
红细胞				
血浆	抗B抗体	抗A抗体	既不含抗A抗体也不含抗B抗体	即含抗A抗体也含抗B抗体
血型	**A型** 红细胞表面是A型表面抗原，血浆中是抗B抗体	**B型** 红细胞表面是B型表面抗原，血浆中是抗A抗体	**AB型** 红细胞表面是A型表面抗原和B型表面抗原，血浆中不含抗A抗体，也不含抗B抗体	**O型** 红细胞表面不含A型表面抗原和B型表面抗原，但血浆中既含抗A抗体，也含有抗B抗体

图 2-17　ABO 血型（引自 McKinley 等，2017）

4. 白细胞血型

人体白细胞抗原（human leucocyte antigen，HLA）是人类白细胞抗原中最重要的一类。HLA 抗原是一种糖蛋白（含糖为 9%），其分子结构与免疫球蛋白极相似。已发现的 HLA 抗原有 144 种以上，分为 A、B、C、D、DR、DQ 和 DP 共 7 个系列。HLA 在其他细胞表面上也存在。与红细胞血型相比，人们对白细胞抗原的了解较晚，其中人体第一个白细胞抗原 Mac 是 1958 年法国科学家让·多塞（Jean

Dausset）发现的。

HLA 分子由 4 条肽链组成（含 2 条轻链和 2 条重链），重链上连接 2 条糖链。HLA 分子部分镶嵌在细胞膜的双脂层中，其插入膜的部分相当于免疫球蛋白 IgG 的 Fc 区段，轻链为 β 微球蛋白。由于其分子结构与抗体分子有相似性，故 HLA 与有保卫功能的免疫防御系统密切相关。

此外，HLA 和红细胞血型一样都受遗传规律的控制。如决定 HLA 型的基因在第 6 对染色体上。每个人分别可从父母获得一套染色体，所以一个人可以同时查出 A、B、C、D 和 DR 五个系列中的 5~10 种白细胞血型，因此表现出来的各种组合的白细胞血型有上亿种之多。也因此导致在无血缘关系的人之间找出 HLA 相同的两个是很困难的。但由于同胞兄弟姊妹之间总是有 1/4 机会 HLA 完全相同或完全不同，因此该 HLA 血型测定就被用于法医鉴定亲缘关系，且是最有力的工具。

5. Rh 血型

Rh 是恒河猴（Rhesus monkey）外文名称的头两个字母。科学家在 1940 年做动物实验时，发现恒河猴和多数人体内的红细胞上均存在 Rh 血型的抗原物质，故命名为 Rh 血型（图 2–18）。凡是人体血液红细胞上有 Rh 凝集原者，为 Rh 阳性。反之为阴性。这样就使已发现的红细胞 A、B、O 及 AB 四种主要血型的人，又都分别被划分为 Rh 阳性和 Rh 阴性两种。随着对 Rh 血型研究的不断深入，认为 Rh 血型系统可能是红细胞血型中最为复杂的一个血型系统。

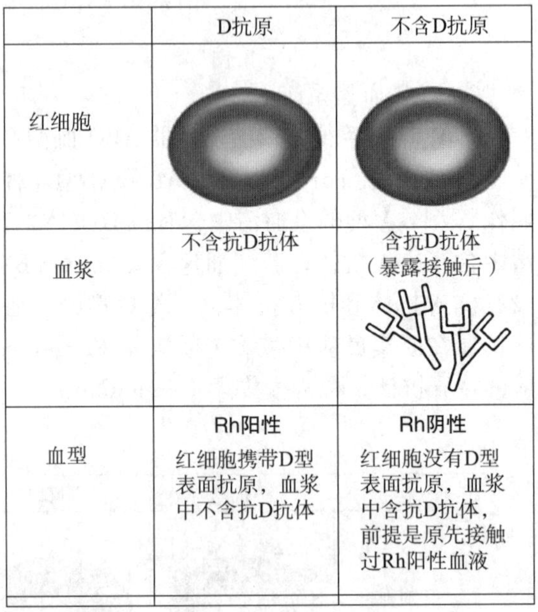

Rh 血型的发现，对更加科学地指导输血工作和进一步提高新生儿溶血病的实验诊断和维护母婴健康，都具有非常重要的作用和意义。

图 2–18　Rh 血型（引自 McKinley 等，2017）

Rh 阴性人血清中不含抗 Rh 凝集素。当其第一次接受 Rh 阳性者血液后，输入的红细胞不会发生凝集反应，但含 Rh 凝集原的红细胞进入受血者体内后，能引起受血者产生抗 Rh 凝集素。以后，当该受血者再次接受 Rh 阳性者的血液后，输入的红细胞就有可能发生抗原抗体反应而产生凝集现象。所以，临床上在给病人重复输血时，即使输入同一献血者的血液也应做交叉配血试验，以避免上述情况发生。

Rh 阴性妇女与 Rh 阳性男子结婚，该妇女孕育的可能是 Rh 阳性胎儿。当胎儿红细胞因某种原因进入母体后，导致母体产生抗 Rh 凝集素。以后若该妇女再次怀孕 Rh 阳性胎儿时，母体的抗 Rh 凝集素就可能通过胎盘进入胎儿血液，导致新生儿产生溶血性贫血而死亡。同样地，如果 Rh 阴性妇女事先曾接受过 Rh 阳性的血液，则孕育的第一胎 Rh 阳性胎儿也会发生溶血现象。

（二）动物的血型及其应用

动物也有血型，但有的和人不一样且血型更复杂。除了已经发现 ABO 和 Rh 血型系统等外，动物至少还有 25 个不同的红细胞血型系统。例如，目前发现狗的血型有 5 种，猫的血型有 6 种，羊的血型为 9 种，马的血型为 9~10 种，猪的血型有 15 种，而牛的血型达 40 种以上。动物的多种血型为血型研究提供了新的问题和研究方向。

血型在人类学、遗传学、法医学、临床医学、亲子鉴定、个体鉴定以及判定家畜的生产性能、选种（进行群体亲缘关系估算和疾病防制和对环境适应性的遗传标记等）等方面都有广泛的实用价值，因此进一步研究血型具有重要的理论和实践意义。

二、输血

动物和人如果一次失血超过全血量的15% 以上，机体的代偿机能将不足以维持血压的正常水平，可引起机体活动障碍，如需紧急治疗就需要输血。

人的输血应以输同型血为原则。只有在没有同型血，且十分紧急的情况中，才能输入异型血，如 O 型血。由于 O 型血红细胞既不含 A 也不含 B 凝集原，因而过去常认为 O 型血可以输给 A、B 或 AB 型的病人。但考虑到 O 型献血者的血浆中含有抗 A 和

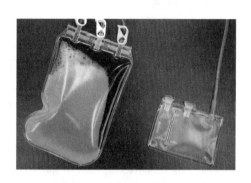

图 2-19 血袋中的待输血液

抗 B 抗体，在进行大量快速输血时，由于献血者的血浆来不及在受血者血中得到足够的稀释，以致可能引起非 O 型的三种受血者红细胞发生凝集反应。因此，除非遇到危及生命的关键时刻，否则还是建议以同型输血为宜。若不得已需用 O 型血输给异型受血者时，也须缓慢输入并密切注意有无不良反应（表 2-8）。

表 2-8 ABO 血型各型之间的输血关系

供血者红细胞 (凝集原)	受血者血清（凝集素）			
	O 型 (抗 A 抗 B)	A 型 (抗 B)	B 型 (抗 A)	AB 型 (无)
O 型	−	−	−	−
A 型	+	−	+	−
B 型	+	+	−	−
AB 型	+	+	+	−

注：+ 表示有凝集反应；− 表示无凝集反应。

输血的途径一般采用静脉输血。但急诊抢救重症低血压患者时，通过较少量的动脉输血能迅速使血压升高。另外，临床上遇到因血液凝血因子缺乏（如血友病）或血小板缺乏而有严重出血和贫血的患者时亦需要输血。但对于一些缺铁性贫血、叶酸缺乏或维生素 B_{12} 缺乏的巨幼细胞性贫血，即使贫血较严重，一般也不需输血，而是用铁剂、叶酸或维生素 B_{12} 治疗。根据病因不同或输血治疗具体目的的不同，可采取不同血液成分（或称"血品"）进行输入，如急性大失血引起血压下降时，应输全血。严重贫血者由于红细胞数量不足，而总血量不一定少，最好输浓缩的红细胞悬液；患大面积烧伤的病人，主要是血浆减少，最好输血浆或血浆代用品；对某些出血性疾病的患者，则可输入浓缩的血小板悬液或含有凝血因子的血浆，以增强凝血能力促进止血。输血能使贫血迅速减轻以至完全得到纠正，虽然它的效果仅是暂时的，但仍然是贫血对症治疗中最重要的措施。人工血液的研究和应用也是目前该领域的热点之一，比如构建人造红细胞。人造红细胞完全模仿了天然红细胞的特性：尺寸、双面凹陷形状，可变形性、载氧能力和长循环时间等。它具有天然红细胞的典型变形性、零溶血、低细胞毒性、良好的体内生物相容性，并且可在体内血管中

长时间循环。更重要的是，它可以同时携带各种物质以实现治疗性药物递送，磁性靶向和毒素检测等目标。

三、交叉配血

正常情况下，如果给患者输入的血液的血型与患者不合，患者的红细胞就会彼此凝集在一起，成为一簇簇不规则的血细胞团，这种现象叫红细胞凝集反应（erythoagglutination）。红细胞的凝集反应也是属于抗原–抗体反应，一旦发生就不可逆。因此，为保证输血安全，输血前必须进行交叉配血实验。将受血者的血清以及受血者的红细胞与供血者的血清以及红细胞进行混合，

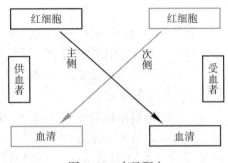

图 2-20　交叉配血

观察有无凝集反应，这一检查称为交叉配血试验（cross-match test）（图 2-20）。

临床上实施交叉配血试验时，有两个方面的试验操作：即使已知供血者和受血者的 ABO 血型相合，也必须分别将供血者的红细胞与供血者红细胞与受血者血清相混合，称为主侧（直接配血）；同时，还需要将受血者红细胞与供血者血清相混合，称为次侧（间接配血）。如果两侧都无凝集反应方可输血；如果出现凝集反应，特别是主侧凝集，则是绝对不能输血的。

第五节　血液的机能

知道血液的各项组成和其理化性质后，我们就很容易明白血液在机体完成其一生的各种生命活动中会具有多种功能。

（1）运输　运输是血液最为重要的功能之一。来自循环系统的 O_2 和由消化系统吸收的营养物质（葡萄糖、氨基酸、维生素和矿物质盐等）以及自身产生的各种激素和因子等物质，都依靠血液运输才能到达全身各组织。同时组织代谢产生的 CO_2 与其他废物（如尿酸、尿素等）也依赖血液运输到相应的器官排泄，从而保证身体正常代谢的进行。

（2）参与体液调节　激素等活性物质分泌进入血液，依靠血液输送到达相应的靶器官，使其发挥相应的生理作用。血液是体液调节重要的组成部分。酶、维生素和激素等物质必须依靠血液传递才能发挥对代谢的调节作用。

（3）保持内环境稳定　由于血液不断循环及其与各部分体液之间广泛交换物质，故对体内水和电解质的平衡，维持渗透压的稳定（血浆胶体渗透压维持血管内外水平衡），维持酸碱度平衡以及体温的恒定等都起重要的作用。

（4）防御功能　机体具有防御或消除伤害性刺激的能力，涉及多方面，血液体现其中免疫和止血等功能。血液中的白细胞能吞噬并分解外来的微生物和体内衰老、死亡的组织细胞；血浆中的抗体如抗毒素、溶菌素等均能防御或消灭入侵机体的细菌和毒素。此外血液凝固也是机体在血管损伤时的一种防御反应。

（5）组织生长与损伤修复方面的功能　由血浆中的蛋白质主要是白蛋白转变为组织蛋白完成的。

在实际生产和生活中，对血液的运用除了输血和抗体研究外还有很多。例如，对人或动物的血液进行测定和分析，常常被用来检查机体的健康或疾病状况。人体血检在实际应用中最为广泛，目前发展主要集中于多种疾病的诊断和治疗上，如癌

症、心血管疾病、代谢疾病、传染病、免疫系统疾病和遗传病等等。比如最近的研究发现许多肿瘤患者血清中的一些 miRNA 的表达明显与正常人不同，并且这些 miRNA 可以在血清中稳定存在，因此可以将 miRNA 作为一种特异的肿瘤标志物进行测定，不过这类研究还主要集于在实验室里，距临床应用还有一定距离。另外，通过抽检母体血液来间接地非侵入式检测出生前婴儿的发育状况和健康水平，如在孩子出生前测出其完整的基因组序列，从而诊断是否患有遗传性囊性纤维化、镰状细胞贫血症或其他疾病等，均具有方便取材而减少对个体伤害的优势。因此，一些医院已经开始提供这方面的诊断服务了。再有，在刑事案件的诊断中，公安人员可以通过对血液样品的分析，鉴定出血型甚至与年龄相关的 DNA 信息，从而协助分辨受害者或犯罪嫌疑人的身份等都属于对这类生理知识的应用。最后，在血液干细胞领域正在开展的有关干细胞的发生机制和临床应用研究方兴未艾。由于血液中的干细胞是很容易获得并能够很方便地加以研究利用的，因此血液干细胞的研究是干细胞研究中开展得最成熟的，很多研究已经运用于临床。比如，新型红细胞治疗技术可用于治疗痛风、血友病及苯丙酮尿症等罕见病甚至癌症等。

推荐阅读

LIU N，ZHANG T，MA L，et al. The impact of ABO blood group on COVID-19 infection risk and mortality：a systematic review and meta-analysis［J］. Blood Rev，2021，48.100785.

GUO J，AGOLA J O，SERDA R，et al. Biomimetic rebuilding of multifunctional red blood cells：modular design using functional components［J］. ACS Nano，2020，14（7）：7847-7859.

ZENG Y，HE J，BAI Z，et al. Tracing the first hematopoietic stem cell generation in human embryo by single-cell RNA sequencing［J］. Cell Res，2019，29：881-894.

PERDIGUERO E G，GEISSMANN F. The development and maintenance of resident macrophages［J］. Nat Immunol，2016，17：2-8.

开放式讨论

对血液的利用在动物和人体间存在什么差别？将来的发展和变化可能会是什么？

复习思考题

1. 什么是内环境，请阐述内环境相对稳定的生理意义。
2. 试述血浆蛋白的生理功能。
3. 什么是血浆胶体渗透压和晶体渗透压？它们有何生理意义？
4. 试述血细胞生成。
5. 试述白细胞的生理功能。
6. 试述血液凝固的过程和其机制。
7. 血浆和血清的区别在哪？
8. 为什么外伤出血的时候用温热的棉球或纱布止血？
9. 简述 ABO 血型系统的分类依据和交叉配血及其临床意义？
10. 血液的生理功能有哪些？

更多数字资源

教学课件、自测题、参考文献。

第三章
循环生理

知识导图

【发现之路】血液循环的研究发现史

　　人类对心血管系统的认识经历了漫长的时间。早在两千多年前，我国的医学名著《黄帝内经》中就有"诸血皆归于心""经脉流行不止，环周不休"等论述。公元前5世纪，西方医学之父希波克拉底认为脉搏由血管运动引起，而血管则可追溯至心脏。古希腊百科全书式学者亚里士多德也曾对心血管系统有一些正确的认识。公元2世纪，古罗马名医盖伦通过解剖动物，在前人研究基础上提出了著名的三精气学说。他认为静脉内血液是前后往返地流动的，而在心间隔上又有许多极细的、看不见的通道，血液可以经过这些通道从右室流向左室。此学说影响最大、流传时间最长。由于当时技术手段的限制和唯心主义神学的束缚，盖伦的血液循环理论存在大量的错误，尽管如此，人们仍对此学说坚信不疑。此后通过一些科学家不断的实践和研究，积累了大量的科学事实。在17世纪初，英国医生威廉·哈维通过80余种动物的解剖实验对心脏和血管进行了研究，在1628年出版了72页的《心与血的运动》一书，正式公布了血液循环的发现。但因此时显微镜的性能极不完善而无法看到毛细血管，导致他并不完全了解血液是如何由动脉流向静脉的。后来，意大利人马尔比基（Marcello Malpighi）用显微镜观察到了毛细血管的存在，从而进一步验证了哈维的血液循环理论。荷兰的安东尼·列文虎克（Antony van Leeuwenhoek）也利用自制的简单显微镜发现了微血管中的血流。至此，血液循环的发现才真正完成。

联系本章内容思考下列问题：

1. 血液循环是如何周而复始地进行循环流动的？

2. 对于分类地位不同的各个动物类群，其血液循环有哪些与其生活环境相适应的特点？

案例参考资料：

谢德秋. 血液循环的发现 [J]. 自然杂志，1978，7：456-457.

许红，吴元黔. 血液循环发现史研究的哲学思考 [J]. 医学与哲学杂志，1994，15（9）：44-46.

【学习要点】

　　心肌收缩特性；心脏泵血的生理过程，心输出量；心肌细胞的动作电位及其形成机制；心肌细胞的生理特性及影响因素；动脉血压的形成及影响因素，静脉回心血量及影响因素；微循环的组成及生理机能；组织液的生成及影响因素；心血管活动的调节，心脏和血管的神经支配，颈动脉窦和主动脉弓压力感受性反射，颈动脉体和主动脉体化学感受性反射；心交感神经、迷走神经、交感缩血管神经的作用，肾上腺素、去甲肾上腺素和乙酰胆碱的作用机制；冠脉循环的特点及调节，脑循环的特点及调节。

为了将血液输送到邻近组织器官的所有细胞，机体需要特殊的循环系统推动血液的流动和分布，即通过血液循环系统灌注所有的组织器官。血液循环系统包括心脏和血管。心脏的节律性跳动是保证血液稳定流动的原动力。血管为血液的循环流动提供了一个封闭的弹性管道。血管系统包括使血液远离心脏的动脉、进行物质交换的毛细血管、使血液回流心脏的静脉。血液循环系统不仅运输氧气，而且将从食物中吸收的营养物质运送到全身各组织器官。各组织器官利用氧气，将这些物质通过代谢转化成生命活动所必需的能量（ATP），或者转变为自身的结构部分。

心脏是血液流动的动力器官，而心脏和血管内的瓣膜使血液在循环系统中以单一方向流动，不停地灌流着各器官和组织以保证它们的物质需要和废物排出，从而维持其正常的生理功能（图 3-1）。由于机体活动强度的不同，这种血液灌流必须及时地随着活动强度的变化而变化。机体血液循环系统的功能是在神经和体液调节的控制下完成的。心脏由左右两个"心泵"构成：右心将血液泵入肺循环；左心则将血液泵入主动脉，再流入各器官。每侧心泵均由心房和心室组成。心房收缩力较弱，但其收缩可帮助心房内血液流入心室，起初级泵的作用；心脏的泵血功能主要由心室收缩完成。衡量心脏泵血功能的指标有心输出量、射血分数、射血指数和心脏做功量。心脏的生理特性与其泵血功能相适应，能在一定范围内对搏出量进行调节。心脏射血和外周阻力是动脉血压形成的根本因素，影响动脉血压的因素有搏出量、外周阻力、心率、大动脉管壁弹性和循环血量与血管容量之比。微循环的主要功能是实现血液和组织液之间的物质交换。生成组织液、淋巴液的动力是有效滤过压。控制心血管活动的基本中枢在延髓，有心迷走中枢、心交感中枢和交感缩血管中枢。本章将针对血液循环的基本原理和功能调节分别进行介绍。

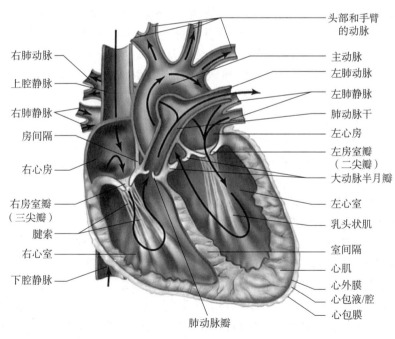

图 3-1 哺乳动物（人）心脏示意图（仿自 Widmaier 等，2019）
箭头表示血流方向。

第一节 心脏的泵血功能

心脏的节律性收缩、舒张是推动血液在血管中流动的动力。心脏对血液流动的驱动作用称为心脏的泵血功能，是心脏的主要功能。

一、心肌收缩的特性

心脏的收缩特性与心肌细胞的生理特性有关。心肌细胞和骨骼肌细胞的收缩原理相似。在受刺激时首先发生动作电位，然后通过兴奋收缩偶联，引起肌丝滑行，从而使整个肌细胞收缩。但是心肌细胞的结构和电生理特性又有别于骨骼肌，心肌的收缩有它自己的特点。

1. 功能合体性

研究表明，心肌细胞的细胞膜是完整的，细胞之间也没有原生质的联系。但是两个相连心肌细胞之间的细胞膜呈锯齿形，称为闰盘（intercalated disc）。这种闰盘结构实际为低电阻（约 1 Ω/cm^2）的缝隙连接（gap junction）结构，其他部位电阻却高很多（约 500 Ω/cm^2）。这样，两个心肌细胞的细胞膜接触紧密（相隔仅 2 nm），每一侧膜上都整齐地排列着多个由 6 个蛋白亚基包绕而成的亲水性通道，这些通道都贯穿膜的脂质双分子层，在膜的外侧面两两对接。该通道可以允许直径小于 1 nm 的物质自由地通过，包括电解质、氨基酸、用于标记的荧光物质等，形成一个低电阻部位。这使得心肌在功能上类似合胞体细胞。动作电位可以通过心肌细胞之间大量的低电阻通道传导，使整个心房或心室的活动像一个大细胞一样，这一特性称为功能合体性。可将功能上类似合体细胞的左、右心房和左、右心室看成两个大的功能合胞体。房室孔周围的结缔组织将这两个"合胞体"分开。在正常情况下，兴奋只能经房室交界仅几毫米宽的房室束由心房传向心室。这种结构使心房先于心室收缩，保证了心房和心室泵血的顺序性和有效性。

2. 对细胞外 Ca^{2+} 的依赖性

心肌细胞和骨骼肌细胞都是以 Ca^{2+} 作为兴奋收缩偶联媒介的。但是，心肌细胞的肌质网终末池很不发达。心肌细胞的肌质网终末池容积较小，Ca^{2+} 贮量比骨骼肌少。因此，心肌兴奋收缩偶联所需的 Ca^{2+} 除从终末池释放外，还需由细胞外液中的 Ca^{2+} 经肌膜和横管膜内流（心室肌细胞动作电位 2 期 Ca^{2+} 内流）。心肌细胞兴奋过后，肌浆中的 Ca^{2+} 一部分返回终末池储存，另一部分则转运出细胞。心肌的横管系统远比骨骼肌发达，因而为 Ca^{2+} 的进出提供了更大的面积。心肌细胞收缩对细胞外液的 Ca^{2+} 有明显的依赖性：在一定范围内，细胞外液的 Ca^{2+} 浓度升高，兴奋时内流的 Ca^{2+} 增多，心肌收缩则增强；反之，细胞外液 Ca^{2+} 浓度降低时，则收缩力减弱。

3. 同步收缩（"全或无"收缩）

由于骨骼肌单个细胞产生的兴奋不能传播到其他肌细胞，因此，骨骼肌的收缩强度取决于单个细胞的收缩强度和参与收缩的肌细胞数目。在心脏中，由于心房和心室内存在特殊传导组织使得信号传导速度快，且心肌细胞之间的闰盘电阻又低，可以在细胞间传导，所以兴奋在心房或心室内传导很快，几乎同时到达所有的心房肌或心室肌，从而引起所有心房肌或心室肌的同时收缩（同步收缩）。同步收缩所产生的力量大，有利于心脏射血。这种同步兴奋的特性使得心肌要么不发生收缩，要么一旦收缩，所有心房肌或心室肌都参与，并达到一定强度，表现为"全或无"式收缩。

4. 不发生完全强直收缩

在受到较高频率的连续刺激时，骨骼肌表现为完全强直收缩。但在心肌细胞中，心肌一次兴奋后，其有效不应期特别长，覆盖收缩期和舒张早期。若在此期内给予刺激，则不能使心肌再发生兴奋而收缩。因此，心肌不会发生如骨骼肌一样的完全强直收缩，而始终保持收缩和舒张相交替的节律性活动，从而保证了心脏的射血和

☞ 当细胞外液中 Ca^{2+} 浓度降得很低，甚至无 Ca^{2+}，心肌细胞膜虽然仍能产生动作电位，但细胞内收缩成分却不能收缩，这一现象称为"兴奋——收缩脱偶联"或"电机械分离"。

充盈正常进行。

二、心脏泵血功能的周期性活动

▶▶ 录像资料 3-1
心脏的泵血机能

（一）心动周期和心率

1. 心动周期

心房或心室每收缩和舒张一次，就构成一个机械活动周期，称为一个心动周期（cardiac cycle）。心动周期包括心房和心室的收缩期（systole）和舒张期（diastole），它们在发生顺序上有先后，但是两者的周期长度相同。由于心室肌收缩力强，在心脏泵血活动中起主要作用，故心动周期通常指心室的活动周期。一般所说的收缩期和舒张期就是指心室的收缩期和舒张期。在一个心动周期中，首先是两心房同时收缩，然后舒张。当心房进入舒张期后不久，两心室同时进入收缩期，然后心室舒张，接着心房又发生收缩，开始下一个心动周期。心动周期可以作为分析心脏机械活动的基本单位。

心动周期时程的长度与心率成反比关系。如果成年人平均心率以 75 次 /min 计算，则每一心动周期约为 0.8 s；其中左、右心房收缩期约为 0.1 s，舒张期约为 0.7 s；左、右心室收缩期约为 0.3 s，舒张期约为 0.5 s。当心房收缩时，心室处于舒张期；心房进入舒张期后，心室开始收缩。值得注意的是，心室舒张的前 0.4 s，心房也处于舒张期，这一时期称为全心舒张期（图 3-2）。而后心房又开始收缩，进入下一个心动周期。每次心肌在收缩后，都有充分的时间进行恢复，可有效地补充消耗及排除代谢产物。由此可见，心房和心室各自按一定时程进行收缩与舒张的交替活动，而心房和心室两者的活动又依照一定的次序先后进行。左、右心房或心室的活动几乎是同步的。在心动周期中，心房和心室的舒张期都长于收缩期，这有利于血液充盈和心脏持续终生的泵血活动。如果心率增快，心动周期缩短，则收缩期和舒张期均缩短，但舒张期更为显著。因此当心率增快时，心肌的工作时间相对延长，休息时间则相对缩短，不利于心脏持久的活动。由于推动血液流动主要靠心室的舒缩活动，故常以心室的舒缩活动作为心脏活动的标志，把心室的收缩期称为心缩期，心室的舒张期称为心舒期。

2. 心率

心脏每出现一次周期活动，即表现一次搏动。每分钟内心脏搏动的次数，称为

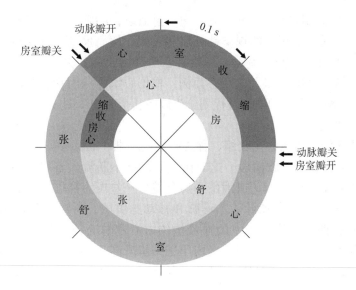

图 3-2　心动周期中房室舒缩关系

心率（heart rate）。动物体型的大小与心率有一定关系。小型动物单位体重的耗氧率通常比大型动物的高。在同一类动物中，小型动物体热的散失比大型动物快，需要机体以较旺盛的新陈代谢来维持体温相对恒定，因而需要以较快的心率来实现较多的血液供应。例如，体重为 3 000 kg 的大象，安静时心率为 25 次 /min；而一只 3 g 重的哺乳动物鼩鼱，安静时其心率高达 600 次 /min。蜂鸟心率可达 1 200 次 /min，与小蝙蝠在飞行时的心率相当。不同种鱼类的心率差异也较大，如鲤鱼心率为 15 次 /min，而电鳗心率为 65 次 /min。不同动物的心率比较见表 3-1。

同种动物不同年龄、不同性别和不同生理情况下，心率也不相同，并有明显的个体差异。正常成人安静状态下，心率在 60~100 次 /min。新生儿心率可达 130 次 /min 以上，随着年龄增长逐渐减慢，至青春期接近成年人的心率。成年人中，女性的心率比男性稍快。经常进行体力劳动和体育锻炼的人，平时心率较慢。同一个人，安静或睡眠时心率较慢，运动或情绪激动时心率较快。

表 3-1   不同动物的正常心率比较

动物	心率 /（次 /min）	动物	心率 /（次 /min）
人	75	小白鼠	328~780
长颈鹿	90	大白鼠	261~600
象	30~40	豚鼠	260~400
牛	45~60	猫	110~140
黄牛	40~70	狗	100~130
牦牛	35~70	绵羊	70~110
乳牛	60~80	山羊	60~80
马	26~50	家兔	123~304
驴	60~80	蛙	36~70
猪	60~80	鸽	141~244
骆驼	30~50	蜂鸟	1 200

（二）心脏的泵血过程

每经历一个心动周期，心脏射血一次。射血时，心脏通过自身的自动节律性舒缩活动，使心瓣膜产生相应的规律性开启和关闭，从而推动血液在封闭的循环系统中沿单一方向周而复始循环流动。一般将心房开始收缩作为每个心动周期的起始。左、右心泵的活动基本相似。以左心为例，根据心室内压力和容积的改变、瓣膜开闭和血流情况，将一个心动周期过程划分为以下几个时期（图 3-3）。

1. 心房收缩期

心动周期开始于两侧心房收缩，称为心房收缩期（atrial systole）。心房开始收缩之前，心脏正处于全心舒张阶段。这时由于静脉血不断流入心房，心房压略高于心室压，房室瓣处于开启状态，血液由心房顺着房—室压力梯度进入心室，使心室充盈。由于心室压远低于大动脉（主动脉和肺动脉）压，所以半月瓣仍处于关闭状态。在全心舒张期内回流入心室的血流量约占心室总充盈量的 75%。全心舒张期之后是心房收缩期。心房收缩使心房内压进一步升高，将剩余的血液进一步挤入心室，可使心室进一步得到充盈，回心血量增多 10%~30%。心房收缩时，静脉入口处的环形肌也收缩，再加上血液向前流动的惯性，虽然静脉入心房处没有瓣膜，心

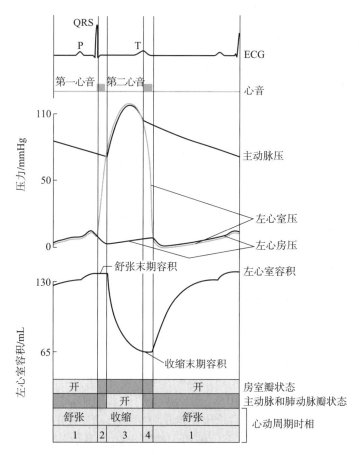

图 3-3　心动周期各时相中，心脏（左侧）内压力、容积
的变化及其与心电图的关系（仿自 Widmaier 等，2003）

房内的血液也很少返流回静脉。心房收缩结束后即舒张，房内压回降，同时心室开
始收缩。

2. 心室收缩期（以左心室为例）

心室收缩期（ventricular systole）包括等容收缩期、快速射血期和减慢射血期三
个时相。

（1）等容收缩期（isovolumic contraction phase）

心房收缩结束后，心室开始收缩，室内压迅速升高。当室内压高于房内压时，
推动房室瓣关闭，阻止血液返流入心房。房室瓣的关闭产生第一心音，是心室收缩
期开始的标志。室内压继续上升，但尚低于主动脉压，故主动脉瓣仍处于关闭状态。
从心室肌开始收缩到主动脉瓣开放之前，心室内血液量不变，故心室肌的强烈收缩
使室内压急剧上升，但心室容积不变，称为等容收缩期。此期长短与动脉压以及心
肌收缩能力有关。如果后负荷增大（主动脉压升高）或心肌收缩能力减弱，则等容
收缩期延长。

（2）快速射血期（rapid ejection phase）

心室肌继续收缩，当室内压超过主动脉压时，主动脉瓣即被血液冲开。血液被
迅速射入主动脉，血量大，流速快，心室容积迅速缩小，称为快速射血期。此时射
出血量占总射血量的 80% ~ 85%，相当于整个心缩期的 1/3 左右。

（3）减慢射血期（reduced ejection phase）

快速射血期后，心室内血液量减少，心室收缩力下降，射血速度减慢，称减慢
射血期。此时室内压虽已略低于大动脉压，但因血液具有较大的动能，依靠惯性作
用，逆着压力差继续流入主动脉，心室容积继续缩小。在这一时期，心室内压和主
动脉压都相应由顶峰逐步下降。

☞ 心室内充满血
液，而液体（此处为
血液）是不可压缩
的，因此当心室收缩
时心室容积不变，压
力升高。

3. 心室舒张期

心室舒张期（ventricular diastole）包括等容舒张期、快速充盈期和减慢充盈期三个时相。

（1）等容舒张期（isovolumic relaxation phase）

心室收缩完毕后开始舒张，室内压力急剧下降，当室内压低于主动脉压时，主动脉瓣将在血液逆流推动下关闭以阻止主动脉血液倒流入心室。半月瓣的关闭产生第二心音，是心室舒张期开始的标志。此时室内压仍然高于房内压，房室瓣仍然关闭，心室再次成为一个封闭腔，室内压迅速下降，但是心室容积没有变化，称等容舒张期。

（2）快速充盈期（rapid filling phase）

心室肌继续舒张，容积迅速扩大，导致室内压低于房内压，甚至可造成负压。当心室内压降到低于心房压力时，房室瓣即开放，这时心房和大静脉血液由于心室舒张产生的抽吸作用迅速流入心室，心室容积快速上升，称为快速充盈期。在这一时期内进入心室的血液约为总充盈量的2/3，是心室充盈的主要阶段。

（3）减慢充盈期（reduced filling phase）

随着心室的血液充盈，心室与心房及大静脉之间压力差减小，血液流入心室速度减慢，并使心室的容积进一步扩大，这一时期称为减慢充盈期。在减慢充盈期后1/3期间，心室仍然处于舒张状态，但心房开始收缩，将血液主动射入心室，使心室的充盈血量又进一步增加10%~30%，进入下一个心动周期，周而复始。因此，心房收缩可以看做是心室充盈期的最后阶段，也是第二个心动周期的开始。

通过对心动周期中心脏内压力、容积、瓣膜启闭以及血流方向等变化过程的分析，可理解心脏的泵血机制。心室肌的收缩和舒张，是造成房内压力变化，从而导致心房和心室之间以及心室和主动脉之间产生压力梯度的根本原因；而压力梯度是推动血液在相应腔室之间流动的主要动力。血液的单向流动则是在瓣膜活动的配合下实现的。此外，瓣膜的启闭对于室内压力的变化起着重要作用，如果没有瓣膜的配合，就不能实现等容收缩期和等容舒张期的室内压力大幅度升降。

在整个心室舒张充盈阶段，房-室压力梯度始终存在，但这一时期的前一阶段，心房也处于舒张状态，这时心房只不过是静脉血流返回心室的一条通道，只有后1/5期间，心房才收缩。由此可见，心房收缩对于心室充盈不起主要作用。故当发生心房纤维性颤动时，虽然心房不能正常收缩，心室充盈量有所减少，但一般不致严重影响心室的充盈和射血功能。但如果发生心室纤维性颤动，心脏泵血活动立即停止，引起严重后果。那么，心房收缩的作用主要是什么呢？

（三）心音

☞ 心房收缩时仍可挤出小部分血流（约占30%）以增加心室充盈，使心室舒张末期容积和压力都有一定程度增加，这对于心室射血功能是有利的。如果心房收缩缺失，将会导致房内压增加，不利于静脉血回流。

▶▶ 录像资料 3-2
心音

在心动周期中，由于心肌收缩引起的心脏瓣膜启闭、血液撞击心室壁和大动脉壁引起的振动产生的声音，称为心音（heart sound）。可用听诊器（stethoscope）置于胸壁适当位置进行听诊，若用换能器将这些机械振动转换成电流信号记录下来，即为心音图（phonocardiogram，PCG）。每个心动周期中，通常可以听到两个声音，分别为第一心音和第二心音。

1. 第一心音

第一心音发生在心缩早期，标志心室收缩的开始，又称为心缩音。第一心音是由于心室收缩，使其中的血液冲击并关闭房室瓣，以及引起与其相连的腱索和心室壁振动而产生的声音，还包括血液冲击主动脉而使其振动的声音。第一心音类似"扑"音，特点是音调较低，持续时间较长，响度较大。心肌收缩能力越强，第一心音也越响。第一心音主要反映心室收缩力量的强弱。房室瓣的病变会导致第一心音的改变。

2. 第二心音

第二心音发生在心舒早期，标志心室舒张期的开始，又称为心舒音。它的发生是由于心室舒张，使心室内压低于主动脉血压，引起半月瓣突然关闭，以及主动脉基部和心室壁振动而发出的振动音。第二心音类似"通"音，特点是音调较高，持续时间较短，响度较低。第二心音主要反映动脉瓣的功能，其响度可反映主动脉或肺动脉压力的高低。马的左右两侧半月瓣的关闭常不同步，故正常的马心音常见第二心音明显分裂。其他动物有时也可随呼吸运动而发生第二心音分裂。当吸气时，由于静脉血回流加速和血流量大，肺动脉瓣关闭较迟，而发生第二心音分裂。而呼气时，由于静脉血回流减速和血流量小，左右半月瓣可同步关闭，而不发生第二心音的分裂。

心音是心脏及其瓣膜正常活动的声音反应。如果心功能及瓣膜发生异常，则心音随之发生变化。瓣膜关闭不全或狭窄时均可产生湍流而发出杂音。心音和心音图在诊察心脏瓣膜功能方面具有重要意义。瓣膜缺损，狭窄而闭锁不全时，则出现收缩期杂音。例如，从第一心音可检查房室瓣的功能状况；从第二心音可检查半月瓣的功能状况。如心室肌肥厚而使心室收缩力增加时，则第一心音增强；患心肌炎而使心肌收缩力减弱时，则第一心音低沉。

在某些健康的人可听到第三心音，发生在快速充盈期，故也叫舒张早期音或快速充盈音，低频，低振幅。这是由于心室充盈期末，血流减慢，流速改变使心室壁和瓣膜发生振动。此外还有第四心音，也称心房音（因音频太低，用听诊器听不到），是与心房收缩有关的一组心室收缩期前的振动。

☞ 患肺动脉高血压的患者第二心音分裂不易出现，甚至造成肺动脉瓣关闭早于主动脉瓣的情况。

三、心脏泵血功能的评价

心脏的主要功能是推动血液流向各个组织器官，以保证新陈代谢的正常进行。评价心脏射血功能最常用的指标有以下几项：每搏输出量、心输出量、射血分数、心指数和心脏做功量。

（一）心输出量

1. 每搏输出量和射血分数

在一个心动周期中，一侧心室收缩所射出的血量，称为每搏输出量（简称搏出量，stroke volume）。在心室舒张末期，由于血液充盈，其容积称为舒张末期容量（end-diastolic volume）；在收缩末期，心室内仍剩余一部分血液，其容积称为收缩末期容量（end-systolic volume）。两者之间的差即为搏出量。由此可见，心室每次收缩时只射出心室腔内的一部分血液。搏出量占心室舒张末期容积的百分比称为射血分数（ejection fraction，EF）。射血分数可反映心室泵血功能的效率。正常动物的心脏在静息状态下射血分数为 40% ~ 50%，动物经过锻炼后，其射血分数相对较大，表明心肌射血能力增强。一侧心室每分钟所射出的血量称为每分输出量（minute volume），简称心输出量（cardiac output），等于每搏输出量与心率的乘积。

心输出量（L/min）= 心率（次/min）× 每搏输出量（L/次）。

直接测量每分输出量十分困难，通常采用 Fick 法间接测算出来，即每分输出量 = 每分钟由肺循环所吸收的氧量/（每毫升动脉血含氧量 – 每毫升静脉血含氧量）。

在正常情况下，左右心室的输出量几乎相等。心输出量是衡量心脏工作能力的重要指标，与机体的代谢水平相适应，可随性别、年龄和各种生理情况不同而有差异。机体剧烈运动或摄食后消化活动正在进行时，由于新陈代谢增强，心输出量可增加数倍；动物在妊娠期间，心输出量可提高 45% ~ 85%。

▶▶ 录像资料 3-3
心输出量及影响因素

2. 心输出量和心指数

心输出量是以个体为单位计算的。人体安静时的心输出量与基础代谢一样，与体表面积成正比。以单位体表面积（m^2）计算的心输出量称为心指数。但是在动物中，仍有用单位身体重量（kg）计算心输出量的，可以在不同动物之间进行比较。测量表明，哺乳动物和鸟类单位身体重量的心输出量高于低等脊椎动物和无脊椎动物；鸟类有很高的心率和心输出量，而且鸟越小，心率越高，不同生理状态下心输出量也不同。哺乳动物也是如此。

（二）心脏做功量

心脏做功提供的能量可使血液在心血管中克服阻力而流动。心室一次收缩所做的功称为每搏功（搏功，stroke work），可用搏出的血液所增加的动能和压强能来表示。其中动能占整个搏出功的比例很小，可以忽略不计。压强能实际是指心脏将静脉血管内较低血压的血液变成动脉血管内较高的血压所做的功。搏出量所增加的压强能可用射血期左心室内压与左心室舒张末期内压（左心室充盈压）之差来表示。在实际应用中可加以简化，用平均动脉压代替射血期左心室内压，平均心房压（6 mmHg）代替左心室舒张末期内压，因此每搏功为：

每搏功（J）＝每搏输出量（cm^3）×（平均动脉压 – 左心房平均压）（mmHg）× 13.6（水银相对密度）× 9.8×10^{-3} × 1.055（血液比重）

每分功是指心室每分钟所做的功，等于每搏功乘以心率，即每分功（J）＝每搏功 × 心率。

心脏收缩射出的血液必须克服动脉内的压力，所以被射出的血液具有很高的压强能和动能。因此，在维持搏出量不变的情况下，随着动脉血压的增高，要射出与原来相等的血量，心肌收缩强度和做功量必须增加，做更多的功。心肌收缩所消耗的能量主要来源于物质的有氧氧化，因而心脏耗氧量可作为心脏能量消耗的良好指标。实验表明心肌的耗氧量与心肌的做功量平行，而且心室射血期的压力和动脉压的变动对心肌耗氧量的影响大于心输出量的变动所造成的影响。例如，在正常情况下，左右心室输出量基本相等，但肺动脉平均压仅为主动脉平均压的 1/6 左右，故右心室做功量也只有左心室的 1/6。因此，用心脏做功量来评价心脏泵血功能比单纯用心输出量更为全面，尤其是在对动脉压高低不等的个体之间以及同一个体动脉血压发生变动前后的心脏泵血功能进行比较时，情况更加如此。

（三）心脏泵血功能的储备

心脏泵血功能的储备又称心力储备（cardiac reserve），是指心输出量随机体代谢的需要而增加的能力。动物在剧烈运动时，心率和搏出量明显增加，心输出量可增加 5 倍以上，说明动物具有相当大的心力储备。最大输出量的获得除了与心率加快有关外，还与每搏输出量具有一定的储备相关。心脏的储备能力主要取决于心率和每搏输出量能够提高的程度。心力储备的大小可以反映心脏泵血功能对机体代谢需求的适应能力。

1. 每搏输出量储备

每搏输出量是心室舒张末期容积和收缩末期容积之差，每搏输出量储备的变化又分为舒张期储备和收缩期储备。舒张期储备与静脉回流血量有关，是通过增加心舒末期容量，增加心肌初长度引起的自身调节过程，使心肌收缩力加强，每搏输出量增加。但是由于心肌细胞外间质含有大量胶原纤维而限制了心肌的伸缩，因此舒张期储备较小。以正常成年人为例，此期只增加 15 mL 左右。而收缩期储备主要靠心肌收缩活动，即增加射血分数来增加每搏输出量，潜力较大，可使搏出量增加 55~60 mL，远比舒张期储备大。另外，动物剧烈运动时由于肌肉收缩作用等可使静脉回流量增加，也动用了舒张期的储备，心肌的收缩力也加强。

2. 心率储备

动物在安静状态下，心率保持正常的平均水平。在剧烈活动时，心率可增加2~2.5倍，而每搏输出量不变，心输出量也增加相应的倍数。但如果心率过快，因舒张期缩短影响到心室充盈时间，从而使搏出量减少，导致心输出量减少。所以心率储备是有一定限度的。

当进行剧烈的体力活动时，由于交感－肾上腺系统活动增加，因而主要通过动用心率储备及心肌的收缩期储备，使心输出量增加。锻炼可以促进心肌的新陈代谢，心肌纤维变粗，心肌收缩力增强；也可使调节心血管活动的神经机能更加灵活，从而提高心脏的储备能力。

四、影响心输出量的因素

整体情况下，心脏的泵血功能随不同的生理情况的需要而改变，通过复杂的神经和体液调节机制以适应不同状态下新陈代谢的需要。本小节主要从心脏的角度来阐述影响心输出量的因素。心输出量的大小取决于每搏输出量和心率，因此，凡能影响每搏输出量和心率的因素均可影响心输出量。

（一）每搏输出量

当心率不变时，每搏输出量增加，可使每分输出量增加；反之，每搏输出量减少，将使每分输出量相应减少。心脏的每搏输出量取决于前负荷、心肌收缩力及后负荷。

1. 前负荷

心肌在收缩前所遇到的负荷，称为心肌的前负荷。心肌的前负荷可用心室舒张末期的容积，即心室舒张期内血液的充盈度来表示。它反映的是心室肌在收缩前处于某种程度被拉长的状态，具有一定的初长度。在一定范围内，静脉回心血量越多，心脏在舒张期充盈就越大，心肌受牵拉程度也就越大，即心肌的初长和前负荷增加，则心肌的收缩力量也就增强，每搏输出量也就增多。这种通过改变心肌纤维的初长度而引起心肌收缩强度的改变，称异长自身调节（heterometric autoregulation）。以左心室舒张末期压为横坐标，左心室搏功为纵坐标作图，可以得到两者相互关系的曲线，称为心室功能曲线（图3-4）。其生理意义是心脏能将回流的血液全部泵出，使血液不会在静脉内蓄积，从而维持静脉回心血量和每搏输出量之间的动态平衡。研究发现，心肌细胞肌钙蛋白对 Ca^{2+} 的亲和力依赖于肌丝长度的变化，当心肌处于最适初长度时，心肌细胞肌钙蛋白对 Ca^{2+} 的亲和力最大，因而有利于心肌的收缩。

前负荷或心肌初长度是调节心脏每搏输出量的一个重要因素，而心室的前负荷是由心室舒张末期的血液充盈量来决定的，心室充盈量是静脉回心血量和心室射血后剩余血量的总和。因此，静脉回流血量和心室射血后剩余血量的多少都能影响前负荷。

☞ 心力衰竭、心力储备与机体锻炼间的关系：心脏的储备力不是无限的，一旦心脏长期负担过重，心脏收缩力不但不能增强，反而可能减弱，搏出量减少，心室射血后，心室内的余血量增加，心室舒张末期容积增大表明收缩储备和舒张储备都降低，心输出量也相应变小。临床上把这种情况称为心力衰竭。

☞ Starling 称 此 为 "心 的 定 律"（law of heart）。

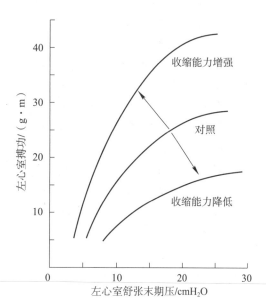

图3-4　心室功能曲线

（1）静脉回流血量

心室充盈的持续时间：心率增加时，心舒期缩短，心室舒张充盈不完全，心搏出量将随之减少。当心率在一定程度内减慢时，心室舒张期延长，充盈完全，搏出量可增加。但如果心室已经充分充盈，心率减慢也不能使搏出量进一步增加。

静脉回流速度：静脉回流速度取决于外周静脉压与心房、心室内压之差，压力差越大回流速度愈快，心室的充盈量愈大，心搏出量也愈多。

心室壁顺应性：顺应性是指物体受外力作用能发生变形的特性。心室顺应性通常用心室在单位压力作用下所引起的容积改变（$\Delta V/\Delta P$）来表示。心室顺应性增高，在相同心室充盈压条件下心室充盈量增大。心肌纤维化、心肌肥厚时，心室顺应性均降低。

心包内压：在正常情况下，心包有助于防止心室过度充盈。如果出现心包积液，心包内压增高也会妨碍心室充盈，搏出量减少。

（2）心室射血后剩余血量

射血后心室内的剩余血量增加时，如果静脉回流血量不变，则心室的充盈量增加。但是剩余血量的增加会导致心室舒张期室内压增高，使静脉回心血量减少。可见，心室射血后的剩余血量对心室充盈量有双重影响，对搏出量的影响则视实际变化情况而定。

2. 后负荷

心肌在收缩时血液向血管流动才遇到的负荷或阻力，称为心肌的后负荷。心室肌后负荷是指动脉血压，故又称为压力负荷。肌肉收缩时产生的主动张力用于克服后负荷，使血液在血管中流动。在心率、心肌初长度和心肌收缩能力不变的情况下，当动脉血压增加时，等容收缩期延长，射血期相应缩短，致使每搏输出量暂时减少（图3-5）。当心搏出量减少时，造成心室内剩余血量增加，心肌又可通过自身调节机制使心搏出量恢复正常。故动脉血压的波动对心输出量的影响只是暂时的，一般不发生持久性影响。如果动脉血压持续高于正常，心室肌因收缩活动长期加强而出现心肌肥厚等病理变化，最后可因失去代偿能力出现泵血功能减退，导致心力衰竭，搏出量显著降低。

3. 心肌收缩能力

心肌收缩能力（cardiac contractility）是指不依赖于前、后负荷的变化，通过心肌本身收缩强度和速度的改变来影响每搏输出量的能力。这种调节心搏出量的机制，又称为等长自身调节（homeometric autoregulation）。影响心肌收缩能力有多种因素，心肌可通过兴奋收缩偶联过程中各个环节影响收缩能力。其中活化的横桥数目和肌球蛋白头部ATP酶的活性是调控肌肉收缩能力的主要因素。在一定的初始长度条件下，虽然可增加粗肌丝与细肌丝发生联系的横桥数目，但并非所有的横桥都能被活化。在同一初始长度条件下，活化横桥在全部横桥数中所占的比例取决于兴奋后胞质内Ca^{2+}的浓度和肌钙蛋白对Ca^{2+}的亲和力。凡是能影响Ca^{2+}浓度变化的物质，均能影响到心肌收缩力：①儿茶酚胺类物质通过激活β-肾上腺素能受体，增加胞质cAMP浓度，使肌膜和肌质网的Ca^{2+}通道大量开放，胞质Ca^{2+}浓度升高，进而提高活化的横桥数，心肌收缩力增强；

☞ Starling发现：当动脉压升高时，心室肌收缩力量不足以克服射血的阻力，每搏输出量减少。但如果流入心室血量不变，便会引起心室的血量增加，心室舒张末期的容积加大，于是增加了心室收缩的力量，下一次的每搏输出量增加。经几次收缩力量的调整，每搏输出量恢复正常。

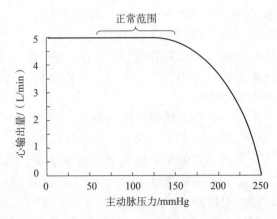

图3-5　后负荷变化（主动脉压力）和心输出量的关系（仿自Guyton等，2006）

乙酰胆碱则可通过减少 Ca^{2+} 内流，使活化的横桥数减少，心肌收缩力减弱。②钙增敏剂，如茶碱可以增加肌钙蛋白对 Ca^{2+} 的亲和力，提高肌钙蛋白对胞质中 Ca^{2+} 的利用率。③甲状腺激素和体育锻炼可以提高肌球蛋白的 ATP 酶活性，增强心肌的收缩力。

对心肌收缩能力的评价一般只能采用等容射血期内心室内压变化率、心室容积变化率和心室直径变化率来表示。其中心室内压变化率（dP/dt）最为常用。在等容射血期内前后负荷基本不变，故其压力的变化可用来评价心肌收缩能力。

☞ 甲状腺功能低下的患者，因为肌球蛋白分子结构发生改变，ATP 酶活性降低，心肌收缩能力也减弱。

（二）心率

由于心输出量等于每搏输出量乘以心率，因此每搏输出量和心率的改变均可影响心输出量。在一定范围内，心率增加，心输出量增加。如果心率过快，则心动周期缩短，由于心室舒张期缩短更为明显，此时可影响到心室快速充盈期，使心室充盈不足，导致每搏输出量减少，每分输出量也会减少。此外，心率太慢，每分输出量亦减少。这是因为心室舒张期过长，心室的充盈早已接近极限，再增加心室舒张持续时间也不能相应提高每搏输出量。因而心输出量随心率减慢而下降。可见，过快或过慢的心率都会使每分输出量减少。

第二节　心肌细胞的生物电现象和生理特性

心脏主要是由心肌细胞（cardiac cell）组成的。组成心脏的心肌细胞可分成两大类：一类是构成心房和心室壁的普通心肌细胞，又称为工作细胞（working cardiac cell）。这类细胞具有兴奋性、传导性、收缩性，但不具有自律性，故称为非自律细胞。另一类是一些特殊分化的心肌细胞，组成了心脏的特殊传导系统（cardiac conduction system）。这类心肌细胞不仅具有兴奋性和传导性，而且具有自动节律性，故称为自律细胞（autorhythmic cell）。由于自律细胞胞质中肌原纤维很少或缺乏，因此其收缩性基本丧失。这一类心肌细胞的主要功能是产生和传导兴奋，控制心脏活动的节律。它们存在的位置包括窦房结、房室交界区、房室束、左右束支和末梢浦肯野纤维，合称为心脏特殊传导系统。心肌细胞的兴奋性、自动节律性、传导性和收缩性与心肌的电活动特点有密切关系。

一、心肌细胞的生物电现象

心肌细胞的跨膜电位（transmembrane potential）产生的机制与神经和骨骼肌细胞相似，均由跨膜离子流形成，但因心肌细胞跨膜电位的产生涉及多种离子通道，故心肌细胞的生物电活动较神经和骨骼肌更为复杂。而且，不同类型心肌细胞的跨膜电位形成的离子基础、跨膜电位的幅度以及持续时间等都不完全相同。根据心肌细胞兴奋发生（动作电位去极化速率）的快慢和传导的快慢，可将心脏各部分心肌细胞分为快反应细胞（fast response cell）和慢反应细胞（slow response cell）。快反应细胞包括心房肌、心室肌、房室束、束支和浦肯野细胞，其动作电位去极化速率快外，兴奋产生和传导也快，称为快反应动作电位（fast response action potential）。心房和心室的工作细胞均为快反应非自律细胞，而房室束、束支和末梢浦肯野细胞为快反应自律细胞。慢反应细胞包括窦房结（P）细胞和房室交界区的一些细胞，其动作电位去极化速率较慢外，兴奋发生和传导也慢，称为慢反应动作电位（slow response action potential）。

（一）工作细胞动作电位的形成机制

1. 静息电位

以心室肌为例，其静息电位（跨膜电位）的形成机制与神经细胞、骨骼肌细胞的相似。膜两侧处于极化状态，主要是 K^+ 跨膜扩散形成的电化学平衡电位，简称 K^+ 平衡电位。在静息状态下，心室肌细胞膜上存在内向整流 K^+ 通道（inward rectifying K^+ channel，I_{K1} 通道）。在静息状态下，I_{K1} 通道处于开放状态，对 K^+ 的通透性很高，细胞内的 K^+ 顺浓度梯度向膜外扩散，形成外向电流 I_{K1}，细胞内侧面聚集着带负电的大分子物质，形成膜内为负、膜外为正的极化状态。哺乳动物和人的心室肌细胞静息电位为 $-80 \sim -90$ mV。

2. 动作电位

心室肌细胞的动作电位属于快反应动作电位，与神经和骨骼肌的动作电位明显不同，特点是复极化过程复杂，持续时间长，分为"1""2""3"期；动作电位的升支与降支不对称。通常将心室肌细胞动作电位产生的过程分为"0""1""2""3""4"期这 5 个时期（图 3-6）。动作电位完成复极化后，膜电位处于静息电位水平（"4"期）。

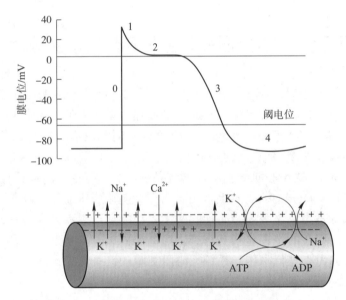

图 3-6　心室肌细胞动作电位和主要离子流示意图

（1）心室肌细胞去极化的过程（"0"期）

膜内电位由静息时的 -90 mV 急速上升到 $+20 \sim +30$ mV，此时膜两侧由极化状态变成反极化状态，构成动作电位的上升支。历时仅 $1 \sim 2$ ms。其正电位部分称为超射（overshoot）。由于心室肌细胞"0"期去极化速度快、幅度高，故称为快反应细胞。

"0"期形成的机制：当心室肌细胞受到刺激产生兴奋时，首先引起 Na^+ 通道的部分开放和少量 Na^+ 内流，造成膜部分去极化。当去极化到快 Na^+ 通道（I_{Na} 通道）的阈电位水平（膜内 -70 mV）时，膜上的快 Na^+ 通道被快速激活而开放，出现再生性 Na^+ 内流，于是 Na^+ 顺电化学梯度由膜外快速进入膜内，称为快钠流（I_{Na}），进一步使膜去极化、反极化，膜内电位由静息时的 -90 mV 急剧升到 $+30$ mV。I_{Na} 通道是一种激活迅速、开放速度快、失活也迅速的快通道。当膜去极化到 0 mV 左右时，I_{Na} 通道就开始失活而关闭，最后终止 Na^+ 的继续内流。在失活状态下，I_{Na} 通道不能接受刺激发生兴奋，这是心肌细胞不应期产生的电生理学基础。失活通道的再度开启也呈电压依赖性和时间依赖性的特点，只有当心肌细胞的膜电位复极化到 -60 mV 左右，并经历一定的时间时，失活通道才能重新开启。这一重新开启的过程称为复活。

☞ 快钠通道可被河鲀毒素（tetrosotxin，TTX）选择性阻断，造成心室肌收缩障碍。

I_{Na} 通道只有经过复活而回到备用状态，才能再次接受刺激，产生兴奋。

（2）复极化过程

当心室肌细胞去极化达到顶峰后，立即开始复极化。该过程缓慢复杂，可分为以下 4 期。

快速复极初期（"1"期）：心肌细胞膜电位在去极化达到顶峰后，由 +30 mV 迅速下降至 0 mV，形成复极 "1" 期，历时约 10 ms，并与 "0" 期去极化上升支构成了锋电位。

当膜去极化到 –30 ~ –40 mV 时，便激活了膜上另一种 K^+ 通道（I_{to} 通道），少量 K^+ 外流。当去极化到 0 mV 左右时，Na^+ 通道就开始失活而关闭，Na^+ 内流迅速停止。此时，通过 I_{to} 通道 K^+ 迅速外流，形成瞬时性外向电流（transient outward current，I_{to}），膜呈现出复极化过程。因此，I_{Na} 通道的失活和 I_{to} 通道的激活是心室肌细胞 "1" 期复极化的主要原因。

平台期（"2"期）：此期膜电位恢复得很缓慢，基本停滞在接近于 0 的水平。在动作电位曲线上，形成复极过程的平台，称为平台期。该期是心室肌细胞区别于神经细胞或骨骼肌细胞动作电位的主要特征。此期历时 100 ~ 150 ms，是心室肌动作电位持续时间长的主要原因。该期与心室肌的兴奋收缩偶联、心室肌不应期长、心室肌不会发生强直收缩等特性密切相关，是机体神经和体液调节机制起作用以及实现药物治疗某些心脏病的重要环节。

平台期的形成主要是由于同时存在的 Ca^{2+} 缓慢持久的内流和少量 K^+ 缓慢外流处于平衡状态的结果。

K^+ 通过延迟整流 K^+ 通道（delayed rectifier K^+ channel，I_K 通道）外流。I_K 通道的激活和开启及去激活关闭的速度都很缓慢，在 "0" 期除极化到 –40 mV 左右时被激活，但是激活的开启速度慢于慢钙通道。平台期内向电流主要是由 Ca^{2+} 负载的。现已证明，心肌细胞膜上有一种电压门控式的 L 型慢钙通道（L-type calcium channel，I_{Ca-L} 通道），当 "0" 期膜去极化到 –40 mV 时开始激活。但由于 Ca^{2+} 通道激活过程缓慢，在 "0" 期后才表现为持续开放状态，经此通道内流的 Ca^{2+} 量要到 "2" 期之初才达到最大值。Ca^{2+} 通道的专一选择性较差，除允许 Ca^{2+} 通过外，也允许少量 Na^+ 通过。所以在平台期，Ca^{2+} 和 Na^+ 经 Ca^{2+} 通道内流的同时，存在着 K^+ 的外流，Ca^{2+} 和 Na^+ 内流所携带的正电荷与 K^+ 外流所携带的正电荷几乎相等，内向电流和外向电流处于相对平衡状态，膜电位稳定于 "1" 期复极所达到的 0 mV 电位水平。随着时间延长，I_{Ca-L} 通道逐渐失活，Ca^{2+} 内流逐渐减弱，而经 I_K 通道外流的 K^+ 逐渐增加，使净电流变为逐步增强的外向电流，导致动作电位由 "2" 期逐渐向 "3" 期转化。

快速复极末期（"3"期）：继平台期之后，膜内电位由平台期的 0 逐渐下降至 –90 mV，从而完成复极化过程。此期历时 100 ~ 150 ms，复极化速度较快。

"3" 期快速去极化主要是由于 Ca^{2+} 内流停止，K^+ 外流进行性增加。在 "2" 期之后，Ca^{2+} 通道完全失活，内向电流（Ca^{2+} 内流）终止，而膜对 K^+ 的通透性又已恢复，开始时主要是 I_K 外流，至膜复极化 1/3 时 I_{K1} 通道恢复，K^+ 也可通过 I_{K1} 通道外流，从而加速膜电位迅速回到静息电位水平，完成复极化过程。"3" 期复极化是由 K^+ 外流引起的，而膜的复极化又加快了 K^+ 外流，如此循环下去，直到复极化完成。因此，"3" 期复极化 K^+ 外流具有再生性特征。另外，在此过程中，由于心室各细胞复极化过程不一致，造成的复极化区和未复极化区之间的电位差也促进了未复极化区的复极化过程，所以 "3" 期复极化发展十分迅速。

静息期（"4"期）：指复极化完毕后和膜电位恢复并稳定在 –90 mV 的时期。此期心室肌细胞的膜电位虽已恢复到静息电位水平，但膜内外离子的分布尚未恢复。"4" 期开始后，细胞膜的主动转运机制加强，钠钾泵将去极化时内流的 Na^+ 泵出细胞，把复极化时外流的 K^+ 泵回细胞。Ca^{2+} 通过与 Na^+ 交换出细胞，称为 Ca^{2+}–Na^+ 交换。由于 Na^+ 的内向性浓度梯度的维持是依靠钠钾泵实现的，因此 Ca^{2+}–Na^+ 交换的能量归根结底是由钠钾泵提供的。这样使细胞内外离子分布恢复到静息状态水平，从而保持心肌细胞正常的兴奋性。

与神经元比较，心肌细胞的动作电位具有持续时间长、复极化过程较复杂、上升支与下降支不对称等特征。全过程分为 5 个时期，除极化过程为"0"期外，复极化过程包含"1"期、"2"期、"3"期和"4"期（表 3–2）。

表 3–2   心肌细胞动作电位形成机制

时期	生理名称	形成机制
"0"期	自动去极期	膜电位达阈电位水平，快 Na^+ 通道突然大量开放，大量 Na^+ 快速内流。快 Na^+ 通道可被 TTX 阻断
"1"期	快速复极初期	Na^+ 通道失活关闭，K^+ 通道开放，K^+ 快速外流
"2"期	平台期	Ca^{2+} 缓慢内流和 K^+ 外流同时存在。初期内向电流 = 外向电流，膜电位约为 0 mV，晚期内向电流下降，外向电流增大，膜电位向负值转化
"3"期	快速复极末期	Ca^{2+} 通道失活，Ca^{2+} 内流停止，K^+ 快速外流且流量随时间而递增
"4"期	静息期	通过离子泵的主动转运，泵出 Na^+ 和 Ca^{2+}，泵入 K^+

（二）自律细胞动作电位的形成机制

特殊传导系统的心肌细胞（除结区外）都具有自律性（图 3–7），称自律细胞（autorhythmic cell）。构成房室束、束支和末梢浦肯野纤维网的浦肯野细胞属于快反应细胞，兴奋时产生快反应动作电位。窦房结和房室结细胞属于慢反应细胞，兴奋时产生慢反应动作电位。自律细胞跨膜电位的共同特征是在没有外来刺激的条件下会发生自动地去极化，当去极化达到阈电位水平时，就会产生一个动作电位。因为自律细胞在发生一次兴奋之后，随即会自动发生另外一次缓慢的去极化，不会保持在稳定的静息膜电位，因此用其动作电位复极化到最大极化状态时的膜电位数值代表静息电位值，称为最大舒张电位（maximal diastolic potential）或最大复极化电位（maximal repolarization potential）。舒张去极化是心肌自动节律性的电生

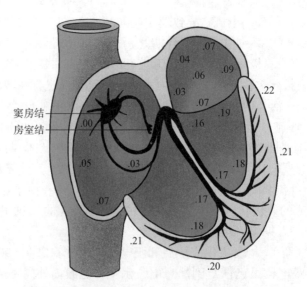

图 3–7   人心肌传导系统（仿自 Guyton 等，2006）

数字表示兴奋从窦房结传播到该点的时间（s）。

理学基础。

在特殊传导系统中，窦房结细胞的自动节律性活动频率最高，浦肯野细胞 "4" 期的自动去极化速率远较窦房结慢，自律性活动频率最低。它们的舒张去极化发生的最大舒张电位水平不同，窦房结细胞约为 –60 mV，浦肯野细胞约为 –90 mV。由于促成自动去极化和动作电位产生的许多离子通道的激活都有电压依赖性，因而上述两类细胞的自律性和动作电位发生的机制也不相同。

1. 快反应自律细胞动作电位的形成机制

以浦肯野细胞为代表的快反应细胞的动作电位特点与心室肌动作电位相似，最根本的区别是浦肯野细胞有 "4" 期自动去极化现象。其离子基础主要是随时间而逐渐增强的内向离子流（I_f）和逐渐衰减的 K^+ 外向电流（I_K）。I_f 内向离子流是一种混合离子流。其成分有 Na^+，也有 K^+，但主要是 Na^+ 负载的内向电流。

2. 慢反应自律细胞动作电位的形成机制

窦房结是节律性活动频率最高的心肌组织，其起搏细胞属于较原始的心肌细胞，具有起搏功能，又称 P 细胞（pacemaker cell），是慢反应自律细胞的代表。

慢反应自律细胞动作电位的特点：动作电位的幅度小，没有 "1" "2" 期，只有 "0" "3" "4" 期，最大复极电位为 –65 ~ –60 mV。在此电位下，Na^+ 通道已失活，所以当 "4" 期自动去极化达到阈电位水平（约 –40 mV）时，即激活了膜上的一种慢钙离子（I_{Ca-L}）通道，引起 Ca^{2+} 缓慢内流，导致 "0" 期去极化过程。因为 I_{Ca-L} 通道开放速度慢，Ca^{2+} 内流量小，所以 P 细胞动作电位幅度小，仅有 60 ~ 70 mV，最大去极化速率慢；复极化是由延迟的整流 K^+ 通道被激活开放，I_K 外流引起的。因为 P 细胞缺乏 I_{K1} 通道，所以没有平台期，同时由于在部分 P 细胞 I_{to} 通道（产生瞬时性外向 K^+ 电流通道）很少表达，所以复极化过程没有 "1" "2" "3" 期之分，只有 "0" "3" "4" 期（图 3-8）。

☞ 窦房结、房室交界区的自律细胞是由于慢通道开放而产生自动去极化，所产生的动作电位是慢反应动作电位，所以这些细胞称为慢反应自律细胞。

☞ 慢通道可为 Mn^{2+} 和一些药物，如异搏定所阻断，而对河鲀毒素不敏感。

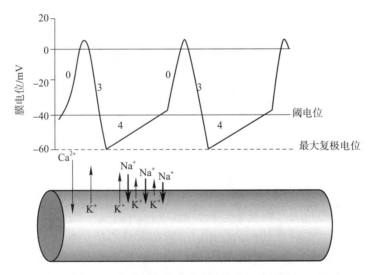

图 3-8 窦房结细胞动作电位和离子流示意图

由于 Ca^{2+} 内流减少和 K^+ 外流增加，膜电位逐渐复极并达到最大复极电位。随即进入 "4" 期，并出现自动去极化现象。"4" 期自动去极化可以受多种内向和外向电流的影响。目前认为，P 细胞的自动去极化最主要的离子流有一种外向电流和两种内向电流。

（1）随着时间进行性衰减的 K^+ 外向电流（I_K）

虽然 I_K 通道在去极化中被激活开放，K^+ 外流，引起动作电位复极化，但当复极化到 –50 mV 左右时 I_K 通道开始去激活并关闭，I_K 外向电流逐渐衰减。因为 I_K 通道去激活过程发生在 P 细胞最大舒张电位水平，这时 I_K 外向电流还很大，其衰减的效应相当于内向电流增加，而且很大，因此它是 P 细胞舒张去极化的最重要的离子基础。

（2）随时间进行性增强的内向离子流 I_f（主要是 Na^+）增加

如前述 I_f 是 P 细胞膜向复极化或超极化变化时才被激活的内向离子流。"3"期向复极化方向的变化是造成该离子通道逐渐激活和"4"期开始的条件。但也有人认为，P 细胞的最大舒张电位仅为 –60 mV，在这个膜电位水平上 I_f 通道被激活开放的程度很小，开放速率也慢，所以 I_f 电流很弱，可能不是主要的起搏离子流。

（3）I_{Ca} 离子流（I_{Ca-T}）

P 细胞膜上还有另外一种 T 型 Ca^{2+} 通道，被激活的电位水平较低，约为 –50 mV，经过此通道流入细胞的是 T 型钙流 I_{Ca-T}，其电流相对微弱和短暂。T 型 Ca^{2+} 通道被激活的阈电位较 L 型 Ca^{2+} 通道低（–60 ~ –50 mV）。当 P 细胞动作电位复极化到最大舒张电位时，由于 I_K 去激活衰减和 I_f 的激活内流，引起舒张去极化。当膜电位去极化到 –50 mV 时，I_{Ca-T} 通道激活开放，少量 Ca^{2+} 内流，在"4"期后期加速舒张去极化。当膜电位去极化达到 –40 mV 时，细胞膜上的 L 型 Ca^{2+} 通道又被激活，于是引发了下一个自律性的动作电位。

▶️ 录像资料 3–4
心肌的生理特性

二、心肌细胞的生理特性

心肌细胞的生理特性包括兴奋性、自律性、传导性和收缩性。其中兴奋性、自律性、传导性是以心肌细胞的生物电活动为基础的，故也称为电生理特性。收缩性则是以胞质内收缩蛋白的功能活动为基础的，属于心肌的机械活动特性。心肌细胞的这些特性共同决定着心脏的活动，实现心脏的泵血功能。

（一）心肌的兴奋性

心肌细胞的兴奋性是指心肌细胞在受到刺激时产生兴奋的能力。心肌细胞受刺激能产生动作电位，是细胞具有兴奋性的表现。心肌细胞兴奋性的高低可用刺激阈值来衡量。

1. 影响兴奋性的因素

心肌细胞兴奋的产生包括静息电位（或最大舒张电位）去极化到阈电位水平以及 Na^+ 通道的激活两个环节。当这两方面的因素发生变化时，兴奋性将随之发生变化。

（1）静息电位和阈电位水平

静息电位绝对值增大时，与阈电位距离增大，引起兴奋所需阈值增大，兴奋性降低。反之，静息电位绝对值减小，距阈电位的差值缩小，所需要的刺激阈值减小，心肌的兴奋性增高。如迷走神经兴奋时，其末梢释放乙酰胆碱（ACh），使心房肌膜上的 I_K–ACh 通道开放，细胞内的 K^+ 外流，使心房肌静息电位超极化，与阈电位的距离增大，故心房肌兴奋性下降。在生理情况下，心肌的阈电位水平很少有变化。但高血钙时，快 Na^+ 通道需要更大的去极化才能被激活，也就是阈电位水平升高，与静息电位水平的距离增加，因而心肌的兴奋性下降。

（2）离子通道的状态

心肌细胞兴奋都是以 Na^+（Ca^{2+}）通道的激活为前提的。以快反应细胞为例，Na^+ 通道具有备用、激活和失活三种状态。而 Na^+ 通道处于其中哪一种状态，则取决于当时的膜电位以及通道状态变化的时间进程（见图 1–7）。Na^+ 通道的活动是电压依赖性和时间依赖性的。当膜电位处于正常静息电位水平时，Na^+ 通道处于可被激活的备用状态。这种状态下，Na^+ 通道具有双重特性：其一，Na^+ 通道是关闭的；其二，当膜电位由静息电位水平去极化到阈电位水平时，Na^+ 通道即可被激活，Na^+ 快速跨膜内流。而 Na⁺ 通道激活后就立即迅速失活，即 Na⁺ 通道关闭，Na⁺ 内流迅速终止，通道进入失活状态。处于失活状态的 Na⁺ 通道不能被再次激活，只有在膜电位恢复到静息电位水平时，Na⁺ 通道才重新恢复到备用状态，即具有恢复再兴奋的能力，这个过程称为复活。可见，细胞膜上大部分 Na⁺ 通道是否处于备用状态，是该心肌细胞是否具有兴奋性的前提；而正常静息膜电位水平又是决定 Na⁺ 通道能否处于或复活到备用状态的关键。Na⁺ 通道的上述特殊性状可以解释有关心肌细胞兴奋性的一些现象。

2. 心肌兴奋性的周期性变化

心肌细胞发生一次兴奋后，其膜电位将发生一系列有规律的变化，膜离子通道由备用状态经历激活、失活和复活等过程，兴奋性随之发生周期性的变化（图 3-9）。兴奋性的这种周期性变化影响着心肌细胞对重复刺激的反应能力，对心肌的收缩反应和兴奋的产生及传导过程具有重要的作用。心肌兴奋性的变化可分为以下几个时期。

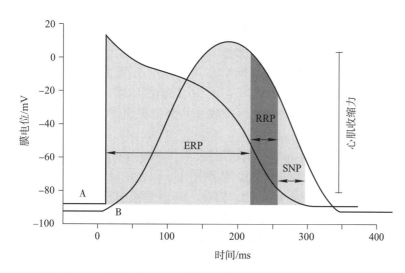

A：动作电位；B：机械收缩。ERP：有效不应期；RRP：相对不应期；SNP：超常期

图 3-9　心室肌动作电位期间兴奋性的变化及其与机械收缩的关系

（1）有效不应期（effective refractory period）和绝对不应期（absolute refractory period）

心肌细胞发生一次兴奋后，从"0"期去极化开始到复极化"3"期，膜电位恢复到 -60 mV 的这段时间内，如果再给予第二次刺激，仍不会引起心肌细胞产生动作电位和收缩的时期，称为有效不应期。其中，在动作电位从去极化"0"期开始到复极化"3"期，膜电位降至约 -55 mV 的时期内，无论给予多大的刺激，心肌细胞也不能发生收缩，也不会引起细胞膜的任何去极化现象，也就是说此期内兴奋性为零，称为绝对不应期；当膜电位由 -55 mV 继续恢复到约 -60 mV 的这段时间内，如果给予强刺激可使膜发生部分去极化或局部兴奋，但不能爆发动作电位。原因是：在这段时间内，膜电位绝对值太低，Na⁺ 通道完全失活或仅有少量 Na⁺ 通道刚开始复活，大部分 Na⁺ 通道没有恢复到备用状态。

（2）相对不应期（relative refractory period）

在有效不应期之后，膜电位从复极化 -60 mV 到 -80 mV 的这段时间内，用大于正常阈值的强刺激才能产生动作电位，故称相对不应期。其原因是在此期内，膜电位的绝对值仍低于静息电位，大部分 Na⁺ 通道已复活，心肌的兴奋性已逐渐恢复，但仍低于正常值，引起兴奋所需的刺激阈值高于正常值，而所产生的动作电位"0"期的幅度和速度都比正常值小，兴奋的传导也较慢。此外，此期处于前一个动作电位的"3"期，尚有 K⁺ 迅速外流的趋势，使得在此期内新产生的动作电位时程较短，不

☞ 心肌有效不应期的时间要远远大于骨骼肌。这就是为什么心肌不容易发生强直收缩的主要原因。

应期也较短。

（3）超常期（supranormal period）

在相对不应期后，膜电位从复极过程中 –80 mV 到 –90 mV 的这段时间内，由于膜电位已经基本恢复，但其绝对值低于静息电位，与阈电位水平的差距较小，引起该细胞发生兴奋所需的刺激阈值比正常的要低。在此期内，用低于正常阈值的刺激就可引起动作电位，表明心肌的兴奋性超过正常，称为超常期。在此期内，Na^+ 通道已恢复到可被激活的备用状态，但开放能力仍没有恢复到正常，产生动作电位的"0"期去极化的幅度和速度，以及兴奋传导的速度都仍然低于正常水平。最后，复极完毕后膜电位恢复到正常静息水平，兴奋性也恢复正常。

在相对不应期和超常期引起的动作电位，其"0"期的幅度和上升速率均低于正常。这主要是由于部分 Na^+ 通道仍处于失活状态或膜电位较小。这样的动作电位传播速度较慢，易引起传导阻滞及心律失常。

3. 兴奋性周期性变化与心肌收缩活动的关系

心肌细胞在发生一次兴奋的过程中，其兴奋性发生周期性变化，而心肌的舒缩活动与心肌兴奋性的周期变化密切相关。

（1）不发生强直收缩

由于心肌细胞的有效不应期很长（约 300 ms），相当于整个收缩期和舒张早期。在此期内，任何刺激都不能使心肌发生第二次兴奋和收缩。因此心肌与骨骼肌不同，不会发生完全强直收缩，而始终能保持收缩和舒张相交替的规律性活动，从而保证了心脏实现其泵血功能。

（2）期前收缩（extrasystole）和代偿性间歇（compensatory pause）

在正常情况下，哺乳动物的窦房结产生的每一次兴奋都是在前一次兴奋的不应期之后才传导到心房肌和心室肌的，因此，心脏是按窦房结发出的兴奋进行节律性收缩活动的。如果在心室的有效不应期之后，心肌受到人为的刺激或来自窦房结以外的病理性刺激时，则心室可产生一次正常节律以外的收缩，称为期前收缩（图 3-10）。引起期前收缩的兴奋称为期前兴奋。期前兴奋也有其有效不应期，当紧接着期前收缩后的一次窦房结的兴奋传到心室时，正好落在期前兴奋的有效不应期内，因而不能引起心室兴奋和收缩，形成一次"脱漏"。心室肌必须等到下次窦房结的兴奋传来，才能发生收缩。所以在一次期前收缩之后，往往有一段较长的心脏舒张期，称为代偿性间歇（compensatory pause），随后才恢复窦性节律。

☞ 临床上将期前收缩称为过早搏动（早搏），可偶尔发生于正常人，是临床上最常见的一种心律失常。

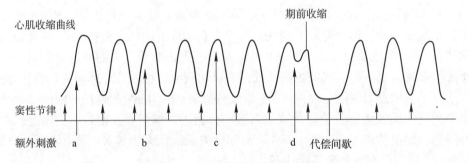

图 3-10   期前收缩与代偿性间歇

（二）心肌的自动节律性

心肌细胞能够在无外来刺激的情况下，自动地发生节律性兴奋的特性，称为心肌的自动节律性（autorhythmicity），简称自律性。心肌的自律性起源于心肌细胞本身。在高等动物心脏内特殊传导系统的细胞有自律性，称为自律细胞。而心房、心室工作细胞不具有自律性。

1. 自动中枢

心脏的自律性来源于心脏的特定部位，即起搏点（pacemaker）。起搏点也称为自动中枢（automatic centre）。在鱼类、两栖类动物中，心脏的起搏点位于静脉窦（sinus venosus）。演化到哺乳动物时，其静脉窦已退化，由窦房结（sinoatrial node）作为起搏点。

2. 正常起搏点

自律细胞在单位时间（每分钟）能自动发生兴奋的次数，即自动兴奋的频率，是衡量自动节律性高低的指标。心脏特殊传导系统的细胞（结区除外）均具有自律性，但各部位的自律性高低不一，窦房结为 90 ~ 100 次 /min，房室交界为 40 ~ 60 次 /min，心室内浦肯野纤维（Purkinje fiber）为 15 ~ 40 次 /min。由于窦房结自律性最高，成为心脏活动的主导起搏点，称为正常起搏点（normal pacemaker）。其他部位的自律细胞受窦房结控制，在正常情况下不表现自身的节律性，只起着兴奋传导的作用，只有在正常起搏点失效后才可能表现自身节律，所以称为潜在起搏点（latent pacemaker）。以窦房结为起搏点的心脏节律性活动，称为窦性心律（sinus rhythm）。

只能由一个起搏点控制整个心脏的活动是相当重要的。窦房结对潜在起搏点的控制通过两种方式实现：① 抢先占领（capture），由于窦房结的自律性最高，所以当潜在起搏点"4"期自动去极化尚未达到阈电位水平之前，就已被窦房结传来的冲动所兴奋而产生动作电位，使其自身的自律性无法表现出来。② 超速驱动抑制（overdrive suppression），当自律细胞在受到快于其固有自律性的刺激时，可按外加的刺激频率发生兴奋，称为超速驱动。当外来超速驱动刺激停止后，自律细胞不能立即表现出固有的自律性活动，需要经过一段静止期后才逐渐表现出本身的自律性，这种现象称为超速驱动抑制。高自律性细胞对低自律细胞的这种抑制作用具有频率依从性，即频率差别越大，抑制作用就越强，超速驱动作用中断后，停搏的时间也越长。超速驱动抑制的生理意义在于当发生一过性的窦性频率减慢时，潜在起搏点的自律性不会立即表现出来，故有利于防止异位搏动。

关于正常起搏点和潜在起搏点之间的相互影响关系可用经典的实验进行验证。蛙心起搏点实验证明，如果结扎心脏和静脉窦之间的联系，心脏会在停止跳动一段时间后逐渐恢复跳动，但频率低于静脉窦的起搏频率；如果再进一步结扎房室交界处，则心脏又会停止跳动，经过更长时间后才会由心室内浦肯野纤维的自律性恢复跳动，频率进一步减慢。

3. 影响心肌自律性的因素

影响心肌自律性的因素有"4"期自动去极化速度、最大复极电位水平及阈电位水平（图 3–11）。

（1）"4"期自动去极化速度

"4"期自动去极化速度是影响自律性最重要的因素。"4"期自动去极化速度增快，到达阈电位的时间就缩短，单位时间内爆发兴奋的次数增加，自律性增高（图 3–11A）。交感神经末梢递质可促进 Ca^{2+} 内流，加快自动去极化的速度，自律性增高，则心率加快。

（2）最大复极化电位水平

心肌细胞最大复极化电位的绝对值（舒张电位水平）减小，与阈电位的差距减小，自动去极化到达阈电位所需时间缩短，自律性升高。反之，最大复极化电位的绝对值增大，自动去极化到达阈电位的时间延长，则自律性下降（图 3–11B）。心迷走神经兴奋时，其递质可增加细胞膜对 K^+ 的通透性，K^+ 外流使最大复极电位远离阈电位，这是导致心率减慢的原因之一。

（3）阈电位水平

阈电位水平降低，与最大复极电位的距离减小，自律性增高；反之，阈电位水

☞ 当窦房结的兴奋因传导阻滞而不能对潜在起搏细胞进行控制时，或潜在起搏点自律性增高时，窦房结以外的自律组织便取代窦房结的起搏功能，控制部分或整个心脏的活动。由潜在起搏点所形成的心脏节律称为异位节律（ectopic rhythm）。

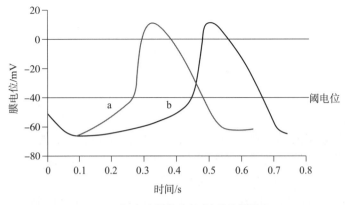

（A）去极化速度对自律性的影响

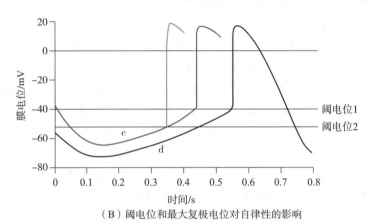

（B）阈电位和最大复极电位对自律性的影响

图 3-11　影响自律性的因素

平升高，与最大复极电位的距离增加，则自律性下降（图 3-11B）。

（三）心肌的传导性

心脏在功能上是一种合胞体，心肌细胞膜的任何部位产生的兴奋可以沿着整个细胞膜传播，并且通过闰盘传递到另一个心肌细胞，从而引起整个心房、心室兴奋和收缩。通常将动作电位沿细胞膜传播的速度作为衡量心肌传导性（conductivity）的指标。

心脏中的传导系统由特殊分化了的心肌细胞构成，包括窦房结、房室交界（房结区、结区、结希区）、房室束及左右束支和末梢心肌传导细胞（也称浦肯野纤维网）（见图 3-6）。除结区细胞之外，其余都具有自律性。窦房结位于右心房与上腔静脉交界处，为扁平椭圆形结构。其中大部分细胞为 P 细胞［pacemaker cell（起步细胞），又称苍白细胞（pale cell）］，P 细胞是自律细胞，是整个心脏的起搏点。另外还有少量的过渡细胞，位于窦房结的周边部位，其作用是将 P 细胞的自律兴奋传播到与其相邻的心房肌细胞。在正常情况下，哺乳动物由窦房结产生的兴奋通过心房肌传播到整个右心房和左心房，尤其是沿着 3 条由心房肌纤维构成的优势传导通路（preferential pathway）将窦房结的兴奋迅速传到房室交界，经房室束和左、右束支传到浦肯野纤维网，引起心室肌兴奋，再直接通过心室肌将兴奋由内膜侧向外膜侧心室肌扩散，引起整个心室的兴奋。由于各种心肌细胞的传导性不同，因此，兴奋在心脏各个部分传播的速度是不相同的。心房肌的传导速度较慢（约为 0.4 m/s），而优势传导通路的传递速度较快（1 m/s），因而窦房结的兴奋可以很快传播到房室交界区。兴奋在心室肌的传导速度约为 1 m/s，而心室内传导组织的传导性比较高，末梢浦肯野纤维传导速度可达 4 m/s，而且它呈网状分布于心室壁，因此，由房室交界传入心室的兴奋就沿着高速传导的浦肯野纤维网迅速而广泛地向左右两侧心室壁传导。

☞ 正是由于心脏的兴奋传导系统在不同的部位传导速度不同，再加上前面介绍的兴奋性变化的不同，才保证了心脏收缩时既能够使心房和心室之间的收缩不同步，心肌又不能发生完全强直收缩。

这种多方位的快速传导对于保持心室的同步收缩十分重要。房室交界区细胞的传导性很低，其中又以结区最低，传导速度仅 0.02 m/s。房室交界区是正常兴奋由心房进入心室的唯一通道，交界区这种缓慢传导使兴奋在这里延搁一段时间（约 0.15 s），称为房室延搁（atrioventricular delay）。然后兴奋才向心室传播，从而使心室在心房收缩完毕后才开始收缩，不至于产生房室收缩重叠的现象，有利于心室充盈和射血。心脏内兴奋传播途径的特点和传导速度的不一致对于心脏各部分有次序地、协调地进行收缩活动具有十分重要的意义。

影响兴奋传导速度的因素有以下 4 个：

（1）心肌细胞的直径：由于心肌细胞的直径大小与细胞的电阻呈负相关，直径大，横截面积大，对电流的阻力小，则局部电流传播的距离远，因而兴奋传导的速度快。反之，细胞直径小，横截面积小，对电流的阻力大，则兴奋传导的速度慢。

（2）细胞间联系：心肌细胞间的兴奋传导靠缝隙连接完成，心脏不同部位心肌间的缝隙连接密度不同是传导速度不同的重要因素。浦肯野细胞之间的缝隙连接密度高，则传导速度快，房室结细胞之间的缝隙连接密度低，则传导速度慢。

（3）动作电位"0"期去极化速度和幅度：心肌细胞动作电位"0"期去极化速度和幅度越大，形成的局部电流也越大，达到阈电位水平所需要的时间越短，兴奋在心肌上传导的速度就越快。反之，则心肌的传导速度慢。

（4）邻近部位膜的兴奋性：邻近部位膜的兴奋性取决于静息电位和阈电位的绝对值。当邻近部位的膜电位和阈电位间的差值减小时，邻近膜的兴奋性高，则传导速度快。反之，则传导速度慢。

（四）心电图

1. 体表心电图

高等动物是个容积导体。每个心动周期中，由窦房结产生的兴奋依次传向心房和心室，心脏兴奋的产生和传播所伴随的生物电变化可通过周围组织传导到全身，使身体各部位在每一心动周期中都发生有规律的电位变化。因此，可将引导电极置于肢体或躯体的一定部位记录心电变化的波形，称为心电图（electrocardiogram，ECG）。电极放置的位置不同，记录出来的心电图波形也不相同。心电图可反映心脏兴奋的产生、传导和恢复过程中的综合电变化，而与心脏的机械收缩活动无直接关系。

2. 正常心电图的波形及生理意义

哺乳动物正常心电图各波形因测量电极的安放位置和连线方式（导联方式）不同，所记录到的心电图在波形上就有所不同，但基本上都包括一个 P 波、一个 QRS 波群和一个 T 波，有时在 T 波后，还会出现一个小的 U 波。分析心电图主要看各波波幅的高低、历时的长短及波形的变化和方向。

现以标准 II 导联为例，分析人的心电图（图 3-12）波形的生理意义。

P 波：代表两心房的去极化过程。其上升部分代表右心房开始兴奋，下降部分代表兴奋从右心房传播到左心房。P 波的宽度反映去极化在两个心房

▶▶ 录像资料 3-5
心电图的测定

☞ 1903 年，荷兰生理学家爱因托芬（Einthoven）首次应用电流计来描计心电的变化，使测定技术现代化，并用罗马字母命名心电图各波与生理的关系。

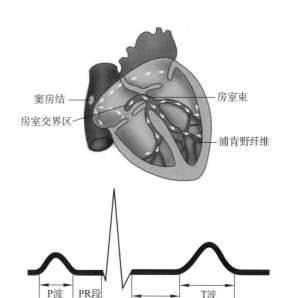

图 3-12　心内兴奋的传导（上）与正常心电图（下）

传播所需的时间，波形小而圆钝。窦房结去极化发生在心房之前，但其产生的电位差小，不能在体表记录出来，故在心电图上没有表现。

心房的复极化过程由于在时间上与 P-R 间期、QRS 波群和 ST 段初期重叠在一起，波幅又低，故一般在心电图上看不到。只有当房室传导阻滞时，由于没有 QRS 波群的重叠，心房复极化过程才明显，称为 Ta 波。

P-R 间期：从 P 波开始到 QRS 波群起点的时间代表心房开始兴奋至心室开始兴奋的时间，即兴奋由窦房结传到心室所需的时间，故也称房室传导时间。心率越快，P-R 间期越短。如果 P-R 间期延长，而 P 波并不加宽，则表示兴奋通过房室间的传导有了阻滞。

QRS 波群：代表两心室去极化过程的电位变化，包括 3 个紧密相连的波。第一个是向下的 Q 波，随后是高而陡峭向上的 R 波，最后是向下的 S 波。正常 QRS 波群代表心室肌兴奋扩布所需的时间。QRS 波群的幅度远大于 P 波，这是因为心室组织肥厚；QRS 波群的时间比 P 波短，因为心室内传导系统传导速度快。在狗、兔表现为室间隔兴奋和去极化，产生 Q 波；在牛、猪表现为室间隔兴奋后，两个心室壁同时兴奋，最后基底部兴奋。因此，这两类动物的 QRS 波群的波形有所差异。

ST 段：从 QRS 波群的终点到 T 波开始，称为 ST 段。此时电位接近基线，代表心室各部分都处于动作电位的平台期（"2"期），故各引导电极之间不存在电位差，曲线又恢复到基线水平。ST 段的长短可反映心室肌细胞动作电位平台期的长短。在心肌缺血或损伤时，可出现 ST 段异常偏离基线。

T 波：代表两心室复极化的电位变化。相当于动作电位从"2"期末到"3"期。T 波时程明显长于 QRS 波群，T 波的方向和 QRS 波群的方向是相同的。该过程进行缓慢，且与心肌的代谢关系较大，故在动物心脏机能的临床诊断中具有一定的意义。

U 波：心电图有时在 T 波之后可见到一个小的偏转，称为 U 波，方向一般与 T 波一致。一般推测 U 波可能与浦肯野纤维网的复极化有关。

Q-T 间期：从 QRS 波起点到 T 波结束，称为 Q-T 间期，代表心室开始兴奋去极化到完全复极化到静息状态的时间。Q-T 间期的时程与心率成反比关系，心率越快，Q-T 间期越短。

心电图是用心电图机在机体体表记录到的反映心脏电变化的波形，其反映了心脏兴奋的产生、传导和恢复过程中的生物电变化。心电图不是动作电位，它是整个心脏在心动周期中各心肌细胞活动的综合向量变化（表 3-3）。

大多数脊椎动物的心电图相似，但在静脉窦发达的动物中，有反映静脉窦去极化的一个 R 波。鱼类和两栖类又有一个小 B 波出现在 T 波之前，提示动脉圆锥去极化。家禽的心电图中有 P 波、小而不全的 R 波以及 S 波和 T 波，没有 Q 波。哺乳动物心率的快慢虽因种类的不同而有差异，但心电图各期所占时间的比例却相当接近。

☞ 在某些病理情况（如弥散性心肌病变）和某些药物（如奎尼丁）的影响下，Q-T 间期可延长。因此在判断 Q-T 间期是否延长时，应用心率予以校正。

表 3-3　心电图的主要波形和时期

波形	意义	与心肌细胞动作电位的对应关系
P 波	反映左、右两心房去极化过程	心房肌动作电位的"0"期
QRS 波群	反映左、右两心室去极化过程	心室肌动作电位"0"期
T 波	反映心室复极化过程的电变化	心室肌动作电位"2"期末和"3"期
P-R 间期	代表窦房结产生的兴奋从心房传至心室所需的时间	
Q-T 间期	代表心室去极化和复极化所需的时间	心室肌动作电位"0-4"期
ST 段	代表心室肌细胞全部处于动作电位平台期，各部分间无点位差的时期	心室肌动作电位"2"期

第三节　血管生理

循环系统由心血管系统和淋巴系统共同组成。由心室射出的血液流经动脉、毛细血管和静脉，然后返回心房。淋巴液则从外周流向心脏方向，最后汇入静脉，构成血液的一部分。

一、血管的种类与功能

血管是运送血液的通道，是保证各器官所需血流量的结构基础。血管系统由动脉、毛细血管和静脉组成，由心室射出的血液流经血管系统后返回心脏。各类血管因在血管系统中所处的部位以及结构不同，故具有不同的功能特点（表 3-4）。从生理功能上可将血管分为以下几类（图 3-13）。

表 3-4　血管的分类及特点

分类	组成	功能特点
弹性贮器血管	主动脉和肺动脉主干及其最大分支	血压高、血流快，有较大的弹性及可扩张性。可缓冲血压的骤然变化，使间断血流转变为连续血流
分配血管	中等大小动脉	血压高、血流快。运送、分配血流到各器官组织
毛细血管前阻力血管	小动脉、微动脉	血压高、血流快、阻力大。调节局部血管的口径和血流阻力
毛细血管前括约肌	真毛细血管起始部平滑肌环绕	控制毛细血管的关闭或开放，决定某一时间内毛细血管开放的数量
交换血管	真毛细血管	血压低、血流慢、管壁薄通透性大。是血液和组织液间物质交换的场所
毛细血管后阻力血管	微静脉	管径小，对血流有一定阻力。改变毛细血管压和体液在血管内和组织间隙内的分配情况
容量血管	静脉	数量多、口径大、容量大。可容纳循环血量的 60% ~ 70%
短路血管	小动脉与小静脉之间的直接联系	可使小动脉内的血液不经过毛细血管而直接流入小静脉，与体温调节有关

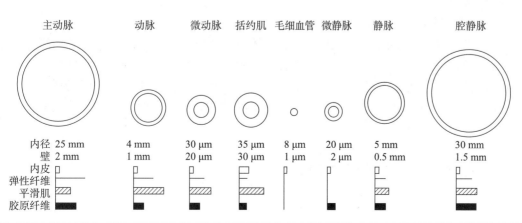

图 3-13　各类血管的内径、管壁厚度及管壁 4 种基本组织的相对比例示意图

☞ 就像水壶盖在水开时会随蒸汽压力升高而向上托起，压力下降而回落的现象。

（1）弹性贮器血管

主动脉、肺动脉主干及其发出的最大分支血管的管壁厚，含丰富的弹性纤维，有很好的可扩张性和弹性，具有弹性贮器作用，这些血管称为弹性贮器血管[windkessel vessel，又称阻尼血管（damping vessel）]。

当左心室射血时，大量血液涌入主动脉，主动脉压升高，一方面推动动脉内的血液向前流动，另一方面使主动脉扩张，容积增大，使心室射出血液一部分暂存于被扩张的主动脉和大动脉内。当主动脉瓣关闭后，被扩张的大动脉管壁发生弹性回缩，将射血期暂存的那部分血液向前推进，起到"外周心脏"作用。大动脉的这种弹性贮器作用，可以使心脏间断的射血成为血管系统中连续的血流，并能减小每个心动周期中血压的波动。

（2）分配血管

从富有弹性的大动脉到小动脉之间的动脉管道的管壁主要由平滑肌组成，收缩性较好，其功能是将血液输送到各器官组织，这些血管称分配血管（distributing vessel）。

（3）阻力血管

阻力血管（resistance vessel）主要指小动脉血管到毛细血管前括约肌的微动脉。小动脉和微动脉管径小，对血流阻力大，称为毛细管前阻力血管（precapillary resistance vessel）。小动脉和微动脉富含平滑肌，收缩性好，通过平滑肌舒缩活动可改变血管口径，从而改变血流阻力和所在器官、组织的血流量。在真毛细血管的起始部位常有平滑肌环绕，称为毛细血管前括约肌（precapillary sphincter）。其收缩或舒张可控制毛细血管的关闭或开放，因而可决定某一时间内毛细血管开放的数量。

（4）交换血管

交换血管（exchange vessel）指真毛细血管。其口径小，数量多，管壁薄（只有一层内皮细胞），通透性高，是血管内血液和血管外组织液进行物质交换的场所，故称为交换血管。

（5）毛细血管后阻力血管

毛细血管后阻力血管（postcapillary resistance vessel）主要指微静脉，因其管径小，对血流也产生一定的阻力。微静脉的舒缩活动可影响毛细血管前阻力和毛细血管后阻力的比值，从而改变毛细血管压和体液在血管内和组织间隙内的分配情况。

（6）容量血管

容量血管（capacitance vessel）主要指大、中静脉，与相应的动脉比较，其数量较多，口径较粗，管壁较薄，故容量较大，较小的压力变化就可使容积发生较大的波动，静脉内容纳的血量就可发生较大的变化。因此，静脉在血管系统中起着血液储存库的作用。

（7）短路血管

短路血管（shunt vessel）指一些小动脉和小静脉之间的直接联系，它们可使小动脉内的血液不经过毛细血管而直接流入小静脉。在肢体末端等处的皮肤中有许多短路血管存在，它们与体温调节有关。当周围环境温度升高时，短路血管开放增多，皮肤血流量增加，因此皮肤温度升高，散热量增加。相反，当环境温度降低时，短路血管关闭，皮肤散热量减少。

二、血流量、血流阻力和血压

血液在心血管系统中流动属于血流动力学范畴。血流动力学（hemodynamics）与一般的流体力学相同，其基本的研究对象是流量、阻力和压力之间的关系。由于血管是有弹性和可扩张性而非硬质的管道系统，同时血液是含有血细胞和胶体物质等多种成分的液体，而不是理想的液体，所以血流动力学除与一般流体力学有共同点外，又有它自身的特点。

（一）血流量和血流速度

1. 血流量

血流量（blood flow）是指单位时间内流过血管某一截面积的流量，也称为容积速度。通常以 mL/min 或 L/min 为单位。血流量的大小主要取决于两个因素，即血管两端的压力差和血管对血流的阻力。在循环系统中，血流量、血流阻力和血压三者之间的关系也是如此。若以 Q 代表血流量，ΔP 代表血管两端的压力差，R 代表血流阻力，它们之间的关系可以用下列公式表示：

$$Q = \Delta P / R$$

血流量（Q）与该段管道两端的压力差（ΔP）成正比，与管道对液体流动的阻力（R）成反比。

2. 器官血流量

器官血流量（organ blood flood）是指单位时间内流经某一器官的血量。器官血流量主要决定于两个因素，一为该器官内血管舒张收缩的情况，二为进入该器官的动脉平均压的高低。

这两个因素与血流量的关系可用物理学上的泊肃叶定律（Poiseuille's law）说明，当血液的黏滞性和血管长度不变时，血流量（Q）与动脉平均压（P）成正比，又与血管横切面的面积的平方（A^2）成正比。

$$Q \propto PA^2$$

这表示血管口径只需稍有改变，就可大大影响流过的血量。当某器官的血管缩小时，或当动脉压降低时，则通过该器官的血流量就要减少，反之则升高。倘若该器官血管缩小的区域很大，则外因阻力就会加大，动脉压升高，这时该器官的血流究竟是升高还是下降，就要看两种因素改变的情况如何了。若血压升高刚好是克服由血管收缩而增加的阻力，则血流可以不变。从另一方面看，若某一器官血流不变，而动脉平均压已超出正常的水平，则表明该器官的血管必然收缩了，阻力也加大了。

☞ 可见，生理学中时刻体现出辩证的关系，理解这种关系是学好生理学的基础。

在整体循环中，动脉、毛细血管和静脉各段血管总的血流量都是相等的，即都是等于心输出量。因此，分配到每一器官的血量取决于该器官的平均动脉压与静脉压之差以及该器官内的血流阻力。

3. 血流速度

通常所测的血流速度（blood velocity）都是指血流平均线速度（mean linear velocity），就是测量一段血流在单位时间内流过某一血管的平均距离。一般不考虑心舒缩时的速度差。血液在血管内流动时，其血流速度与血流量成正比，与血管的截面积成反比。因此，血在动脉中流速最快，在总截面积最大的毛细血管中流速最慢。

动脉血流速度因心室的舒、缩而异，这种因心动周期而改变的血流速度，在距离心脏较远的微动脉已逐渐减弱，到毛细血管时，血流较为均匀。而静脉的血流速度并不因心动周期而异，始终较均匀；但到接近胸腔的静脉时，由于胸腔负压的抽吸作用其回流加快。

☞ 血流速度在不同血管中的变化恰恰反映了结构与功能之间的关系。在毛细血管中流速最慢就是为了营养物质的吸收及氧气和二氧化碳的交换。

整体情况下血流速度变动的情况分为以下两种。

（1）不同血管中血流速度的差异：按物理学的原理，液体流动的速度（v）跟各段的横切面积（A）成反比：$v = Q/A$，其中 v 为液体流动速度，Q 为液体的流量，A 为管道横切面积。不同血管中流速的差异虽然受摩擦力影响，但主要是由于血管横切面的总面积不同引起的，也就是说：如果每分钟流过的血量不变，则当液体由窄段流过宽段时，其速度将减慢，反之，则加快。

（2）同一血管中血流速度的改变：流速差异的原因主要是心缩力量和外因阻力的改变造成的。如果内脏阻力血管普遍舒张，则阻力减少，动脉压下降，毛细血管血流速度减小，以至于大量血滞留于腹腔静脉中。

（二）血流阻力

血液在血管内流动时所遇到的阻力，称为血流阻力（resistance of blood flow）。血流阻力来源于血液分子之间的摩擦力以及血液与管壁之间的摩擦力，并与血管口径、长度以及血液黏滞性密切相关，它们之间的关系可以用下面的公式表示：

$$R = \frac{8\eta L}{\pi r^4}$$

式中：η 为血液黏滞度，L 为血管的长度，r 为血管半径。如果将上面血流阻力 R 代入前式 $Q = \Delta P/R$，则可得：

$$Q = \frac{\pi r^4 \cdot \Delta P}{8\eta L}$$

该公式称为泊肃叶定律。它表示了血液流动时血流量与血压、血液黏滞性、血管长度及口径之间的关系，即血流量（Q）与管道系统两端压力差（ΔP）及管道半径（r）的 4 次方成正比，与管道长度（L）和液体的黏滞度（η）成反比。但该公式仅适用于血液中各质点的直线运动（层流）。

由于血管的长度变化很小，因此血流阻力主要由血管口径和血液黏滞度决定。血液黏滞度主要取决于血液中红细胞数。红细胞数愈大，血液的黏滞度愈高。全血的黏滞度为水的 4～5 倍。对于一个器官来说，如果血液黏滞度不变，则器官的血流量主要取决于该器官的阻力血管的口径。当阻力血管口径增大时，血流阻力降低，血流量就增多；反之，当阻力血管口径缩小时，血流阻力加大，血流量就减小。由于血流阻力与血管半径的 4 次方成反比，故血管口径的微小变化可引起血流阻力的较大变化。在生理条件下，血管长度和血液黏滞度的变化很小，但血管的口径则易受神经和体液因素的影响而改变。因此，在整个循环系统中，小动脉，特别是微动脉，是形成体循环中血流阻力的主要部位。机体主要通过控制各器官阻力血管的口径来改变外周阻力，从而有效地调节各器官之间的血流量。在生理学中通常将小动脉和微动脉处的血流阻力称为外周阻力（peripheral resistance）。

☞ 受交感神经支配的血管平滑肌的舒缩对血管口径的影响较为重要

（三）血压

▶ 录像资料 3-6
血压及测定方法

血压（blood pressure）是指血管内的血流对于血管壁的侧压力，也就是压强。其国际标准计量单位为帕（Pa），即牛 / 米 ^{2}（N/m^2）。帕的单位较小，血压数通常用千帕（kPa）表示。长期以来人们习惯用水银检压计来测量血压，单位是毫米汞柱（mmHg），1 mmHg 等于 0.133 kPa。

血压的形成首先是由于心血管系统中有血液充盈。循环系统中血液充盈的程度可用循环系统平均充盈压（mean circulatory filling pressure）来表示。

在动物实验中，用电刺激造成心室颤动使心脏暂时停止射血，血流也就暂停，此时在血管各处所能测得的压力都是相同的，这个数值称循环系统平均充盈压。它的高低可反映血量和血管容积之间的关系。如果血量增多，或血管容积缩小，则循环系统平均充盈压增高；反之，如果血量减少或血管容量增大，则此压力下降。

血压形成的另一基本因素是心脏射血。心室肌收缩时所释放的能量可分为两个部分，一部分用于推动血液在血管内流动，是血液的动能；另外一部分形成对血管壁的侧压力，并使血管壁扩张，这部分是势能，即压强能。在心舒期，大动脉发生弹性回缩，将一部分势能转变为推动血液的动能，使血液在血管中继续向前流动（图 3-14）。由于心脏射血是间断的，因此，在心动周期中动脉血压会发生变化。同时在血液从大动脉流向右心房的过程中不断消耗能量，故血压逐渐降低。

血压形成的第三个因素是外周阻力。外周阻力主要是指小动脉和微动脉对血流的阻力。如果不存在外周阻力，心室射出的血液将全部流向外周，不会增加对血管壁的侧压力。

1. 动脉血压

一般所说的动脉血压（arterial blood pressure）指主动脉血压。因为在大动脉中血压降落很小，故临床上测定肱动脉血压代表主动脉血压。在一个心动周期中，动脉血压随着心室的收缩和舒张发生有规律的波动。心室收缩射血时，

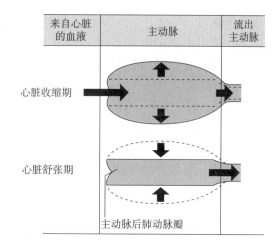

图 3-14 大动脉管壁弹性的作用示意图
（仿自 Widmaier 等，2003）

动脉血压快速上升，其达到的最高值称为收缩压（systolic pressure）。心室舒张，动脉血压下降，在下次射血之前降到最低值，称为舒张压（diastolic pressure）。收缩压与舒张压之差，称为脉搏压，简称脉压（pulse pressure）。整个心动周期中各瞬间动脉血压的平均值，称为平均动脉压（mean arterial pressure）。由于心室收缩期比舒张期短，故平均动脉压值接近于舒张压，约等于舒张压加 1/3 脉压。

在每一个心动周期中，左心室内压随着心室的收缩和舒张发生很大幅度的变化，而主动脉压的变化幅度较小，主要是因为主动脉和大动脉起着弹性贮器的作用。在一般情况下，左心室在每次收缩向主动脉内射出血液时，由于存在外周阻力，以及主动脉、大动脉具有较大的可扩张性，这部分血液在心缩期内大约只有 1/3 流至外周，其余 2/3 被储存在主动脉和大动脉内，使主动脉和大动脉进一步扩张，主动脉压也随之升高。这样，心室收缩时释放的能量中有一部分以势能的形式被储存在弹性贮器血管壁中。心室舒张时，射血停止，于是主动脉和大动脉管壁中被拉长了的弹性纤维发生回缩，将在心缩期中储存的那部分能量重新释放出来，把血管内多储存的那部分血液继续向外周方向推动，并且使动脉血压在心舒张期仍能维持在较高的水平。可见，弹性贮器血管的作用，一方面可使心室间断地射血变为动脉内持续的血流；另一方面，还能缓冲血压的波动，使每个心动周期中动脉血压的变化幅度远小于心室内压的变化幅度。

2. 影响动脉血压的因素

由于心室射血和外周阻力是形成动脉血压的主要因素，因此，凡是影响心输出量和外周阻力的因素都影响动脉血压。此外，主动脉、大动脉的弹性和血管的充盈程度也影响动脉血压。

（1）心脏每搏输出量

每搏输出量增加时，动脉血压升高。如果心输出量增加是由于每搏输出量引起的，那么随着每搏输出量增大，射入动脉内血液增多，血管壁所受张力增大，收缩压随之明显增高。但是收缩压升高会使血流速度加快，致使舒张期末存留于主动脉的血量增加并不多，故舒张压升高不如收缩压升高明显，脉压增大。反之，当每搏输出量减少时，则主要使收缩压降低，脉压减小。因此在外周阻力和心率的变化不大时，收缩压的高低主要反映每搏输出量的多少。

（2）心率

心室每次收缩射入动脉的血液，需要一定的时间从大动脉流向外周，然后回流到心脏。如果心率加快，而每搏输出量和外周阻力都不变，由于心室舒张期缩短，在心舒末期存留于主动脉中的血量增多，则使舒张压升高。舒张压的升高显然也使

▶▶ 录像资料 3-7
影响动脉血压的因素

收缩压提高，但由于心缩期血压较高，血流加速，有较多血液流向外周，因此收缩压的升高不如舒张压显著，脉压减小。反之，心率减慢时，舒张压降低的幅度比收缩压降低的幅度大，故脉压增大。

（3）外周阻力

如果心输出量不变而外周阻力增大，则主动脉和大动脉内的血液流向外周受阻，收缩压和舒张压都应有所升高，但对舒张压的影响更显著。这是因为心舒期血液流向外周的速度主要决定于外周阻力。而在心缩期，由于心肌收缩提供动力，血液流动速度快，有较多血液流向外周，因此收缩压升高不如舒张压明显，脉压减小。可见，舒张压主要反映外周阻力的大小。

☞ 原发性高血压患者，主要是由于外周阻力过大使舒张压升高。

（4）主动脉和大动脉的弹性贮器作用

大动脉管壁的可扩张性和弹性具有缓冲动脉血压的作用，即有减小脉搏压的作用。大动脉的弹性在短时间内不会有明显的变化。当动物进入衰老阶段，血管壁中胶原纤维增生，逐渐取代平滑肌与弹性纤维，以致血管壁可扩张性减小，因此，收缩压升高，舒张压降低，脉压增大。

（5）循环血量和血管容量的关系

在正常情况下，循环血量和血管系统容量相适应，血管系统有足够的血液充盈，从而产生一定的循环系统平均充盈压，这是形成动脉血压的前提。失血后，循环血量明显减少，如果经神经体液调节，血管的收缩不能适应减少的血量，则血压下降；同样，如果血量并无减少，而血管扩张致血管容量增大，则血液仍不能充盈血管，血压也要下降。

☞ 早期的解剖学家认为动脉是装空气的。在希腊文和拉丁文中，"动脉"一词就是"空气管"的意思。

当动脉损伤或因其他原因使全身血量明显减少时，动脉管的充盈量将立刻下降、动脉血压下降。一旦心跳停止，由于动脉管壁收缩，动脉中的血液就流到静脉。因此，在尸体解剖时，看不到动脉中有血存在。

以上对影响动脉血压的各种因素的讨论，都是在假设其他因素不变的前提下分析某一因素变化时对动脉血压的影响。实际上，在机体内，某一因素的改变往往会导致其他因素的变化。因此，血压的变化往往是多种因素相互作用的综合结果，但总有一个因素是主要的。例如，过敏性休克时，血压下降的主要原因是血管扩张，体循环平均充盈压和外周阻力下降；急性心肌梗死时血压下降，主要是由于心输出量下降。因此，在某种生理情况下动脉血压的变化往往是各种因素相互作用的综合结果。

动物血压因种类、年龄、性别以及生理状态不同而有所不同。一般来说，幼年动物血压较低。随着年龄的增长，血压逐渐增高，到成年时血压处于稳定状态。雄性动物的血压比雌性动物略高，剧烈运动、情绪紧张时血压明显升高，环境温度过低时血压稍有升高；反之，血压有所下降。

3. 动脉脉搏

☞ 脉搏的传播不是由血液流动引起的，因为血液流动的速度远远低于脉搏的传播速度，如主动脉处血流速度仅为 20 cm/s。

在每个心动周期中，当心室收缩射血时，动脉管内压力突然升高，动脉管膨大；当心室舒张时，动脉压降低，动脉管弹性回缩，恢复原状。动脉管的这种周期性起伏称为动脉脉搏，简称脉搏（arterial pulse）。用手指也可摸到身体浅表部位的动脉搏动。脉搏起源于主动脉，靠动脉管壁的传播而做波形的扩布。动脉脉搏波可沿着动脉管壁向外周血管传播，其传播速度受动脉弹性影响。在主动脉段传播速度为 3～5 m/s，大动脉段为 7～10 m/s，小动脉段为 15～35 m/s。

动脉脉搏的传播是血管的波动沿管壁扩布的结果。当脉搏波运行至微动脉末端时，由于沿途阻力的作用而逐渐消失。脉搏沿动脉管壁向外周传播时，会发生两种变化，一是波形不断改变；二是波强度逐渐减弱。引起波形改变的原因有：① 动脉系统各部位肌源性的差别；② 血管传递波的惰性作用；③ 向外周传递的脉搏波遇到外周阻力后，常常从阻力增大的部位反弹回来，形成反弹压力波，而与后面第二个沿血管传来的脉搏波综合在一起。

用脉搏描计器记录下来的脉搏波（图3-15）可分为两支，一为升支（anacrotic limb），一为降支（catacrotic limb）。升支较陡，中途无停顿，代表心室收缩时动脉管的骤然扩张；降支则是缓慢下降的，中途常有小波出现。降支小波中最常出现的是降中波（dicrotic wave）。降中波前有一个小凹，称为降中峡（dicrotiz notch）。降支代表心舒期脉搏波的变化，当心室收缩刚停时，由于心室内压突然下降，主动脉的弹性回缩使血流向心脏侧流，而与刚关闭的半月瓣碰撞，造成降支出现降中峡和降中波。

☞ 在临床上，如先天性主动脉瓣关闭不全的心脏病患者，就没有降中波的出现。

动脉脉搏的临床意义：由于动脉脉搏与心输出量、动脉弹性、外周阻力、主动脉瓣功能等都有密切联系，因此，测定动脉脉搏在一定程度上可反映心血管的功能状态。例如，脉搏速率可反映心室搏动频率，脉搏的节律可反映心室搏动节律，脉搏的强弱可相对反映每搏输出量的多少。检查脉搏一般选择比较接近体表的动脉。各种动物检查动脉脉搏时常用的动脉有尾动脉、颌外动脉、指总动脉，小动物则用股动脉。

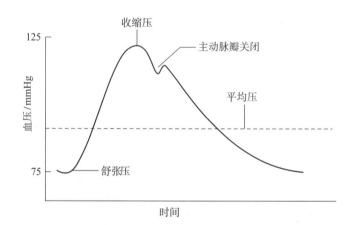

图3-15 正常颈总动脉脉搏波形（仿自 Widmaier 等，2003）

三、静脉血压和静脉回心血量

静脉在功能上不仅是血液回流入心脏的通道，而且由于整个静脉系统的容量很大，既容易扩张，又能够收缩，因此静脉起着血液储存库的作用。静脉的收缩和舒张可有效地调节回心血量和心输出量，使循环系统的功能能够适应机体在各种生理状态时的需要。

（一）静脉血压

当体循环血液通过毛细血管汇集到小静脉时，血压已经降得很低。如人的血压降低到15~20 mmHg；流经下腔静脉时，静脉血压仅为3~4 mmHg；最后汇入右心房时，压力最低，已接近为零。通常将各器官静脉的血压，称为外周静脉压（peripheral venous pressure），而将胸腔内大静脉和右心房的血压称为中心静脉压（central venous pressure）。中心静脉压的高低取决于心脏的射血能力和静脉回心血量之间的相互关系。如果心脏射血能力较强，能及时地将回心血液射入动脉，中心静脉压就较低。反之，中心静脉压就升高。另外，如果静脉回流加快，中心静脉压也会升高。当血量增加、全身静脉收缩或因微动脉舒张而使外周静脉压升高等情况发生时，中心静脉压都会升高。可见中心静脉压是反映心血管功能的又一重要指标。

▶️ 录像资料3-8
中心静脉压及测定方法

（二）静脉回心血量及其影响因素

单位时间内的静脉回心血量取决于外周静脉压和中心静脉压之差，以及静脉对血流的阻力。故能引起这种压力差发生变化的任何因素都能影响静脉内的血流，从而改变由静脉流回右心室的血量，即静脉回心血量。影响静脉回流最主要的因素有以下几个方面。

（1）循环系统平均充盈压

循环系统平均充盈压可反映血管系统内血液充盈程度。当循环系统平均充盈压升高时（如血量增加或容量血管收缩），外周静脉压也升高，静脉回心血量也就增多。反之，体循环系统平均充盈压降低（如血量减少或容量血管舒张），静脉回心血量减少。

（2）心肌收缩力

心肌收缩力是血液射入动脉的动力，同时也是静脉血回心的主要动力。如果心肌收缩力强，射血分数就较大，射血时心室排空完全，心室舒张时心室内压就较低，对心房和大静脉血液的抽吸力量也较大。

右心衰竭时，由于右心室射血能力减弱，右心室射血分数下降，心舒期右心室内压较高，血液淤积在右心房和大静脉，中心静脉压升高，回心血量减少。患者出现颈外静脉怒张、肝充血肿大、下肢浮肿等体征。左心衰竭时，左心房压和肺静脉压升高，则引起肺循环高压，造成肺淤血和肺水肿。

（3）骨骼肌的挤压作用

一方面，肌肉收缩可对肌肉内和肌肉间的静脉发生挤压，从而使静脉血回流加快；另一方面，因静脉内有静脉瓣存在，使静脉内的血液只能向心脏方向流动而不能倒流。这样，骨骼肌和静脉瓣膜一起，对静脉回流就起了一种"泵"的作用，称为"静脉泵"或"肌肉泵"（图3-16）。当肌肉收缩时，可将静脉内血液挤向心脏，当肌肉舒张时，静脉内压力下降，有利于毛细血管内血液流入静脉。

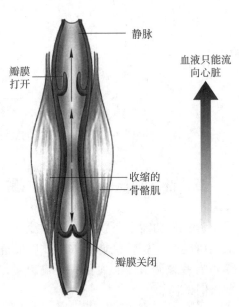

图3-16 骨骼肌泵（引自 Widmaier 等，2019）
箭头表示血流方向

（4）体位改变

由于静脉血管管壁薄，血管的可扩张性大，因而静脉血回流受重力的影响较大。体位改变可明显改变静脉血回流速度。卧位时静脉血回流容易；立位时心脏以下的容量血管易扩张，从而容纳血量增多，使回心血量减少。这种变化会调动体内调节机制使血管收缩，心率增快，使动脉血压及时恢复。机体由平卧突然转变为站立时，可因大量血液积滞在下肢，回心血量过少而发生昏厥。

☞ 体弱病老的人容易发生昏厥现象的原因之一就是其机体调节功能下降，不能及时调节心血管活动来适应这种体位的突然改变。

（5）呼吸运动

呼吸运动时胸腔内产生的负压变化是影响静脉回流的另一个因素。吸气时，胸腔容积增大，胸膜腔负压进一步增大，使胸腔内的大静脉和右心房更加扩张，压力也进一步下降，有利于外周静脉血回流入右心房。由于回心血量增加，所以心输出量也相应增加。呼气时则相反。可见，吸气动作对静脉回流也起着"抽吸"的作用。同时，由于吸气时膈肌的后退能压迫腹腔内脏血管，所以可使腹腔内静脉血回流加快。

四、微循环

微循环（microcirculation）是指微动脉和微静脉之间的血液循环。血液循环最根本的功能是实现血液和组织液之间的物质交换。这一功能是在微循环的毛细血管中实现的。此外，在微循环处通过组织液的生成和回流影响体液在血管内外的分布。

（一）毛细血管网和微循环的组成

毛细血管是血管系统中的口径最小、长度最短、但数目最大的部分，广泛分布于组织细胞周围，形成一片网络。由微动脉流来的血流经过毛细管网之后，汇于微静脉。因此微动脉、毛细血管和微静脉一起构成了微循环（图3-17）。

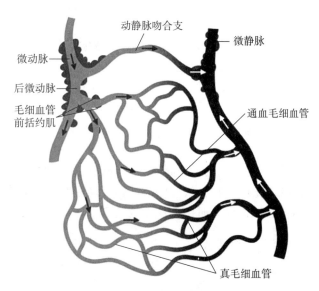

图 3-17 微循环模式图

微循环的结构因器官组织不同而不同。典型的微循环的组成有如下几种：

（1）微动脉（arteriole，末端小动脉） 是血流进入微循环的"总闸门"，其血管平滑肌受交感神经支配，该神经兴奋或儿茶酚胺类物质可使其收缩。

（2）后微动脉（metarteriole） 血管平滑肌对全身性和局部性血管活性物质敏感，全身性血管活性物质使其收缩，而局部性血管活性物质使其舒张。该血管无神经支配。

（3）前括约肌 是血液流进微循环的"分闸门"，其血管平滑肌对局部性血管活性物质敏感，使其舒张。

（4）真毛细血管 主要起营养物质交换的作用。

（5）通血毛细血管 因其血流速度较快而失去营养物质交换的意义。

（6）后微静脉 有一定的物质交换功能。

（7）微静脉（venule） 是血液从毛细血管流出的"后闸门"，其平滑肌主要受交感神经支配。

（8）动静脉吻合支（arteriovenous anastomosis） 可保证回心血量和调节体温。

微循环的血液可通过以下三条途径从微动脉流向微静脉：

（1）直捷通路 血液由微动脉流经后微动脉，经过通血毛细血管，到微静脉流出。这一通路口径较大，弯曲较少，阻力小，血流快，很少与组织细胞进行物质交换。该通路经常处于开放状态，其主要功能是使一部分血液迅速经过微循环流入静脉，以保证一定的静脉回心血量，避免血液过多地滞留在微循环内。这类通路在骨骼肌中较多。

☞ 在某些病理状态下，如中毒性休克时，动静脉短路大量开放，可加重组织的缺氧状况。

（2）动静脉短路（arteriovenous shunt） 指血液由微动脉经动静脉吻合支，直接进入微静脉。这一通路途径短，血流速度快，完全不进行物质交换，又称为非营养通路。在皮肤，特别是掌、足、耳郭等处，这类微循环通路较多。该通路因管壁平滑肌收缩经常处于关闭状态，其功能主要在体温调节中发挥作用。当环境温度升高时，动静脉吻合支开放增多，血液通过动静脉吻合支流向大量的皮下静脉丛，皮肤血流量增加，皮肤温度升高，有利于发散身体热量。动静脉短路开放会相对地减少组织对血液中 O_2 的摄取。

（3）迂回通路（circuitous channel） 指血液由微动脉流入，经后微动脉、毛细血管前括约肌、真毛细血管网，由微静脉流出。在此通路中，真毛细血管通常从后微动脉以直角方向分出。真毛细血管数量多，迂回曲折，互相连通，交织成网。血液经过此通路时，血流速度慢，血管壁通透性好，有利于物质交换，故又称营养通路（nutrition channel）。

众多真毛细血管并非都同时开放，而是交替开放的。其开放与关闭受后微动脉和毛细血管前括约肌控制。当真毛细血管网关闭一段时间后，局部组织的代谢产物就会增多，局部代谢产物都有使血管平滑肌舒张的作用，于是后微动脉和毛细血管前括约肌舒张，其后的真毛细血管网就有血液通过。血液通过时，积聚于局部的代谢产物被血流清除，后微动脉和毛细血管前括约肌又收缩，后方的真毛细血管网又关闭。如此反复交替进行，一般每分钟轮换 5～10 次。在安静情况下，平均仅有 8%～16% 的真毛细血管网是开放的，而其余大部分处于关闭状态。在组织活动增强、代谢水平提高时，局部代谢产物增多，开放的真毛细血管网大量增加，从而使流经微循环的血液大量增加，以适应当时组织代谢的需要。

▶▶ 录像资料 3-9
毛细血管中血流特点

（二）微循环的血流动力学特点

（1）血压低

血液从小动脉及微动脉进入真毛细血管后，由于要不断克服阻力，导致其血压明显降低。例如，人的毛细血管血压动脉端为 30～40 mmHg，而静脉端降至 10～15 mmHg，这为组织液在毛细血管处的生成和回收提供了条件，有利于血液与细胞间的物质交换。

（2）血流慢

毛细血管分支多，数量大，其总的截面积大，因而血流速度慢，平均约为 1.0 mm/s，是主动脉的 1/500，为组织液与细胞进行物质交换提供了充足的时间。

（3）潜在血容量大

安静时，在一个微循环的功能单位中仅有 8%～16% 的真毛细血管处于开放状态，所容纳的血量只占全身血量的 10%，因此，全身的毛细血管有很大的潜在容量。

（4）灌流量容易发生变化

微循环的灌流量一般与动脉压成正比，与微循环血流阻力成反比。但是当交感神经兴奋时，可引起全身小动脉和微动脉强烈收缩，外周阻力增加，动脉压增加，但微循环的灌流量因微动脉收缩而锐减，故并不能改善微循环的灌流量。相反，血管紧张度适当降低，微循环的前阻力减小，其灌流量有可能得到适当的改善。微静脉是毛细血管的后阻力血管，如果微静脉持续收缩，则血液不能及时流走，而淤积于毛细血管中，不利于血液与组织进行物质交换。此外，血液的黏滞性也可以影响微循环灌流量，血液黏滞度升高，血流阻力大，微循环灌流减少。

（三）微循环与休克

休克是指机体营养血流危急性锐减引起的代谢与功能障碍综合征。除心源性休克是心输出量不足造成的外，其他休克多为血容量与血管容积不协调引起的。

下面以失血性休克为例来说明微循环对维护机体健康的重要保障作用，休克的进展过程如下：

（1）微循环缺血期（缺血性缺氧期）

循环血量急剧下降可引起机体交感神经 - 肾上腺髓质系统兴奋，分泌儿茶酚胺类物质，该物质使微循环"各闸门"关闭，造成微循环缺血。

但因动 - 静脉吻合支大量开放，动脉血可以直接流到静脉，血压并不下降，此外，通过血管紧张素 II 和 TXA_2 的缩血管作用维持动脉血压，对保证心脏血流供应起重大作用，故有代偿意义。

（2）微循环淤血期（淤血性缺氧期）

由于微循环血流急剧下降可造成微循环缺血，致使组织代谢产物局部聚集引起后微动脉和毛细血管前括约肌舒张，甚至微动脉也舒张，于是微循环血流量增加。但此时，由于微静脉对局部血管活性物质不敏感，仍处于全身性血管活性物质的缩血管影响而收缩，"后闸门"关闭，血液从毛细血管流出受阻，出现微循环淤血，回心血量下降，造成动脉压下降。动脉压还与内啡肽和组织胺等大量释放有关。此时代偿消失。

（3）微循环衰竭期（弥漫性血管内凝血期）

由于微循环淤血，血流缓慢，血浆渗出而浓缩，造成红细胞积聚而缺氧、酸中毒等，同时血管内皮受损，引起凝血因子和血小板激活，造成弥漫性血管内凝血并形成微血栓与出血，病情急剧恶化。

（四）血液与组织液间物质交换

细胞外液指存在于组织细胞间隙的液体，也称组织液。组织液是组织细胞生活的环境。细胞通过细胞膜与组织液进行物质交换。组织液则通过毛细血管壁与血液进行交换。因此，血液与组织细胞之间的物质交换是通过组织液这个中间环节进行的。血液与组织液之间物质交换的方式有以下几种：

（1）扩散

扩散（diffusion）是血液与组织液之间进行物质交换的主要方式。扩散速度与毛细血管壁两侧物质分子的浓度差、毛细血管壁对该溶质分子的通透性及毛细血管壁的有效交换面积成正比，与毛细血管厚度（扩散距离）成反比。脂溶性物质，如 O_2 和 CO_2，可以直接以溶解于脂质膜的方式从浓度高的一侧向浓度低的一侧扩散，毛细血管壁对其无屏障作用。非脂溶性的物质，如 Na^+、H_2O、葡萄糖等，则只能通过毛细血管壁上的孔隙进行扩散。毛细血管壁的孔隙的总面积虽然只占毛细血管总面积的 1/1 000 左右，但由于分子运动的速度高于毛细血管血流速度的数十倍，故血液在流经毛细血管时，血浆与组织液中的溶质分子仍有足够的时间进行扩散交换，并达到平衡状态。

（2）胞饮方式

毛细血管内皮细胞能吞饮某些大分子物质进入胞质，形成吞饮小泡，再运送到细胞另外一侧排出细胞外。这种交换方式主要适合于分子较大的物质（如血浆蛋白等）在毛细血管内外进行交换。

（3）滤过和重吸收

当毛细血管内外的静水压不等时，水分就会通过血管壁的小孔顺压力差从压力高的一侧向压力低的一侧移动。水中的溶质分子，如果其分子直径小于血管壁的小孔则也随水分子一起滤过。但血浆蛋白质、组织液蛋白质等胶体物质较难通过毛细血管壁的孔隙，因此它们形成的胶体渗透压能限制水分子的跨血管壁移动。这种由于管壁两侧静水压和胶体渗透压的差异而引起的液体由血管内向血管外的移动称为滤过（filtration），而将液体反方向的移动称为重吸收（reabsorption）。与通过扩散方式发生的物质交换相比，滤过和重吸收方式发生的物质交换仅占很小的一部分，但在组织液的生成中起重要作用。

（4）主动转运

主动转运主要是血液中的葡萄糖、氨基酸等营养物质通过细胞膜上的特殊载体蛋白出入细胞膜的过程（见第五章）。

五、组织液和淋巴液的生成

组织液浸润着机体的每个细胞，是细胞从血液中摄取营养物质和细胞代谢产物进入血液的中介。组织液进入毛细淋巴管即成淋巴液。淋巴液经淋巴循环最后又回流入血。

▶▶ 录像资料 3-10
组织液的生成

（一）组织液的生成及影响因素

组织液存在于组织细胞的间隙中。绝大部分组织液呈胶冻状，不能自由流动，因此组织液不会因重力作用而流至身体的低垂部分。即使将注射针头插入组织间隙，也不能抽出组织液。组织液的基质是胶原纤维和透明质酸细丝。组织液中有极小一部分呈液态，可自由流动，自由流动的液体与不能流动的胶冻状组织液经常保持动态平衡。

组织液是血浆滤过毛细血管壁而形成的。因此，组织液中各种离子成分与血浆相同。组织液中也存在各种血浆蛋白质，但浓度明显低于血浆。血浆滤过的动力取决于以下 4 个因素：毛细血管血压、组织液静水压、血浆胶体渗透压和组织液胶体渗透压。其中毛细血管血压和组织液胶体渗透压是促进液体自毛细血管内向血管外滤过的力量，而血浆胶体渗透压和组织液静水压则是将液体自毛细血管外吸收进入血管内的力量。这两种力量的对比决定着液体进出的方向和流量。生理学中将滤过力与吸收力之差称为有效滤过压（effective filtration pressure），其关系可用下列公式表示：

有效滤过压 =（毛细血管血压 + 组织液胶体渗透压）–（血浆胶体渗透压 + 组织液静水压）

血浆胶体渗透压约 25 mmHg。毛细血管的血压在动脉端平均为 30 mmHg，在静脉端平均为 12 mmHg。组织液静水压和胶体渗透压分别为 10 mmHg 和 15 mmHg。将这些数值代入上式，得出毛细血管动脉端的有效滤过压为 10 mmHg，而静脉端的有效滤过压为 –8 mmHg。因此，在毛细血管的动脉端血浆由毛细血管壁滤出而生成组织液，在静脉端组织液被重吸收进入血液（图 3-18）。滤出的液体中 90% 在静脉端回流入血液，10% 进入毛细淋巴管，成为淋巴液。从毛细血管滤出的少量白蛋白也进入毛细淋巴管，最终回到血液中去。

在正常情况下，组织液不断生成，又不断回流，保持动态平衡，故血量和组织液量能维持相对稳定。如果这种动态平衡遭到破坏，组织液生成过多或回流减少，组织间隙中就有过多的液体潴留，形成组织水肿。任何影响有效滤过压的因素以及毛细血管壁通透性的变化，都可以影响组织液的生成。影响组织液生成的因素主要有以下几种：

（1）毛细血管血压

毛细血管血压的高低与毛细血管前、后阻力有关。微动脉舒张时，毛细血管前

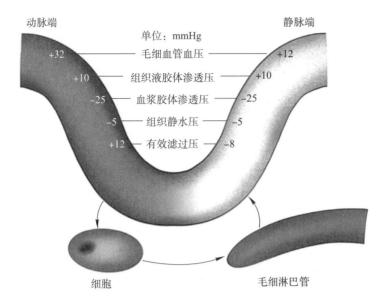

图 3-18　组织液生成与回流示意图

阻力下降，毛细血管血压升高，组织液生成增多。当某种原因造成静脉回流受阻时，毛细血管后阻力增加，毛细血管血压也相应增加，组织液生成增多，形成水肿。充血性心功能不全引起的水肿即属于这种类型。左心功能不全引起肺水肿，右心功能不全则导致全身性水肿。

（2）血浆胶体渗透压

由于营养不良，机体摄入蛋白质不足；或由于肾疾病，机体大量蛋白质随尿排出；或由于肝功能下降，合成蛋白质减少，都可以降低血浆蛋白的含量，导致血浆胶体渗透压下降，有效滤过压增大，组织液生成增多，回流减少，形成水肿。

（3）淋巴回流

由于一部分组织液是经淋巴管回流入血液的，因此，当淋巴回流受阻时，受阻部位远端的组织就会出现水肿，如丝虫病患者的下肢水肿。

（4）毛细血管壁的通透性

在正常情况下，只有极少量的血浆蛋白滤入组织间隙（这些滤入组织间隙的蛋白质经淋巴液回流入血液）。但在烧伤、过敏反应等情况下，毛细血管壁的小孔口径变大，通透性显著升高，部分血浆蛋白可进入组织液，使血浆胶体渗透压下降而组织液胶体渗透压升高，有效滤过压增大，使组织液生成增多而发生水肿。

（二）淋巴液的生成及影响因素

从毛细血管动脉端经滤过而生成的组织液，约 10% 进入毛细淋巴管，形成淋巴液。当淋巴液流经淋巴结时，淋巴结产生的淋巴细胞加入淋巴液。正常人每日淋巴液生成量在 2~4 L，大致相当于全身的血浆量。

淋巴系统起始于毛细淋巴管盲端，其管壁由单层内皮细胞构成，管壁外无基膜。各个细胞均以固定微丝连接在周围组织上，相邻内皮细胞的边缘像瓦片一样互相覆盖，形成向管腔内开放的单向活瓣。当组织液压力升高时，活瓣被推开，组织液与其中的大分子物质，如蛋白质、脂肪微粒，甚至血细胞、细菌，以及其他异物都可以通过瓣口而进入毛细淋巴管；如果液体倒流，则活瓣关闭，故淋巴液不能返流。淋巴液逐渐汇集于较大的淋巴管，最后由淋巴管主干汇入大静脉。较大的淋巴管内有瓣膜防止淋巴液逆流。同时较大的淋巴管管壁中有平滑肌，可以收缩。淋巴管管壁平滑肌的收缩活动和瓣膜共同构成"淋巴管泵"，推动淋巴流动。淋巴管周围组织对淋巴管的压迫均能推动淋巴液流动。由于淋巴液来源于组织液，而两种液体之间

▶▌ 录像资料 3-11
淋巴液的生成

☞ 淋巴液与组织液的区别在于：① 淋巴液中无红细胞，但有白细胞，主要是淋巴细胞；② 淋巴液中血小板极少或缺乏，但有纤维蛋白原、凝血酶原、抗凝血物质和钙离子，因此它流出时也要凝固，但慢很多；③ 淋巴液中含有蛋白质，但比血浆中少得多。

的压力差是促进组织液进入淋巴管的动力，因此，凡能增加组织液生成的因素，均能增加淋巴液的生成。

淋巴液回流的主要功能如下：

（1）调节血浆与组织液之间的液体平衡

淋巴液回流速度虽然缓慢，但每天回流的淋巴液大致相当于全身血浆总量，因此，淋巴液回流在组织液生成和回流的平衡中起重要的作用。

（2）回收组织液中的蛋白质

每天由淋巴管回收的组织液蛋白质在 75～200 g，从而使组织液蛋白质浓度维持在较低水平。如某一局部的淋巴管发生阻塞，则该处将因组织液中蛋白质聚集发生严重水肿。

（3）防御和保护作用

淋巴回流可清除组织中的红细胞、细菌和其他异物。淋巴液回流经过淋巴结时，可由淋巴系统中的吞噬细胞对此进行清除。此外，淋巴结产生的淋巴细胞随淋巴液进入血液循环，参加免疫反应。

（4）帮助小肠对脂肪吸收

脂肪在小肠内消化后，主要经小肠绒毛的毛细淋巴管吸收入血。

▶▶ 录像资料 3-12

心脏功能的影响因素

第四节　心血管活动的调节

血液循环的根本功能在于提供各器官组织代谢所需的营养物质，并运走代谢产物，从而维持内环境的相对恒定。在不同的生理状态下，机体各器官组织的新陈代谢水平不同，对血液的需求也不同。机体通过神经系统和体液因素调节心脏和各部分血管的活动，从而调整心输出量以及各器官组织间的血流量分配，以适应机体不同活动的需要。对于心脏来说，主要是改变心率及心肌收缩力，从而改变其心输出量；对血管来说，是改变血管的口径，改变微动脉的口径则引起外周阻力的变化，改变微静脉与静脉口径则导致回心血量的变化，改变特定器官血管的口径则引起循环血量改变或血液的重新分配。

一、神经调节

心肌和血管平滑肌均接受自主神经支配。机体对心血管活动的神经调节是通过各种心血管反射实现的。

（一）心脏的神经支配

支配心脏的传出神经为心交感神经（cardiac sympathetic nerve）和心迷走神经（cardiac vagus nerve）。

1. 心交感神经及其作用

支配心脏的交感神经节前纤维起源于胸部脊髓 1～5 节段的灰质侧角细胞。大部分沿交感链上行，在颈上、颈中、颈下 3 个神经节交换神经元。从这 3 个神经节发出的交感节后纤维构成心神经丛，支配心脏各个部分，包括窦房结、房室交界、房室束、心房肌和心室肌。

动物实验中观察到，两侧心交感神经对心脏的支配有差别。右侧交感神经主要支配窦房结，左侧交感神经主要支配房室交界和心室肌。因此，右侧交感神经兴奋以引起心率增快的效应为主，而左侧交感神经兴奋时，则以加强房室传导和心肌收缩能力为主。

☞ 在哺乳动物中颈下神经节和胸下神经节常融合成为星状神经节，而后发出节后纤维到达心脏。

心交感神经节前纤维的轴突末梢释放的递质为乙酰胆碱（ACh），后者与节后神经元膜上的 N 型胆碱能受体结合。节后纤维末梢释放的递质为去甲肾上腺素（norepinephrine，NE），与心肌细胞膜上的 β1 受体结合，使心率加快（称为正性变时作用，positive chronotropic effect），心房肌和心室肌收缩力加强（称为正性变力作用，positive inotropic effect）。兴奋经房室交界传导的速度加快（称为正性变传导作用，positive dromotropic effect）。去甲肾上腺素对心脏各部分的作用机制如下：

（1）对自律细胞　能加强自律细胞"4"期内向电流 I_f 和 I_{Ca-L}，使"4"期自动去极化速度加快，则窦房结的自律性增高，心率加快。

（2）对心肌细胞　与心肌细胞膜上的 β1 肾上腺素能受体结合，激活腺苷酸环化酶，使细胞内 cAMP 的浓度升高，进一步激活蛋白激酶和磷酸化酶系，使心肌细胞膜的钙通道激活，膜对 Ca^{2+} 通透性升高，使心肌动作电位"2"期内流的 Ca^{2+} 增多，肌质网终末池释放的 Ca^{2+} 也增加，从而使心肌细胞收缩力增强；去甲肾上腺素可降低肌钙蛋白对 Ca^{2+} 的亲和力，加速肌质网对 Ca^{2+} 的回收，并刺激 Na^+–Ca^{2+} 交换，加快细胞内 Ca^{2+} 的外排，有利于粗细肌丝的分离，加速舒张过程；去甲肾上腺素还能促进糖原分解，提供心肌活动所需要的能量。

（3）对房室交界细胞　去甲肾上腺素能加快房室交界细胞膜"0"期 Ca^{2+} 内流，使动作电位的上升速度及幅度增大，房室传导速度加快。复极相 K^+ 外流加快，复极时程缩短，进而使"0"期离子通道复活加快，不应期缩短，心率加快。由于兴奋传导速度加快，使心室各部分肌纤维收缩更趋于同步化，也能增强心肌的收缩力。

2. 心迷走神经及其作用

心迷走神经的节前纤维起自延髓的迷走背核和疑核，行走于迷走神经干中，在胸腔分出心迷走神经，与心交感神经一起组成心神经丛，进入心脏后在窦房结、房室交界附近交换神经元，发出节后纤维分布到心肌细胞。右侧心迷走神经节后纤维主要支配窦房结、右心房，因而对心率影响较大；左侧心迷走神经节后纤维对房室交界的影响较大。

心迷走神经节前纤维末梢释放的乙酰胆碱与节后神经元膜上胆碱能 N 型受体结合，使节后纤维末梢释放乙酰胆碱，后者与心肌细胞膜上的 M 型受体结合，引起心脏活动的抑制，表现为心率减慢，心房肌收缩力减弱，心房肌不应期缩短，房室传导速度减慢，甚至出现房室传导阻滞。这些作用分别称为负性变时作用、负性变力作用和负性变传导作用。乙酰胆碱与细胞膜 M 型受体结合，抑制腺苷酸环化酶，使细胞内 cAMP 浓度降低，Ca^{2+} 内流减少，对 K^+ 的通透性增高。乙酰胆碱对心脏各部分的作用机制如下：

（1）对窦房结细胞　复极化过程中，K^+ 外流增加，导致最大复极化绝对值增大（超极化），同时还抑制"4"期内向电流 I_f 和 I_{Ca-L}，使"4"期自动去极化速度减慢，这些都使心率减慢。

（2）对心肌细胞　K^+ 外流增加，导致静息电位绝对值增大，静息电位与阈电位的差距扩大，兴奋性降低；在复极化过程中，K^+ 外流的增加导致复极化加速，平台期缩短，细胞外的 Ca^{2+} 流入减少，引起心肌收缩力下降。

（3）对房室交界细胞　乙酰胆碱除了可以抑制 Ca^{2+} 通道外，还可以激活一氧化氮（NO）合酶，使细胞内环鸟苷酸（cGMP）合成量增多。后者可使 Ca^{2+} 通道开放的概率变小，减少 Ca^{2+} 的内流，使房室交界区慢反应细胞"0"期去极化的幅度和速度减小，故房室传导速度减慢。

迷走神经具有心抑制作用是 1845 年由韦伯兄弟（Weber brothers）首先发现的。而迷走神经对心跳的抑制是通过其末梢释放乙酰胆碱这一递质实现的，故称为胆碱能神经。这一事实由奥地利科学家洛伊维（Loewi）于 1921 年首先证明。他用两个离体蛙心相串联的方法，以灌注第一个蛙心的流出液来灌注第二个蛙心。当刺激支配第一个蛙心的迷走神经后，发现第一个心脏的灌流液也可以抑制第二个蛙心的跳动，说明有物质从迷走神经末梢中释放出来。当时称其为迷走物质。

心脏受心交感神经和心迷走神经双重支配，二者相互拮抗。但在多数情况下，心迷走神经的作用比心交感神经占有更大的优势。动物实验表明，同时刺激心迷走神经和心交感神经，主要表现为心率减慢；而同时阻断这两种神经的作用，则心率加快。原因可能是副交感和交感纤维末梢之间相互作用，现在认为：在肾上腺素能纤维末梢表面存在着 M 受体。这些末梢直接接触的胆碱能纤维末梢释放的乙酰胆碱与上述 M 受体结合，可使纤维末梢释放的肾上腺素能递质减少。因为这些受体位于交感神经末梢上的突触前膜上，故这种作用称为突触前抑制作用（presynaptic inhibition）。

有时刺激心迷走神经也可引起心率的加速反应，当用阿托品阻断胆碱能 M 受体后，心率加速反应更易出现。其原因是：①此动物迷走神经丛中混有心交感神经纤维；②延髓疑核中有一些肾上腺素能神经的轴突，也可行走于迷走神经中；③在窦房结区域有一些嗜铬细胞。迷走神经节前纤维末梢释放的乙酰胆碱可使这些嗜铬细胞释放儿茶酚胺，后者引起心率加快。

3. 肽能神经元

免疫细胞化学方法证明，动物和人类的心脏中含有若干种多肽能神经纤维，其末梢释放的递质有神经肽 Y（neuropeptide Y，NPY）、血管活性肠肽（vasoactive intestinal polypeptide，VIP）、降钙素基因相关肽（calcitonin gene-related peptide）、阿片肽等。另外，某些递质，如单胺和乙酰胆碱，可共存于同一神经元内，并可同时释放以共同调节其效应器的活动。现在已知血管活性肠肽对心肌有正性变力作用和舒张冠状血管活动的作用，降钙素基因相关肽有舒血管作用。

（二）血管的神经支配

血管平滑肌的舒缩活动称为血管运动（vasomotion）。支配血管运动的神经纤维，包括缩血管神经纤维（vasoconstrictor fiber）和舒血管神经纤维（vasodilator fiber）两大类。

1. 缩血管神经纤维

缩血管神经纤维都是交感神经纤维，故一般称为交感缩血管纤维。体内大部分血管只接受交感缩血管神经的单一支配。交感缩血管神经的节前纤维起源于脊髓胸 1 至腰 3 节段灰质侧角，在脊柱旁的交感链以及脊柱前的交感神经节（腹腔神经节，肠系膜上、下神经节等）交换神经元，其节后纤维分布于四肢、躯干、头部、内脏血管。在安静状态下，交感缩血管纤维持续地发放低频率（1~3 次/s）的冲动，称为交感缩血管紧张（sympathetic vasoconstrictor tone）。这种紧张性活动使血管平滑肌维持一定程度的收缩。通过改变这种紧张性活动的强度，可以调节血管的口径，改变循环系统的外周阻力。当交感缩血管纤维的紧张性加强时，血管平滑肌进一步收缩；而当交感缩血管纤维的紧张性降低时，血管平滑肌紧张性降低，血管舒张。交感缩血管神经节后纤维末梢释放的递质是去甲肾上腺素。血管平滑肌的肾上腺素受体有两类，即 α 和 β 受体。当去甲肾上腺素与 α 受体结合时，可增加膜对 Ca^{2+} 的通透性，使细胞内 Ca^{2+} 的浓度上升，引起血管平滑肌收缩；而与 β 受体结合，则使血管舒张。去甲肾上腺素与 α 受体结合的能力较强。因此，当缩血管纤维兴奋时，所释放的递质主要与 α 受体结合，产生缩血管效应。

交感缩血管神经纤维在不同器官的血管中分布不同。皮肤血管中交感缩血管神经支配最密，其次是骨骼肌和内脏血管，冠状血管和脑血管分布较少。所以缩血管神经对于皮肤血管的作用最强，对脑血管的作用最弱。在同一个器官的血管中，微动脉分布最密，静脉分布较少。当支配某一器官的交感缩血管纤维兴奋时，可引起该器官血流阻力增大，血流量减少，毛细血管平均压降低，有利于组织液进入血液；容量血管收缩，静脉回流量增加。

2. 舒血管神经

舒血管神经分布范围较小，通常只能调节局部血流量。在哺乳动物中，有个别器官同时也接受舒血管神经的支配。

（1）交感舒血管神经

交感舒血管神经一般只限于支配骨骼肌血管。其分布方式与缩血管神经无区别，其中枢可能位于皮层运动区及下丘脑前部。交感舒血管神经节后纤维末梢释放的递质是乙酰胆碱，与血管平滑肌上的 M 受体结合后，使血管舒张，所以也称为交感胆碱能舒血管神经。交感舒血管神经平时无紧张性活动，只有在机体呈现激动、恐慌和准备做强烈肌肉活动时才发挥作用，因而交感舒血管神经可能属于防御性反应系统的一部分。这类神经纤维在调节血压中起的作用较小，但对体力活动时血液的重新分配（增加骨骼肌血液供应）起重要作用。

（2）副交感舒血管神经

副交感舒血管神经主要支配肝、脑、唾液腺、胃肠道腺体和外生殖器等的血管平滑肌。其末梢释放的递质是乙酰胆碱，与血管平滑肌上的 M 受体结合，引起血管舒张，故称为副交感胆碱能舒血管神经。副交感舒血管神经的分布只限于少数器官，起着调节所支配器官组织的局部血流量的作用，对循环系统的外周阻力影响很小。

（3）脊髓背根舒血管纤维

脊髓背根舒血管纤维是皮肤痛觉传入纤维在外周末梢的分支。当某处皮肤受到伤害性刺激时，感觉冲动一方面沿着传入纤维向中枢传导，另一方面可在末梢分叉处沿其他分支到达受刺激部位邻近的微动脉，使微动脉舒张，局部皮肤出现红晕。这种仅通过轴突外周部位完成的反应称为轴突反射（axon reflex）。近年来有学者用免疫化学方法证实并认为这种神经末梢释放的递质是降钙素基因相关肽。

（4）血管活性肠肽神经

已知支配汗腺的交感神经元和支配颌下腺的副交感神经元末梢，除了有上述神经递质外，还有血管活性肠肽。当刺激这些神经时，其末梢同时释放乙酰胆碱和血管活性肠肽，二者在机能上起着协调作用，引起舒血管效应，使局部组织的血流增加。近年来研究者已用免疫细胞化学方法证明，缩血管纤维中也有神经肽 Y 与去甲肾上腺素共存现象。神经兴奋时，两者可共同释放。神经肽 Y 有强烈的缩血管效应。

（三）心血管中枢

神经系统对心血管活动的调节是通过各种神经反射来实现的。参与这种控制（或调节）作用有关的神经元集中的部位，称为心血管中枢（cardiovascular center）。心血管中枢存在于中枢神经系统的各个水平，包括脊髓、脑干、下丘脑、边缘系统及大脑皮层。它们各具不同的功能，又相互密切联系，使整个心血管系统的活动协调一致，并与整个机体的活动相适应。

1. 延髓的心血管中枢

动物实验早已证明，只要保留延髓和脊髓的联系，即使上位中枢都不存在，动物的血压并无明显变化，基本的心血管反射仍能进行。但如果切断延髓和脊髓的联系，则血压立即降至 40 ~ 50 mmHg，刺激坐骨神经引起的升血压反射效应也逐渐减弱。这些结果说明，神经系统调节心血管的紧张性活动不是起源于脊髓，而是起源于延髓，因为只要保留延髓及其以下中枢部分的完整，就可以维持心血管正常的紧张性活动，并完成一定的心血管反射活动。

19 世纪 70 年代，德国的路德维希（Ludwig）实验室最早提出延髓是调节心血管活动的基本中枢。他们使用脑干分段切断法发现：当切断脑桥下面的部位时，猫、狗的正常血压就不能保持。他们把延髓闩（obex）以上到上凹（superior fovea）之间的延髓部位称为血管运动中枢（vasomotor center）。后来兰逊（Ranson）及其同事于1916年用电刺激法探索了第四脑室底板，发现了两个对血压有明显影响的区域：当刺激延髓脑干网状结构背外侧区时，血压表现升高；而当刺激延髓脑干网状结构腹内侧区时，血压表现下降。

延髓心血管中枢的神经元是指位于延髓内的迷走神经元和控制心交感神经以及交感缩血管神经活动的神经元。机体处于安静状态时，延髓的心血管中枢神经元不断接受来自外周感受器传入冲动和高级中枢下传神经冲动的刺激，或受血液和脑脊液中某些化学物质（如 CO_2、O_2、H^+ 等）的刺激，而处于一定程度的兴奋状态，并持续发放低频率神经冲动。这些冲动通过传出神经纤维到达心脏和血管引起效应。这种持续的、一定程度的兴奋称为紧张性活动（tonic activity）。这些神经元的紧张性活动，分别称为心迷走紧张、心交感紧张和交感缩血管紧张。在延髓心交感神经中枢和心迷走神经中枢的紧张性活动具有交互抑制的作用，而且心迷走神经中枢的紧张性活动相对占上风，所以切断迷走神经会使心率加快、血压升高。此外，运动或情绪激动时也会使心率加快，血压升高。这些都是交感神经中枢的紧张性活动加强引起的。目前多数学者认为延髓心血管中枢包括以下 4 个部分：

（1）缩血管区 位于延髓头端腹外侧区，是心交感神经元和交感缩血管神经元所在的部位，是整合各种心血管反射、维持血管紧张性与血压水平的重要部位。

（2）舒血管区 位于延髓尾端腹外侧区，是去甲肾上腺素能神经元所在的部位。兴奋时可抑制缩血管区神经元的活动，导致缩血管紧张性活动降低，血管舒张。

（3）传入神经接替站 位于延髓的孤束核。其神经元接受由颈动脉窦、主动脉弓和心脏感受器经舌咽神经和迷走神经传入的信息，发出纤维至延髓，并与中枢神经系统其他部位的神经元联系，影响心血管的活动。

（4）心抑制区 位于延髓的迷走神经背核和疑核，并存在动物种间差异，是心迷走神经元所在的部位。

在正常情况下，延髓心血管中枢并不是独立地完成各种心血管反射的，而是在各级上位中枢的控制下进行调节的。

2. 延髓以上的心血管中枢

在延髓以上的脑干以及大脑、小脑中，都存在与心血管活动调节有关的神经元。它们在调节心血管活动中起的作用更加复杂和高级，主要是进行心血管活动和机体其他功能之间的整合。例如，下丘脑就是一个非常重要的延髓以上的心血管中枢。下丘脑在体温调节、摄食、水平衡以及情绪反应中都有重要的作用，而这些活动都伴随有相应的心血管活动的变化。这些变化往往是通过精细整合的，在生理功能上往往是相互协调的。例如，电刺激下丘脑的"防御反应区"，可立即引起动物的警觉状态、骨骼肌肌紧张加强、表现出准备进攻的姿势；同时出现一系列心血管活动的改变，主要为心率加快、心搏加强、心输出量增加、皮肤和内脏血管收缩、骨骼肌血管舒张、血压稍有升高。这些心血管反应显然是与当时机体所处的状态相协调的，主要是使骨骼肌有充足的血液供应，以适应防御、搏斗、逃跑等行为的需要。

大脑的一些部位也参与了心血管活动的调节，特别是边缘系统的结构能影响下丘脑和脑干其他部位的心血管神经元的活动，并与机体各种行为的改变相协调。大脑皮质的运动区兴奋时，除引起相应的骨骼肌收缩外，还能引起该骨骼肌的血管舒张。刺激小脑的一些部位也可引起心血管活动的变化。

（四）心血管活动的反射性调节

神经系统对心血管活动的调节是通过各种反射来实现的。机体内外环境发生变

☞ 动物实验表明，正是由于大脑皮层的参与才有了后天条件反射的形成。如实验用狗在走向实验平台之前，心跳就加快，血压就升高。人也是如此。

化，如变换姿势、运动、睡眠时，可引起各种心血管反射，使心输出量和各器官血管舒缩状况发生相应改变，动脉血压也可发生变动。心血管反射一般都能很快完成，其生理意义在于使循环系统功能能适应于当时机体所处的状态或内外环境的变化。

1. 颈动脉窦和主动脉弓压力感受性反射

当动脉血压升高时，可引起压力感受性反射（baroreflex），其反射效应是使心率减慢，外周血管阻力降低，血压回降。这一反射称为降压反射或减压反射（depressor reflex）。颈动脉窦（carotid sinus）和主动脉弓（aortic arch）血管外膜下，有丰富的

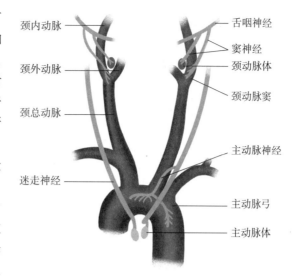

图 3-19 颈动脉窦和主动脉弓的压力感受器及化学感受器

感觉神经末梢，末梢的分支末端膨大呈卵圆形，分别称为颈动脉窦压力感受器和主动脉弓压力感受器（图 3-19）。血压越高，血管壁扩张程度越大，则压力感受器发出传入冲动越多。压力感受器对快速的压力变化比缓慢的压力变化更加敏感。颈动脉窦是颈内动脉根部略为膨大的部分，其管壁较薄，压力增大时易于扩张，故颈动脉窦压力感受器比其他部位的压力感受器对血压的变化更加敏感，因而对血压的调节作用也较大。颈动脉窦压力感受器的传入神经是窦神经，经舌咽神经进入延髓。主动脉弓压力感受器的传入神经为主动脉神经，经迷走神经进入延髓（兔的主动脉神经自成一束，称为主动脉神经，与迷走神经伴行至颅底才并入迷走神经）。这些神经进入延髓孤束核，通过神经元接替作用于延髓的心血管中枢，也有一部分神经纤维上传至下丘脑等较高级的心血管中枢。压力感受性反射的传出神经是心迷走神经、心交感神经和交感缩血管神经。

在正常情况下，颈动脉窦和主动脉弓压力感受器接受动脉血压的刺激而兴奋，发放一定频率的传入冲动，到达延髓心血管中枢后，对该中枢已具有的一定的紧张性产生影响；即使心迷走中枢的紧张性增强，而心交感中枢和交感缩血管中枢的紧张性下降。这些中枢的紧张性活动改变，分别通过心迷走神经、心交感神经和交感缩血管神经，影响效应器官心脏和血管的活动。总的效应是使心脏的活动不至太强，血管外周阻力不至于过高，从而将动脉血压维持在不太高的正常水平。由于此反射有降低血压的效应，故又称降压反射（图 3-20）。

压力感受性反射是机体的一种负反馈调节机制。因此生理学中又将压力感受器的传入神经称为缓冲神经，压力感受性反射也称缓冲反射。由于颈动脉窦和主动脉弓压力感受器正好位于脑和心脏动脉血管的起始部，而安静时动脉血压已高于压力感受器阈值，因此压力感受器经常起调节作用，这对维持脑和心脏等重要器官的正常血液供应有特别重要的意义。

在动物实验中，将颈动脉窦与体循环隔离开来，人工对颈动脉窦实施单独灌注，但仍保留窦神经与中枢神经的联系，观察到当颈动脉窦的灌注压力低于 60 mmHg 时，窦神经无传入冲动，降压反射活动停止，体循环动脉血压维持在高水平。而一旦颈动脉窦灌注压力超过 60 mmHg 以后，由于降压反射发生作用使动脉血压降低，且灌注压力越高，动脉血压越低。当窦内压超过 180 mmHg 后，压力感受器的兴奋已接近饱和，故动脉血压不再出现明显下降。压力感受器对 100 mmHg 左右的变化最为敏感，即灌注压力较小的变化就可引起动脉血压的较大变化。可见，降压反射在血压

☞ 其生理意义在于当心输出量、外周阻力、血量等发生突然变化时，对动脉血压进行快速调节，使动脉血压不至于发生过大的波动，保持相对恒定。

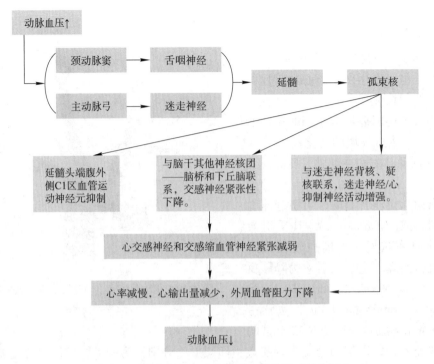

图 3-20　颈动脉窦和主动脉弓压力感受器反射性调节

正常波动范围内反应最灵敏，因而在维持动脉血压的相对稳定中起重要作用。

2. 颈动脉体和主动脉体化学感受性反射

在颈总动脉分成颈内动脉和颈外动脉的分叉处和主动脉弓附近，分别存在着颈动脉体化学感受器（carotid body chemoreceptor）和主动脉体化学感受器（aortic body chemoreceptor）。它们是不依附于动脉管壁的一种独立结构，体积小，在人类约 1 mm³。其内含丰富的毛细血管网，血流量是体内各器官中按单位重量计最高的。颈动脉体和主动脉体内有窦神经和主动脉神经的感觉神经末梢。当化学感受器受到刺激后，其感觉信息分别由窦神经和主动脉神经传入，并分别加入舌咽神经和迷走神经到达延髓孤束核。当动脉血中 CO_2 过多，H^+ 浓度过高或缺 O_2 时，化学感受器兴奋，所引起的反应主要是呼吸运动加快、加深，间接地引起心率加快，心输出量增加，外周血管阻力增大，血压升高，称为化学感受性反射（chemoreflex）。化学感受性反射在平时对心血管活动不起明显的调节作用。只有在缺 O_2、窒息、动脉血压过低（此时压力感受性反射效应下降甚至停止）、酸中毒等情况下才发生作用，尤其在缺 O_2 时对动脉血压的维持具有重要意义。此外，延髓中也存在化学感受器（见第四章），当受到血中 CO_2 和 H^+ 增多刺激时，也可反射性引起升压效应；由于中枢化学感受器的敏感性比外周化学感受器要高，故其重要性也相对较大。

3. 其他感受器引起的心血管反射

（1）心肺感受器

在心房、心室和肺循环血管壁中存在着许多感受器，总称为心肺感受器。其传入纤维主要行走于迷走神经干内。引起心肺感受器兴奋的刺激有两类：一类是机械牵张；一类是一些化学物质，如前列腺素等。当心房、心室内血容量增多或肺循环血管压力增大，心脏和血管壁受到较大的牵张刺激时，压力感受器兴奋。由于生理情况下心房壁的牵张往往是由于血容量增大引起的，因此心房中这类压力感受器称为容量感受器。大多数心肺感受器的传入冲动是使交感紧张降低，迷走紧张加强。此外，心肺感受器兴奋时使肾交感神经活动抑制，肾血管舒张，肾血流量增加；同时还抑制肾素和血管升压素的释放，使肾排 Na^+ 排水增加。

（2）躯体感受器

刺激躯体传入神经可引起各种心血管反射。反射的效应取决于感受器的性质、刺激的频率和强度。例如，用中、低强度的低频电脉冲刺激骨骼肌的传入神经，往往可引起血压下降；而用高强度高频率电脉冲刺激皮肤传入神经，则常引起升压反应。

☞ 高强度的刺激往往在引起机体躯体反射的同时也引起机体内脏反射。

（3）内脏感受器

扩张肺、胃、肠、膀胱或挤压睾丸，可引起心率减慢，外周血管舒张，血压下降。这些内脏感受器的传入纤维行走于迷走神经或交感神经内。

（4）脑缺血反应

当脑血流量明显减少时，心血管中枢可对脑缺血发生直接反应，引起交感缩血管中枢紧张性显著加强，外周血管强烈收缩，动脉血压升高，称为脑缺血反应。动脉血压过低，脑脊液压力升高（压迫脑的动脉）都可使脑的血流减少。这种反应在某些紧急情况下对脑血流量的增加起一定调节作用。

（五）心血管反射的中枢整合形式

机体处于不同的代谢水平、环境条件下，对于某种特定的刺激，不同部分的交感神经的反应方式和程度是不同的，即表现为一定的中枢整合形式（centrally integration pattern），由此使各器官之间的血流分配能适应机体当时功能活动的需要。心血管活动的调节是这种复杂整合中的一个重要组成部分。

（1）防御反应

当动物的安全受到威胁而处于紧急状态时，可出现一系列复杂的行为反应，即防御反应。例如，猫的防御反应表现为瞳孔扩大、竖毛、耳郭平展、弓背、伸爪、呼吸加深、怒叫，最后发展为搏斗或逃跑。伴随防御反应的心血管整合形式包括心率增快、骨骼肌血管舒张、内脏和皮肤血管收缩、血压轻度升高。这些心血管活动变化显然有利于防御反应。人在情绪激动时也发生类似的心血管整合形式。

（2）运动

运动时心血管活动的整合形式与防御反应类似。运动时心交感中枢、交感缩血管中枢兴奋，心迷走中枢抑制，使心率增快，心肌收缩力量增加，心输出量增加；交感神经兴奋使肾上腺髓质分泌肾上腺素和去甲肾上腺素增多，进一步加强对心肌的兴奋作用。同时收缩的骨骼肌血管舒张，不收缩的骨骼肌血管和内脏、皮肤血管收缩，容量血管收缩，通过这种调节机制，对血量进行重新分配，使运动的肌肉血流量大大增加。运动开始时，皮肤血流量减少，但以后由于肌肉产热增加，体温升高，通过体温调节中枢的调节，使皮肤血管舒张，血流量增加，以利散热。

（3）进食

进食时心率加快，胃肠道血管、消化腺血管舒张，骨骼肌血管收缩，血压轻度升高。

（4）体温调节

在高温环境中，皮肤血管明显舒张，皮肤动静脉短路开放，骨骼肌血管也轻度舒张，内脏血管收缩，总外周阻力变化不大。在低温环境中皮肤血管收缩。

（5）睡眠

睡眠时心脏和血管的活动与防御反应相反，心率减慢，心输出量减少，内脏血管舒张，骨骼肌血管收缩，血压稍下降。

二、体液调节

体液调节是指血液和组织液中所含的一些化学物质对心肌和血管平滑肌活动的

调节。这些体液因素，有些是由内分泌腺分泌的激素，并通过血液的运输，对心血管系统的作用比较广泛（称为全身性血管活性物质）；有些则在组织中生成，主要作用于局部的血管，调节局部组织的血流量（称为局部血管活性物质）。

1. 肾素－血管紧张素－醛固酮系统

肾素（renin）是由肾近球细胞合成和分泌的一种酸性蛋白酶，进入血液循环后，将血浆中的血管紧张素原（angiotensinogen）水解为血管紧张素 I（angiotensin I；一种十肽）。血管紧张素 I 在经过肺循环时，在血管紧张素转换酶（angiotensin-converting enzyme）的作用下水解为血管紧张素 II（angiotensin II；一种八肽）。血管紧张素 II 可进一步被血浆和组织中的氨基肽酶水解为血管紧张素 III（angiotensin III；一种七肽）（图 3–21）。血管紧张素 II 和 III 有刺激肾上腺皮质球状带分泌醛固酮的作用。由于肾素、血管紧张素和醛固酮在血液中的浓度变化和其所发挥的生理功能之间存在密切关系，因此称为肾素－血管紧张素－醛固酮系统（renin-angiotensin-aldosterone system，RAAS）。

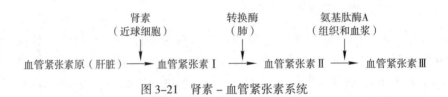

图 3–21　肾素－血管紧张素系统

（1）血管紧张素 I

血管紧张素 I 对多数组织、细胞不具有活性，但能刺激肾上腺髓质分泌肾上腺素和去甲肾上腺素，从而使心率加快，心肌收缩力增强，心输出量增加，外周阻力升高，血压上升。

（2）血管紧张素 II

血管紧张素中最重要的是血管紧张素 II。血管紧张素 II 是目前已知最强的缩血管活性物质之一。它的缩血管作用可通过下述途径实现：① 直接作用于阻力血管和容量血管平滑肌，使其收缩，血压升高。② 作用于中枢神经系统血管紧张素 II 的敏感区，使交感缩血管紧张性活动增强。③ 作用于交感缩血管神经纤维末梢的突触前受体，促使交感神经末梢释放去甲肾上腺素增多。总之，血管紧张素 II 可通过中枢和外周机制，使外周血管收缩，血压升高。血管紧张素 II 可强烈刺激肾上腺皮质球状带合成和释放醛固酮，后者可促进肾小管对 Na^+ 的重吸收，增加细胞外液量，使血量增加，血压升高。血管紧张素 II 还可使血管升压素和促肾上腺皮质激素的释放增加，并引起动物的觅水和饮水行为。

（3）血管紧张素 III

血管紧张素 III 的缩血管效应仅为血管紧张素 II 的 10%～20%，但刺激肾上腺皮质合成和释放醛固酮的作用较强。

在正常生理状态下，循环血液中存在着的低浓度的血管紧张素 II 可能与交感缩血管紧张的维持有一定关系。各种原因导致的肾血流量减少，都将使肾素－血管紧张素－醛固酮系统活动增强，并对这些状态下的循环功能的调节起重要作用。有些高血压的形成与该系统的异常有关。

2. 肾上腺素和去甲肾上腺素

肾上腺素和去甲肾上腺素在化学结构上都属于儿茶酚胺类物质。血液中的肾上腺素和去甲肾上腺素主要来自肾上腺髓质。肾上腺髓质的分泌活动受交感神经节前纤维的控制。当交感神经系统兴奋时，可刺激肾上腺髓质分泌大量肾上腺素和去甲肾上腺素。其中肾上腺素约占分泌量的 80%，去甲肾上腺素约占分泌量的 20%。与此不同的是，由交感神经末梢释放的去甲肾上腺素，一般均在局部发挥作用，然后

☞ 目前临床应用的有些治疗高血压的药物就是基于血管紧张素的作用原理人工合成的抑制剂。

被神经末梢重摄取或迅速被酶分解失活，仅有一小部分进入血液循环。

肾上腺素和去甲肾上腺素对心脏和血管的作用既有相同的地方，也有不同的地方。这主要是由于它们与不同的肾上腺素能受体结合能力不同。肾上腺素既能激活 α 受体，也能激活 β 受体，包括 β_1 和 β_2 受体。当它与心肌的 β_1 受体结合时，使心率增快，心肌收缩力增强，心输出量增多。肾上腺素对血管的作用取决于血管上的 α 和 β_2 受体的分布情况。在皮肤、肾和胃肠道的血管平滑肌上，α 受体在数量上占优势，肾上腺素的作用是使这些器官的血管收缩；在骨骼肌和肝的血管中，β_2 受体占优势，小剂量的肾上腺素常以兴奋 β_2 受体的作用为主，引起血管舒张，大剂量时也兴奋 α 受体，引起该类器官血管收缩。因此，肾上腺素对外周血管的调节作用是使全身各器官的血液分配发生变化，而总外周阻力增加很少，或基本不变，甚至下降。去甲肾上腺素与肾上腺素一样，也可激活 β_1 受体，引起心脏兴奋。但对于血管平滑肌上的 α 受体和 β_2 受体，去甲肾上腺素则主要激活 α 受体，与 β_2 受体结合能力很弱。因此，当静脉注射去甲肾上腺素时，可使全身血管广泛收缩，动脉血压升高；而血压升高则使压力感受性反射活动加强，压力感受性反射对心脏的抑制效应超过去甲肾上腺素对心脏的直接效应，故心率减慢。

☞ 由于肾上腺素有明显的强心作用，而对外周阻力影响不大，所以在临床上常用作强心剂。而去甲肾上腺素则常用作缩血管升压药。

3. 血管升压素

血管升压素［vasopressin，VP，又称抗利尿激素（anti-diuretic hormone，ADH）］是下丘脑视上核和室旁核神经元合成的九肽激素，并沿下丘脑垂体束运输，储存于神经垂体，而后释放入血。在正常情况下，血管升压素浓度升高时首先引起抗利尿效应，促进肾集合管对水的重吸收，尿量减少，故又称抗利尿激素。只有当其血浆浓度明显高于正常水平时，才可引起血压升高。这是因为血管升压素一方面使血管平滑肌收缩，是目前已知的最强的缩血管物质之一；另一方面又能提高压力感受性反射的敏感性，故能缓冲升血压效应。血管升压素对体内细胞外液量和渗透压的调节起重要作用。在禁水、失水、失血等情况下，血管升压素释放增加，不仅对维持细胞外液量和维持细胞外液渗透压平衡起重要作用，而且对维持动脉血压有重要作用。

4. 心房钠尿肽

心房钠尿肽（atrial natriuretic peptide，ANP）是由心房肌细胞合成和释放的一类多肽。它具有强烈的舒血管作用，使外周阻力下降，血压降低；也可使心率减慢，每搏输出量减少，心输出量减少。此外，心房钠尿肽可抑制近球细胞释放肾素，抑制肾上腺皮质球状带细胞释放醛固酮，在脑内抑制血管升压素的释放。这些作用都使肾的利钠利水作用增加，使细胞外液量减少，血压下降。因此心房钠尿肽是体内调节水盐平衡的一种重要的体液因素。影响心房钠尿肽释放的主要因素是各种原因引起的心房壁牵拉刺激（例如当血容量增多时）。

5. 激肽类

活性激肽指存在于血浆中的缓激肽（bradykinin）和主要存在于组织中的血管舒张素（kallidin，如赖氨酰缓激肽），可参与对血压的调节和影响局部组织的血流。

激肽是激肽释放酶水解激肽原生成的。激肽原是存在于血浆中的一些蛋白质，分为高相对分子质量的激肽原和低相对分子质量的激肽原。激肽释放酶可分为两大类：一类存在于血浆中，称为血浆激肽释放酶；另一类存在于组织中，称为组织激肽释放酶。血浆中的激肽释放酶作用于高分子量的激肽原，生成缓激肽。组织激肽释放酶作用于血浆中的低分子量的激肽原，生成血管舒张素。

活性激肽可能是通过内皮细胞释放 NO 而产生强烈的舒血管活性。循环血液中的激肽可参与动脉血压的调节；腺体组织中的激肽可使腺体血管舒张，血流量增多，为腺细胞的分泌活动提供物质基础。激肽还能增加毛细血管通透性，并能吸引白细胞离开毛细血管，聚集于激肽产生的部位，同时激肽对神经末梢有强烈的刺激作用，引起疼痛感觉。目前认为激肽可能是产生局部炎症或过敏反应的直接原因。

缓激肽和血管舒张素在血浆和肺血管中很快被激肽酶分解失活，因此它在全身性血压调节中的作用尚无明确意见。

6. 阿片肽

体内的阿片肽（opioid peptide）有许多种。垂体释放的 β- 内啡肽（β-endorphin）和促肾上腺皮质激素来自同一个前体。在应激等情况下，β- 内啡肽和促肾上腺皮质激素一起被释放入血液。β- 内啡肽可使血压降低。β- 内啡肽的降血压作用有中枢性的，也有外周性的。

血浆中的 β- 内啡肽可进入脑内并作用于与心血管活动有关的神经核团，使交感神经活动抑制，心迷走神经活动加强。内毒素、失血等强烈刺激可引起 β- 内啡肽释放，并可能成为引起循环休克的原因之一。针刺某些穴位也可引起脑内阿片肽的释放，这可能是针刺使高血压患者血压下降的机制之一。

阿片肽也可作用于外周的阿片受体。血管壁的阿片受体在阿片肽作用下，可导致血管平滑肌舒张。另外，交感缩血管神经纤维末梢也存在突触前阿片受体，这些受体激活时，可使交感纤维末梢释放递质减少。

7. 血管内皮生成的活性物质

通常认为血管内皮只是衬在心脏和血管腔内的一层单层细胞组织。在毛细血管处，通过内皮细胞进行血管内外的物质交换。但近年来已证实，血管内皮细胞还能释放若干血管活性物质，引起血管平滑肌收缩或舒张。

血管内皮生成的舒血管物质：血管内皮生成的舒血管物质主要有前列环素（prostacyclin，PGI2）和 NO。其作用都是降低平滑肌细胞内 Ca^{2+}，舒张小血管。PGI2 和 NO 都是由内皮细胞不断生成、不断释放的，可将其看成一种局部激素。它们可对抗缩血管物质（如去甲肾上腺素、TXA2、血管紧张素、升压素、内皮素）的缩血管作用，保持血管的通畅与较低的血流阻力。如果这种抗衡作用受到破坏，可影响血压水平。

血管内皮生成的缩血管物质：血管内皮细胞也可产生多种缩血管物质，总称内皮缩血管因子。近年来研究的较深入的是内皮素。内皮素（endothelin，ET）是内皮细胞合成和释放的由 21 个氨基酸构成的多肽。ET 的受体有两种亚型：ETA 受体和 ETB 受体。在生理情况下，血浆 ET 的浓度极低，不足以引起血管收缩，此时仅与 ETB 结合，使血管内皮细胞释放 NO 和 PGI2，引起血管舒张。高浓度的 ET 和 ETA 受体结合，可产生持久的缩血管反应，是目前已知的最强烈的缩血管物质之一。给动物注射 ET 可引起持续时间较长的升血压效应。

8. 组胺

组胺存在于许多组织中，特别是皮肤、肺和肠黏膜的肥大细胞中含有大量的组胺。当组织受到损伤或发生炎症和过敏反应时，都可释放组胺。组胺有强烈的舒血管作用，并能使毛细血管和微静脉管壁通透性增加，血浆漏进组织，形成局部组织水肿。

9. 组织代谢产物

组织细胞代谢增强或组织血流量不足时，均可导致细胞代谢产物（如腺苷、CO_2、H^+、乳酸等）在组织中积聚，使局部血管舒张。O_2 分压下降时，也可引起血管舒张。

三、局部血流调节

器官血流量除通过神经和体液调节机制对灌流该器官的阻力血管的口径进行调节、控制外，还有局部组织调节机制的参与。实验证明，如果去除调节血管活动的外部神经和体液因素，则在一定的血压变动范围内，器官和组织的血流量仍能通过局部的机制得到适当的调节。这种调节机制存在于器官组织或血管本身，而不依赖于神经和体液因素的影响，因此称为自身调节。例如，心肌在一定范围内收缩时，其产生的张力或缩短速度随肌纤维初长度的增加而增大。因而在一定范围内，心舒期静脉回流量增多，收缩时心输出量也增多。反之，如果静脉回流量减少，则心输出量也减少。这种使心输出量适应于回心流量的调节，就是心肌自身调节功能的表现。

血管的自身调节表现为一定范围内器官血管能自动改变口径，使血流量适应于某一恒定水平。例如，在动物实验中发现，当器官血管的灌注压突然升高时，可引起器官血管收缩，使血流阻力增大，器官血流量不致因灌注压升高而增多。当器官灌注压突然降低时，则可使器官血管舒张，使血流阻力减小，器官血流量不致因灌注压降低而减少，即器官血流量因此保持相对稳定。这种肌源性自身调节现象，在肾血管中表现特别明显，在脑、心、肝、肠系膜和骨骼肌的血管也能看到。在实验中用罂粟碱、水合氯醛或氰化钠等药物抑制平滑肌的活动后，其肌源性自身调节现象也随之消失。关于血管自身调节的机制主要有以下两种学说：

（1）肌源性自身调节学说

这一学说认为，即使没有神经和体液因素，血管平滑肌仍能保持一定的紧张性收缩，称为肌源性活动（myogenic activity）。当器官的灌注压突然升高时，血管平滑肌就能受到牵张刺激而使其肌源性活动进一步加强。这种现象在毛细血管前阻力血管段特别明显。结果导致该器官的血流阻力增大，器官血流量不至于因灌注压升高而增多，从而保持相对稳定。当器官的灌注压突然降低时，则血管平滑肌舒张，器官的血流阻力减小。这种肌源性的自身调节现象，在肾血管表现得特别明显，在脑、心脏、肝、肠系膜和骨骼肌的血管也可见到，但在皮肤血管一般无此现象。

（2）代谢性自身调节学说

该学说认为，器官血流量的自身调节主要是由局部组织中代谢产物的浓度所决定的。当组织局部代谢产物积聚过多时，可引起血管舒张；当代谢产物浓度过低时，局部血管就收缩。因此，当器官灌注压突然升高时，器官的血流量暂时增加，此时组织中的代谢产物过多地被血液带走，因此导致局部血管收缩，器官血流阻力增大，使器官血流量重新回到原来的水平。当器官灌注压突然降低时，可发生相反的变化，最终使器官血流量保持相对稳定。

四、动脉血压的长期调节

以上所讨论的血压调节机制，都是对短时间内发生的血压变化起调节作用的。当血压在较长时间内发生变化时，往往需要体液因素联合交感神经系统与排泄系统的共同作用，通过对体内细胞外液量的调节达到对动脉血压的调节作用。当循环血液中的血管紧张素Ⅱ的浓度长时间高于正常水平时，可以激活脑内室周器（如穹隆下器）处的血管紧张素受体，使下丘脑室旁核的一些神经元分泌血管升压素加强，引起口渴、饮水等，并使交感神经活动加强，最终使血压升高。

在动脉血压的调节中起重要作用的是肾。这种机制称为肾–体液控制系统（renal–body fluid mechanism）。当机体细胞外液量增多时，血量增多，血量和循环系统容量之间的相对关系发生改变，会使动脉血压升高；而动脉血压升高可直接增强肾排水和排钠效应，将体内过多的体液排出体外，从而使血压恢复到正常水平。当细胞外液量减少时，肾排水和排钠减少，使体液量和动脉血压恢复。

肾–体液控制系统调节血压的效能主要取决于血压变化的程度及肾排水和排钠量的多少。例如，当血压从正常水平10 mmHg升高到100 mmHg时，肾排尿量可增加数倍，从而使细胞外液量减少，动脉血压下降；反之，动脉血压降低时，肾排尿明显减少，使细胞外液量增多，血压回升。

肾–体液控制系统的活动也受体内若干因素的影响，其中较重要的是肾对体液量的控制主要接受血管升压素和血管紧张素－醛固酮系统的调节。血管升压素使肾远曲小管和集合管对水的重吸收增加，导致细胞外液量增加。当血量增加时，血管升压素释放减少，使肾排水增加。血管紧张素Ⅱ除引起血管收缩外，还能促使肾上腺皮质分泌醛固酮，醛固酮能使肾小管对 Na^+ 重吸收增加，重吸收 Na^+ 的同时也重吸收水，因而细胞外液量增加，血压升高。

总之，血压的调节是一个复杂的过程，有许多机制参与。每一种机制都在某一个方面发挥调节作用。神经调节一般是快速的、短期内的调节，主要是通过对阻力血管口径及心脏活动的调节来实现的；体液调节是长期的调节，主要是通过肾对细胞外液量的调节实现的。

第五节　器官循环

体内每一器官的血流量取决于该器官的动脉与静脉之间的血压差，以及该器官血管的舒缩状态。由于各器官的结构和功能不同，器官内部的血管结构又各有特征，所以其血流量的调节除遵循前面叙述的一般规律外，还有其自身的特点，下面就一些特殊的器官循环作一简单的介绍。

一、冠脉循环

冠脉循环指供给心脏自身组织的血液循环。冠状动脉发自主动脉根部，左冠状动脉主要供给左心室前部，右冠状动脉主要供给右心室和左心室后部。冠状动脉的小分支常以垂直方向穿入心肌，并在心肌细胞之间形成丰富的毛细血管网。毛细血管与肌纤维平行地排列，通常一根肌纤维只有一条毛细血管供给。冠脉循环的静脉血大部分汇入冠脉窦而流回右心房，一小部分通过小的静脉直接进入左、右心房和心室腔（图3-22）。

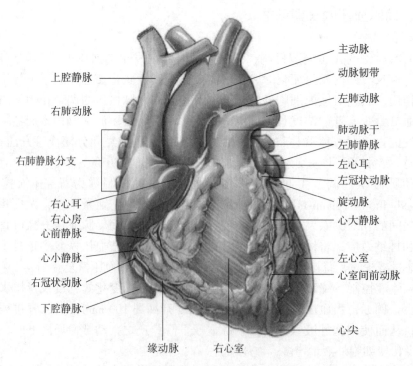

图 3-22　心脏血管分布示意图（仿自 Widmaier 等，2003）

（一）冠脉血流特点

（1）冠脉血流丰富、流速快，摄氧率高

在安静状态下，每 100 g 心肌的血流量为 60 ~ 80 mL/min，约占心输出量的 4% ~ 5%（心脏的重量不到体重的 1%）。当剧烈运动时，冠脉血流量可增大 4 ~ 5 倍。由于冠脉循环途径短、血压高，血液从主动脉根部起，经过全部冠状血管到右心房只需几分钟，血流速度很快。血液流经冠脉循环后，血液含氧量由每 100 mL 血液含 O_2 从 20 mL 降到 8.6 mL，动静脉氧差为每 100 mL 11.4 mL；而其他器官的动静脉氧差仅为每 100 mL 5 ~ 6 mL。说明心脏的耗氧量远多于其他器官。冠脉循环的摄氧率很高，而氧的储备较少。因此，心肌对缺血缺氧非常敏感。当心肌需要较多 O_2 供应时，主要是通过冠状动脉扩张来增加血流量的，以提高对心肌氧的供应。

（2）冠脉血流的周期性波动

由于冠脉的大部分分支均埋藏在心肌内，所以心肌节律性舒缩可对冠脉血流产生很大的影响，尤以对左冠状动脉的影响更为显著。在等容收缩期，左冠状动脉受心肌收缩的强烈压迫，血流阻力增加，血流量锐减，甚至倒流。到快速射血期，冠状动脉压随主动脉压升高而升高，冠脉血流开始增多。到减慢射血期，冠脉流量不随血压下降而减少。当心室舒张开始时，血压虽然降低，但是冠脉由于所受心肌收缩的压迫解除，其血流阻力显著减小，血流量迅速增加。在一般情况下，每个心动周期中，左冠状动脉的血流量在心缩期只有心舒期的 20% ~ 30%。由此可知，主动脉舒张压的高低，以及心舒期的长短是决定冠脉血流量的重要因素。如果舒张压过低或心舒期过短，则会使冠脉血流量显著减少。由于左心室内膜下层在心缩期几乎无血流，所以这一部位最易发生缺血性损害和心肌梗死。由于右心室肌肉比较薄弱，收缩时对冠脉血流的影响不如左心室显著，故在安静情况下，右冠状动脉的血流量在心缩期和心舒期相差不多，甚至出现心缩期的血流量多于心舒期的现象。

（二）冠脉血流量的调节

（1）心肌代谢水平

心肌代谢水平是调节冠脉血流量最重要的因素。实验证明，当心脏活动加强时，冠脉舒张，冠脉血流量与心肌代谢水平成正比。冠脉舒张的原因不是低氧本身，而是心肌代谢产物，其中最重要的是腺苷。腺苷生成后，几秒钟内即被破坏，因此不会引起其他器官的舒血管效应。心肌的其他代谢产物，如 H^+、CO_2、乳酸等，也有舒血管作用，但作用较弱。在有冠状动脉硬化时，心肌代谢产物的增加难以使冠脉舒张，故较易发生心肌缺血。

（2）神经调节

冠状动脉受迷走和交感神经的双重支配。迷走神经对冠脉的直接作用是使其舒张。但在动物实验中，刺激完整机体的迷走神经对冠脉血流量的影响较小。这是因为迷走神经兴奋时，可使心脏活动减弱，心肌代谢产物减少，这些因素抵消了迷走神经对血管的直接舒张作用。刺激交感神经时可使冠脉先收缩后舒张。早期出现的冠脉收缩是交感神经对冠脉的直接作用，而后出现的冠脉舒张则是由于心肌活动加强，代谢水平提高，代谢产物增加而造成的继发性反应。总之，神经因素对冠脉血流量的调节很快就会被心肌代谢所引起的血流变化所替代。

二、肺循环

肺的血液供应有两条途径，一是体循环中的支气管循环，其功能是供给气管、支气管以及肺的营养需要；二是肺循环，其功能是使右心室射出的静脉血通过肺毛细血管时与肺泡气进行交换，转换成动脉血后进入左心房。这两种循环在末梢部分有少量吻合。因此，有少量的支气管静脉血通过这些吻合支直接进入肺静脉和左心房，估计这部分未经肺泡气体交换的静脉血占心输出量的 1%～2%。

（一）肺循环的特点

（1）血流阻力小，血压低

与主动脉和腔静脉相比较，肺动、静脉较粗短，肺动脉管壁厚度只有主动脉的1/3；肺循环的全部血管都在胸腔内，而胸膜腔内的压力低于大气压。这些因素都使得肺动脉易于扩张，对血流的阻力小，仅为体循环外周阻力的 1/10。由于肺循环血流阻力小，虽然右心室和左心室的每分输出量相等，但肺动脉压远较主动脉压低。肺动脉的收缩压和右心室收缩压相同，平均约为 22 mmHg；舒张压约为 8 mmHg，平均压约为 13 mmHg，毛细血管血压约为 7 mmHg。肺循环终点，即肺静脉和左心房的压力约为 1～4 mmHg。可见，肺循环是一低阻抗低压力系统，极易受心脏功能状态的影响。当左心功能不全时，很易造成肺淤血和肺水肿，从而影响呼吸功能。

（2）肺血容量波动大

通常肺部的血容量约为 450 mL，占全身血量的 9%。由于肺血管的可扩张性大，故肺部血容量的变动范围较大。在用力呼气时，肺部血量可减至 200 mL；而在深吸气时，可增加到 1 000 mL。由于肺的血容量较多，而且变动范围较大，故肺循环血管也起贮血库的作用。当机体失血时，肺血管收缩，将一部分血液由肺循环转移至体循环，起代偿作用。在每一个呼吸周期中，肺循环的血容量发生周期性变化，同时也影响心输出量和动脉血压。吸气时，由腔静脉回流入右心房的血量增多，右心室射出的血量也增加。但由于肺扩张时牵拉肺部血管，使其扩张，于是容量增大，能容纳较多血液，使由肺静脉回流入左心房的血液反而减少。但在几次心搏后，扩张的肺血管已被充盈，流入左心房的血液逐渐增加。呼气时，发生相反的过程。因此在吸气开始时，动脉血压下降，到吸气相的后半期降至最低点，以后逐渐回升，在呼气相的后半期达到最高点。呼吸周期中出现的这种血压波动，称为动脉血压的呼吸波。

（3）肺循环毛细血管处的液体交换

由于肺毛细血管平均压约为 7 mmHg，而血浆胶体渗透压约为 25 mmHg，故在肺毛细血管，将组织液中液体吸收进毛细血管的力量较大。这个力量使肺泡膜和肺毛细血管壁紧密相贴，有利于肺泡气和血液之间的气体交换；这个力量还有利于肺组织间隙、肺泡内液体进入肺毛细血管。因此，正常时肺是"干燥"的，肺内无液体存在。在某些病理情况下，如左心衰竭、肺静脉压升高，肺循环的毛细血管血压也随着升高，就会使液体积聚在肺组织间隙和肺泡内，形成肺水肿。

（二）肺循环血流量的调节

在一般情况下，肺循环血管口径的变化大多是被动的。随着右心室输出量的增加，肺血管被动扩张。神经体液调节因素和局部环境对肺血管的舒缩有一定调节作用。

（1）神经调节

肺循环血管受交感神经和迷走神经支配。交感神经兴奋时，肺血管收缩，血流阻力增大。迷走神经兴奋时可使肺血管舒张。

（2）肺泡气氧分压

肺泡气的氧分压对肺部血管的舒缩活动有明显的影响。当肺泡气 O_2 分压降低时，可引起该肺泡周围的微动脉发生缩血管反应，这与体循环的血管对周围 O_2 分压低时发生的血管舒张反应刚好相反。其生理意义在于：当一部分肺泡因通气不足而 O_2 分压下降时，这些肺泡周围的血管就收缩，血流就减少，于是使较多的血液流经通气充足、肺泡气 O_2 分压高的肺泡。假若没有这种缩血管反应，血液流经通气不足的肺泡，血液不能充分氧合，这部分含氧量较低的血液流回左心房，就会影响体循环血液的含氧量。在高海拔地区，当吸入气 O_2 分压过低时，可引起肺循环微动脉广泛收缩，血流阻力增大，肺动脉压显著升高，肺动脉高压使右心室负荷加重，最终导致右心室肥厚。

（3）血管活性物质

肾上腺素、去甲肾上腺素、血管紧张素 II、组胺、5-羟色胺等都能使肺动脉收缩。

三、脑循环

脑循环的血液供应来自颈内动脉和椎动脉。两侧椎动脉在颅腔先合成基底动脉，再与两侧颈内动脉的分支合成颅底动脉环，再分出各脑动脉，分别供应脑的各部。人的颈内动脉在颅底动脉环的供血量较多。若颈内动脉发生阻塞，可严重地影响脑循环，但多数仍可以借助于颅底动脉环的通路得到代偿。脑血管的小分支，除在脑表面部分有吻合支外，脑深部小血管彼此吻合较少。当某局部脑血管发生栓塞时，不易建立侧支循环。

（一）脑循环的特点

（1）血流量大、耗氧量多

脑组织的代谢率高，血流量较多。在安静状态下，每 100 g 脑组织的血流量为 50～60 mL/min，整个脑的血流量为 750 mL/min。脑的重量仅占体重的 2% 左右，而血流量却占心输出量的 15% 左右。可见其血流量比其他器官大得多。此外，脑组织的耗氧量也较大，脑血流量占心输出量的 15%，而耗氧量占全身耗氧量的 20%。脑的能量代谢以糖为主，脑的能量储备十分有限，及时由血液供给其代谢所需的 O_2 和葡萄糖极为重要。缺氧和低血糖都会严重影响脑的功能。

（2）脑血流量变化小

脑位于颅腔内，颅腔是骨性的，其容积是固定的。颅腔内为脑、脑血管和脑脊液所充满，三者容积的总和也是固定的。由于脑组织和脑脊液都不可压缩，故脑血管舒缩程度受到相当的限制，血流量的变化较其他器官小。因此，要增加脑的血液供应主要靠增加单位时间内脑循环的血流量（即血流速度）。

（3）血-脑屏障和血-脑脊液屏障

在脑毛细血管血液和脑组织之间及脑毛细血管血液和脑脊液之间，物质的转运都不是单纯的被动扩散和自由交换的过程，似乎存在着一个特殊的屏障，称为血-脑屏障和血-脑脊液屏障。

血-脑屏障的结构基础首先是脑毛细血管壁的内皮细胞相互紧密接触，并有一定的重叠，管壁上没有小孔。另外，毛细血管和神经元之间并不直接接触，而为神经胶质细胞所隔开。这一结构特征使得神经元所需的营养物质只能依靠神经胶质细胞的"转运"。血-脑屏障允许脂溶性物质 O_2、CO_2、某些麻醉药、乙醇通过；而对水溶性物质，其通透性并不一定与分子的大小相关。例如，葡萄糖和氨基酸的通透性很高，而甘露醇、蔗糖和许多离子的通透性则很低，甚至不能通过。青霉素、H^+、HCO_3^- 都不易进入脑组织。这说明血液和脑组织液之间的物质交换与身体其他部位的毛细血管处是不同的，也存在主动转运的过程。

脑脊液存在于脑室系统、脑周围的脑池和蛛网膜下腔。脑脊液的形成原理与组织液不完全相同，主要由脑室脉络丛分泌产生。脑脊液中蛋白质含量极微，葡萄糖含量也较血浆少，K^+、HCO_3^-、Ca^{2+} 的含量也比血浆低，但 Na^+ 和 Mg^{2+} 的浓度较血浆中高。可见血液和脑脊液之间的物质交换也不是被动转运的过程，而是一个主动运

☞ 脑部供血中断 10 s 左右，即可导致意识丧失。脑组织通常仅能耐受血流中断 3～4 min，如超过此时限，将引起不可逆的脑损伤。

输的过程。血－脑脊液屏障的基础是无孔的毛细血管壁和脉络丛细胞中运输各种物质的特殊载体系统。

血－脑屏障和血－脑脊液屏障的存在对于保持脑组织周围稳定的化学环境和防止血液中有害物质侵入脑内具有重要意义。循环血液中乙酰胆碱、去甲肾上腺素、多巴胺、甘氨酸等物质不易进入脑内；否则，血浆中这些物质的浓度变化将会明显地扰乱脑内神经元的正常功能。在脑室系统，脑脊液和脑组织之间为室管膜所分隔；在脑的表面，脑脊液和脑组织之间为软脑膜所分隔。室管膜和软脑膜的通透性都很高，脑脊液中的物质很容易通过室管膜或软脑膜进入脑组织。因此，临床上可将不易通过血－脑屏障的药物直接注入脑脊液，使之能较快地进入脑组织。

（二）脑血流量的调节

（1）神经调节

脑血管接受交感和副交感神经的支配，还接受起自蓝斑的去甲肾上腺素神经元以及血管活性肠肽等神经肽纤维末梢的支配。但神经对脑血管活动的调节意义不大。刺激或切断支配脑血管的神经后，脑血流量没有明显变化。在机体各种心血管反射中，脑血流量一般不受影响。

（2）自身调节

脑的血流量取决于脑的动、静脉压力差和脑血管的血流阻力。在正常情况下，颈内静脉压接近于右心房压，且变化不大；又由于脑血管舒缩受颅内容积固定的限制，故影响脑血流量的主要因素是颈动脉压。当颈动脉压升高时，脑血流量就增多；反之，颈动脉压降低时，脑血流量就减少。但当动脉压在 60～140 mmHg 变化时，脑血管可通过自身调节机制使脑血流量保持恒定。平均动脉压降到 60 mmHg 以下时，脑血流量就会显著减少，引起脑功能障碍。反之，当平均动脉压超过脑血管自身调节的上限时，脑血流量显著增加，可因毛细血管血压过高而引起脑水肿。高血压患者发病之初，因脑血流量增加而出现各种脑充血症状；经过一定时间后，脑血管阻力发生适应性增加，这时血压虽高过 150 mmHg 以上，脑血流量也不再增加。这使得高血压患者的血压在 100～180 mmHg 变动时，脑血流量也基本不变，在一个较高的范围内实现其自身调节。此时患者的自觉症状也有所减轻，这可能是脑内小动脉血管平滑肌增厚引起的。

（3）CO_2 和 O_2 对脑血流量的影响

影响脑血管舒缩活动的最重要因素是脑组织的局部环境。当 CO_2 分压升高或 O_2 分压下降时，可通过使细胞外液 H^+ 浓度升高而使脑血管舒张，血流量增加。而当过度换气使动脉血 CO_2 分压过低时，脑血流量将减少，可引起头晕等症状。

（4）脑的代谢对脑血流的影响

脑各部分的血流量与该部分脑组织的代谢活动程度有关。实验证明，当脑的某一部分活动加强时，该部分的血流量就增多。例如，当以光刺激实验动物时，大脑皮层的视区血流量增多；握拳时，对侧大脑皮层运动区的血流量增多；阅读时，脑的许多区域的血流量增多，特别是枕叶、颞叶与言语功能有关的部分血流量增加更为明显。代谢活动加强引起局部脑血流量增加的机制，可能是通过代谢产物，如 H^+、K^+、腺苷以及 O_2 分压降低来引起血管舒张的。

推荐阅读

WIDMAIER E，RAFF H，STRANG K T. Vander's human physiology：the mechanisms of body function ［M］. 15th ed. New York：McGraw-Hill Science，2019.

开放式讨论

1. 人站立过久常导致下肢水肿的原因是什么？
2. 人到老年血压会如何变化，原因是什么？
3. 人蹲久了站起来为什么会觉得头晕眼花？

复习思考题

1. 心肌细胞有哪些生理特征？
2. 简述影响自律性的因素。
3. 何谓房 – 室延搁，有何意义？
4. 何谓中心静脉压？它的高低取决于什么？测定其有何意义？
5. 简述影响组织液生成的因素。
6. 试述心交感神经影响心肌活动的机制。
7. 试述心迷走神经影响心肌活动的机制。
8. 试述动脉血压的影响因素。
9. 影响心输出量的因素有哪些？
10. 试述心室肌细胞动作电位的特点以及形成原理。
11. 什么是期前收缩？为什么在期前收缩之后出现代偿间歇？
12. 试述影响静脉回流的主要因素有哪些？
13. 何谓微循环？微循环有哪些血流通路？各有何生理意义？
14. 人体动脉血压如何保持相对恒定？
15. 血管受什么神经支配，其对血管有何作用？
16. 肾上腺素和去甲肾上腺素对心血管作用的异同有哪些？

更多数字资源

教学课件、自测题、参考文献。

第四章
呼吸生理

知识导图

【发现之路】呼吸运动的调节

19 世纪末，人们已经发现在颈动脉窦和主动脉弓附近均有一个由圆形细胞组成的球形结构，其血液供应十分丰富，分别称为颈动脉体和主动脉体，但当时并不清楚二者的生理功能。

20 世纪初，英国生理学家霍尔丹（John Scott Haldane，1860—1936）及其合作者在呼吸的化学调节方面做了大量研究工作，尤其是血液中 CO_2 含量的变化对呼吸运动的影响。1905 年，霍尔丹发现，呼吸调节取决于血液中 CO_2 对呼吸中枢的影响。因此，当时学术界普遍接受的观点是，呼吸运动因血液中 CO_2 含量改变而变化，是 CO_2 对呼吸中枢直接作用的结果。

1927 年，比利时医学家海曼斯父子［Jean-Francois Heymans（1859—1932）和 Corneille Heymans（1892—1968）］利用狗作为实验动物，用富含 CO_2 的血液灌注狗的孤立的肺循环，没有发现呼吸的变化。而灌注孤立的狗的左心室和主动脉弓，或孤立的颈动脉体，均会导致呼吸运动增强。通过孤立头和孤立颈动脉窦灌流实验，历时数年，小海曼斯发现了颈动脉体和主动脉体对呼吸运动的外周化学感受性调节机制，获得了 1938 年度诺贝尔生理学或医学奖。

联系本章内容思考下列问题：

动物机体在能量消耗增加的情况下，血液中哪些化学成分的变化最为剧烈？它们对呼吸运动有着怎样的影响？其调节机制如何？

案例参考资料：

唐明. 诺贝尔奖百年鉴 解读人体：生理现象及机制［M］. 上海：上海科技教育出版社，2001.

陈守良. 动物生理学［M］. 3 版. 北京：北京大学出版社，2005.

【学习要点】

呼吸的全过程和呼吸器官的功能；呼吸中枢及呼吸基本节律的形成机制；肺通气的原理、肺容量与肺通气量；肺换气的原理及影响因素；肺泡表面活性物质的功能、胸内负压的形成及生理意义；O_2 和 CO_2 在血液中的运输；氧解离曲线及其影响因素，CO_2 解离曲线；神经和化学因素对呼吸运动的调节；三大营养物质的代谢特点。

动物机体在新陈代谢过程中，需要不断消耗 O_2 并产生 CO_2。O_2 的摄入及 CO_2 的排出则有赖于呼吸系统的正常生理功能的发挥。机体与外界环境之间以及体内各部位所进行的气体交换和细胞内部的氧化分解过程，统称为呼吸（respiration）。在基础状态下，成年人的耗氧量为 250 mL/min，而体内 O_2 储存量约为 1550 mL，可见人体储存的 O_2 在窒息时仅能维持 6 min 的正常代谢。因此，呼吸是维持动物机体生命活动所必需的基本生理过程之一，一旦呼吸停止，生命便将终结。本章主要讨论高等哺乳动物的呼吸活动及其调节，其他高等脊椎动物的呼吸活动将在最后一节中进行介绍。

在高等哺乳动物和人体中，呼吸的全过程包括肺呼吸、气体运输和组织呼吸三个连续阶段（图 4-1）。肺呼吸（pulmonary respiration）是机体与外环境之间进行气体交换的过程，通常又叫外呼吸（external respiration）。它包括两个过程：其一为肺内气体与外环境中的空气进行气体交换，称为肺通气（pulmonary ventilation）；另一个是肺泡内气体与血液中的气体进行交换，称为肺换气（pulmonary gas exchange）。肺通气依靠呼吸运动中气体在呼吸道中流动完成。肺通气量主要取决于呼吸运动的频率和强度，以及呼吸道对气体流动的阻力。肺换气依靠气体扩散通过肺泡壁和毛细血管壁完成。肺换气量主要取决于肺泡气和血液两者之间的 O_2 和 CO_2 浓度差，以及红细胞的数量和质量，还取决于肺循环的情况和肺泡壁与毛细血管壁的功能状态。

☞ 呼吸是新陈代谢的基本条件，就像心脏跳动一样，不会因睡眠而停止，总是有规律地一呼一吸交替进行。

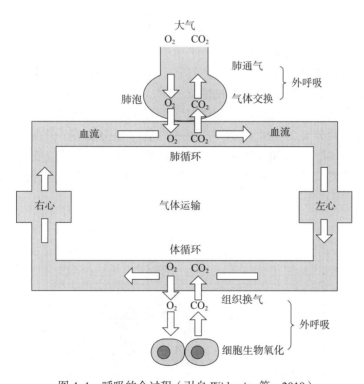

图 4-1 呼吸的全过程（引自 Widmaier 等，2019）

气体运输依靠血液循环完成。该过程包括血液把 O_2 从肺部运送到全身各组织，把 CO_2 从全身组织运送到肺部，以及在气体运输过程中所发生的一系列生化反应。

组织呼吸又叫细胞呼吸或内呼吸，它包括组织换气和生物氧化两个过程。组织换气的原理与肺换气基本相同，它依靠气体扩散通过毛细血管壁和细胞膜完成。组织换气量主要取决于血液与组织液之间的 O_2 和 CO_2 浓度差，以及局部组织的微循环情况。生物氧化过程包括糖、脂类和蛋白质在体内进行氧化分解的全部生化过程。从呼吸的全部过程可以看出，血液循环对于完成呼吸功能起着重要的中间媒介作用，所以呼吸与血液循环是互相联系、紧密配合的。在正常情况下，这两种生理活动通过神经和体液调节保持高度协调。

第一节 肺 通 气

肺与外界环境之间进行气体交换的过程，称为肺通气。这是血液与肺泡之间进行气体交换的前提，也是呼吸过程的第一步。因此，肺的通气能力是肺最重要的功能指标之一。肺通气是整个呼吸过程的基础，狭义的呼吸通常仅指呼吸运动。

一、呼吸器官

（一）呼吸道

☞ 上呼吸道不仅在通气过程中发挥重要作用，它在防御污染的空气中也发挥重要作用。

呼吸道是气体出入肺的通道，由鼻腔、咽、喉、气管、支气管和细支气管联合构成。一般将鼻、咽、喉称为上呼吸道，气管以下的部分称为下呼吸道。鼻腔接近鼻孔的部分叫鼻前庭区，其中央的大部分是呼吸区，深部是嗅区。鼻腔呼吸区的黏膜覆盖着一层纤毛柱状上皮细胞和分散排列的杯状细胞。黏膜下层有丰富的浆液腺、黏液腺及血管和吻合支极多的静脉丛。空气进入鼻腔后，浆液腺的分泌物能湿润吸入的气体；黏液腺的分泌物能阻留混在空气内的尘埃和其他杂质微粒，起着清滤作用；而纤毛上皮能使阻留的尘埃或杂质微粒排出。

气管由许多不完全闭合的软骨环、平滑肌和弹性纤维共同组成。它的前端连接喉头，后端在胸腔内分为左、右两根支气管。每根支气管伸进同侧肺后，一再分支后形成许多细支气管，最后成为末梢细支气管。在马、牛、羊、猪等动物中，支气管反复分支可达 16 次。在人体中，如果以气管为 0 级，主支气管为 1 级，以此类推，则到达肺泡囊时共分支 23 次。尽管下一级的气管口径会变小，但由于其分支管道数目成倍增加（图 4-2），因而呼吸道的总横截面积逐级增大，单位截面积上的气流阻力逐级递减。从支气管直到末梢细支气管的一系列树枝状的分支管道系统，叫支气

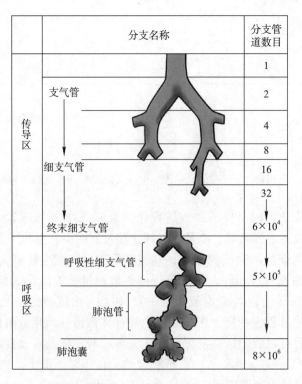

	分支名称	分支管道数目
传导区		1
	支气管	2
		4
		8
	细支气管	16
		32
	终末细支气管	6×10^4
呼吸区	呼吸性细支气管	5×10^5
	肺泡管	
	肺泡囊	8×10^6

图 4-2 气管支气管树分级示意图（引自 Widmaier 等，2019）

管树。它们是单纯的气体出入通道，没有气体交换功能。气管和支气管树的黏膜都覆盖着假复层纤毛柱状上皮，夹有杯状细胞。其中，纤毛细胞顶部上的纤毛平时向咽部颤动以清除尘埃和异物，而杯状细胞是一种具有分泌蛋白特点的细胞。随着支气管的分支越来越细，软骨组织逐渐减少，在末梢细支气管部完全消失，而平滑肌却相应增多，因此细支气管的舒缩运动也表现得越来越明显，最终成为影响气流阻力的主要部位。当末梢细支气管的平滑肌完全收缩时便具有类似括约肌的作用，可使管腔完全闭合。在正常情况下，气管和支气管树的平滑肌保持一定程度的紧张性。在呼吸周期中，这种紧张性发生节律性变化：吸气时紧张性降低，呼吸道管腔增大，气流阻力减小；呼气时紧张性增大，呼吸道管腔缩小，气流阻力增大。

（二）肺的功能单位

肺泡是肺部气体交换的主要部位，也是肺的功能单位。每个肺泡囊壁中有若干个小凹窝，每个小凹窝就是一个肺泡。肺泡囊和肺泡是具有张缩能力的弹性囊状结构。囊壁由一层很薄的扁平上皮和少量网状弹性纤维构成，没有平滑肌细胞，细胞基膜侧与丰富的毛细血管网紧密相贴（图4-3）。肺泡上皮是一层不连续的薄膜，细胞之间有间隙，毛细血管内皮在某些部位直接与肺泡气接触，使气体能迅速扩散交换。肺泡数量极其巨大，如马的肺泡总数可达500亿个，肺泡壁总面积可达500 m²；猪的肺泡总数在50亿~80亿个，肺泡壁总面积在50~80 m²，可见不同物种肺泡的总面积都比其各自的体表面积大几十倍。

☞ 肺泡数量如此巨大，说明气体交换对于机体活动的重要性。然而并不是所有的肺泡同时进行活动，而是轮流进行气体交换。

☞ 人的肺泡总数约为4.8亿个。

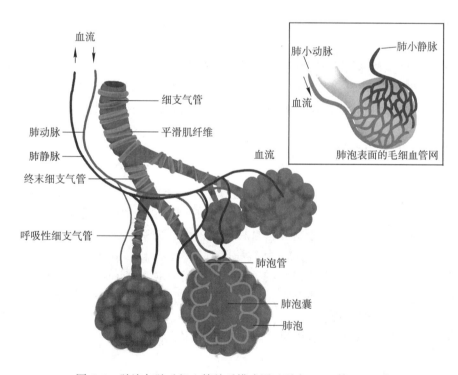

图4-3 肺泡与肺毛细血管关系模式图（引自Shier等，2010）

肺泡与肺泡之间的组织结构称为肺泡隔。隔内有丰富的毛细血管网、弹性纤维及少量的胶原纤维等，这使得肺具有一定的弹性。

肺泡气体与肺毛细血管之间进行气体交换所通过的组织结构，称为呼吸膜（respiratory membrane）。呼吸膜由6层结构组成（图4-4）：含肺泡表面活性物质的液体分子层、肺泡上皮细胞层、肺泡上皮细胞基膜、肺泡与毛细血管之间的间隙（弹力纤维和胶原纤维）、毛细血管基膜层、毛细血管内皮细胞层。6层结构的总厚度仅为0.2~1 μm，其特点为通透性大，气体容易扩散通过。

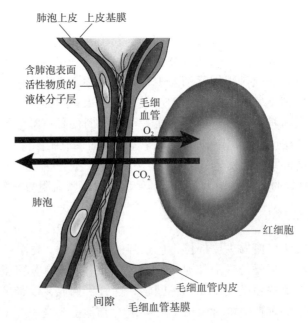

图 4-4　呼吸膜示意图（引自 Hall 等，2016）

（三）呼吸器官的神经支配

支气管树平滑肌和血管平滑肌都受到两种植物性神经的双重支配。其中，迷走神经纤维对支气管树平滑肌起兴奋作用，它通过 M 型胆碱能受体使平滑肌收缩增强，使其口径缩小，通气阻力增大。相反，交感神经纤维对支气管树平滑肌起抑制作用，它通过 β_2 型肾上腺素能受体降低平滑肌的紧张性，使其口径扩大，通气阻力减小。但对于肺血管平滑肌而言，植物性神经对其作用恰好与上述情况相反，即交感神经纤维引起血管平滑肌收缩，而迷走神经纤维则引起血管平滑肌舒张。

二、肺通气的力学

肺泡内气体之所以能与空气交换，是由于肺容积可周期性地扩大和缩小。肺容积的改变是一种被动活动。由于肺与胸腔内壁的结构关系和胸腔特殊条件所产生的物理力量，肺总是完全充满于胸腔，且肺的容积也总是随着胸廓容积的变化而变化。当胸廓容积因吸气运动而扩大时，肺容积随着扩大，肺内压短暂地降低到小于大气压，空气就被吸进肺内。反之，当胸廓容积因呼气运动而缩小时，肺容积随着缩小，肺内压升高到大于大气压，肺内的一部分气体就被呼出体外。

下面就肺的特性、胸腔内的特殊力学条件、引起胸廓容积变化的呼吸运动，以及呼吸运动中的一系列力学变化规律，分别进行简要介绍。

（一）胸膜腔内压

1. 胸腔内的静力学条件

胸膜腔是一个密闭的潜在的腔隙。它的内壁是胸膜脏层，紧贴在肺的表面；外壁是胸膜壁层，紧贴于胸壁内侧面。两层膜之间有空隙，称为胸膜腔。在正常生理条件下，胸廓经常被肺充满，位于胸膜脏层与壁层之间的胸膜腔，实际上并不存在真正的空腔，而是被少量浆液把两层胸膜黏附在一起。这一薄层浆液不但能起润滑作用，减少呼吸运动时两层胸膜之间的摩擦，而且由于分子的内聚力，可使两层胸膜经常保持紧贴状态，不会因胸廓扩大或肺的回缩而分开。两层胸膜之间的水分子内聚力所产生的牵引力很大，一层水分子能产生 3 600 mmHg/cm² 的牵引力。所以胸廓扩张时，胸壁对肺产生牵引作用，使肺随之扩大。这就是胸腔内的正常静力学条件。

在胸廓保持自然容积的条件下，大气压力只作用于肺的内表面上，而在肺的外表面由于胸廓的保护并不受到大气压力或其他力量的影响。这时肺内表面受到的压力是大气压力，即相当于 1 cm² 面积上放置 1 kg 物体受到的压力，而肺外面受到的压力等于零。因此，肺被牵张，以致完全充满胸腔。

2. 胸膜腔的负压及其形成机理

通常所说的胸膜腔内压（intrapleural pressure）是指胸膜腔内的压力。胸膜腔内没有气体，它本身并不产生压力。胸膜壁层的表面由于受到胸廓骨骼和肌肉的支持，作用于胸壁上的大气压力不会影响到胸膜腔。但胸膜脏层的表面却受到两种相反力量的影响。大气压通过肺泡壁的传递，作用于胸膜脏层，使它承受相当于一个大气压的压力。如果肺组织完全没有回缩力，胸膜腔内压就应该与肺内压相等，即等于一个大气压。但实际上肺是有回缩力的组织，而且经常保持一定的回缩力，这种力量的作用方向与大气压力量恰好相反。因此，当大气压通过肺泡壁传递而作用于胸膜脏层时，将有一部分压力用于克服肺组织的回缩力，使胸膜腔实际承受的压力不等于大气压力，而是等于大气压力减去肺组织的回缩力。所以胸膜腔内压无论在吸气或呼气时都是小于大气压，生理上把这种压力叫胸膜腔负压或胸内负压。肺内压、胸膜腔内压和肺回缩力的关系可用下式表示：

$$胸膜腔内压 = 肺内压（大气压）- 肺回缩力$$

在呼气末或呼气末，呼吸道内气流停止，并且呼吸道与外界环境相通，因此肺内压等于大气压。如果把大气压作为生理上的"0"位，上面的公式就成为：

$$胸膜腔内压 = - 肺回缩力$$

这表明：胸内负压的直接来源是肺的回缩力；在一定限度内，肺扩张的程度越大，它的回缩力就越大，则胸内负压的绝对值也就越大。正是由于胸膜腔内始终存在负压条件，才使肺脏能够保持在扩张的状态。

3. 胸膜腔内压的正常值及其生理波动

胸腔内的负压是随着呼吸运动而波动的。在马等大动物中，在平静呼吸的吸气末，胸膜腔内压比大气压低 16 mmHg 左右，在平静呼吸的呼气末，胸膜腔内压比大气压低 6 mmHg 左右。在兔这样的小动物中，在平静呼吸的吸气末，胸膜腔内压为 –4.5 mmHg 左右，在平静呼吸的呼气末是 –2.5 mmHg 左右。这表明：吸气时胸内负压增大，呼气时胸内负压减小；深呼吸时，胸内负压的波动幅度增大。

▶▶ 录像资料 4-1
（家兔）胸内负压的测定

关闭声门做深吸气运动时，胸内负压可降低到比大气压低 40 mmHg 左右。关闭声门做深呼气运动时，胸内负压消失，转变为 50 mmHg 左右的正压。

如前所述，胸膜腔负压是由胸腔的密闭状态产生的。当胸腔的密闭状态被破坏时，如胸壁穿孔或肺穿孔，胸膜腔就与大气或肺泡气相通，气体就进入胸膜腔，使两层胸膜分开。这种情况叫气胸（pneumothorax）。这时，胸膜腔内压将升高到与肺内压相等，肺就将因本身的回缩力而坍陷，不再能随着胸廓的扩张而扩大。

（二）肺回缩力和肺泡表面活性物质

1. 肺回缩力

正常时，肺经常保持着进一步缩小的回缩力，即使在深呼气末肺的容积达到很小的程度时，回缩力仍不会完全消失。肺之所以会产生回缩力，有两个主要原因：第一是肺的弹性回缩。因为从支气管树直到肺泡，管壁固有膜上都有纵行排列的弹性纤维和胶原纤维，而且这些纤维始终处在被牵张的状态，因而趋向于弹性回缩。肺扩张的程度越大，肺的弹性回缩力就越大。第二是肺泡的表面张力。在肺泡内壁的表面覆盖着一薄层液体，它与肺泡内的气体之间形成了一个液 – 气界面（fluid-air interface）。由于液体分子间的互相吸引，就在液 – 气界面产生表面张力。这种表面张力作用于很薄的肺泡壁会驱使肺泡回缩，因而成为肺回缩的另一个重要因素。当肺容量保持在平静呼气末的水平以上时，由液层分子产生的表面张力约占肺泡总回缩力的 2/3。

2. 肺泡表面活性物质

在 37℃ 条件下，血浆和一般组织液的表面张力大致为 0.05 N/m。根据这一数值计算，肺泡内液 – 气界面的表面张力将达到 20 cmH$_2$O 的压力。这比在肺泡内实际测得的数值要大 5 ~ 10 倍。进一步研究发现，这是因为在肺泡表面存在特殊的表面活性物质（surfactant）。它减弱了液体分子之间的作用力，因而大大降低了液 – 气界面的表面张力。

目前已知肺泡表面活性物质是复杂的脂类和蛋白质混合物，是由肺泡的 II 型上皮细胞及呼吸性细支气管的 Clara 细胞合成并释放的。脂类约占表面活性物质总量的 90%，其中 60% 以上是二棕榈酰卵磷脂（dipalmitoyl phosphatidyl choline，DPPC）。DPPC 分子的一端是非极性的疏水脂肪酸，不溶于水，另一端是极性的，易溶于水。DPPC 以厚约 50 Å 的单分子层铺盖在肺泡内表面，其极性端插入液体层，非极性端朝向肺泡腔，形成单分子层分布在肺泡液 – 气界面上，其密度随肺泡的张缩而改变。DPPC 可使肺泡内的表面张力降低到只有原来的 1/5 以下。肺泡内表面活性物质的存在，可防止肺泡因回缩力过大而坍陷，并在吸气时使肺泡易于扩张。

肺泡表面活性物质的主要功能是：① 增加肺的顺应性，减少吸气过程的做功量。正常人肺泡洗出液的最小表面张力只有 2 × 10^{-3} N/m，而因肺泡表面活性物质缺乏的死亡者的肺泡洗出液为 0.02 N/m，因此，肺泡表面活性物质可使吸气阻力减少 80% ~ 90%，使肺顺应性增大，吸气省力。② 调整肺泡表面张力，稳定肺泡内压。在肺内，肺泡表面张力随着肺泡的扩大而相应增大。因为肺泡表面活性物质的密度随肺泡半径的变小而增大。小肺泡表面活性物质的相对浓度较大，因此其降低肺泡液 – 气界面表面张力的作用也较强，而较大肺泡由于表面活性物质相对稀薄而使作用减弱。这样就使大小不一的肺泡具有大致相等的内部压力或回缩力，从而都能保持容量的相对稳定性，防止肺泡的过度塌陷和过度膨胀。③ 防止血浆从毛细血管内渗出，减少肺组织液的生成，防止肺水肿。肺泡表面活性物质可降低表面张力，从而减弱对肺泡间质的抽吸作用，减少肺组织液的生成。当肺泡表面活性物质缺乏时，肺回缩力增大，对间质的抽吸作用增大，使组织间隙的静水压降低，有效滤过压增大，可以引起肺水肿。

（三）胸廓弹性回缩力

当胸廓处在自然位置时，并不表现弹性回缩力。这时胸内负压只反映肺的回缩力。但当进行吸气运动使胸廓扩大而超过它的自然位置时，胸廓就表现出弹性回缩力。在正常情况下，胸廓在绝大部分时间内总是处在不同程度的扩张状态，因而胸廓也总表现有弹性回缩力。在平静呼气末，胸廓比它的自然位置小，这时胸廓将依靠它本身的弹性向外弹开。这种力量与肺的回缩力方向相反而力量相等。当胸廓容量增大到它的自然位置时，胸廓本身的弹性作用消失，这时只有肺回缩力构成肺扩张的阻力。而当胸廓扩张到超过它的自然位置时，不但肺的回缩力增大，胸廓也产生弹性回缩力。这两种力量的作用方向相同，并共同构成肺扩张的阻力。

（四）肺和胸廓的顺应性

当弹性体在外力的作用下发生变形时，可产生对抗外力作用引起变形的力，称为弹性阻力。弹性阻力的大小可用顺应性的高低来度量。顺应性（compliance）是指弹性体的可扩张性，它反映了弹性体在外力的作用下发生变形的难易程度。肺在扩

☞ 该表面活性物质在人类胎儿期就由 II 型肺泡上皮细胞合成，但并不分泌到肺泡腔。只有在胎儿达到 7 月龄时，它才分泌进入肺泡腔内发挥作用。因此，早于 7 个月的早产儿很难存活。

张变形时可产生弹性回缩力。此回缩力能对抗外力所引起的肺扩张，因此成为吸气的阻力、呼气的动力。在同样压力作用下，回缩力大则肺扩张度小，表示顺应性小；相反，回缩力小则肺扩张度大，表示顺应性大。所以顺应性是回缩力的倒数，一般用单位压力作用下能引起的容量变化来表示顺应性的大小，即

$$顺应性（C）= \frac{容量变化（\Delta V）}{压力变化（\Delta P）}$$

顺应性分肺顺应性（C_L）和胸廓顺应性（C_T）两部分。测定 C_L 时，ΔP 是指跨肺压（transpulmonary pressure）的改变，即肺内压与胸膜腔内压之差的改变，ΔV 是指跨肺压改变下的肺容量变化。测定 C_T 时，ΔP 是指跨壁压（transmural pressure）的改变，即胸膜腔内压与胸壁外表面大气压之差的改变，ΔV 是指跨壁压改变下的胸廓容量变化。各种动物在静态下的肺顺应性（mL/cmH_2O）分别是：狗 14.0，猫 4~10，马 3 400，猪 57±6.6，山羊 105~107，绵羊 70~175，猴 35~47，人 200~420。胸廓的顺应性大致与肺顺应性相等。

肺和胸廓的总顺应性一般只相当于肺顺应性的 1/2。这是因为此时的总回缩力等于肺和胸廓两者的回缩力之和，所以在同样压力作用下，两者共同扩张的程度减少，即顺应性变小。

☞ 肺的顺应性可因肺充血、肺不张、表面活性物质减少、肺纤维化等原因而减低。胸廓的顺应性可因过度肥胖、胸廓畸形、胸膜增厚和腹腔内占位性病变等而减低。

（五）气道阻力

气道阻力（airway resistance）或气流阻力主要是指气体流经呼吸道时气体分子间和气体分子与气道壁之间的摩擦，是非弹性阻力的主要成分，约占非弹性阻力的 80%~90%。这种阻力只有在呼吸的动态过程中才表现出来。气道阻力的大小与大气压和肺内压之间的差成正比，而与单位时间内气体流量成反比，即

$$气道阻力 = \frac{大气压 - 肺内压}{单位时间内气体流量}$$

气道阻力与呼吸运动的速度和深度有关。平静呼吸时，气流速度缓慢，气流阻力很小。呼吸运动加深、加快时，气流阻力不但因流速加快而增大，而且还会因气流加速出现涡流而使阻力明显增大。呼吸道管径的改变是影响气流阻力的另一个重要因素。管径缩小时阻力增大，管径扩大时阻力减小。呼吸道管径受两方面因素的调节：一是呼吸道内外压力差的改变，呼气时胸膜腔内压升高，呼吸道周围的压力增大，跨壁压下降，管径受压减小；反之，吸气时胸膜腔内压下降，呼吸道周围的压力减小，跨壁压增大，管径被动扩大。这种影响在呼吸道的气体交换区尤其明显。二是在神经系统和体液因素调节下，改变管壁平滑肌的舒缩状态。安静时，支配气道的迷走神经具有紧张性活动，其末梢释放乙酰胆碱，作用于气道平滑肌的 M 受体，使气道平滑肌收缩，管径缩小，气流阻力增大；而交感神经兴奋时，其末梢释放去甲肾上腺素，作用于 β_2 受体，使气道平滑肌舒张，管径扩大，气流阻力下降。此外，支配气道的自主神经纤维还可释放如血管活性肠肽和速激肽等活性物质，调节气道平滑肌的舒缩。除神经调节外，气道阻力还受到体液因素的调节，如儿茶酚胺类物质、前列腺素 E_2 等可引起气道平滑肌舒张，组胺等可使气道平滑肌收缩。吸入气中的 CO_2 浓度增加可刺激支气管的某些感受器，反射性地引起支气管收缩。

☞ 组胺是嗜碱性粒细胞释放的一类急性过敏性物质，如花粉引起的过敏性反应之一就是因组胺释放造成支气管平滑肌收缩产生哮喘病症。

三、呼吸运动

呼吸运动（respiratory movement）是指由肋间肌和膈肌等呼吸肌群收缩和舒张引起的胸廓节律性的扩张和缩小的运动。胸廓扩张的运动称为吸气运动（inspiratory movement），胸廓缩小的运动称为呼气运动（expiratory movement）。由于肺本身缺乏

主动扩大和缩小的能力，在呼吸运动中肺的扩张和缩小完全依赖于胸廓的扩大与缩小。因此，呼吸运动是肺通气的原动力。只有通过呼吸运动，肺才能被动地扩张和缩小，并由此实现吸气（inspiration）和呼气（expiration）的肺通气功能。在平静呼吸时，一般是吸气肌收缩引起吸气过程，吸气肌舒张时胸廓发生弹性回位，完成呼气过程。故在平静呼吸时呼气过程不依赖于呼气肌的收缩，而是一个被动弹性回缩的过程。

（一）呼吸运动的过程和特征

1. 吸气运动

吸气运动主要由肋骨和膈两方面的配合运动来完成。吸气时，胸廓容积向纵、横两个方向扩张。胸廓容积向纵向扩张，即由前向后扩张（在人体中为由上向下），是依靠膈肌收缩实现的。在呼气期，膈向胸腔内隆凸形成圆顶。吸气时，膈中央的腱质部的位置保持不变，而膈周边的肌质部则因收缩而拉直，并向后退缩（在人体中为向下），使膈由圆凸变成漏斗状，因而胸廓容积由前向后扩大（在人体中为由上向下）。同时，膈后退（在人体中为向下）使腹腔容积减小，腹壁受到腹部内脏挤压而向外突出。

胸廓容积向其他方向扩张主要依靠肋间外肌收缩而实现。吸气时，肋间外肌收缩。

胸廓的结构：脊椎动物的胸廓是一个前窄后宽的圆锥形腔。背面是椎骨，腹面是胸骨，两侧是成对的肋骨。肋骨的椎骨端借可动关节与胸椎相连，弧形的肋骨体由胸椎两侧斜向后下方。肋骨之间有肋间肌。肋间外肌的纤维由前一肋骨后缘起，向后下方斜行，附着在后一肋骨前缘。肋间内肌的纤维正好与肋间外肌交叉，由后一肋骨前缘向前下方斜行，附着在前一肋骨后缘。

由于第一肋骨被斜角肌固定，第二肋骨以后的各个肋骨就受到肋间外肌向前方移动的牵引力。但由于真肋的两端都被固定在关节内，向前移动受到限制，结果使肋骨以椎骨端的可动关节为圆心，以弧形的肋骨体为半径，沿着弧形线向前移动，从而使胸廓腹背方向的直径增大。同时，肋骨还进行翻转运动。当胸廓处在呼气运动时，肋骨弓的方向是向后的，而在吸气时，肋骨弓向外侧翻转，使胸廓左右方向的横径也增大。

平静吸气时，只有肋间外肌和膈肌进行收缩。膈肌收缩所引起的胸廓容积增大约占60%，而肋间外肌收缩所引起的胸廓容积增大约占40%。深吸气时，斜角肌、肋提肌、吸气上锯肌等吸气肌（这些统称为辅助吸气肌）也参加收缩，甚至面部、颈部、胸腰部和腹部的许多肌群也参与。

2. 呼气运动

平静呼气时，不需要特殊的肌肉参与收缩。只要肌间外肌和膈肌一开始舒张，呼气运动就立即发生。当肋间外肌舒张时，被扭转的肋骨依靠软骨端和韧带的弹性就能促使肋骨恢复原位。当膈肌舒张时，腹腔脏器的挤压作用就能驱使膈向前（人体为向上）移动而复位。因此平静呼气是一种被动和较为缓慢的过程。

深呼气运动时，除吸气肌舒张外，呼气肌（肋间内肌和腹壁肌）和呼气上锯肌、腰肋肌和胸腰肌等辅助呼气肌主动收缩，使胸廓进一步缩小，这时呼气运动就成为主动的过程。腹壁肌肉是实现主动呼气的主要肌群。腹肌收缩时，腹部内脏被压向胸腔，推动膈前（人体为向上）移，同时使肋骨向后（人体为向下）退缩和胸骨向脊柱靠近。这时胸廓容积在所有各个方向都缩小。

（二）呼吸类型

平静呼吸时，膈肌舒缩表现为腹壁的起伏运动，而肋间外肌舒缩则表现为胸壁的起伏运动。由于呼吸时引起的胸壁和腹壁的运动程度不同，呼吸运动就表现为不同的形式。如果吸气时肋间外肌的收缩占优势，胸壁运动就比较明显，这种以肋间外肌舒缩活动为主的呼吸运动称为胸式呼吸。如果吸气时膈肌收缩占优势，腹壁起伏运动就比较明显，这种形式称为腹式呼吸。如果吸气时肋间外肌和膈肌都同等程度地参加收缩，胸壁和腹壁的运动都比较明显，这种呼吸形式就叫混合式呼吸。在正常情况下，最常见的是混合式呼吸。只有在胸壁或腹壁的运动受到限制时，才出现较明显的胸式或腹式呼吸。

☞ 如胸膜炎时出现明显的腹式呼吸，而腹膜炎或雌性动物妊娠后期时出现明显的胸式呼吸。

（三）呼吸的频率和深度

呼吸的频率和深度经常随着机体内外环境条件的变化而改变。在静息状态下，呼吸运动平静而均匀，称为平静呼吸。正常动物的平静呼吸频率见表 4-1。动物平静呼吸的正常频率一般比较稳定，但可因年龄、性别、妊娠、消化管充盈程度、环境温度、情绪激动等因素而发生一定程度的差异。当机体活动增强时，或吸入气中 CO_2 含量增加、O_2 含量减少时，或通气阻力增高时，呼吸运动就加深加快。这种深而快的呼吸叫深呼吸或用力呼吸。当严重缺 O_2 或 CO_2 增多时，不但呼吸频率和深度提高，而且呼吸节律也会发生不规则的改变。这种节律不规则的深而快的呼吸，称为呼吸困难。当外界气温升高时，动物常出现频率很快而深度很小的呼吸运动，借以促进散热。这种浅而快的特殊呼吸叫喘息。

表 4-1 正常动物的平静呼吸频率

单位：次 /min

动物	频率	动物	频率
马	6～16	鹿	8～16
牛	10～30	狗	10～30
绵羊	10～20	猫	10～25
山羊	10～16	兔	10～15
猪	8～18	鸡	22～25
骆驼	6～12	鸽子	60～70

四、呼吸时肺容积的变化

（一）呼吸时肺容积变化的特点

引起肺通气的直接原因是呼吸时肺容积变化所产生的肺内外压力差。保证肺通气的主动力量是呼吸肌运动所引起的胸廓容积变化。吸气时，胸廓前后、左右、腹背各个方向的直径虽然都有所增大，但这种增大在各方面是不相等的。胸廓前后直径的增大主要依靠膈肌的运动，因此胸廓前部容积的增大比靠近膈的后部小得多。胸廓腹背直径的增大主要依靠肋骨向腹面扩张。由于脊柱比较固定，所以胸廓背面容积的增大比腹面小得多。

胸廓不均等地增大使肺各部也不均等地扩张。平静吸气时，靠近膈的肺后区（即膈叶）扩张得最大，靠近胸廓腹面的肺周围区也明显扩张。而支气管、血管和淋巴管出入的肺根区位置接近心包和纵隔的纵隔区以及紧贴胸廓背面的部位，几乎都不扩张。肺尖叶的扩张程度也很小。这些扩张程度很小的部位，由于通气很少，气体更新只能间接地进行，即主要靠它们与肺通气较好的部位之间的压力差缓慢地进行。

平静呼吸时，肺的容积变化不大，通气量也不多。这时，并不是所有肺泡都参与通气过程，而是有相当一部分肺泡处在静息状态。只有加强呼吸时，肺内才有更多的肺泡参与通气过程。因此在肺内，如同血管系统中的毛细血管一样，当活动水平较低时，各个呼吸单位（原肺小叶）轮流地参与通气过程。这种轮流通气由末梢细支气管的舒缩活动调节，当一些末梢细支气管的平滑肌收缩时，另一些末梢细支气管就处于舒张状态。

（二）肺容积和肺容量

了解肺通气量的简单方法是用肺量计记录进出肺的气量。图 4-5 显示了呼吸时肺容量变化的曲线。肺容积和肺容量是评价肺通气功能的基础。

1. 肺容积

肺容积（pulmonary volume）是指肺内气体的容积。在呼吸运动过程中，肺容积呈周期性的变化。通常将肺容积分为潮气量、补吸气量、补呼气量和余气量 4 种互不重叠的基本肺容积（图 4-5）。

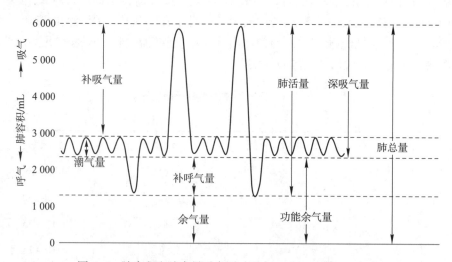

图 4-5　肺容积和肺容量示意图（引自 Widmaier 等，2019）

（1）潮气量

潮气量（tidal volume）指平静呼吸时每次吸入或呼出的气体量。因这种节律性进行的定量通气过程，像海潮涨落一样，故称潮气。各种成年动物的潮气量分别约为：马 6 000 mL；奶牛躺卧时 3 100 mL，站立时 3 800 mL；山羊 310 mL；绵羊 260 mL；猪 300 ~ 500 mL；正常成人 400 ~ 600 mL，运动时潮气量增大。潮气量的大小取决于呼吸中枢所控制的呼吸肌收缩的强度和胸廓、肺的机械特性。

（2）补吸气量或吸气储备量

补吸气量（inspiratory reserve volume）或吸气储备量指平静吸气末，再尽力吸气所能吸入的气体量。马的补吸气量约为 12 L，正常成人为 1 500 ~ 2 000 mL。补吸气量可反映吸气的储备量。

（3）补呼气量或呼气储备量

补呼气量（expiratory reserve volume）或呼气储备量指平静呼气末，再尽力呼气所能呼出的气体量。马的补呼气量约为 12 L，正常成人为 900 ~ 1 200 mL。补呼气量可反映呼气的储备量。补呼气量的个体差异较大，也因体位的不同而变化。

（4）余气量或残气量

余气量或残气量（residual volume）指最大呼气末尚存留于肺中不能再被呼出的气体量。余气量无论如何用力也无法将其呼出，只能用间接方法测定。马的余气量约为 12 L。正常成人的余气量为 1 000 ~ 1 500 mL。余气量的存在可避免肺泡在低肺容积条件下发生塌陷。罹患支气管哮喘和肺气肿的动物余气量增加。

2. 肺容量

肺容量（pulmonary capacity）是指基本肺容积中两项或两项以上的联合气体量（见图4-5），包括深吸气量、功能余（残）气量、肺活量和肺总量。

（1）深吸气量

从平静呼气末做最大吸气时所能吸入的气体量为深吸气量（inspiratory capacity），等于潮气量和补吸气量之和，是衡量最大通气潜力的一个重要指标。胸廓、胸膜、肺组织和呼吸肌等的病变可使深吸气量减少，最大通气潜力降低。

（2）功能余气量

平静呼气末肺内存留的气量为功能余气量（functional residual capacity），是余气量和补呼气量之和。正常成人的功能余气量约为 2 500 mL。功能余气量的生理意义是缓冲呼吸过程中肺泡氧分压（P_{O_2}）和二氧化碳分压（P_{CO_2}）的急剧变化，即基于功能余气量的缓冲作用：吸气时，肺内 P_{O_2} 不致突然升得太高，P_{CO_2} 不致降得太低；呼气时，肺内 P_{O_2} 则不会降得太低，P_{CO_2} 不致升得太高。从而使肺泡气和动脉血液的 P_{O_2} 和 P_{CO_2} 不会随呼吸而发生大幅度的波动，以利于气体交换。在生理条件下，功能余气量约为潮气量的 4 倍，动物每千克体重的功能余气量为 8 ~ 10 mL。

（3）肺活量

最大吸气后，用力呼气所能呼出的最大气量称作肺活量（vital capacity），它是潮气量、补吸气量和补呼气量之和。肺活量有较大的个体差异，与躯体的大小、性别、年龄、体征、呼吸肌强弱等因素有关。正常成年男性的肺活量平均约 3 500 mL，女性约为 2 500 mL。

（4）肺总量

肺所能容纳的最大气量为肺总量（total lung capacity），是肺活量和余气量之和。其大小因性别、年龄、运动情况和体位改变等因素而异。正常成年男性的肺总量平均约为 5 000 mL，女性约为 3 500 mL。

五、肺和肺泡的通气量

（一）肺通气量

肺通气量（pulmonary ventilation）即每分通气量（minute ventilation volume），是指每分钟吸入或呼出的气体总量，等于呼吸频率与潮气量的乘积。它比肺总量能更好地反映肺的通气功能。

肺每分通气量是随着机体内外环境的变化而改变的。机体活动增强时，呼吸频率和深度都增大，每分通气量大幅度提高。在一般情况下，每次呼吸深度的增大，要比呼吸频率的增加明显得多。例如，剧烈运动时，每次呼吸的深度比平静呼吸增大 4 ~ 6 倍，而呼吸频率只增加 1 ~ 2 倍。每分钟内肺能够吸进或呼出的最大气体量，称为肺最大通气量。健康动物的肺最大通气量可比平静呼吸时的每分通气量大 10 倍以上。正常成年人在平静呼吸时，呼吸频率为 12 ~ 18 次 /min，潮气量为 500 mL，故肺通气量为 6 ~ 9 L，而最大通气量可达 150 L。

（二）无效腔和肺泡通气量

在通气过程中，每次吸入的气体并非完全进入肺泡内。正常人安静状态下潮气量中近 1/3 留在呼吸性细支气管以前的气道内，不能参与肺泡和血液之间的气体交换，这部分呼吸道容积称为解剖无效腔（anatomical dead space）。此外，进入肺泡内的气体，也可因血流在肺内分布不均而未能全部参与血液进行的气体交换。进入肺而未能发生气体交换的这一部分肺泡容量称为肺泡无效腔（alveolar dead space）。肺泡无效腔与解剖无效腔一起合称生理无效腔（physiological dead space）。健康动物的肺泡无效腔很小，可忽略不计，因此正常情况下生理无效腔与解剖无效腔容量大致相等。

☞ 无效腔气量增大（如支气管扩张）或功能余气量增大（如肺气肿），均使肺泡气体更新效率降低。

由于存在无效腔，每次吸入的新鲜空气不能全部到达肺泡与血液进行气体交换。所以，真正有效的气体交换量应以肺泡通气量为准。肺泡通气量（alveolar ventilation）是每分钟吸入肺泡的新鲜空气量，即肺泡通气量 =（潮气量 – 无效腔气量）× 呼吸频率。

如果潮气量是 500 mL，无效腔气量是 150 mL，则每次吸入肺泡的新鲜空气是 350 mL，若功能余气量为 2 500 mL，则每次呼吸仅使肺泡内气体更新 14% 左右。潮气量减少或功能余气量增加，均使肺泡气体更新率降低，不利于气体交换。

潮气量和呼吸频率的相互关系：潮气量和呼吸频率的变化对肺通气量和肺泡通气量影响不同。例如，马的无效区一般是 1 500 mL，当呼吸频率为 16 次和每次肺通气量为 5 000 mL 时，肺每分通气量共 80 000 mL。这时肺泡每分通气量为（5 000 – 1 500）× 16 = 56 000（mL）。当呼吸频率为 8 次和每次肺通气量为 10 000 mL 时，肺每分通气量也是 80 000 mL。但这时肺泡每分通气量却是（10 000 – 1 500）× 8 = 68 000（mL）。由此可见，从肺泡气更新效率来看，适度的深而慢的呼吸可使肺泡通气量增大，肺泡气更新率加大，比浅而快的呼吸更有利于气体交换。

第二节　气 体 交 换

通过呼吸运动进入到肺泡内的新鲜空气，透过呼吸膜与流经肺泡的毛细血管中的血液进行气体交换；随后，组织毛细血管血液与组织细胞之间也会发生气体交换过程。上述两个过程分别称为肺换气和组织换气，都是以气体扩散的方式跨越呼吸膜和毛细血管壁的转运而实现的。

一、气体交换的动力原理

气体分子从气压高处向气压低处发生净转移的过程称为气体的扩散（diffusion）。通常将单位时间内气体扩散的容积称为气体扩散速率（diffusion rate，D）。气体扩散速率与各影响因素的关系如下式所示：

$$D \propto \frac{\Delta P \cdot T \cdot A \cdot S}{d \cdot \sqrt{M_r}}$$

式中：ΔP 为某气体的分压差；T 为温度；A 为气体扩散的面积；S 为气体分子溶解度；d 为气体扩散的距离；M_r 为气体的分子量。扩散的动力源于两处的压力差，压力差越大，单位时间内气体分子的扩散量越大。

二、气体交换的过程

☞ 血液的体循环和肺循环的不同之处在于体循环的动脉血 P_{O_2} 高，而 P_{CO_2} 低。相反，肺循环的动脉血 P_{O_2} 低，而 P_{CO_2} 高。

肺泡气直接与肺毛细血管血液进行气体交换。其成分既不同于吸入气也不同于呼出气。通过呼吸运动，肺泡气不断获得更新，因而保持了它所含 O_2 和 CO_2 浓度的相对稳定性。吸入气、呼出气、肺泡气及动、静脉血中 O_2 和 CO_2 的分压见表 4-2。

由表 4-2 可见肺泡气 P_{O_2} 高于静脉血的 P_{O_2}，其 P_{CO_2} 则低于静脉血的 P_{CO_2}。因此，O_2 由肺泡向静脉血扩散；而 CO_2 由肺动脉毛细血管中静脉血向肺泡扩散，从而完成

表 4-2　各种气体分压

单位：mmHg

气体分压	吸入气	呼出气	肺泡气（平均）	动脉血（平均）	静脉血（平均）
P_{O_2}	149	125	104	100	40
P_{CO_2}	微量	31	40	40	46
P_{N_2}	594	557	569		
P_{H_2O}	47	47	47		

肺换气的过程，使含 CO_2 多而含 O_2 少的静脉血转变为含 O_2 多而含 CO_2 少的动脉血。由于组织细胞的新陈代谢不断消耗 O_2 并产生 CO_2，所以组织内 P_{O_2} 低于动脉血的 P_{O_2}，而其 P_{CO_2} 高于动脉血的 P_{CO_2}。O_2 便顺分压差由血液向细胞扩散，CO_2 则由细胞向血液扩散，从而完成组织细胞与血液间的气体交换。组织细胞得到 O_2，排出 CO_2；动脉血因得到 CO_2 和失去 O_2 转变为静脉血，CO_2 经循环运送至肺而排出体外。

三、影响气体交换的因素

（一）肺内气体交换效率的影响因素

气体在肺部进行交换的速度，除气体分压差外，还取决于下列各方面的因素：

（1）气体扩散的速度

如果某一气体扩散速度快，则其交换也快。气体分子的扩散速度与其溶解度成正比，与其分子量的平方根成反比。CO_2 与 O_2 在血浆中的溶解度之比为 24：1，而 CO_2 的分子量与 O_2 的分子量的平方根之比为 1.17：1，在同样的条件下 CO_2 的扩散速率为 O_2 的 20 倍。综合气体的分压差、溶解度和分子量三个方面的因素，CO_2 的扩散速度仍比 O_2 的扩散速度快很多。

（2）呼吸膜

呼吸膜的通透性、厚度以及面积都会影响气体交换的效率。在其他条件不变时，气体扩散速度一般与气体交换膜的厚度成反比关系。气体交换膜越厚，扩散速度就越慢。单位时间内的气体扩散量也就越少。

正常时，呼吸膜的总厚度不超过 1 μm，O_2 和 CO_2 一般都极易跨膜扩散。但在某些病理情况下，如肺纤维化、肺炎，呼吸膜厚度增加，气体交换效率降低。又如动物罹患肺气肿时，由于肺泡融合，气体扩散的呼吸膜总面积减小，也使气体交换减少。

（3）肺血流量与通气/血流比值

为了保证血液与肺泡气之间能够充分进行气体交换，肺泡通气量与肺微循环血流量两者之间必须协调配合，并保持一个恰当的比值。平静呼吸时，血液流过肺泡部微循环系统所需的时间大约是 0.75 s，肺泡通气量与微循环血流量的比值（通气/血流比值）大约是 0.84。在这种情况下，完成正常气体交换所需的时间一般不超过 0.3 s。这表明正常静息状态时的肺血流量与通气/血流比值不但足以完成气体交换，而且还有很大的储备潜力。

机体活动增强时，O_2 耗量和 CO_2 产生量都增加，这时不但要加大肺泡通气量，同时也要相应增大肺血流量，才能维持通气/血流的正常比值。肺血流量明显增大后，肺泡部微循环时间最快可缩短到 0.34 s。这时只要通气/血流保持正常比值，气体交换仍能正常进行。如果通气/血流比值增大（> 0.84），就将有一部分肺泡气不能与血液中的气体充分交换，也就是增加了生理无效腔。如果通气/血流比值减小（< 0.84），就意味着有一部分血液流经通气不良的肺泡，就像动静脉短路那样，没有

☞ 肺泡内气体与血液中的气体交换需要两个"泵"的正常工作。一为"血泵"，即供应肺泡的血流要正常运行；二为"气泵"，即供应肺泡的气流量要正常。

充分发挥血液的气体交换效能。这种现象称为功能性动静脉短路。

（二）影响组织换气的因素

除了与上述影响肺换气的因素相同外，血液与组织液之间气体交换还受到组织细胞代谢水平和组织血流量的影响。当血流量不变时，代谢增强，耗氧量大，组织液中的 P_{CO_2} 可高达 50 mmHg 以上，P_{O_2} 可降至 30 mmHg 以下。反之，如果代谢强度不变，血流量加大，则 P_{O_2} 升高，P_{CO_2} 降低。这些气体分压的变化将直接影响气体扩散速率和组织换气功能。

第三节　血液中的气体运输

通过肺呼吸被吸收进血液的 O_2 必须依靠血液运输才能到达全身各组织，供给组织生物氧化的需要。全身各组织通过生物氧化产生的 CO_2，也必须依靠血液运输才能到达肺部而被呼出。因此，血液中的气体运输是呼吸活动的重要中间环节。O_2 和 CO_2 在血液中的运输形式有两种，即物理溶解和化学结合。进入血液的 O_2 和 CO_2 均是先溶解，提高其分压，再进行化学结合。O_2 和 CO_2 从血液释放到组织中和肺泡中时，也是物理溶解的先逸出，分压下降，化学结合的再分离出来，补充所失去的溶解的气体。血液中的 O_2 和 CO_2 绝大部分是以化学结合形式运输的。气体的物理溶解量取决于气体的溶解度与分压。O_2 和 CO_2 的物理溶解量虽少，却是化学结合的前提，化学结合与物理溶解状态之间时刻保持着动态平衡。

一、氧在血液中的运输

（一）氧在血液中的存在形式和氧容量

1. 氧在血液中的存在形式

氧在血液中以物理溶解状态和与血红蛋白化学结合的两种形式存在。氧在血液中的溶解度很小。在正常动物的动脉血中，以物理溶解状态存在的氧大约占含氧总量的 1.5%，其余 98.5% 的氧都以与血红蛋白（hemoglobin，Hb）结合的状态存在。

2. 血液的氧容量、氧含量和氧饱和度

100 mL 血液中，Hb 所能结合的最大 O_2 量称为 Hb 的氧容量（oxygen capacity of Hb）；Hb 实际结合的 O_2 量称为 Hb 的氧含量（oxygen content of Hb），Hb 氧含量占 Hb 氧容量的百分比称为 Hb 的氧饱和度（oxygen saturation of Hb）。通常情况下，血浆中物理溶解的 O_2 只占氧容量的 1.5%，与 Hb 结合的 O_2 量相比，可忽略不计。因此，Hb 氧容量、Hb 氧含量和 Hb 氧饱和度可分别视为血液的氧容量（oxygen capacity of blood）、血液的氧含量（oxygen content of blood）和血液的氧饱和度（oxygen saturation of blood）。

（二）氧合血红蛋白的生成和解离

血液中的氧主要以氧合血红蛋白（oxyhemoglobin，用 HbO_2 代表）的形式存在。每 1 个血红蛋白分子由 1 个珠蛋白和 4 个血红素组成。每个血红素含有 1 个能与 O_2 结合的亚铁离子（Fe^{2+}）（图 4-6）。当氧气进入血液与红细胞 Hb 中的 Fe^{2+} 结合后，Fe^{2+} 仍然是二价铁，没有电子的转移，因此未发生氧化反应，是一种疏松的结合，称为氧合（oxygenation）。结合了 O_2 的 Hb 称为 HbO_2。同样，HbO_2 释放 O_2 的过程是去氧（deoxygenation）过程，而非还原（reduction）反应。这种结合非常快速

☞ 血红蛋白与氧结合是在红细胞中进行的，一旦红细胞溶血释放出血红蛋白，则这部分血红蛋白即失去功能。

（< 0.01 s），既易结合又易分离，不需要酶的催化，主要受 P_{O_2} 的影响。当血液流经肺毛细血管与肺泡交换气体后，血液中 P_{O_2} 升高，Hb 与氧结合，生成 HbO_2；当 HbO_2 经由血液运送到组织毛细血管时，由于组织代谢耗氧，组织内 P_{O_2} 低，于是 HbO_2 便解离为脱氧 Hb，释放出的氧供组织代谢需要。

$$Hb + O_2 \rightleftharpoons HbO_2$$

HbO_2 吸收短波光线（如蓝光）的能力较强，而脱氧 Hb 吸收长波光线（如红光）的能力较强。因此，HbO_2 呈鲜红色，脱氧 Hb 呈暗紫色，动脉血液因含 HbO_2 较多而呈红色，而静脉血因含脱氧 Hb 较多而呈暗紫色。

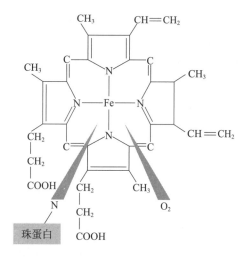

图 4-6　血红素结构图（引自 Widmaier 等，2019）

（三）氧合血红蛋白解离曲线

HbO_2 的生成和解离，与氧分压的高低并不呈直线的比例关系。如果用氧分压作横坐标，血液中 HbO_2 含量百分比作纵坐标，就可得到一种被称为 HbO_2 解离曲线的 S 形曲线（图 4-7），简称为氧解离曲线（oxygen dissociation curve）。氧解离曲线表示不同 P_{O_2} 时，O_2 与 Hb 的结合情况，具有重要的生理意义。

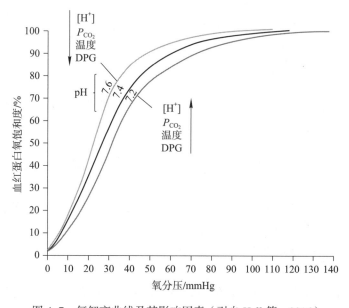

图 4-7　氧解离曲线及其影响因素（引自 Hall 等，2016）

1. 氧解离曲线上段

氧解离曲线上段相当于 P_{O_2} 在 60 ~ 100 mmHg 之间的氧饱和度，其特点是曲线较为平坦，表明 P_{O_2} 在这段范围内发生变化时对 Hb 氧饱和度的影响不大。这显示出了动物对空气中氧含量降低或呼吸性缺氧有很大的耐受能力。例如，在高山呼吸或处于不太严重的呼吸困难时，只要 P_{O_2} 不低于 60 mmHg，血氧饱和度仍能保持在 90% 以上，这时血液的氧足以供应代谢需要，不至于发生缺氧。可见，Hb 对血液氧含量具有缓冲作用，从而有助于稳定组织中的 P_{O_2} 和向组织供 O_2。

2. 氧解离曲线中段

氧解离曲线中段相当于 P_{O_2} 变动于 40 ~ 60 mmHg 之间，这段曲线是反映 HbO_2 易

于释放 O_2 的部分，其特点是曲线走势较陡。P_{O_2} 轻度变化可使 O_2 饱和度发生较大变化，在组织细胞，虽然 P_{O_2} 较低，但仍可释放大量 O_2 供组织细胞利用，以此满足安静状态下组织的氧需要。氧解离曲线中段反映了机体在安静状态下血液 Hb 对组织的供氧情况。

3. 氧解离曲线下段

氧解离曲线下段相当于 P_{O_2} 在 15～40 mmHg 时，这是曲线中最为陡峭的部分，是动物在运动或紧急状态下可大量释放氧的特点。说明在此范围内 P_{O_2} 稍有变化，Hb 氧饱和度就会有很大的改变，因此可释放出更多的 O_2 供组织利用。当组织活动加强时，耗氧量剧增，P_{O_2} 明显下降，甚至可低至 15 mmHg，血液流经这样的组织时，氧饱和度可降到 20% 以下，血氧含量只达 4.4 mL，亦即每 100 mL 血液释放的氧量可达 15 mL 之多。表明血液在流过 P_{O_2} 较低的组织时，能促进 HbO_2 大量解离，迅速释放出血液中的氧，供组织利用。因此该段曲线反映了 Hb 对组织 P_{O_2} 的波动具有缓冲作用，对组织供 O_2 具有很强的储备能力。

（四）影响氧合血红蛋白解离的其他因素

除氧分压外，血液中的 P_{CO_2}、pH、温度、2,3- 二磷酸甘油酸（2,3-diphosphoglycerate，2,3-DPG 或 2,3-biphosphoglycerate，2,3-BPG）的浓度等，对 Hb 与 O_2 的结合和解离也都有明显影响（图 4-7）。

1. P_{CO_2} 的影响

血液中 P_{CO_2} 增大时，Hb 与 O_2 的结合能力减弱，也就是 HbO_2 解离放出 O_2 的能力增强，血液氧饱和度下降，氧解离曲线右移（图 4-7）。相反，血液中 P_{CO_2} 降低时，曲线左移。当血液流经组织时，CO_2 大量从组织进入血液而使血液中 P_{CO_2} 明显升高，因而减弱 Hb 与 O_2 结合的能力，促进 HbO_2 解离，有利于对组织供氧。当血液流经肺泡时，CO_2 经肺排出，血液中 P_{CO_2} 下降，促使 Hb 与 O_2 结合。

2. 血液 pH 的影响

血液 pH 降低时，氧解离曲线右移，HbO_2 的解离加速。血液 pH 升高时，氧解离曲线左移，即促进 Hb 与 O_2 结合。pH 对 HbO_2 饱和度的这种影响称为玻尔效应（Bohr effect）。其机制是 pH 的改变造成 Hb 构象变化。玻尔效应具有重要的生理意义：它既可促进肺毛细血管血液的氧合，又有利于组织毛细血管血液释放 O_2。

3. 温度的影响

温度升高使氧解离曲线右移，有利于 HbO_2 解离，而温度降低使曲线左移，促进 Hb 与 O_2 结合。当血液流经剧烈活动的组织时，由于局部温度升高，促使 HbO_2 解离，有助于组织获得较多的氧。

4. 2,3-DPG 的影响

2,3-DPG 是红细胞内糖酵解的中间产物。它是一种能与 Hb 发生可逆结合的配体。当 Hb 与 2,3-DPG 结合后就失去与氧结合的能力。DPG 浓度增高时，上述反应的平衡向右移动，促使 HbO_2 解离而放出 O_2，因而氧解离曲线右移。在正常红细胞中，每克 Hb 大约含有 15 μmol 的 2,3-DPG。慢性缺氧、贫血、高原低 O_2 等情况下，红细胞中 2,3-DPG 浓度升高。当红细胞内 2,3-DPG 生成增多时，还可以提高细胞内的 H^+ 浓度，通过玻尔效应而降低 Hb 对 O_2 的亲和力。

☞ 当血液储存时间过长时，2,3-DPG 生成增加，采用该血液进行输血急救时往往效果不好的原因就是降低了 Hb 的携氧能力。

二、二氧化碳在血液中的运输

（一）二氧化碳在血液中的存在形式

动物机体代谢过程产生的 CO_2，经组织换气扩散进入血液后，以物理溶解和化学结合两种方式运输。其中以物理溶解形式运输的量仅占血液 CO_2 总运输量的 5%，而以化学结合形式运输的量则高达 95%（其中以碳酸氢盐形式的占 88%，以氨基甲酰血红蛋白形式的占 7%）。

CO_2 从组织进入血液后，只有少量能与水结合成碳酸（H_2CO_3），大部分 CO_2 进入红细胞。在红细胞中碳酸酐酶（carbonic anhydrase）的作用下，与 H_2O 结合大量生成 H_2CO_3。与此同时，由于组织中 P_{O_2} 较低，红细胞中的 $KHbO_2$ 有一部分就解离而放出 O_2，并生成还原血红蛋白（$H \cdot Hb$）。$H \cdot Hb$ 酸性较弱，它与 K^+ 的结合能力也较弱，使一部分原来与 HbO_2 结合的 K^+ 释放出来，并与 H_2CO_3 起中和作用，生成 $KHCO_3$。此外，红细胞中的磷酸盐缓冲系统（即 K_2HPO_4 和 KH_2PO_4）也能中和一部分 H_2CO_3，生成 $KHCO_3$。随着红细胞内 $KHCO_3$ 的不断迅速生成，使红细胞内 HCO_3^- 的浓度不断增加，并大于血浆中的 HCO_3^- 浓度。这时一部分 HCO_3^- 就顺着浓度差从红细胞扩散进入血浆，并与血浆中的 Na^+ 结合生成 $NaHCO_3$。当 HCO_3^- 从红细胞扩散进入血浆时，K^+ 由于不能透过红细胞膜，所以不能随 HCO_3^- 扩散进入血浆。这时血浆中的 Cl^- 受到红细胞内阳离子的静电吸引，就等摩尔量地从血浆透进红细胞，并取代 $KHCO_3$ 分子中的 HCO_3^-，与 K^+ 结合生成 KCl。这种 Cl^- 与 HCO_3^- 在血浆与红细胞之间的交换过程，称为氯离子转移（chloride shift）。

红细胞内含有较高浓度的碳酸酐酶，所以血液中 H_2CO_3 的生成和分解主要在红细胞内进行。血浆内三种形式的 CO_2 之间的平衡，靠它们与红细胞之间的互相交换而实现。每当血液中 CO_2 含量增多时，上述可逆反应的平衡点向右方移动。相反，血液 CO_2 含量降低时，反应平衡点向左移动。

此外，进入红细胞的 CO_2 还有小部分直接与 Hb 分子中的游离氨基结合，生成氨基甲酰血红蛋白，并能迅速解离。这一反应很迅速，无需酶的参与，反应如下：

$$HbNH_2O_2 + H^+ + CO_2 \underset{\text{肺部}}{\overset{\text{组织}}{\rightleftharpoons}} HHbNHCOOH + O_2$$

（二）影响 CO_2 运输的主要因素

血液中 CO_2 的运输量直接决定于 P_{CO_2}，分压增高，运输量也相应增多，两者呈现明显的正相关。表示两者之间这种关系的曲线，称为二氧化碳解离曲线（carbon dioxide dissociation curve）（图 4-8）。当 P_{CO_2} 增大到 $30 \sim 50$ mmHg 以上时，CO_2 解离曲线几乎成一直线。血液中的 P_{O_2} 对 CO_2 的运输也有明显影响。当 P_{O_2} 升高而使 HbO_2 含量增多时，CO_2 解离曲线右移，促使碳酸血红蛋白解离并释放 CO_2，当 P_{O_2} 下降而使 HbO_2 含量减少时，曲线左移，促使 $HbCO_2$ 生成，并运输更多的 CO_2。O_2 与 Hb 结合可促使 CO_2 的释放，而脱氧 Hb 则容易与 CO_2 结合，这一现象称为霍尔丹效应。

☞ 最早发现 CO_2 与 Hb 分子中的游离氨基结合是科学家在做实验时发现用氰化物阻断碳酸酐酶的作用时，仍有一部分 CO_2 被红细胞吸收，而且速度非常快。进一步研究后证明 CO_2 的化学性结合存在着两种形式。

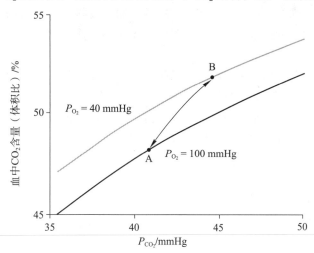

图 4-8　CO_2 解离曲线（引自 Hall 等，2016）

第四节　呼吸的调节

正常机体的呼吸活动会随着机体内外环境的变化而发生相应改变，使肺的通气量与机体的代谢水平相适应。呼吸活动之所以能经常适应机体的情况，有赖于神经和体液因素不断对呼吸运动的强度和频率进行调控。

一、呼吸中枢与呼吸节律

参与呼吸运动的肌肉都是骨骼肌。它们与心肌和平滑肌不同，没有自动产生节律性收缩的能力。呼吸运动之所以能有节律地进行，完全依靠呼吸中枢的节律性兴奋对呼吸肌的调控。在中枢神经系统内，产生和调节呼吸运动的神经细胞群称为呼吸中枢（respiratory center）。它们分散地分布在大脑皮层、间脑、脑桥、延髓、脊髓等部位。上述各个部位对呼吸调节作用不同，机体正常呼吸运动有赖于各部之间的相互协调，以及对各种传入冲动的整合。

1. 脊髓

脊髓颈、胸段含有支配膈肌、肋间肌和腹肌等呼吸肌（均属于骨骼肌）的运动神经元。脊髓神经元是联系上位呼吸中枢和呼吸肌的中继站和整合某些呼吸反射的初级中枢。

在动物实验中，如果在脊髓与延髓之间横断，则动物立即停止呼吸，并不再恢复，说明节律性呼吸运动来源于脊髓以上的脑组织，冲动传到脊髓前角运动神经元，并发出传出冲动，经膈神经、肋间神经到达呼吸肌，控制呼吸肌的活动。脊髓腹角运动神经元起到呼吸运动"最后公路"的作用。在腹角运动神经元受到损害时，呼吸肌麻痹，呼吸运动停止。

2. 延髓

在猫或兔等动物实验中，在它的延髓与脑桥交界处切断，动物仍能保持节律性呼吸，但与正常形式不同，呈现一种吸气突然发生，又突然停止，呼气时间延长的喘式呼吸。说明延髓存在着产生节律性呼吸的基本中枢，但正常节律还有赖于延髓以上中枢参与。在延髓，呼吸神经元主要集中在背侧和腹侧两组神经核团内，分别称为背侧呼吸组（dorsal respiratory group）和腹侧呼吸组（ventral respiratory group）（图 4-9）。

（1）背侧呼吸组　其呼吸神经元主要集中在孤束核的腹外侧部，主要为吸气神经元，兴奋时产生吸气。DRG 某些吸气神经元轴突投射到腹侧呼吸组或脑桥、边缘系统等，同时 DRG 还接受来自肺、支气管、窦神经、腹侧呼吸组、脑桥、大脑皮层等的传入信号。

（2）腹侧呼吸组　其呼吸神经元主要集中在疑核、后疑核和面神经后核以及它们的邻近区域，含有多种类型的呼吸神经元。其主要作用是引起呼气肌收缩，产生主动呼气，还可调节咽喉部辅助呼吸肌的活动以及延髓和脊髓内呼吸神经元的活动。有学者发现，VRG 相当于疑核头端的平面存在着一个被称为前包钦格复合体（pre-Bötzinger complex）的区域，该区可能是哺乳动物呼吸节律起源的关键部位（图 4-10）。

3. 脑桥

脑桥呼吸组（pontine respiratory group）神经元分布在脑桥头端的背侧部，相对集中于臂旁内侧核和相邻的 Kolliker-Fuse（KF）核，合称 PB-KF 核群，即呼吸调整中枢所在的部位，主要含呼气神经元，其作用是限制吸气，促使吸气向呼气转换。

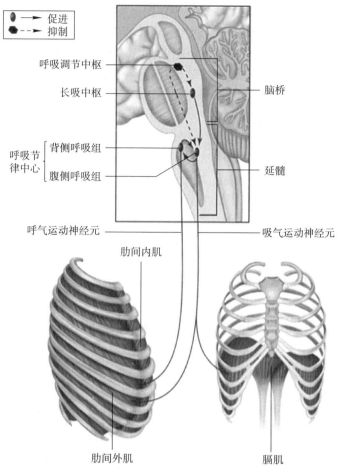

图 4-9　人脑干呼吸中枢简图（改自 Widmaier 等，2019）

此外，呼吸还受脑桥以上部位高位脑中枢的调节，如大脑皮层、下丘脑、边缘系统等。例如，大脑皮层可以通过皮层脑干束和皮层脊髓束在一定程度上随意控制低位脑和脊髓呼吸神经元的活动，从而使机体更灵活而精确地适应环境的变化，经过训练形成条件反射的赛马，一进入跑道呼吸活动就开始加强，做好准备。犬在高温环境中伸舌喘息以增加机体散热，是下丘脑参与调节的结果。动物情绪激动时，呼吸增强，则是边缘系统中某些部位兴奋的结果。

4. 呼吸节律的形成机制

关于正常呼吸节律的形成机制，目前主要有两种解释，一是起步细胞学说，二是神经元网络学说。

起步细胞学说认为，节律性呼吸犹如窦房结起搏细胞的节律性兴奋引起整个心脏产生节律性收缩一样，是由延髓内具有起步样活动的神经元的节律性兴奋引起的。

神经元网络学说认为，呼吸节律的产生依赖于延髓内呼吸神经元之间复杂

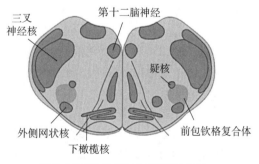

新生大鼠前包钦格复合体解剖示意图

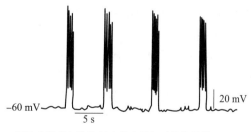

新生大鼠前包钦格复合体中神经元节律性放电记录

图 4-10　新生大鼠包钦格复合体示意图
（引自 Barret 等，2019）

的相互联系和相互作用。并在大量实验的基础上提出了多种模型，其中最有影响的是 20 世纪 70 年代提出的中枢吸气活动发生器和吸气切断机制模型。该模型认为，在中枢吸气活动发生器作用下，吸气神经元兴奋，其兴奋传至三个方向：① 脊髓吸气肌运动神经元引起吸气，肺扩张；② 脑桥臂旁内侧核加强其活动；③ 吸气切断机制相关神经元使之兴奋。吸气切断机制接受来自吸气神经元、脑桥臂旁内侧核和肺牵张感受器三个方面的冲动。随着吸气相的进行，冲动均逐渐增加，在吸气切断机制总和达到阈值时，吸气切断机制兴奋，发出冲动到中枢吸气活动发生器或吸气神经元，以负反馈形式终止其活动，吸气停止，转为呼气。若切断迷走神经或毁损脑桥臂旁内侧核或两者同时切断/毁损，吸气切断机制达到阈值所需时间延长，吸气因而延长，呼吸变慢。因此，凡可影响中枢吸气活动发生器、吸气切断机制阈值或达到阈值所需时间的因素，都可影响呼吸过程和节律。该模型仍有许多不完善之处，有待进一步的研究。

二、呼吸运动的反射性调节

▶▶ 录像资料 4-2
（家兔）呼吸运动的调节

来自任何传入纤维（脊神经和脑神经）的刺激，或者来自脑高级部位的冲动，都能反射性地引起呼吸运动加强和加速，或者减弱和减慢，甚至完全停止。例如，在视觉和听觉刺激影响下，在皮肤受到冷、热或伤害性刺激时，在机体发生情绪反应时，以及血压增高或降低等，都会反射性地引起呼吸运动改变。

调节呼吸运动的最重要的反射是来自呼吸道和肺部本身的刺激、呼吸肌的本体感受性刺激以及血液中化学成分改变的刺激。呼吸中枢对各种刺激的反应，按其性质来说，可分为协调反射和防御反射两大类。其中，协调反射是使呼吸活动适应于机体当时的生理情况和氧化代谢率，而防御反射是通过呼吸活动的改变来防止有害物质侵入呼吸系统，或者排除呼吸系统内的有害物质。

（一）肺牵张反射

当肺因吸气而使肺扩张达到一定程度时，能够引起吸气动作的抑制而转入呼气。反之，当肺因呼气而使肺萎陷到一定程度时，就引起吸气中枢兴奋而转入吸气。前一种反射称为肺扩张反射，又叫吸气抑制反射。后一种反射称为肺萎陷反射，又叫吸气兴奋反射。这是两种不同的反射，但都是由于肺受到不同程度的牵张而发生的呼吸反射，所以统称为肺牵张反射（pulmonary stretch reflex）。这类反射分别由赫林（Ewald Hering）和布鲁尔（Josef Breuer）于 1868 年发现，所以又叫 Hering-Breuer 反射或黑-伯反射。

1. 肺扩张反射

在支气管和细支气管平滑肌中，存在着一种牵张感受器（stretch receptor）。当肺因吸气而扩张时，牵拉呼吸道，牵张感受器受到刺激，发出冲动沿迷走神经传到延髓，使吸气中枢抑制和呼气中枢兴奋，结果使呼吸运动由吸气转入呼气。其后肺因呼气而缩小，肺牵张感受器的兴奋减弱或消失，呼吸运动又在呼吸中枢的控制下重新转为吸气。

肺扩张反射是呼吸运动的一种自动调节反射。它的生理作用在于防止吸气过长过深，促使吸气及时转入呼气，从而加速吸气和呼气的交替，调节呼吸的节律和深度。正常时，肺牵张感受器的兴奋阈都较高，在平静呼吸时可能对呼吸调节不起主要作用。

2. 肺萎陷反射

肺萎陷反射是肺萎陷时增强吸气活动或促进呼气转换为吸气的反射。其感受器也位于气道平滑肌内，但其性质尚不清楚。该反射活动只有在肺萎陷程度很大时才会出现。因此，它不参加平静呼吸的调节，但对阻止呼气过深和防止肺不张等病理情况可能起一定作用。

（二）呼吸肌本体感受性反射

肌梭是骨骼肌的本体感受器。当膈肌或肋间外肌等呼吸肌收缩时，肌梭也受到刺激而兴奋，发出冲动传进中枢，能提高脊髓腹角中吸气肌运动神经元的兴奋性，使吸气肌收缩增强，加强吸气动作。所以，这种反射对于机体自动调节呼吸强度以克服呼吸阻力有较大作用。例如，在吸气过程中如果呼吸道阻力增大，吸气肌等长收缩的程度将相应增大，肌梭就受到牵张而兴奋，使本体感受性反射增强，从而提高吸气肌的收缩强度，有效地克服阻力，保证正常的通气量。

（三）防御性呼吸反射

主要的防御性呼吸反射包括咳嗽反射和喷嚏反射。

1. 咳嗽反射

咳嗽反射是常见的重要防御反射。喉、气管和支气管的黏膜感受器受到机械或化学性刺激时，冲动经迷走神经传入延髓，触发一系列协调的反射反应，引起咳嗽反射。咳嗽时，先出现较深的吸气，接着立即关闭声门并强烈呼气，使胸膜腔内压和肺内压都明显升高，然后声门突然开放，使肺泡内的气体以很高的速度呼出，黏液等异物就依靠气流的推动，沿呼出气移行一段距离。当再吸气时，异物停留在新的位置上，再咳嗽时异物就再向前移行一段距离，直到清除出敏感区为止。剧烈咳嗽时，胸膜腔内压显著升高，可阻碍静脉回流，使静脉压和脑脊液压升高。

2. 喷嚏反射

喷嚏反射是和咳嗽类似的反射，不同之处是其感受器在鼻黏膜，传入神经是三叉神经。发生反射时，引起轻微的吸气动作，同时腭垂下降，舌压向软腭，并产生爆发性呼气，使高压气体由鼻腔急促射出，以便清除鼻腔中的刺激物。

（四）化学感受性呼吸反射

血液中化学成分的改变，特别是 P_{CO_2} 增高、P_{O_2} 下降和酸度增大，都可刺激化学感受器，反射性地改变呼吸运动的频率和深度。

1. 外周和中枢化学感受器

化学感受器是指其适宜刺激是 O_2、CO_2 和 H^+ 等化学物质的感受器。参与呼吸运动调节的化学感受器因其所在部位的不同，分为外周化学感受器和中枢化学感受器。

（1）外周化学感受器

外周化学感受器主要是指颈动脉体和主动脉体（图 4-11）。它们在动脉血中 P_{O_2} 降低、P_{CO_2} 升高和 H^+ 浓度升高时受到刺激，产生的冲动分别通过窦神经（舌咽神经的分支）和迷走神经把冲动传入延髓呼吸中枢，反射性地引起呼吸运动加深加快和心血管活动的变化。其中颈动脉体的作用远比主动脉体的大，而主动脉体在循环功能调节方面更为重要。由于颈动脉体的解剖位置有利于研究，所以对外周化学感受器的研究主要集中在颈动脉体。颈动脉体内主要两种细胞类型，即 I 型细胞（球细胞）和 II

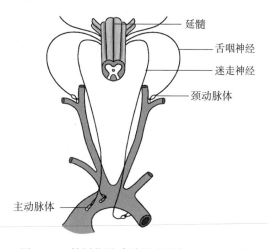

延髓
舌咽神经
迷走神经
颈动脉体

主动脉体

图 4-11 外周化学感受器（引自 Hall，2016）

型细胞（鞘细胞）（图 4-12），Ⅰ型细胞内有大量囊泡，内含递质，如多巴胺、乙酰胆碱和 ATP 等，此类细胞起感觉器作用。Ⅱ型细胞内无囊泡，可能起支持作用。窦神经（舌咽神经的分支）的传入纤维末梢与Ⅰ型细胞形成特化的接触，当Ⅰ型细胞受到低氧等刺激时，球细胞膜上 K^+ 通道关闭，胞膜去极化，使得 Ca^{2+} 通道开放，从而导致递质释放，引起传入神经纤维兴奋（图 4-13），通过舌咽神经传入中枢，整合后经传出纤维支配呼吸肌来调节机体的呼吸运动。同时，颈动脉体还受到交感神经和副交感神经的传出支配，其中，交感神经使颈动脉体血管收缩，血流量减少；副交感神经的作用可能是降低Ⅰ型细胞对低氧刺激的敏感性。

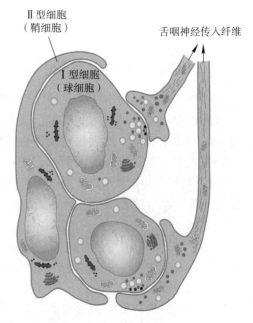

图 4-12　颈动脉体细胞类型模式图
（引自 Barret 等，2019）

（2）中枢化学感受器

中枢化学感受器（central chemoreceptor）位于延髓腹面锥体外侧的浅表部位，可分为头端区（R 区）和尾端区（C 区）两部分。中枢化学感受区接受 H^+ 的刺激。血液中的 CO_2 能迅速透过血脑屏障，与脑脊液和化学敏感细胞周围组织液中的 H_2O 结合生成 H_2CO_3，再解离生成 H^+，对中枢化学感受器起刺激作用。如果在提高脑脊液中 CO_2 浓度的同时保持脑脊液 pH 不变，则不发生刺激作用或者作用很小。这表明对中枢化学感受器的有效刺激是 H^+，而不是 CO_2 本身（图 4-14）。由于血液中的 H^+ 不易透过血脑屏障，所以血液 pH 变动对中枢化学感受器的直接刺激作用很小，而且也较慢。中枢化学感受器不同于外周化学感受器，它不能感受缺 O_2 的刺激，但对 CO_2 的敏感性却比外周化学感受器

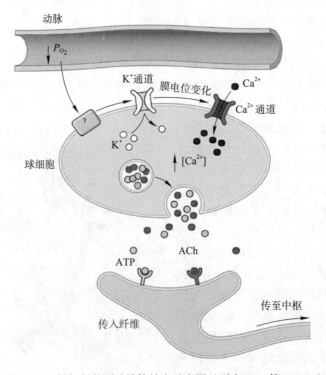

图 4-13　低氧刺激颈动脉体效应示意图（引自 Hall 等，2016）

高得多。中枢化学感受器的生理功能可能主要是调节脑脊液的 H^+ 浓度，使中枢神经系统有一个稳定的 pH 环境；而外周化学感受器的作用主要是在机体发生低氧时驱动呼吸运动。

2. CO_2 对呼吸的调节

CO_2 是调节呼吸运动的最重要的体液因素。当动脉血中 P_{CO_2} 下降时，呼吸中枢活动下降，使呼吸运动减慢减弱，甚至短暂停止，直到 P_{CO_2} 回升到一定水平后才恢复正常呼吸运动。当动脉血中 P_{CO_2} 增高时，呼吸就加深加快，增加肺通气量。肺泡气中的 CO_2 含量只要增加 0.01%，就可使肺通量平均增加 5%。因此，CO_2 不但是调节呼吸的重要因素，而且也是维持呼吸中枢的正常兴奋性所

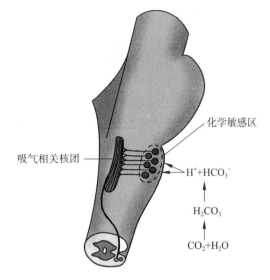

图 4-14　P_{CO_2} 升高刺激呼吸的中枢机制
（引自 Hall 等，2016）

化学敏感区

吸气相关核团

$H^+ + HCO_3^-$

H_2CO_3

$CO_2 + H_2O$

必需的。但血液中 P_{CO_2} 过高可致中枢神经系统包括呼吸中枢活动抑制，引起呼吸困难、头痛、头昏，甚至昏迷，出现 CO_2 麻醉。

CO_2 通过对外周和中枢化学感受器的刺激作用调节呼吸中枢的活动，但中枢化学感受器的作用比外周化学感受器强得多。直接刺激中枢化学感受器的是脑脊液中的 H^+ 和脑组织液中的 H^+，但主要是脑脊液中的 H^+ 起作用。因为血液中 P_{CO_2} 的变动在脑脊液中的反应比脑组织液中快，而且脑脊液的缓冲能力也比脑组织液低，因而 H^+ 浓度变化比脑组织液灵敏。

3. 缺氧对呼吸的影响

缺氧对中枢化学感受器没有刺激作用，对呼吸中枢则有直接的轻微抑制作用。这种抑制作用随着缺氧程度的加深而逐渐增强，最终可导致呼吸衰竭。但缺氧能刺激外周化学感受器，特别是颈动脉体，反射性地兴奋呼吸中枢，增强呼吸。低氧通过外周化学感受器对呼吸中枢的兴奋作用可对抗其对中枢的直接抑制作用。但在严重缺氧情况下，如果外周化学感受器的反射效应不足以克服低氧对中枢的直接抑制作用，将导致机体呼吸作用的减弱。外周化学感受器对缺氧的敏感性不很高，一般要在动脉血 P_{O_2} 分压降低到 60 mmHg 左右才起作用。所以在正常情况下，缺氧并不是维持和调节呼吸深度与频率的主要因素。在高空或高山地区（海拔 3 500 m 以上），大气压、肺泡和血液中的 P_{O_2} 都明显降低，但血液中 P_{CO_2} 并不升高，这时缺氧才成为刺激呼吸的主要因素。即使在这种条件下，由于动脉血 P_{O_2} 明显下降而引起的肺通气量增大，最多也只相当于平静吸气时的 2.0～2.5 倍。所以在一般情况下，与 P_{CO_2} 升高相比，缺氧并不是引起呼吸代偿性增强的主要因素。

4. H^+ 对呼吸的影响

H^+ 是化学感受器的有效刺激物。动脉血 pH 降低时，能使呼吸加深变快。相反，动脉血 pH 升高时，能使呼吸减慢减弱。这种影响主要是通过对外周化学感受器的刺激而引起的。因为 H^+ 一般不易透过血脑屏障，所以不直接影响中枢化学感受器。

H^+ 刺激呼吸的作用过程比较复杂。因为血浆中存在以 $NaHCO_3$ 为主的碱储，当机体内出现任何比碳酸更强的酸时，通过缓冲作用，血液中 H^+ 浓度变化的幅度较小，而 CO_2 浓度却会随着增高。血液中 CO_2 浓度增高又会使脑脊液中的 H^+ 浓度升高而刺激中枢化学感受器，增强呼吸。

☞　血液中 CO_2 浓度对呼吸调节的效应：提高血液中 CO_2 浓度，呼吸增强效应在 1 min 左右的时间内就能达到高峰。如果血液 CO_2 浓度长期维持在较高水平，则在 2～3 天后这种效应就逐渐下降，最后减弱到只有初期效应的 1/5～1/8。所以，CO_2 对呼吸的作用是，首先出现一个初期的快速而强烈的急性效应，几天后转变成缓慢而较弱的适应性效应。产生这种变化的确切机理还不了解。现有的解释有以下两个方面：① 颈动脉体化学感受器对稳态 CO_2 刺激易于出现适应现象；② 血液中的 HCO_3^- 能通过蛛网膜细胞主动进入脑脊液，与 H^+ 结合，使 H^+ 浓度降低。

第五节   其他脊椎动物呼吸的特征

随着生物进化的进程，动物机体的呼吸方式也不断进化。本节简要介绍鱼类、两栖类和鸟类三大类脊椎动物呼吸的特征。

一、鱼类呼吸的特征

鳃是鱼类的呼吸器官，在硬骨鱼头部两侧各有 4 条鳃弓，外有鳃盖保护。鳃弓前面为口腔，后为鳃腔。每一鳃弓上有两行鳃丝，每一鳃丝的腹面和背面各有一行鳃板。鳃板中的血流方向与水流方向相反，形成逆流交换系统（图 4-15），利于气体交换过程。鱼的呼吸运动是一系列的通水活动。首先由于肌肉收缩使口腔底部下降，口腔扩大，口腔内压力低于外界，水流入口腔，这时鳃盖关闭。接着口关闭，口腔瓣膜阻止口中水倒流，同时鳃盖骨向外扩张，使鳃腔的压力低于口腔，水从口腔进入鳃腔，然后口腔的肌肉收缩，口腔底部上抬，口腔内压力上升，仍高于鳃腔内压力，水继续流向鳃腔。最后鳃盖骨内陷，使鳃腔内压力升高，当压力大于外界水压时鳃盖膜被冲开，水从鳃裂流出。因此在鱼类的呼吸运动过程中，其口腔、鳃盖的开闭是间断的，但流经鳃板的水却是连续的，从而保证不断供给鳃板以含氧的新鲜水流，而鳃板中的血液正对着水流的方向流过鳃板中的毛细血管，水中的 O_2 扩散入血，血液中的 CO_2 扩散进入水中。这种逆流交换系统的效率是很高的，它可从水中吸走 80% 的 O_2。

鳃血管既受交感神经支配，也受副交感神经支配。交感神经释放去甲肾上腺素，增加流经鳃板的血流，副交感神经释放乙酰胆碱，减少鳃板的血流。

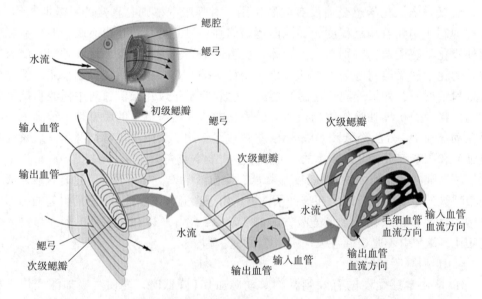

图 4-15   硬骨鱼类鳃的结构及通气过程（引自 Moyes 等，2014）

二、两栖类呼吸的特征

两栖类动物的肺通气活动   两栖无尾类动物（如青蛙和蟾蜍）的幼体通过鳃和皮肤进行呼吸，成年动物改用皮肤和肺呼吸。此外，口腔黏膜也有交换气体的功能。由于空气中的 O_2 必须先溶解在水中才能扩散入血液，因此两栖类的皮肤必须保持湿润才能交换气体。

两栖类的肺结构较简单，为一对中空半透明和富有弹性的薄壁囊状结构，肺内被网状隔膜分隔成许多小室，称为肺泡。蛙的肺泡直径比哺乳动物大，因此其肺中单位容积的呼吸表面比哺乳动物的呼吸表面小。如人的肺单位容积呼吸表面为 $300\ cm^2/cm^3$，而蛙的肺单位容积呼吸表面仅为 $20\ cm^2/cm^3$。肺泡壁密布着肺动脉和肺静脉，可使气体交换得以顺利进行。成年蛙的肺换气需要靠一套"正压"系统即口腔泵来完成。整个通气过程是，首先声门关闭，鼻孔开放，口腔底下降，把空气吸入咽部，接着声门开放，肺弹性回缩，使肺内气体经鼻孔高速喷出。然后再次关闭鼻孔，口腔底上升，把储存在咽部的新鲜空气压入肺内；最后关闭声门，鼻孔开放，口腔底连续几次运动，使咽部的气体彻底更新（图4-16）。由此可见，成年两栖动物的肺通气机制是一种"正压"通气，有别于哺乳类及鸟类动物的"负压"通气机制。

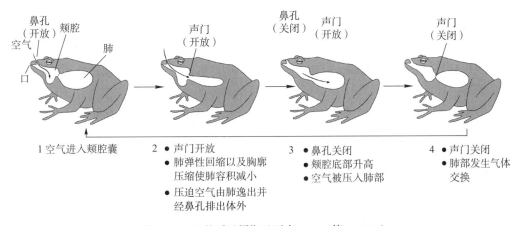

图 4-16　蛙的呼吸周期（引自 Moyes 等，2014）

三、鸟类呼吸的特征

鸟类的呼吸系统由呼吸道和肺两部分组成。呼吸道包括鼻、咽、喉头、气管、鸣管、支气管及其分支、气囊及某些骨骼中的气腔。鸟类的肺比较小，紧贴在胸腔背侧面，质地相当坚实，不像哺乳动物的肺那样有弹性收缩能力，只有当肋骨和膈舒缩时才能较小程度地伸展和收缩。鸟类一般有9个气囊，这些气囊充满于胸腹腔内脏与体壁之间。锁骨气囊、颈气囊和腹气囊，还有一些突起分别伸进四肢肩带骨、腰带骨、胸骨和胸肋骨内，与骨中的气腔相通。

鸟类的气管分成两支初级支气管，分别与一侧的肺及腹气囊相通。由初级支气管分出次级支气管通到其他气囊。在肺内有许多副支气管。由副支气管再分出许多细小的毛细气管，这是进行气体交换的场所，相当于哺乳动物的肺泡。在呼吸时，鸟类肺的体积变化很小，而气囊的体积却有明显的变化。气囊体积的变化是由胸骨对脊柱的运动和后肋骨的侧向运动扩大或缩小体腔所引起的。吸气时，前后气囊扩大，空气经气管、支气管进入后部气囊，同时一小部分空气也通过支气管进入肺内，而此时肺内原来的气体则进入前部气囊。呼气时，后部气囊缩小将其中的气体压入肺内，在下一个呼吸周期进入前部气囊。前部气囊也缩小（图4-17）。其中，前一个呼吸周期吸入的气体则经支气管、气管排出体外。因此，需要两个呼吸周期才能使呼吸气体流过全部通道。在吸气和呼气时都有新鲜空气单方向地流经肺的副支气管。这种呼吸气体流经气体交换区的方式与哺乳动物的肺大不相同。

鸟类在捷走或飞行等运动时，常使肺通气量升高，并出现动脉血 P_{CO_2} 下降。当飞禽在高空低氧环境中飞行时，肺通气量明显升高，其动脉血中 P_{CO_2} 可降到 $8\ mmHg$ 以下。因此鸟类在高空飞行时，可能处在严重碱中毒的状态。但它们似乎能耐受这种状态，对严重氧不足的耐受力也比哺乳类强。

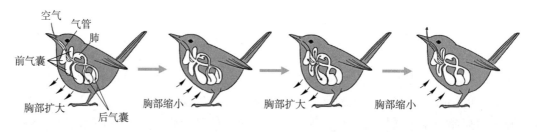

1. 第一次吸气时胸部扩张，新鲜空气通过气管进入后气囊。
2. 第一次呼气时胸部缩小，推动新鲜空气从后气囊进入肺。
3. 第二次吸气时胸部扩张，不新鲜的空气（经肺交换出的气体）通过肺进入前气囊。
4. 第二次呼气时胸部缩小，不新鲜的空气（经肺交换出的气体）经前气囊排出体外。

图 4-17 鸟类的呼吸过程（引自 Moyes 等，2014）

推荐阅读

MICHAEL G L. Pulmonary Physiology [M]. 9th ed. New York: McGraw-Hill Education, 2018.

ORTEGA-SÁENZ P, LóPEZ-BARNEO J. Physiology of the carotid body: from molecules to disease [J]. Annu Rev Physiol, 2020, 82: 127-149.

开放式讨论

长期生活在高海拔地区的人与潜水爱好者，其呼吸生理活动会如何适应？为什么？

复习思考题

1. 简述胸膜腔内负压的形成原因及生理意义。
2. 何为肺泡表面活性物质？其主要功能是什么？
3. 简述呼吸膜的组成以及肺换气的过程。
4. 肺容积与肺容量之间的关系如何？
5. 简述氧与血红蛋白结合的特点。
6. 简述氧解离曲线的生理意义及其影响因素。
7. 简述血液以 HCO_3^- 形式运输 CO_2 的过程。
8. 呼吸运动的反射性调节有哪些？
9. P_{CO_2} 升高如何影响动物的呼吸运动？相关机制如何？

更多数字资源

教学课件、自测题、参考文献。

第五章
消化生理

知识导图

【科学家故事】 "淡泊名利终一生，忠诚勤奋思报国" 的著名生理学家——王志均

　　1950 年，师从著名消化生理学家艾维（Andrew Conway Ivy，胆囊收缩素的发现者）的王志均在美国伊利诺伊大学获得了博士学位。尽管受到美国政府的百般阻挠，王志均依然几经争取并最终回到了祖国的怀抱。

　　回国后，王志均在当时的北京医学院白手起家，建立消化生理学实验室，主要研究消化活动中神经与激素的关系。王志均及其带领的团队先后发现了迷走 – 胰岛素系统和交感 – 肾上腺系统在消化中的作用，证实了迷走 – 促胃液素机制在胃液分泌中的重要性。其研究成果在当时位居世界领先地位。

　　王志均曾说："我出身于一个劳动人民家庭，是由中国人民的血汗养育大的。我家穷，我爱我的心地善良、勤劳一生的父母；我的国家穷，我爱我的有着几千年文化的祖国。我不愿在国外长期寄人篱下，'为他人作嫁衣裳'。我一无意于官场，二无意于发财。我不怕吃苦，愿意走自己的道路做一个创业者，在祖国土地上成自己的'家'，立自己的业，哪怕一切都从零开始，也心甘情愿。"

联系本章内容思考下列问题：
脂肪是食物中的重要能源物质之一，摄入过多的脂肪是否会导致消化不良？为什么？
案例参考资料：
王志均. 九十自述 ［J］. 北京大学学报（医学版），2000，32（4）：289–297.
徐璐，王志均：淡泊名利终一生，忠诚勤奋思报国 ［J］. 北医人，2020（2）：37–40.

【学习要点】

　　唾液的分泌及其调节；单胃动物胃液的分泌及其调节；单胃的运动及其调节；前胃的运动及其调节；反刍的调节机制；瘤胃及网胃内的消化与代谢；胰液的生理作用及其分泌调节；小肠运动及其调节；胆汁的生理作用及其分泌调节；小肠液的作用及其分泌调节；植（草）食性单胃动物或某些杂食性动物大肠的微生物消化；大肠运动形式和运动的调节；排粪反射；主要营养成分的吸收机理。

在有限的生命周期中，动物需要不断从外界环境中摄取营养物质，参与机体新陈代谢，才能满足动物的生长、发育、繁殖与衰老过程中的能量与营养供应。自然界中的营养物质主要包括蛋白质、糖、脂肪、水、无机盐和维生素。其中蛋白质、糖和脂肪等结构复杂的大分子物质不能直接被机体利用，必须分解为结构简单、可溶性的小分子物质才能吸收进入血液或淋巴循环，供机体细胞利用。食物中的营养物质降解为可被机体吸收的小分子化合物的过程称为消化（digestion），而消化产物或食物从机体组织外进入组织内被利用的过程则称为吸收（absorption）。自然界中，动物执行营养物质消化和吸收的结构基础是消化系统（digestive system）。

在动物演化的历史进程中，消化系统的发育与功能也在不断完善。从低等的单细胞动物到复杂的多细胞动物，动物逐步演化出细胞内消化（intracellular digestion）和细胞外消化（extracellular digestion）两种消化方式。细胞内消化多发生在单细胞动物或结构简单的多细胞动物中，如原生动物、海绵动物等。它们在执行细胞内消化之前需先将食物通过胞吞（饮）的方式吸收进入具有消化能力的特殊细胞群，之后再进行消化。与细胞内消化不同，细胞外消化发生在机体细胞构成的特殊腔体中（如胃或肠道），食物中的营养物质在细胞外部经过消化后才可进一步被机体吸收利用；细胞外消化多发生在脊椎动物、节肢动物等结构复杂的多细胞动物体内。无论是细胞内消化还是细胞外消化，它们与吸收过程始终相辅相成、紧密联系。

对于包括人在内的复杂的多细胞动物而言，消化系统是由消化管和消化腺构成的胃肠道系统（gastrointestinal system）。胃肠道系统最重要的功能就是通过前述的消化与吸收过程为机体的新陈代谢提供养分。除此之外，它还具有重要的内分泌与免疫功能。作为动物体内最大的内分泌器官，胃肠道系统能够分泌诸如胃促生长素（ghrelin）、促胃液素（gastrin）、促胰液素（secretin）、胆囊收缩素（cholecystokinin，CCK）、多巴胺（dopamine）及5-羟色胺（5-hydroxytryptamine，5-HT）等数十种激素。这些激素对动物的采食、生长、代谢、行为甚至（人）情绪等都具有一定的影响。同时，胃肠道是一个由机械屏障、化学屏障、免疫屏障及微生物屏障共同构筑而成的庞大而精密的防御体系，当环境中的致病因子经由消化管两端进入并接触胃肠道时，胃肠道的免疫调节功能会被激活，从而有效地充当动物机体抵御外界环境有害物质的第一道防线。

在本章中，我们重点以哺乳类（包括人）、鸟类、鱼类动物为例，阐述复杂多细胞动物的摄食、消化及吸收的生理及机制。

第一节   概   述

在脊椎动物中，消化管和消化腺共同构成了胃肠道系统。消化管是一条从口端延伸至肛门的肌性管道状结构，主要包括口腔、咽、食管、胃、肠和肛门等部分。根据动物种类或者食性的不同，消化管的结构也存在一定的差异（图5-1）。例如，鸟类的消化管具有嗉囊，且胃包含了腺胃和肌胃；反刍动物具有庞大而复杂的复胃（包括瘤胃、网胃、瓣胃和皱胃）；植（草）食性单胃动物具有较长的小肠和较大的盲肠；肉食性动物的胃肠道通常较短且简单。消化腺则是位于消化管外或者分布于消化管内的腺体组织或细胞，能够分泌生物活性物质进入消化管腔参与营养物质的消化与吸收。

在自然界中，虽然不同种类的动物其胃肠道系统及功能存在差异，但也存在以下共同的消化生理特征。

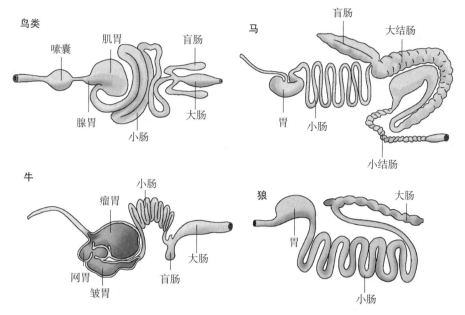

图 5-1 鸟类、牛、马及狼的消化管形态结构示意图

一、消化方式

食物进入口腔后，消化活动随即开始。食物在消化管内的消化存在三种方式，分别为机械性消化（mechanical digestion）、化学性消化（chemical digestion）和微生物消化（microbial digestion），其中两者或三者在机体内同时进行，并且相互依存、相互配合。不同部位的消化管因结构不同，消化方式各有特点与侧重。例如，口腔以机械性消化为主，小肠以化学性消化为主，而植（草）食性动物（马属动物、禽类动物）的大肠、反刍动物（牛、羊、骆驼、鹿等）的瘤胃则以微生物消化为主。

1. 机械性消化

机械性消化也称物理性消化，是指由咀嚼和消化管肌肉的收缩和舒张所完成的消化活动，主要作用是将食物磨碎，并使之与消化液充分混合，同时将消化管的内容物不断地向消化管远端推送。机械性消化的主要发生部位包括口腔和胃肠道，其中口腔是接纳和咀嚼食物的起始部位，而胃肠道则是消化与推送食物的主要部位。

2. 化学性消化

化学性消化是指通过消化液中的各种消化酶来完成的消化活动。消化液包括唾液、胃液、胰液、胆汁、小肠液、大肠液等。除胆汁外，其他消化液均含有消化酶，如唾液中的淀粉酶，胃液中的蛋白酶，小肠液中的淀粉酶、蛋白酶、脂肪酶等。这些消化酶可将食物中的蛋白质、糖和脂肪分解为易于吸收的小分子化合物。除了消化酶，一些植（草）食性动物的食物或饲料中还含有非消化酶，如纤维素酶、木聚糖酶、β-葡聚糖酶、植酸酶和果胶酶等，这类酶能消化动物自身不能消化的物质或降解一些抗营养因子，共同参与化学性消化过程。

3. 微生物消化

微生物消化多见于一些植（草）食性动物。它是由栖居于动物消化管内的微生物来完成的消化活动。在反刍动物的瘤胃、肠道以及部分单胃动物和鱼类的胃肠道中，均栖居有大量的共生微生物。这些微生物参与分解食物中的蛋白质、脂肪、淀粉、琼脂、褐藻酸，特别对纤维素、半纤维素和果胶等高分子糖类的消化具有重要作用。

☞ 口腔内的咀嚼运动能够刺激唾液的分泌，并反射性地刺激胃肠道的分泌活动和收缩运动。因而，健康饮食提倡细嚼慢咽。我国古人亦认识到此事，如：唐医孙思邈《每日自咏歌》中有文"美食须熟嚼，生食不粗吞"；明代《昨非庵日纂》也有记录"食须细嚼慢吞，以津液送之，然后精味散于脾，华色充于肌，粗快则只为糟粕填塞肠胃耳"。

☞ 在养殖业中，目前广泛采用添加外源性酶制剂的方法，将一些从微生物中提取的植酸酶、蛋白酶、非淀粉多糖酶等添加到饲料中，以补充动物内源酶的不足，从而提高营养物质在消化管内的消化效率。

☞ 在畜牧生产中，多通过在饲料中添加微生态制剂，如益生素、活菌制剂等的方法来提高饲料的消化效率。

二、消化管的运动

消化管是一条肌性的管道，管壁中肌肉组织的收缩与舒张可以实现对食物的机械性消化。在消化管中，除口腔、咽、食管前部肌肉以及肛门外括约肌为骨骼肌外，其余大部分肌肉都为平滑肌。因此，消化管平滑肌的收缩与舒张特征对消化管的运动具有直接影响。

（一）消化管平滑肌的一般特性

消化管平滑肌除了具备兴奋性、传导性和收缩性等肌肉组织的共同特性之外，还具有其自身的一般特征。

（1）兴奋性低，收缩缓慢

消化管平滑肌的兴奋性比骨骼肌和心肌低，而且，由于其肌质网不发达，细胞内储备的 Ca^{2+} 不多，从细胞外摄取 Ca^{2+} 的能力也较弱。因此，消化管平滑肌收缩时，其潜伏期、收缩期和舒张期均比骨骼肌收缩的时间长，收缩较缓慢。

（2）较大的伸展性

☞ 空腹时，正常人的胃容量仅有 50 mL，而进餐后却可达到 1 500 mL。

消化管平滑肌在微细结构上无 Z 线、M 线和肌小节之分，具有较大的伸展性，因而能适应进食后消化管的大幅度伸展。尤其是胃部平滑肌的伸展性十分明显，对消化管容纳大量食物具有重要生理意义。

（3）持续的紧张性

紧张性是指消化管平滑肌持续保持微弱的收缩状态。这种持续的紧张性可使消化管管腔内保持一定的压力，有利于消化管内壁与内容物紧密接触，促进食物的消化吸收。此外，紧张性还使消化管各部分（如胃、肠）维持一定的形状和位置。消化管平滑肌的各种收缩活动都是在紧张性的基础上进行的。

（4）自动节律性

消化管内某些特殊的平滑肌细胞具有自动节律性。它们与心肌自律细胞一样，能够自动产生节律性的动作电位，并传播到其他平滑肌细胞，使消化管自动进行节律性运动。甚至当消化管离体后若被置于适宜的环境中，其中的平滑肌仍能进行缓慢的节律性运动。这种自动节律性运动起源于平滑肌本身，同时也受到机体神经系统的调节。

（5）对某些理化刺激较敏感

☞ 消化管平滑肌对酸、碱、钙盐、钡盐等各种消化产物的刺激也较为敏感。

消化管平滑肌对电刺激不太敏感，但却对化学刺激、温度变化和牵张刺激比较敏感。微量的化学刺激（如乙酰胆碱、肾上腺素）、迅速的温度改变以及轻度的突然牵拉都能引起消化管平滑肌的强烈收缩。

（二）消化管平滑肌的电生理学特性

消化管平滑肌的电活动包括三种电位，分别是静息电位、慢波电位和动作电位。

（1）静息电位

消化管平滑肌的静息电位不稳定，波动较大，幅度在 −60 ~ −50 mV。静息电位主要源于细胞内 K^+ 向膜外扩散而形成的平衡电位。由于在静息时细胞膜对 Na^+、Cl^- 也有一定程度的通透性，因此静息电位小于 K^+ 的平衡电位。

（2）慢波电位

在安静状态下，用微电极可在消化管平滑肌静息电位的基础上记录到一种缓慢的、大小不等的节律性去极化波，称为慢波（slow wave）或基本电节律（basic electrical rhythm）。其波幅在 10 ~ 30 mV，持续 1 ~ 4 s。实验证明，切断支配胃肠道的外来神经后，慢波仍可产生，说明慢波是肌源性的，不依赖神经调节。关于慢波产生的离子基础尚不完全清楚。目前认为，其机理可能与胃肠道平滑肌细胞膜上钠泵活动的周期性变化有关。慢波本身不引起肌肉收缩，但它可使静息电位接近阈电位。

（3）动作电位

当慢波电位幅度达到阈电位水平时，就能在慢波的基础上触发平滑肌细胞膜上的电压门控钙离子通道开放而引发一个或多个动作电位，并随之出现肌肉收缩。消化管平滑肌的动作电位具有以下特点：① 锋电位上升慢，持续时间长，幅度低，且大小不等；② 动作电位不受钠通道阻断剂的影响，但可被钙通道阻断剂所阻断，说明它的产生主要依赖 Ca^{2+} 内流，Ca^{2+} 内流还能加强平滑肌的收缩。因此，动作电位的频率越高，平滑肌收缩的幅度也越大（图 5-2）。

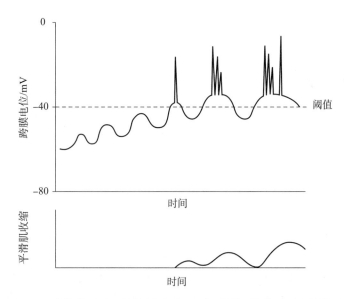

图 5-2　消化管平滑肌的电活动（上）与平滑肌收缩（下）的关系

综上所述，慢波电位本身虽然不能引起平滑肌收缩，但却是平滑肌的起步电位，在其基础上产生的动作电位可引起平滑肌收缩。因此，慢波是平滑肌收缩节律的控制波，它决定胃肠道运动的方向、节律和速率。慢波控制的胃肠道肌肉收缩可受神经和体液因素的影响，即若支配胃肠道的副交感神经兴奋时，能提高慢波的基值，从而促进胃肠运动；反之，若交感神经兴奋，则释放出的肾上腺素或去甲肾上腺素能够降低慢波基值，从而抑制胃肠运动。

（三）消化管的运动

消化管管壁中的平滑肌组织的收缩和舒张会产生不同的运动形式，包括蠕动、分节运动、摆动和紧张性收缩等形式。根据作用效果，这些运动可以归结为两大类：一是混合食物的运动，即通过运动可将消化管内食物充分混合；二是推进式运动，即通过运动以适宜的速度推动内容物从胃肠道的一个位置移行至另一个位置，使得食物一边沿着消化管前进一边被消化吸收。

三、消化腺的分泌

消化腺大多数属于外分泌腺，主要包括唾液腺、胃腺、肠腺、肝和胰腺，其分泌物可通过导管排入消化管内。其中，位于消化管内的消化腺（胃腺及肠腺）均由消化管黏膜上皮向黏膜内凹陷所形成。消化管黏膜表面存在许多杯状细胞，能够分泌大量黏液。

（一）消化腺的分泌方式

消化腺利用血液中摄取原料在细胞内合成分泌物，最终通过三种方式从腺细胞排出（图5-3）：① 局浆分泌（merocrine），细胞通过出胞方式排出分泌物，且保持细胞自身完整的分泌方式，如胰腺、肝和其他大多数消化腺。② 顶浆分泌（apocrine），即分泌物形成后逐渐在细胞的管腔端积聚，最后连同细胞顶部及其中的分泌物一起排入消化管的分泌方式，如颌下腺。③ 全浆分泌（holocrine），整个细胞及其中的分泌物全部排入消化管的分泌方式，如小肠腺。

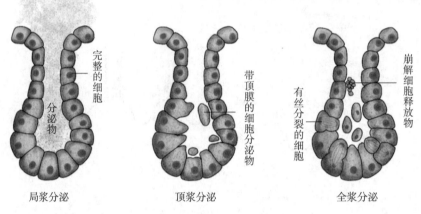

图5-3　消化腺的分泌方式

（二）消化液的功能

消化腺的分泌物称消化液，主要由水、无机盐和有机物组成。消化液的主要功能包括：① 调节消化管内的 pH，以适应消化酶活性的需要。② 通过消化酶将复杂的食物分解为简单的、可被吸收的小分子物质。③ 稀释食物及其消化产物，调节消化管内容物的渗透压，便于肠黏膜上皮细胞吸收。④ 通过分泌黏液、抗体和大量液体，保护消化管黏膜。

人的消化液主要成分及功能见表5-1。

表 5-1　人体消化液的主要成分

消化液	pH	主要成分	酶的底物	酶的水解产物
唾液	7.2～8.2	黏液	淀粉	麦芽糖
		α-淀粉酶		
胃液	0.9～1.5	盐酸	蛋白质	胨、脒、多肽
		胃蛋白酶（原）		
		黏液、内因子		
胰液	7.8～8.4	碳酸氢盐		
		胰蛋白酶（原）、糜蛋白酶（原）	蛋白质	小肽、氨基酸
		羧肽酶	肽	氨基酸
		胰脂肪酶	甘油三酯	脂肪酸、甘油、甘油一酯
		核糖核酸酶	RNA	单核苷酸
		脱氧核糖核酸酶	DNA	单核苷酸
		α-淀粉酶	淀粉	麦芽糖
		胆固醇酯酶	胆固醇酯	胆固醇、脂肪酸
		磷脂酶	磷脂	脂肪酸、溶血磷脂

续表

消化液	pH	主要成分	酶的底物	酶的水解产物
胆汁	6.8 ~ 7.4	胆酸、胆盐、胆固醇、胆色素		
小肠液	7.6 ~ 8.7	黏液	胰蛋白酶原	胰蛋白酶
		肠激酶	双糖（麦芽糖、	单糖（葡萄糖、半乳糖、
		双糖酶	乳糖、蔗糖）	果糖）
大肠液	8.3 ~ 8.4	黏液、碳酸氢盐		

四、消化管功能的调节

消化管的功能主要通过消化管的运动和消化腺的分泌来实现，两者都受到神经因素和体液因素的双重调节。

（一）神经调节

不同于其他的内脏器官，消化管除了接受中枢神经系统的调节之外，其内部还有一套自身的独立而完整的神经系统。因此，支配消化管的神经可依据来源分为内在神经系统（intrinsic nervous system）和外来神经系统（extrinsic nervous system），二者相互协调，共同调节消化管的功能。

1. 外来神经系统

外来神经系统是来自于胃肠道之外的自主神经系统（又称植物性神经系统），包括交感神经和副交感神经（图 5-4）。其中，支配消化管的交感神经是从脊髓胸腰段侧角发出，经过腹腔神经节和肠系膜前、后神经节，交换神经元后，其节后纤维大都终止于内在神经丛，只有少数直接到达胃肠道平滑肌；交感神经受到刺激发生兴奋，会抑制胃肠运动和消化腺的分泌活动。而支配消化管的副交感神经主要来自迷走神经和盆神经，消化管中仅结肠后段、直肠和肛门内括约肌是由盆神经支配，其余大部分都是由迷走神经支配；副交感神经的节前纤维到达胃肠壁后，与内在神经丛的细胞形成突触联系，然后发出很短的节后纤维，支配胃肠平滑肌及其腺体，通

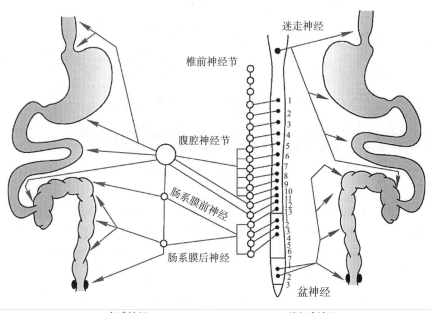

图 5-4 交感神经与副交感神经在胃肠道的分布（改自 James，2007）

常对胃肠运动和消化腺分泌起兴奋作用。

在外来神经中，支配消化管的50%的交感神经和75%的迷走神经纤维为传入神经纤维，它们可及时将胃肠感受器信号传入高位中枢，引起反射调节，如"迷走—迷走"反射。新的研究表明，胃肠道黏膜上的植物性神经末梢分布有大量的受体，能够接受活性物质的刺激，并将信号传递至中枢，影响摄食中枢及胃肠道中枢的活动。

2. 内在神经系统

内在神经系统又称肠道神经系统（enteric nervous system），是分布在从食管中段到肛门的绝大部分消化管壁内的神经丛。内在神经丛的神经元数量多，约10^8个，包括感觉神经元、运动神经元以及起连接作用的中间神经元。其中，感觉神经元能感受胃肠道内机械、化学和温度等刺激，而运动神经元末梢含有多种神经递质，可支配和影响胃肠道平滑肌、腺体和血管的舒缩运动。

内在神经丛主要由两组神经纤维网交织而成，分别是肌间神经丛（myenteric plexus）与黏膜下神经丛（submucosal plexus）（图5-5）。肌间神经丛位于纵行肌和环行肌之间，又称为欧氏神经丛（Auerbach's plexus），主要支配平滑肌细胞的收缩；其内含有以乙酰胆碱和P物质（substance P）为递质的兴奋性神经元，也有以血管活性肠肽（VIP）和一氧化氮为递质的抑制性神经元。黏膜下神经丛分布在消化管黏膜下的结缔组织层间，也有人将黏膜下神经丛分为外层的沙氏神经丛（Schabadach's plexus）和内层的麦氏神经丛（Meissner's plexus），它们的运动神经末梢分别释放乙酰胆碱和VIP，主要调节腺细胞和上皮细胞的功能以及黏膜下的血管运动。

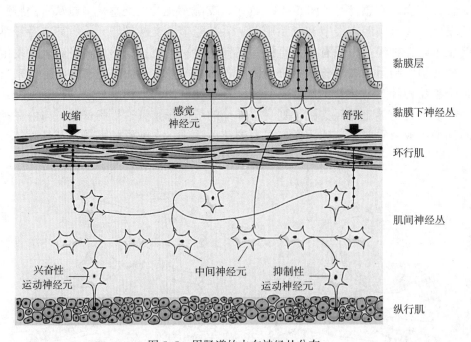

图5-5　胃肠道的内在神经丛分布

在正常情况下，消化管的外来神经与内在神经是双向联系的。它们相互交流、相互作用，共同调节消化管的活动及机体行为等功能（图5-6）。但在实验条件下，若切断胃肠的外来神经后，食糜对消化管的理化刺激仍然可以通过内在神经丛单独发挥作用，反射性地引起消化管运动和腺体分泌。这也就意味着，即使失去中枢神经和交感、副交感神经的支配，消化管的内在神经丛仍能组成完整的反射环路，可以适时地对消化管的功能进行调节和控制。

☞ 肠道神经系统可以独立于大脑之外，独立发号施令，素有"第二脑"之称。

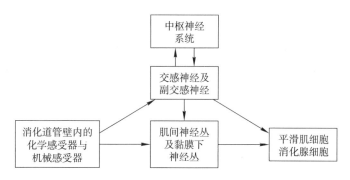

图 5-6　消化系统的局部和中枢反射通路

（二）体液调节

消化管的胃至结肠段的黏膜层中散在分布着 40 多种内分泌细胞，由于消化管黏膜表面积巨大，这些内分泌细胞的数量超过了机体其他内分泌腺中内分泌细胞数量的总和，是动物机体内最大、最复杂的内分泌器官。消化管的内分泌细胞可以合成和分泌多种生物活性物质，参与消化管功能调节。这些化学物质多为肽类激素，常被称为胃肠激素（gastrointestinal hormone），亦称胃肠肽。

研究发现，一些胃肠激素不仅存在于胃肠道内也存在于脑中，此外，一些在中枢神经系统发现的神经肽也在消化管内被发现。这些双重分布的胃肠肽被称为脑肠肽。目前已知的脑肠肽有促胃液素、CCK、P 物质、生长抑素、神经降压肽等 20 余种。越来越多的实验证据表明，脑肠肽介导着脑与肠之间的复杂联系，"脑肠轴"（brain-gut axis）学说也因此提出。例如，胃肠道分泌的胃动素相关肽与 CCK 对下丘脑的摄食中枢具有重要影响，而下丘脑分泌的生长抑素又调节胃肠道的激素分泌及胃肠运动。

胃肠激素是机体内调节肽的重要组成部分，根据氨基酸组成特点，可分为不同的激素族，如促胃液素族、促胰液素族和 P 物质族等。促胃液素族包括促胃液素、CCK；促胰液素族包括促胰液素、胰高血糖素、VIP 和糖依赖性胰岛素释放肽（glucose-dependent insulinotropic peptide）等；P 物质族包括 P 物质、神经降压素等。上述属于同族的激素，往往生理功能较为相近。这些胃肠激素分泌进入消化管，部分通过血液循环到达靶细胞以内分泌方式发挥作用，如促胃液素、CCK、促胰液素等；部分通过细胞外液弥散至邻近的靶细胞以旁分泌方式在局部发挥作用，如胃黏膜泌酸区的肠嗜铬样细胞分泌组胺可以进一步作用于周围壁细胞刺激胃酸分泌。此外，VIP 和铃蟾素（bombesin）可直接由消化管内神经细胞释放并以神经内分泌方式发挥体液调节作用。

胃肠激素的主要生理功能如下：① 调节消化管的运动和消化腺的分泌。例如，促胃液素促进胃的运动和胃液分泌，抑胃肽则抑制胃的运动和胃液分泌，而 CCK 可引起胆囊收缩、促进胰酶分泌等。② 调节其他激素的释放。例如，小肠释放的抑胃肽具有很强的刺激胰岛素分泌的作用，其生理意义是防止在葡萄糖被吸收后血糖升高过快；此外，生长抑素与 VIP 对促胃液素的释放起抑制作用；胃黏膜细胞分泌的胃动素相关肽具有刺激生长激素释放的作用。③ 营养作用。一些胃肠激素具有促进消化管组织代谢和生长的作用。例如，促胃液素能促进胃和十二指肠黏膜的蛋白质合成，从而促进黏膜生长；CCK 能促进胰腺外分泌组织的生长等。

几种常见胃肠激素的主要作用见表 5-2。

☞ 消化管内分泌细胞大部分呈锥形，顶端有微绒毛突起伸入胃肠腔内，可通过直接感受胃肠道内食物成分和 pH 的变化而分泌胃肠激素。

☞ 近年来，随着肠道微生物研究的兴起，肠道微生物也被证明参与肠脑轴的功能反应，在肠道与大脑的信息交流中发挥着非常重要的作用，因此也有科学工作者提出了"微生物 – 肠 – 脑轴"的概念。

☞ 胃促生长素是 1999 年由日本学者 Kojima 从大鼠胃黏膜中提取并鉴定的激素。它由 28 个氨基酸残基（禽类为 26 个）构成，其结构特征是第 3 位氨基酸上带有侧链。胃促生长素具有强烈促进生长激素释放、调节摄食、代谢、生殖等多方面的作用。

表 5-2　几种胃肠激素的主要作用

激素名称	分泌部位	主要生理作用	释放因素
促胃液素	胃幽门腺及十二指肠"G"细胞	促进胃酸分泌、促进胃运动和胃黏膜生长	胃中蛋白质消化产物；胃中高 pH；迷走神经兴奋

续表

激素名称	分泌部位	主要生理作用	释放因素
胃动素相关肽	胃黏膜的内分泌细胞	促进胃酸分泌、促进生长激素释放、促进摄食（在禽类则抑制摄食）、调节代谢等	进食及营养物质；生长激素及多种调节代谢的激素
促胰液素	十二指肠"S"细胞	促进胰腺分泌碳酸氢盐	十二指肠中的酸性食糜
胆囊收缩素	十二指肠到回肠"I"细胞（主要在十二指肠）	促进胰腺分泌胰酶，促进胆囊收缩，抑制胃排空	小肠中的蛋白质和脂肪及其消化产物
抑胃肽	十二指肠和空肠上段"K"细胞	抑制胃的运动和胃液分泌、刺激胰岛素分泌	食糜进入十二指肠和空肠
生长抑素	胰岛、胃黏膜及小肠黏膜的D细胞	对胃肠激素的分泌产生广泛的抑制作用	肠内容物的刺激
胃动素	十二指肠和空肠	可能调节摄食后胃肠运动方式，调节胃贲门括约肌紧张性	乙酰胆碱

五、消化管的免疫功能

胃肠道系统不仅是动物消化与吸收营养物质的重要场所与器官，更是机体内重要的免疫防疫屏障。由于消化管与外界环境相连通，极易受到外界环境中的有害物质（如病原微生物）的侵染。消化管上皮作为动物机体抵御病原微生物的第一道防线，为机体构建出一个含有机械屏障（mechanical barrier）、化学屏障（chemical barrier）、免疫屏障（immunity barrier）及微生物屏障（microbial barrier）的庞大而精密的防御体系。

消化管上皮的机械屏障是由消化管黏膜上皮细胞、细胞间的紧密连接以及分泌的黏液共同组成，是阻止消化道病原微生物入侵的关键物理屏障。肠黏膜是动物机体增生最快的组织之一，因其上皮细胞不断更新，从而保证了肠道黏膜屏障的完整性。在正常的生理条件下，消化管黏膜上皮细胞的增殖、迁移、覆盖处于动态平衡状态。一旦黏膜受损，黏膜上皮细胞的增生与迁移速度便会加快，以保障黏膜的完整性。

消化管的化学屏障是由消化液的成分构成，包括了消化液中的胃酸、胆汁、溶菌酶、蛋白分解酶等，具有一定的杀菌作用。

消化管的免疫屏障是机体黏膜免疫系统的组成之一。肠道有大量的淋巴组织，肠道内壁是机体最大的免疫器官，人的肠淋巴组织的总量与脾的淋巴组织相等，占整个肠道的25%。在人体内，70%的免疫细胞都位于胃肠道中。消化管的免疫屏障包括消化道的淋巴组织及淋巴结，其中分布在消化管内的巨噬细胞、树突状细胞、自然杀伤细胞和肥大细胞等免疫细胞及其所分泌的补体、细胞因子和酶类物质等，可以发挥非特异性免疫功能；而消化道黏膜固有层和周围淋巴结中的T细胞和B细胞可发挥特异性免疫功能；这些非特异性和特异性免疫作用有效构筑出消化管的免疫屏障。

此外，在动物的肠道内栖居着大量的微生物，它们数量庞大、种类繁多，按照其与宿主的关系可分为共生菌、条件致病菌和病原菌三大类。正常情况下，机体与正常菌群之间保持着动态的平衡，而且正常菌群之间也保持着相对恒定的比例关系。肠道共生菌可协助肠道上皮细胞共同抵御其他肠道病原微生物。它可以通过竞争识别位点，分泌抗菌物质，增加黏液分泌，通过诱导肠道上皮细胞更新、增殖和修复等方式抵御病原微生物，维护正常的肠黏膜屏障功能，构建出肠道的微生物屏障。

第二节　动物摄食及调控

动物摄食（feed intake）是指动物利用采食器官捕获食物并将食物送入口腔的全过程。它是动物最基本的本能，也是动物获取营养物质的前提。正常的摄食行为是判断动物健康状况的重要依据，而适宜的摄食量是动物生长发育和发挥其生产性能的基础。动物的摄食行为及摄食量受到多种因素的影响，在长期的进化过程中，不同的动物演化出适应其自身的摄食习性及摄食调控机制。

一、摄食方式

在自然界中，不同动物的摄食方式因动物摄食器官与食物来源的不同而存在较大的区别。

从动物的摄食器官来看，多数哺乳动物的主要摄食器官是唇、舌、齿。例如，牛舌很长，宽厚有力，能伸出口外卷草入口，同时还可以舔取散落的碎小食物，是牛的主要摄食器官；绵羊和山羊则靠舌和切齿摄食；马的唇运动灵活，可将草送至门齿间切断，是摄食的主要器官。除此之外，有些动物还依靠前肢进行辅助摄食，例如猫和狗通常用前肢按住食物，再利用门齿和犬齿咬断食物。不同于哺乳动物，鸟类的主要摄食器官是喙，在啄食时以爪辅助；而杂食性的鱼类多利用齿和鳃摄食。

从食物来源上来看，动物的摄食方式主要包括了以下几种：① 滤食，许多水生生活的低等动物（如海绵动物、腔肠动物、瓣鳃类软体动物）以及少数以浮游生物为食的脊椎动物（如鱼类、蓝鲸等）都是以此方式获取食物。② 捕食，是指动物利用啃、咬、吞等方式摄取大块颗粒或大块状食物，以此种方式采食的动物种类多，机制也是各有不同，囊括了肉食性、植（草）食性和杂食性动物。③ 寄生性摄食，指一些寄生虫类能利用体表直接从寄主吸收营养物质的摄食方式。④ 吸食性摄食，是指食液体动物利用刺吸或吮吸的方式进行摄食，例如蚊子吸食动物血液、哺乳动物幼仔吮吸乳汁等。

☞ 通过滤食的方式摄食的动物通常要比它们的食物大的多，例如蛤蜊和牡蛎通常几厘米长，采食 $5 \sim 50\ \mu m$ 的食物颗粒；蓝鲸体长通常 $20 \sim 30\ m$，它们采食 $2 \sim 3\ cm$ 虾米样食物。

二、摄食行为的发动与终止

动物的摄食行为受到多种因素的影响，包括了摄食器官的特点、摄食方式、食物因素、环境因素等多方面。在适应条件的驱动下，动物摄食行为会发动或终止。从行为学的角度来分析，动物的摄食行为主要由内部动机（食欲）和外部刺激（食物）相结合而产生。发动摄食行为的内部动机主要是体内的营养物质水平，当体内的营养状态降低至某一阈值时，便会刺激下丘脑的摄食中枢，引发动物的食欲，从而发动摄食行为；而外部刺激则是由体外因素引发，例如，食物的性状可刺激动物的视、听、嗅等感受器，进而影响摄食中枢的活动，使得动物对喜欢和厌恶的食物做出不同的反应。摄食的终止信号主要来自大脑，但由于从大脑发出饱感信号到体内营养水平的恢复存在一定的时间差，所以胃肠道的充盈状态对摄食的终止有一定的影响。

三、摄食的调控机制

动物的摄食调控机制非常复杂。食物的物理特性及其对消化管的刺激、动物的化学感受、血液中营养物质的含量以及神经中枢的活动等均可影响摄食。目前与摄食调控机制相关的假说或观点主要存在以下几种。

（一）摄食的物理性调控

1. 食物的物理性状

食物的形状、大小、颜色、气味、硬度等物理性状对动物摄食的发动具有重要的刺激作用。它们通过对动物视、听、嗅、味等感受器的刺激引起食欲，发动摄食行为。例如，禽类味觉不发达，对食物的识别主要依赖视觉，比较注重食物的外形与质地，摄取食物颗粒符合其自然条件下的食物习性，偏好绿色。

2. 食物对消化管的物理刺激

食物进入消化管内会使消化管逐渐充盈，刺激胃肠道内的机械（压力）感受器与渗透压感受器，通过传入神经将信号上传到神经中枢，引发摄食减缓或终止。例如，研究发现禽类嗉囊中不仅存在两种类型的压力感受器，还存在有渗透压感受器。若向禽类嗉囊中注入高渗溶液，则可减慢禽类的采食。动物摄食的这种物理性调控在反刍动物中表现尤为突出。

（二）摄食的化学性调控

从低等的动物如甲壳类、鱼类等到高等的动物哺乳类动物，食物中的化学物质对动物嗅觉与味觉的刺激是引发和延续摄食的重要刺激。与物理性调控相比，化学性调控对动物摄食更为重要，尤其是在动物的生产实践中更是如此。

1. 甲壳类与鱼类的嗅觉与味觉特点

虾、蟹等甲壳类动物的化学感受器与脊椎动物相比，差异较大。由于甲壳类动物视觉较原始，化学感受器对它们的摄食尤为重要。甲壳类动物的嗅觉感受器主要存在于附肢的第一对触角上，而味觉感受器位于口器和颚足上。不同于虾、蟹，鱼类的嗅觉感受器已经形成嗅板。在不同发育阶段的鱼中，嗅板的数目不同且其嗅觉灵敏度也有差异。鱼类的味觉感受器（味蕾）遍布体内与体表，其大小与数目会随日龄增加而增加。鱼类味觉较灵敏，有些甚至比人类高数百倍，例如欧洲鳗的嗅觉能力超过人类的 1 200 倍。幼鱼摄食主要依赖化学感受，而成鱼则同时需要机械刺激与化学刺激。

2. 高等哺乳动物的嗅觉与味觉特点

高等哺乳动物的嗅觉与味觉均比较灵敏，其中嗅觉在摄食、个体识别、求偶、交配、标记领地等许多行为中均具有重要作用，而味觉则主要与摄食有关。猪和大多数哺乳动物出生后的最主要感觉是嗅觉。但灵长类动物由于视觉较发达，其嗅觉的重要性相对降低。

在哺乳动物的鼻腔黏膜上皮的嗅细胞中存在大量的嗅觉受体（嗅觉感受器），能感受从鼻腔和口腔吸入的气味物质。不同的受体相互组合，使动物能够识别上万种不同的气味。不同物种的嗅觉灵敏度差异较大，其主要原因是鼻腔内嗅上皮的面积和嗅觉受体的数量存在差异。

在味觉方面，目前已经确认的基本味觉有甜味、鲜味、咸味、酸味及苦味。在5 种基本味觉中，甜味与碳水化合物（如糖）有关，鲜味与蛋白质营养（如氨基酸、寡肽）有关，咸味和酸味分别来自盐和酸，苦味则与有毒物质或抗营养物质有关。在哺乳动物的舌、会厌和软腭上皮分布着许多数量不同的味蕾，每个味蕾含有50 ～ 150 个味觉受体细胞（有物种差异），且不同区域的味觉细胞对不同味道的物质的敏感性不同。随着分子生物学的发展，已有越来越多的味觉受体基因被发现。不同物种之间的味觉受体的数量及结构均存在不同，因此，即使是对同一种物质也会存在味觉差异。例如，人工合成的甜味剂阿斯巴甜能与人的甜味受体结合，产生很

☞ 在畜牧生产中，摄食量不足是影响畜禽生产性能的最大限制因素。例如在炎热的夏季，畜禽的摄食量普遍降低10%~15%，泌乳母猪摄食量甚至普遍降低30%~40%，严重影响畜禽的生产繁殖性能。所以，对摄食调控机制的研究是动物营养生理调控的重要研究内容，也是研发新型诱食剂以提高畜禽摄食量的基础。

☞ 水产诱食剂的开发主要针对化学感受性刺激。目前常用的有含硫化合物类、生物碱类、动植物提取液、中草药类、氨基酸与小肽类、脂肪酸类、核苷酸类、合成香料类等诱食剂。

☞ 嗅上皮面积：猪约 147 cm²，牧羊犬约 139 cm²，而人仅约 10 cm²；嗅觉受体数量：小鼠约 1 000 个，犬约 800 个，人约 400 个，鸡约 200 个。因此，猪和犬的嗅觉相较更为敏感。

☞ 辣味与涩味不属于基本味觉。此外，脂肪味、钙味、金属味与淡味等味觉仍有待确认。

浓的甜味，但与猪及啮齿类的受体不能结合，无法产生甜味。又如，鸡缺乏甜味受体，而猫科动物（如猫、虎、狮、豹）的甜味受体基因产生了变异，因此，鸡与猫科动物没有甜味觉。此外，味觉受体具有明显的结构特异性。例如，苯丙氨酸、色氨酸的 D- 氨基酸有甜味，而其 L 型异构体则呈苦味；鲜味受体仅识别 L- 氨基酸，却无法识别 D- 氨基酸或糖类。

（三）摄食的中枢性调控

食欲的形成、摄食的延续与摄食的终止主要取决于下丘脑中枢的活动状况。早在 1951 年，印度学者阿纳德（Bal K. Anad）和美国学者布罗贝克（John R. Brobeck）就发现动物的下丘脑与摄食行为密切相关：破坏下丘脑外侧区（lateral hypothalamus），可引起动物拒食；破坏下丘脑腹内侧核（ventromedial nucleus），则增强动物食欲并导致进食过量。由此提出，下丘脑外侧区存在摄食中枢（feeding center），而腹内侧核存在饱食中枢（satiety center）。动物的摄食行为是由摄食中枢和饱食中枢共同控制，而下丘脑则是调控这一行为的基本中枢。

下丘脑中枢的活动又取决于体内营养状况、神经信号与内分泌信号等一系列复杂因素的综合作用。当调控摄食的各种信号经不同的路径传递到下丘脑，下丘脑神经元能产生多种调节食欲的神经肽，通过核团之间的信号传递，最终在下丘脑神经细胞内整合，实现对食欲和摄食行为的调控。

目前，有关摄食的中枢性调控机制主要存在以下几种学说：

（1）葡萄糖稳态学说

血糖水平的高低对摄食具有明显影响。给动物注射胰岛素，血糖水平降低，能够引起动物饥饿；动物摄食后，血糖水平升高，可刺激饱食中枢从而抑制食欲。在下丘脑可能存在对血糖浓度敏感的"糖感受器"，而且动、静脉血中葡萄糖（反刍动物中为挥发性脂肪酸）含量的差异是其有效刺激。

（2）脂肪稳态学说

成年动物能够保持相对稳定的体重，表明体内存在一种控制体重的稳态机制。其中，脂肪沉积是该机制中的一种有效信号。在禽类，强制性过量摄食导致脂肪沉积增加，强制摄食停止后，摄食量明显减少、体重减轻，体脂含量又逐渐恢复正常水平。猪的脂肪稳态机制不如人和禽类敏感，因此，猪有自然肥胖的倾向。脂肪稳态机制与一系列神经内分泌因素有关。

（3）热量（能量）稳态学说

日粮能量水平的高低对摄食量影响很大。摄食量随日粮能量水平的降低而增加。此外，环境温度对摄食量也有重要影响。在寒冷环境中摄食增加、在炎热环境中摄食减少的现象，导致了热量（能量）稳态学说的提出。该学说认为，动物摄食是为了保暖，停食是为了防热。食物在消化与代谢过程中产生热量，该热量可作为一种信号，动物据此调节摄食量。环境中的热量可通过体表及血液传递至中枢，从而启动热量稳态调节机制。

（4）日粮营养平衡学说

在饲养动物的生产实践中，日粮中蛋白质和氨基酸水平对摄食量产生间接影响而非直接影响。饲料配合不良或消化不良导致氨基酸不平衡时，可引起摄食量下降。某些氨基酸的缺乏，尤其是色氨酸的缺乏会严重影响禽类食欲。日粮中的维生素和矿物质含量过高或过低也会影响到摄食量。蛋鸡日粮中钙轻度缺乏会刺激其增加摄食，矿物质过量则明显抑制摄食。某些饲料原料中含有一些抗营养因子如蛋白酶抑制因子、生物碱等，对摄食有抑制作用。

（5）采食的短期调节和长期调节学说

动物摄食调节分为短期调节和长期调节。

☞ 已发现的味觉受体基因包括甜味受体基因（T12 和 T1R3）、鲜味受体基因（T1R1、T1R3 和 mGlUR4）、苦味受体基因（T2R）、酸味受体基因（PKD1L3 和 PKD2L1）以及咸味受体基因（ENAC 和 TRPV1）。

☞ 随着动物味觉受体研究的深入，将来有望研发出针对性强和诱食效果更佳的辅助诱食剂，在生产实践中促进动物摄食。

动物进食后，产生饱腹感，进而使食欲下降、减缓或停止摄食的过程就是短期调节。例如，畜禽每次摄食的开始和终止就是受短期调节机制控制。胃肠道及中枢产生一些食欲调节肽，如 CCK、胰高血糖素样肽 –1（glucagon-like peptide-1，GLP-1）均参与短期调节。由于短期调节机制的存在，畜禽既不会出现完全禁食，也不会出现无休止的摄食。

而动物摄食的长期调节是指机体在一段时期内保持体重和摄食量相对稳定的调节。它通过一些信号分子，如瘦素（leptin）、胰岛素、胃促生长素等激活下丘脑的神经内分泌途径来实现。例如，畜禽能长期维持能量的平衡就是依靠长期调节机制。

（四）摄食调控的因子

随着分子生物学研究技术的不断发展，研究者相继发现了一大批调控摄食的因子。其中，促进摄食的因子主要有神经肽 Y（NPY）、刺鼠相关肽（agouti-related peptide，AgRP）、胃促生长素、食欲肽（orexin）、生长激素释放激素（growth hormone releasing hormone，GHRH）、甘丙肽、强啡肽、艾帕素（apelin）等；抑制摄食的因子主要有阿黑皮素原（proopiomelanocortin，POMC）、GLP-1、CCK、瘦素、促黑素（melanocortin）、可卡因 – 安菲他明调节转录物（cocaine-and amphetamine-regulated transcript，CART）、胰多肽、降钙素基因调节肽、促甲状腺激素释放激素（thyrotropin-releasing hormone，TRH）、催乳素释放因子、酪酪肽、胰岛素、肥胖抑制素（obstatin）等。

这些因子的作用靶点均为中枢神经系统（central nervous system，CNS）。其中促进摄食的因子绝大多数来自 CNS，并且不进入血液循环；促摄食效应最强的为 NPY、AgRP 和胃促生长素。抑制摄食的因子来源最多的是胃肠道，并且能进入血液循环，其次来源于 CNS（不进入血液循环）；抑制效应最强的是 POMC、GLP-1、酪酪肽和 CCK。

此外，有些调控因子在哺乳类与禽类的效应有显著差异。例如，ghrelin 促进哺乳动物摄食，但却抑制禽类摄食；食欲肽与甘丙肽促进哺乳动物摄食，但对禽类摄食无调控效应；胰多肽抑制哺乳动物摄食，但却促进禽类摄食。

（五）下丘脑的信号整合机制

下丘脑作为摄食调控中枢，负责接受和整合来自外周的各种摄食信号。目前认为，与摄食相关的外周信号主要通过三个途径传入下丘脑：① 视觉、嗅觉和味觉信号直接通过脑神经传入；② 食物进入消化管后，通过刺激消化管黏膜迷走神经末梢和交感神经末梢上的受体，将信号传入下丘脑；③ 血液中的一些信号物质通过血脑屏障进入中枢。

下丘脑神经元对各种信号的整合涉及许多代谢途径和信号通路，目前尚不能完全解释清楚。比较一致的观点是：下丘脑细胞内的腺苷酸活化蛋白激酶（AMP-activated protein kinase，AMPK）参与了外周摄食信号的整合作用。各种信号在下丘脑神经元整合后，最终通过两条途径实现对食欲的调节：位于弓状核的促食欲肽神经元（NPY/AgRP）与抑食欲肽神经元（POMC/CART）（图 5-7），最终的摄食效应取决于上述两对神经元兴奋强

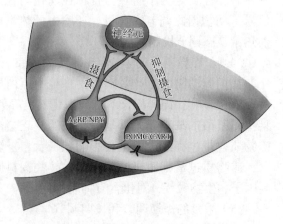

图 5-7   下丘脑弓状核的摄食相关神经元

度的对比，如果前者占优势则促进摄食，后者占优势则抑制摄食。最新的研究表明，下丘脑细胞的糖脂代谢及自由基含量对摄食具有重要的调控作用。

第三节 口腔消化

口腔是消化管的起始部。口腔消化包括咀嚼、吞咽以及分泌唾液。哺乳动物依靠口腔中的咀嚼肌和牙齿将食物嚼碎，并通过舌的配合将嚼碎的食物与唾液混合形成食团进行吞咽，进一步送入食管。在咀嚼过程中，唾液中的消化酶也在发挥分解食物的作用。因此，哺乳动物的口腔内的消化不仅有物理性消化，也有化学性消化。

在自然界中，不同动物消化管起始端结构差异较大，口腔内的消化模式也存在一定差异。与哺乳类不同，禽类动物通常靠尖锐的喙啄食颗粒状食物，吞入嗉囊内进行消化，食物在嗉囊内一般会停留数小时，被分泌的黏液润湿，并依赖嗉囊运动和嗉囊内微生物的作用，完成初步消化过程。而鱼类的口和咽则没有明显界限，一般合称口咽腔。口咽腔内有齿、舌和鳃耙等结构。鳃耙位于腮弓的内侧，属于滤食器官。此外，为了与摄食特点相适应，不同的鱼的口的位置和形状呈多样化。鱼类的食管很短，分布有发达的环行肌，食管内壁还分布有味蕾。当异物进入食管时，环行肌收缩可以将其抛出口外。

☞ 鸽子的嗉囊消化比较特殊，成年鸽能够用嗉囊内的"鸽乳"直接哺育幼鸽。

一、咀嚼与吞咽

（一）咀嚼

咀嚼（mastication）是通过口腔内的咀嚼肌群按一定顺序收缩而完成的一种反射活动。动物通过咀嚼，配合舌的搅拌，将食物磨碎与唾液混合形成食团。咀嚼是消化的第一步，不同动物有不同的咀嚼特点。通常，植（草）食性动物咀嚼很仔细，而肉食性动物咀嚼却不完全，一般随采随咽。

咀嚼对于动物的消化具有三方面的作用：① 将食物切碎，增加食物与消化液的接触面积；② 将切碎的食物与唾液充分混合，形成食团便于吞咽；③ 刺激口腔内各种感受器，反射性地引起消化腺的分泌和胃肠道的运动，为下一步消化做准备。

食物刺激口腔是引发咀嚼反射的主要原因。咀嚼反射的基本中枢在延髓，并直接受大脑皮层的控制。同时，咀嚼肌是骨骼肌，属于随意肌，它的收缩启动和终止、咀嚼次数、咀嚼速度和咀嚼强度等都能随意控制。通常情况下，动物咀嚼的次数和时间与食物的特性有关。例如，青绿或湿软的食物比干的食物所需咀嚼次数少，咀嚼时间也相对较短。动物在咀嚼过程中，咀嚼肌活动增强，需要消耗大量能量。食物在口腔内咀嚼的次数和时间主要会影响物理性消化，对化学性消化的影响不是很大。

☞ 马在饲料咽下前会充分咀嚼；反刍动物虽然采食时咀嚼不充分，但在反刍时可将胃内食物重新逆呕回口腔，再仔细咀嚼。

（二）吞咽

吞咽（deglutition）是指食团由口腔经过咽、食管进入胃的复杂反射活动。吞咽过程因此经历了口期、咽期及食管期三个阶段：① 口期，指由口入咽的时期，舌将食物卷成团状并推到咽部，这个时期可以在大脑皮层控制下随意启动。② 咽期，指由咽入食管上端的时期，食团刺激软腭和咽部可引起急速的吞咽反射（图5-8），包括软腭上提、咽后壁向前突出、关闭鼻咽通路、会厌软骨翻转挡住喉口、勺状软骨收缩关闭喉口、呼吸暂停、食管上括约肌舒张等环节，使得食团顺利挤入食管，避免进入呼吸系统。③ 食管期，指由食管进入胃的时期，进入食管的食团被食管肌肉

☞ 在动物养殖过程中，为了减少咀嚼时能量的消耗，会预先进行饲料加工处理，如切细、磨碎或浸软等。膨化技术是饲料加工过程常采用的技术手段，它不仅能够使饲料质地变软，提高饲料的适口性，而且还能有效破坏一些饲料原料中的抗营养因子。

的蠕动推向胃部；食管的蠕动形成了食管蠕动波，是一种向前推进的波形运动，很自然地推送食团前进。

吞咽反射的基本中枢在延髓，其传入神经包括来自软腭、咽后壁、会厌和食管等处的三叉神经、吞咽神经、迷走神经等脑神经的传入纤维，其传出冲动由面神经、迷走神经、舌下神经、舌咽神经和三叉神经的运动支传出。值得指出的是，吞咽中枢与某些中枢有密切的制约关系，如吞咽中枢兴奋时，呼吸中枢抑制，所以吞咽时呼吸暂停，可以防止食物碎片误入气管。

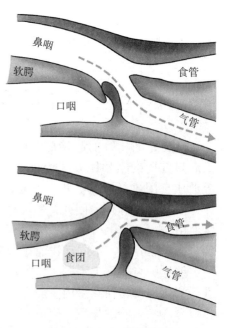

图 5-8   吞咽反射步骤图

二、唾液分泌

（一）唾液的性质、组成和生理作用

唾液（saliva）是由唾液腺分泌物和口腔黏膜中的小腺体分泌物混合而成。对于大多数动物而言，口腔中含有三对大唾液腺，分别是腮腺（parotid gland）、颌下腺（submaxillary gland）和舌下腺（sublingual gland）。腮腺主要由浆液细胞组成，分泌不含黏蛋白的稀薄唾液；颌下腺和舌下腺由浆液细胞和黏液细胞组成，分泌含有黏蛋白的唾液；口腔中的小腺体由黏液细胞组成，分泌含有黏蛋白的黏稠唾液。

1. 唾液的性质和成分

唾液为无色透明的黏稠液体，一般呈弱碱性，由水、无机物和有机物组成，其中水分约占 99%。

唾液中的无机物包括钾、钠、镁的氯化物，磷酸盐和碳酸盐等，在不同种属的动物中，无机物差别很大。其中，反刍动物的唾液含有较多的碳酸氢钠和磷酸钠，pH 高于非反刍动物，具有较强的缓冲作用，对中和瘤胃内发酵产生的有机酸是很必要的。

唾液中的有机物包括黏蛋白、消化酶、激素和其他蛋白质等。其中，消化酶是实现口腔化学性消化的主要物质。大多数动物口腔中的消化酶是 α- 淀粉酶，它能分解淀粉主链中的 α-1,4 糖苷键，使淀粉水解为麦芽糖。但是肉食性动物和牛、羊、马的唾液中一般不含淀粉酶。此外，某些以乳为食的幼畜（如犊牛）的唾液还含有可消化脂肪的舌脂酶（lingual lipase）。初生动物的舌脂酶对脂肪的消化作用比胰脂肪酶还强，能迅速水解长链甘油三酯，但在成年后的反刍动物中，舌脂酶主要对短链的乳脂水解较快。在反刍动物中，处于哺乳期阶段舌脂酶活性很高，但断奶后，舌脂酶活性急剧下降。除此之外，狗、猫等动物的唾液内还含有微量溶菌酶，有杀菌作用。

2. 唾液的生理功能

唾液的生理功能表现在以下几个方面：① 润湿口腔和食物，便于咀嚼和吞咽。② 溶解食物中的可溶性成分，刺激味觉产生，从而刺激消化管的多种反射活动。③ 唾液淀粉酶能将淀粉水解为麦芽糖。尽管唾液在口腔内停留时间很短，但入胃后在胃液 pH 尚未降到 4.5 之前，唾液淀粉酶仍能发挥作用。④ 幼畜唾液中的舌脂酶可以水解脂肪为游离脂肪酸。⑤ 清洁和保护作用，唾液分泌可冲洗口腔中食物残渣和异物，洁净口腔；唾液中的溶菌酶有杀菌作用。⑥ 反刍动物的大量碱性较强的唾液进入瘤胃后，能中和瘤胃发酵所产生的酸，利于瘤胃内微生物的繁殖和对饲料的发

☞ 牛、羊、马、猪的口腔内含有 3 对大唾液腺；犬和兔唾液腺发达，口腔内含有 4 对唾液腺，多了 1 对眶下腺；猫的唾液腺特别发达，口腔内含有 5 对唾液腺，多了 1 对白齿腺和 1 对眶下腺。

☞ 不同动物唾液的 pH 和日分泌量差异较大。例如，猪的唾液 pH 约为 7.3，日分泌量 15 ~ 18 L；马的唾液 pH 约为 7.6，日分泌量约 40 L；牛的唾液 pH 约为 8.2，日分泌量约 100 ~ 200 L。其中，牛的唾液分泌量大约相当于牛体液中细胞外液的总量。

☞ 唾液中的激素含量虽然较低，但在生化检验上具有一定的应用价值。由于采血进行生化检测会对动物造成应激和伤害，相较而言，采集唾液进行生化检测则是一种较好的方法，特别是在测定与应激有关的一些激素（如皮质醇）的应用中。

酶。⑦ 某些汗腺不发达的动物（如猫、狗），可借助唾液中水分的蒸发来调节体温。⑧ 某些异物（如汞、铅）、药物（如碘化钾）和病毒（如狂犬病毒）等常可随唾液排出。⑨ 反刍动物有大量尿素经唾液进入瘤胃，参与机体的尿素再循环。

（二）唾液的分泌及调节

1. 唾液分泌的一般特征

唾液的分泌存在物种间差异。大多数动物都是在进食时才分泌唾液，如猪、马、犬等，它们进食并经过几次咀嚼后，唾液开始分泌。而反刍动物唾液的分泌却不同，它们的腮腺能够持续不断地分泌唾液，在进食或反刍时，分泌活动加强；而其颌下腺和舌下腺只在进食时分泌唾液，反刍和静止时均不分泌唾液。

唾液分泌活动也受到其他因素的影响，如机体状况、饲料的性质、进食习惯等。当动物体内缺水时，唾液分泌可减少一半或更多；当动物感染急性热性病或处于疼痛状态时也会导致唾液分泌减少；当动物采食粗糙食物时，咀嚼次数变多，唾液分泌量也随之变多。当反刍动物瘤胃内的压力和化学感受器受到刺激时，可引起腮腺不断分泌唾液；当消化管其他部位受刺激时，也可反射性地引起唾液分泌增加。

2. 唾液分泌的神经性调节

唾液的分泌受神经反射性调节，包括非条件反射和条件反射。动物进食后，食物刺激口腔内的多种感受器，引起唾液分泌。这种反射是与生俱来的，不需要后天学习训练，是固有的，称作非条件反射（unconditional reflex）。动物进食前，食物的形状、气味或进食环境等因素也能引起唾液分泌，这也是一种反射性分泌，但这种反射不是与生俱来的，而是后天获得的。这是由于动物在最初的摄食过程中逐渐熟悉了食物的形状、气味和进食环境，并把它当作一种信号与进食联系起来，在以后遇到同样信号时，会反射性地引起唾液分泌。由于这种反射的建立需要一定过程和一定的条件，因此称为条件反射（conditional reflex）。

唾液分泌调节的初级中枢在延髓，高级中枢在下丘脑和大脑皮层。自主神经系统是支配唾液分泌的神经，包括了交感神经和副交感神经。支配唾液分泌的交感神经来自胸部脊髓，在颈前神经节更换神经元后，其节后纤维分布到腺体的血管和腺细胞。支配唾液分泌的副交感神经有两支，一支经面神经的鼓索支到达舌下腺和颌下腺，另一支经舌咽神经的耳颞支到达腮腺。在动物实验中，切断交感神经不会影响唾液腺的分泌功能，但切断副交感神经，唾液腺就会萎缩。刺激支配唾液分泌的交感神经或副交感神经，均会引起唾液的分泌，但刺激副交感神经引起的唾液分泌的功能更强。由此可见，虽然交感神经和副交感神经均可引起唾液分泌，但是以副交感神经作用为主。

副交感神经产生的功能依赖于其节后纤维末梢释放的乙酰胆碱、P物质以及VIP。乙酰胆碱与腺细胞上的M受体结合，可引起细胞内三磷酸肌醇（inositol triphosphate，IP_3）的释放，进而触发细胞内 Ca^{2+} 释放，并产生如下效应：① 使唾液腺的血管舒张，血流量增加，促进唾液生成；② 刺激腺细胞分泌水分和盐类；③ 增加腺细胞内黏蛋白的合成和分泌。P物质与乙酰胆碱一样，都可直接作用于导管细胞，通过动员 Ca^{2+} 释放引起唾液分泌。VIP主要通过使唾液腺血管舒张增加血流量，这种调节方式比直接作用于导管促进唾液分泌的作用更强。

交感神经产生的功能则依赖于其节后纤维末梢释放去甲肾上腺素。去甲肾上腺素与唾液腺上受体结合后，可通过提高胞内 Ca^{2+} 水平和cAMP含量增加唾液分泌。然而，由于去甲肾上腺素同时可以减缓腺体内血流速度，使得去甲肾上腺素促进唾液分泌的作用是瞬时的，因此，交感神经兴奋时，唾液腺分泌富含蛋白质和黏蛋白的黏稠唾液。

☞ 唾液的分泌可以通过制作腮腺瘘管进行观察与研究。

▶▶ 录像资料 5-1
（犬）腮腺瘘管手术

第四节　单胃消化

胃是消化管中膨大的部分，是食物消化与储存的重要场所。

在不同的单胃动物中，哺乳类仅具有一个胃，兼具物理性消化和化学性消化的功能。禽类虽然也属于单胃动物，但却具有两个胃，分别称为腺胃与肌胃。其中，腺胃能够连续分泌胃液，与单胃哺乳动物的胃功能相似。然而由于腺胃体积小，食物停留时间短，腺胃分泌的胃液主要随食物进入肌胃内发挥化学性消化功能。此外，肌胃具有发达的肌肉组织且内部含有沙砾，有助于磨碎食物实现机械性消化。因此，肌胃的化学性消化和物理性消化在禽类消化中均具有十分重要的作用。除了禽类，鱼类的胃具有与单胃哺乳动物的胃相似的组织学结构和消化功能。鱼类胃的形状和大小与其食性有关，取食大型捕获物的鱼类胃通常较大，但也有些鱼类（如鲤科鱼类、鳗鲶）甚至没有胃；没有胃的鱼往往是草食性或杂食性，其肠道更长，分泌的酶也更丰富，因此能以肠的消化来代替或弥补胃的消化。

☞ 肌胃内壁有一层坚韧的角质化膜，在肌胃执行机械性消化过程中对胃壁肌肉具有保护作用。在生活中，许多禽类的肌胃内壁常被用作治疗消化不良的良药，例如鸡的肌胃内壁俗称"鸡内金"，是一味常见的中药材。

一、单胃的化学性消化

胃的化学性消化依赖于胃黏膜细胞所分泌的消化液，又称胃液（gastric juice）。单胃动物的胃黏膜可分为贲门腺区、胃底腺区和幽门腺区（图5-9）。贲门腺区分布在胃与食管连接处，其中的腺细胞分泌碱性的黏液；胃底腺区分布在占胃黏膜2/3的胃底和胃体部，是胃的主要消化区，主要由主细胞（chief cell）、壁细胞［parietal cell，又称泌酸细胞（oxyntic cell）］和黏液细胞（mucous cell）组成，分泌胃蛋白酶原（pepsinogen）、盐酸、黏液及内因子（intrinsic factor）；幽门腺区分布在幽门部，腺细胞分泌碱性黏液。上述三种腺体和胃黏膜上皮细胞的分泌物混合构成了胃液。

☞ 胃黏膜上散在分布着不同内分泌细胞，它们能够分泌激素参与构成胃液，如促胃液素。

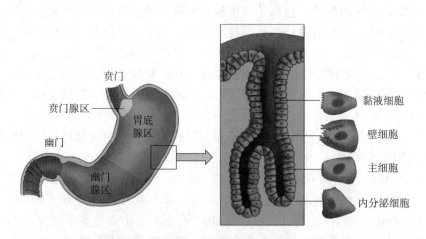

图5-9　胃腺分区及胃底腺中的细胞类型

（一）胃液的性质、成分和作用

▶▶ 录像资料5-2
胃液的消化能力实验

胃液是一种无色、透明的强酸性液体，pH为0.9~1.5。胃液的主要成分包括胃蛋白酶原、盐酸、黏液、内因子、电解质和水。

1. 胃蛋白酶原

胃蛋白酶原由主细胞所分泌，以酶原形式存在，无生物学活性，经盐酸的激活才可转变为有活性的胃蛋白酶（pepsin）。活化的胃蛋白酶又可激活其他胃蛋白酶原，这种作用称为自身激活。作为胃液中最主要的消化酶，胃蛋白酶并不是单一的一种酶，而是一组蛋白水解酶。根据电泳迁移率，胃蛋白酶可以分为 7 个组分，其中组分 1~5 的免疫原性相近，称为胃蛋白酶 I，而组分 6~7 称为胃蛋白酶 II。胃蛋白酶的最适 pH 为 1.5~3.5，当 pH 大于 5 时，胃蛋白酶会失活。

在胃内，蛋白质类营养物质经胃蛋白酶水解后，主要生成䏡和胨，很少产生小分子肽和氨基酸。这是因为胃蛋白酶对蛋白质肽键作用的特异性较差，主要水解芳香族氨基酸、蛋氨酸或亮氨酸等残基组成的肽键。此外，胃蛋白酶对乳中的酪蛋白有凝固作用，这对哺乳期的幼畜较为重要，因为乳凝固成块后在胃中停留时间延长，有利于充分消化。

☞ 生活中，松花蛋白正是䏡和胨的天然存在形式。

2. 盐酸

盐酸也称胃酸，由壁细胞所分泌。盐酸在胃液中大部分以游离形式存在，称为游离酸；小部分与蛋白质结合，称结合酸；二者合称总酸。盐酸的主要作用有：① 激活胃蛋白酶原，使之变成有活性的胃蛋白酶；② 为胃蛋白酶提供适宜的酸性环境，同时使蛋白质变性而易于消化；③ 具有一定的杀菌作用，可杀灭随食物进入胃内的微生物；④ 盐酸进入小肠后，能促进胰液、小肠液和胆汁的分泌，并刺激小肠运动；⑤ 形成的酸性环境，有助于铁和钙的吸收。

胃酸分泌的本质就是壁细胞排出 H^+ 和 Cl^- 进入胃腔的过程（图 5-10）。研究发现，胃液中 H^+ 的最高浓度可达 150 mmol/L，比壁细胞胞质中的 H^+ 的浓度高约 300 万倍。因此，壁细胞分泌 H^+ 是逆浓度梯度的主动转运。现已证明，壁细胞靠近腺管侧的顶膜上含有 H^+-K^+ ATP 酶，又称质子泵（proton pump），可以水解 ATP 释放能量，将细胞中的 H^+ 泵出，同时将 K^+ 泵入。壁细胞中的 H^+ 由胞质内的 H_2O 解离而生成。在壁细胞内碳酸酐酶的催化下，细胞内的 H_2O 迅速与 CO_2 结合，形成 H_2CO_3，随即又分解为 H^+ 和 HCO_3^-。生成的 HCO_3^- 在壁细胞基底侧与 Cl^- 进行交换而进入血液，而交换进入胞质的 Cl^- 则可通过壁细胞管腔侧特异的 Cl^- 通道转出进入腺管管腔，进而与 H^+ 结合形成 HCl。可见，腺管管内 K^+ 的存在是质子泵分泌的前提，当壁细胞受刺激时，K^+ 经细胞顶膜上的 K^+ 通道由胞质进入腺管管腔，而壁细胞基底侧上的 Na^+-K^+ ATP 酶可使细胞外的 K^+ 通过与细胞内的 Na^+ 进行交换而进入细胞内，以补充由顶膜丢失的部分 K^+。

☞ 由于质子泵已被证实是各种因素引起胃酸分泌的最后通路，因此，选择性抑制质子泵的药物（如奥美拉唑）已被临床用于抑制胃酸分泌。

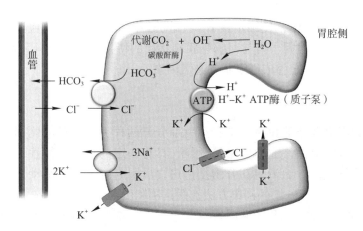

图 5-10 胃酸分泌机制图

胃酸分泌过多或过少对机体均会产生不良影响。胃酸分泌过多能侵蚀胃和十二指肠黏膜，胃酸分泌不足则导致消化不良。例如，在养猪生产中，由于普遍采用早期断奶，导致胃酸分泌不足，仔猪极易产生消化不良，出现生长抑制、下痢、机体抵抗力降低。在人体内，胃酸若是分泌过多，可能会引起烧心、反酸、嗳气等不胃肠不适症状。

☞ 在养殖生产中，常采用仔猪饲料添加酸化剂的方法改善胃的消化环境。但新的研究发现，选用多种有机酸按照目前养殖业普遍采用的酸化剂添加量（0.5%）添加并不能降低胃内容物的 pH，因此，酸化剂的作用仍有待研究。

☞ 用 pH 敏感的微电极测定多种动物胃黏液层 pH 的结果表明，黏液层靠近胃腔侧的 pH 一般为 2.0 左右，而靠近上皮细胞侧的 pH 则为 7.0 左右。

3. 黏液与碳酸氢盐

胃的黏液（mucus）是由胃黏膜表面上皮细胞、主细胞及颈黏液细胞、贲门腺和幽门腺细胞共同分泌混合而成，其主要成分为糖蛋白。胃的黏液包括可溶性黏液与不溶性黏液。可溶性黏液较稀薄，由主细胞及颈黏液细胞分泌。胃运动时，可溶性黏液与胃内容物混合，起润滑食物及保护黏膜免受食物机械损伤的作用。不溶性黏液具有较高的黏滞性，形成凝胶内衬于胃腔表面，厚约 1 mm。不溶性黏液除具有可溶性黏液相似的作用外，还与胃黏膜分泌的 HCO_3^- 一起构成了"黏液 – 碳酸氢盐屏障"（mucus-bicarbonate barrier）。该屏障可保护胃黏膜细胞免受胃腔中 H^+ 的侵袭，当胃腔中的 H^+ 向胃壁扩散时，与胃黏膜上皮细胞分泌的 HCO_3^- 在黏膜中相遇，发生表面中和，使黏液层内出现由内向外的 pH 梯度，靠近胃腔侧 pH 低（呈酸性），胃壁黏膜则处于中性或偏碱状态，有效防止了胃酸和胃蛋白酶对黏膜的侵蚀。此外，胃黏膜上皮细胞还能合成大量的前列腺素 E2（prostaglandin E2，PGE2），可促进胃黏膜分泌碳酸氢盐，抑制胃酸和胃蛋白酶的分泌，还能增加胃黏膜血液和促进黏膜上皮再生，既削弱了胃黏膜损伤因子，又增加了黏膜上皮的抵抗力（图 5-11）。

☞ 假饲法是先做胃瘘手术收集胃液，再做食管瘘手术，动物进食时，食物会经食管瘘漏出起到假饲作用；巴氏小胃是对胃做分离手术后缝合成胃腔互不相通的上部主胃与下部小胃两个部分。当主胃消化时，小胃连接瘘管并开口在腹壁外用于收集纯净胃液。主胃与小胃之间保留部分浆膜和肌层相连，以保留小胃的神经支配和血管营养。

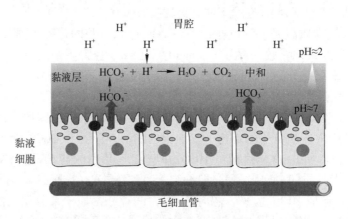

图 5-11 胃黏膜的保护机制

4. 内因子

内因子是壁细胞分泌的一种糖蛋白，分子质量约 60 kDa。内因子能与维生素 B_{12}（外因子）结合成复合体，使维生素 B_{12} 在运送到回肠途中不被消化液中的水解酶所破坏，到达回肠后，内因子再与回肠黏膜刷状缘的特异性受体结合，促进维生素 B_{12} 吸收入血。维生素 B_{12} 是生成红细胞的必需因素。

☞ 在人体内，若胃内壁细胞受损或者减少严重（如在胃切除患者或严重萎缩性胃炎的病人），内因子会缺乏，维生素 B_{12} 吸收会发生障碍，严重时可诱发巨幼红细胞性贫血。

（二）胃液分泌及调节

胃液的分泌存在非消化期分泌和消化期分泌两种类型。非消化期分泌是指空腹 12 ~ 24 h 后胃液的分泌，通常分泌量很少，具有一定的昼夜节律性，清晨分泌量最低，夜间分泌量最高。而消化期分泌是指进食后引起胃液分泌活动，胃液分泌量增加。历史上，研究胃液分泌的经典方法有假饲法和巴氏小胃（Pavlov pouch）法。

胃液分泌受神经因素和体液因素的双重调节。调节胃液分泌的神经纤维主要来自自主神经系统，以迷走神经和交感神经为主，胃肠道的内在神经丛也参与自主神经对胃液的调节。调节胃液分泌的体液因素则包括多种化学物质，如乙酰胆碱、促胃液素、组胺、盐酸、脂肪、高渗溶液以及生长抑素等。除此之外，胃液的分泌也受情绪、心理及精神状态的影响，这在人体内尤为明显。

☞☞ 录像资料 5-3
（犬）分胃手术

1. 消化期胃液的分泌及调节

在动物消化过程中，依据食物刺激部位的先后，一般将胃液分泌分为头期（cephalic phase）、胃期（gastric phase）及肠期（intestinal phase）（图 5-12）。这三期的分泌紧密联系并相互加强，在时间上互相重叠。

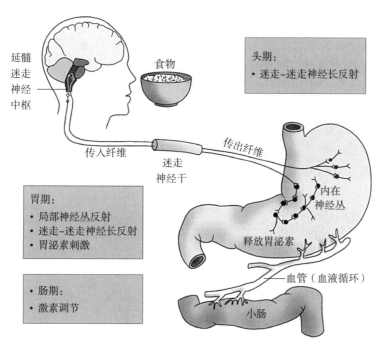

图 5-12 消化期胃液的分泌

☞ 功能性胃肠病是一组危害人类健康的多发病。它是指存在消化道症状，但却无法用器质性病变或生化异常来解释的消化道功能性疾病。它的发病机制比较复杂，目前还不是完全清楚。其中，情绪等心理因素是常见的发病诱因，往往导致胃肠道分泌、感觉、运动等功能的异常，进而出现消化不良、反酸等症状。

（1）头期

在假饲实验中，假饲动物咀嚼或吞咽 5~10 min 后，胃液即开始分泌，并可持续 2~4 h。若切断支配胃的迷走神经，假饲时就不出现胃液分泌。由此可见，在进食过程中，当食物刺激头部（口腔）感受器时就能够反射性地引起胃液分泌，故称头期。

头期胃液分泌是由动物进食或食物的形状、颜色、气味刺激而引起的，包括了非条件反射性分泌和条件反射性分泌两种机制。这些反射的传入途径与进食引起唾液分泌的传入途径相同，反射中枢在延髓、下丘脑、边缘叶和大脑皮质，迷走神经是这些反射的传出神经。迷走神经兴奋，释放乙酰胆碱，刺激胃液分泌。此外，迷走神经兴奋也促使幽门腺区 G 细胞释放促胃液素。研究发现，乙酰胆碱受体阻断剂阿托品可以阻断迷走神经引起的胃液分泌，但对促胃液素的释放无阻断作用。后续研究证明，支配壁细胞的迷走神经末梢释放的递质是乙酰胆碱，而支配 G 细胞的迷走神经末梢释放的递质是一种肽类物质——铃蟾素，又称促胃液素释放肽（gastrin-releasing peptide，GRP）。

☞ 食物的物理性状对胃液分泌的影响是条件反射所建立的，胃液的分泌量与食物有关。动物遇见喜爱的食物会大量分泌胃液，遇见厌恶的食物胃液分泌较少，甚至不分泌。

头期分泌具有潜伏期长、持续时间长、分泌量大、酸度高、胃蛋白酶含量高的特点，因此头期胃的消化力强。

（2）胃期

食团进入胃后，刺激胃部的机械感受器和化学感受器引起胃液分泌，即为胃期的胃液分泌。胃期主要通过以下途径引起胃液分泌：① 食物刺激胃底腺区的机械感受器，通过迷走-迷走神经长反射和壁内神经丛的局部反射引起胃液分泌。② 食物刺激幽门腺区的机械感受器，通过壁内神经丛促使 G 细胞释放促胃液素，进而引起胃液分泌增多。③ 食物中的化学成分，尤其是蛋白质的消化产物如多肽、氨基酸等，直接作用于幽门腺区的化学感受器，促使 G 细胞释放促胃液素，增加胃液分泌。此外，进食后由于食物的缓冲作用提高了胃内 pH（达 4.5 左右），解除了胃酸对 G 细胞分泌的抑制作用，从而有利于促胃液素的释放。

胃期分泌的胃液酸度也较高，但由于大量食物消化的需要，胃蛋白酶消耗增加，因此含酶量较头期少，消化力也相对较弱。随着胃液分泌和消化的进行，胃内 pH 逐渐下降，当 pH 降至 2.0 时，促胃液素的分泌受到抑制；而当 pH 降到 1.0 时，促胃液素分泌将完全停止。这样，随着促胃液素对壁细胞刺激的减弱，胃酸的分泌逐渐减少。

（3）肠期

肠期胃液分泌是指食糜进入十二指肠后，继续刺激胃液分泌。实验表明，将食物由瘘管直接灌注到十二指肠内可引起胃液分泌的少量增加。切断支配胃的外来神经后，食物对小肠的作用仍可引起胃液分泌。这是因为在十二指肠黏膜内仍分布少量 G 细胞，与幽门腺区的神经 – 体液调节作用类似，在食糜的机械扩张和化学成分刺激作用下，G 细胞能够分泌促胃液素促进胃液分泌。此外，在食糜的作用下，小肠黏膜还可能释放一种"肠泌酸素"（entero-oxyntin）物质，刺激胃酸分泌。由于静脉注射氨基酸也可引起胃酸分泌，因此，由小肠吸收的氨基酸也可能参与肠期胃液分泌的调节。

总体上，肠期胃液分泌相较于头期和胃期要少。

2. 促进胃液分泌的因素

壁细胞分泌的胃酸参与构成胃液，其基底膜上含有乙酰胆碱（ACh）、促胃液素和组胺（histamine）三种受体，在神经 – 体液因素的刺激下，这些受体激活可引起胞内第二信使 Ca^{2+}、cAMP 浓度的升高，激活相关蛋白激酶，引起质子泵移动并嵌入壁细胞管腔侧基底膜，泵出 H^+（图 5–13）。因此，促进胃液分泌的物质主要有乙酰胆碱、促胃液素与组胺。研究发现，能引起胃酸分泌的大多数刺激物均能促进主细胞分泌胃蛋白酶原，并引起黏液细胞分泌黏液。例如，乙酰胆碱是主细胞分泌胃蛋白酶原的强刺激物，而促胃液素也可直接作用于主细胞。此外，促甲状腺素释放激素也可刺激胃酸和胃蛋白酶原的分泌，H^+ 可以通过壁内神经丛反射性促进胃蛋白酶原的释放，十二指肠中的促胰液素和 CCK 也能刺激胃蛋白酶原的分泌。

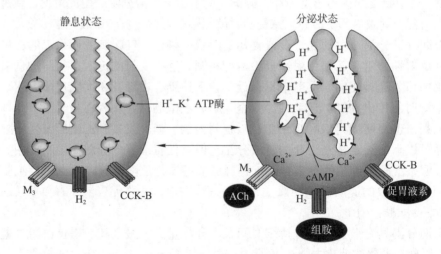

ACh：乙酰胆碱；M_3：乙酰胆碱受体；H_2：组胺受体；CCK–B：促胃液素受体
图 5–13　胃酸分泌的调节

乙酰胆碱、促胃液素和组胺促进胃酸分泌的具体作用如下：

（1）乙酰胆碱

乙酰胆碱是胃迷走神经的大部分末梢和部分肠壁内在神经末梢释放的神经递质。乙酰胆碱可以直接作用于壁细胞上的胆碱能（M_3 型）受体，升高胞内 Ca^{2+} 水平，进而刺激胃酸分泌。这种分泌作用可被胆碱能受体阻断剂阿托品阻断。

（2）促胃液素

促胃液素是幽门腺区黏膜和十二指肠黏膜中 G 细胞释放的一种肽类激素。G 细胞为开放型胃肠内分泌细胞，其顶端的微绒毛能够直接感受胃肠腔内化学物质（主要是食糜中蛋白质消化产物）的刺激，进而释放促胃液素。此外，胃肠管内迷走神经兴奋亦能促进促胃液素释放。促胃液素释放后，主要通过血液循环作用于壁细胞，经由 Ca^{2+} 依赖性途径介导，刺激胃酸分泌。

☞ 机体促胃液素具有多种分子形式，其中最主要的是大促胃液素（G–34）和小促胃液素（G–17）；G–17 刺激胃液分泌的作用虽然是 G–34 的 5～6 倍，但其半衰期短，仅约 6 min，而 G–34 的半衰期约为 50 min。现已证明，幽门腺区主要分泌 G–17，而十二指肠内 G–34 和 G–17 各占一半。此外，由于促胃液素的活性片段为 C 端的 5 肽，在临床与实验研究中，人工合成的 5 肽促胃液素具有天然促胃液素的活性，已被广泛应用。

（3）组胺

组胺是组氨酸脱羧基后的产物，由胃底腺区的肠嗜铬样细胞（enterochromaffin-like cell）分泌。组胺以局部扩散方式到达邻近的壁细胞，通过提高壁细胞内 cAMP 水平，发挥强烈的泌酸功能。实验证明，甲氰咪胍及其类似物可阻断组胺与壁细胞的结合，从而抑制胃酸分泌；而乙酰胆碱与促胃液素则可促进肠嗜铬样细胞释放组胺，促进胃酸分泌。

3. 抑制胃液分泌的因素

在消化过程中，胃液分泌还受到各种抑制性因素的调节，这种调节方式对于维持胃液分泌的稳态具有十分重要的意义。抑制胃液分泌的物质主要有盐酸、脂肪、高渗溶液以及生长抑素。

（1）盐酸

胃液分泌后，胃内 pH 迅速降低，当 pH 降低至 1.2 ~ 1.5 时，便会对胃液分泌产生抑制作用。这是因为盐酸可以直接抑制 G 细胞释放促胃液素，导致胃液分泌减少。此外，盐酸还可通过刺激 D 细胞释放生长抑素，间接抑制促胃液素和胃液的分泌。当十二指肠内 pH 降低至 2.5 以下时，可刺激促胰液素的释放，也能够间接抑制促胃液素和胃酸的分泌。

☞ 盐酸是胃腺分泌的产物，它反过来又能抑制胃腺的分泌，因而是胃腺分泌的一种负反馈调节机制，这对于防止胃酸过度分泌、保护胃肠黏膜具有重要的生理意义。

（2）脂肪

食糜进入小肠后，食糜中的脂肪及其消化产物也能够抑制胃液分泌。早在 20 世纪 30 年代，我国生理学家林可胜就发现，从小肠黏膜中可提取出一种能够抑制胃液分泌和胃运动的物质，并命名为肠抑胃素（enterogastrone）。肠抑胃素不是一种独立的激素，而是多种具有类似作用的激素的统称，包括了脂肪刺激小肠黏膜中几种内分泌细胞所释放的促胰液素、CCK 及抑胃肽等。此外，脂肪引起 CCK 的释放，不仅对胃酸分泌有影响，对胃的排空也有很强的抑制作用。

☞ 这是首次由我国生理学家发现并命名的胃肠激素。

（3）高渗溶液

在胃肠道内的消化过程中，随着大分子物质的不断分解，内容物的渗透压逐渐升高。当十二指肠内容物达到高渗状态时，可通过两种途径抑制胃液分泌。一方面，激活小肠内渗透压感受器，通过肠 – 胃反射抑制胃液分泌；另一方面，通过刺激小肠黏膜释放其他胃肠激素而抑制胃液分泌。

（4）生长抑素

生长抑素（somatostatin）是一种典型的脑肠肽，广泛分布于中枢神经系统和胃肠道。由下丘脑释放的 28 肽生长抑素能够抑制垂体生长激素的释放。在胃肠道内，生长抑素是由黏膜内 D 细胞释放的 14 肽，可通过旁分泌方式对胃酸分泌产生强烈的抑制作用。其作用机理是通过抑制性 G 蛋白调节腺苷酸环化酶的活性而实现的。促胃液素可促进生长抑素的释放，而乙酰胆碱则抑制它的释放。

二、单胃的物理性消化

胃的运动是机械性消化的重要环节。胃壁平滑肌非常发达，收缩有力。通过胃的运动，将粗糙的食团进一步磨碎成食糜，为肠道的充分消化做准备。

（一）单胃的运动及调节

单胃动物的胃既能储存食物、控制食物进入小肠的速率，也可通过胃的运动，将食物研碎，当食物颗粒小到适于小肠消化时便进入小肠。根据胃各部分功能的不同，可将胃分为两个生理区：靠近食管末端的近侧区，也称头区，其运动较弱，主要起储存食物的作用；靠近幽门腺区的远侧区，也称尾区，其运动较强，主要起磨碎食物的作用。

1. 单胃的运动形式

单胃胃壁由三层平滑肌组成，靠近黏膜层为纵行肌，中层为环行肌，外壁为斜行肌。根据胃壁平滑肌收缩的方向与收缩强度，可将胃的运动形式分为三种形式，分别是容受性舒张（receptive relaxation）、蠕动（peristalsis）以及紧张性收缩（tonic contraction）。

（1）容受性舒张

当咀嚼和吞咽时，食物刺激咽和食管等处的感受器，通过迷走神经反射性地引起胃的近侧区肌肉舒张，称为胃的容受性舒张。容受性舒张可使胃的容积扩大，并且大量的食物涌入并不会造成舒张后胃内压的变化，使得胃能更好地完成容纳和储存食物的功能。胃的容受性舒张是通过迷走神经的传入和传出通路而实现的反射性调节，又称迷走 – 迷走反射（vago-vagal reflex）；若切断动物的双侧迷走神经，容受性舒张则不再出现（图 5–14）。值得注意的是，在此迷走 – 迷走反射中，迷走神经传出纤维末梢的神经递质既不是乙酰胆碱也不是去甲肾上腺素，而是血管活性肠肽或一氧化氮。

☞ 人空腹时胃容量大约为 50 mL，进食后最大可以达到 1 500 mL，胃容量扩大为原来的 30 倍之大。

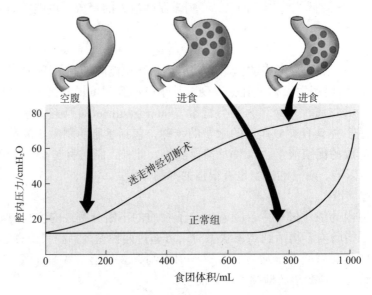

图 5–14　迷走神经切断对胃容受性舒张的影响

▶▶ 录像资料 5-4
（马）胃蠕动

（2）蠕动

胃的蠕动是指胃壁肌肉呈波浪形向幽门推进的舒缩运动，一般在食物进入胃后 5～6 min 开始出现。蠕动波起始于胃中部，约 3 次 /min，有节律地向幽门方向移行，每个蠕动波约需 1 min 到达幽门。当蠕动波到达幽门时，幽门部收缩，将一些食糜排入十二指肠。胃的反复蠕动可使胃液与食物充分混合，并推送胃内容物分批通过幽门进入十二指肠。在消化期，通过幽门排入十二指肠的食糜颗粒直径一般小于 2 mm，不能通过幽门的大颗粒物质被蠕动波所挤压，返回胃窦重新研磨。

☞ 胃的远侧区或尾区蠕动的意义不仅仅在于推进食糜，还具有重要的混合食糜和重新研磨的功能。

（3）紧张性收缩

紧张性收缩是以平滑肌长时间收缩为特征的运动。这种收缩缓慢而有力，可使胃内压升高，压迫食糜向幽门部移动，并使食物紧贴胃壁，促进胃液渗进食物。另外，紧张性收缩还具有维持胃腔内压、保持胃的正常形态和位置的作用。

上述三种运动为消化期胃运动的主要形式。在非消化期，胃的运动是间歇性强力收缩，并伴有较长的静息期，这种运动形式被称为移行性复合运动（migrating motor complex，MMC）。胃部 MMC 起始于胃体上部，并向肠道方向扩展，表现为当强烈的蠕动波经过胃窦时，幽门舒张，将胃内大的食物碎片和不能磨碎的物质排入十二指肠。因此，MMC 存在的意义就是将胃肠内容物彻底清除干净。

2. 单胃运动的调节

单胃运动受到神经体液因素的调节，也与胃平滑肌的慢波电位密切关系。神经和体液因素可通过影响胃的慢波电位和动作电位而调节胃的运动。

（1）神经调节

在正常情况下，胃壁受到食糜的化学刺激或牵张刺激时，胃壁中相应的化学或机械感受器发出冲动，沿迷走神经和交感神经的传入纤维传至延髓运动中枢，反射性地调节胃的运动。支配胃运动的传出神经为迷走神经和交感神经。一般说来，迷走神经兴奋时，抑制胃近侧区的肌肉收缩，导致胃出现容受性舒张，而对远侧区则能引起强烈的蠕动。交感神经兴奋时，可降低胃的慢波电位的频率和传导速度，抑制胃的运动。此外，迷走神经和交感神经对胃运动的影响还需综合考虑胃的机能状态。若胃肌已呈现极度紧张状态，迷走神经兴奋不会继续加强它的运动而是起到减弱作用；反之，若胃已经很松弛，交感神经兴奋可加强胃部运动。除了外来神经，胃肠道的内在神经丛也参与胃运动的调节。食物对胃壁的机械和化学刺激，通过壁内神经丛可使局部胃肌的紧张性收缩加强，蠕动波传播加快。

胃运动的反射性调节不仅有非条件反射，也有条件反射。例如，在圈舍饲养动物中，动物看到食物的外形和嗅到食物的气味，甚至看到饲养员和送料车的定时进入，均会引起胃运动加强以及唾液和胃液分泌，为消化饲料做准备。因此，在畜牧生产中，常利用条件反射的原理促进动物的消化吸收机能，达到提高动物生产性能的目标。

（2）体液调节

调节胃运动的激素比较复杂。研究表明，促胃液素和胃动素能促进胃的运动，P 物质能引起胃肠道纵行肌的兴奋，促胰液素、抑胃肽、CCK、神经降压肽（neurotensin）和生长抑素均能抑制胃的运动，这也包括之前提到的肠抑胃素。此外，在后文胃排空中会介绍到的引起肠 – 胃反射的体液因素，也都可以引起胃运动的减弱以及幽门部的舒张。

（二）胃排空

胃内食糜由胃排入十二指肠的过程称为胃排空（gastric emptying）。胃排空主要取决于胃与十二指肠之间的压力差，受到来自胃和十二指肠两方面因素的影响。

1. 胃内促进排空的因素

胃与十二指肠压力差的大小主要取决于胃内压的变化，而胃的运动是产生胃内压的根源。因此，胃收缩是胃排空的原动力。在生理条件下，静息时幽门处的压力是高于胃腔和十二指肠的，这样既能限制食物过早的进入十二指肠，保证食物在胃内的充分消化，又可避免十二指肠内容物逆流胃部。胃蠕动会升高胃内压，当胃内压大于十二指肠内压并可以克服幽门阻力的时候，才会引起胃排空。在消化期，食物进入胃内引起胃扩张，对胃壁产生机械性刺激，通过壁内神经反射或迷走—迷走反射，加强胃的运动，促进胃排空。此外，食物的扩张刺激以及食物的某些成分（主要是蛋白质消化产物）可刺激胃窦黏膜释放促胃液素，引起胃运动，促进胃排空。在非消化期，MMC 是胃排空的重要促进因素。

2. 十二指肠内抑制胃排空的因素

胃排空的速率与小肠消化吸收的速率相适应，这样才能维持消化生理的稳态。动物十二指肠的肠壁上存在着多种感受器，能反射性地抑制胃运动，导致胃排空减慢，我们将这个反射称为肠 – 胃反射（entero-gastric reflex）。肠 – 胃反射的传入与传出纤维均为迷走神经，它会受到酸、脂肪、高渗溶液、机械扩张等的刺激，尤其是对酸的刺激格外敏感。此外，食糜中的胃酸、脂肪等消化产物进入十二指肠后，还可刺激小肠黏膜释放多种激素，如促胰液素、抑胃肽、CCK 等也参与抑制胃运动和胃排空。

☞ 胃的慢波电位起源于胃大弯上部，沿纵行肌向幽门方向传播，1 min 约 3 次，其传播速度由胃大弯向幽门逐渐加快。胃肌的收缩通常出现在慢波后 6~9 s、动作电位后 1~2 s。

☞ 在正常生理条件下，交感神经对胃运动的调节作用很小。

☞ 这些体液因素的作用效应大多是在实验条件下获得的，是否完全属于生理性反应还有待进一步证实。

☞ 肠 – 胃反射的生理学意义在于使进入小肠的营养成分充分吸收后再允许新的胃消化产物进入小肠。

3. 影响胃排空的其他因素

在动物体内，一般当食物进入胃后 5 min 开始就有部分食糜排空。胃排空的速率取决于食糜的理化性状和动物的状况。一般来说，稀的或流体食物比稠的或固体食物排空快，粗硬的食物在胃内滞留时间较长。在三种主要的营养成分中，糖类较蛋白质排空快，蛋白质又比脂肪排空快。植（草）食性动物胃的排空比肉食性动物慢，如狗在食后 4～6 h 胃内容物已经排空；而马和猪喂后 24 h 胃内还残留食物。动物惊恐不安、疲劳或生病时胃排空受到抑制。在摄食的短期调节中，胃排空的速率对下一次进食时间具有重要影响。

（三）呕吐

呕吐（vomiting）是指将胃及肠内容物从口腔强力驱出的动作。呕吐时，先是深吸气，胸腔扩张，声门关闭，降低胸腔内压，而后食管和胃肌松弛，幽门关闭，前端食管括约肌开放，借着腹肌和膈肌的强烈收缩，压迫胃内容物通过食管而进入口腔。肉食性动物（特别是猫和狗）和杂食性动物易发生呕吐，植（草）食性动物很少呕吐。例如，马的呕吐极为罕见，甚至胃破裂时也不发生呕吐，这可能与马的食管末端括约肌紧张性特别高有关。

呕吐是一种反射活动，其传入冲动来源广泛。例如，机械刺激或化学刺激作用于舌根、咽部、胃、小肠、大肠、胆总管、泌尿生殖器官等处的感受器都可引起呕吐，视觉和内耳前庭的位置改变（如剧烈旋转、晕车晕船）也可以引起呕吐。此外，过量酒精对神经中枢的刺激、女性在怀孕早期由于人绒毛膜促性腺激素（human chorionic gonadotrophin，hCG）的作用以及脑部的机械损伤也易引发呕吐。

呕吐是一种具有保护意义的防御性反射，它可将胃内有害物质排出。但长期剧烈的呕吐不仅影响进食和正常的消化，而且会导致大量的消化液丢失，造成体内水和电解质平衡的紊乱。在临床应用中，呕吐也是人类疾病诊断的一个重要参考指标。

第五节　复胃消化

复胃消化是反刍动物特有的消化模式，反刍动物复胃包括了瘤胃（rumen）、网胃（reticulum）、瓣胃（omasum）和皱胃（abomasum）四个部分（图 5-15）。其中，瘤胃、网胃、瓣胃合称前胃。前胃胃壁黏膜无腺体，也不分泌胃液，主要进行微生物消化和物理性消化；而皱胃胃壁具有胃腺，能够分泌胃液，其消化方式与作用与单胃动物的胃相似，因此也称为真胃。

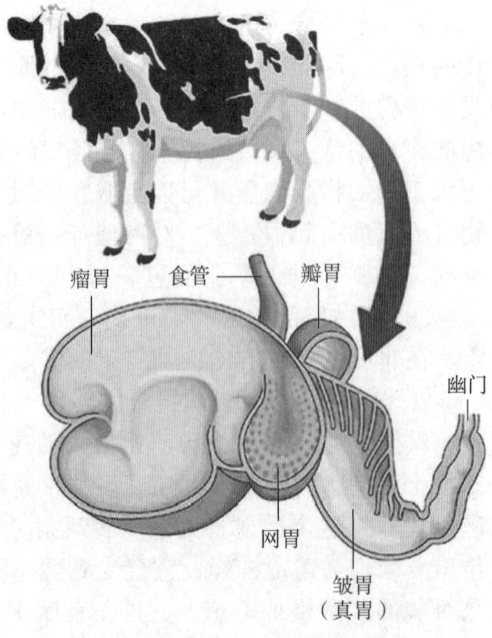

☞ 反刍动物在分类上包括反刍亚目和骆驼亚目两大类，前者包括牛、羊、鹿等，后者包括骆驼、羊驼、骆马等。两类动物胃的结构很相似，但骆驼亚目的皱胃不发达。

▶️ 录像资料 5-5
复胃的解剖结构

一、前胃消化

前胃消化是反刍动物最突出的特征，反刍动物的前胃虽然不能分泌消化液，但它却具有独特的反刍、嗳气、食管沟作用、网瘤胃运动以及微生物发酵等生理特点，可以将摄入的食物进行充分的

☞ 瘤胃和网胃在结构与功能上关系极为密切，常合称网瘤胃。

图 5-15　反刍动物的复胃模式图
（引自 Miller，2010）

发酵与分解，从而为皱胃和肠道的消化做好准备。反刍动物前胃的消化与单胃动物胃的消化有着十分显著的区别。

（一）前胃的结构特点

瘤胃是前胃的重要构成部分，也是复胃四个室中最大的一个，在解剖学上又分为瘤胃前庭、背囊、腹囊等。瘤胃前庭内有食管的开口，还有与网胃相通的瘤网口。背囊与腹囊是瘤胃内呈半封闭状态的内腔，仅与瘤胃前庭相通。瘤胃黏膜由角质化的复层上皮覆盖，并形成很多大小不等的乳头。网胃是复胃的第二腔室，一方面经瘤网口与瘤胃相通，另一方面又经网瓣口直通瓣胃。网胃也由角质化的复层上皮覆盖，黏膜上有蜂窝状的皱褶。瓣胃是反刍动物复胃的第三个胃室，呈球状，位于胃体的正中面、网胃与瘤胃交界处的右侧。瓣胃叶在网瓣口通向皱胃的瓣皱口之间有一条瓣胃沟。瓣胃也由角质化的复层上皮覆盖，黏膜凸起、折叠，向腔面形成百余片皱褶，称为瓣胃叶，俗称"百叶胃"。

反刍动物前胃各部分的大小比例会随着反刍动物的生长发育而发生变化。通常，初生时瘤胃和网胃一起仅占皱胃的1/2，而当犊牛由哺乳转为吃草后，前胃逐渐发育成熟，大约到一岁半时各部分的容积比例发生改变，瘤胃占80%，网胃占5%，而瓣胃和皱胃各占7%～8%。

（二）瘤胃的微生物消化与代谢

反刍动物食物中的干物质有70%～85%是在瘤胃和网胃内消化完成的，其中起主要作用的是微生物。瘤胃可以看作是一个供厌氧微生物高效繁殖的发酵罐。长期以来，反刍动物与瘤胃微生物之间形成了一种稳定的共生关系。瘤胃内的微环境为微生物的繁殖提供了理想场所，反刍动物通过摄食植物性食物为瘤胃内的微生物提供营养来源，而瘤胃内的微生物又可将食物中的大分子营养物质分解并合成微生物蛋白，为反刍动物提供营养。

1. 瘤胃环境

瘤胃内营养物质丰富，渗透压与血浆渗透压相近，温度适宜，常维持在39～41℃，利于微生物生长繁殖。在瘤胃内，植物性食物发酵产生的大量挥发性脂肪酸和氨不断被瘤胃上皮吸收入血，或被碱性唾液所中和，使瘤胃内pH维持在6～7之间。此外，由于瘤胃内容物高度缺乏O_2，背囊的气体多为CO_2、CH_4及少量N_2、H_2等气体，虽有一些O_2会随食物进入瘤胃内，但也很快被微生物消耗利用。因此，瘤胃内是一种高度厌氧的环境，为其内微生物的生长繁殖提供了温床。

2. 瘤胃微生物

瘤胃内的微生物主要是厌氧的纤毛虫和细菌，它们种类复杂，会随食物的性质、采食情况和动物年龄的不同而发生变化。据测定，1 g瘤胃内容物中含细菌约为10^{10}～10^{11}个、纤毛虫约为10^5～10^6个。尽管纤毛虫的数量比细菌少得多，但由于其个体大，在瘤胃内所占的体积与细菌基本相当。瘤胃微生物总体积占瘤胃液的3.6%左右。此外，瘤胃内还发现有其他类群微生物，如真菌。真菌在植物细胞壁的消化过程中起着重要作用。

（1）细菌及其作用

细菌是瘤胃微生物中最为重要的部分，不仅数量大，种类也多。它们的种类和数目会随饲料性质、采食后时间和宿主状态的变化而发生改变。

细菌在前胃中的作用主要是对食物中糖类物质的消化，分解纤维素和半纤维素，产生能被胃吸收的脂肪酸，如乙酸、丙酸和丁酸。大多数细菌能发酵食物中的一种或几种糖类，作为自身生长的能源。其中，可溶性糖类，如六碳糖、二糖和果聚糖等发酵最快；淀粉和糊精发酵较慢；纤维素和半纤维发酵最慢，特别是食物中含较

☞ 前胃微生物群正常活动的pH在6～7之间，当pH低于6时，微生物群的生长繁殖将受到抑制，其消化代谢活动也会出现障碍，容易引发前胃弛缓、瘤胃臌气、瘤胃酸中毒等。

▶▶ 录像资料5-6

（羊）瘤胃微生物提取及观察

多木质素时，发酵率不足 15%。另有一些细菌不能发酵糖类，它们常利用糖类分解后的产物作为能源物质。

细菌还能利用瘤胃内的有机物作为碳源和氮源，将它们转化为自身的成分。这些细菌后来进入皱胃及小肠，再在皱胃和小肠中被消化，供宿主利用。有些细菌还能利用前胃中的非蛋白含氮物，如酰胺和尿素等，将它们转化为自身的菌体蛋白，在皱胃和小肠内被消化利用。微生物蛋白的营养价值较高，其中富含多种必需氨基酸。成年牛一昼夜进入皱胃的微生物自身蛋白质约有 100 g，约占牛日粮中蛋白质最低需要量的 30%。因此，在人工养殖的反刍动物饲料中适当添加尿素、铵盐等，可增加微生物蛋白的合成。

此外，细菌也同时能够合成机体所需的维生素 K 和 B 族维生素。

（2）纤毛虫及其作用

瘤胃内纤毛虫种类很多，包括均毛虫属、前毛虫属、双毛虫属、密毛虫属、内毛虫属和头毛虫属等。纤毛虫的主要作用是对植物性食物的机械消化，撕断和扯裂纤维素，使食物变得疏松、碎裂，利于细菌的发酵活动。此外，纤毛虫体含有多种酶，包括分解糖（α- 淀粉酶、蔗糖酶、呋喃果聚糖酶等）、分解蛋白质（蛋白酶、脱氨基酶）以及分解纤维素（半纤维素酶、纤维素酶）等的酶。它们可以发酵食物中的可溶性糖类、果胶、半纤维素和纤维素等，产生乙酸、丙酸、丁酸、乳酸、CO_2 和 H_2 等。同时，它们也能降解蛋白质、水解脂类、氢化不饱和脂肪酸或使饱和脂肪酸脱氢，还可以吞噬大量细菌。

反刍动物在瘤胃缺少纤毛虫的情况下，通常也能良好生长。但在营养水平较低时，纤毛虫对宿主是十分有益的。作为宿主所需营养的来源之一，纤毛虫虫体本身约可为宿主提供动物性蛋白质需要量的 20%。首先，纤毛虫进入皱胃和小肠后，虫体本身所含的蛋白质、糖原会被宿主消化利用。其次，纤毛虫喜好捕食食物中的淀粉和蛋白质颗粒，并储存于体内，进入小肠后，这些淀粉和蛋白质颗粒会随着纤毛虫的解体被宿主消化吸收，这不仅提高了饲料的消化和利用率，而且增加了氮的储存和挥发性脂肪酸的产生。

（3）瘤胃微生物间的关系

瘤胃微生物之间存在互相制约和共生的关系。如纤毛虫能吞噬和消化细菌，利用细菌作为营养源，还能利用菌体酶来消化营养物质。在个别情况下，瘤胃内纤毛虫完全消失时，细菌数量会显著增加，使瘤胃内消化代谢过程仍能维持原有水平。瘤胃中细菌之间也存在共生关系。例如，白色瘤胃球菌可消化纤维素，但不能发酵蛋白质；而反刍兽拟杆菌可消化蛋白质，却不能消化纤维素；当两者在一起生长时，白色瘤胃球菌消化纤维素产生的己糖可满足反刍兽拟杆菌的能量需要，而反刍兽拟杆菌消化蛋白质也为白色瘤胃球菌生长提供了氨基酸和氨气。

3. 瘤胃内微生物的消化与代谢

食物进入瘤胃后，在微生物作用下，食物中的营养物质被分解，产生乙酸、丙酸、丁酸等挥发性脂肪酸（volatile fatty acid，VFA）和氨基酸等消化产物，同时还合成微生物蛋白、糖原及维生素等，供机体利用。

（1）糖的分解和利用

反刍动物食物中的纤维素、果聚糖、淀粉、果胶、蔗糖、葡萄糖以及其他糖类物质均能被微生物发酵。其中，可溶性糖发酵最快，淀粉次之，纤维素和半纤维素则较慢。

反刍动物所需的糖的来源主要是纤维素。纤维素经细菌或纤毛虫的协同或相继作用，首先分解成纤维二糖，再变成己糖（如葡萄糖），然后转变为丙酮酸和乳酸，最终生成 VFA、CH_4 和 CO_2。VFA 主要是乙酸、丙酸和丁酸。还有一些数量很少但在代谢上却很重要的 VFA，如戊酸、异戊酸、异丁酸和 2- 甲基丁酸等。其他糖类通过

☞ 瘤胃内脲酶的作用强，分解尿素迅速，产生氨的速度约为微生物利用速度的 4 倍。因此，动物饲料中添加尿素的量不宜过多，以免瘤胃内氨积累过多，发生氨中毒。或者在添加尿素的同时，添加脲酶抑制剂抑制尿素分解，使释放氨的速度延缓。

☞ 纤毛虫体蛋白含有丰富的赖氨酸等必需氨基酸，其品质超过菌体蛋白。

不同的细菌和纤毛虫发酵，最终产生 VFA、CH_4 和 CO_2。纤维素代谢途径如下：

纤维素→纤维二糖→葡萄糖→丙酮酸、乳酸→ VFA + CH_4 + CO_2。

在反刍动物和其他大型植（草）食性动物中，VFA 是主要的能源物质。以牛为例，瘤胃一昼夜所产生的 VFA 可提供 25 121 ~ 50 242 kJ（6 000 ~ 12 000 kcal）的能量，占机体所需能量的 60% ~ 70%。其中，乙酸、丙酸、丁酸在瘤胃液中的相应浓度对机体的营养代谢有重要影响。通常瘤胃中乙酸、丙酸、丁酸浓度的比例是 70：20：10，但会随饲料种类的不同而发生显著变化。以家养反刍动物为例，当日粮中粗饲料较多、营养价值较低时，乙酸 / 丙酸的比例升高，丁酸比例降低，VFA 的浓度降至 57.8 mmol/L；当日粮中的蛋白质饲料增多时，乙酸比例下降，丁酸比例上升，CH_4 产量减少，VFA 的浓度可超过 100 mmol/L。通常情况下，家养反刍动物瘤胃内 VFA 的浓度为 60 ~ 120 mmol/L，当日粮中淀粉含量高或者含有大量嫩绿青草时，VFA 的浓度可高达 200 mmol/L。

VFA 产生后，可被瘤胃壁吸收进入血液循环，部分 VFA 在瘤胃上皮细胞内氧化利用。瘤胃微生物在发酵糖类的同时，还能够把分解出来的单糖和双糖转化成自身的糖原。待瘤胃微生物随食糜进入皱胃和小肠时，细菌被盐酸杀死，所含的糖原经酶水解为单糖，再被动物吸收利用，成为反刍动物的葡萄糖来源之一。

（2）蛋白质的分解与微生物蛋白的合成

食物中的蛋白质进入瘤胃后，有 50% ~ 70% 被细菌和纤毛虫的蛋白酶水解为肽类和氨基酸。大部分氨基酸在微生物脱氨基酶作用下，生成 NH_3、CO_2、短链脂肪酸和其他酸类；某些肽和少量氨基酸可直接进入微生物细胞内，合成菌体蛋白。

尽管瘤胃微生物能直接吸收肽，并利用其中的氨基酸合成微生物蛋白，然而也有为数不少的微生物必须利用 NH_3 和 VFA 合成氨基酸，再生成菌体蛋白。因此，NH_3 是合成微生物蛋白的主要氮源之一。瘤胃微生物利用氨合成氨基酸时，还需要能量和碳链。VFA 是碳链的主要来源；除此之外，CO_2 和糖也是碳链的来源。此外，糖还是能量的主要供给者。由此可见，瘤胃微生物在合成蛋白质的过程中，氮代谢和糖代谢是密切相关的。在可利用糖充足的情况下，许多瘤胃微生物，包括那些能利用肽的微生物在内，也可以利用氨合成蛋白质。瘤胃中的非蛋白氮，如尿素、铵盐和酰胺等被微生物分解后产生氨，也可用于合成蛋白质。

瘤胃中产生的氨除了被微生物合成菌体蛋白外，其余的则被瘤胃壁吸收，经门脉循环进入肝，在肝通过鸟氨酸循环生成尿素。由肝生成的尿素一部分经血液循环运送到唾液腺，随唾液分泌重新进入瘤胃，还有一部分通过瘤胃壁又弥散进入瘤胃内，剩余的则随尿排出。进入瘤胃的尿素又可被微生物利用，这种内源性的尿素再循环，对于提高饲料中含氮物质的利用率具有重要意义，保证了瘤胃微生物合成蛋白质所需的氨。

（3）脂肪的消化和代谢

反刍动物食物中的脂肪的消化主要依靠瘤胃微生物对脂类化合物的降解。一般瘤胃微生物可以分解食物中 85% ~ 95% 未经保护的脂肪。瘤胃中的微生物具有水解酯键的能力，可以将甘油三酯水解成甘油和脂肪酸。其中，大部分甘油被转化为丙酸，少量被转化成琥珀酸和乳酸。脂肪酸在瘤胃内可以通过微生物发生生物氢化，转变成饱和脂肪酸。此外，瘤胃中的细菌还能合成少量特殊的奇数碳长链、短链脂肪酸和偶数碳支链脂肪酸，并以此合成磷脂。

虽然反刍动物食物中脂肪较少，但却是体脂和乳脂的来源。与植（草）食性单胃动物相比，反刍动物的体脂和乳脂含有较多的饱和脂肪酸。

（4）维生素合成

反刍动物瘤胃微生物能够合成 B 族以及维生素 K。B 族维生素对反刍动物和瘤胃微生物的正常生命活动及生长具有重要的营养作用。尤其是幼龄反刍动物，由于

☞ 单胃动物体脂中饱和脂肪酸约占 36%，而反刍动物则高达 55% ~ 62%。

瘤胃发育不完善，微生物区系不健全，有可能患 B 族维生素缺乏症。因此在饲料中适当添加 B 族维生素有利于幼龄反刍动物生长发育。瘤胃微生物能合成包括维生素 B_{12} 在内的多种 B 族维生素。在这些 B 族维生素中，硫胺素、生物素、吡哆醇和泛酸多存在于瘤胃液中，而叶酸、核黄素、烟酸和维生素 B_{12} 等大多存在于微生物体内。

（5）气体生成

反刍动物瘤胃微生物在剧烈发酵过程中，会不断产生大量气体。牛一昼夜可产生气体 600～1 300 L，其成分主要是 CO_2（占 50%～70%）和 CH_4（30%～40%），还有少量的 N_2 及微量的 H_2、O_2 和 H_2S。瘤胃内气体的产生量和组成会随食物的种类和采食时间不同而有显著的差异。例如，在畜牧生产中，犊牛出生后几个月内，瘤胃内 CH_4 较多；随着日粮中纤维素含量的增加，CO_2 的含量也增加；当小牛到 6 月龄时，瘤胃内气体的产量达到成年牛的水平。又如，在正常情况下，瘤胃内 CO_2 的量比 CH_4 多，但在饥饿或胀气时，CH_4 的量将大大超过 CO_2 的量。

瘤胃中的 CO_2 主要是由糖类发酵和氨基酸脱羧产生，小部分由唾液内碳酸氢盐中和脂肪酸产生，或者是脂肪酸吸收时透过瘤胃上皮交换产生。而瘤胃中的 CH_4 主要是在甲烷细菌的作用下，通过还原 CO_2 而生成（$4H_2 + CO_2 \rightarrow CH_4 + 2H_2O$）。在这一反应中，氢、甲酸和琥珀酸是氢的供给者。此外，瘤胃中的 CH_4 也能通过乙酸的脱甲基而产生。

（三）前胃的运动

反刍动物前胃各部分形态不同、功能各异，但它们的运动却密切联系、互相配合。前胃的运动开始于网胃的两相收缩，运动的周期及频率会随动物消化状态不同而发生改变。动物处于静息状态下，即在未进食或未反刍时，前胃运动周期的节律性明显，但频率较低；进食后，前胃运动频率和强度明显增大；而发生反刍时，前胃除了出现周期性的运动之外，还出现额外的收缩。

1. 网瘤胃运动

在前胃内容物的刺激下，网胃会发生两次不同类型的收缩，称为网胃的两相收缩。第一相收缩力量较弱，网胃仅收缩一半即发生舒张，可将漂浮在网胃上部的粗糙食物压向瘤胃；第二相收缩十分强烈，网胃发生完全收缩，内腔几乎消失，可使一部分食糜分别进入瘤胃前庭和瓣胃，引发瘤胃和瓣胃收缩。在动物反刍时，网胃的两相收缩之前会出现一次额外的附加收缩。

瘤胃运动也存在两种收缩形式。第一种收缩称为瘤胃的第一收缩，也称为"A"波，它发生在网胃第二相收缩尚未结束时，从瘤胃前部开始，收缩波沿前背囊向后背囊传播，然后转入后腹囊，接着又沿腹囊由后向前传播，最后止于瘤胃前部。A 波使食物在瘤胃内按着由前向后、再由后向前的顺序和方向移动并混合。瘤胃的第二次收缩发生在 A 波之后，又称"B"波，它与网胃收缩无直接关系，属于瘤胃运动的附加波。B 波通常起于瘤胃后部，并常在背囊进行第二次收缩时嗳气。B 波收缩频率低于 A 波，一般情况下，采食时 B 波频率为 A 波的 2/3，静息时 B 波频率约为 A 波的 1/2。

在网瘤胃运动、重力和微生物发酵的综合作用下，瘤胃内容物会产生特殊而稳定的分层现象，在牛中尤为明显。通常情况下，瘤胃腔顶部是发酵后产生的气体；气体下面是一个呈漂浮状的固体层，该层由食物颗粒及其周围的细菌发酵产生的气泡浮力所形成的；瘤胃底部为水样的液体层；在液体层和固体层之间存在一层悬浮层（图 5-16）。网瘤胃的运动和前述的微生物发酵对固体层食物颗粒变小及其通过瘤胃的速度有着重要影响。此外，食物的物理性状（长度）和可消化性也会影响食物通过瘤胃的速度，从而间接影响着反刍动物的采食量。

☞ 反刍动物网瘤胃收缩的频率为 1~3 次/min，这不仅与进食状态有关，还与食物的性状密切相关。动物生产中，粗糙纤维较多的饲料会刺激网瘤胃产生高频率和高强度的收缩。

☞ 若反刍动物的食物中混有铁钉等尖锐异物，在网胃第二相强烈收缩时极易刺伤网胃甚至临近的心包，可能引发反刍动物造成创伤性网胃炎和创伤性心包炎。

☞ 瘤胃运动检查是兽医临床诊断的重要指标。

☞ 不易消化的食物在瘤胃内停留时间长于易消化的食物。在生产应用中，若将饲料加工切短，则可提高饲料通过瘤胃的速度，增加动物摄食量，但这同时也会因发酵的时间缩短而降低消化力。

2. 瓣胃的运动

瓣胃是反刍动物消化代谢和营养物质吸收的重要场所之一。瓣胃消化是瘤胃消化的延续，可将来自瘤胃的内容物进一步浓缩与磨碎。瓣胃的运动也起始于网胃收缩，当网胃收缩时，网瓣口开放，部分食糜快速流入瓣胃；网胃收缩后，瓣胃沟会首先发生收缩，使网瓣口关闭，迫使新进来的食糜进入瓣胃叶片之间。瓣胃沟的收缩通常与瘤胃背囊收缩同步，恰好处于网胃两相收缩的间歇期。瓣胃体和瓣胃叶收缩也在此时发生，从而迫使食糜进入皱胃。其实，在食糜送进

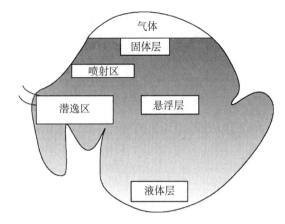

图 5-16　瘤胃内容物分层模式图
（引自 Cunningham，2007）

皱胃之前，瓣胃内残存的 VFA 和碳酸氢盐已被吸收，避免了对皱胃的不良影响。

瓣胃体和瓣胃叶收缩会起到类似研磨的作用，加之瓣胃的"滤过"作用，瓣胃内容物比网瘤胃干燥得多（50%~60% 含水量），食糜经过瓣胃后会变得细而干，且纤维类含量较高。瓣胃内食糜转运的速度与网瘤胃和皱胃内容物容积有关，当网瘤胃内容物多或皱胃内容物少时，瓣胃内食糜转移速度加快。除此之外，食糜的物理性状也影响食糜离开瓣胃的速度，食糜中较稀的成分经瓣胃管会很快送进皱胃，而较浓稠的成分则留在瓣叶间。由于瓣胃内容物偏酸性，pH 大约为 5.5，微生物的活动大多被抑制，因此瓣胃内容物不适于微生物消化，但吸附在纤维上的一些纤维素酶可以继续分解纤维素产生能量。

3. 前胃运动的调节

反刍动物前胃运动主要由位于延髓的中枢通过迷走神经和交感神经的活动来调节的。若刺激迷走神经，前胃运动加强；反之，切断两侧迷走神经，前胃各部分的收缩则失去协调性，食糜不能由网瘤胃进入瓣胃和皱胃。若刺激交感神经外周端，前胃运动则变得迟缓。前胃运动的神经控制主要由反射性调节实现，反刍动物的整个消化道上几乎都分布着感受器。刺激口腔感受器（如咀嚼）以及前胃的压力或机械感受器，能反射性地引起前胃运动加速、加强；刺激网胃感受器，除引起运动加速、加强之外，还可引起逆呕和反刍；刺激十二指肠感受器，常引起前胃运动抑制。此外，瓣胃、皱胃及十二指肠的消化状况也能影响前胃运动。例如，皱胃充满内容物时，瓣胃运动减弱变慢；瓣胃充满时，网瘤胃运动减弱；当网瘤胃内食糜的浓度、pH、VFA 浓度、离子强度和容积等产生变化时，会反射性地引起前胃运动及反刍加强。

除了神经调节，反刍动物前胃的运动也受到体液因素的调节。其中，胃肠道激素（如促胰液素、CCK 等）对瘤胃和皱胃运动有抑制作用，促胃液素对瘤胃运动有兴奋作用。

（四）反刍

反刍（rumination）是植（草）食性动物在长期进化过程中获得的一种保护机制，构成了反刍动物所特有的消化环节。它是指在采食时，食物一般不经过充分咀嚼就吞咽进入瘤胃，在瘤胃内经胃液浸泡和软化一段时间后，食物逆呕返回口腔再经咀嚼吞入瘤胃的过程。反刍的作用不仅可以使进入前胃的食物得到重新咀嚼，而且会刺激唾液分泌并将唾液随食团带入前胃，依靠唾液中的碳酸氢钠、磷酸氢钠等和前胃微生物发酵产生的有机酸中和，从而保持前胃中的酸碱平衡，利于微生物消化功能的正常进行。

反刍包括逆呕、再咀嚼、再混唾液和再吞咽 4 个阶段。当反刍发生时，网胃会在两相收缩之前出现一次额外收缩，使得胃内一部分食团上升到贲门；同时，贲门扩张，伴随吸气，胸内负压加大，食管内压下降，胃内容物被驱入食管，食管的逆蠕动使食团返回口腔，即发生逆呕。伴随逆呕的食团到达口腔后，由于舌和颊部的挤压作用，食团内的水和小颗粒物质被挤出并吞咽，留于口腔中的食团开始再咀嚼。反刍动物再咀嚼的持续时间取决于食物的性状和粗糙程度。伴随着再咀嚼混入唾液形成的食团经再吞咽，又进入瘤胃前庭，并沉入底部，经网胃转入瓣胃。

反刍是一个复杂的反射。瘤胃内的粗糙食团刺激了网胃、瘤胃前囊和食管沟等处黏膜的感受器，经传入神经传到延髓的逆呕中枢，中枢的兴奋沿传出神经和与之有关的膈神经和肋间神经传到网胃壁、食管沟、食管和呼吸肌，引起它们的收缩而引发逆呕和反刍。当网胃和瘤胃中的食糜经过反刍和发酵变成细碎小颗粒时，对瘤胃和网胃的刺激减弱，食糜转入瓣胃和皱胃，逆呕停止，进入反刍的间歇期。在间歇期内，瓣胃和皱胃的食糜相继进入小肠。当网胃、瘤胃房和食管沟黏膜的感受器再次受到粗糙食团刺激时，又开始下一次反刍。

（五）嗳气

☞ 正常情况下，牛每小时嗳气 17～20 次可以维持瘤胃的稳定状态。若牛采食过量鲜嫩青绿饲料，瘤胃内产气量则多于排除的气体量，易产生瘤胃臌气的症状，严重时需通过瘤胃穿刺放气。

嗳气（eructation）是反刍动物将前胃中发酵产生的气体（主要是 CO_2 和 CH_4）借食管的逆蠕动经口腔排出体外的过程。瘤胃发酵能产生大量的气体，其中大部分气体通过嗳气排出体外；也有部分通过瘤胃壁吸收入血后经肺排出，或随饲料残渣经胃肠道排出；还有少部分气体被瘤胃内微生物所利用。反刍动物嗳气的次数取决于气体产生的速度，在正常情况下，瘤胃内所产生的气体和通过嗳气等途径排出的气体基本相等。如果产生的气体过多不能及时排出，可形成瘤胃急性臌气。

嗳气是一种反射动作。由于瘤胃内气体增多，瘤胃背囊壁的压力增大，刺激了瘤胃背囊和贲门括约肌处的牵张感受器，经迷走神经传到延髓嗳气中枢，再经迷走神经传出引起背囊收缩，由后向前推进，压迫气体进入瘤胃前囊，同时前肉柱（在瘤胃壁的内面，与表面各沟相对应的加厚部分称肉柱）与瘤胃肉褶收缩，阻挡液状食糜前涌，贲门区的液面下降，贲门口舒张，气体向前和向腹面流动而进入食管。随后，贲门口关闭，几乎同时食管肌收缩，迫使食管内气体进入咽部。这时因鼻咽括约肌闭锁，大部分气体经口腔逸出。也有一小部分气体通过开放的声门进入气管和肺，并经过肺毛细血管吸收入血。

（六）食管沟反射

☞ 在兽医实践中，通常先给予反刍动物上述钠盐溶液，再投喂药物，这样可使药物直接经食管沟进入皱胃。例如饮服 10% 碳酸氢钠，刺激咽部黏膜感受器，可反射性引起牛食管沟闭合。

食管沟是食管的延续，它起自贲门，经瘤胃伸展到网瓣口，是由两片肥厚的肉唇构成的一个半关闭的沟。食管沟收缩时呈管状，起着将乳汁或液体从食管输送至瓣胃沟和皱胃的功能。食管沟闭合是一种反射活动，与吞咽动作同时发生，其感受器分布在唇、舌、口腔和咽部的黏膜上，传入神经为舌咽神经、舌下神经和三叉神经咽支，传出神经为迷走神经，控制中枢位于延髓内，并与吸吮中枢紧密相关。吸吮是食管沟反射最为重要的刺激源。除此之外，饮服的液体成分也能引发食管沟反射，最适宜的刺激是各种钠盐溶液。此外，食管沟闭合的程度与吸吮方式有密切关系。犊牛用人工哺乳器慢慢地吸吮时，食管沟闭合严密；但从桶中饮乳时，由于缺乏吸吮刺激，食管沟反射降低，部分乳汁会漏入瘤胃。此外，由于幼畜的网瘤胃发育不完善，乳汁进入网瘤胃不能排出，长时间存留易发生酸败，引起幼畜腹泻。

☞ 抗利尿激素是垂体在脱水或血浆渗透压增高的情况下由下丘脑释放的激素，与口渴相关。

反刍动物的食管沟反射在哺乳期有着极其重要的作用。它可使乳汁直接从幼畜食管进入瓣胃并最终流进皱胃消化吸收。幼畜断奶后，伴随着年龄增长，食管沟反射逐渐减弱。尽管如此，食管沟反射在成年动物体内仍具有一定的生理功能。研究发现，食管沟反射可被抗利尿激素兴奋，从而保证动物的饮水快速到达小肠，以减少其在网瘤胃滞留，及时补充体液。

二、皱胃消化

皱胃是反刍动物唯一具有分泌功能的胃，其结构与功能与单胃动物的胃十分相似。皱胃消化在反刍动物营养和临床生产实践中具有重要的意义，这是因为从皱胃进入十二指肠的食糜不但量大，而且富含可被动物机体直接吸收的营养物质。

（一）皱胃的分泌

反刍动物皱胃黏膜具有分泌胃液的腺体，可以分泌胃蛋白酶原、凝乳酶（幼畜）和盐酸，以及少量黏液。皱胃内酶的含量和盐酸浓度随年龄变化而变化。例如，幼畜胃液中的凝乳酶含量比成年家畜高很多，有利于乳汁的消化；胃蛋白酶含量随幼畜生长而增加；酸度也会随着年龄增加而逐渐增高。不同于单胃动物的胃液分泌，皱胃的胃液分泌是持续的，这是由食糜不断从瓣胃进入皱胃而引起的。皱胃分泌的胃液量和酸度取决于瓣胃内容物进入皱胃的量和内容物中 VFA 的浓度，而与饲料的性质关系不大。这是因为进入皱胃的食物经过瘤胃发酵已经失去其原有的特性。

皱胃胃液的分泌既受神经调节也受体液调节。迷走神经（副交感神经之一）是皱胃分泌的兴奋性神经，因此，胆碱能药物能够刺激皱胃分泌胃液，而胆碱能神经阻断药物则起到相反的作用。体液调节中，促胃液素是皱胃胃液分泌的关键因子。皱胃黏膜含有丰富的促胃液素，促进胃液分泌。促胃液素的分泌亦受迷走神经和皱胃中食糜 pH 的影响，当迷走神经兴奋或皱胃中食糜 pH 升高时，促胃液素释放增加，胃液分泌增多；反之，胃液分泌减少。

（二）皱胃的运动

皱胃运动与单胃相似，不似前胃那样具有节律性。皱胃的收缩与十二指肠的充盈程度密切相关，十二指肠排空时，皱胃运动增强；十二指肠充盈时，皱胃运动减弱。同样，皱胃的扩张可引起前胃运动的降低，引起进入皱胃的食糜减少。由于瓣胃每次的周期性收缩都使部分食糜进入皱胃，所以皱胃经常处于一定的充盈状态，其运动形式和速度都相对恒定，一般不发生饥饿性收缩。皱胃运动受进食影响，进食前若看到食物或发生进食均能反射性引起胃窦部频繁强烈收缩，进食后运动相对减弱。

皱胃的运动受到副交感神经的支配，还受到肠道激素的体液调节，如 CCK、促胰液素、促胃液素等。

第六节 小肠消化

小肠消化是整个消化过程中最重要的环节。在鸟类与哺乳类动物中，小肠包括了十二指肠、空肠和回肠三部分。小肠的总长度很长，并且消化液含量丰富，胰腺分泌的胰液与肝分泌的胆汁均通过导管排入十二指肠，小肠黏膜上皮细胞还能分泌小肠液。食糜在小肠内，经过上述消化液的化学性消化和肠壁平滑肌收缩产生的机械性消化后，大分子营养物质分解彻底，消化过程基本完成。与此同时，绝大部分营养物质在小肠段被吸收。

☞ 鱼类肠道内的消化活动与高等动物的肠道相似，但鱼类的主体肠道属于中肠，很难区分小肠和大肠，而其直肠属于后肠。有些鱼类在胃与肠的交界处有一些盲囊状的突起，称为幽门盲囊，能够扩大肠的表面积。

☞ 不同哺乳动物小肠的长度：如牛 38～42 m，羊 23～26 m，马 20～25 m，猪 15～20 m，犬 3～5 m，人 5～7 m。

▶▶ 录像资料 5-7
（猪）胰液分泌在体
实验

☞ 哺乳动物胰腺是
附着在十二指肠外侧
的独立组织，兼具外
分泌和内分泌功能。
与哺乳动物相比，鱼
类的胰腺比较特殊，
会随分类而不同。例
如，圆口纲的胰腺由
肠系膜上含有酶原颗
粒的腺细胞组成；软
骨鱼纲的胰腺很发达，
是一个整体的致密组
织，分大小不等的两
叶，由峡部相连；硬
骨鱼纲的胰腺只有少
数呈整体的组织，大
多数呈分叶型的弥散
的腺体，多分布在肝
内，合称肝胰腺。

▶▶ 录像资料 5-8
（猪）胰液的消化作
用实验

☞ 一些植物性蛋白
中也含有胰蛋白酶抑
制剂，当这些蛋白随
植物性食物进入动物
肠道后，能够抑制胰
蛋白酶的活性，影响
营养物质的消化，属
于抗营养因子。

☞ 不同动物的胰液
的分泌量差异较大，
例如，马一昼夜的分
泌量约为 7 L，牛为
6~7 L，猪为 8 L，犬为
0.2~0.3 L。

一、小肠的化学性消化

（一）胰液

胰液（pancreatic juice）是由胰腺的外分泌部（腺泡细胞和小导管细胞）分泌产生，并沿胰腺导管排入十二指肠的消化液。胰液含有丰富的消化酶，具有很强的消化能力，是机体最为重要的消化液。

1. 胰液的性质、成分和作用

胰液是无色无臭的碱性液体，pH 为 7.8~8.4，渗透压与血浆相等。胰液的主要成分包括水、无机物和有机物。

（1）胰液中的无机物

胰液中的无机物以碳酸氢盐含量最高，由胰腺小导管细胞所分泌，其主要作用是中和随食糜进入十二指肠的胃酸，使肠黏膜免受胃酸侵蚀，同时也为小肠内各种消化酶提供适宜的弱碱性环境，这一点对杂食性动物与植（草）食性单胃动物尤为重要。

（2）胰液中的有机物

胰液中的有机物主要为多种消化酶，包括淀粉酶、脂肪酶、蛋白酶等。

胰淀粉酶（pancreatic amylase）是一种 α- 淀粉酶，最适 pH 为 6.7~7.0，能水解淀粉主链中的 α-1，4 糖苷键，将淀粉分解为麦芽糖。胰淀粉酶的水解作用效率高、速度快。

胰脂肪酶（pancreatic lipase）可将甘油三酯分解为甘油、脂肪酸和甘油一酯，其最适 pH 为 7.5~8.5。胰脂肪酶只有在胰腺分泌的另一种小分子蛋白质——辅脂酶（colipase）的帮助下才能发挥作用。甘油三酯经胆盐乳化后，胰脂肪酶和辅脂酶能在甘油三酯的表面形成一种高亲和度的复合物，牢固地附着在脂肪颗粒表面，防止胆盐把脂肪酶从脂肪表面置换下来。胰液中还有一定量的胆固醇酯酶和磷脂酶 A2，能分别水解胆固醇酯和卵磷脂。

胰液中的蛋白酶包括两大类：① 肽链内切酶，包括胰蛋白酶（trypsin）、糜蛋白酶（chymotrypsin）及少量弹性蛋白酶（elastase），能水解蛋白质分子内部的肽键。这些酶最初分泌出来时均以无活性的酶原形式存在。其中，胰蛋白酶原分泌到十二指肠后，迅速被肠激酶（enterokinase）激活，转变为有活性的胰蛋白酶；胰蛋白酶被激活后，能迅速将糜蛋白酶原及弹性蛋白酶原等激活，此外，激活的胰蛋白酶也有较弱的自身激活作用；糜蛋白酶与胰蛋白酶的作用很相似，都能将蛋白质分解为胨和胨，当两者共同作用时，可进一步将胨和胨分解为小分子肽和氨基酸；除此之外，糜蛋白酶还有较强的凝乳作用。② 肽链外切酶，如羧基肽酶和氨基肽酶，它们能水解肽链两端的肽键。

除了蛋白酶，胰液中还含有核糖核酸酶和脱氧核糖核酸酶，它们可水解相应的核酸为单核苷酸。

由于胰液的消化能力很强，为保护胰腺自身不被消化，胰液中还含有胰蛋白酶抑制物，能有效防止胰酶在胰腺内激活。当动物患急性胰腺炎时，由于胰酶在胰腺内被激活，能引起胰腺组织自身消化、水肿、出血甚至坏死。

2. 胰液分泌的调节

胰液的分泌活动在消化间期很少，主要是由进食刺激而引发胰液大量分泌。因此，和胃液分泌相似，胰液分泌也可以根据食物刺激的先后，分为头期、胃期和肠期。头期也称为神经期，是指动物看到、嗅到或尝到食物引起胰液大量分泌的过程，是由迷走神经调控的；胃期主要由食物对胃的物理和化学刺激所引起，受到多重因素的调节；肠期主要由十二指肠营养物质如蛋白质消化产物、脂肪酸等刺激引发，是胰液分泌活动最为剧烈最为重要的时期（图 5-17）。可见，进食时的胰液分泌会受到神经和体液双重因素的调节，其中以体液调节为主。

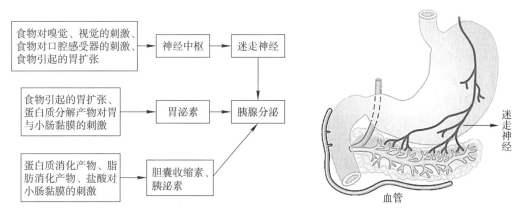

图 5-17　胰液分泌的神经体液调节

（1）神经调节

胰液的分泌活动受到植物性神经系统的支配，包括了内脏大神经（属于交感神经）和迷走神经。

支配胰腺的内脏大神经含有两种纤维，分别是胆碱能纤维和肾上腺素能纤维，它们对胰腺调节的综合作用效果不是十分明显。其中，胆碱能纤维兴奋时促进胰液分泌；而肾上腺素能纤维兴奋会促使胰腺血管收缩，导致胰液分泌的水源明显不足而出现抑制胰液分泌的效应。

迷走神经是引起胰液分泌的传出神经，它的神经末梢释放乙酰胆碱，可以直接作用于胰腺细胞。食物的物理性特征（包括气味、形态、性状等）以及其对消化管（口腔、胃、小肠）的机械及化学性刺激均可刺激迷走神经，包括条件反射和非条件反射途径。迷走神经兴奋，引起胰液分泌增加，分泌的特点是富含消化酶，但水和碳酸氢盐较少，因此分泌量不大。若切断迷走神经或注射阿托品（阻断乙酰胆碱的作用），都可显著减少胰液分泌。迷走神经除直接作用于胰腺外，也通过迷走－促胃液素途径间接作用于胰腺。

（2）体液调节

调节胰液分泌的体液因素主要有促胰液素、CCK 和促胃液素等。

促胰液素是小肠黏膜 S 细胞释放的一种 27 肽，在小肠上段黏膜含量较多，距幽门部越远含量越少。促胰液素主要作用于胰腺小导管细胞，使其大量分泌水和碳酸氢盐，而对胰酶分泌没有显著影响。引起促胰液素释放的最强因素是胃酸，其次为蛋白质分解产物，再次为脂酸钠等，糖类几乎没有刺激作用。小肠内引起促胰液素释放的 pH 阈值为 4.5。促胰液素释放与迷走神经兴奋无关，而与交感神经系统有关。当交感神经系统完整时，胰腺对促胰液素的反应更为强烈。

CCK 是小肠黏膜 I 细胞释放的一种 33 肽物质，具有促进胆囊收缩和促进胰液分泌两种作用。由于 CCK 促进胰液分泌的作用主要表现为胰酶含量显著增加，而碳酸氢盐和水增加很少，因此又称之为促胰酶素。CCK 可以直接作用于腺泡细胞上的胆囊收缩素受体，引起胰酶分泌。近年来的研究表明，CCK 还可作用于迷走神经传入纤维，通过迷走－迷走神经反射刺激胰酶分泌。若切断或阻断迷走神经，CCK 引起的胰酶分泌明显减弱。引起 CCK 释放的因素由强至弱依次为蛋白质分解产物 > 脂肪酸 > 盐酸 > 脂肪，而糖类没有作用。

促胃液素是由幽门黏膜和十二指肠黏膜 G 细胞释放的一种 17 肽，对胰液中的水

☞ 促胰液素是由英国生理学家斯塔林（Ernest Starling）和贝利斯（William Bayliss）共同发现的，是历史上第一个被发现的激素，更是科学史上一次伟大的发现。因为它的发现，产生了"激素调节"的新概念以及通过血液循环传递激素的"内分泌"方式，从而开启了"内分泌学"这个新领域。

☞ CCK 是一种典型的脑肠肽，在中枢神经系统特别是下丘脑中也有表达，其在中枢神经系统的作用是充当饱感信号，因而抑制动物采食。

和碳酸氢盐的促分泌作用较弱，而对胰酶的促分泌作用较强。

近年来的研究表明，胰腺腺泡细胞和小导管细胞都具有乙酰胆碱、促胰液素和 CCK 受体，当上述物质共同发挥作用时，具有协同效应，引起胰液的分泌量远远超过它们各自作用所引起分泌量的总和。

（二）胆汁

▶▶ 录像资料 5-9
（猪）胆汁分泌在体实验

☞ 胆囊内胆汁的浓缩程度在不同动物中存在差异，如犬胆囊胆汁可浓缩 10~20 倍，猪胆囊胆汁浓缩几倍，而反刍动物仅略微浓缩。

☞ 据测定，肝胆汁每小时平均分泌量在马中为 250~300 mL，牛为 98~110 mL，猪为 7~14 mL。

☞ 人工培植牛黄的机理是将能产生 β-葡萄糖醛酸酶的细菌植入胆囊内，利用该酶使结合胆红素分解为葡萄糖醛酸和游离胆红素，后者与钙结合生成不溶性的胆红素钙析出，进而集结成结石，即为牛黄。

▶▶ 录像资料 5-10
（猪）胆汁的消化作用实验

☞ 胆汁中的胆盐、胆固醇和卵磷脂等都能降低脂肪颗粒的表面张力，使脂肪乳化为微滴粒而增加消化酶的作用面积，利于脂肪消化。人类患肝疾病时，胆汁分泌可能减少，引起脂肪消化的能力减弱，需忌食油腻食物。

胆汁（bile）是由肝细胞连续分泌产生，它不仅对食物中脂肪的消化和吸收起着重要作用，而且其内还含有代谢产物及排泄物。在消化期，肝细胞直接分泌的胆汁称肝胆汁（hepatic bile），它直接经胆总管排入十二指肠；而在非消化期，由于括约肌收缩，胆囊壁舒张，肝胆汁便经肝胆管流入胆囊暂时储存形成胆囊胆汁（gallbladder bile）。在胆囊壁分泌黏蛋白、吸收水分和碳酸盐的共同作用下，胆囊胆汁比肝胆汁更为浓稠。对于一些没有胆囊的动物，如马、驴、鹿、骆驼、大鼠、鸽等，由于它们的胆管粗大并且奥迪（Oddi）括约肌失去功能，所以肝脏分泌的胆汁几乎连续排入十二指肠。

1. 胆汁的性质与成分

胆汁是一种有色、黏稠、带苦味的碱性液体。胆汁的成分除水外，主要是胆汁酸（bile acid）、胆盐（bile salt）和胆色素（bile pigment）。此外，胆汁中还含有胆固醇、脂肪酸、卵磷脂、电解质和蛋白质等，但含量甚微。在胆汁的成分中，除胆汁酸、胆盐和碳酸氢钠与消化有关外，其余都可看作是排泄物。胆汁的分泌量很大，富含水分，通常情况下，肝胆汁含水量为 96% ~ 99%，而胆囊胆汁含水量为 80% ~ 86%。

胆汁中的胆汁酸存在游离态和结合态两种形式。游离胆汁酸中以胆酸及鹅脱氧胆酸含量最高，部分游离胆汁酸与甘氨酸或牛磺酸结合成甘氨胆酸、牛磺胆酸和甘氨鹅脱氧胆酸等，此类结合态胆汁酸的钠盐即为胆盐。正常情况下，胆盐、胆固醇和卵磷脂之间维持适宜的比例，使胆固醇呈溶解状态，若胆固醇过度，或者胆盐、卵磷脂过少，会形成胆固醇结石。胆色素主要是血红蛋白的分解产物，包括胆绿素及其还原产物胆红素、胆素原等，它们的种类和浓度决定了胆汁的颜色。植（草）食性动物的胆汁呈暗绿色，肉食性动物的胆汁呈赤褐色。胆汁中的胆红素大部分为葡萄糖醛酸胆红素（结合胆红素），最终随粪便排出体外。

2. 胆汁的生理作用

胆汁的主要作用是促进脂肪及脂溶性物质的消化吸收。胆汁中不含消化酶，其生理作用主要通过胆盐而发挥。胆盐的作用是：① 作为乳化剂，降低脂肪的表面张力，使脂肪裂解为直径 3 ~ 10 μm 的脂肪微滴分散在肠腔内，从而大大增加了脂肪与胰脂肪酶的接触面积，加速了脂肪的水解。② 胆盐可形成微胶粒（micelle），肠腔中的脂肪分解产物如脂肪酸、甘油一酯等均可掺入到微胶粒中，形成水溶性复合物（混合微胶粒），便于脂肪分解产物的吸收。③ 胆盐能增强脂肪酶的活性，起到脂肪酶激活剂的作用。④ 胆盐能促进脂溶性维生素 A、D、E、K 的吸收。⑤ 胆盐可刺激小肠运动。

3. 胆汁分泌和排出的调节

胆汁的分泌和排出受神经和体液因素的调节，并且以体液调节为主。

（1）神经调节

食物在口腔内咀嚼以及食物进入胃肠道，均能反射性地引起肝胆汁分泌增加，并使胆囊收缩轻度加强，奥迪括约肌舒张，因而胆囊胆汁和肝胆汁均流入十二指肠。该反射的传出神经是迷走神经。迷走神经不仅可通过末梢释放乙酰胆碱直接作用于肝细胞和胆囊平滑肌细胞，也可通过迷走神经－促胃液素途径间接发挥作用。高蛋白食物（蛋白、瘦肉等）引起胆汁流出最多，高脂肪或混合食物次之，糖类食物的作用最小。交感神经兴奋时，奥迪括约肌收缩，胆囊平滑肌舒张，导致胆汁排出减少。

（2）体液调节

胆汁分泌受到多种体液因素调节，包括：① 促胰液素。促胰液素作用于胆管系统，可刺激肝胆汁分泌，主要引起胆汁分泌量和碳酸氢盐含量增加，对胆盐分泌无影响。② CCK。CCK 可引起胆囊平滑肌强烈收缩，并使奥迪括约肌舒张，从而使胆汁大量排入十二指肠。刺激肠黏膜分泌 CCK 的主要因素为蛋白质分解产物和脂肪。③ 促胃液素。促胃液素可经血液循环作用于肝细胞和胆囊，使肝胆汁分泌增加、胆囊收缩；促胃液素还可通过刺激

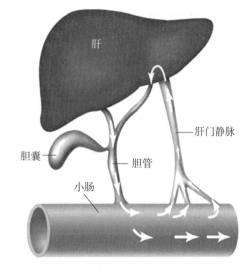

图 5-18　胆盐的肠 – 肝循环（引自 Fox，2010）

壁细胞分泌盐酸，进而作用于十二指肠黏膜 S 细胞，使之分泌促胰液素，间接促进胆汁分泌。④ 胆盐。胆汁中的胆盐排出至小肠后，90% 以上的胆盐可由小肠黏膜吸收入血，通过门静脉回到肝，重新组成胆汁排入十二指肠，这一过程称为胆盐的肠 – 肝循环（entero-hepatic circulation）（图 5-18）。返回肝的胆盐能刺激胆汁分泌，但对胆囊收缩无明显影响。⑤ 生长抑素、P 物质、促甲状腺素释放激素等脑 – 肠肽具有抑制胆汁分泌的作用。

（三）小肠液

小肠液是小肠内的腺体分泌物和脱落的黏膜上皮细胞的混合物。哺乳动物小肠内有十二指肠腺和小肠腺两种腺体。十二指肠腺又称勃氏腺（Brunner gland），分泌含黏蛋白的碱性液体，主要功能是保护十二指肠上皮免受胃酸侵蚀；小肠腺又称李氏腺（Lieberkuhn gland），分布于全部小肠的黏膜层内，其分泌液含有消化酶（主要是肠激酶和淀粉酶）、激素及活性物质，是小肠液的主要部分。小肠黏膜上皮中还散在分布着分泌黏液的杯状细胞。此外，小肠黏膜上皮细胞的更新很快，脱落的上皮细胞混入小肠液，细胞裂解后，释放的多种消化酶也参与营养物质的消化。

1. 小肠液的性质、成分和作用

小肠液是弱碱性、微混浊的液体，pH 为 7.6～8.7。小肠液中除大量水分外，无机物的含量和种类一般与体液相似，仅碳酸氢钠含量高，碳酸氢盐能够维护肠道消化酶活性所需的适宜环境、保护黏膜不被胃酸侵蚀。小肠液中的有机物主要是黏液和多种消化酶。小肠液的分泌量较大，大量的小肠液可以稀释消化产物，利于营养物质的吸收。小肠液分泌后，又很快被小肠绒毛重新吸收，小肠液的这种循环交流，为小肠内营养物质的吸收提供了媒介。

小肠液中的消化酶一部分由上皮细胞分泌，一部分由脱落的上皮细胞裂解后释放出来。另外，小肠内的微生物也能分泌一些酶，参与肠腔内的消化。主要的消化酶包括：① 肠激酶，其主要作用是激活胰蛋白酶原；② 淀粉酶，其主要作用是水解淀粉；③ 肠肽酶，可进一步水解多肽，形成小分子肽和氨基酸；④ 脂肪酶，分解脂肪，以补充舌脂酶、胰脂肪酶对脂肪水解的不足；⑤ 二糖酶，包括蔗糖酶、麦芽糖酶、乳糖酶等，可分解双糖为单糖（葡萄糖、果糖、半乳糖等）。

2. 腔内消化与黏膜消化

小肠内的消化包括腔内消化（luminal digestion）和黏膜消化（mucosal digestion）两种方式。腔内消化是通过肠腔内的消化酶进行的消化活动。黏膜消化是指发生在

☞ 与哺乳类不同，鱼类没有由多细胞组成的肠腺，只有肠黏膜的杯状细胞分泌一些酶进入肠腔参与食物的消化。

☞ 黏膜消化是在黏膜细胞顶点膜表面的多糖蛋白质复合物、黏液和静水层组成的微环境中进行的。小肠黏膜上皮的消化酶深入到微环境中以化学键与上皮细胞顶点膜相连，肠腔中的营养物质也必须扩散到此微环境中才能进行黏膜消化。

小肠黏膜细胞表面的消化活动。一般来说，腔内消化的营养物质得不到完全水解，仅使食糜中的大分子物质形成短链聚合物。当腔内消化产物接触小肠黏膜时，肠黏膜上的酶使其进一步水解为小分子物质而被吸收。

☞ 食物中的蛋白质大部分以氨基酸和二肽或三肽形式被直接吸收。

小肠黏膜表面含有丰富的分解双糖的消化酶，如蔗糖酶、乳糖酶、麦芽糖酶、异麦芽糖酶，水解相应双糖为单糖；而肽类消化酶或肽酶也存在于肠黏膜上皮表面，它们可以水解前期蛋白质消化所产生的多肽，生成一些游离氨基酸和小肽。

3. 小肠黏膜上皮的更新

小肠黏膜的表面向肠腔突出，形成大量皱褶，其中许多上皮细胞在肠腔面构成了众多的小肠绒毛（villi），在绒毛底部有管状的隐窝（crypt）。隐窝底部的上皮细胞不断增殖，新细胞形成后逐渐向上推移，先达到绒毛基底部，再逐渐上移至绒毛顶端，并在顶端脱落。在细胞向绒毛顶端不断推移的过程中，细胞不断分化，细胞内酶的含量不断增加。当细胞在绒毛顶部脱落时，整个细胞进入肠腔，与小肠腺的分泌物混合在一起。细胞破裂后，细胞内所含的消化酶释放进入肠腔内，对营养物质进行消化。因此，上皮细胞不断从绒毛顶端脱落的过程，实际上是小肠上皮一种特殊的全浆分泌方式。通常情况下，小肠上皮细胞2～4天全部更新一次。促胃液素对小肠上皮的更新有促进作用。

4. 小肠液的分泌调节

小肠液呈连续分泌，但在不同条件下，其分泌量有很大变化。小肠液的分泌受神经和体液因素的调节。在神经调节方面，食糜对肠黏膜局部的机械和化学刺激，通过壁内神经丛的局部反射，促进小肠液的分泌，其中以肠道扩张的刺激最为敏感。外来神经对小肠液分泌的调节作用不明显。迷走神经可引起十二指肠腺分泌轻度增加，但对其他肠腺的作用不明显。在体液调节方面，胃肠激素中的促胃液素、促胰液素、CCK、血管活性肠肽、胰高血糖素等都能刺激小肠腺的分泌，使小肠液中酶含量增加，而生长抑素抑制小肠液的分泌。

二、小肠的物理性消化

（一）小肠运动的形式

☞ 小肠运动过程中，肠内容物移动会产生类似流水或含漱的声音，称为肠鸣音。正常情况下，人体内肠鸣音每分钟出现4~5次，声音较为缓和且有规律，小肠运动增强时，肠鸣音增强，肠运动减弱时，肠鸣音减弱。若胃肠道蠕动过快或过缓，肠鸣音也会变得高亢频急或减缓消失，就如同人体内的"胃肠警示器"。

小肠壁含有两层平滑肌，外层为纵行肌，内层为环行肌。小肠运动是依靠肠壁平滑肌的舒缩活动而实现的。小肠运动主要发生在两个时期：一是发生在进食后的消化期，小肠产生紧张性收缩、分节运动（segmentation）和蠕动；二是发生在消化管内几乎没有食物的消化间期，小肠产生移行运动复合波。

1. 紧张性收缩

小肠平滑肌经常处于紧张状态，这种紧张性是小肠运动的基础。如果小肠紧张性降低，肠腔扩张，混合食糜无力，推送食糜就慢；反之，紧张性升高，推送和混合食糜就加快。

2. 分节运动

分节运动是由肠壁环行肌的收缩和舒张所形成的一种运动方式。在食糜所在的某一段肠管上，环行肌在许多点同时收缩，把食糜分割成许多节段。随后，原先收缩处舒张，而原先舒张处收缩，使原来的节段分为两半，而相邻的两半则合拢以形成一个新的

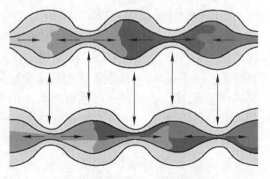

图5-19　小肠分节运动示意图
（引自 Silverthorn，2009）

节段。如此反复进行，使食糜得以不断地分开，又不断地混合（图 5-19）。当分节运动持续一段时间后，由蠕动把食糜推到下一段肠管，再重新进行分节运动。分节运动的主要作用是使食糜与消化酶充分混合和接触，便于进行化学性消化；它还使食糜与肠壁紧密接触，有利于营养物质的吸收。此外，分节运动还能挤压肠壁，有助于血液和淋巴的回流。

分节运动只发生在消化期，在空腹时几乎不出现。小肠各段分节运动的频率不同，小肠前段频率较高，后段较低，呈现递减梯度。这种梯度现象与平滑肌的慢波电位从十二指肠到回肠末端逐渐降低有关。

3. 蠕动

▶️ 录像资料 5-11
（兔）小肠蠕动

蠕动是一种速度缓慢的波浪式推进运动，主要发生在消化期。小肠各段都可产生蠕动，一般从十二指肠开始，先是纵行肌收缩，当纵行肌的收缩完成 1/2 时，环行肌便开始收缩；而当环行肌收缩完成时，纵行肌的舒张完成 1/2。小肠的蠕动波很短，一般只能推进很短一段距离，然后消失。因此，食糜依靠蠕动只能推进很短的距离，到达新的肠段并开始分节运动。有时在小肠还可见到一种进行速度很快、传播较远的蠕动，称为蠕动冲（peristaltic rush），它可将小肠内容物从小肠的起始部位一直推送到末端，有时还可直接推送入大肠。蠕动冲可能是由进食时的吞咽动作或食糜刺激十二指肠引起的。

在十二指肠和回肠末端有时还会出现与蠕动方向相反的蠕动，叫逆蠕动（antiperistalsis）。蠕动和逆蠕动可使食糜在两段肠管内来回移动，有利于食糜的充分消化和吸收。

4. 移行性复合运动波

这是发生在消化间期的一种强有力的蠕动性收缩，传播很远，有时能传播至整个小肠。移动性复合运动波（MMC）起始于十二指肠，以慢波的频率向后传播。有些 MMC 到达回肠前就消失了，也有些能传播至小肠末端。MMC 的作用是推送未消化的物质离开小肠。另外，MMC 对控制前段肠管内的细菌数量起重要作用。正常时，十二指肠有少量菌群，回肠菌群数量增加，到达结肠就有许多菌群，MMC 有助于阻止回肠内细菌向十二指肠移行。

（二）小肠运动的调节

▶️ 录像资料 5-12
（兔）小肠运动的调节实验

小肠运动受到神经和体液调节。支配小肠的神经包括内在神经丛和植物性神经，体液因素主要是胃肠道激素和一些活性物质。

1. 内在神经丛的调节

当食糜的机械和化学刺激作用于肠壁感受器时，通过局部反射，可引起小肠平滑肌运动。切断支配小肠的外来神经，小肠的蠕动仍可进行，说明肠壁的内在神经丛对小肠运动起主要的调节作用，尤其是位于小肠纵行肌和环行肌之间的肌间神经丛。小肠肌间神经丛中主要有两类神经元，一类神经元含 VIP、腺苷酸环化酶激活肽、一氧化氮合酶等，可能是中间神经元或抑制性神经元；另一类神经元含乙酰胆碱、P 物质等，可能是运动神经元或兴奋性神经元。这些神经元通过其末梢释放的递质，调节小肠的运动。

2. 植物性神经的调节

小肠平滑肌受迷走神经和交感神经的双重支配。一般来说，迷走神经兴奋促进小肠运动，而交感神经兴奋则抑制小肠运动。但上述效应还与肠肌当时的状态有关。如果肠肌的兴奋性很高，则无论是刺激迷走神经还是交感神经，都会抑制小肠运动；反之，如果肠肌的兴奋性很低，则这两种神经兴奋均促进小肠运动。

3. 体液因素的调节

小肠壁内神经丛和小肠平滑肌对各种化学物质具有广泛的敏感性。乙酰胆碱、

5-羟色胺、促胃液素、CCK、胃动素、P物质等均促进小肠运动；VIP、抑胃肽、内啡肽、促胰液素、肾上腺素、胰高血糖素等则抑制小肠运动。

此外，温度的急剧改变、肠壁的快速牵张以及一些毒素等也能刺激小肠的运动，在临床上导致腹泻。

（三）回盲括约肌的功能

回肠末端与盲肠交界处的环行肌显著增厚，起着括约肌的作用，称为回盲括约肌。回盲括约肌的作用是防止回肠内容物过快地进入大肠，从而延长食糜在小肠内停留的时间，有利于小肠内容物的完全消化和吸收。回盲括约肌还可阻止盲肠内容物倒流入回肠。回盲括约肌平常保持收缩状态，当食物进入胃后，可通过胃—回肠反射引起回肠蠕动，此时括约肌舒张；当盲肠黏膜受到机械刺激或充胀刺激时，可通过肠肌局部反射，引起括约肌收缩，阻止回肠内容物向盲肠排放。促胃液素可引起括约肌的紧张性下降。此外，有些动物在回肠与盲肠连接处还有一黏膜瓣，是一个单向瓣膜，可以进一步阻止盲肠内容物倒流入回肠。

第七节 大 肠 消 化

食糜经小肠消化吸收后，残余部分进入大肠。大肠包括盲肠、结肠和直肠三个部分。大肠内的消化在不同种类的动物具有较大差别。肉食性动物的消化吸收过程在小肠已经基本完成，大肠的作用主要是吸收水分和形成粪便，没有重要的消化活动。但对植（草）食性动物来说，尤其是植（草）食性单胃动物（马属动物、兔、家禽类等），大肠内容物中含有丰富的营养物质，因此，大肠消化非常重要。反刍动物和杂食性动物的大肠消化也有一定的意义。

一、大肠液的分泌

大肠液是一种黏稠的碱性液体，富含黏蛋白和碳酸氢盐，pH 为 8.3 ~ 8.4，由大肠腺细胞和大肠黏膜的杯状细胞所分泌。大肠液中可能含有少量二肽酶和淀粉酶，但消化作用不强。大肠液的主要作用是保护肠黏膜和润滑粪便。

大肠液的分泌主要由大肠内容物对肠壁的刺激所引起，由壁内神经丛的局部反射完成。此外，植物性神经系统对大肠液分泌具有调节作用，副交感神经兴奋可使大肠液分泌增多，交感神经兴奋则使其分泌减少。大肠黏膜中高浓度的血管活性肠肽，可能也参与大肠内水和电解质的转运。

二、大肠内的微生物消化

植（草）食性动物的大肠（主要是盲肠和结肠）内含有丰富的微生物，在很大程度上类似反刍动物的瘤胃，因此，大肠内的消化对植（草）食性动物，特别是马属动物、兔、猪、鼠、豚鼠以及鹅等单胃动物，具有十分重要的意义。

以马属动物为例，马类的食糜中 40% ~ 50% 的纤维素、39% 的蛋白质、24% 的可溶性糖是在大肠微生物的作用下被消化的。其中，大肠微生物对纤维素的有效消化率达到反刍动物的 60% ~ 70%。大肠内微生物发酵纤维的产物主要是 VFA，马的大肠 VFA 发酵和产生的速度与反刍动物的瘤胃相近。马类食物中的蛋白质和可溶性糖类多在小肠中被吸收消化，这将在一定程度上导致大肠微生物合成蛋白质所需氮的不足。但由于盲肠和结肠中也存在类似瘤胃的尿素再循环方式，使得大量尿素得

☞ 盲肠消化对植（草）食性禽类特别重要，通常草性禽类的盲肠含有两条，容积很大，其内的环境非常适合厌氧微生物繁殖，是禽类大肠微生物消化的主要部位。

☞ 大肠内的碳酸氢盐主要来自于胰液和小肠液，结肠也分泌部分碳酸氢盐，共同构成机体的重要缓冲体系。

☞ 在马属动物中，骡、驴类动物消化纤维的效率优于马类。

☞ 与反刍动物相比，马属动物大肠内微生物蛋白的合成效率较低，而且很多微生物蛋白不能有效地被消化吸收，会随粪便排出，仅有少量氨基酸可以从马的盲肠或结肠吸收。

以获取，补足对氮的需要量，利于微生物蛋白的合成。此外，糖类的消化效率在马属动物胃和小肠内并不高，仍有一定量的淀粉和多糖进入大肠被消化。

可见，植（草）食性动物大肠的容积很大，与反刍动物的瘤胃相似，能维持适于微生物生存的条件，以保证最佳的发酵作用。可溶性糖（如淀粉、双糖）和大多数不溶性糖（如纤维素和半纤维素）以及蛋白质等，都是大肠微生物发酵的主要底物。大肠微生物的主要作用包括：① 将纤维素、半纤维素等分解为挥发性脂肪酸，并在大肠吸收，供机体利用。② 利用大肠内容物中的非蛋白含氮物合成微生物蛋白，进而水解产生氨基酸，部分被机体吸收利用。③ 合成 B 族维生素和维生素 K，通过大肠黏膜吸收供机体利用。

☞ 大肠纤维素消化的终产物组成与瘤胃相似，可为大肠黏膜代谢提供 15% 的能量来源。

三、大肠运动

大肠的运动比较微弱、缓慢，对刺激的反应也比较迟缓，这些特点与大肠作为粪便的暂时储存场所相适应。大肠的运动形式除蠕动和分节运动外，还有集团蠕动、袋状往返运动和多袋推进运动。

1. 袋状往返运动

袋状往返运动是由环行肌不规则的收缩所引起的，它使结肠袋中的内容物向两个方向做短距离的位移，但并不向前推进，空腹时最常见。袋状往返运动速度缓慢，波及的肠段较长，类似小肠的分节运动。这种形式的运动并不严格同步，常表现为一连串结肠内容物由近端推移到远端。动物采食后和副交感神经兴奋时，袋状往返运动增强。

2. 分节推进或多袋推进运动

分节推进或多袋推进运动是指一个结肠袋收缩或多个结肠袋协同收缩时，会将其中的内容物推进到邻近的后段肠段中的运动形式。这种运动出现的间隔较长，一般常在进食后或胃中充满食物时出现，又称为胃－结肠反射。通常，排粪会在该运动发生之后出现。

3. 蠕动、逆蠕动和集团蠕动

结肠蠕动由一系列向肛门推进的稳定收缩波组成。收缩波近端的肠肌保持收缩状态，而远端的肠肌保持舒张状态，将内容物逐渐推向肛门。结肠的一个特征运动就是逆蠕动，由结肠的慢波所引起。逆蠕动能阻止内容物后移。此外，还有一种强烈的推进运动，波及整个结肠，称为集团蠕动（mass peristalsis），集团蠕动在灵长类动物往往发生在早晨或饭后，并伴有明显的排便感觉。如果在有此感觉时不及时排便或人为地抑制排便会引起便秘。

☞ 当排便感觉到来之时，不及时排便或人为地抑制排便则可能引起便秘。临床数据显示，刻意抑制排便是人们生活中产生功能性便秘最常见的原因。

大肠运动主要受神经因素的调节。支配大肠的传出神经是交感神经和副交感神经。大肠上段的副交感神经纤维来自迷走神经，大肠下半段则受盆神经支配。副交感神经兴奋，可加强大肠运动。支配大肠的交感神经纤维是肠系膜后神经节发出的腹下神经，其兴奋可抑制大肠运动。

四、粪便的形成与排粪

经过大肠的消化吸收后，剩下的食物残渣和消化管的脱落上皮，以及消化管的一些分泌物、排泄物共同形成粪便，最终从肛门排出，此过程又称排遗，粪便又被称为排遗物。排粪受到神经反射性调节。

（一）粪便的形成

食物残渣在大肠停留约 10 h，其中的水分被大肠黏膜吸收。同时，经过细菌的发酵和腐败作用，形成粪便（feces）。粪便的成分除食物残渣外，还包括消化管的脱落上皮、大量细菌、消化液的残余物（黏液、胆汁等），以及经肠壁排泄的矿物质（如钙、铁、镁、汞）等。

各种动物粪便的形状与其食性密切相关。马粪含水分约75%，粪便稍硬、落地易碎，舍饲时粪呈褐色，放牧时一般呈淡绿色；牛粪含水分约85%，平常时落地呈叠饼状，放牧时呈粥状，过量饲喂多汁饲料时则为流体状；羊粪含水分约55%，呈颗粒状；猪粪为稠粥状；狗粪为腊肠状，当喂给大量骨头时，则粪便干而硬，像石灰质一样。

（二）排粪及其调节

排粪（defecation）反射的基本中枢在脊髓，但同时受到高位中枢，尤其是大脑皮层的控制。当结肠和直肠内粪便不多时，肠壁舒张，肛门括约肌收缩，粪便在此处潴留，因而不发生排粪。当粪便积聚到一定量时，肠壁内的感受器接受刺激，神经冲动经盆神经和腹下神经传至腰骶部脊髓排粪中枢，同时上传到大脑皮层，便产生排粪欲或便意（awareness of defecation）。如果外界条件不适合排粪，大脑则发出冲动抑制脊髓排粪中枢，通过交感神经和阴部神经，使结肠和直肠继续舒张，肛门括约肌收缩加强，阻止排粪。如果外界条件适合，中枢的兴奋通过盆神经引起结肠和直肠收缩，肛门内括约肌舒张。与此同时，阴部神经的冲动减少，肛门外括约肌也舒张，引起排粪。此外，由于支配腹肌和膈肌的神经兴奋，腹肌和膈肌也发生收缩，腹内压增加，促进粪便的排出。

家畜（除猫、狗外）排粪中枢很发达，不仅站立时能排粪，而且在运动中也能排粪。排粪量与饲料种类和质量有关。反刍动物每天排粪10~20次，牛每天排粪量平均为15~20 kg，羊为1~3 kg；马每天排粪4~8次，平均15~20 kg；猪每天排粪4~8次，平均4~6 kg。

第八节　吸　　收

食物中的营养大分子经过胃肠道的消化，蛋白质分解为氨基酸和小分子肽，脂肪分解为甘油一酯、脂肪酸和甘油，糖类分解为单糖或转化为挥发性脂肪酸。这些小分子物质，连同食物中不需要消化的营养物质（如维生素、无机物、水等）透过消化管黏膜进入血液或淋巴的过程，称为吸收（absorption）。对于以细胞外消化为主的多细胞动物而言，消化是吸收的前提，同时二者又相互联系、紧密配合。

一、营养物质吸收概述

（一）营养物质吸收的部位

☞ 根据人类的饮食习惯，人的胃部可以吸收少量酒精。

消化管不同部位的吸收能力和吸收速度不同，这主要取决于消化管各部位的组织结构，以及食物在各部分的消化程度和停留的时间。在整个消化管中，口腔和食管内无吸收能力；胃的吸收能力较弱，一般只吸收少量水和无机盐。不过，反刍动物的前胃能吸收挥发性脂肪酸、二氧化碳、氨、一些无机离子和水分。小肠是吸收的主要部位，糖类、蛋白质和脂肪的消化产物大部分在小肠的十二指肠和空肠段吸收；回肠能主动吸收胆盐和维生素 B_{12}。肉食性动物的大肠除结肠的起始部吸收水和电解质外，吸收能力很有限；植（草）食性动物（如鹿、马、兔）和杂食性动物（如人、猪）的大肠仍进行剧烈的微生物消化活动，其消化产物也在大肠吸收，尤其是马的大肠，不但吸收盐类和水分，还能吸收纤维素发酵所产生的挥发性脂肪酸。反刍动物的大肠也具有一定的吸收能力。

（二）小肠的结构特点

▶▶ 录像资料 5–13
小肠黏膜观察

小肠是动物吸收营养物质最主要的部位，这是因为小肠具备以下结构特点：① 巨大的吸收表面积。小肠黏膜具有环形皱褶（plicae circulares），并拥有大量的绒毛。绒毛是小肠黏膜的微小突出构造，其长度在 0.5 ~ 1.5 μm。不同动物绒毛的形状和长度差别很大，肉食性动物的最长，反刍动物和猪的最短。每一条绒毛的外周是一层柱状上皮细胞，上皮细胞的肠腔面又被覆有许多长 1 ~ 1.5 μm、宽 0.1 μm 的微绒毛（microvilli）。由于环形皱褶、绒毛和微绒毛的存在，使小肠黏膜的吸收面积比同样长度的简单圆筒的表面积增加约 600 倍（图 5-20）。② 食糜在小肠内停留的时间较长，利于营养物质的充分吸收。③ 食糜在小肠内已被充分消化，转化为易于吸收的小分子营养物质。④ 小肠绒毛内部布满毛细血管和毛细淋巴管，绒毛中央有一条中央乳糜管与淋巴管丛汇合（图 5-20），因此，肠系膜的血液循环非常丰富，有利于营养物质的吸收，进入血液并最终经由门静脉送至肝。⑤ 小肠绒毛内含有丰富的平滑肌纤维。绒毛的运动有助于营养物质的吸收。动物在空腹时，绒毛不活动。进食后，随着平滑肌的收缩和舒张，小肠绒毛产生节律性的伸缩和摆动。绒毛缩短时，把绒毛内的血液和淋巴液挤入静脉和淋巴管内，促使已被吸收的物质迅速运走；绒毛伸长时，绒毛内压降低，又可吸收肠腔内已被消化好的物质。绒毛摆动时，能增加食糜与肠黏膜接触的机会，便于食糜混合和营养物质吸收。

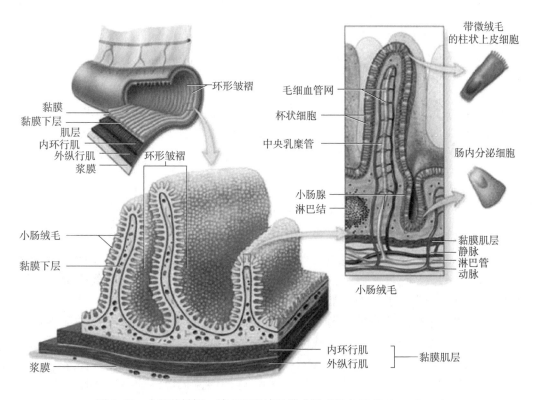

图 5-20　小肠的皱褶、绒毛和微绒毛模式图（引自 McKinley，2011）

（三）营养物质的吸收途径

营养物质可以通过两条途径进入血液和淋巴：一条为跨细胞途径，即通过绒毛柱状上皮细胞的腔膜面（也称刷状缘）进入细胞内，再通过细胞基底膜或侧膜透出细胞，扩散进入血液或淋巴；另一条为旁细胞途径，即通过细胞间的紧密连接（tightjunction）进入细胞间隙，然后再进入血液或淋巴循环（图 5-21）。

肠黏膜表面是一个由多糖蛋白质复合物、黏液和静水层构成的微环境。它是营养物质进入肠上皮细胞的重要屏障。一些脂溶性物质必须经过胆盐的乳化才能进入肠黏膜表面的微环境。绝大部分营养物质的吸收均需要转运载体（转运蛋白）的参与，有些物质（如葡萄糖）的转运载体在细胞的两侧（腔膜与基底膜）具有不同的结构和功能。根据转运过程是否消耗能量，营养物质的吸收又可分为被动吸收（passive absorption）和主动吸收（active absorption）两大类。被动吸收是一种非耗能的物理性转运方式，包括单纯扩散和易化扩散；而主动吸收是一种耗能的逆浓度梯度的物质转运过程，包括原发性主动转运（primary active transport）和继发性主动转运（secondary active transport）。继发性主动转运是物质逆浓度跨膜转运方式的一种，其转运所需要的能量是由与它一起发生转运的其他物质转运时造成的高势能所提供。例如，葡萄糖、氨基酸、胆盐的吸收过程与钠离子的转运相偶联，由于肠腔内的钠离子浓度高于上皮细胞内，钠离子顺电化学梯度进入细胞，与之偶联的营养物质也依托于电势能逆浓度被转运进入细胞。

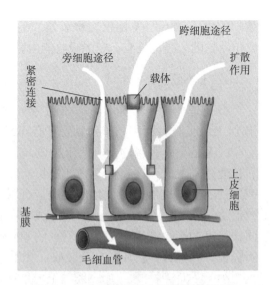

图 5-21　小肠黏膜吸收物质的两条途径

二、主要营养物质的吸收

食物中的营养物质包括糖、蛋白质、脂肪、维生素、微量元素和水，其中糖、蛋白质和脂肪属于动物机体所需的三大能源物质。这些营养物质主要在小肠中被吸收，每类营养物质的吸收又各具特点。

（一）糖的吸收

食物中的糖多为多糖类物质，如淀粉、糊精等，它们必须经过消化酶的水解转变为单糖才能被小肠吸收。其中双糖类物质（如麦芽糖、蔗糖、乳糖等）虽易溶于水，但也不能被直接吸收，必须经双糖酶转化为单糖才能吸收入血。不同单糖的吸收速率差别很大，己糖吸收很快，而戊糖很慢。在己糖中，又以半乳糖和葡萄糖的吸收为最快，果糖次之，甘露糖最慢。

食物中的单糖主要有葡萄糖、半乳糖和果糖，它们的吸收需要相应的载体来转运。目前，已发现两大类不同的载体，一类是与钠离子偶联的转运载体，称为钠－葡萄糖共转运载体蛋白（sodium-glucose cotransporter，SGLT），含有多种亚型，其中研究最为广泛的是 SGLT1 与 SGLT2；另一类是加速扩散的葡萄糖转运载体蛋白（glucose transporter，GLUT）。

借助于上述载体蛋白，单糖在肠道的吸收主要依赖三种途径（图 5-22）：① 通过肠黏膜上钠－葡萄糖共转运载体蛋白的继发性主动转运，这是葡萄糖吸收的主要途径，也可吸收半乳糖等单糖，参与主动吸收的载体有 SGLT1 和 GLUT2。② 通过顺浓度梯度的被动吸收，该途径仅吸收果糖，并且有转运载体 GLUT5 的参与。③ 依靠细胞旁途径的易化扩散，当肠腔内葡萄糖的浓度较高时，葡萄糖可通过小肠上皮细胞间的空隙顺浓度梯度进入黏膜下组织，再透过血管壁进入血液而被吸收。

☞ 对小肠上皮细胞转运载体的研究是当今营养生理学的研究热点，各种载体的结构与功能、载体的表达与分布特点、载体对底物的选择性以及载体的转运容量与转运速率是分子营养学研究的重要内容。

☞ SGLT 存在不同亚型，人类中就至少发现了 6 中亚型。其中，SGLT-1 主要分布在细胞的腔膜面，载体蛋白上含有 1 个单糖结合位点和 2 个 Na⁺ 结合位点，上述位点被结合后，形成 Na⁺-载体-葡萄糖复合体，通过转运蛋白的变构转位，使复合体从肠腔面转向细胞质面，并向细胞内释放出单糖分子和 Na⁺。

☞ 在人体不同组织和器官中，目前已经发现了 14 种不同的 GLUT，其中 GLUT1-5 的功能研究较为广泛和清晰。

☞ 新的研究发现，小肠黏膜上皮细胞的肠腔膜上也有 GLUT2 的存在，为此有人提出"顶膜 Glut-2 也可以从肠腔吸收葡萄糖的"观点，尤其表现在餐后顶膜 GLUT2 对葡萄糖的大量吸收。因此，顶膜 GLUT2 也是葡萄糖吸收与转运的主要途径之一。

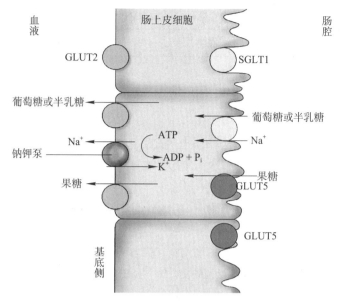

图 5-22 单糖的吸收模式图

除了上述糖类物质，在一些植（草）食性动物中，由细菌降解的多糖（纤维素、半纤维素等）则生成短链脂肪酸 VFA，在瘤胃（反刍动物）或大肠（植（草）食性单胃动物与杂食性动物）内被吸收。短链脂肪酸被吸收后，主要通过血液运输。

☞ 在马的结肠、猪的盲肠和结肠、绵羊和兔的盲肠流回的血液中，均发现有相当数量的短链脂肪酸。

（二）蛋白质的吸收

食物中的蛋白质经过消化后，分解为氨基酸和小分子肽，经毛细血管吸收后随着门静脉进入肝脏。

1. 游离氨基酸的吸收

氨基酸是食物中的蛋白质在肠道分解的最主要产物，游离氨基酸的吸收与单糖的吸收相似，也是与钠吸收相偶联的继发性主动转运过程。自 20 世纪 60 年代发现 A 型、L 型和 β 型等多种氨基酸转运载体以来，曾经提出在小肠壁上存在 4 种转运氨基酸的载体，分别转运中性、酸性、碱性氨基酸和中性氨基酸中的脯氨酸和羟脯氨酸。随着分子生物学技术的发展，越来越多的氨基酸转运载体被克隆，形成了一个最复杂的营养物质跨膜转运体系。目前已确认的氨基酸转运载体多达 17 个家族，至少含 35 种以上的载体蛋白。

目前对氨基酸转运载体按照两个特点进行分类：① 按照其转运底物的性质，分为中性、酸性和碱性氨基酸转运载体系统；② 按照其是否对 Na^+ 具有依赖性，分为 Na^+ 依赖性和 Na^+ 非依赖性转运系统（表 5-3）。

在按照性质分类的转运载体中，中性氨基酸转运载体家族成员最多，已发现有十几种，包括 Na^+ 依赖性转运载体（如 B^0 型、A 型、N 型、ASC 型、G 型、β 型、y^+L 型等）和 Na^+ 非依赖性转运载体（如 L 型、asc 型、T 型、$b^{0,+}$ 型等）。以谷氨酸和天冬氨酸为主的酸性氨基酸转运载体有 2 种，分别是 Na^+ 依赖性的 X_{AG}^- 转运载体和 Na^+ 非依赖性的 X_C^- 转运载体。以赖氨酸和精氨酸等必需氨基酸为主的碱性氨基酸转运载体有 4 种，分别是 Na^+ 依赖性 $B^{0,+}$ 转运载体和 Na^+ 非依赖性 $b^{0,+}$、y^+ 及 y^+L 转运载体；其中，y^+ 系统是最主要的碱性氨基酸转运系统。

肠道氨基酸转运载体具有以下特点：① 载体蛋白家族多，种类多，名称极其复杂。② 一种转运载体可以转运多种氨基酸。例如，$B^{0,+}$ 载体能够同时转运中性和碱性氨基酸。③ 立体结构专一性。大多数载体对 L 型氨基酸的亲和力高于 D 型氨基酸。④ 不同种类的转运载体，其转运的氨基酸种类不相同。例如，载体 A 和载体 Gly 同属于中性氨基酸转运载体，载体 A 能够转运全部中性氨基酸，而载体 Gly 仅能够转

表 5-3 氨基酸转运载体一览表

转运载体系统		底物	转运载体蛋白	基因
中性氨基酸转运载体家族				
Na$^+$ 依赖性	A	Ala，Pro N- 甲基氨基酸	ATA1，ATA2，ATA3	SLC38
	G	Gly，Ser	GLYT1，GLYT2	SLC6
	B^0	广泛的底物选择性	B^{0}AT1，B^{0}AT2	SLC6
	ASC	Ala，Ser，Thr，Cys，Gln	ASCT1，ASCT2	SLC1
	N	Gln，Asn，His	SN1，SN2	SLC38
	β 系统	β-Ala 牛磺酸	TauT	SLC6
	y$^+$L	中性氨基酸	y$^+$LAT1·4F2hc，y$^+$LAT2·4F2hc，	SLC7
Na$^+$ 非依赖性	L	大型中性氨基酸	LAT1·4F2hc，LAT2·4F2hc	SLC7
	asc	Ala，Ser，Thr，Cys	LAT1·4F2hc，Asc-2	SLC7
	T	芳香族氨基酸	TAT1	SLC16
	b$^{0,+}$	中性和碱性氨基酸	BAT1/b$^{0,+}$AT·rBAT	SLC7
酸性氨基酸转运载体家族				
Na$^+$ 依赖性	X$^-_{AG}$	L-Gln，L-/D-Asp	EAAC1，GLT-1，GIAST，EAAT4，EAAT5	SLC1
Na$^+$ 非依赖性	X^-_C	Cys，Gln	xCT·4F2hc	SLC7
碱性氨基酸转运载体家族				
Na$^+$ 依赖性	B$^{0,+}$	中性和碱性氨基酸	ATB$^{0,+}$	SLC6
Na$^+$ 非依赖性	y$^+$	碱性氨基酸	CAT1，CAT2，CAT3，CAT4	SLC7
	b$^{0,+}$	中性和碱性氨基酸	BAT1/ b$^{0,+}$AT·rBAT	SLC7
	y$^+$L	中性和碱性氨基酸	y$^+$LAT1·4F2hcy$^+$LAT2·4F2hc	SLC7

运甘氨酸。⑤ 载体在上皮细胞肠腔面和基底膜上分布不对称。⑥ 不同肠段的载体分布有差异。

研究发现，氨基酸转运系统的转运机制有两种，即反向协同转运和单向协同转运。其中，以反向协同转运为主，单向协同转运处于次要地位。所谓反向转运，即在向细胞内转入一个氨基酸的同时，将另外一个氨基酸转出细胞外，氨基酸的净转运量为零。在反向协同交换转运过程中，大多都包含细胞内丙氨酸和谷氨酰胺的转运，这两种非必需氨基酸作为交换转运的底物，其在细胞内的浓度可受到 Na$^+$/ 氨基酸协同转运载体的调节。由于非必需氨基酸在细胞内可以合成，通过反向交换作用可向细胞内聚集必需氨基酸，这也证明了大多数细胞可以合成过量的非必需氨基酸而缺乏必需氨基酸。另外，氨基酸的转运动力主要来自电化学梯度，而不仅仅是离子浓度梯度。

氨基酸的吸收转运是一个极其复杂的过程，并受到多种因素的影响。例如，食物 / 饲料因素（如蛋白质水平、赖氨酸水平、酶制剂等）、激素（如胰岛素）、细胞因子（如白细胞介素 L、干扰素 γ）、动物的发育阶段、生理状况等都可能对氨基酸转运载体的转运效率产生重要影响。一些实验证明，吡哆醛（维生素 B$_6$ 的一种）参与氨基酸的主动转运过程，当维生素 B$_6$ 缺乏时，氨基酸的吸收不良。

2. 小肽的吸收

以往认为，蛋白质只有水解成氨基酸后才能被吸收。现已证明：小肠黏膜上也存在二肽和三肽的转运系统。许多二肽和三肽也可完整地被小肠上皮细胞吸收，且吸收速率比氨基酸快。与氨基酸的转运载体相比，肽的转运载体具有耗能低、转运容量大、不易饱和的特点。研究表明，肽的转运不存在类似氨基酸吸收的竞争现象，而且肽的吸收还能促进氨基酸和一些矿物元素（如钙）的吸收。肽进入上皮细胞后，一部分被细胞内的肽酶水解为氨基酸，因而肽在肠腔与上皮细胞之间可以保持一个有利于被摄取的浓度梯度。还有部分小肽在上皮细胞内不被肽酶分解，直接进入血液。

小肽是蛋白质在肠道分解的产物之一。自 20 世纪 90 年代中期以来，小肽在肠道的吸收已得到确认。小肽转运载体属于依赖质子的寡肽转运载体家族的成员，主要位于小肠上皮细胞刷状缘膜，转运绝大多数的二肽和三肽，是一种以 H^+ 梯度为动力将肠腔和其他组织中的小肽从细胞外转运到细胞内的一种蛋白质。

已知的寡肽转运载体家族的转运载体包括 PepT1 、PepT2、PHT1 和 PHT2 等，目前研究最多的是 PepT1。PepT1 主要在小肠表达，是肠肽转运载体，位于上皮细胞刷状缘膜囊，以吸收蛋白质降解的产物小肽。对于反刍动物，PepT1 主要分布在瘤胃、瓣胃和十二指肠的上皮细胞上。PepT2 是肾肽转运载体，主要在肾表达，其功能是重吸收肾小球滤过的肽、肽类衍生物和内质网腔的肽酶产生的肽。此外，这两种转运载体在动物机体的其余组织中也有表达。

3. 蛋白质的直接吸收

在某些情况下，食物中的蛋白质可以被直接吸收。例如，新出生的羊羔、仔猪、牛犊、狗崽，通过肠黏膜上皮的胞饮作用，可完整地吸收初乳中的蛋白质（尤其是免疫球蛋白），从而获得被动免疫能力。但是，肠黏膜上皮完整吸收蛋白质的能力在出生后逐渐下降，一般在 24 ~ 36 h 后消失。有些动物因某种原因导致肠黏膜结构发生改变，也会吸收天然蛋白质（如乳蛋白和大豆蛋白），并易引起过敏反应，目前认为这是畜牧生产中导致仔猪断奶后腹泻的原因之一。

（三）脂类的吸收

脂类的吸收开始于十二指肠远端，在空肠近端结束。脂类的消化产物如脂肪酸、甘油一酯和胆固醇等很快与胆汁中的胆盐形成混合微胶粒。由于胆盐有亲水性，它能携带脂肪消化产物通过覆盖在小肠绒毛表面的静水层而靠近上皮细胞，脂肪酸、甘油一酯和胆固醇等从混合微胶粒中释放出来，以扩散或载体运输方式透过细胞膜进入上皮细胞。胆盐则留在肠腔内被重新利用，或依靠主动转运在结肠段被吸收。

脂肪的吸收有血液和淋巴两条途径。其中，短链脂肪酸、部分中链脂肪酸可以直接透出上皮细胞而进入血液循环被吸收。而长链脂肪酸进入肠上皮细胞的内质网后，大部分重新与甘油一酯合成甘油三酯，并与细胞中的载脂蛋白形成乳糜微粒（chylomicron）。乳糜微粒以出胞的方式离开上皮细胞，扩散入中央乳糜管，最终进入淋巴循环（图 5-23）。由于食物中的脂肪酸大部分为长链脂肪酸，因此脂肪的吸收以淋巴途径为主（图 5-24）。

（四）维生素的吸收

水溶性维生素（包括 B 族维生素和维生素 C）以扩散方式被吸收，分子量小的更容易被吸收。但维生素 B_{12} 必须与胃底腺壁细胞分泌的内因子结合成复合物，到达回肠与回肠黏膜上皮细胞特殊的内因子受体结合而被吸收，因此，回肠是吸收维生素 B_{12} 的特异性部位。

脂溶性维生素（包括维生素 A、D、E、K）的吸收机制与脂类相似，需要与胆盐结合才能进入小肠黏膜表面的静水层，以扩散的方式进入上皮细胞，然后进入淋巴或血液循环。

☞ PepT1 的表达受到多种因素的影响，包括激素（胰岛素、表皮生长因子、胰高血糖素 -2、瘦素、甲状腺素、细胞因子等）、日粮处理（高蛋白质水平、饥饿等）、一些药物（氟尿嘧啶、可乐定、喷他佐辛、辣椒素）、昼夜节律、发育状况和疾病等。

☞ 近年来，与脂肪酸转运有关的膜蛋白相继被发现，对脂肪酸转运蛋白的研究是目前动物营养吸收、肉品质研究及人类脂代谢疾病研究的热点。

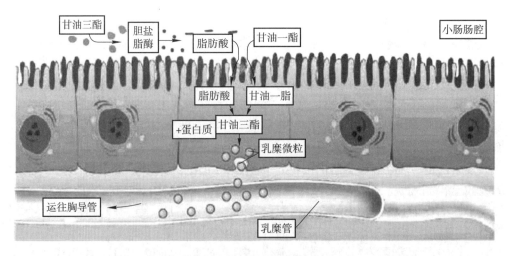

图 5-23　脂肪在小肠内消化吸收的主要方式（引自 Fox，2010）

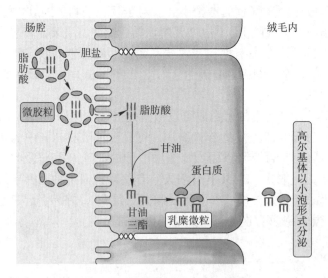

图 5-24　脂肪酸吸收的主要步骤

（五）无机盐的吸收

一般地说，一价盐类，如钠、钾、铵盐的吸收很快，多价盐类则吸收很慢。与钙结合而形成沉淀的盐，如硫酸盐、磷酸盐、草酸盐等，则不能被吸收。

1. 钠的吸收

肠内容物中的 95%～99% 的钠可被吸收。小肠和结肠均可吸收钠，但吸收量不同。单位面积吸收的钠量以空肠最多，回肠次之，结肠最少。

钠的吸收有三种机制：① 钠偶联转运系统（sodium co-transport system），即钠与葡萄糖、氨基酸、胆盐等相偶联的主动转运过程。② 钠 – 氯同时吸收（coupled sodium-chloride absorption）。在肠上皮细胞膜上存在与钠、氯跨膜转运有关的两个独立的离子转运系统。肠上皮细胞内的水和二氧化碳在碳酸酐酶的作用下生成碳酸，后者很快离解成 H^+ 和 HCO_3^-，细胞膜上的一个离子通道进行 H^+-Na^+ 交换，同时，另一个通道进行 HCO_3^--Cl^- 交换。因为 H^+ 和 HCO_3^- 以相同的速度透出细胞，所以肠上皮细胞内 pH 保持不变。进入肠腔中的氢离子和碳酸氢根离子又重新合成碳酸，再解离为 CO_2 和 H_2O。进入细胞内的钠离子被 Na^+-K^+ ATP 酶主动转运至细胞间隙，氯离子则通过扩散方式穿过上皮细胞底侧面膜的特殊氯离子通道，进入细胞间隙。钠、氯同时吸收的速度取决氯通道的通透性，通透性大，Cl^- 能很快离开肠上皮细胞，有利于氯的继续吸收；相反，当氯通道关闭时，细胞内 Cl^- 浓度增加，减慢氯的吸收。

③ 第三种机制是钠离子的简单扩散，即 Na^+ 借肠腔和上皮细胞之间的电化学梯度，由肠腔进入上皮细胞（图 5-25）。

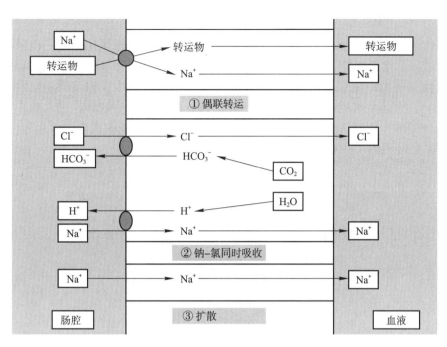

图 5-25　钠离子吸收的三种机制（引自 Cunningham，2007）

2. 钙的吸收

小肠各段都能吸收钙，但食物中的钙通常只有一部分被吸收。小肠对钙的吸收方式也是主动转运，但吸收速度比钠要慢。钙通过小肠黏膜刷状缘上的钙通道进入上皮细胞，然后由细胞基底膜上的钙泵泵至细胞外，并进入血液。肠黏膜细胞的微绒毛上有一种与钙有高度亲和性的钙结合蛋白（calcium-binding protein），它参与钙的转运，并促进钙的吸收。钙盐只有在溶解状态下（如氯化钙、葡萄糖酸钙溶液）才能被吸收。如果肠内容物中磷酸盐过多，易形成不溶性的磷酸钙而不能被吸收。维生素 D 通过其代谢产物 1,25- 二羟胆钙化醇促进钙结合蛋白的合成，从而促进钙的吸收。脂肪酸对钙的吸收也有促进作用。另外，钙的吸收还受到机体需要量的影响。在缺钙状态下，钙的吸收能力增强。

3. 铁的吸收

铁的吸收受到肠腔内环境、二价铁及三价铁离子的浓度以及黏膜细胞中的转铁蛋白含量等因素的影响。亚铁吸收的速度比等量的高价铁要快 2～5 倍，维生素 C 能将高价铁还原为亚铁而促进铁的吸收。可溶解的铁盐容易被吸收，因此，胃液中的盐酸可以溶解铁从而有促进铁吸收的作用。

铁的吸收主要发生在十二指肠和空肠。小肠上皮细胞能够合成一种转铁蛋白（transferrin），并释放入肠腔。转铁蛋白与肠腔内的铁离子结合成复合物，然后以受体介导的入胞方式进入上皮细胞内。转铁蛋白在细胞内释放出铁离子后，又重新释放到管腔。进入胞内的铁，一部分在细胞基底膜以主动转运的形式泵至细胞外，并进入血液；其余的则与胞内的铁蛋白（ferritin）结合并留在细胞内，其作用是防止铁的过量吸收。肠黏膜吸收铁的能力受到黏膜细胞内的铁含量以及机体对铁的需要量的影响。机体缺铁时（如仔猪患缺铁性贫血时），小肠吸收铁的能力增强。

4. 氯的吸收

氯是小肠中最容易吸收的无机离子。氯的吸收有三种机制：① 钠 - 氯同时吸收（如前所述）。② 旁细胞途径，在钠离子偶联转运葡萄糖、氨基酸等物质时，细胞由

☞ 近年来，营养学领域提出了有机微量元素的理论。该理论认为，有机微量元素（有机铁、有机锌、有机硒）比相应的无机微量元素吸收更好，因此，市场上采用氨基酸螯合微量元素（如甘氨酸铁、蛋氨酸锌）或酵母硒作为微量元素添加剂。对有机微量元素的作用机理还有待深入研究。

于吸收了钠离子而产生了电位梯度，推动氯离子经旁细胞途径吸收。③ 直接与碳酸氢根离子进行交换，不与钠吸收相偶联。

（六）水的吸收

水的吸收主要通过被动扩散。各种溶质的吸收，特别是氯化钠的主动吸收所产生的渗透压梯度是水分吸收的主要动力（图 5-26）。细胞膜和细胞间的紧密连接对水的通透性都很大。在十二指肠和空肠上部，水的吸收量很大，但该段消化液的分泌量也很大，因此，水的净吸收量较小。在回肠，离开肠腔的液体比进入的多，净吸收的水分较多，从而使肠内容物的容积大大减少。到达结肠的内容物中水分已很少，因此，结肠吸收的水并不多。

☞ 1988 年 Agre 在分离纯化红细胞膜上的 Rh 血型抗原时，发现了一个 28 kDa 的疏水性跨膜蛋白 CHIP28，将 CHIP28 的 mRNA 注入非洲爪蟾的卵母细胞后，将卵母细胞置入低渗溶液中，细胞迅速膨胀，并于 5 min 内破裂，纯化的 CHIP28 置入脂质体也会得到同样的结果。细胞的这种吸水膨胀现象会被 Hg^{2+} 抑制，表明细胞膜上确实存在水通道，Agre 因此获得了 2003 年的诺贝尔化学奖。

☞ 水通道是水进出细胞的关键，而动物机体内许多生理过程都涉及体液的流动，如出汗、排尿、发炎红肿以及流泪等。水通道蛋白的功能使得动物能够在炎热的夏天浓缩尿液而不致发生脱水，也能让机体在饥饿时把储存在脂肪组织的水释放出来。因为水通道蛋白的发现，人类对生命的研究又开启了一个新的领域。

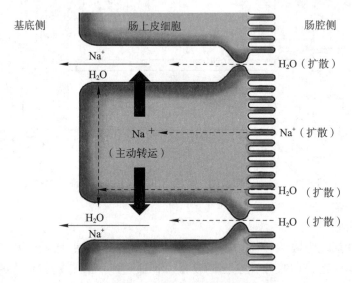

图 5-26　钠离子和水的吸收

长期以来，科学界普遍认为细胞内外的水分子是以简单扩散的方式透过细胞膜的。后来发现某些细胞（如红细胞、肾近球小管上皮细胞）对水的通透性很高，不同种类的细胞在低渗溶液中的反应也不同，因此很难以简单扩散来解释。如果将红细胞移入低渗溶液，则很快吸水膨胀而溶血，而水生动物的卵母细胞在低渗溶液中不膨胀。为此推测，水的跨膜转运除了简单扩散外，还可能存在某种特殊的机制。1990 年，美国科学家 Agre 首次发现了水通道蛋白（aquaporin，AQP），由此揭开了水分子转运的一种新机制。

现在认为，水分子可以通过两种机制穿过细胞膜。第一种机制是通过脂质双分子层的被动扩散。脂双层虽然是疏水的，但其中仍有空间，水分子可以通过氢键在其中形成类似冰的结构而穿过膜。第二种机制是通过专门的水通道。目前在人类细胞中已发现至少有 13 种水通道蛋白，均能选择性地允许水分子通过。

鱼类对水和无机盐的吸收和排泄与机体整体渗透调节有关。淡水鱼生活在低渗环境中几乎不饮水，无机盐在肠道吸收，多余的无机盐通过排泄系统排出。海水鱼类由于生活在高渗环境中，需要吞食大量海水以补充体内水分，多余的盐离子通过肠和排泄系统排出体外。

第九节　能量代谢

能量代谢是动物体内能量获取、利用和释放过程的总和。能量代谢可分为两个过程：分解代谢过程（catabolic process）和合成代谢过程（anabolic process）。在分解代谢过程中，食物中化学物质的化学键被破坏，其内含有的化学能被释放；在合成代谢的过程中，能量被用于合成生物大分子。

一、能量的存在形式及用途

能量有多种存在形式，不同形式的能量对于动物具有不同的意义。对于动物的生命活动来说，有四种重要的能量形式：化学能、电能、机械能和热能。化学能（chemical energy）的吸收和释放发生在原子重新排列而产生新的化合物时。动物体获取能量的方式，就是通过重新排列食物中的原子，从而获取其中的化学能。电能（electrical energy）是当某一系统中正、负电荷分离时所产生的能量。动物体内细胞的细胞膜两侧，通常存在阴离子和阳离子分布不均匀的现象。因此，可以认为细胞膜两侧储存有电能。对于动物来说，还有两种非常重要的动能（kinetic energy），即机械能（mechanical energy）和热能（heat）。机械能是指组成物质的分子沿着相同方向运动时体现出的能量，例如动物的行走和血液的流动等。热能（也被称为分子动能，molecular kinetic energy）是指组成物质的分子在随机运动时体现出的能量。

从能量学的角度来看，动物每次进食，都是一个获取外界环境中化学能的过程。因此，食物分子内化学键中的能量，就成了动物摄取的化学能（ingested chemical energy）。当然，并不是食物中的所有化学能都能被动物所利用。导致这一现象的原因是我们在之前章节中提到的，并不是所有的食物分子都能被消化系统消化并吸收入血。这部分无法被利用的能量，最终以粪便的形式回到外界环境中。而食物中被动物所吸收的化学能（absorbed chemical energy），最终在进入了动物的各个组织之后，被用于行使如下三个主要的生理学功能：

（1）生物合成

动物体无时无刻不在利用其从食物中获取的能量合成自身所需的物质，包括蛋白质、脂肪等，这一过程被称为生物合成（biosynthesis）。在动物生长发育的过程中，化学能逐步积累在动物体内，形成不同的生物合成物质用于产生新的细胞和组织。而这些积累在动物体内的物质，在某些情况下又会重新释放其所包含的化学能供动物使用。例如当熊冬眠的时候，储存在其体内脂肪中的化学能，会被用于维持体温和基本的新陈代谢。最终，当动物死亡时，所有储存在其体内的化学能又会以食物的形式被捕食者或者腐生生物所获取。

在动物生存期间，生物合成物除了为动物体内的细胞和组织提供原材料以外，还会以不同的形式离开动物自身，同时将包含在其中的化学能释放到外界环境中。这类生物合成物包括乳汁、脱落的毛发、脱落的外骨骼和生殖细胞等。

（2）生命维持

生命维持是指动物体消耗能量用于维持其机体在结构和功能上的完整性，例如血液循环、呼吸、神经传导、肠道蠕动和损伤组织修复等。绝大多数情况下，用于生命维持的能量最终都转化成了热能。下面我们使用血液循环为例解释能量转化的过程。首先，包含在食物中的化学能被生物体转换成了包含在ATP中的化学能。由于在ATP的合成步骤中，每步反应的效率并非100%，因此损失的能量将会转化为热能。随后，包含在ATP中的能量转化为心脏收缩时的机械能。心肌收缩时也会产生热量。最终，起初从食物中获取的化学能，转变为了血液在离开心脏后的动能。而这部分动能在克服了血液与血管壁的摩擦力之后，也将会有一部分转化为热能。

（3）对外做功

当动物向体外的物体施加机械力的时候，便开始了能量用于对外做功的过程。例如当狮子在草原上奔跑，或者人们骑自行车时，均是腿部肌肉在对外做功。在这一过程中，一部分能量转变为了热能，例如消耗 ATP 引起肌肉收缩时产生的热量。另一部分转变为了机械能或是势能。例如当骑车爬坡时，我们对外做的功转变为了重力势能。然而当我们在平路上骑行，或者狮子在草原上奔跑时，所有对外做的功最终都因克服摩擦力而转变为了热能。

☞ 因此，能量在动物个体以及整个生物圈内是无法循环利用的。这其实是"动物为什么一生中都需要进食"这一简单问题的根本原因。

事实上动物的能量代谢最终都转化成了热能，因此所有动物都会产热，即使是像蛙类和鱼类这样的变温动物。另外值得注意的一点是，这种由食物中的化学能向热能转化的过程是单向的，即动物只能将化学能转化为热能，而不能反过来将热能转化成化学能。

二、代谢率及其测量

代谢率是指动物消耗能量的速率，也就是动物将化学能转化成热能和对外做功的速率。能量的单位是焦耳（J），代谢率的单位是瓦特（W）。例如当你安静地坐在座位上阅读这段文字时，你的代谢率大约是 96 J/s，即 96 W。对于动物来说，代谢率还包含如下含义：①动物的代谢率是其食物摄入量的最重要决定因素。对于成年个体来说，食物需求几乎完全由代谢率决定。②动物利用的所有能量最终都转化为了热能，代谢率（在这种情况下也可称为产热率）是其机体生理活动强度的量化指标。③从生态学角度来看，动物的代谢率是其从生态系统中吸取能量的速率。

测量动物代谢率的方法可分为直接测量法和间接测量法。直接测量法是将被测动物置于一个绝热环境中，通过测量一定时间内动物所释放的热量，从而计算出代谢率。早在 18 世纪，法国科学家拉瓦锡（Antoine-Laurent de Lavoisier，1743—1794）便开始使用直接测量法测量豚鼠的热量释放。间接测量又可分为呼吸测量法和物质平衡测量法。呼吸测量法是通过测量动物的氧气消耗率或者二氧化碳生成率来计算动物的代谢率，该方法可以实时检测动物的代谢率。物质平衡测量法则是通过计算一定时间内动物从食物中获取的化学能，及排泄物中包含的化学能来对代谢率进行评估，该方法只能计算较长时间内动物的平均代谢率。

1. 呼吸测量法

测量消耗氧气的速率是一种有效的估算动物代谢率的方法。我们先考虑一下葡萄糖在体外完全燃烧时的化学反应过程：

$$C_6H_{12}O_6 + 6O_2 \longrightarrow 6CO_2 + 6H_2O + 2\ 820\ kJ/mol$$

可以看出每消耗 6 mol 的氧气，或者是每生成 6 mol 的二氧化碳，就会有 2 820 kJ 的能量以热能的形式被释放。因此，只要通过测量氧气的消耗或者二氧化碳的生成，我们就能知道反应中释放了多少热能。然而，生物体内的反应远比上述反应要复杂，首先动物除了利用糖类作为能量来源外，还可通过脂肪和蛋白质的代谢产生能量。其次，动物在高强度的运动时，骨骼肌内还会以无氧呼吸的方式提供能量，这部分能量消耗是无法通过呼吸测量法获得的。关于动物在代谢糖类、脂肪和蛋白质过程中产生的热量，下表总结了在每消耗 1 mL 氧气和每产生 1 mL 二氧化碳时，动物利用不同物质所产生的热量。

表 5-4　耗氧量、二氧化碳生常量与热量生成关系

	单位体积氧气消耗与产热量（J/mL）	单位体积二氧化碳产生与产热量（J/mL）
糖类	21.1	21.1
脂肪	19.8	27.9
蛋白质	18.7	23.3

上表给出了每种物质在独自参与代谢时产生的能量与氧气消耗的关系，然而我们很难精确的得知，在测试动物耗氧量时，参与能量代谢的各物质之间的比例关系。事实上，在通过测试氧气消耗计算代谢率时，研究人员通常会使用每消耗 1 mL 氧气，产生 20.2 J 能量的计算方法。这一计算方法与真实的代谢率之间的误差大约在 5% ~ 8% 之间。

2. 物质平衡法

使用物质平衡法计算动物的代谢率时，研究人员会计算在一段时期内（通常需要 24 h 以上）动物摄入的食物、以及动物的排泄物中包含的化学能。依据能量守恒定律，上述两个化学能之间的差值便是动物在这段时期内消耗的能量。使用这种方法计算代谢率时，有两个重要因素需要考虑。其一是动物在这段时期内是否有体重的变化。例如当动物处在生长过程中，其所摄入的化学能除了参与能量代谢外，还会转化为肌肉、脂肪等储存在动物体内。其二是除了粪便、尿液外，是否还有其他物质离开动物身体。例如毛发脱落、黏液分泌、蜕皮等。这部分物质中所包含的化学能，也应体现在物质平衡法的计算中。

三、基础代谢率与标准代谢率

动物的代谢率每时每刻都在发生变化。影响代谢率的主要因素包括：运动强度、环境温度、进食情况、年龄、性别、体型大小、精神压力以及水生生物需要考虑的水体盐浓度等。显然，当运动强度大时，动物的代谢率就会增加。然而即使在动物处在静息情况下，为了维持基本生命活动，其机体也无时无刻不在发生能量代谢。对于恒温动物来说，这种代谢率称为基础代谢率（basal metabolic rate），对于变温动物来说，称为标准代谢率（standard metabolic rate）。

对于恒温动物来说，存在着一个温度范围，在此范围内动物不需要进行产热或散热调节，就能保持正常体温，因此其用于维持体温的能量消耗最少。这一温度范围被称为热稳定区（thermoneutral zone，该概念会在神经系统对体温的调节章节详细介绍）。基础代谢率是在满足如下三个情况下动物的代谢率：①动物处在热稳定区的环境温度中；②动物在进食完一段时间、且由进食导致的代谢率升高现象消失之后；③动物处在静止不动的情况下。

对于变温动物来说，它们不需要消耗能量用于维持体温，因此标准代谢率是在满足上述②、③两种情况下动物的代谢率。然而在不同的环境温度下，动物的代谢率均不相同，因此标准代谢率会随着温度的变化而变化。

四、代谢率与动物体型大小的关系

下面让我们来考虑一下田鼠和犀牛的每天需要消耗的能量和代谢率。两种动物都是哺乳动物，且都是食草动物。但是由于体型存在巨大差异，田鼠需要的食物量远远小于犀牛需要的食物量。据统计，一只体重为 30 g 的成年田鼠，每天大概需要摄入 25 g 的食物。一只体重为 1 900 kg 的成年犀牛，每天所需要的食物多达 90 kg，是田鼠食物量的 3 600 倍。然而当我们考虑其食物量与体重的比例关系时，我们会发现田鼠每日的进食量超过其体重的 80%，而犀牛每日的进食量不及其体重的 5%。这个例子告诉我们，动物的对于能量的需求与其体型大小是不成正比的。

当然，只有两种动物还不足以说明代谢率与体型大小的关系。图 5-27 拟合了多种哺乳动物体重和代谢率的关系。图中的虚线显示了当体重的增长和代谢率的增长成正比时，二者的关系。而实际上（图中的实线）尽管动物的代谢率是在随着体重的增长而增加，但其增加幅度远小于体重增加的幅度。

☞ 基础代谢率随年龄增大而降低。这是人们"中年发福"的一个重要原因。

☞ 如果你今天大部分时间都是坐在教室里阅读本教材，那么你的基础代谢将会占到你全天能量消耗的 50% ~ 70%。

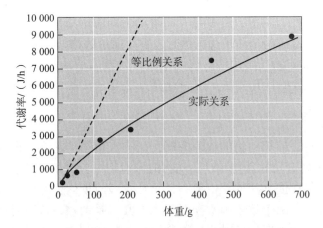

图 5-27   代谢率与体重关系（改自 Hill 等，2016）

为了更好地描述代谢率与体重的关系，研究人员常采用计算单位体重代谢率的方法。按照此方法，我们可以获得图 5-28 所示的单位体重代谢率同动物体型大小的关系。从图中我们可以看出一只体重 670 g 的兔子，其单位体重的代谢率是一只体重 21 g 的小鼠的单位体重代谢率的 40%。当我们计算体型更大的动物时，会发现单位体重代谢率随着动物体重增加迅速下降。例如 70 kg 成年人的单位体重代谢率仅为小鼠的 10%，而计算体重 4 000 kg 的大象时，这一数值仅为 5%。事实上，这一现象不仅在哺乳动物中如此，在变温动物中同样存在。

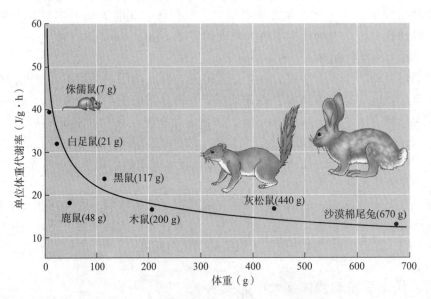

图 5-28   单位体重代谢率与体重关系（改自 Hill 等，2016）

上述代谢率与动物体型大小的关系具有重要的生理学意义。不同动物单位体重代谢率的差别，还体现在它们的心跳速率和呼吸频率上。由于哺乳动物的心脏大小与体型大小基本成正比，因此在观察哺乳动物的静息心率时，我们会发现体型小的动物的心跳速率要远高于体型大的动物，从而满足它们更高的单位体重代谢率。表 5-5 列出了 7 种体重差异较大的哺乳动物的静息心率，以及它们心脏重量在体重中的占比。

与体型小的动物心率高这一现象类似的是，体型小的动物呼吸频率也高。例如，成年人在静息时每分钟大约呼吸 12 次，而小鼠在相同的时间内大约需呼吸 100 次。此外，为了满足小体型动物更高的单位体重代谢率，它们单位体重内的线粒体含量通常也要高于大体型动物。

表 5-5　静息心率以及心脏大小与体型的关系

动物	平均体重 /kg	静息心率 /（次 /min）	心脏重量与体重比 /%
非洲象	4 100	40	0.55
马	420	47	0.75
人	70	70	0.52
犬	19	105	0.92
猫	3	179	0.41
大鼠	0.34	340	0.29
小鼠	0.03	580	0.40

五、食物中的能量与动物生长

☞ 在生态系统中，一个动物的体重增加，通常意味着另一个肉食动物的食物增加。

不同动物对于食物的消化能力，以及吸收包含在食物中的化学能的能力是不同的。我们将动物吸收的能量与摄入的能量的比值称为能量吸收效率（energy absorption efficiency）。

能量吸收效率 = 吸收的能量 / 摄入的能量

需要注意的是，并不是动物摄入的食物中的全部化学能都能被动物所吸收。例如，由于人的消化道内并不分泌纤维素酶，因此，人就无法获取包含在纤维素中的能量。一个只摄入纤维素的人，显然是无法存活的。与之相比，由于反刍动物瘤胃内的微生物能够发酵纤维素，并产生可被宿主利用的物质，反刍动物通常能吸收其所摄入的纤维素中 50% 的能量。

动物所吸收的能量，除了用于维持正常的生理活动，对于幼年的动物来说，还被用于生长发育，也就是将能量转化为自身的细胞和组织等。因此，在农业生产中，动物将所摄取的食物运用于自身发育的效率是一个重要的问题。这一过程存在两个概念：总生长效率和净生长效率。

总生长效率 = 体重增长 / 摄入能量

净生长效率 = 体重增长 / 吸收能量

☞ 当你阅读至此，在理解和记忆这些公式后，是否觉得"脑力耗尽"？事实上，与"大脑一片空白"时相比，高强度的脑力活动，并不会显著增加脑部的能量消耗。

图 5-29 显示了沙丁鱼的净生长效率与年龄的关系。通常来说，动物的生长效率随着年纪增大而下降。这一现象对于分析生态环境中的能量流动和农业生产均具有重要意义。显然，对于肉用动物来说，同样的食物摄入量，在幼年时期可更高效的转化为动物肉质。例如，在肉鸡的生产中，生产者通常会在肉鸡成长到 2~3 个月的时候便终止养殖。因为在这一阶段，肉鸡已经可以提供足够的肉质。而若继续喂养，则肉鸡的生长效率将会显著下降，从而增加生产成本。

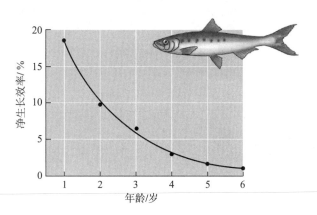

图 5-29　净生长效率与年龄的关系（改自 Hill 等，2016）

推荐阅读

JAMESON K G，OLSON C A，KAZMI S A，et al. Toward understanding microbiome-neuronal signaling［J］. Mol Cell，2020，78（4）：577–583.

开放式讨论

1. 单胃哺乳动物的胃酸可以腐蚀金属，为什么正常情况下它不腐蚀胃壁？在什么情况下，胃酸会对胃壁造成损伤？又如何缓解？

2. 将 300 mL 的蛋白质水解产物直接灌入动物胃内，会对胃酸分泌和胃肠运动分别产生什么样的影响？

3. 在畜牧生产实践中，对动物的饲料做哪些改变或添加会影响（促进或抑制）动物对食物的消化吸收？

复习思考题

1. 请举例说明食物在肠道内的消化方式。
2. 简述消化管平滑肌的生理特性。
3. 外周信号通过何种途径传入摄食中枢？
4. 胃液中起消化作用的主要成分有哪些？
5. 胃的容受性舒张有何生理意义？
6. 调节胰液分泌的主要因素是什么？
7. 胆汁有何生理作用？
8. 简述小肠作为消化与吸收主要器官的结构特点。
9. 简述瘤胃内微生物对营养物质的消化代谢作用。
10. 小肠吸收营养物质的主要途径有哪些？
11. 简述葡萄糖的吸收机制。
12. 比较反刍动物与非反刍动物对食物消化的不同。

更多数字资源

教学课件、自测题、参考文献。

第六章
泌尿生理

知识导图

【发现之路】内环境稳态

　　动物个体内绝大多数细胞并不与外界环境相接触，而是浸浴于细胞外液中。因此细胞外液是与细胞直接接触且保证其生存的环境。生理学中，我们将包围多细胞动物个体的细胞外液称为内环境。而由美国生理学家坎农于1929年提出的"稳态"概念则是指内环境的理化性质，包括pH、渗透压、温度以及各种液体成分等的相对恒定状态。目前认为，稳态所包含的范围已经扩展到了机体内各种保持协调和稳定的生理过程中，如姿势维持和情绪稳态等。

　　机体新陈代谢产生的终产物必须及时排出体外以维持内环境的相对稳定。人们主观上往往将泌尿系统看作是机体代谢产物的排泄途径。其实，早在100多年前贝尔纳首次提出细胞外液是机体内环境这一概念时就已指明，肾的主要功能是调节内环境的容积和化学组成。1917年，英国药理学家喀舒尼（Alfred Cushny）在其名著《尿的分泌》中重提了这一论断。而到了1963年，美国生理学家匹兹（Robert Pitts）在《肾生理学和体液》的初版序言中再次郑重宣布，肾的主要功能是调节体内的液体环境，其排泄功能是从属于保持内环境恒定的。

　　现在看来，机体之所以能维持内环境的稳态，应该是依赖于复杂的神经调节、体液调节、免疫调节及其相互调节综合起来实现的。其中，负反馈调节机制起到了关键性作用。

联系本章内容思考下列问题：

以代谢性酸/碱中毒为例，试述机体内环境发生紊乱与人类罹患某种疾病间的关系。

案例参考资料：

RICHET G C. Osmotic diuresis before Homer W. Smith：a winding path to renal physiology［J］. Kidney Int，1994，45（4）：1241-1252.

PITTS R F，PILKINGT L A，DEHAAS J C. N15 tracer studies on origin of urinary ammonia in acidotic dog with notes on enzymatic synthesis of labeled glutamic acid and glutamines［J］. J Clin Invest，1965，44（5）：731-745.

【学习要点】

　　肾小体的结构、肾血流量的调节；有效滤过压、肾糖阈等基本概念；尿的生成过程及其影响因素；肾泌尿功能的调节；排泄对维持机体内环境相对恒定的意义；尿的浓缩和稀释。

在生理学上，将动物体内新陈代谢产生的终产物以及进入体内过多或不需要的物质（包括进入体内的异物、药物及其代谢产物或毒物）等经血液循环运输到排泄器官排出体外的过程称为排泄（excretion）。机体的排泄途径有4条：① 通过呼吸以气体的形式排出 CO_2、少量水分和一些挥发性物质；② 通过汗腺以汗液的形式排出部分水分、无机盐和尿素等；③ 通过肠道以粪便的形式排出胆色素和某些无机盐等；④ 通过肾以尿的形式排出代谢产物、水和药物等。在这4种排泄途径中，从肾脏排出的物质种类最多数量最大，因此说肾是机体最重要的排泄器官之一。

构成哺乳动物泌尿系统（urinary system）的器官包括肾（kidney）、输尿管（ureter）、膀胱（urinary bladder）和尿道（urethra）。由肾脏生成的尿液经输尿管被转移至膀胱临时贮存，后经尿道排出体外。

第一节　肾的功能解剖和血液循环

一、肾的功能解剖特点

▶️ **录像资料 6-1**
肾的组织结构

肾为成对的实质性器官，形如蚕豆。肾内侧缘中部凹陷，称为肾门，有肾动脉、肾静脉、肾盂、神经和淋巴管等出入。肾外表附有纤维囊、脂肪囊和肾筋膜三层被膜，实质部分分为表层的肾皮质和深层的肾髓质。肾实质中有大量的肾单位和集合管，其间有少量结缔组织。肾脏除了具有泌尿功能外，还具有内分泌功能。

肾通过泌尿可以实现以下功能：① 将体内的代谢产物和进入体内的异物排出体外；② 调节体内水与电解质的平衡；③ 调节体内的酸碱平衡。肾的这些重要机能是通过肾小球的滤过作用，肾小管与集合管的重吸收、分泌和排泄作用，以及输尿管、膀胱与尿道的排放活动而实现的。肾分泌的肾素、促红细胞生成素、1,25- 二羟维生素 D_3 和前列腺素等多种生物活性物质参与了对机体多种活动的调节。

（一）肾单位和集合管

☞ 肾单位包括肾小体和肾小管，是尿生成的基本结构。人类每侧肾约有100万个以上的肾单位。

肾单位（nephron）由肾小体（renal corpuscle）和肾小管（renal tubule）组成（图 6-1）。肾单位是肾的基本结构和功能单位，负责与集合管（collecting duct）一起完成泌尿活动。

▶️ **录像资料 6-2**
肾单位生理功能

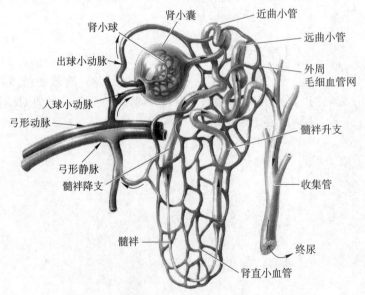

图 6-1　肾单位示意图（引自 McKinley 等，2011）

肾小体包括肾小球（glomerulus）和肾小囊（Bowman's capsule）。肾小球是一团盘曲的毛细血管网，其两端分别与入球小动脉和出球小动脉相连。毛细血管为有孔型。肾小球外面的包囊称肾小囊，由肾小管盲端膨大凹陷形成，分内外两层上皮细胞。两层肾小囊细胞之间的腔隙称为囊腔，其内层是大小不等的凸起的足细胞，与毛细血管网紧密接触；其外层是单层扁平的上皮细胞，其远端与肾小管管壁相连，近端返折与脏层相连。

肾小管由近球小管、髓袢细段和远球小管组成。近球小管包括近曲小管和髓袢降支粗段。远球小管包括髓袢升支粗段和远曲小管。远曲小管与集合管相连。

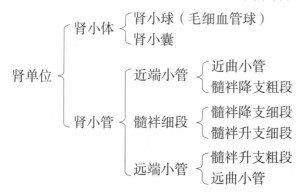

一条集合管可与多条远曲小管汇合，最后开口于肾盂乳头。尽管从结构上讲集合管不包括在肾单位内，但它除了收集尿液外，在尿液的浓缩过程中也起着重要作用。

（二）皮质肾单位和近髓肾单位

肾单位按其在肾中的位置不同分为皮质肾单位（cortical nephron）和近髓肾单位（juxtamedullary nephron）（图6-2）。皮质肾单位的肾小体分布于外皮质和中皮质层，约占肾单位总数的80%～90%。这类肾单位的肾小体相对较小，髓袢较短，只达外髓质层，有的甚至不到髓质。其入球小动脉的口径比出球小动脉的大，二者比例可达2∶1。近髓肾单位的肾小体位于靠近髓质的内皮质层，其特点是肾小球较大，髓袢

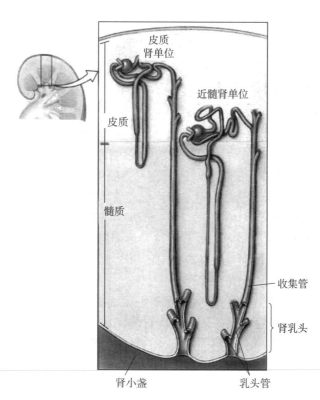

图6-2 两类肾单位示意图（引自 Silverthorn，2009）

长，可深入到内髓质层，其入球小动脉与出球小动脉的口径无明显差异。

不同种动物的两类肾单位在肾中所占的比例不同。例如水代谢强的动物其肾中的皮质肾单位多，而水代谢弱的近髓肾单位多。

（三）肾小球旁器

肾小球旁器（juxtaglomerular apparatus，也称近球小体）由球旁细胞（juxtaglomerular cell，也称近球细胞）、球外系膜细胞（extraglomerular mesangial cell）和致密斑（macula densa）三部分组成（图6-3），主要分布于皮质肾单位。球旁细胞是入球小动脉中一些特殊化的平滑肌细胞，体积较大，内含分泌颗粒，能合成、储存和释放肾素（renin）。球外系膜细胞位于入球小动脉、出球小动脉和致密斑之间，具有吞噬功能。致密斑位于远曲小管起始部，由特殊分化的高柱状上皮细胞组成。它能感受小管液中 Na^+ 含量的变化，并通过某种形式的信息传递调节球旁细胞对肾素的释放量。

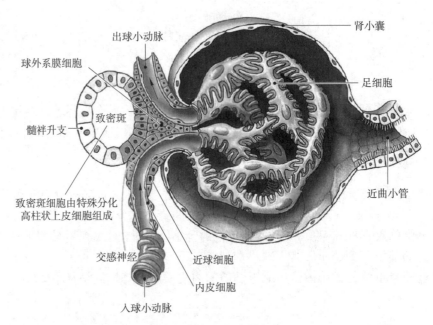

图6-3　球旁器的结构（引自 Silverthorn，2009）

二、肾的血液循环及其调节

（一）肾的血液循环特点

肾的动脉血管支配来自于腹主动脉，进入肾门后即分为叶间动脉，再分为弓形动脉、小叶间动脉和入球小动脉。肾小球毛细血管网汇合为出球小动脉出肾小球后，随即形成第二次毛细血管网并走行于肾小管和集合管的周围，称为管周毛细血管。管周毛细血管网再依次汇合成小叶间静脉、弓形静脉和叶间静脉，与同名动脉伴行，最后形成肾静脉出肾。肾的血液循环有如下特点。

1. 血流量大

肾动脉直接起源于腹主动脉，血管短而粗因而血流量大。其血流量约占心输出量的 1/5～1/4，是机体内血液供应最为丰富的器官之一。流入肾脏的丰富血流不仅可供应肾实质细胞必要的氧和营养物，更重要的是用于不间断地生成原尿。

2. 血流分布不均

肾皮质血流量大（约占90%）且流速快，而髓质血流量小（仅占肾血流量10%）且流速慢，越向内髓部位其血流量就越小。这种血液分布特点与皮质主要负责完成

☞ 肾动脉的血流要通过两次小动脉（入球小动脉和出球小动脉）和两次毛细血管网（肾小球毛细血管网和管周毛细血管网）然后汇合于小叶间静脉。

滤过功能有关。

3. 两套毛细血管网的血压差异大

在皮质肾单位，入球小动脉粗而短、血流阻力小且流入血量大，而出球小动脉细而长、血流阻力大，故肾小球毛细血管网内的压力高，有利于肾小球中液体的滤过。管周毛细血管网在血流经过入球和出球小动脉后，因阻力消耗导致其血压降低，从而有利于肾小管对小管液中物质的重吸收。

4. 直小血管成襻状与髓襻相伴

近髓肾单位的出球小动脉离开肾小球后深入到髓质形成两套毛细血管网，一种是围绕肾小管的管周毛细血管网，另一种是由管周毛细血管发出直小动脉直降入髓质，在髓质的不同深度形成毛细血管网后再折返直行并上升为直小静脉。髓质中的直小血管由降支和升支构成的细长的 U 形血管形成襻状与近髓肾单位的髓襻相伴行，上下行血管彼此之间有吻合支，从而在尿浓缩与稀释过程中发挥了重要作用。

（二）肾血流量的调节

1. 肾血流量的自身调节

生理学上把在没有外来神经和体液因素影响的情况下，当动脉血压在一定范围内（80~180 mmHg）变动时肾血流量能保持恒定的现象称为肾血流量的自身调节（autoregulation）。当肾动脉灌注压超出上述范围后，肾血流量就随血压的改变而发生相应的变化。例如，只有当平均动脉压低于 70 mmHg 时（或更低时，如大失血）才导致少尿或无尿。

有关自身调节的机制，目前存在两种机制。① 肌源性机制（myogenic mechanism）：若肾脏血管灌注压在上述范围内波动，当肾动脉血压上升时血管平滑肌受到较大的牵张刺激，引起入球小动脉血管平滑肌紧张性增加导致血管口径变小、血流阻力增加，血流量保持稳定，故而肾血流量不会因血压升高而升高。反过来，当肾动脉血压下降时入球小动脉血管平滑肌舒张动脉血管口径增大、阻力减小，则发生相反变化，以保证肾血流量充足。可见，肾血流量的多少主要取决于肾血管阻力，包括入球小动脉、出球小动脉和叶间小动脉的阻力，其中最重要的是入球小动脉的阻力。② 管球反馈机制（tubulogomerular feedback）：指小管液流量变化影响肾血流量和肾小球滤过率的现象。当肾血流量增加导致肾小球滤过率相应增高时，流经肾小管远曲小管致密斑的小管液也会增多。此处小管上皮对小管液中的 Na^+、K^+ 和 Cl^- 转运率增加，从而刺激致密斑并随即引起局部肾素分泌增加。肾小球入球动脉和出球动脉收缩力因此增强，流经肾小球的血流量随后减少，肾小球过滤随即恢复正常。反之亦然。

2. 肾血流量的神经和体液调节

肾主要接受交感神经支配，至今未发现副交感神经支配。肾交感神经属于肾上腺素能神经，其末梢释放的是去甲肾上腺素，后者通过与肾血管平滑肌的 α- 肾上腺素能受体（α-adrenoceptor）结合引起血管的收缩，导致流经肾小球毛细血管的血浆流量减少。安静时，肾交感神经使血管平滑肌有一定程度的收缩。当肾交感神经兴奋时则可引起肾血管强烈收缩，导致肾血流量减少。

多种体液因素都会影响肾血流量。例如，肾上腺髓质释放的去甲肾上腺素和肾上腺素、循环血液中存在的血管升压素和血管紧张素 Ⅱ，以及血管内皮细胞分泌的内皮素等全身性血管活性物质均可引起血管收缩，使肾血流量减少。反之，由肾组织生成的前列腺素、NO 和缓激肽（bradykinin）以及由细胞代谢产生的局部性血管活性物质等，均可引起肾血管舒张和肾血流量增加（详见第三章）。

总之，肾血流量的神经和体液调节使肾血流量与全身血液循环相配合。例如，当血容量减少、机体受到强烈的伤害性刺激、情绪激动或剧烈运动时，都会导致交感神经活动加强肾血流量减少；反之，当血容量增加时，交感神经活动减弱，肾血流量增加。

☞ 肾血流量的调节方式包括自身调节、神经调节和体液调节。

☞ 一般认为，自身调节只涉及肾皮质的血流量。

第二节 肾小球的滤过作用

☞ 1920 年代初，美国生理学家理查兹（A. N. Richards）等利用微穿刺技术在显微镜下吸取两栖类单个肾小体的囊腔液并进行了微量化学分析，结果发现其化学组成和浓度（除蛋白质外）基本与血浆相同。这是生理学史上首次具体证明肾囊腔液是肾小球的滤过液的证据。

当循环血液经过肾小球毛细血管时，其血浆中的水和小分子溶质（包括少量分子量较小的血浆蛋白）可以从有孔的血管滤过，进入肾小囊的囊腔而形成滤过液。这种肾小囊液除了蛋白质含量甚少外其他各种成分（如葡萄糖、氯化物、无机磷酸盐、尿素、尿酸和肌酐等物质）的浓度都与血浆中的非常接近，而且其渗透压、酸碱度和导电性也与血浆相似，因此可以说是一种含有丰富营养和较多废物的血浆超滤液，因而被称为原尿。

原尿是通过肾小球滤过作用而产生的，而发生肾小球滤过作用取决于两个因素：一是肾小球滤过膜的通透性，二是肾小球的有效滤过压。其中，前者是原尿产生的前提条件，而后者是原尿滤过的必要动力。

一、滤过膜及其通透性

☞ 肾小球的滤过膜起着选择性过滤器的作用。

肾小球滤过膜由三层结构组成：① 内层是肾小球毛细血管的内皮细胞。内皮细胞有许多小孔，称为窗孔。窗孔直径为 50 ~ 100 nm，可阻止血细胞通过。小分子溶质以及分子量较小的蛋白质均可自由通过。内皮细胞表面有带负电荷的糖蛋白，因而可阻碍带负电荷的血浆蛋白滤过。② 中间层是非细胞性的基膜，由基质和一些带负电荷的蛋白质构成，是滤过膜的主要滤过屏障，仅有选择性地让一部分溶质通过。③ 外层是肾小囊内层的足细胞，这种上皮细胞有很长的足状突起，是大分子滤过的最后一道屏障（图 6-4）。

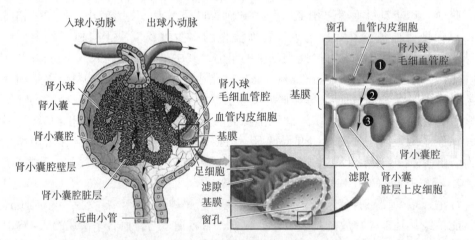

被滤过的物质需要通过以下三层结构：1. 肾小球毛细血管内皮细胞的孔；2. 非细胞性的基膜；3. 肾小囊脏层足细胞柄之间形成的滤隙。

图 6-4　滤过膜示意图（引自 Sherwood，2005）

肾小球滤过膜的通透性除了与滤过物质分子量的大小有关外，还取决于被滤过物质表面所带的电荷。研究表明，在同等分子量的情况下，带负电荷的分子最难通过滤过膜，中性电荷次之，而带正电荷的较易通过。在某些病理情况下肾小球的滤过能力增强。如发生急性肾小球肾炎时，其滤过膜上带负电荷的糖蛋白减少或消失，这就会导致带负电荷的血浆蛋白滤过量比正常时明显增加，从而出现蛋白尿。

二、有效滤过压

肾小球滤过作用发生的动力是滤过膜两侧的压力差。这种压力差称为肾小球的有效滤过压。有效滤过压是由 4 种力量的对比来决定的：肾小球毛细血管血压和囊内液胶体渗透压分别是促进或吸引血浆滤过到囊腔的动力，而血浆胶体渗透压和肾小囊内压则均是阻止血浆透过滤过膜的力量。肾小囊滤过液中蛋白质浓度很低，其胶体渗透压可忽略不计。

☞ 有效滤过压是肾小球滤过的动力，它等于滤过力量与抗滤过力量的差值。

在正常情况下，肾小球毛细血管的平均血压约为 45 mmHg，入球小动脉和出球小动脉的血压几乎相等；血浆胶体渗透压在入球小动脉端约为 25 mmHg，肾小囊内压约为 10 mmHg，因而在滤过膜处存在着约 10 mmHg 的有效滤过压（图 6-5）。

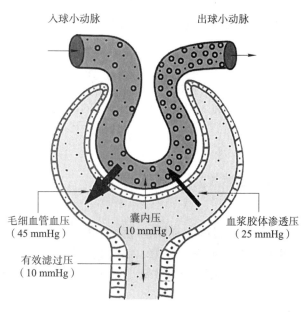

图 6-5　有效滤过压示意图

有效滤过压 = 肾小球毛细血管压 −（血浆胶体渗透压 + 囊内压）= 45 −（25 + 10）= 10（mmHg）

☞ 这是原尿形成的根本动力。

根据测定结果，经肾小球的血浆量约有 1/5 是要透出滤过膜进入肾小管的。可见，原尿的生成很快且流量也大。若以正常男性（身高 1.73 m）为例，其 24 h 内肾小球滤过液总量约为 180 L，同样身高的女性约比男性低 10%。

肾小球毛细血管不同部位的有效滤过压是不同的。一般越靠近入球小动脉处的有效滤过压越大，靠近出球动脉端的越小。这主要是因为肾小球毛细血管内的血浆胶体渗透压不是固定不变的。当毛细血管血液从入球小动脉端流向出球小动脉端时，由于不断形成超滤液导致血浆中蛋白质浓度会逐渐升高，因而使得滤过阻力逐渐增大而有效滤过压逐渐减小。当滤过阻力等于滤过动力时，有效滤过压降低为零，滤过随即停止。

三、影响肾小球滤过的因素

影响肾小球滤过的因素包括肾小球有效滤过压、肾血流量和滤过膜的通透性。

（一）肾小球有效滤过压改变

肾小球有效滤过压的大小直接取决于肾小球毛细血管血压、血浆胶体渗透压和囊内压三种压力的对比，但也间接受到肾血流量的影响。

1. 肾小球毛细血管血压

当动脉血压降低时，肾小球毛细血管的血压将相应下降有效滤过压降低，故肾小球滤过率也减少。动物（包括人类）在创伤、出血及烧伤等情况下出现的尿量相应减少主要就是由肾小球毛细血管血压降低所致。

2. 血浆胶体渗透压

当血浆蛋白的浓度明显降低时，血浆胶体渗透压将降低。此时，有效滤过压会相应升高，肾小球滤过率也随之增加。临床上，由静脉输入大量生理盐水使血液稀释时，一方面升高了血压，另一方面又降低了血浆胶体渗透压（血液被稀释后使得血浆蛋白的浓度降低），由此导致尿量增多。

3. 囊内压

在输尿管或肾盂有异物（如结石）堵塞或者因发生肿瘤而压迫肾小管时，都可造成囊内压升高，致使有效滤过压相应降低，因此滤过率降低，原尿生成不多而尿量相应减少。

（二）肾血流量

肾血流量几乎占心输出量的 1/5，从而为肾小球的滤过作用提供了充足的血液供应，这也因此导致它的变化对肾小球滤过作用有很大影响。一般来说，肾血流量增加会导致肾小球滤过率增大原尿生成增多；反之，原尿生成减少。

（三）肾小球滤过膜通透性改变

1. 滤过面积

肾出现病变时往往引起滤过膜的有效滤过面积发生改变。例如，在急性肾炎时，由于肾小球毛细血管管腔变窄或完全阻塞，以致具备滤过功能的肾小球数量减少，其有效滤过面积也随之减少，因而会导致肾小球滤过率降低，结果使患者出现少尿甚至无尿等症状。

2. 滤过膜通透性

在急性肾小球肾炎时，由于肾小球内皮细胞肿胀，导致基膜增厚孔隙变小。它除了能减少有效滤过面积外，还能造成滤过膜通透性降低，致使平时能正常滤过的水和溶质减少甚至不能滤过，因而出现滤过量减少的现象。但是，又因为滤过膜各层的糖蛋白此时也会减少，由此导致滤过膜的电学屏障作用减弱，因而原来不能透过的大分子蛋白质甚至血细胞都可以通过滤过膜，最终导致尿中出现血细胞（血尿）和蛋白质（蛋白尿）。

第三节　肾小管和集合管的重吸收与分泌作用

一、肾小管和集合管的物质转运方式

☞ 肾小管和集合管的物质转运方式有主动转运和被动转运之分。

肾小管和集合管的重吸收功能是指肾小管上皮细胞将水和溶质从肾小管液中转运至血液中，而其分泌功能是指肾小管上皮细胞将本身产生的物质或血液中的物质转运至肾小管液中。经过肾小管与集合管的转运，小管液的总量会大幅度减少（99%以上的小管液被重吸收），其质量也发生重大改变（小管液的营养物质急剧减少，而排泄物的浓度迅速增高）。

肾小管和集合管的物质转运方式有被动转运（passive transport）和主动转运

（active transport）。被动转运包括扩散、渗透和易化扩散，而主动转运包括原发性主动转运和继发性主动转运。因为各种转运体在肾小管上皮细胞管腔面、基底面以及侧面的分布不同，导致转运情况也有所不同。物质被转运的途径可分为跨细胞转运途径和旁细胞转运途径。

二、肾小管和集合管中的重吸收作用

（一）葡萄糖和氨基酸的重吸收

肾小球滤过液中的葡萄糖浓度与血糖浓度相同，但正常尿中几乎不含葡萄糖，说明葡萄糖全部被肾小管重吸收回到了血液中。研究表明，重吸收葡萄糖的部位仅限于近球小管，尤其在近球小管前半段。其他各段肾小管都没有重吸收葡萄糖的能力。正常成年人肾小管上皮细胞对葡萄糖的最大转运量平均为 320 mg/min，而肾小球的葡萄糖滤过量为 125 mg/min，因此正常情况下，滤过液中的葡萄糖可被肾小管完全重吸收。一旦小管液中的葡萄糖过多而超出近球小管的重吸收极限时，在近球小管以后的小管液以及尿中都将出现葡萄糖，此时的血糖浓度称为肾糖阈（renal glucose threshold）。

葡萄糖的重吸收是一种需借助 Na^+– 葡萄糖同向转运机制的过程。当小管液中 Na^+ 和葡萄糖与肾小管上皮细胞管腔侧刷状缘上的同向转运体蛋白结合后，葡萄糖会被转入细胞。由于该过程是随着钠泵对 Na^+ 的主动转运而完成的，故葡萄糖的重吸收属于继发性主动转运。随后，小管上皮细胞基膜侧的葡萄糖转运体经易化扩散将葡萄糖转运入组织间液，进而被重吸收回血（图6-6）。目前认为，出现糖尿的原因主要与肾小管上皮细胞上与葡萄糖吸收相关的载体数量有限或载体与葡萄糖的亲和力下降有关。此外，影响 Na^+ 重吸收的因素也会影响肾糖阈值的出现。

小管液中氨基酸的重吸收与葡萄糖重吸收的机制相同。氨基酸的重吸收在近球小管几乎被完全吸收，且也需要 Na^+ 的参与。此外，肾小管对各种氨基酸的重吸收速度具有选择性。例如，组氨酸、异亮氨酸和色氨酸较易吸收，而甘氨酸、精氨酸和赖氨酸的吸收较困难。小管液中的少量小分子血浆蛋白是通过肾小管上皮细胞的吞饮作用而被重吸收的。

1. Na^+ 和 Cl^- 的重吸收

肾小管上皮细胞对 Na^+ 的重吸收包括主动转运和被动转运两种方式，且在肾小管各段的重吸收方式都不尽相同。除髓袢降支细段对 Na^+ 不通透外，其余各段均可重吸收 Na^+。

肾滤过的 Na^+ 有 96%～99% 都被重吸收。由于许多溶质的重吸收过程都与 Na^+ 泵活动有关，因此在对这些物质的重吸收中，小管上皮细胞能否吸收 Na^+ 是关键。

（1）在近端小管前半段，Na^+ 主要与 HCO_3^- 和葡萄糖、氨基酸一起被重吸收；

☞ 原尿中约80%～85% 的 HCO_3^-、65%～70% Na^+、Cl^-、K^+ 和水在近球小管被重吸收。

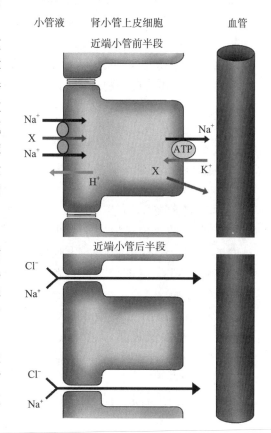

图6-6　近端小管重吸收 NaCl 示意图
（X 为葡萄糖或氨基酸）

而在近球小管后半段，Na^+ 主要与 Cl^- 和 K^+ 一同被重吸收。近球小管重吸收 Na^+ 占小管液 Na^+ 的 65%～70%，髓袢升支重吸收约占 20%，其余的在远曲小管和集合管被重吸收。当小管液中 Na^+ 的浓度轻微升高时，Na^+ 便和葡萄糖一起与同向转运蛋白结合并顺浓度梯度扩散到细胞内。进入细胞的 Na^+ 随即被细胞基底膜及侧膜上的 Na^+ 泵泵入细胞间隙，始终使细胞内的 Na^+ 浓度保持低水平，保持与胞外的浓度差。同时，Na^+ 进入细胞间隙使细胞间隙的渗透压升高，进而通过渗透作用促使水分子也从小管腔进入细胞间隙。最终，由于小管上皮细胞间存在的紧密连接使得细胞间隙的静水压升高，促使 Na^+ 和水进入邻近的毛细血管（图 6-6）。

（2）在近球小管后半段，有 Na^+–H^+ 交换和 Cl^-–HCO_3^- 逆向转运体（又称交换体蛋白）。小管液中的 Na^+ 和细胞内的 H^+ 可以共同与管腔膜上的逆向转运体结合，以相反的方向转运，即小管液中的 Na^+ 顺浓度梯度进入细胞，而细胞内的 H^+ 分泌入管腔，这称为 Na^+–H^+ 交换。Cl^-–HCO_3^- 交换的原理与此相似。其转运结果是：Na^+ 和 Cl^- 进入细胞内，H^+ 和 HCO_3^- 进入小管液。HCO_3^- 可重新进入细胞（以 CO_2 方式）。进入细胞内的 Cl^- 由基底侧膜上的 K^+–Cl^- 同向转运体转运至细胞间隙，再吸收入血。由于进入近球小管后半段小管液的 Cl^- 浓度已经比细胞间隙液中浓度高 20%～40%，因此 Cl^- 可顺浓度梯度经紧密连接进入细胞间隙而被重吸收。又由于 Cl^- 被动扩散进入间隙后小管液中正离子相对增多而使得管内外形成了电位差。管腔内带正电荷较多，因此驱使小管液内的 Na^+ 顺电势梯度通过细胞旁途径而被动地重吸收。总体上，在这一段肾小管中，Cl^- 的重吸收方式为顺浓度差被动扩散，Na^+ 为顺电势差扩散，二者均经过上皮细胞间隙的紧密连接进入细胞间隙，此为细胞旁途径（图 6-6）。

（3）髓袢不同节段的上皮细胞对物质的重吸收有明显的区别。其中，髓袢升支细段对水几乎不通透而对 Na^+、Cl^- 和尿素都有通透性。因此，小管液流经这一段的过程中，其溶质浓度和渗透压又逐渐下降。在这里，Na^+ 和 Cl^- 的吸收完全是由于在髓袢降支所形成的高浓度引起的被动扩散实现的。相反，尽管髓袢升支粗段对水的通透性仍很低，但其对 NaCl 却能实现主动重吸收（消耗 ATP）。因此，小管液流经这一段的过程中其物质浓度进一步降低。此段上皮细胞对 NaCl 的重吸收仍是由于细胞基底膜与侧膜上 Na^+ 泵的活动所致，而且在 Na^+ 顺浓度梯度被转运到细胞内的同时，同向转运体蛋白会将 2 个 Cl^- 和 1 个 K^+ 转运到细胞内，可见，这两种离子的转运仍是一种继发性主动转运（图 6-7）。随后，进入细胞内的 Na^+ 则通过细胞基底膜及侧膜的钠钾泵泵到组织间液中，Cl^- 由浓度梯度经管周膜上的 Cl^- 通道进入组织间液，而 K^+ 则顺浓度梯度经管腔膜返回小管液中，并使小管液呈正电位。

☞ 肾小管既能重吸收 K^+，也能分泌 K^+。

2. K^+ 的重吸收

肾对 K^+ 的排出量取决于肾小球的滤过量、肾小管对 K^+ 的重吸收量和肾小管对 K^+ 的分泌量三者间平衡的结果。

由肾小球滤出的 K^+ 有 65%～70% 在近球小管被重吸收，有 25%～30% 在髓袢重吸收，而远端小管可重吸收 K^+，也能分泌 K^+。在近端小管，其管腔内的电位比周围细胞间隙液低，而小管液的 K^+ 浓度比小管壁细胞内的 K^+ 浓度低，所以此处 K^+ 是主动重吸收。

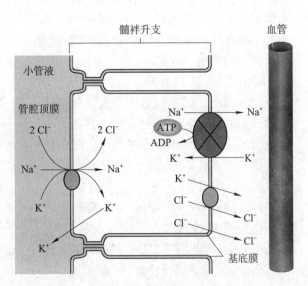

图 6-7　髓袢升支粗段继发性主动重吸收 Na^+、Cl^- 和 K^+（引自 Fox，2010）

尿中的 K^+ 主要是由远曲小管和集合管所分泌，且一般会受多种因素调节。

3. HCO_3^- 的重吸收

近端小管对 HCO_3^- 的重吸收是以 CO_2 的形式进行的。肾小球滤过的 HCO_3^- 中有 80%～85% 在近球小管被重吸收。尽管血液及小管液中的 HCO_3^- 都是以 $NaHCO_3$ 的形式存在，但小管液中的 HCO_3^- 不易通过管腔膜，因此它必须先与 H^+ 结合成 H_2CO_3，之后再解离为 CO_2 和 H_2O。CO_2 是高脂溶性物质，因此可以迅速通过管腔膜进入细胞内。至于回到血液中的 HCO_3^-，则是由进入细胞的 CO_2 与 H_2O 在碳酸酐酶的催化下再合成 H_2CO_3，然后解离成 HCO_3^- 和 H^+ 的结果。某些药物（如乙酰唑胺）可抑制碳酸酐酶的活性，减少 H^+ 的生成，进而影响到 Na^+–H^+ 交换，使得 $NaHCO_3$ 的重吸收也减少（图 6-8）。

☞ HCO_3^- 的重吸收与 H^+ 的分泌密切相关，且需要碳酸酐酶的参与。

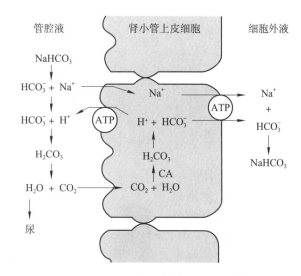

图 6-8 近球小管重吸收 HCO_3^- 示意图

4. 水的重吸收

近端小管和髓袢对水的重吸收是以被动的、渗透的方式自由重吸收的，而在远端小管和集合管上皮细胞，其对水的重吸收受到了抗利尿激素的调节。原尿中的水分有 65%～70% 在近端小管被重吸收，髓袢降支细段和远曲小管各重吸收 10%，其余的 10%～20% 在集合管重吸收。水重吸收的渗透梯度存在于小管液和细胞间隙之间。这是由于 Na^+、Cl^-、K^+、葡萄糖和氨基酸被重吸收进入细胞间隙后，降低了小管液的渗透性而提高了细胞间隙的渗透性。在渗透作用下，水便从小管液通过紧密连接（细胞旁）和跨上皮细胞两条途径不断进入细胞间隙，造成细胞间隙的静水压升高。又由于管周毛细血管内的静水压较组织静水压低，且胶体渗透压较高，其结果是水通过肾小管周围组织间隙进入毛细血管而被重吸收。

（二）影响物质重吸收的因素

既然原尿中的绝大部分对机体有益的物质可以通过肾小管上皮细胞被重新而回到血液循环中，那么就不难理解什么样的因素会影响这些物质的重吸收了：一是原尿中溶质的浓度变化，二是肾小管上皮细胞的机能状态，三是肾血液循环的功能变化，四是调节肾小管上皮细胞功能的激素水平。这些内容我们将在本章第四节和第五节详细加以介绍。

三、远端小管和集合管中的分泌与排泄

☞ 远端小管和集合管上皮能向小管液中分泌 H^+、K^+ 和 NH_3。

肾对水和 NaCl 的重吸收以及对 K^+、H^+ 和 NH_3 的分泌可根据机体的水盐平衡状

况来进行调节。小管液在流经远端小管和集合管的过程中，有小部分的 Na^+、Cl^- 和不同数量的水被重吸收入血，并有不同量的 K^+、H^+ 和 NH_3 被分泌到肾小管液中。当机体缺水或缺盐时，远端小管和集合管可增加上皮细胞对水和盐的重吸收的量；反之，当机体水或盐过多时，则这部分细胞对水和盐的重吸收明显减少，促使水和盐从尿中排出量增加。因此，远端小管和集合管对水盐的转运是可调节的。

☞ 水的重吸收主要受抗利尿激素的调节，而 Na^+ 和 K^+ 的转运主要受醛固酮的调节。

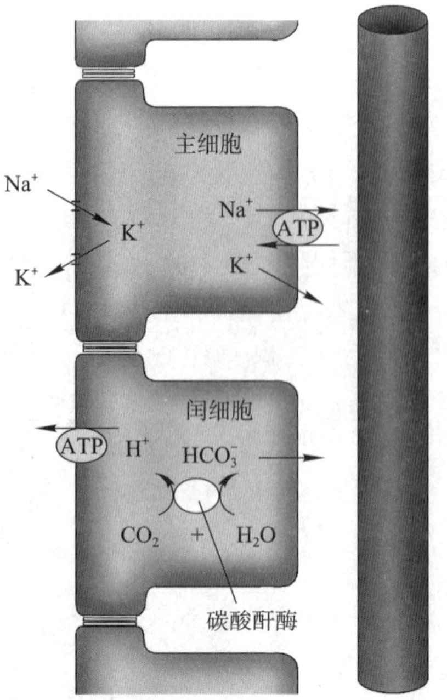

在远端小管初段，Na^+ 是通过 Na^+-Cl^- 同向转运体进入上皮细胞的。然后，由 Na^+ 泵将 Na^+ 泵出细胞进入组织液后回血。在远端小管后段和集合管壁上存在两种类型的上皮细胞。其中，主细胞能重吸收 Na^+ 和水并分泌 K^+，而闰细胞则主要分泌 H^+（图 6-9）。

远曲小管和集合管的上皮细胞在代谢过程中不断生成 NH_3，NH_3 能通过细胞膜向小管周围组织间隙和小管液自由扩散。扩散量取决于两种体液的 pH。若小管液的 pH 较低（H^+ 浓度较高），则 NH_3 能与小管液中的 H^+ 结合并生成 NH_4^+。此时，小管液中的 NH_3 浓度因而下降，于是管腔膜两侧形成 NH_3 的浓度梯度，此浓度梯度又可加速 NH_3 向小管液中扩散（图 6-10）。

一般认为，肾对溶质的重吸收与分泌的调节存在下列关系：Na^+ 的重吸收与 K^+ 的分泌有密切关系（互相促进），K^+ 的分泌与 NH_3 的分泌有密切关系（互相促进），而 NH_3 的分泌与 $NaHCO_3$ 的重吸收也有密切关系（NH_3 的分泌可促进 $NaHCO_3$ 的重吸收）。

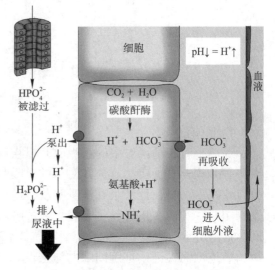

图 6-9　远球小管和集合管重吸收 Na^+ 和分泌 K^+

图 6-10　远端小管和集合管分泌 NH_3
（引自 Silverthorn，2009）

（一）K^+ 的重吸收与分泌平衡

机体对 K^+ 的摄入和排出经常处于动态平衡状态。在对 K^+ 的重吸收方面，从肾小球滤过的 K^+ 中约 2/3 在近端小管被重吸收，剩下 1/3 在其他部位重吸收。最后随尿液排出的 K^+ 基本上都是由远曲小管分泌出来的。另一方面，肾的分泌作用是实现 K^+ 排出的主要方式，只有极少量的 K^+ 是通过粪便排出的（约占 K^+ 排出量的 10%）。K^+ 的排出非常有特点，即在食物中完全不含 K^+ 的情况下尿中仍含有少量的 K^+，这主要是靠肾小管的分泌作用实现的。临床上，一般将机体对 K^+ 的排出总结为三句话，即多进多排、少进少排、不进也排。有鉴于此，机体为了保持体内 K^+ 的动态平衡，每天都要摄入一定量的 K^+。

（二）其他非机体代谢产物物质的分泌

除了机体代谢产生的物质可由肾小管分泌以外，有些经由口服或注射的药物或化学物质，如青霉素、酚红、碘锐脱（diodrast）和对氨基马尿酸（PAH）等大部分也是由肾小管分泌进入尿液的，仅小部分由肾小球滤过途径排出。其中，肾对PAH的分泌与对葡萄糖的重吸收情况很相似，但两者在肾小管中的转运方向相反。在一定范围内，当血液中PAH的浓度升高时，其在肾小管的分泌率增加。当血液中PAH的浓度达到100 mg/L后，PAH分泌增加的速度就会减慢。而当达到200 mg/L后，尽管血液PAH的浓度继续增加，但肾小管对它的分泌率将保持恒定不变。

第四节　尿的浓缩与稀释

尿的浓缩与稀释是与血浆渗透压相比较而言的。正常人尿液的渗透浓度的变动范围为50 mOsm/L～1 200 mOsm/L，表明肾具有较强的浓缩与稀释能力。例如，与血浆渗透压浓度（300 mOsm/L）接近的尿称为等渗尿（iso-osmotic urine）；高于血浆渗透压浓度的尿称为高渗尿（hyperosmotic urine），即尿被浓缩；低于血浆渗透压浓度的尿称为低渗尿（hypoosmotic urine），即尿被稀释。尿的浓缩与稀释是肾脏的主要功能之一，对动物机体水平衡和渗透压稳定的维持具有重要意义。

肾小球超滤液在流经肾小管各段时其渗透压会发生变化。通常在近端小管和髓袢中其渗透压的变化是固定的，但经过远端小管后段和集合管时渗透压可随体内缺水或水过多等不同情况而出现大幅度的变动。

一、尿的稀释

尿液的稀释主要发生在远端小管和集合管。如前所述，在髓袢升支粗段末端，小管液是低渗的。如果机体内水过多而造成血浆晶体渗透压下降，则可使血管升压素（也称为抗利尿激素）的释放被抑制，远曲小管和集合管对水的通透性很低，水不能被重吸收，而小管液中的NaCl继续被重吸收，特别是髓质部的集合管，故小管液的渗透浓度进一步降低，形成低渗尿。例如，饮入大量清水后，血浆晶体渗透压降低而血管升压素释放减少引起尿量增加，尿液被稀释。

☞ 尿的稀释和浓缩取决于肾髓质的渗透压梯度以及远球小管和集合管对水的通透性。

二、尿的浓缩

尿的浓缩发生在远端小管和集合管，这是由于小管液中的水被重吸收，而溶质仍留在小管液中所致。同其他部位一样，肾对水的重吸收方式是渗透作用，其动力来自肾小管和集合管内外（髓质）的渗透浓度梯度。水的重吸收要求小管周围组织液是高渗的。

当利用冰点降低法测定鼠肾组织的渗透浓度时，发现肾皮质部的渗透浓度与血浆是相等的。但肾的渗透浓度由髓质外层向乳头部逐渐升高，内髓部的渗透浓度为血浆渗透浓度的4倍（图6-11）。通过对不同动物的观察比较，发现动物肾髓质越厚内髓部的渗透浓度也越高，尿的浓缩能力也越强。如沙鼠肾可产生20倍于血浆渗透浓度的高渗尿，而人类肾最多能生成4～5倍于血浆渗透浓度的高渗尿。因此，肾髓质的渗透浓度梯度是尿浓缩的必备条件。

髓袢的形态和功能特性是形成肾髓质渗透浓度梯度的重要条件。由于髓袢各段对水和溶质的通透性和重吸收机制不同，髓袢的U形结构和小管液的流动方向可通过逆流倍增机制建立从外髓部至内髓部的渗透浓度梯度。用于解释尿的浓缩和稀释机制的模型创立于1950年代，称为逆流系统模型。该模型包括逆流倍增机制（counter current multiplication）和逆流交换机制（counter current exchange）两部分。"逆流"是指两个并列管道中液体流动方向相反，在肾脏中则是指髓袢和直小血管都是位于肾髓质的U形管道且分别有下降支和上升支，在结构和功能上均类似于物理学中的逆流倍增模型。逆流倍增阐明了髓袢和集合管在尿液浓缩过程中的作用，而逆流交换则说明了髓质直小血管在保持髓质组织间液的高渗梯度中的作用。

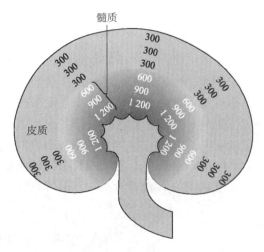

图6-11 肾髓质渗透压梯度示意图
（引自Sherwood，2005）

物理学上的逆流倍增现象可由图6-12A所示模型来解释。该模型中，含有溶质（NaCl）的液体依次通过甲、乙和丙3个管。其中，甲管下端与乙管相连。液体由甲管流进，通过甲、乙管的连接部折返，再经乙管流出，构成逆流系统。如果甲、乙管之间的膜M_1能主动从乙管中将NaCl不断泵入甲管而M_2对水又不通透，则当含NaCl的溶液在甲管中向下流动时，膜M_1不断将乙管中的NaCl泵入甲管，结果甲管液体NaCl的浓度自上而下越来越高，至甲乙管连接的弯曲部达最大值。当液体折返从乙管下部向上流动时，其NaCl浓度则越来越低。由此可见，不论是甲管或是乙管，从上而下溶液的浓度梯度是逐渐升高的，形成浓度梯度，即出现了逆流倍增。丙管内的液体渗透浓度低于乙管的液体且由上向下流动。如果丙管与乙管之间的膜M_2对水通透，则丙管液中的水可通过渗透作用不断进入乙管，液体在丙管内向下流动

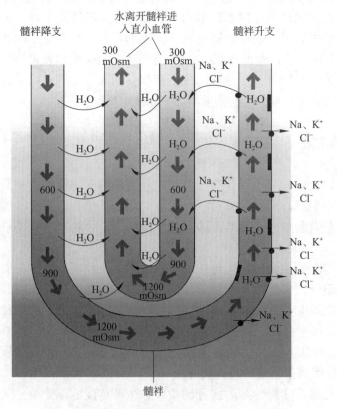

图6-12 逆流倍增作用模型（引自Fox，2010）

的过程中溶质浓度从上至下逐渐增加，因此丙管下端流出的液体就形成了高渗溶液。

髓袢和集合管的结构排列与上述逆流倍增模型很相似，且髓袢中的U形直小血管也符合逆流系统的条件，因此肾髓质渗透梯度形成的过程及机制可以借鉴上述模型加以解释（图6-12B）。下面进行详细讨论。

1. 降支细段

髓袢降支细段对水通透而对NaCl和尿素相对不通透。如前所述，由于髓质从外髓部向内髓部延伸的过程中组织液存在渗透浓度梯度，因此髓袢降支中小管液的水不断进入组织间隙，使小管液从上至下形成逐渐升高的浓度梯度，直至髓袢折返处时渗透浓度达峰值。

2. 升支细段

髓袢升支细段对水不通透而对NaCl通透，且对尿素为中等通透。当小管液从内髓部向皮质方向流动时，NaCl不断向组织间液扩散，其结果是小管液的NaCl浓度越来越低而小管外组织间液的NaCl浓度升高。再加上升支粗段对NaCl的主动重吸收作用，使得等渗的近球小管液流入远球小管时变为了低渗液，而髓质组织液中则形成了高渗环境。

3. 升支粗段

小管液经升支粗段向皮质方向流动时，由于升支粗段上皮细胞主动重吸收NaCl而对水不通透，其结果是小管液在向皮质方向流动时渗透浓度逐渐降低，而小管周围组织中由于NaCl的堆积导致渗透浓度升高，形成髓质组织液高渗。因此，外髓部组织间隙液高渗是NaCl主动重吸收形成的，但该段膜对水不通透亦是形成外髓质高渗的重要条件。

4. 髓质集合管

从肾小球滤过的尿素的重吸收有自己的特点，即除了近端小管上皮可以对其重吸收外，髓袢升支小管上皮细胞对尿素也有中等程度的通透性，而内髓部的集合管对尿素具有高度通透性，除此以外的其他部位小管对尿素均不通透或通透性很低。因此，当小管液流经髓袢远端小管时，因水被重吸收使得小管液内尿素浓度逐渐升高，到达内髓部集合管时，又由于上皮细胞对尿素通透性增高，尿素可以从小管液向内髓部组织液中扩散，使组织间液的尿素浓度升高，同时也就使得内髓部组织液的渗透浓度进一步增加。所以，内髓部组织高渗是由NaCl和尿素共同构成的。

机体对尿素通道性的调节存在两种方式：①抗利尿激素可增加内髓部集合管对尿素的通透性，从而增高内髓部的渗透浓度。人类出现严重营养不良时会导致机体代谢产生的尿素减少，可使得内髓部高渗的程度降低，从而减弱了机体对尿的浓缩功能。②由于升支细段对尿素有一定通透性且小管液中尿素浓度比管外组织液低，故髓质组织液中的尿素扩散进入升支细段小管液并随小管液重新进入内髓集合管，再扩散进入内髓组织间液，形成了一个尿素循环过程，称为尿素再循环（urea recycling）。

根据以上分析我们看到，髓袢的逆流倍增过程的形成离不开以下几个重要原因：① 髓袢降支内的原尿渗透浓度之所以逐步增加，是由于水的自由透出和NaCl的被动透入所致。② 小管液流经髓袢升支时，由于水不能透出而小管上皮对NaCl又有主动的重吸收作用，使得升支的小管液透浓度逐渐下降，当小管液到达升支粗段时已成了低渗液。③ 当低渗液通过远曲小管而流到皮质的集合管时，在抗利尿激素的作用下，水可以透出远曲小管和集合管，小管内液体的渗透压也因此又转为了等渗液。等小管液流经内髓层的集合管时，其中已经积聚了较多的尿素，但尿素也在抗利尿激素的作用下而弥散出管外。④ 基于以上原因，髓质的组织间液渗透浓度自上而下逐步被提高，从而能吸收集合管内的水分，使之继续外渗。于是，高度浓缩的尿最终得以在集合管下端形成。需要强调的是，如果体内抗利尿激素的分泌受到抑制，则此时集合管中就只能形成被不同程度稀释后的终尿了。

☞ 直小血管对肾髓质的渗透压梯度起着重要的维持作用。

三、直小血管在维持肾髓质高渗中的作用

肾髓质高渗的建立主要是由于 NaCl 和尿素在小管外组织间液中积聚而得以实现的。这些物质能持续滞留在该部位而不被血液循环带走，从而使得肾髓质的高渗环境得以长期稳定维持，这与直小血管的逆流交换作用密切相关（图6-13）。

直小血管的降支和升支是并行的血管，它们与髓袢相似，也在髓质中形成袢状结构。需要注意的是，直小血管壁对水和溶质都有较高的通透性。因此，在直小血管的降支进入髓质处，会由于组织间液渗透浓度均比直小血管内血浆的渗透浓度高，从而使得组织间液中的溶质不断向直小血管内扩散，而血液中的水则进入组织间液，由此使直小血管内的血浆渗透浓度与组织液渗透浓度趋向平衡。随着直小血管愈向内髓部的深入，其血管中的血浆渗透浓度就会变得越高。反过来，当直小血管折返后，其

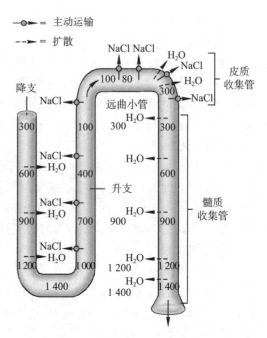

图6-13   尿浓缩机制示意图
（引自 Fox，2010）

内血液沿着升支向皮质方向流动时，会因为髓质渗透浓度越来越低而同时血浆中的溶质浓度比组织间液高，导致水又从组织间液向血管中渗透。可见，这一逆流交换过程能够使肾髓质的渗透梯度得以长期维持。直小血管仅仅是将髓质中多余的溶质和水带回到了血液循环系统。

如前所述，小管液在流经近端小管、髓袢直至远端小管前段时，其渗透压的变化基本是固定的，而终尿的渗透压则随机体内水和溶质的情况可发生较大幅度的变化。这一渗透压变化取决于小管中水与溶质重吸收的比例，且主要由远端小管后半段和集合管控制。

髓质高渗是小管液中水重吸收的动力，但重吸收的量又取决于远端小管和集合管对水的通透性。也就是说，当集合管上皮细胞对水的通透性增加时，水的重吸收量就增加，尿液被浓缩；当远曲小管和集合管对水的通透性降低时，水的重吸收就减少，尿液为低渗。同时，集合管还主动重吸收 NaCl 从而使尿液的渗透浓度进一步降低。下一节中我们将讨论抗利尿激素作为决定远曲小管和集合管上皮细胞对水通透性的最重要的激素，其在影响尿液浓缩和稀释中发挥功能的调节机制。

第五节   尿生成的调节

▶▶ 录像资料6-3
尿的生成

尿生成的过程包括肾小球滤过、肾小管和集合管的重吸收与分泌排泄。机体对尿生成的调节就是通过影响尿生成这三个基本过程而实现的。有关肾小球滤过量的调节在前文已经叙述，本节主要讨论影响肾小管和集合管重吸收与分泌的因素，包括神经调节、体液调节和自身调节。

一、肾内自身调节

肾内自身调节包括小管液中溶质的浓度对肾小管功能的调节，以及球－管平衡、管－球反馈等方式。

1. 小管液中溶质的浓度对肾小管功能的调节

小管液中溶质浓度升高是对抗肾小管重吸收水的力量，这是因为小管内外的渗透压梯度是水被重吸收的动力。糖尿病患者或正常人进食大量葡萄糖后，肾小球滤过的葡萄糖量超过了近端小管对糖的最大转运率，造成小管液渗透压升高，结果阻碍了水和 NaCl 的重吸收，不仅导致尿中出现葡萄糖，而且尿量也增加。这种情况称为渗透性利尿（osmotic diuresis）。

2. 球－管平衡

近端小管对溶质和水的重吸收随肾小球滤过率的变化而改变，即当肾小球滤过率增大时，近端小管对 Na^+ 和水的重吸收率也增大，反之，肾小球滤过率减少时近球小管对 Na^+ 和水的重吸收也减少。这种现象称为球－管平衡（glomerulotubular balance）。实验证明，近端小管中 Na^+ 和水的重吸收率总是占肾小球滤过率的 65%~70%，这称为近端小管的定比重吸收。定比重吸收的机制主要与管周毛细血管内血浆胶体渗透压的变化有关。如果肾血流量不变而肾小球滤过率增加（如出球小动脉阻力增加而入球小动脉阻力不变），则进入近端小管旁毛细血管的血量就会减少，毛细血管血压下降，而血浆胶体渗透压升高，这些改变都有利于近端小管对 Na^+ 和水的重吸收；当肾小球滤过率减少时，近端小管旁毛细血管的血压和血浆胶体渗透压发生相反的变化，故 Na^+ 和水的重吸收量减少。在上述两种情况下，近端小管对 Na^+ 和水重吸收的百分率仍保持在 65%~70%。

球－管平衡的生理意义在于尿中排出的 Na^+ 和水不会随肾小球滤过率的增减而出现大幅度的变化，从而保持尿量和尿钠的相对稳定。

3. 管－球反馈

肾血流量和肾小球滤过率增加或减少时，到达远端小管致密斑的小管液的流量随之增减，致密斑能感受小管液中 Na^+ 含量的变化并发出信息使肾血流量和肾小球滤过率恢复正常。小管液流量变化影响肾血流量和滤过率的现象称管－球反馈（tubuloglomerular feedback）。

二、神经和体液调节

（一）肾交感神经的作用

肾交感神经不仅支配肾血管，还支配肾小管上皮细胞和球旁器。其节后纤维末梢主要释放去甲肾上腺素。肾交感神经兴奋时，对尿生成功能的影响包括以下三个方面：① 引起肾血管收缩而减少肾血流量。交感神经兴奋引起入球小动脉和出球小动脉收缩，使肾小球毛细血管血流量减少及血压下降，肾小球滤过率因此下降。② 刺激球旁器的近球细胞释放肾素，导致血液循环中血管紧张素 II 和醛固酮浓度增加，血管紧张素 II 可直接促进近球小管重吸收 Na^+，而醛固酮可使髓袢升支粗段、远端小管和集合管重吸收 Na^+ 并促进 K^+ 的分泌。③ 可直接刺激近端小管和髓袢对 Na^+、Cl^- 和水的重吸收。

肾交感神经活动受许多因素的影响，如血容量改变（通过心肺感受器）和血压改变（通过压力感受器）等均可引起肾交感神经活动改变，从而调节肾的功能。

☞ 肾交感神经通过影响肾血流量、肾素释放以及重吸收过程来影响尿的生成。

☞ 抗利尿激素也称血管升压素，是一种9肽激素。血管升压素在下丘脑视上核（supraoptic nucleus）和室旁核（paraventricular nucleus）的神经元胞体内合成，沿下丘脑–垂体束（hypothalamo-hypophysial tract）的轴突运输到垂体后叶，由此释放入血。

1. 抗利尿激素

早在1901年，人们发现以粗制垂体后叶提取物注入静脉能迅速制止充分饮水的不麻醉动物利尿，提示垂体后叶能分泌某种抗利尿的激素。后来发现，若定位破坏猫从下丘脑的视上核和室旁核伸到垂体后叶的神经束后能产生永久性利尿，且这种利尿可通过持续给猫注入垂体制剂而制止，表明抗利尿激素（ADH）的分泌是受下丘脑这些神经核团控制的。

ADH通过调节远端小管和集合管上皮细胞膜上的水通道，进而调节管腔膜对水的通透性，对尿量产生显著影响。ADH主要作用于远端小管后段和集合管上皮细胞，激活膜上受体后通过G蛋白激活腺苷酸环化酶（cAMP），使胞内cAMP增加，cAMP又激活蛋白激酶A，使上皮细胞内含水通道蛋白（AQP-2）的小泡镶嵌在上皮细胞的管腔膜上，形成水通道，从而增加管腔膜对水的通透性（图6-14）。小管液中的水在管内外渗透浓度梯度的作用下，通过水通道被重吸收。通过管腔膜的水孔进入上皮细胞内的水可经基底膜及侧膜的水通道蛋白（AQP-3和AQP-4）进入细胞间隙而被重吸收。当缺乏ADH时，细胞内cAMP浓度下降，管腔膜上含水通道的小泡内移进入细胞质，上皮细胞对水的通透性下降或不通透导致水的重吸收减少，从而使得尿量明显增加。

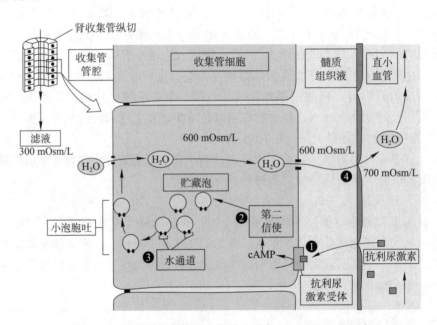

图6-14　抗利尿激素作用示意图（引自Silverthorn，2009）

体内影响ADH释放的因素很多，包括体液渗透压、血容量及动脉血压。其中最重要的是血液渗透压和血容量。下面我们加以详细说明。

（1）血液渗透压

血液渗透浓度的改变是调节抗利尿激素分泌的最重要因素。血液渗透压的改变对抗利尿素分泌的影响表现为机体内一些感受装置引起的反射。这类感受装置被称为渗透压感受器（osmoreceptor）。渗透压感受器对不同溶质引起的血浆晶体渗透压升高的敏感性是不同的。例如，Na^+和Cl^-形成的渗透压是引起抗利尿素释放的最有效刺激，而葡萄糖和尿素则无作用。

大量出汗、严重呕吐或腹泻等情况可引起机体失水多于溶质丧失，会使得体液中的晶体渗透压升高，进而可刺激ADH的分泌，再通过增加肾小管和集合管对水的重吸收使尿量减少，尿液浓缩；相反，大量饮水后，体液被稀释，血浆晶体渗透压降低，引起ADH释放减少或停止，肾小管和集合管对水的重吸收减少，尿量因此增加而尿液被稀释。

（2）血容量和动脉血压

当体内血容量减少时，心肺容量感受器的刺激减弱，经迷走神经传入下丘脑的信号减少，对 ADH 释放的抑制作用减弱或取消，使其释放增加；反之，当循环血量增多，回心血量增加时，可刺激感受器并抑制 ADH 释放。

动脉血压的改变也可通过压力感受器对 ADH 的释放进行调节。当动脉血压在正常范围时，压力感受器传入冲动对 ADH 的释放起抑制作用；反之，当动脉血压低于正常时，ADH 的释放增加（图 6-15）。

心肺感受器和压力感受器在调节 ADH 释放时其敏感性比渗透压感受器要低。

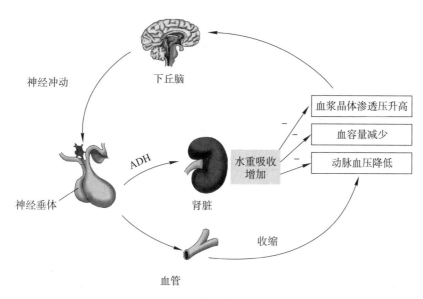

图 6-15 抗利尿激素释放调节

2. 肾素 – 血管紧张素 – 醛固酮系统

（1）肾素 – 血管紧张素 – 醛固酮系统的组成

肾素是一种酸性蛋白酶，由肾的近球细胞合成。肾素作用于血管紧张素原，使其生成血管紧张素 I。在血管紧张素转换酶的作用下，血管紧张素 I 脱去两个氨基酸后生成血管紧张素 II。在血管紧张素酶 A（又称氨基肽酶 A）的作用下，血管紧张素 II 脱去一个氨基酸后生成血管紧张素 III。血管紧张素 II 是三种血管紧张素中生物活性最强的一种，除了可以对血管和肾小管产生作用外，它也能刺激肾上腺皮质合成与释放醛固酮（图 6-16）。

（2）血管紧张素的功能

血管紧张素的功能可以概括为三个方面：① 血管紧张素 II 可促进近端小管对 Na^+ 的重吸收，影响肾小管的重吸收功能。② 刺激肾上腺皮质球状带细胞合成和释放醛固酮。③ 改变肾小球的滤过率，刺激 ADH 的释放。

（3）醛固酮的功能

细胞外液容积的恒定主要是靠尿 Na^+ 排出的精确调节实现的，而醛固酮的功能主要体现在对肾排钠的调节和保持细胞外液容积的恒定上。临床上对尿中 Na^+ 的排出规律也概括了三句话，即多进多排、少进少排、不进不排。但汗腺排出的 Na^+ 则不是这样，即使不摄入 Na^+，也有少量 Na^+ 从汗腺被排出。

醛固酮作用机制如下：醛固酮通过与位于远端小管和集合管上皮细胞内的受体结合，可增加肾小管上皮细胞对 K^+ 的排泄和对 Na^+、水的重吸收，这就是所谓的保钠排钾作用。醛固酮的作用包括：① 生成管腔膜 Na^+ 通道蛋白。由此，可增加细胞膜上 Na^+ 通道数目，有利于小管液中 Na^+ 向胞内扩散；② 增加 ATP 的生成量，为基底膜及侧膜 Na^+–K^+ ATP 酶提供生物能；③ 增强基底膜及侧膜钠泵的活性，加速将胞

☞ 该系统在肾功能调节中起着重要作用，可参见本书第 120 页有关内容。

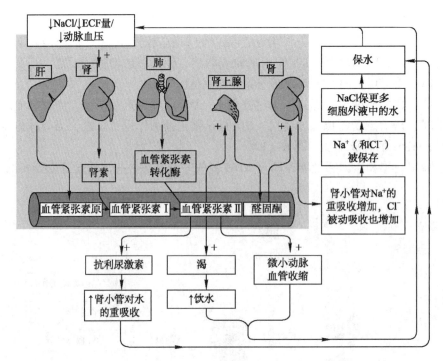

图 6-16 肾素 – 血管紧张素 – 醛固酮系统（引自 Sherwood，2005）

内的 Na^+ 泵出细胞和将 K^+ 泵入细胞，增大细胞内与小管液之间的 K^+ 浓度差，有利于 K^+ 的分泌（图 6-17）。

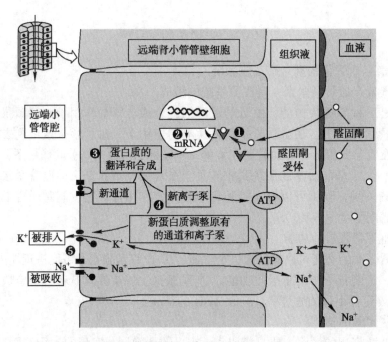

图 6-17 醛固酮作用机制示意图（引自 Silverthorn，2009）

（4）肾素分泌的调节

肾素的分泌受多方面因素的调节，包括肾内调节、神经和体液调节。① 肾内调节。肾内调节指在肾内可以完成的调节。其感受器是位于入球小动脉的牵张感受器和致密斑。前者能感受对动脉壁的牵张程度，而后者能感受流经该处小管液中的 Na^+ 量。当入球小动脉壁受牵拉的程度减小时，可刺激肾素的释放；反之，肾素释放减少。另外，当肾小球滤过率减少或流经致密斑的小管液 Na^+ 量减少时，肾素释放增加；反之，肾素释放减少。② 神经调节。肾交感神经兴奋时释放去甲肾上腺素，作

用于近球细胞的 β- 肾上腺素能受体，直接刺激肾素的释放。例如，当急性失血时，血量减少血压下降，可反射性兴奋肾交感神经，从而增加肾素的释放。③ 体液调节。血液循环的肾上腺素和去甲肾上腺素可刺激近球细胞释放肾素。而血管紧张素 II、抗利尿激素、心房钠尿肽、内皮素和 NO 可抑制肾素的释放。

（三）心房钠尿肽

心房钠尿肽（ANP）的主要作用是使血管平滑肌舒张和促进肾排钠排水。

ANP 是由心房肌细胞合成的肽类激素，由 28 个氨基酸残基组成。当心房壁受牵拉时，可刺激心房肌细胞释放 ANP。此外，乙酰胆碱、去甲肾上腺素、降钙素基因相关肽、血管升压素和高血钾也能刺激 ANP 的释放。ANP 的主要作用是使血管平滑肌舒张和促进肾排钠、排水。ANP 对肾的作用主要有以下几方面：① 对肾小球滤过率的影响：ANP 通过第二信使 cGMP 使血管平滑肌胞质 Ca^{2+} 浓度下降，使入球小动脉舒张，肾小球滤过率增大。② 对集合管的影响：ANP 通过 cGMP 使集合管上皮细胞管腔膜上的 Na^+ 通道关闭，抑制 NaCl 的重吸收。③ 对其他激素的影响：ANP 还抑制肾素、醛固酮和血管升压素的分泌。

第六节 排　　尿

终尿生成后，从肾乳头处滴出，再经肾盏和肾盂流进输尿管，随后借助输尿管的蠕动而连续不断地流入膀胱暂时积存。当膀胱中的尿液由少到多逐渐积存达到一定量时就会引起反射性的排尿动作，于是膀胱中的尿液集中经尿道排出体外。

一、尿液的基本性质

1. 透明度

尿液的透明度因动物而异。大多数动物的尿液是透明的，不混浊，也不沉淀。但马属动物的尿因其含有大量碳酸钙、不溶性碳酸盐及黏液物质而常呈混浊不透明，有时带有黏浆样细长的丝状物。静置时，尿的表面可形成一层明亮的碳酸钙膜，其底层出现黄色沉淀。

2. 酸碱度

尿液的酸碱度也因动物而异。草食动物的一般为碱性（因植物性饲料中含有大量柠檬酸、苹果酸、乙酸等的钾盐，这些物质在体内氧化时生成碳酸氢钾随尿排出，所以一般是碱性）。肉食动物为酸性（蛋白质代谢产生较多的酸根，如碳酸根和硫酸根）。

▶️ 录像资料 6-4
尿的理化特性

二、膀胱与尿道的神经支配

膀胱逼尿肌（由多层平滑肌构成）和尿道内括约肌（又称膀胱括约肌）受交感神经和副交感神经的双重支配。由荐部脊髓发出的盆神经中含有副交感神经纤维，它兴奋时可引起逼尿肌收缩和内括约肌松弛，促使尿液从膀胱排出；由腰部脊髓发出的腹下神经属于交感神经，其兴奋时可引起逼尿肌舒张和内括约肌收缩，有利于尿液在膀胱内继续储存；此外，由荐神经丛发出的阴部神经属于躯体运动神经，它兴奋时可使尿道外括约肌（又称尿道括约肌）收缩，以阻止膀胱内尿的排出（图 6-18）。

由于调节膀胱与尿道活动的上述三种神经都是发自腰荐部脊髓，所以通常把这段脊髓视为排尿低级中枢的所在地。在机体内，脊髓低级排尿中枢经常受到延髓、

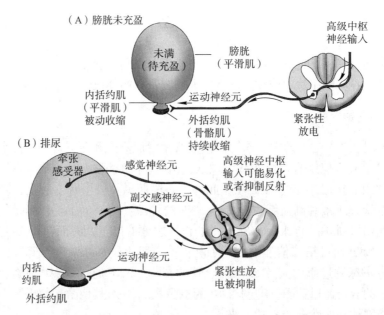

图 6-18　膀胱和尿道的神经支配及未排尿（A）和排尿（B）状态时的神经调节机制
（引自 Silverthorn，2009）

脑桥、下丘脑以及大脑皮层的支配。大脑皮层是支配低级排尿中枢的最高级排尿中枢所在地。

▶▶ 录像资料 6-5
排尿

三、排尿反射

排尿反射的基本中枢位于荐部的脊髓，但同时也受到脑桥、中脑和大脑皮层等各级中枢的控制。

排尿反射形成过程如下：当膀胱内的尿量充盈到一定程度时，膀胱内压必然升高。膀胱壁的牵张感受器受到刺激而发生兴奋。感受器细胞发出的神经冲动沿着盆神经和腹下神经的感觉纤维传到腰荐部脊髓的低级排尿中枢。同时，冲动再从腰荐部脊髓上行，历经延髓、脑桥、中脑和下丘脑，直至大脑皮层的高级排尿中枢。如果条件许可，大脑皮层发出兴奋冲动，下行传至脊髓，引起低级排尿中枢兴奋，继而产生两种效应：一是兴奋盆神经，二是抑制腹下神经和阴部神经。在这两种效应的协同作用下，膀胱逼尿肌发生收缩，尿道内外括约肌发生舒张松弛，尿液就由膀胱经尿道被排出体外；如果条件不许可，大脑皮层抑制区继续起作用，排尿暂时被抑制。

在排尿过程中，当尿液流经尿道时，可刺激尿道壁的感受器，冲动不断地经阴部神经的感觉纤维传至脊髓低级排尿中枢，使其持续保持兴奋状态，直到尿液排完兴奋才消失。在排尿末期，由于尿道海绵体肌反射性地收缩，可将残留于尿道内的尿液排出体外。

在排尿时，反射性地发生声门关闭，由于腹肌和膈肌的强烈收缩，使腹内压急剧升高，压迫膀胱，克服尿道阻力，促使排尽尿液。

大脑皮层等高级中枢对脊髓初级中枢有易化和抑制性影响，因此可控制排尿反射。基于这个认识，动物的排尿地点和频率可通过饲养人员的调教或训练加以控制，可通过建立条件反射的方式训练动物定时、定点排尿。

第七节 肾的其他功能

一、肾对酸碱平衡的调节

（一）肾小管的泌氢活动与 H^+-Na^+ 交换

肾小管细胞内的碳酸酐酶可以催化 CO_2 和 H_2O 形成碳酸。碳酸随即解离生成 H^+ 和 HCO_3^-，其中 H^+ 由肾小管壁上皮细胞分泌到小管液中而 HCO_3^- 则留在细胞内。在 H^+ 分泌的同时，Na^+ 从小管液中被动进入小管壁上皮细胞内以保持细胞内外的离子平衡，这一过程叫 H^+-Na^+ 交换。随着细胞内 Na^+ 和 HCO_3^- 的浓度增加，这两种离子一起被转运至管周毛细血管中。H^+-Na^+ 交换对于细胞外液酸碱平衡的调节很重要，它会起到以下三种作用：

（1）肾小球滤液中 $NaHCO_3$ 的重吸收

肾小管滤液中 $NaHCO_3$ 来自于血浆中，是固定酸最有效的缓冲盐。当其流经近端小管时，有 85%～90% 会被重吸收，其余的则在远曲小管和集合管中被重吸收。需要注意的是，HCO_3^- 无法直接被重吸收，而是需要在管腔中先变为 CO_2 后才能进入细胞内。CO_2 在细胞内再重新合成 HCO_3^-（图 6-19）。

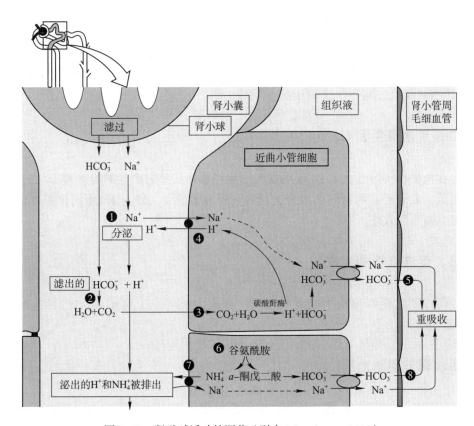

图 6-19 肾酸碱活动的调节（引自 Silverthorn，2009）

（2）尿的酸化

碱性磷酸盐（主要是 Na_2HPO_4）和酸性磷酸盐（NaH_2PO_4）是血浆中另一对重要的缓冲物质。在血浆处于正常 pH 条件下，这两种磷酸盐浓度的比值是 4∶1，即碱性占 80% 而酸性占 20%。当其从肾小球滤过时，开始时仍保持原来的比值，但

当肾小管分泌的 H^+ 增加时则部分 H^+ 就同 Na^+ 进行交换，使得一部分 Na_2HPO_4 变成 NaH_2PO_4 并随尿排出。随着 H^+ 分泌增加，将使绝大部分的碱性磷酸盐转变为酸性磷酸盐，最后的比值从原来的 $4:1$ 变为 $1:99$，即酸性盐占 99%。这时，小管液的 pH 将降至 4.8，这是尿酸化的重要途径。这一过程主要发生在远曲小管和集合管部位（见图 6–10）。

（3）氨的分泌和铵盐的排出

肾小管壁的上皮细胞能够利用谷氨酰胺（在谷氨酰胺酶作用下）和一些氨基酸（通过氧化脱氨基作用）合成 NH_3。NH_3 易溶于脂肪，因此能够弥散进入小管液中。

NH_3 的分泌与 H^+ 的分泌密切相关。在机体代谢产生大量固定酸（如磷酸、硫酸、乳酸和酮体等）的情况下，H^+ 和 NH_3 的分泌都增加，两者合成 NH_4^+ 并进一步与强酸盐的负离子（如 Cl^-、SO_4^{2-} 等）结合成酸性铵盐（如 NH_4Cl 和 $(NH_4)_2SO_4$ 等），随尿排出。

肾小管细胞中 NH_3 的生成、分泌和铵盐的排出不仅起着排出血浆中固定酸的作用，而且也使得血浆中 $NaHCO_3$ 的浓度得以保持，小管液的 pH 不致迅速下降（图 6–19）。

（二）影响肾小管泌氢活动的因素

（1）血浆 CO_2 分压

血浆 CO_2 分压升高时，肾小管上皮细胞的泌氢活动增加，反之则减少。

（2）肾小管细胞 K^+ 的分泌

前面曾提到 K^+ 分泌的同时也伴有 Na^+ 的重吸收，即存在 K^+–Na^+ 交换的情况。另外，K^+ 的分泌还与 H^+ 的分泌密切相关，即当肾小管上皮细胞对 K^+ 的分泌增加时，H^+ 的分泌将受到抑制，这时尿 K^+ 增加，尿变为碱性。另外，当 H^+ 分泌受到抑制时（如应用碳酸酐酶的抑制剂时），K^+ 的分泌将升高而尿 K^+ 增加。目前认为，K^+–Na^+ 交换与 H^+–Na^+ 交换之间存在着相互竞争作用。

二、活化维生素 D_3

由食物中获得的维生素 D_3 或由皮肤细胞经紫外线照射产生的维生素 D_3 的生物学活性很低，必须经肝和肾的两次羟化反应，最终形成 1，25– 二羟胆钙化醇才能发挥最大的生物活性效应。

三、促进红细胞生成

肾可以产生促红细胞生成素原和促红细胞生成因子（酶），参与红细胞的生成（参见第二章）。

四、调节动脉血压

肾还可以分泌肾素，通过肾素 – 血管紧张素 – 醛固酮系统参与动脉血压的调节（参见第三章）。

推荐阅读

NAKAGAWA Y, NISHIKIMI T, KUWAHARA K. Atrial and brain natriuretic peptides：hormones secreted from the heart［J］. Peptides, 2019, 111：18–25.

开放式讨论

怎样理解动物机体演化出如此精密控制的泌尿系统与其为了适应环境变化的同时维持自身内环境稳态以维持生存的关系?

复习思考题

1. 简述尿生成的过程。
2. 分析影响肾小球滤过的因素。
3. 肾髓质渗透梯度是如何形成的?
4. 简述尿的浓缩与稀释过程。
5. 试述抗利尿激素的作用及其分泌的调节。
6. 试述醛固酮的作用及其分泌的调节。
7. 大量饮水后尿量有何变化,为什么?
8. 大量失血后尿量有何变化,为什么?
9. 比较大量饮用清水和生理盐水对尿量的影响有何不同?

更多数字资源

教学课件、自测题、参考文献。

第七章
神经生理

知识导图

【科学家故事】神经肌肉生理学研究的开拓者——冯德培

1933年，师从诺贝尔奖得主希尔（Archibald Hill）的冯德培在伦敦大学学院获得了博士学位，当年他年仅26岁。回国后，冯德培在北京协和医学院生理系建立了实验室，开始了有关神经肌肉接头的研究工作。

当时关于神经元间的突触及神经和效应器接合部的传递机制存在"化学传递"和"电传递"两种学说。在1936—1941年的6年间，冯德培在英文版的《中国生理学杂志》上接连发表了26篇文章，这些工作为化学传递学说提供了证据。在这一时期，冯德培还发现了钙离子对神经肌肉接头信号传递的重要作用，其提出的钙离子影响神经递质释放的见解，接近英国生理学家卡茨（Bernard Katz）的结论，卡茨后来因为一系列对神经肌肉接头递质释放的研究而获得诺贝尔奖。

冯德培曾说："一个有理想有抱负的中国科学家，如不愿寄人篱下，要自己创业，英雄用武之地在中国。这是我青年时代的思想，也是我一生身体力行的。"

联系本章内容思考下列问题：

神经冲动是如何引起肌肉收缩的？敌敌畏中毒的患者为何会出现肌肉抽搐的症状？

案例参考资料：

饶毅. 纪念世界著名神经生理学家冯德培［J］. 二十一世纪，1996，34：102–107.

FENG T P. Looking back，looking forward［J］. Annu Rev Neurosci，1988，11：1–12.

【学习要点】

神经元和神经胶质细胞的结构及功能；神经纤维传导兴奋的特征；突触传递；中枢抑制；反射及反射弧的概念；反射的调节；神经递质及受体；外周神经递质和受体系统；神经系统的感觉功能；神经系统对躯体运动和内脏活动的调节功能；神经系统对体温的调节机理；脑的高级功能和睡眠。

动物个体是一个极其复杂的有机体。特别是哺乳动物，其体内各器官、系统的活动必须协调一致才能适应内外环境的变化，而这一切又都依赖于神经、体液及自身三大调节系统的作用，其中神经调节起主导作用。

动物的神经系统由中枢神经系统和外周神经系统两大部分组成。位于颅腔的脑和椎管内的脊髓属于中枢神经系统（central nervous system，CNS）；而位于颅腔及椎管外的神经组织则属于外周神经系统（peripheral nervous system，PNS）。动物个体适应内外环境的复杂变化主要依赖于中枢神经系统对体内不同器官和系统的高级整合功能。

神经系统的功能复杂多样，归纳起来主要包括以下几点：

（1）感觉功能。神经系统感受体内外刺激（信息）的功能。分布于体表、体内的感受器接受刺激后，可以在中枢神经系统进行信号处理和整合，使机体及时做出适当的反应，也可将信息转变为记忆后储存于脑中。记忆可对以后的生理活动产生影响。

（2）效应功能。感觉信号通过中枢神经处理后，最终通过传出神经控制效应器（骨骼肌、平滑肌、心肌、内分泌腺及外分泌腺等）活动的改变实现对内外环境变化的反应。

（3）信息整合功能。神经系统具有强大的信息过滤能力。内外环境作用于机体的信息是非常多的，但经过神经系统的过滤后，大部分信息会被大脑认为是不相关或不重要的。中枢神经系统只对那些重要的信息进行整合、发出指令并做出适当的反应。

（4）信息储存功能。作用于神经系统的信息中，只有很少一部分重要信息会引起直接的躯体运动反应，其余的大部分则会作为参考信息被大脑储存以参与大脑以后对新信息的筛选、分析和对躯体反应的控制和调节。

因此，神经系统除整合感觉、调控躯体随意运动与内脏活动外，还会整合脑的高级功能以实现觉醒与睡眠、学习与记忆，以及思维、意识和情绪等高级神经活动。

☞ 高级神经活动是条件反射形成的基础。这是动物形成判断、具有更大适应性和可塑性的前提。

本章将首先向大家介绍神经系统的基本结构单元及其基本联系形式和作用方式。在此基础上，我们将分别介绍神经系统的感觉功能、对躯体运动和内脏活动的调节以及脑的高级功能。

第一节 组成神经系统的基本元件

尽管神经系统的功能繁多、复杂，但是组成神经系统的基本元件只有两类细胞：神经元和神经胶质细胞。人脑含有约 8.6×10^{10} 个神经元，以及与神经元数量大致相当的神经胶质细胞。这些胶质细胞不仅有多种生理功能，而且与神经元之间也有着密切的功能联系。正是数量庞大的神经元和神经胶质细胞的这种复杂联系使得神经系统具有惊人的信息处理能力，从而保证了机体的"整体性"和"适应性"。

一、神经元与神经纤维

（一）神经元的基本结构与功能

根据神经元（neuron）的形态可将其分为锥体细胞、星形细胞和梭形细胞等；而根据神经元的功能又可将其分为感觉神经元（又称传入神经元）、中间神经元（又称联络神经元）和运动神经元（又称传出神经元）三种；再者，如果按照对下一级神经元的影响来分类，则又可分为兴奋性神经元和抑制性神经元两种。

尽管神经元的形态和功能多种多样，但其结构大都可分为胞体与突起两部分。其中，突起又有树突（dendrite）和轴突（axon）两种（图7-1）。

树突较短且数量较多，树冠样的分支分布在胞体的周围。树突的主要功能是接受刺激并将冲动传入胞体。轴突则较长，一个神经元一般只有一个轴突。轴突的主要功能是将神经冲动传出胞体。靠近胞体的轴突部位叫轴丘，其起始的一段裸露而无髓鞘（myelin）包裹，称为轴突的始段。始段膜富含离子通道蛋白，兴奋阈最低，是产生神经冲动的主要部位。轴突离细胞体一定距离后，便被髓鞘包裹成为神经纤维（nerve fiber）。外周神经系统的髓鞘由施旺细胞（Schwann cell）的细胞膜不断伸展延长，包裹轴突而成，而中枢神经系统的髓鞘由少突胶质细胞（oligodendrocyte）反复围绕轴突而成。习惯上把神经纤维分为有髓纤维（myelinated fiber）与无髓纤维（unmyelinated fiber）两大类。其中，无髓纤维并非完全无髓鞘，而是也有一薄层髓鞘。有髓神经纤维上两个髓鞘结构的相接处称为郎飞结（node of Ranvier）。

☞ 仅有一层施旺细胞膜覆盖，故又叫神经膜

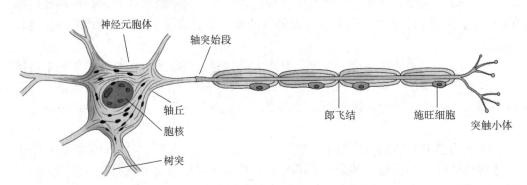

图7-1 神经元的基本结构（仿自 Barrett 等，2009）

神经元具有接受、整合和传递信息的功能。一个神经元一般有4个重要的功能部位。

（1）接受信息，并进行整合的部位

神经元的胞体及树突膜上的受体能特异性地与某些化学物质结合，并引起膜的局部兴奋或抑制，再由胞体对众多的兴奋性或抑制性信号进行整合。所以树突和胞体是神经元接受信息并进行整合的部位。

（2）产生神经冲动（即动作电位）的部位

由于轴突的始段或起始郎飞结处膜的兴奋阈最低，因此当经过胞体整合后的局部电位达到或超过其阈值时便可产生可传播的动作电位。

（3）传导动作电位的部位

神经冲动在胞体和末梢间的传导是通过轴突进行的。此外，由神经元合成的多种蛋白质也是通过轴突转运到末梢的。

（4）释放递质的部位

当神经冲动传到末梢时，可促使储存在末梢内的神经递质向外释放。所以，通常是由树突和胞体接受来自神经元的信息，并由胞体整合。神经冲动则通过轴突传递到末梢，引起神经递质释放从而将信息传递给下一个神经元或效应器。

（二）神经纤维的兴奋传导与分类

传导神经冲动是神经纤维的主要功能。神经冲动（nerve impulse）是沿神经纤维传导的电信号，即动作电位。

▶ 录像资料7-1
神经纤维传导兴奋的基本特征

1. 神经纤维传导兴奋的基本特征

（1）生理完整性

神经纤维只有在结构和功能上都完整时，才具有正常传导冲动的能力。如果神经纤维受压迫、损伤或被切断，或因局部受麻醉药、神经毒素以及冷冻等因素的作

用而丧失了功能的完整性，神经冲动的传导都会受阻。这是因为受损部位膜电位发生了改变或纤维被切断时破坏了神经纤维结构的连续性所致；而麻醉可使局部离子跨膜运动发生障碍。总之，这些因素都将影响局部电位通过这些区域，从而影响兴奋传导的正常进行。

（2）绝缘性

一束神经由多条神经纤维组成，但各条神经纤维传导兴奋时彼此隔绝、互不干扰。这是由于神经纤维间没有细胞质的沟通，加之每条纤维上都有一层起绝缘作用的髓鞘所致。因此局部电流主要在一条纤维上传导。而绝缘性保证了神经传导的精确性。

（3）双向传导

在实验条件下，刺激神经纤维的任何一点引发动作电位时，由于刺激点的两侧均能发生局部电流，故动作电位可沿神经纤维同时向两侧传导。但在整体条件下，兴奋发生于轴突起始部，因此轴突总是将神经冲动由胞体传向末梢，表现为传导的单向性。整体情况下的单向传导也决定了突触结构的极性。

（4）不衰减性

神经纤维传导冲动时，动作电位的幅度和传导速度不会因传导距离的增大而变小、减慢，这一特性称为不衰减性。该特性保证了神经的调节作用的及时、迅速和准确。

（5）相对不疲劳性

在实验条件下，连续电刺激神经纤维 9~12 h，神经纤维仍然能保持其传导兴奋的能力。与突触传递相比，神经纤维的传导兴奋有不易疲劳的特点。这是因为神经纤维在传导冲动时耗能较突触传递少得多，也不存在递质的耗竭。

2. 神经纤维的分类和传导速度

神经纤维有多种分类方法。根据神经纤维的分布，可分为中枢神经纤维和外周神经纤维；根据传导方向，可分为传入纤维、传出纤维和联络纤维；根据结构可分为有髓神经纤维和无髓神经纤维。通常使用的分类方法是：① 根据神经纤维传导速度和后电位的差异，常将哺乳动物的外周神经纤维分为 A、B 和 C 三类。A 类纤维又可进一步分为 A_α、A_β、A_δ 和 A_δ 四类。② 根据神经纤维的直径与来源则可将传入神经纤维分为 Ⅰ、Ⅱ、Ⅲ 和 Ⅳ 4 类，其中 Ⅰ 类纤维又可分为 I_a 和 I_b 两个亚类。这两种分类方法间存在着交叉和重叠，但又不完全相同。如 Ⅰ 类纤维相当于 A_α 类纤维，Ⅱ 类纤维相当于 A_β 类纤维，Ⅲ 类纤维相当于 A_γ 类纤维，而 Ⅳ 类纤维相当于 C 类纤维。通常对传出纤维采用第一种分类法（表 7-1），而对传入纤维采用第二种分类法（表 7-2）。

☞ A 类纤维损伤后恢复能力很低，B 类纤维损伤后恢复能力较强，C 类纤维损伤后恢复能力最快。

表 7-1　神经纤维的分类（一）

纤维分类	来源	纤维直径 /μm	传导速度 /（m·s⁻¹）	锋电位时程 /ms	绝对不应期 /ms
A（有髓鞘）	A_α 初级肌梭传入纤维和支配梭外肌的传出纤维	13~22	70~120		
	A_β 皮肤的触-压觉传入纤维	8~13	30~70	0.4~0.5	0.4~1.0
	A_γ 支配梭内肌的传出纤维	4~8	15~30		
	A_δ 皮肤痛、温度觉传入纤维	1~4	12~30		
B（有髓鞘）	自主神经节前纤维	1~3	3~15	1.2	1.2
C（无髓鞘）	sC 自主神经节后纤维	0.3~1.3	0.7~2.3	2.0	2.0
	drC 背根中传导痛觉的传入纤维	0.4~1.2	0.6~2.0		

表 7-2　神经纤维的分类（二）

纤维分类	来源	直径 /μm	传导速度 / $(m \cdot s^{-1})$	电生理学分类
I_a	肌梭的传入纤维	12 ~ 22	70 ~ 120	A_α
I_b	腱器官的传入纤维	12 左右	70 左右	A_α
II	皮肤的机械感受器官传入纤维（触 – 压、振动觉）	5 ~ 12	25 ~ 70	A_β
III	皮肤痛、温度觉、肌肉的深部压觉传入纤维	2 ~ 5	10 ~ 25	A_δ
IV	无髓的痛觉、温度、机械感受器传入纤维	0.1 ~ 1.3	1	C

3. 影响神经纤维传导速度的因素

神经纤维的传导速度可用电生理方法准确地测定。测定神经纤维的传导速度，对诊断神经纤维疾病和评估预后具有一定的临床价值。神经纤维的传导速度与下列因素有关。

（1）纤维的直径

直径越粗，传导速度越快。例如 A 类纤维的直径每增加 1 μm，其传导速度可增加 6 m/s。这是因为直径较大时，神经纤维的内阻较小，局部电流的强度和空间跨度较大。此外，不同直径的神经纤维膜上 Na^+ 通道的密度不同，纤维粗的密度高，Na^+ 通道开放时进入膜内的 Na^+ 电流大，动作电位的形成与传导也快，因此纤维直径粗的传导较快。

（2）髓鞘

有髓神经纤维比无髓神经纤维的传导速度快得多。这是因为在无髓神经纤维中兴奋是以局部电流方式顺序传导的。而在有髓鞘的神经纤维中则不同，由于其轴突外面包裹着很厚的具有高电阻、低电容特性的髓鞘，且髓鞘下面的轴突膜几乎不存在 Na^+ 通道；有髓神经纤维仅在郎飞结处的髓鞘很薄、电阻最小，且其轴突膜上又存在着高密度的电压门控 Na^+ 通道，故其兴奋传导只能从一个郎飞结向下一个郎飞结做跳跃式传导（saltatory conduction）。这种传导方式不仅大大加快了传导速度，而且是一种有效的节能传导方式。

（3）温度

温度在一定范围内升高可使神经冲动的传导速度加快。恒温动物有髓纤维的传导速度比变温动物同类纤维传导速度快。如猫的 A 类纤维的传导速度为 100 m/s，而蛙的 A 类纤维只有 40 m/s。相反，温度降低则传导速度减慢，当温度降至 0℃ 以下时，神经传导发生阻滞，这即是临床上局部低温麻醉的机制。

（三）神经纤维的轴浆运输

神经元是一种分泌细胞，但与其他分泌细胞的不同之处在于蛋白质及其他物质分子的合成部位与分泌部位相距较远。神经元胞体合成的分泌物经轴浆流动运输到分泌部位的过程，称为轴浆运输（axonal transport）。轴浆运输是双向的，包括顺向与逆向。

1. 顺向轴浆运输

顺向轴浆运输（anterograde axonal transport）是指由胞体向轴突末梢的转运。胞体是神经元合成代谢的中心，能高效地合成蛋白质及其他物质分子。因此，维持轴突代谢所需的蛋白质、轴突终末释放的神经肽及合成递质的酶类等物质，大都在细胞体合成，然后运至轴突末梢。

顺向轴浆运输可分为快速与慢速两类。快速轴浆运输是指具有膜的细胞器，如

☞ 冲动的传导不仅依赖于有无髓鞘，还依赖于神经纤维的功能状态。机体的温度过高或过低都会影响门控通道以及酶的活性，从而影响细胞的功能。

线粒体、递质囊泡和分泌颗粒等囊泡结构的运输，其转运速度可达 300～400 mm/d。慢速轴浆运输指的是由胞体合成的蛋白质所构成的微管、微丝等结构不断向前延伸，其他轴浆的可溶性成分也随之向前转运，其速度仅为 1～12 mm/d。

2. 逆向轴浆运输

逆向轴浆运输（retrograde axonal transport）是指由末梢向胞体的转运。逆向运输除向胞体转运经过重新活化的突触前末梢囊泡外，还能转运末梢摄取的外源性物质。近年来，运用神经元逆向转运的特点，将辣根过氧化物酶、荧光素或放射性标记的凝集素等大分子物质注入末梢区，待其被末梢摄取并转运到胞体的过程中，即可追踪神经通路。这种方法已成为神经解剖学上常用的研究方法之一。逆向轴浆运输的速度约为 205 mm/d。

☞ 神经毒素和病毒也可借助逆向转运进入神经元内。例如，破伤风毒素和狂犬病病毒由外周侵犯中枢就是逆向轴浆运输的结果。

（四）神经的营养性作用和支持神经的营养性因子

1. 神经的营养性作用

神经调节与体液调节对机体活动的影响是密不可分的。神经对所支配组织的作用有功能性的，也有营养性的。前者是通过传导神经冲动，在兴奋抵达末梢时使突触前膜释放神经递质，并作用于突触后膜以改变组织的功能；后者指神经末梢释放某些物质，如营养因子，持续地调整被支配组织的内在代谢活动，对该组织的结构、生化及生理过程施加持久性影响，这一现象称为神经的营养性作用（trophic action）。

正常情况下神经的营养性作用不易被察觉。但如果实验性切断运动神经，则会出现神经所支配的肌肉内的糖原合成减慢、蛋白质分解加速以及肌肉逐渐萎缩等症状，这是由于肌肉失去了神经营养性的作用所导致；如果经过神经再生或外科缝合，肌肉重新获得神经支配后，不仅其功能会逐步恢复，而且肌肉内的糖原、蛋白质的合成也加快，肌肉萎缩现象也会逐步改善，这是肌肉重新获得神经的营养性作用的结果。

研究表明，神经的营养性作用与神经冲动无关，而是通过神经末梢释放某些营养性因子作用于所支配的组织而完成的。营养性因子借助于轴浆运输由胞体流向末梢，而后由末梢释放到所支配的组织中。

2. 支持神经的营养性因子

神经纤维所支配的组织和星状胶质细胞能产生支持神经元的神经营养性因子（neurotrophin，NT）。这是一类对神经元起营养作用的多肽分子。它们作用于神经末梢的特异受体，促进神经元胞体合成有关蛋白质，以维持神经元的生长、发育与功能的完整性。

已发现并分离到的神经营养性因子包含多个种类，其中较重要的有神经生长因子（nerve growth factor，NGF）、脑源性神经营养因子（brain-derived neurotrophic factor，BDNF）、神经营养性因子 3（NT-3）和神经营养性因子 4/5（NT-4/5）等。NGF 是最早被发现的神经营养性因子，它包含 α、β 和 γ 三个亚基。其活性区是 β 亚基。NGF 广泛存在于人和多种动物的组织内。给许多新生动物注射 NGF 抗血清后可导致其几乎所有交感神经节受损。

此外，在神经末梢也发现了三种神经营养性因子受体，它们分别被命名为 TrkA（tropomyosin receptor kinase A）、TrkB 和 TrkC 受体。

二、神经胶质细胞

神经胶质细胞（glia）是神经系统的重要组成部分，广泛分布于中枢神经系统与外周神经系统。胶质细胞存在于神经元和毛细血管之间，有重要的生理功能。中枢神经系统内的胶质细胞主要有星形胶质细胞、少突胶质细胞、小胶质细胞与室管膜细胞等；而在外周神经系统，有包绕轴突形成髓鞘的施旺细胞和背根神经节中的卫星细胞。神经胶质细胞也具有突起，但无树突和轴突之分，也不与邻近细胞形成突触样结构。它们也存在膜电位变化，但不能产生动作电位。

目前神经胶质细胞与神经元的交互作用越来越引起人们的关注，有人认为神经胶质细胞与神经元同等重要。它对维持神经元形态、功能的完整性和神经系统微环境的稳定性等都起着重要的作用。

1. 支持作用

因中枢神经系统内结缔组织很少，起支持作用的组织是星形胶质细胞及其突起。它们在脑和脊髓内相互连接交织成网，构成了支持神经元胞体和纤维的支架。

2. 修复与再生作用

胶质细胞有很强的分裂增殖能力，尤其是在脑和脊髓受到损伤时能大量增殖，从而起到修复和再生的作用。胶质细胞的修复与再生功能表现为：小胶质细胞可转变为巨噬细胞参与对损伤组织碎片的清除；胶质细胞，特别是星形胶质细胞可通过增殖来填充缺损，从而起修复和再生作用，但增殖过强则有可能成为引发脑瘤的病因。外周神经轴突的再生中施旺细胞起着重要作用。

3. 绝缘和屏障作用

神经胶质细胞还有分隔神经元的绝缘作用。髓鞘可防止神经冲动传导时的电流扩散，对传导的绝缘性有重要作用。中枢和外周神经纤维的髓鞘分别由少突胶质细胞和施旺细胞形成。

此外，胶质细胞还参与构成血脑屏障。如星形胶质细胞的突起形成的血管周足就是血脑屏障的重要组成部分（图7-2）。

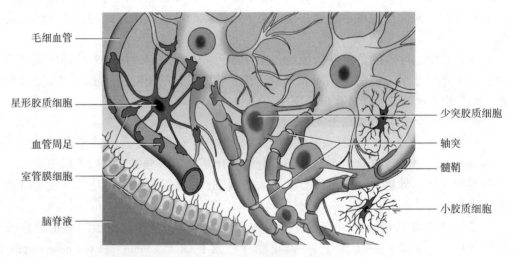

图7-2　神经胶质细胞与血脑屏障（仿自Fox，2003）

4. 物质代谢和营养性作用

星形胶质细胞的突起穿行于神经元之间，贴附在胞体和树突上，对神经元运输营养物质和排除代谢产物可能有影响。星形胶质细胞能产生神经营养性因子，起营养神经元的作用。

5. 维持神经元正常活动

神经元活动时，随着 K^+ 的释放，细胞外液中 K^+ 浓度将升高，而胞外的高 K^+ 可能会干扰神经元的正常活动。星形胶质细胞可通过加强膜上钠 – 钾泵的活动，将细胞外液中积聚的 K^+ 泵入细胞内，并通过细胞之间的缝隙连接迅速将 K^+ 扩散到其他神经胶质细胞，起到缓冲细胞外液 K^+ 水平的作用，有助于神经元正常活动的维持。

6. 摄取与分泌神经递质

神经胶质细胞既能摄取，又能分泌神经递质。如脑内星形胶质细胞能摄取谷氨酸与 γ- 氨基丁酸两种递质以消除这两种递质对神经元的持续作用；同时，又可通过星形胶质细胞的代谢将两种递质再转变为神经元可重新利用的递质前体物质。此外，星形胶质细胞能合成并分泌血管紧张素原、前列腺素、白细胞介素以及多种神经营养因子等生物活性物质。神经胶质细胞通过对神经递质或生物活性物质的摄取、合成与分泌，发挥其对神经元功能活动的调节作用。

三、哺乳动物神经系统的基本结构

（一）中枢神经系统

中枢神经系统由脑（brain）和脊髓（spinal cord）组成。其中脑又可被分为三个部分：大脑（cerebrum）、小脑（cerebellum）和脑干（brain stem）。

大脑是脑的最大部分，被一条很深的矢状裂从中间分成两个大脑半球（cerebral hemisphere）。其中右半球控制左侧躯体的运动并处理其感觉信息，左半球控制右侧躯体的运动并处理其感觉信息。

小脑位于大脑后部。人类小脑的体积占全脑体积的 10% 左右，然而其神经元的数量却占到全脑的 80%。小脑是主要的运动控制中心，并和大脑、脊髓存在广泛的信息交流。与大脑半球支配躯体运动的方向相反，小脑与同侧躯体的运动相关。

脑干位于大脑下方，其一个重要作用是负责大脑、小脑和脊髓之间的信息传递。此外，脑干还是负责调节一些重要生命活动的区域，比如呼吸、觉醒和体温控制等。因此，当大脑或小脑受到损伤时，动物还有可能存活，但若脑干受损，动物将很快死亡。

脊髓位于椎管内，与脑干相连。它是脑与肌肉、内脏和皮肤等器官之间进行信息交换的主要通道。脊髓损伤将导致损伤断面以下所支配的躯体感觉丧失和肌肉麻痹。脊髓通过脊神经（spinal nerve）与躯体各组织发生联系。脊神经是外周神经系统的一部分，它通过位于各脊椎骨之间的椎间孔离开脊髓。每根脊神经又分叉成两支，形成背根（dorsal root）和腹根（ventral root）。背根中的神经纤维负责将外周信息传入脊髓，而腹根中的神经纤维负责将信息由脊髓传出。

（二）外周神经系统

脑和脊髓以外的神经系统称为外周神经系统，其可分为躯体外周神经系统和内脏外周神经系统。

躯体外周神经系统（somatic PNS）包括负责支配皮肤、关节和骨骼肌的脊神经。躯体感觉神经元收集从皮肤、关节、肌肉传来的信息，从背根传入脊髓。这些神经元胞体在脊椎外聚集成簇，形成背根神经节（dorsal root ganglion）。每根脊神经都对应一个背根神经节。控制肌肉收缩的躯体神经运动纤维，由脊髓腹角中的运动神经元发出。这些运动神经元的胞体位于中枢神经系统内，而其轴突的大部分在外周神经系统中。

内脏外周神经系统（visceral PNS）又称为自主神经系统（autonomic nervous system，ANS）或植物性神经系统，主要负责支配内脏器官、血管和腺体。内脏感觉轴突将内脏功能的信息传入中枢神经系统，如血管壁的压力和膀胱的充盈程度等。内脏运动纤维负责将信息由中枢系统传出，支配平滑肌的收缩和舒张、心肌收缩的节律等。

☞ 此外，神经胶质细胞还参与了免疫应答。例如当神经系统发生病变时，小胶质细胞可以转变为吞噬细胞。再比如当单核细胞（吞噬细胞）进入病变区时，星形胶质细胞也可以发挥抗原呈递细胞的作用，将处理过的外来抗原呈递给淋巴细胞，从而发挥免疫应答作用。

☞ 腰椎间盘突出的患者，因为突出的腰椎间盘压迫脊神经，从而引发腰痛、下肢痛，及膀胱、直肠功能障碍等症状。

（三）脑神经

哺乳动物的神经系统除了从脊髓发出的控制躯体活动的脊神经，还有从脑干发出的 12 对脑神经（cranial nerve）。它们主要支配头面部以及部分内脏器官的感觉和运动。每对脑神经都有各自的序数（一般用罗马数字表示）和名称（表 7-3）。有的脑神经属于中枢神经系统，有的分别属于躯体外周神经系统和内脏外周神经系统。各对脑神经的主要功能见表 7-3。

表 7-3　脑神经

序号	名称	轴突类型	主要功能
I	嗅神经（olfactory）	特殊感觉	嗅觉
II	视神经（optic）	特殊感觉	视觉
III	动眼神经（oculomotor）	躯体运动	眼球和眼睑运动
		内脏运动	瞳孔大小控制
IV	滑车神经（trochlear）	躯体运动	眼球运动
V	三叉神经（trigeminal）	躯体感觉	面部触觉
		躯体运动	控制吞咽
VI	外展神经（abducens）	躯体运动	眼球运动
VII	面神经（facial）	躯体运动	面部表情肌肉
		特殊感觉	舌前 2/3 部分的味觉
VIII	听神经（vestibulocochlear）	特殊感觉	听觉和平衡觉
IX	舌咽神经（glossopharyngeal）	躯体运动	喉咙部肌肉运动
		内脏运动	一部分唾液腺分泌
		躯体感觉	外耳道、中耳附近的触觉
		特殊感觉	舌后 1/3 部分的味觉
		内脏感觉	颈动脉体的压力/化学感受器
X	迷走神经（vagus）	内脏运动	心、肺、腹部器官
		内脏感觉	内脏痛觉
		躯体运动	咽喉部肌肉运动
		躯体感觉	咽部、脑膜的感觉
XI	副神经（spinal accessory）	躯体运动	喉部、颈部肌肉运动
XII	舌下神经（hypoglossal）	躯体运动	舌的运动

☞ 负责支配咽喉部肌肉运动的是迷走神经的分支喉返神经，该神经在从脑干伸出后，进入胸腔，其中左喉返神经跨越主动脉弓下方后环绕主动脉弓向上返回气管，最后进入喉部。而右喉返神经环绕右锁骨下动脉后再返回喉部。也就是说，支配咽喉部的这条神经，在进化中，随着物种脖子的加长，而变得越来越长。长颈鹿的喉返神经可长达 4.5 米。喉返神经这一看似错误的生长路线常被作为进化论的例子，说明生命是进化而来的而不是被设计出来的。

第二节　神经元之间的功能联系

一、神经元之间的信号传递——突触传递

绝大多数神经元之间的细胞质并不连续，而是通过彼此靠近发生接触。一个神经元（突触前神经元）的轴突末梢与其他神经元（突触后神经元）的胞体或突起相接触处所形成的特殊结构，称为突触（synapse）。神经元之间的信号传递就是通过突触传递完成的。

此外，兴奋也能从一个神经元传递给效应器细胞，如肌细胞或腺细胞。实际上，神经元与效应细胞相接触而形成的特殊结构也是一种特化的突触。生理学上将这种

特化的突触称为接头，如神经肌肉接头（neuromuscular junction）。

（一）经典的突触传递

经典的突触由突触前膜（presynaptic membrane）、突触间隙（synaptic cleft）和突触后膜（postsynaptic membrane）三部分组成（图7-3）。一个神经元一方面能够通过突触传递作用于许多其他神经元，另一方面也可以接受许多来自不同神经元的突触小体而构成突触。例如，视网膜中某些神经元只有一个突触，脊髓腹角运动神经元有上千个突触，而小脑浦肯野细胞上则有多达几十万个突触。

▶▶ 录像资料 7-2
突触

☞ 中枢神经系统神经通路数量很多，并构成了十分复杂的网络，这也是复杂神经调节的基础。

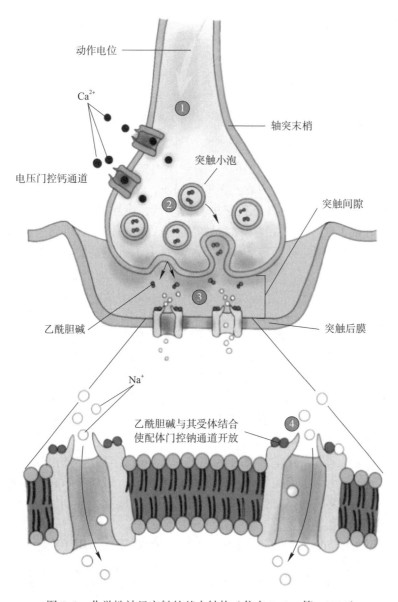

图 7-3 化学性神经突触的基本结构（仿自 Seeley 等，2004）

1. 突触的分类

通常根据接触的部位与功能特点对突触进行分类。按接触部位分，常见的有轴突—胞体、轴突—树突和轴突—轴突三种类型（图7-4）。但近年来又发现了其他类型的突触，包括树突—树突、树突—胞体、树突—轴突、胞体—树突、胞体—胞体和胞体—轴突等。若按突触的功能，则可分为兴奋性突触与抑制性突触两种。

2. 突触的结构

突触前神经元的轴突末梢分出许多小支，每个小支的末梢失去髓鞘并膨大成球状，形成突触小体（synaptic knob）。它贴附在下一个神经元的表面，构成突触。突触小体的末梢膜，称为突触前膜；与之相对的下一个神经元的胞体膜或突起膜，称为突触后膜；突触前膜与突触后膜均较一般神经元细胞膜稍厚，约 7.5 nm；两膜之间的缝隙为突触间隙，宽 20 ~ 40 nm。在突触前膜内侧有致密突起，它与突触小体内的网格形成囊泡栏栅，栏栅大小恰好容纳一个囊泡（突触小泡，synaptic vesicle）。栏栅结构具有引导突触小泡与突触前膜接触的作用，可促进突触小泡内递质的释放。在突触小体的轴浆内，含有较多的线粒体与大量聚集的突触小泡，其直径

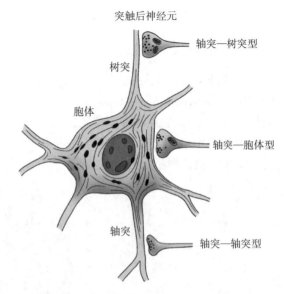

图 7-4　突触的分类（仿自 Barrett 等，2009）

为 20 ~ 80 nm，内含高浓度的神经递质。突触小泡按大小、形态不同一般分为 4 种：① 小而清亮透明的圆形小泡，内含乙酰胆碱递质；② 小而具有致密中心的小泡，内含儿茶酚胺类递质；③ 大而具有致密中心的小泡，内含神经肽类递质；④ 扁平小泡，内含 γ- 氨基丁酸（GABA）等抑制性神经递质。一种突触可含一种或几种形态的囊泡，其内含有不同的神经递质。在突触后膜上，有丰富的特异性受体或化学门控通道。

　　3. 突触的传递机理

　　化学性突触（chemical synapse）的传递过程主要包括如下几个步骤：① 突触前神经元兴奋、动作电位抵达神经末梢，引起突触前膜去极化；② 去极化使前膜结构中电压门控式 Ca^{2+} 通道开放，产生 Ca^{2+} 内流；③ 突触小泡前移与前膜接触、融合；④ 小泡内递质以胞吐方式释放入突触间隙；⑤ 递质从间隙扩散到达突触后膜，作用于后膜的特异性受体或化学门控式通道；⑥ 突触后膜离子通道开放或关闭，引起跨膜离子活动；⑦ 突触后膜电位发生变化，引起突触后神经元兴奋性的改变；⑧ 递质与受体作用之后立即被分解或移除。

　　从以上全过程来看，化学性突触传递是一个电—化学—电的过程，即由突触前神经元的生物电变化，引起突触末梢的化学物质释放，最终导致突触后神经元的生物电改变。兴奋性突触的兴奋会导致突触后膜局部去极化，抑制性突触的兴奋导致突触后膜局部超极化。

　　兴奋性突触兴奋时，突触前膜释放某种兴奋性递质，作用于突触后膜上的特异受体，提高了后膜对 Na^+ 和 K^+ 的通透性。特别是对 Na^+ 通透的化学门控离子通道开放，引起 Na^+ 内流，使突触后膜发生局部去极化，突触后神经元的兴奋性提高，故称为兴奋性突触后电位（excitatory postsynaptic potential，EPSP）（图 7-5）。EPSP 是局部电位，因此它不能传导但可以叠加，它的大小取决于突触前膜释放的递质数量。当突触前神经元活动增强或参与活动的突触数目增多时，递质释放量也增多，由递质作用所形成的 EPSP 就可叠加起来，使去极化幅度增大。当增大到阈电位水平时，便可在突触后神经元轴突始段处诱发动作电位，引起突触后神经元兴奋；如果未能达阈电位水平，虽不能产生动作电位，但由于此局部兴奋电位可能提高了突触后神经元的兴奋性，使之容易发生兴奋，这种现象称为易化。

　　在抑制性突触中，突触前神经末梢兴奋，突触前膜释放的递质是抑制性递质，与突触后膜受体结合后，可提高后膜对 Cl^- 和 K^+ 的通透性，尤其是对 Cl^- 通透的化学

☞ 目前认为：Ca^{2+} 进入突触前膜后与钙调蛋白形成复合物，激活轻链激酶，使之磷酸化，水解 ATP。由此释放的能量使突触小泡周围的类肌凝蛋白收缩，促使小泡向前膜移动而释放内含物。

☞ 在这一过程中，Ca^{2+} 的内流非常重要。它既可以降低轴浆的黏度，有利于突触小泡的移动，又可以清除突触前膜的负电荷，便于突触小泡和前膜接触、融合和释放。如果降低细胞外 Ca^{2+} 浓度，Ca^{2+} 内流减少，神经递质的释放就会受到抑制。

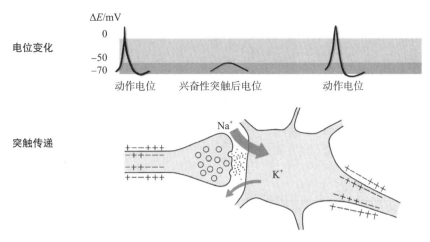

图 7-5　兴奋性突触后电位产生机制示意图

门控离子通道开放。由于 Cl⁻ 的内流与 K⁺ 的外流，突触后膜发生局部超极化。突触后膜在递质作用下发生的超极化，能降低突触后神经元的兴奋性，故称之为抑制性突触后电位（inhibitory postsynaptic potential，IPSP）（图 7-6）。尽管 IPSP 与 EPSP 在相同时程内产生的电位变化相似，但极性相反，故 IPSP 可降低突触后神经元的兴奋性，使之难以产生动作电位，从而发挥其抑制效应。

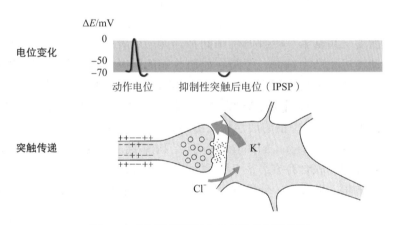

图 7-6　抑制性突触后电位产生机制示意图

　　在中枢神经系统中，一个神经元常与许多其他神经元构成突触联系。在这些突触中，有的是兴奋性突触，有的是抑制性突触。它们兴奋时分别产生的 EPSP 与 IPSP 可在突触后神经元的胞体进行整合（即 EPSP 与 EPSP 或 IPSP 与 IPSP 叠加，以及 EPSP 与 IPSP 抵消），轴突始段则是神经元对两种电位进行整合的关键点。因此，突触后神经元的状态实际上取决于同时产生的 EPSP 与 IPSP 的代数和。如果 EPSP 占优势并达阈电位水平时，突触后神经元产生兴奋；相反，若 IPSP 占优势，突触后神经元则呈现抑制状态（表 7-4）。

　　4. 突触的抑制和易化

　　在中枢神经系统中，经过突触传递，突触后神经元可能兴奋，也可能抑制。根据抑制产生的机理，抑制可分为突触后抑制和突触前抑制两类。

　　突触后抑制（postsynaptic inhibition）：由于突触后膜的兴奋性降低，接受信息的能力减弱所造成的传递抑制。突触后抑制是由抑制性中间神经元的活动引起的。当一个兴奋性神经元的活动唤起抑制性中间神经元兴奋时，因抑制性中间神经元轴突末梢释放抑制性递质使与其构成突触联系的突触后膜超极化，产生 IPSP，从而降低了突触后神经元的兴奋性，最终呈现抑制效应。根据抑制性神经元功能与联系方式

表 7-4   EPSP 与 IPSP 对比

	EPSP	IPSP
突触前神经元	兴奋性神经元	抑制性神经元
神经递质	兴奋性递质	抑制性递质
离子通透性	主要是 Na^+	主要是 Cl^-
突触后膜状态	去极化	超极化
膜电位变化	降低	增大
对突触后神经元的影响	兴奋	抑制

的不同，突触后抑制可分为回返性抑制与传入侧支抑制（图 7-7）。

（1）回返性抑制（recurrent inhibition）

如支配骨骼肌运动的某脊髓前角 α- 运动神经元兴奋，在引起骨骼肌收缩的同时，其轴突有分支与闰绍细胞发生突触联系，而闰绍细胞的轴突又分支返回该 α- 运动神经元。闰绍细胞释放的递质甘氨酸是一种抑制性递质，因此其兴奋可使该 α- 运动神经元产生 IPSP 从而受到抑制。此种由中枢神经元兴奋发出的冲动，通过反馈环路对该 α- 运动神经元进行负反馈调节的现象称为回返性抑制，其意义在于防止神经元过度、过久的兴奋，并促使同一中枢内许多神经元的活动步调一致（图 7-7A）。

（2）传入侧支抑制（afferent collateral inhibition）

以图 7-7B 为例，兴奋屈肌的传入冲动进入脊髓后，在直接兴奋屈肌运动神经元的同时，其侧支又兴奋了一个抑制性中间神经元。后者的兴奋，使与之有联系的支配伸肌的运动神经元产生抑制，于是在屈肌收缩的同时伸肌舒张，这种现象称为传入侧支性抑制，又称交互抑制（reciprocal inhibition）。这种抑制形式不仅存在于脊髓内，也存在于脑内。传入侧支性抑制是中枢神经系统最基本的活动方式之一，其意义在于使互相拮抗的两个中枢的活动相互协调。

突触前抑制（presynaptic inhibition）：其结构基础是具有轴突 - 轴突式突触与轴突 - 胞体式突触的联合存在。图 7-8 表示突触前抑制的发生过程。脊髓初级传入神经元的轴突末梢（轴突 A）分别与运动神经元 C 的胞体、中间神经元的轴突末梢

☞ 毒鼠药士的宁与破伤风毒素均可破坏闰绍细胞的功能，阻断回返性抑制，最终导致骨骼肌痉挛。

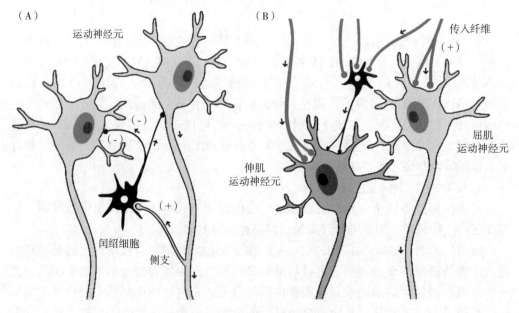

图 7-7   两类突触后抑制

（A）回返性抑制；（B）传入侧支抑制（黑色神经元代表抑制性神经元）

（轴突 B）构成轴突 – 胞体式兴奋突触以及轴突 – 轴突式突触。当轴突 A 单独兴奋时，可在神经元 C 上产生 EPSP，触发该神经元的兴奋。由于轴突 A 和轴突 B 也形成了突触，如果先兴奋轴突 B，随后再兴奋轴突 A，则神经元 C 上产生的 EPSP 明显减小。这种抑制是通过中间神经元（B）的活动，使突触前膜发生去极化幅度降低、释放的递质量减少而产生抑制，称为突触前抑制。又因为这种抑制发生时，后膜产生的是去极化，而不是超极化，形成的只是减小了的 EPSP，而不是 IPSP，所以也称之为去极化抑制。

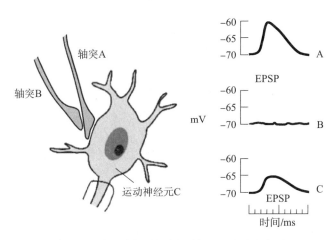

图 7-8　产生突触前抑制的神经元联系示意图

研究表明，轴突 B 兴奋时，释放递质 GABA，激活末梢 A 上的 $GABA_A$ 受体，引起末梢 A 的电导增加，使传到末梢 A 的动作电位幅度变小。由此进一步导致 Ca^{2+} 内流量减少，轴突 A 末梢释放的兴奋性递质量也会因此而减少，最终使得神经元 C 形成的 EPSP 显著降低，以至于不能或难以产生动作电位而表现为抑制效应。

突触前抑制在中枢神经系统内广泛存在，尤其多见于感觉传入途径中，因此对调节感觉传入活动具有重要作用。与突触后抑制相比，突触前抑制的潜伏期较长，抑制效应持续时间也长，是一种很有效的抑制作用（表 7-5）。

表 7-5　突触前抑制和突触后抑制对比

	突触前抑制	突触后抑制
结构基础	轴突—轴突式突触与轴突—胞体式突触的联合存在	抑制性中间神经元的存在
电位变化	去极化	超极化
产生机制	突触前膜去极化幅度 ↓ 递质释放 ↓ 突触后膜 EPSP ↓	某一神经元兴奋性 ↑ 抑制性中间神经元兴奋性 ↑ 突触后膜 IPSP ↑

突触前易化（presynaptic facilitation）：研究发现海兔体内存在与产生突触前抑制相似的神经元联系，但神经元 B 释放的递质是 5- 羟色胺（5–HT），它可以引起神经元 A 内 cAMP 浓度升高，使 K^+ 通道发生磷酸化而关闭，进而延缓了动作电位的复极化过程。随后，进入末梢的 Ca^{2+} 增多，A 末梢释放递质的量增加，进而导致神经元 C 的 EPSP 幅度增大，此时神经元 C 的兴奋也就更容易发生了。这种通过突触传递使某些生理过程容易发生的现象称为突触前易化。

5. 突触传递的特征

与冲动在神经纤维上的传导相比，突触的传递具有明显不同的特征。

☞ 但近年来发现，由于突触后靶细胞释放的一些物质（如一氧化氮、多肽等）可逆向传递到突触前末梢，改变突触前神经元的递质释放过程。因此，从突触前后信息沟通的角度来看，突触传递也可认为是双向的。

（1）单向传递

兴奋在神经纤维上的传导是双向的，而冲动通过突触的传递只能由突触前神经元传向突触后神经元，而不能逆向传递。因为在突触部位，只有突触前膜能释放神经递质。这就决定了反射活动进行时，冲动只能单向地由传入神经元经中间神经元传向传出神经元。

（2）突触延迟

由于突触传递过程比较复杂，包括突触前膜释放递质、递质扩散到达后膜与受体结合发挥作用等多个环节，因此兴奋通过突触耗费的时间较长，这一现象称为突触延迟（synaptic delay）。据测定，兴奋通过一个突触所需要的时间为 0.3 ~ 0.5 ms，比神经冲动在神经纤维上传导要慢得多。在反射活动中，兴奋往往需要通过多个突触的接替，因此延迟时间常达 10 ~ 20 ms，与大脑皮层活动相联系的反射可达 500 ms。兴奋通过中枢部分时，传递比较缓慢、历时较长的现象，称为中枢延迟（central delay）。

（3）总和作用

突触传递中，单个 EPSP 不能引起突触后神经元兴奋，需要有多个 EPSP 的叠加、总和，使后膜去极化幅度加大，达到阈电位水平时，引发动作电位。这一过程称为兴奋的总和。

兴奋的总和包括空间性总和及时间性总和。前者是指许多传入纤维的神经冲动同时传至同一神经元；后者是指同一突触前神经末梢连续传来一系列冲动。当有许多冲动较集中地到来时，则每个冲动各自产生的 EPSP 就能叠加起来，达到阈电位水平时，便使突触后神经元产生动作电位。若上述传入纤维是抑制性的，即都引起 IPSP，也会发生抑制的总和。此外，EPSP 与 IPSP 也可以相互抵消，即发生代数和的总和（图 7-9）。

（4）兴奋节律的改变

反射活动中，传出神经元产生冲动的频率与传入神经元的往往不同，这是由于传出冲动是由传出神经元对其所接受信息进行总和后所发放的。因此，除其传入神经元的冲动频率外，传出神经元的功能状态对传出冲动的频率也有重要的影响。由于一个突触后神经元常与多个突触前神经元有突触联系，所以它们的活动信息也是突触后神经元总和活动的对象。

（5）对内环境变化的敏感和易疲劳

因突触结构相对复杂，突触间隙与细胞外液相沟通，所以在突触传递活动中，突触部位很容易受内环境理化因素变化的影响。如氧分压下降或者二氧化碳分压上升、麻醉剂等某些药物以及细胞外液中许多物质等均可作用于突触传递的某些环节，从而改变突触传递功能。因此与神经纤维传导兴奋的相对不疲劳的特性相比较，突触是反射弧中最易发生疲劳的环节。实验发现，突触前神经元反复受到较高频率的刺激时，突触后神经元发放的冲动会逐渐减少，反射活动也明显减弱。疲劳的出现是防止中枢过度兴奋的一种保护性抑制。突触传递发生疲劳的原因可能与递质的耗竭有关。

6. 突触的可塑性

突触可塑性是指突触连接的强度根据神经活动随时间增强或减弱的能力。突触可塑性与递质传递的改变有关。例如，突触前神经元在接收到相同刺激的情况下，可通过增加神经递质的释放，增加对突触后神经元的刺激。突触后神经元可通过增加神经递质受体的表达，从而在相同神经递质释放的情况下引起更大的突触后反应。长时间的突触可塑性改变，被认为是学习和记忆的基础。这种突触可塑性可被分为长时程增强（long-term potentiation）与长时程抑制（long-term depression）。

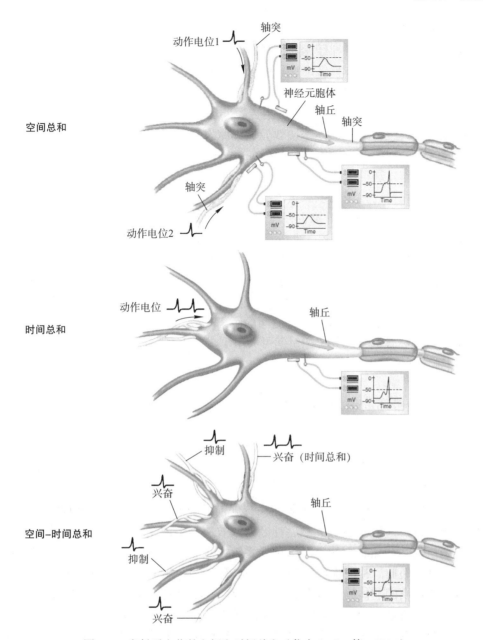

图 7-9 突触后电位的空间和时间总和（仿自 Seeley 等，2004）

（二）突触传递的其他方式

除了上述经典的化学性突触外，机体还存在其他类型的兴奋传递方式，如电突触传递和非突触性化学传递。

1. 电突触传递

构成突触的两个神经元的膜紧贴在一起形成的缝隙连接（gap junction）是电突触（electrical synapse）的结构基础。此种结构的特点是：突触连接处的膜不增厚，突触间隙仅为 2~3 nm，阻抗很低，邻近突触膜两侧轴浆内无突触小泡存在，膜上有允许带电离子和局部电流通过的通道。因此电突触无前膜后膜之分，传递一般为双向，而电传递速度快，几乎不存在潜伏期。

电突触传递可能有促进不同神经元产生同步化放电的功能。电突触可存在于树突与树突、胞体与胞体、轴突与胞体、树突与胞体以及轴突与树突之间。在哺乳动物的某些脑区，如大脑皮质的星状细胞、小脑皮质的篮状细胞、前庭核、下橄榄核等部位均存在电突触。

2. 非突触性化学传递

人们在研究交感节后神经元对平滑肌和心肌的支配时发现，肾上腺素能神经元的轴突末梢分支上分布有许多串珠状的膨大结构，称为曲张体（varicosity），内含装有递质的囊泡，但曲张体与效应器细胞之间并不形成经典的突触联系，而是沿着轴突末梢分支分布于效应器细胞附近。当神经冲动到达曲张体时，曲张体释放出递质，通过扩散到达效应器细胞受体，使效应器细胞发生反应。这种无特定突触结构的化学信息传递，称为非突触性化学传递（non-synaptic chemical transmission）。

目前已明确，这种传递方式也存在于中枢神经系统内。例如，在大脑皮层内有直径很细的无髓鞘的去甲肾上腺素能纤维，在黑质中的多巴胺能纤维也有许多曲张体；中枢内的5-羟色胺能纤维也存在非突触性化学传递。因此认为，单胺类神经纤维都能进行非突触性化学传递。此外，这类传递还可以在轴突末梢以外的部位进行，如有的轴突膜能释放乙酰胆碱，有的树突膜能释放多巴胺。

与突触性化学传递相比，非突触性化学传递具有以下几个特点：① 不存在特化的突触前膜和后膜等结构；② 不存在一对一的支配关系，一个曲张体能支配较多的效应器细胞；③ 曲张体和效应器细胞间的距离一般大于 20 nm，远的可达几十微米；④ 递质扩散距离较远，因此传递时间可大于 1 s；⑤ 释放的递质能否产生效应取决于效应器细胞上有无相应受体。

二、突触传递的信息接受机制——神经递质和受体

（一）神经递质和调质

1. 递质的鉴定

神经递质（neurotransmitter）是指由突触前神经元合成并在末梢处释放，经突触间隙扩散，特异性地作用于突触后神经元或效应器上的受体，导致信息从突触前传递到突触后的一些化学物质。中枢神经系统内具有生理活性的化学物质很多，但不一定都是神经递质。神经递质应符合或基本符合以下几个条件：① 在突触前神经元内具有合成递质的前体物质与合成递质的酶，并能合成该递质；② 递质储存于突触小泡内，当兴奋抵达神经末梢时，小泡内递质能释放到突触间隙；③ 递质经突触间隙作用于突触后膜上的特异受体而发挥其生理作用；④ 存在能使递质失活的酶或其他失活方式（如重摄取）；⑤ 有特异的受体激动剂或拮抗剂，并能够分别模拟或阻断该递质的突触传递作用。事实上，用实验方法全部验证上述条件是很困难的，因此关于递质的鉴定标准仍有分歧。

2. 调质的概念

神经系统中，还有一类化学物质，它们也由神经元产生并作用于特定的受体，但它们的作用并不是直接在神经元之间传递信息，而是调节信息传递的效率，增强或削弱递质的效应。因此把这类化学物质称为神经调质（neuromodulator），调质所发挥的作用就称为调制作用（modulation），以区别于递质的传递作用。例如，阿片肽对交感神经末梢释放去甲肾上腺素（noradrenaline，NA）具有调制作用。如果阿片肽作用于血管壁的交感神经末梢的δ受体，可促进交感末梢释放 NA，使血管收缩加强；而当阿片肽作用于κ受体，则可抑制交感末梢释放 NA，进而抑制血管收缩。实际上，递质和调质并无明确的界限，很多活性物质既可作为递质传递信息，又可作为调质对传递过程进行调制。

3. 递质的分类

突触的递质有50多种，大体可分为两类：一类是小分子物质，作用速度很快；另一类是神经肽，作用较慢。根据神经递质的化学结构，神经递质可大致分成几个

大类或家族（表 7-6）。

　　根据递质存在部位的不同，又可分为外周神经递质和中枢神经递质。外周神经递质包括自主神经和躯体运动神经末梢所释放的递质，主要有乙酰胆碱（ACh）、NA和肽类递质三类。而中枢神经递质比较复杂，种类很多。脑内可作为中枢神经递质的化学物质有几十种，大致可归纳为乙酰胆碱、生物胺类、氨基酸类和肽类四大类。此外近年来还发现，作为脑内的气体分子，一氧化氮（NO）也是一种递质，此外，一氧化碳（CO）也可能作为脑内递质。

表 7-6　哺乳动物神经内神经递质的分类

分类	家族成员
胆碱类	乙酰胆碱
胺类	多巴胺、去甲肾上腺素、肾上腺素、5-羟色胺、组胺
氨基酸类	谷氨酸、门冬氨酸、甘氨酸、γ-氨基丁酸
肽类	下丘脑调节肽、血管升压素、催产素、阿片肽、脑-肠肽、血管紧张素Ⅱ、心房钠尿肽
嘌呤类	腺苷、ATP
气体	一氧化氮、一氧化碳
脂类	花生四烯酸及其衍生物（前列腺素类）

　　4. 递质的共存

　　长期以来，戴尔原则（Dale's principle）认为，一个神经元的全部神经末梢均释放同一种递质。而近年来的研究发现，一个神经元内可以存在两种或两种以上的递质（包括调质）。一个神经元的末梢可同时释放两种或两种以上递质的现象称作递质共存。其意义在于协调某些生理过程，如支配猫唾液腺的副交感神经内 ACh 和血管活性肠肽（VIP）共存，ACh 引起唾液腺分泌唾液，而 VIP 增加唾液腺的血液供应的同时增加唾液腺上的 ACh 受体的亲和力，从而增强 ACh 促进分泌唾液的作用。

　　5. 递质的代谢

　　递质的代谢包括递质的合成、储存、释放、降解、再摄取和再合成等步骤。乙酰胆碱和胺类递质的合成是在相关酶的催化下进行的，一般先在胞质中合成，后被摄入突触小泡内储存。肽类递质的合成在核内和胞质中进行，由基因调控，在核糖体上通过翻译而合成。递质由突触前膜释放的过程称为胞吐。在递质释放过程中，Ca^{2+} 的浓度变化具有重要作用。

　　递质作用于受体产生生理效应后会迅速被消除。递质的消除是防止其持续作用、保持神经冲动正常传递的必要条件。消除的过程包含多种途径，如 ACh 主要由胆碱酯酶（ChE）水解产生胆碱和乙酸，胆碱被重摄取回末梢用于重新合成 ACh；NA 的消除则通过末梢重新摄取和酶解失活，重新摄取是其消除的主要方式；肽类递质的消除主要依靠酶促降解。

　　（二）受体

　　受体（receptor）是指细胞膜或细胞内能与某些化学物质（如递质、调质和激素等）发生特异性结合并诱发生物效应的特殊生物分子。神经递质的受体是跨膜蛋白质分子。能和受体发生特异性结合的化学物质统称为配体（ligand）；能与受体发生特异性结合并产生相应生理效应的化学物质称为受体激动剂（agonist）；只发生特异结合，不产生生理效应的化学物质称为受体拮抗剂（antagonist）。拮抗剂与受体结合后，或占据受体与原配体的结合位置，或改变受体的分子空间构象，使受体不能再与其

☞ 有机磷农药中毒就是因为破坏了胆碱酯酶的活性使乙酰胆碱不能迅速水解而导致肌肉强直收缩。

他递质结合，从而阻断了递质的生理效应。

受体与配体的结合一般具有以下三个特性：① 特异性。特定的受体只能与特定的配体结合，激动剂与受体结合后能产生特定的生物效应。不过，特异性结合也并非是绝对的，而是相对的。② 饱和性。分布于细胞膜上的受体数目是有限的，因此能与之结合的配体数量也是有限的。③ 可逆性。配体与受体的结合是可逆的，即可以结合也可以解离。但不同配体的解离常数不同，有些拮抗剂与受体结合后很难解离，几乎为不可逆结合。

近年来随着分子生物学技术的发展，对神经递质受体和其他化学信使受体的结构和功能有了较为深入的认识，主要有以下几个方面：

① 每种配体的受体一般都有几个受体亚型。例如，肾上腺素能受体有 α 受体和 β 受体之分；α 受体又可分为 α_1 和 α_2 受体，而 β 受体也可分为 β_1、β_2 和 β_3 受体。一个特定的递质能通过不同的受体亚型对不同的效应器细胞产生不同的反应，以实现功能的多样化。

② 受体除了存在于突触后膜外，还存在于突触前膜，这类受体称为突触前受体（presynaptic receptor）。许多神经调质就是通过与突触前受体结合来抑制或易化突触前神经递质的释放。

☞ 突触前受体的功能障碍可能与一些疾病的发生有关。例如，有人认为高血压的发病可因肾上腺素能神经末梢上 α_2 受体的功能低下，使 α_2 受体对 NA 释放的负反馈作用减弱，以至于 NA 释放过多所致。故临床上可使用 α_2 受体激动剂可乐定，通过使肾上腺能神经末梢释放的 NA 减少而达到治疗高血压的目的。

目前认为，许多神经末梢都有突触前受体，且受体的类型、效应也各不相同。例如，肾上腺素能纤维末梢的突触前膜上，存在 α_2 受体和 β_2 受体。突触前膜 α_2 受体被激活后，能反馈性地抑制神经末梢释放 NA；而当 β_2 受体激活时，则引起 NA 递质释放的增多。通过这两种方式的反馈调节 NA 的释放，以维持递质释放的动态平衡。

③ 根据神经递质受体的信号转导机制，可将受体分为两大家族：一为离子通道受体，这类受体又称为化学门控通道，如神经肌肉接头处的 N 型 ACh 门控通道。二为与 G 蛋白相偶联的受体，通过激活 G 蛋白和蛋白激酶途径而产生效应（这类受体蛋白都为 7 次跨膜蛋白）。目前已知的神经递质受体中，多数属于这个超家族的成员，如肾上腺素能受体和 M 型 ACh 受体等。

④ 受体较长时间暴露于配体时会产生脱敏现象，即大多数受体会失去反应性。脱敏有两种类型：同源脱敏（homologous desensitization）和异源脱敏（heterologous desensitization）。若细胞仅丧失对特殊配体的反应性而保持对其他配体的反应性为同源脱敏，反之，细胞对其他配体无反应性称异源脱敏。

（三）主要的递质和受体系统

1. 乙酰胆碱及其受体

在外周神经系统，凡释放 ACh 作为递质的神经纤维，称为胆碱能纤维（cholinergic fiber）。所有自主神经的节前纤维、大多数副交感神经的节后纤维（少数释放肽类除外）、少数交感神经的节后纤维（如支配汗腺、胰腺的节后纤维及支配骨骼肌和腹腔内脏的舒血管纤维）以及支配骨骼肌的运动神经纤维，都属于胆碱能纤维。

在中枢神经系统，以 ACh 作为递质的神经元，称为胆碱能神经元，在中枢的分布极为广泛。例如，脊髓前角运动神经元、脑干上行网状激动系统、丘脑后腹核内的特异感觉投射系统、纹状体以及边缘系统的梨状区、杏仁核、海马等脑区的许多神经元均以乙酰胆碱为神经递质。胆碱能神经元对中枢神经元的作用以兴奋为主。它对传递特异性感觉、维持机体觉醒状态，以及调节躯体运动、心血管活动、呼吸、体温、摄食、饮水、学习与记忆等生理功能均起重要作用。此外，ACh 还参与镇痛与应激反应。

以 ACh 为配体的受体称为胆碱能受体（cholinergic receptor）。根据其药理特性，胆碱能受体可分为两大类。

（1）毒蕈碱受体（muscarinic receptor，M 受体）

大多数副交感节后纤维（少数肽能纤维除外）和少数交感节后纤维（引起汗腺分泌和骨骼肌血管舒张的舒血管纤维）所支配的效应器上的胆碱能受体都是 M 受体。ACh 与 M 受体结合后，可产生一系列自主神经系统节后胆碱能纤维兴奋的效应，如心脏活动的抑制、支气管与胃肠道平滑肌的收缩、膀胱逼尿肌和瞳孔括约肌的收缩、消化腺与汗腺的分泌以及骨骼肌的血管的舒张等，这些作用称为毒蕈碱样作用（M 样作用）。

（2）烟碱受体（nicotinic receptor，N 受体）

存在于中枢神经系统内和所有自主神经系统神经元的突触后膜上的受体称为神经元型 N 受体，过去称为 N_1 受体；而存在于神经肌肉接头的终板膜上的称为肌肉型 N 受体，过去称为 N_2 受体。实际上这两种受体都是 N 型 ACh 门控通道。ACh 与神经元型 N 受体结合可引起节后神经元兴奋；而 ACh 与肌肉型 N 受体结合可使骨骼肌兴奋。ACh 与这两种受体结合所产生的效应称为烟碱样作用（N 样作用）。

六羟季铵主要阻断神经元型 N 受体的功能，十羟季铵主要阻断肌肉型 N 受体的功能，而筒箭毒碱能同时阻断这两种受体的功能，从而拮抗 ACh 的 N 样作用。

2. 儿茶酚胺及其受体

儿茶酚胺（catecholamine，CA）类物质包括肾上腺素（epinephrine/adrenaline）、去甲肾上腺素（NA）和多巴胺（dopamine，DA）。在外周神经系统以 NA 作为递质的神经纤维，称为肾上腺素能纤维（adrenergic fiber）。除少数引起汗腺分泌和骨骼肌血管舒张的交感舒血管纤维是胆碱能纤维外，大部分交感神经节后纤维均为肾上腺素能纤维。在外周至今尚未发现以肾上腺素为递质的神经纤维。外周的肾上腺素是由肾上腺髓质合成和分泌的一种内分泌激素，不属于递质的范围。

在中枢神经系统，肾上腺素、NA 和多巴胺分别组成不同的递质系统：

① 肾上腺素。以肾上腺素为递质的神经元，称为肾上腺素能神经元。其胞体主要位于延髓和下丘脑，主要参与血压与呼吸的调控。

② NA。绝大多数 NA 能神经元分布在低位脑干，尤其是中脑网状结构、脑桥的蓝斑、延髓网状结构的腹外侧部分。NA 递质系统对睡眠与觉醒、学习与记忆、体温、情绪、摄食行为以及躯体运动与心血管活动等多种功能均有调节作用。

③ 多巴胺。多巴胺能神经元主要位于黑质 – 纹状体、中脑边缘系统以及结节漏斗部分，与调节肌紧张、躯体运动、情绪、精神活动以及内分泌活动有密切关系。

机体内能与肾上腺素和去甲肾上腺素相结合的受体称为肾上腺素能受体（adrenergic receptor），可分为 α 型与 β 型两种。α 受体又可分为 α_1 和 α_2 受体两个亚型，而 β 受体则分为 β_1、β_2 和 β_3 受体三个亚型。

肾上腺素能受体的分布极为广泛。在外周神经系统，多数受交感节后纤维末梢支配的效应细胞膜上都有肾上腺素能受体。但受体种类有所不同，有的效应器仅有 α 受体，有的仅有 β 受体，有的两种受体兼有。而且，受体不仅对交感递质起反应，也可对血液中存在的儿茶酚胺类物质起反应。此外，肾上腺素能受体激动后产生的效应也较为复杂，有兴奋，也有抑制。某些效应器则既有兴奋性的效应，也有抑制性的效应。上述效应的不同与以下因素有关：

① 受体的特性。一般而言，α 受体（主要是 α_1）与肾上腺素和 NA 结合后产生的平滑肌效应主要是兴奋性的，包括血管收缩、子宫收缩、扩瞳肌收缩等，但也有抑制性的，如小肠平滑肌舒张；β 受体（主要是 β_2）与肾上腺素和 NA 结合后产生的平滑肌效应是抑制性的，包括支气管、胃肠道、子宫的舒张以及冠状动脉、骨骼肌血管等血管平滑肌的舒张，但心肌 β_1 受体与肾上腺素和 NA 结合后产生的效应却是兴奋性的。

② 配体的特性。NA 对 α 受体作用较强，对 β 受体的作用较弱；肾上腺素则对

☞ M 样作用可被阿托品阻断。阿托品是 M 型受体的阻断剂，可缓解因乙酰胆碱过度积累引起的如瞳孔缩小、大汗及肌肉痉挛等症状。

☞ 由于肌肉型 N 受体的阻断剂能够阻断神经肌肉接头的传递，使肌肉放松，故在临床上可作为肌肉松弛剂。

α 受体和 β 受体的作用都较强；异丙肾上腺素主要对 β 受体有强烈作用。

③ 器官上两种受体的分布情况。两种受体在血管平滑肌上均有分布，在皮肤、肾、胃肠血管的平滑肌上 α 受体占优势，肾上腺素的作用是产生收缩效应；而在骨骼肌和肝的血管上 β 受体占优势，肾上腺素的作用主要产生舒张效应。存在于不同部位不同类型的肾上腺素能受体产生的生物效应不同（表 7-7）。

表 7-7　肾上腺素能受体的分布及效应

效应器	受体	效应
眼虹膜辐射状肌	α_1	收缩（扩瞳）
睫状体肌	β_2	舒张
心窦房结	β_1	心率加快
传导系统	β_1	传导加快
心肌	α_1、β_1	收缩力加强
冠状血管	α_1	收缩
	β_2	舒张（为主）
皮肤黏膜血管	α_1	收缩
骨骼肌血管	α_1	收缩
脑血管	β_2（主要）	舒张
	α_1	收缩
腹腔内脏血管	α_1	收缩（为主）
	β_2	舒张
唾液腺血管	α_1	收缩
支气管平滑肌	β_2	舒张
胃肠道平滑肌	β_2	舒张
小肠平滑肌	α_2	舒张（可能是胆碱能纤维的突触前受体调节乙酰胆碱的释放）
	β_2	舒张
膀胱括约肌	α_1	收缩
逼尿肌	β_2	舒张
三角区和括约肌	α_1	收缩
子宫平滑肌	α_1	收缩（有孕子宫）
	β_2	舒张（无孕子宫）
竖毛肌	α_1	收缩
糖酵解代谢	β_2	增加
脂肪分解代谢	β_3	增加

现代生理学和药理学家已研制出许多肾上腺素能受体的激动剂和阻断剂。例如，哌唑嗪（prazosin）为选择性 α_1 受体阻断剂，它可阻断 α_1 受体的兴奋效应产生降压作用；阿替美唑（atipamezole）能选择性阻断 α_2 受体，作为兽药，用于动物麻醉后苏醒；而酚妥拉明（phentolamine）可阻断 α_1 与 α_2 两种受体的作用，用于高血压急症的治疗；可乐定（clonidine）是 α_2 受体的激动剂，用于高血压和注意缺陷与多动障碍等的治疗。临床上，阿替洛尔（atenolol）为选择性 β_1 受体阻断剂；而普萘洛尔

（propranolol）是临床上常用的非选择性 β 受体阻断剂，对 $β_1$ 和 $β_2$ 两种受体均有阻断作用，这两个药物都用于高血压的治疗。

3. 5- 羟色胺及其受体

5- 羟色胺（5-HT）递质系统比较集中，其神经元胞体主要位于低位脑干近中线区的中缝核群内。中枢内的 5-HT 递质与睡眠、情绪、精神活动、内分泌活动、心血管活动以及体温调节有关。此外，它还是脑与脊髓内的一种痛觉调制递质。

到目前为止，已知的 5-HT 受体有 $5-HT_1$ ~ $5-HT_7$ 共 7 种受体。在 $5-HT_1$ 受体中又分出 $5-HT_{1A}$、$5-HT_{1B}$、$5-HT_{1D}$、$5-HT_{1E}$、$5-HT_{1F}$ 5 种亚型；在 $5-HT_2$ 受体中又分出 $5-HT_{2A}$、$5-HT_{2B}$、$5-HT_{2C}$（以前称为 $5-HT_{1C}$）3 种亚型；而在 $5-HT_5$ 受体中又分出 $5-HT_{5A}$、$5-HT_{5B}$ 2 种亚型。这些受体中的大多数是与 G 蛋白和腺苷酸环化酶或磷脂酶偶联，但 $5-HT_3$ 受体是离子通道。这些受体中有些是突触前受体，如部分 $5-HT_{1A}$ 受体。

4. 氨基酸类递质及其受体

氨基酸类递质主要存在于中枢神经系统内，可分为兴奋性氨基酸和抑制性氨基酸两类。

（1）兴奋性氨基酸

兴奋性氨基酸包括谷氨酸（glutamate）和天冬氨酸（aspartate）。谷氨酸在脑和脊髓中含量很高，脑内以大脑皮层、小脑与纹状体的含量最多，脊髓中以背侧部分的含量较多。谷氨酸对所有中枢神经元都表现明显的兴奋作用，可能是感觉传入神经和大脑皮层内的兴奋性递质。它在学习与记忆以及应激反应中均起重要作用，还是脊髓中传递初级痛觉信息的神经递质。

兴奋性氨基酸中谷氨酸的受体包括代谢型受体（metabotropic receptor）与离子型受体（ionotropic receptor）两种类型。代谢型受体属于 G 蛋白偶联受体，已有 11 种亚型被鉴定了出来；离子型受体属于配体化学门控通道，通常有 3 种类型，分别命名为 N- 甲基 -D- 天冬氨酸（NMDA）受体、海人藻酸受体和 α- 氨基羟甲基恶唑丙酸（AMPA）受体。

（2）抑制性氨基酸

抑制性氨基酸包括甘氨酸（glycine）和 GABA。甘氨酸为低位中枢，如脊髓、脑干的抑制性递质，它可能对感觉和运动反射进行抑制性调控。GABA 主要分布在大脑皮层浅层、小脑皮质浦肯野细胞层、黑质、纹状体与脊髓。它对中枢神经元具有普遍的抑制作用。

☞ GABA 在调节内分泌活动，维持骨骼肌的正常兴奋性以及镇痛等方面均起重要作用。此外，它们还参与睡眠与觉醒机制，并有抗焦虑的作用。

抑制性氨基酸中的 GABA 受体也跟谷氨酸受体一样，分为代谢型受体和离子型受体两类。前者称为 $GABA_B$ 受体，为 G 蛋白偶联受体；后者称为 $GABA_A$ 受体，是 Cl^- 通道。

5. 肽类递质及其受体

在外周与中枢神经系统，均发现了许多肽类物质。自主神经的节后纤维除胆碱能纤维与肾上腺素能纤维外，近年来还发现释放肽类物质的第 3 种纤维，即肽能神经纤维。它广泛地分布于外周神经组织、胃肠道、心血管、呼吸道、泌尿道和其他器官。特别是胃肠道的肽能神经元，能释放多种肽类递质，主要包括降钙素基因相关肽、血管活性肠肽、促胃液素、胆囊收缩素、脑啡肽、强啡肽与生长抑素等。

神经元释放的具有神经活性的肽类化学物质，称为神经肽（neuropeptide）。迄今为止，在中枢神经系统内陆续发现的神经肽有 100 多种。这些神经肽中，有些已明确为神经激素，有些则认为是神经递质或调质，还有一些既是神经激素又可能是神经递质。

下丘脑调节垂体功能的肽类激素及其受体大部分可在不同脑区发现。如促甲状腺激素释放激素（TRH）在下丘脑以外的脑区能直接影响神经元的放电活动，提示它可能具有激素和神经递质的双重功能。生长抑素也在脑内许多区域发挥神经递质的作用，参与感觉传入、运动传出和智能活动等方面的调节。现已知有5种不同的生长抑素受体，它们是SSTR1～5受体，全都是G蛋白偶联受体。

中枢内的P物质以黑质、纹状体、下丘脑、缰核、孤束核、中缝核、延髓和脊髓背角等神经结构的含量较高。P物质是第一级伤害性传入纤维末梢释放的兴奋性递质，它对痛觉传递的第一级突触传递起易化作用，但在脑的高级部位反而起镇痛效应。P物质对心血管活动、躯体运动、行为以及神经内分泌活动均有调节作用。P物质受体也是G蛋白偶联受体。

阿片肽是脑内具有吗啡样活性的肽类物质，包括β-内啡肽（endorphin）、脑啡肽（enkephalin）、强啡肽（dynorphin）、内吗啡肽（endomorphin）和孤啡肽（nociceptin）5类。脑啡肽广泛地分布于许多脑区与脊髓内，在纹状体、杏仁核、下丘脑、中脑中央灰质、延髓头端腹内侧区和脊髓背角等部位均有脑啡肽能神经元的胞体与末梢。脑啡肽有很强的镇痛活性。强啡肽在脑内的分布与脑啡肽相似，有相当程度的重叠。强啡肽在脊髓发挥镇痛作用，而在脑内则是拮抗吗啡的镇痛。阿片肽受体有很多亚型，其中已确定的有μ、δ和κ三种受体。它们的药理特性、分布以及对各种配体的亲和力均不同。阿片肽5类受体都是G蛋白偶联受体。

脑内还存在脑肠肽，如胆囊收缩素（八肽）、血管活性肠肽、促胃液素、胰高血糖素、胃动素和促胰液素等。它们有时与经典神经递质共存。其中，胆囊收缩素有抑制摄食行为的作用，但还参与学习和记忆等高级功能的调节；许多胆碱能神经元中含有血管活性肠肽，可能具有加强ACh作用的功能。许多肽类物质的受体是G蛋白偶联受体，但至今仍然有许多肽类物质的受体还不清楚。

6. 其他递质和受体系统

下丘脑后部的结节乳头核内存在组胺能神经元的胞体，它们发出的投射纤维到达中枢内几乎所有部位，包括大脑皮层和脊髓。已知存在有H_1、H_2和H_3三种组胺受体。组胺能系统在中枢内的功能尚不确定，可能与觉醒、性行为、腺垂体激素的分泌、血压、饮水和痛觉等的调节有关。

一氧化氮（NO）是一种由血管内皮细胞释放的内皮舒张因子，也可在脑内产生。由于NO与其他递质不同，是一种气体分子，因此很容易透过细胞膜而直接结合并激活鸟苷酸环化酶。NO可通过改变突触前神经末梢的递质释放，调节突触功能。NO还可介导突触可塑性，因为使用NO合酶抑制剂后，海马的长时程增强效应被完全阻断。此外，NO还具有神经保护作用。

一氧化碳（CO）是另一种可能作为脑内递质的气体分子。它是在血红素代谢过程中由血红素氧合酶作用而形成的。其作用与NO相似，也能激活鸟苷酸环化酶。

▶▶ 录像资料7-3
反射与反射弧

三、多个神经元之间的功能联系——反射与反射弧

神经系统中神经元的数量巨大，突触联系错综复杂，同时其神经递质和受体系统也多种多样。然而，如此复杂的组织结构并没有使得神经调节显得杂乱无章。相反，神经活动的进行是遵循一定的规律的，其规律性调节的基本方式就是第一章中提到的反射（reflex）。

（一）反射与反射弧

1. 反射的概念

前已述及，反射是指在中枢神经系统的参与下，机体对内、外环境变化所做出的规律性应答。从最简单的眨眼反射到复杂的行为表现，都是反射活动。具体而言，凡刺激作用于感受器，通过中枢神经系统的活动引起的一切机体反应，都称为反射。

此处的中枢是指位于脑、脊髓内的不同部位，为完成某种反射活动所必需的神经细胞群及其突触联系。

反射的概念最早是在17世纪中叶由法国科学家和哲学家笛卡儿（René Descartes，1596—1650）提出的。他用这一物理学术语来描述外界刺激与动物行为之间的关系。他把眼角膜受到刺激而引起的眨眼动作比作光线投到镜子而发生的反射，并认为动物机体的反射是通过神经系统的联系实现的。但直到19世纪初期，英国人贝尔（Charles Bell）和法国人麦根地（Francois Magendie）分别发现了脊髓的背根感觉管和腹根运动管后才证明了上述反射的结构基础。

2. 反射弧的组成

反射的结构基础和基本单位是反射弧（reflex arc）。反射弧包括感受器、传入神经、反射中枢、传出神经和效应器5个组成部分（图7-10）。① 感受器一般是神经末梢的特殊结构，是一种换能装置，可将所感受到的各种刺激的信息转变为神经冲动。感受器的种类多，分布广，有严格的特异性，只能接受某种特定的适宜刺激，详细内容将在下一节介绍。② 传入神经由传入神经元的突起（包括周围突和中枢突）所构成，这些神经元的胞体位于背根神经节或脑神经节内，它们的周围突与感受器相连，感受器接受刺激转变为神经冲动，冲动沿周围突传向胞体，再沿其中枢突传向中枢。③ 反射中枢（reflex center）通常是指中枢神经系统内调节某一特定生理功能的神经元群。反射中枢的范围可以相差很大。一般来说，较简单的反射活动参与的中枢范围比较狭窄，如膝跳反射中枢在腰部脊髓，角膜反射中枢在脑桥。而较复杂的反射活动，如呼吸运动的中枢分布在延髓、脑桥、下丘脑以至大脑皮层等广泛的区域内。④ 传出神经是指中枢传出神经元的轴突构成的神经纤维。⑤ 效应器是指产生效应的器官，如骨骼肌、平滑肌、心肌和腺体等。

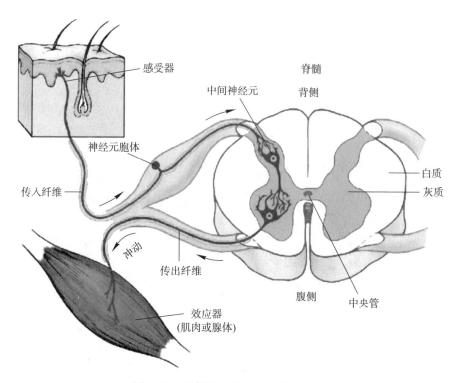

图 7-10　反射弧（改自 Fox 等，2003）

3. 反射的基本过程

感受器感受一定的刺激后发生兴奋；兴奋以神经冲动的形式经传入神经传向中枢；通过中枢的分析和综合活动，中枢产生兴奋过程；中枢的兴奋经一定的传出神经到达效应器，最后效应器发生某种活动改变。如果中枢发生抑制，则中枢原有的传出冲动减弱或停止。

在自然条件下，反射活动需要反射弧的结构和功能保持完整。如果反射弧中任何一个环节中断，反射都将不能进行。最简单的反射只通过一个突触，如腱反射，这种反射称为单突触反射（monosynaptic reflex），其反射时最短。但大多数反射往往需要经过两个以上的突触才能实现，因此被称为多突触反射（polysynaptic reflex）。其特点是反射时较长，反射也较复杂。多突触反射的典型例子是屈肌反射。

在整体情况下，发生反射活动时感觉冲动传入脊髓或脑干后，会有两次信息整合，即它一方面在同一水平与传出部分发生联系并发出传出冲动，而另一方面还有上行冲动传导到更高级的中枢部位，乃至位于大脑皮层的中枢，最后通过高级中枢的整合，再发出下行冲动来调整反射的传出冲动。因此，当反射发生时，既有初级水平的整合活动，又有较高级水平的整合活动。通过多级水平的整合后，反射活动便具有很大的复杂性和适应性。

神经中枢的活动可通过传出神经直接作用于效应器。在某些情况下，传出神经还可以作用于内分泌腺，通过分泌激素再间接地作用于效应器。这时的激素调节成了神经调节的延伸部分。反射效应在内分泌腺的参与下，往往变得比较缓慢、广泛而持久。例如，强烈的疼痛刺激可以通过交感神经反射性地引起肾上腺髓质激素分泌增加，从而产生广泛的反应。

（二）中枢神经元的联系方式

中枢神经系统由数以千亿、种类繁多的神经元所组成，它们之间通过突触联系，构成非常复杂多样的联系方式。归纳起来最基本的联系方式有辐散式、聚合式、链锁式与环式几种（图7-11，图7-12）。

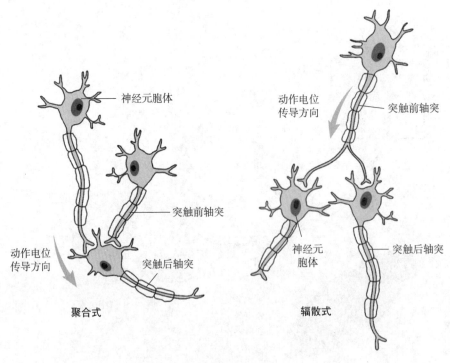

图7-11   中枢神经元的联系方式

（仿自Seeley等，2004）

（1）辐散式

一个神经元的轴突通过其分支分别与许多神经元建立突触联系的方式称为辐散式联系。这种联系方式能使一个神经元的兴奋引发许多其他神经元同时兴奋或抑制，从而扩大了神经元活动的影响范围。机体内传入神经元与其他神经元发生突触联系时主要采取此种方式。

（2）聚合式

一个神经元的胞体和树突接受来自许多神经元的突触联系的联系方式，称为聚合式联系。它使许多神经元的作用集中到同一神经元上，从而发生总和或整合作用。传出神经元接受的不同轴突来源的突触联系主要表现为聚合式的联系。

（3）链锁式与环式

在中间神经元之间的联系形式中，辐散式与聚合式可同时存在。有的还形成链锁式（chain circuit）或环式（recurrent circuit）的联系方式（图 7–12）。神经元一个接一个依次连接，构成链锁式联系；兴奋通过链锁式联系，可以在空间上加强或扩大作用范围。一个神经元通过其轴突侧支与多个神经元建立突触联系，而后继神经元通过其轴突，又回返性地与原来的神经元建立突触联系，形成一个闭合环路，称环式联系。兴奋通过环式联系可能引起正、反两种反馈，相应地也就能产生后发放效应（after discharge）或者使兴奋及时终止。机体正是通过这样的反馈调节确保反射活动的正常进行。

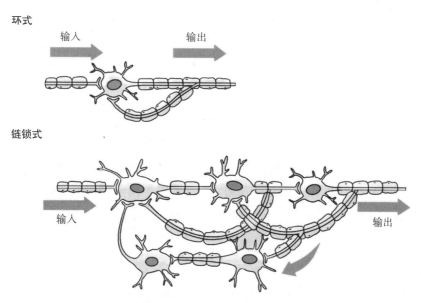

图 7–12　中枢神经元的联系方式（仿自 Seeley 等，2004）

第三节　神经系统的感觉功能

感觉是神经系统反映机体内、外环境变化的一种特殊功能。感觉的产生首先是由体内外的感受器或感觉器官感受刺激，并将各种各样的刺激能量转换成在传入神经上传导的动作电位，并通过各自的神经通路传向中枢，经中枢分析综合后，到达大脑皮层的特定区域形成感觉。因此，个体对事物的感觉是由感受器、传入神经和大脑皮层感觉中枢三个部分共同活动而产生的。

一、感觉器官

感觉系统的结构基础是体内存在着各类能够对刺激产生反应的特异性的感觉受体细胞（sensory receptor cell）。这些细胞有的能够响应来自环境的刺激，有的能够感受到来自身体内部的刺激。感觉受体细胞的功能是将某种特定刺激中所包含的能量（化学能、机械能及电磁能等）转化为电信号。刺激则是一种能使感觉受体细胞做出反应的外部能量。

（一）感觉系统的组成

感觉受体细胞通常聚集形成能对特定刺激产生反应的感觉器官。通常来说，一个感觉器官（sensory organ）不仅包含许多功能类似的感觉受体细胞，还包含不同种类的非受体细胞。比如，脊椎动物的眼睛既含有感受光的细胞，同时还含有组成角膜、巩膜及瞳孔等结构的非感光细胞。我们可以将感觉器官及处理其感觉信息的中枢神经系统部分一起称为感觉系统（sensory system）。例如脊椎动物的视觉系统就包含眼睛及大脑内处理视觉信息的脑区。

感觉受体细胞将胞外刺激中包含的能量转换为电信号的过程被称为感觉传导（sensory transduction）。感觉传导需要依赖一类特殊的对感觉刺激敏感的分子，称为感觉受体分子（sensory receptor molecule）。不同种类的感觉受体细胞包含不同的感觉受体分子，从而使得它们能对不同的刺激做出相应的反应。

1. 感觉受体细胞的分类

（1）依据感觉性质进行分类。这是对感觉受体细胞最早的分类方式。早在两千多年前，古希腊哲学家亚里士多德就提出人有五种感觉，即触觉、听觉、味觉、嗅觉和视觉。然而事实上，除了这五种感觉之外，生物体还拥有感受多种刺激的能力，比如人类还拥有对温度和平衡的感觉。此外还有不被我们意识察觉到的感觉，比如对血氧分压、肌肉长度等的感觉。许多动物还具有特定的感受器官以帮助其察觉连人类都无法感受的刺激。例如鸽子能感觉到磁场，蝙蝠能感觉到超声波，鲨鱼能感觉到微弱的电流等。

（2）依据刺激中所包含的能量形式进行分类。感觉受体细胞据此可以分为能感受不同电磁能刺激的光感受细胞、电能感受细胞、磁场能感受细胞等；能感受不同机械能刺激的机械刺激感受细胞、听觉受体细胞、平衡觉受体细胞等以及能感受不同化学能刺激的嗅觉受体细胞、味觉受体细胞等。

（3）依据感觉受体细胞传递刺激信号的机制进行分类。在这种分类方式下，感觉受体细胞可被分为离子型受体细胞和代谢型受体细胞。离子型受体细胞在接受到刺激后，通过改变细胞膜对阳离子（主要是钠离子）的通透性，引起细胞去极化，进而传递刺激信息。这类受体细胞包括感受机械能、温度、电能和某些味觉的细胞。代谢型受体细胞在接收到刺激后，通过激活下游效应蛋白来改变胞内第二信使的浓度，从而改变细胞膜的离子通透性并传递刺激信息。这类受体细胞包括感受视觉、脊椎动物嗅觉和某些味觉的细胞。

（4）其他分类方式。感觉受体细胞还可依据刺激来源的不同分为外感受器（exteroceptor）和内感受器（interoceptor）。外感受器感知来自身体外部的刺激，例如光和声音。而内感受器则感知来自身体内部的刺激，例如血液 pH 和渗透压。

2. 感觉受体细胞传递并编码感觉信息

如上文所述，感觉受体细胞将刺激中包含的不同形式的能量转换成电信号，并最终通过一系列神经元的动作电位传递到中枢神经系统中。既然中枢神经系统最终接收到的都是电信号，那么动物是如何分辨这个电信号所包含的感觉信息的呢？

事实上，不同的感觉器官最终会将电信号传递到中枢神经系统的不同位置。例如在人的中枢神经系统中，传递视觉信号的神经元最终投射到了大脑后部的枕叶；而传递触觉信号的神经元最终投射到了大脑顶叶的前部。正是因为中枢神经系统中不同部位的神经细胞被激活，最终使个体产生了不同的感觉。值得注意的是，在感觉信息传递的过程中，任何节点的激活或抑制都能让我们产生对应的感觉。例如，当感光细胞接收到刺激时，我们会看见一些物品和景象。这种刺激可以来自真实的

☞ 几乎所有的感觉受体分子都是膜蛋白，例如感受光的视紫红质（rhodopsin）和感受辣椒"辣"味的瞬时受体电位通道 TRPV1 等。朱利叶斯（David Jullius）因发现 TRPV1 是感知温度的受体而被授予 2021 年度诺贝尔生理学或医学奖。

光线，也可以来自对眼球的压迫或是对头部的撞击。

在接下来的部分，我们首先讨论离子型受体细胞介导的感觉，包括触觉、听觉和平衡觉。在此基础上，我们再介绍同时含有离子型细胞和代谢型细胞的味觉系统。最后介绍代谢型受体细胞介导的感觉，包括嗅觉和视觉。

（二）机械刺激感受与触觉

几乎所有的细胞都会对机械刺激做出一定的反应，而感觉系统中能感受机械刺激的细胞被称为机械能受体细胞。由机械能受体细胞介导的感觉主要包括触觉、平衡感觉、听觉以及特定类型的渗透压感受。

1. 昆虫的机械刺激感受器

在昆虫外骨骼的外部分布着许多用于感受外界环境变化的刚毛。每一根刚毛形成一个小的感觉器官，称之为毛型感受器（sensillum）。感觉机械刺激的刚毛为中空结构，其底部包含机械能感觉细胞的末梢（图 7-13）。

当刚毛受外力刺激而发生移动时，就会激活机械能感受细胞末端细胞膜表面的应力门控通道（stretch-activated channels）。这些通道蛋白在受到牵拉时开放，细胞外的阳离子内流，引起细胞去极化。当细胞去极化达到一定阈值时，便能产生传导到中枢神经系统的动作电位。在中枢神经系统中，动作电位的频率代表了刚毛感受到的机械刺激的强度。因中枢神经系统中不同位置细胞的激活，使得昆虫能感知到身体不同位置上的刚毛受到了刺激。

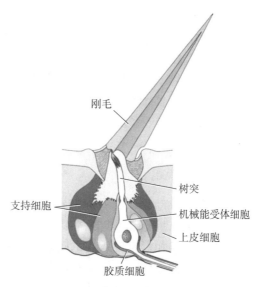

图 7-13 昆虫的机械刺激感受器结构示意图（仿自 Hill 等，2016）

2. 哺乳动物的机械刺激感受器

哺乳动物皮肤中的触觉感受器由上皮细胞和神经末梢共同组成，其中神经末梢的细胞体位于脊髓背侧的背根神经节（dorsal root ganglion）中。背根神经节神经元的神经末梢同上皮细胞一起，形成了四种不同的响应机械刺激的感觉末梢：麦克尔盘（Merkel disk）、麦斯纳小体（Meissner corpuscle）、鲁菲尼终末（Ruffini ending）和环层小体（又称帕奇尼小体，Pacinian corpuscle）（图 7-14）。

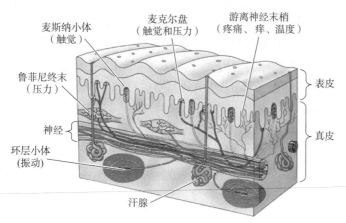

图 7-14 哺乳动物的机械刺激感受器结构示意图（仿自 Hill 等，2016）

☞ 因此，当我们跌倒时，可能会"眼冒金星"。此外，一定情况下，低血糖可以直接干扰大脑中的视觉皮层，因此我们会饿得"两眼发黑"。

☞ 帕塔普蒂安（Ardem Patapoutian）因发现感知触觉的受体而被授予 2021 年度诺贝尔生理学或医学奖。

在这四种感觉末梢中，麦克尔盘对于触觉感知最为重要。该结构位于表皮层下方，由麦克尔细胞和神经末梢共同组成。研究表明，缺失麦克尔细胞的小鼠丧失了对轻微触碰的感觉，但尚不清楚皮肤表面受到触碰后是直接激活了麦克尔细胞还是直接激活了麦克尔盘中的神经末梢。麦克尔细胞中含有神经递质，且能在受到刺激后进行释放。

☞ 这也就是我们在穿上衣服一段时间后，不再能分辨衣服触感的原因。

在大多数感觉细胞中，在持续强度的刺激下，细胞发放动作电位的频率会逐渐减少，这一过程被称为感觉适应（sensory adaptation）。感觉适应分为慢适应（tonic）和快适应（phasic）两种。慢适应是在刺激持续时间内会一直对刺激产生响应，动作电位发放的频率下降缓慢。如麦克尔盘和鲁菲尼终末中的神经末梢均为慢适应。快适应是在刺激发生时迅速做出响应，而在随后的刺激持续过程中，响应消失。麦斯纳小体和环层小体表现出快适应的特征。

☞ 触觉是人类所具有的第一种感觉。在胚胎发育早期，胎儿即可对触碰产生反应。

3. 本体感受器

机械刺激感受器不仅可以作为外感受器以感知外界刺激产生的触觉和压力，在绝大多数生物中，还可作为内感受器来感知身体的移动、位置和拉伸程度等。我们将这一类感受器统称为本体感受器（proprioceptor）。本体感受器位于肌肉和骨骼系统中，为中枢神经系统提供关于肌肉收缩、位置和身体移动等信息。在脊椎动物中，最主要的本体感受器是肌梭（muscle spindle），其主要功能是感知骨骼肌的收缩程度。

☞ 脊椎动物的听觉器官也具有鼓膜。

（三）前庭器官与听觉

☞ 夜蛾的鼓膜器位于其胸节，每一个鼓膜器中含有两个能被声音激活的神经元 A1 和 A2。两个神经元对不同频率的声音有着类似的反应。然而，激活 A2 神经元的声波能量约是激活 A1 的100 倍，即 A1 神经元能感知更微弱的声音。这两个神经元能感知声音的极限频率为 3～150 kHz，敏感频率为 50～70 kHz。与此相比，人类听觉的极限频率约为0.02～20 kHz，敏感频率为 2～5 kHz。因此，夜蛾能听到其捕食者蝙蝠所发出的用于回声定位的超声波（捕食昆虫的蝙蝠发出的声音频率约为20～60 kHz），并分辨超声波的方向，从而帮助夜蛾在离蝙蝠较远时能做出躲避行为。尽管夜蛾能听到不同频率的声音，然而其只能分辨声音的强弱，不能分辨声音频率的高低。

绝大多数动物都具有能感知重力方向和声音方向的机械刺激受体细胞。例如，水母在进化早期便已经出现的用于感知重力方向的器官，称为平衡囊（statocyst）。其平衡囊中含有相对密度较高的碳酸钙颗粒，这些颗粒能在重力作用方向上引起受体细胞中纤毛的弯曲，从而使水母获得了感知重力的能力。尽管这一系统设计得相对简单，但却可以非常可靠地向动物提供关于重力方向、身体移动方向和加速度等信息。大多数动物同样使用机械能受体细胞来感知声音。

1. 昆虫的听觉感受器

声音的本质是由物体振动产生的可在气体或液体中传播的波。听觉器官的功能就是识别包含在声波中的振幅和频率等信息。

昆虫中最常见的听觉器官是鼓膜器（tympanal organ）。鼓膜器由一层能感知声波的薄膜组成，该薄膜被称为鼓膜（tympanum）。机械能感受细胞与鼓膜相连，并能感受鼓膜产生的振动。其激活机制与刚毛运动激活感受细胞的机制类似。鼓膜器可出现在昆虫身体的不同部位，比如蛾的鼓膜器位于其胸节或唇须，蝗虫和蝉的位于其腹节，而蟋蟀的位于其腿部。

2. 脊椎动物的听觉与平衡觉感受器

毛细胞（hair cell）是脊椎动物中的机械能感受细胞，分布于脊椎动物的前庭器官（感受平衡和加速度）、鱼类和两栖类的侧线系统（感受水流和压力波）以及哺乳动物的耳蜗（感受声音）中。毛细胞是一类上皮细胞，由于其细胞膜表面长有微绒毛而得名。这些微绒毛被称为静纤毛（stereocilium）。毛细胞不是神经元，不具有轴突，也不能产生动作电位，但是能在受到刺激后释放神经递质激活下游神经元。

毛细胞表面的静纤毛按照由短到长的顺序排列，顶部通过顶端连接（tip link）相连。当静纤毛向长纤毛方向运动时，其表面的机械门控离子通道在顶端连接的牵拉下开启，引起胞外阳离子内流，使得细胞去极化并增加神经递质的释放。相反，当静纤毛向短纤毛方向运动时，毛细胞发生超极化，同时减少神经递质释放（图 7-15）。

3. 脊椎动物的平衡感觉

脊椎动物的前庭器官负责感受动物的平衡及运动时的加速度。前庭器官与听觉器官都位于动物的内耳，两者中感受刺激的细胞均为毛细胞。由于其解剖结构的复杂性，前庭器官通常与临近的耳蜗被一同称为内耳迷路（labyrinth）。前庭器官包括球囊（sacculus）、椭圆囊（utriculus）和三个半规管（semicircular canals）。其中，球囊和椭圆囊称为耳石器官（otolith organs），负责感知重力以及头部和身体在运动过程中产生的线加速度。半规管负责感知运动过程中产生的角加速度（图7-16）。

球囊和椭圆囊中的毛细胞被包含在称为囊斑（macula）的结构中。球囊中的囊斑分布在垂直方向上，椭圆囊中的囊斑分布在水平方向上。在囊斑中，毛细胞表面覆盖着一层包含碳酸钙晶体（称为耳石）的胶质状耳石膜（otolithic membrane）。与水母平衡囊相似，相对较高密度的碳酸钙晶体会在重力或加速度的作用下引起毛细胞静纤毛向不同方向弯曲，从而激活或抑制毛细胞。在某些情况下，耳石会发生脱落，当脱落后游离的耳石刺激前庭系统中的毛细胞时，会使病人产生眩晕症状。

三个半规管在分布上大致互相垂直。这样的

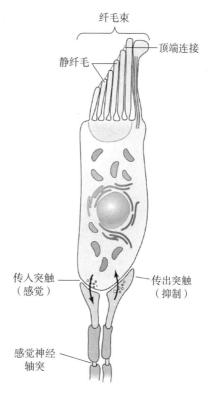

图 7-15　毛细胞结构示意图
（仿自 Hill 等，2016）

分布方式使得半规管能够感知到运动过程中三维空间上三个不同轴向的角加速度。在每个半规管的底部，有一个膨大的结构，称为壶腹（ampulla）。壶腹内包含由一群毛细胞组成的壶腹嵴（crista ampullaris）。当动物的头部在移动的过程中，壶腹内的液体［内淋巴液（endolymph）］冲刷静纤毛，导致毛细胞的激活或抑制。由于三维空间的每个平面内都有一对半规管（左、右耳中各有一个），因此头部的转动会激活一侧半规管中的毛细胞，而抑制另一侧的毛细胞。当这些信息被传递到中枢神经系统中后，动物便具有了感知头部运动的能力。通过球囊、椭圆囊和半规管，动物可以感知到身体在各个方向上的位置和运动情况，从而保持身体平衡（图7-17）。

4. 哺乳动物的听觉

哺乳动物进化出了可以分辨声波频率高低和振幅大小的听觉器官。声波频率的高低决定了声音是尖锐还是低沉，而声波振幅的大小则决定了声音音量的大小。

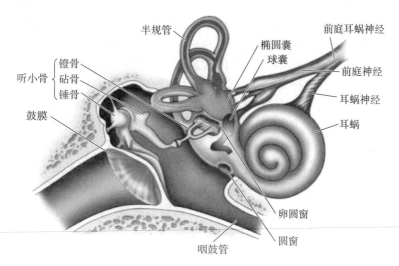

图 7-16　毛细胞结构示意图（改自 Hill 等，2016）

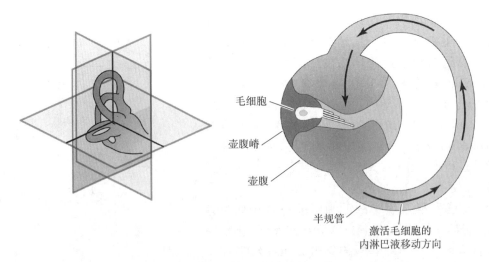

毛细胞

壶腹嵴

壶腹

半规管

激活毛细胞的
内淋巴液移动方向

图 7-17   半规管结构示意图（仿自 Hill 等，2016）

哺乳动物的听觉器官包括三个部分：外耳、中耳和内耳。声波通过外耳传导到鼓膜（tympanic membrane）并引起鼓膜的振动。鼓膜的振动随后引起中耳里三块听小骨的振动。听小骨（ossicle）是人体中最小的骨，由锤骨（malleus）、砧骨（incus）和镫骨（stapes）组成（图 7-16），其功能是将声波在空气中的振动传递到内耳的卵圆窗（oval window），引起内耳中的液体振动。内耳中负责感受听觉的结构称为耳蜗（cochlea）（图 7-18）。

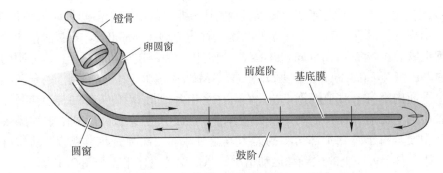

镫骨

卵圆窗

前庭阶   基底膜

圆窗

鼓阶

图 7-18   展开的耳蜗结构示意图（仿自 Hill 等，2016）

耳蜗是一个骨质的螺旋状结构，人类的该螺旋结构由底部至顶端环绕约 2.5 周。在耳蜗中，有贯穿耳蜗底部至顶部的两层膜状结构，即基底膜（basilar membrane）和前庭膜［又称赖斯纳膜（Reissner's membrane）］。这两层膜将耳蜗分割成与卵圆窗相连的前庭阶（scala vestibuli）、中阶（scala media）和与圆窗相连的鼓阶（scala tympani）三个腔室。前庭阶和鼓阶中充满了外淋巴液（perilymph），其中含有较高浓度的钠离子和较低浓度的钾离子；与此相反，中阶中充满内淋巴液（endolymph），其中含有较高浓度的钾离子和较低浓度的钠离子（图 7-19）。卵圆窗振动时，耳蜗内的外淋巴液也随之振动，从而引起基底膜的振动并刺激位于基底膜上的毛细胞。基底膜的厚度和宽度会因为其所在耳蜗的部位不同而存在差异，如在耳蜗底部基底膜较窄、较厚、较硬；相反，在耳蜗顶部的基底膜则较宽、较薄、较软。这使得耳蜗中各部位基底膜的固有频率不同，因此导致不同频率的声音会引起不同部位的基底膜产生最大的振动效果。高频率的声音引起耳蜗底部的基底膜振动，而低频率的声音引起耳蜗顶部的基底膜振动。

基底膜振动时，会刺激位于其上的科蒂器（organ of Corti）。科蒂器中包含了毛细胞和各种支持细胞。绝大多数的科蒂器处于外淋巴液中，但毛细胞的静纤毛则伸

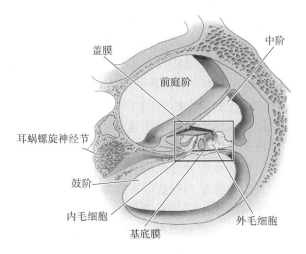

图 7-19 耳蜗横切面示意图（仿自 Hill 等，2016）

入中阶的内淋巴液中。科蒂器中包含两种类型的毛细胞，一种是三个细胞排成一排的外毛细胞，一种是单个细胞排成一排的内毛细胞。毛细胞上方存在一层盖膜（tectorial membrane）。当基底膜振动时，静纤毛与盖膜相接触，引起静纤毛向不同方向摆动，从而激活或抑制毛细胞（图 7-20）。毛细胞被激活后会释放神经递质，引起下游听觉神经元发放动作电位。不同强度的声音，会产生不同频率的动作电位。而不同频率的声音则会激活位于基底膜不同位置的毛细胞，并最终将动作电位传递到中枢神经系统听觉皮层的不同位置。

　　毛细胞除了与传入神经形成突触连接、将声音信号传递给中枢神经系统以外，还与传出神经形成突触连接从而接受中枢神经系统的支配。绝大多数传入神经（80%～95%）与内毛细胞形成突触连接，因此内毛细胞是主要感知声音的细胞。而外毛细胞则可通过自身细胞长度的改变，控制内毛细胞静纤毛与盖膜之间的距离，从而对基底膜振动引发的静纤毛摆动进行放大和修饰。

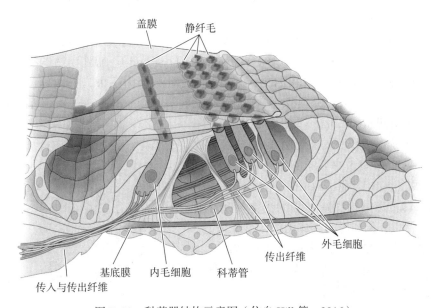

图 7-20 科蒂器结构示意图（仿自 Hill 等，2016）

☞ 毛细胞除了可以被声波引起的鼓膜振动激活以外，还可被声波引起的头骨振动所激活。人们以此开发出了骨传导耳机。此外，我们通常感觉到从录音设备里传出的自己的声音，和平时听到的自己的声音存在区别，这在很大程度上是由于在两种情况下声音的骨传导水平存在不同所致。

☞ 听觉是人类在死亡过程中丧失的最后一种感觉。当人处于濒死状态，不再能对外界刺激做出反应时，依然能在脑部记录到声音引起的神经电活动。

（四）味觉

1. 化学感受

　　化学感受（chemoreception）是对化学物质刺激所做出的感觉反应。化学感受在进化的早期便已出现。例如，细菌可以感知其所处环境中对其生长有利或有害的化学物质。细菌细胞膜上含有多种受体，用于识别糖、氨基酸和短肽等。当受体与有吸引作用的物质结合后，激活下游第二信使，从而直接调控鞭毛的运动，使得细菌可以向食物来源方向移动。动物用于感受化学信号的系统更加复杂，接下来我们将动物的化学感受分为味觉和嗅觉两个部分来进行介绍。

对于陆生动物来说，味觉和嗅觉的区别非常明显。味觉感受器通常是位于动物嘴部的化学感受器，其接受溶解于液体中的化学物质的刺激。嗅觉则感受来自空气中化学物质的刺激。昆虫和其他一些节肢动物的嗅觉感受器位于触角，脊椎动物的嗅觉感受器位于鼻腔内。对于水生动物来说，由于其接触到的所有化学物质都溶解于其所生活的水环境中，因此味觉和嗅觉的区别不是很显著。然而，我们依然会使用味觉和嗅觉这两个词来描述水生动物的感觉。比如说，在鱼类的嘴部和皮肤上分布着与哺乳动物相似的味蕾。鱼类的鼻腔上皮中也有与哺乳动物类似的受体细胞，这可以帮助它们探测到相对浓度较低（通常来自远距离）的化学刺激。我们接下来的章节主要介绍陆生动物的味觉和嗅觉。

2. 昆虫的味觉

昆虫的味觉感受细胞位于其刚毛或毛型感受器内，解剖结构与刚毛内的机械能感受细胞相似。每一个味觉感受器中包含 2~4 个化学感受细胞的突触。感受器的顶端有一个或多个小孔，以保证各类化学刺激分子能够进入。蝇的味觉感受器位于其跗节（tarsus）和唇瓣（labellum）。因此，蝇通过站在食物表面感知食物的味道。使用糖水刺激蝇跗节的感受器，能引起其吻管的伸长。而刺激蝇唇瓣的感受器，则可激发其通过吻管的吮吸行为。

在蝇的每个味觉感受器中，包含 2~4 个对不同化合物敏感的细胞。在包含 4 个细胞的感受器中，第一个细胞对含糖化合物最为敏感 [称为糖细胞（sugar cell ）]。糖细胞所发放的动作电位的频率随着糖浓度的升高而升高。第二个细胞对各类盐（主要是一价阳离子）产生反应 [称为盐细胞（salt cell ）]。第三个细胞对纯水产生反应 [水细胞（water cell ）]，水中任何溶解物的增加都会减弱水细胞的反应。第四个细胞，称为趋避细胞（deterrent cell ），其主要感受碱性物质和高浓度盐的刺激。

3. 哺乳动物的味觉

脊椎动物的味觉受体细胞为上皮细胞，它们与味觉感受神经元形成突触连接。味觉细胞在舌和口腔后部聚集成簇，形成味蕾（taste bud）。哺乳动物的味蕾分布在舌表面被称为舌乳头（papillae）的小突起中。舌乳头分为三种，它们是位于舌前部的菌状乳头（fungiform papillae），舌两侧的叶状乳头（foliate papillae），舌后部的轮廓乳头（circumvallate papillae）（图 7-21）。

不同味道的感觉传导机制不同。目前认为哺乳动物能感知 5 种不同的味道，分别是咸（salty）、酸（sour）、甜（sweet）、苦（bitter）和鲜（umami）。其中感受咸和酸的受体为离子型受体，感受甜、苦和鲜的受体为代谢型受体。

感受咸味的受体细胞表面分布有钠离子通道。当口腔中钠离子浓度升高时，咸味受体细胞发生去极化。酸味的感受同样由细胞表面的离子通道介导，即随着氢离子浓度的上升，增加了离子通道对阳离子的通透性，从而引起细胞去极化。其他三种味觉感觉受体均为 G 蛋白偶联受体。

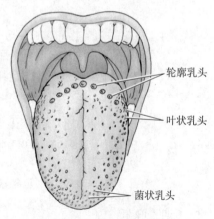

图 7-21　舌乳头分布示意图
（仿自 Hill 等，2016）

轮廓乳头

叶状乳头

菌状乳头

（五）嗅觉

1. 昆虫的嗅觉

许多昆虫拥有完善的嗅觉系统。昆虫用于感受气味的嗅觉感受器和味觉感受器具有相似的结构。与味觉感受器在顶端有少数几个小孔不同的是，嗅觉感受器上拥有数量众多的直径在 10 nm 左右的小孔。嗅觉受体细胞的突触伸入嗅觉感受器里的感觉淋巴液（sensillar lymph）中。气味分子通过小孔进入嗅觉感受器后，在气味结合蛋白（odorant binding protein）的帮助下溶解于感觉淋巴液中，进而与突触膜上的嗅觉受体蛋白（olfactory receptor protein）相结合，并激活嗅觉受体细胞。

大多数昆虫的嗅觉受体细胞可以被分为两类。一类是普通嗅觉细胞（odor-generalist cell），用于感知多种不同的气味。另一类是特殊嗅觉细胞（odor-specialist cell），用于以非常高的选择性和灵敏性感知信息素（pheromone）。信息素是指由个体释放到体外的，用于与同物种个体进行交流的物质。后者在受到信息素刺激后，会产生个体行为或社会行为的改变。大多数昆虫都拥有多种信息素，包括警报信息素、性信息素、追踪信息素、聚集信息素、空间信息素和群落识别信息素等。

人们发现的第一个信息素是蚕蛾（*Bombyx mori*）的性信息素——蚕蛾性诱醇（bombykol）。雄蚕蛾的羽状触角上含有 5 万个左右的性信息素感受器，这样的触角结构和感受器密度使雄蛾能捕获通过其触角的空气中约 1/3 的蚕蛾性诱醇分子。蚕蛾性诱醇受体细胞对于蚕蛾性诱醇的刺激非常敏感，只需要 1 ~ 2 个蚕蛾性诱醇分子就可以引起受体细胞的去极化。而能够引起雄蛾行为改变的阈值大约为每秒 200 个受体细胞的激活。空气中含有的达到这样阈值的蚕蛾性诱醇浓度约为每立方厘米含 1 000 个蚕蛾性诱醇分子（在常温常压下，每立方厘米空气中含有约 2.7×10^{19} 个分子）。

雄蛾具有的性信息素受体细胞能被一种或几种化学物质在极低的浓度下所激活，因此属于特殊嗅觉细胞。与其不同的是普通嗅觉细胞可以被多种化学物质在较高的浓度下所激活。哺乳动物也存在着与此类似的两套嗅觉系统。

2. 哺乳动物的主要嗅觉系统

所有的脊椎动物都具有主要嗅觉系统，而大多数的陆生脊椎动物还具有用于探测信息素的犁鼻器（vomeronasal organ）。主要嗅觉系统的受体分布在鼻腔中的嗅上皮（olfactory epithelium）。嗅上皮组织的面积在不同物种中差别很大，人类大概有 10 cm²、牧羊犬有 139 cm²、象猫有 20 cm²。人类大概拥有 10^7 个嗅觉受体神经元，而狗拥有高达 4×10^9 个。

嗅觉受体细胞都是双极神经元，其胞体位于嗅上皮中。这些细胞的树突伸向由黏膜覆盖的上皮表面并形成树突小结（dendritic knob）。树突小结向黏膜层中发出 20 ~ 30 根嗅纤毛（olfactory cilia）（图 7-22），嗅纤毛膜表面表达有嗅觉受体蛋白。与昆虫的嗅觉感受器相似，气味分子首先溶解于黏膜层的液体中，并在气味结合蛋白的帮助下与嗅觉受体蛋白结合。

嗅觉受体细胞向嗅球中投射无髓鞘包裹的轴突，并与嗅球中的次级嗅细胞在嗅小球内（glomerulus）形成突触连接。嗅觉受体细胞可以终生不断更新替换。这类细胞也是哺乳动物中最早发现的、且为数不多的可以再生的神经元。新生神经元由上皮层中的基底细胞分化而来，平均寿命约为 30 ~ 60 天。

嗅觉受体蛋白最早在 1991 年被巴克（Linda Buck）和阿克塞尔（Richard Axel）鉴定出来。嗅觉受体蛋白属于 G 蛋白偶联受体。同所有 G 蛋白偶联受体一样，嗅觉受体蛋白拥有 7 个跨膜区。其中第 3、4 和 5 次跨膜区的序列在不同受体中差异较大，因此这一区域被认为决定了受体对不同气味分子的亲和性。目前在小鼠中发现了约 1 400 个编码嗅觉受体的基因，占到了小鼠全基因组基因数量的 3%。

尽管哺乳动物拥有 1 000 种左右不同的嗅觉受体，然而每个嗅觉受体细胞只表达

☞ 多音天蚕蛾（*Antheraea olyphemus*）的每一个触角上含有 26 万个左右的嗅觉受体细胞。烟草天蛾（*Manduca sexta*）的每一个触角上含有 36 万个左右的嗅觉受体细胞。

☞ 蚕蛾性诱醇于 1959 年被布特南特（Adolf Butenandt）发现。早在 1939 年，布特南特已因其在性激素方面的研究被授予了诺贝尔化学奖。

☞ 与此相比，前文介绍的哺乳动物的听觉受体神经元的数量级在 10^4 左右。

☞ 巴克和阿克塞尔因为他们在嗅觉受体和嗅觉系统组织方式研究中取得的重要成果，被授予了 2004 年诺贝尔生理学或医学奖。

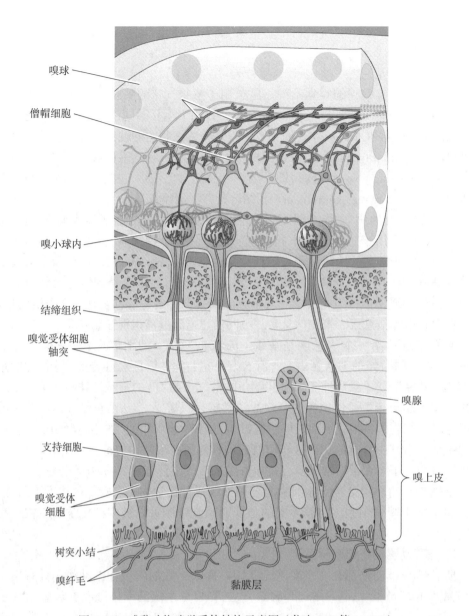

图 7-22　哺乳动物嗅觉受体结构示意图（仿自 Hill 等，2016）

嗅球
僧帽细胞
嗅小球内
结缔组织
嗅觉受体细胞
轴突
嗅腺
支持细胞
嗅上皮
嗅觉受体
细胞
树突小结
嗅纤毛
黏膜层

一种受体。嗅觉受体与气味分子并不是一一对应的关系。每一种受体可以被多种不同的气味分子所激活，其激活程度也不同。而每种气味分子也可以激活多种不同的受体，且气味分子与受体的亲和度也不同。因此，不同的气味会引起特定嗅觉受体细胞群体的组合反应，而这一感觉信息的编码方式使得动物可以使用有限种类的受体，感知众多不同的气味。

☞ 研究表明，人类能够分辨至少 1 万亿（10^{12}）种不同的气味。

3. 哺乳动物的犁鼻器

上述的嗅觉系统，是脊椎动物通常用来感知空气中气味分子的感觉系统，该系统的功能类似于昆虫的普通嗅觉系统。除此之外，包括哺乳动物在内的大多数脊椎动物还拥有第二套嗅觉系统，即位于嗅上皮的下侧的犁鼻器。大部分人类和猿类的犁鼻器在胚胎发育过程中便发生退化，目前认为不再具有功能。与昆虫的特殊嗅觉系统类似，犁鼻器能特异性识别信息素和一些化学信号。在哺乳动物中，成对存在的犁鼻器与鼻腔分离，形成两个独立的囊状结构。一些爬行动物使用舌将空气中的信息素传递到犁鼻器中。例如蛇和蜥蜴，它们通过不停地伸出舌，将空气中的信息素和猎物的气味分子带到犁鼻器表面。它们分叉的舌尖提供了两个不同的采样点，从而使动物可以探测到空气中化学刺激分子的浓度梯度。

哺乳动物犁鼻器和主要嗅觉系统具有类似的组织结构，区别在于犁鼻器受体细胞不具有嗅纤毛，而是具有微绒毛（microvilli）。小鼠编码犁鼻器受体蛋白的基因大约有 300 个。这些受体蛋白都是 G 蛋白偶联受体，可被分为 V1R 和 V2R 两类，两类受体通过结合不同的 G 蛋白完成嗅觉信号的传导。与昆虫的特殊嗅觉系统类似，犁鼻器受体细胞仅能被少数化学物质所激活，但其灵敏度非常高。犁鼻器对于啮齿类动物的妊娠终止效应（啮齿类雌性在非配偶雄性的气味刺激下发生妊娠终止的现象）、幼崽识别和交配等行为均发挥着重要作用。

（六）视觉

视觉系统是感受光线和处理视觉信号的系统。在所有的感觉系统中，视觉系统是被理解得最为透彻的系统，这也反映了视觉对于我们日常生活的重要性。光受体蛋白视紫红质是第一个被测序、克隆并通过 X 射线晶体衍射得到蛋白质结构的 G 蛋白偶联受体。

视觉，即动物对光的感觉，在进化的早期便已出现。感光细胞通过光色素（photopigment）吸收光，从而感知光的刺激。所有的动物都使用同一种光色素，即视紫红质（rhodopsin）。这是一种膜蛋白。为了增加对光的敏感性，感光细胞与其他细胞相比具有更大的膜面积。感光细胞可以分为弹状细胞（rhabdomeric photoreceptor cell）和睫状细胞（ciliary photoreceptor cell）。节肢动物的感光细胞是弹状细胞，其通过伸出微绒毛（microvillus）扩大膜面积；而脊椎动物的感光细胞是睫状细胞，其通过纤毛（cilium）扩大膜面积。

绝大多数动物的感光细胞都包含在视觉感受器官，即眼睛中。眼睛有两种主要类型，单眼（single-aperture eye）和复眼（compound eye）。而单眼又包括凸透镜眼（存在于脊椎动物）、凹面镜眼（存在于部分双壳纲贝类）和小孔眼（存在于鹦鹉螺）等。在众多不同类型的眼睛中，凸透镜眼和复眼不仅能感受光线，还能形成清晰的图像。凸透镜眼中，晶状体聚焦光线，在眼睛后部的感光细胞上形成倒立的图像。复眼由众多的小眼（ommatidium）组成，每个小眼都是一个独立的感光组织，神经系统最终对所有小眼感受到的光线进行整合，从而形成视觉。

1. 视紫红质

光色素由一个蛋白质分子和一个有机小分子组成，其中的小分子被称为发色团（chromophore）。发色团在接收到光子后产生构象变化，从而激发下游信号传导的级联反应。动物光色素视紫红质中的蛋白是视蛋白（opsin），发色团是视黄醛（retinal）。视黄醛是维生素 A 的一种。不同动物使用的视黄醛在结构上略有差异。哺乳动物的视黄醛为 11- 顺式视黄醛（11-*cis* retinal），昆虫则使用 11- 顺式 -3- 羟基视黄醛，一些水生的脊椎动物则使用 11- 顺式 -3- 脱氧视黄醛（图 7-23）。视黄醛的醛基与视蛋白中一个赖氨酸上的氨基形成共价键结合。

☞ 眼睛的进化过程尚存在争议。事实上，达尔文在其《物种起源》一书中提到如果眼睛是通过自然选择进化出来的，"我坦白承认，这种说法好像是极其荒谬的"。现在的研究表明，尽管眼睛在形态上存在巨大差别，绝大多数动物眼睛由共同祖先进化而来，是单次进化起源的产物。首先，所有的眼睛中都使用了视紫红质作为光色素，其次，不同物种在调控眼睛发育的过程中共同使用了一些同源基因。此外，眼睛发育的起始过程受到高度保守的单一基因 PAX6 的调控。在果蝇发育过程中，异位表达小鼠或者果蝇的 PAX6 基因，都能在果蝇非眼睛组织中诱导眼睛的形成。

☞ 因此，维生素 A 缺乏会导致视紫红质不足，进而导致夜盲症。

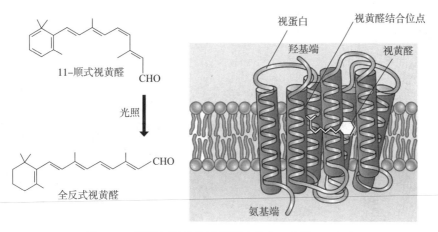

图 7-23　视紫红质结构示意图（仿自 Hill 等，2016）

　　11-顺式视黄醛在受到光照时会发生光化学反应，该反应使其构象发生变化，转变为全反式视黄醛（all-*trans* retinal）。由于视黄醛与视蛋白紧密结合，视黄醛结构变化会导致视蛋白的结构变化，从而变成激活形态的视紫红质，又称为变视紫红质Ⅱ（metarhodopsin Ⅱ）。这一反应的过程非常迅速，如激活形态视紫红质的生成大约只需要1毫秒。视紫红质被激活后，通过下游G蛋白信号级联传导将光信号转变为神经系统可以识别的电信号。这一级联反应在不同动物中存在区别，我们将以昆虫和脊椎动物为例进行介绍。

　　2. 昆虫的视觉信号传导

　　所有的昆虫和其他的一些节肢动物的眼睛为复眼。复眼的每个小眼都包含感光细胞，称为网膜细胞（retinular cell）。每8个或更多个网膜细胞在小眼内排列成环状，光信号的传导就发生在网膜细胞微绒毛的膜上。这些微绒毛在网膜细胞的一侧排列形成感杆（rhabdomere）。组成感杆的微绒毛膜上分布着视紫红质、G蛋白和最终将光信号转变为电信号的通道蛋白。这样的分布模式可以减少光信号传导的时间、增加光传导的速度（图7-24）。

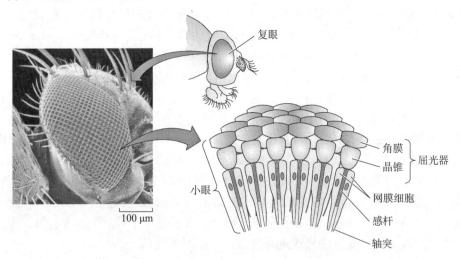

图7-24　昆虫复眼结构示意图（仿自 Hill 等，2016）

　　光线刺激改变视紫红质的构象后，与其偶联的G蛋白α亚基上的GDP被GTP取代，从而激活G蛋白。G蛋白被激活后会进一步激活下游的磷脂酶C，磷脂酶C水解4,5-二磷酸-磷脂酰肌醇（PIP$_2$）产生1,4,5-肌醇三磷酸（IP$_3$）和二酰甘油（DAG）两个第二信使分子。其中DAG直接打开瞬时受体电位（transient receptor potential）离子通道，引起胞外阳离子内流、细胞去极化，并最终导致突触神经递质的释放（图7-25）。

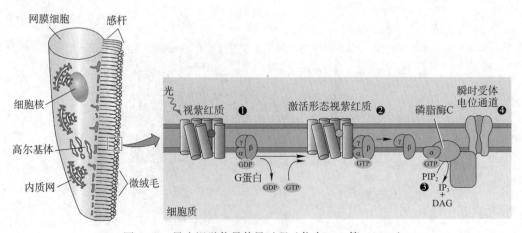

图7-25　昆虫视觉信号传导过程（仿自 Hill 等，2016）

3. 脊椎动物的视网膜

不同于昆虫的复眼，脊椎动物的眼睛为凸透镜眼。在这种类型的眼睛中，角膜和晶状体将图像聚焦成倒像，呈现在眼球后部、含有感光细胞的视网膜（retina）上。当光在折射率不同的两种介质中传播时，在不同介质交界处会发生传播方向的改变，即折射。对于陆生动物来说，光在进入眼睛时主要的折射发生空气与角膜的交界处。而晶状体可通过改变形状，进而改变光线的折射程度，从而将图像清晰地聚焦在视网膜上。对于水生动物来说，由于水和角膜的折射率相似，因此光线在角膜处几乎不发生折射。大部分光线的折射发生在接近于球形的晶状体处。它们的晶状体不能改变形状，而是通过前后方向的移动进行聚焦。

脊椎动物的视网膜中不仅含有称为视锥细胞（cone）和视杆细胞（rod）的感光细胞，还包含由水平细胞（horizontal cell）、双极细胞（bipolar cell）、无长突细胞（amacrine cell）和视神经节细胞（ganglion cell）共同组成的神经网络。其中双极细胞又分为可被光激活的给光型双极细胞（on bipolar cell）和可被黑暗激活的撤光型双极细胞（off bipolar cell）。在视网膜后部还分布着色素上皮细胞，这些细胞不仅能吸收光，还起到再生发色团、维持离子环境稳定等作用（图 7–26）。视网膜是一个被"装反了"的结构，从外到内分别是视神经节细胞、无长突细胞、双极细胞和水平细胞、视锥细胞和视杆细胞。因此感光细胞位于远离光源的一侧，而将视觉信号传输给大脑的视神经节细胞则位于远离大脑的一侧。

"装反的"视网膜，使得光线在到达感光细胞前，需要通过视网膜上的各层细胞。许多动物的视网膜上都含有一个视觉最为敏锐的区域，在这个区域分布有密集的感光细胞，及较少的其他细胞和血管。在人类中，这一区域称为黄斑（fovea）。黄

古尔斯特兰德（Allvar Gullstrand）博士因为在眼睛屈光学上的研究成果，被授予了 1911 年诺贝尔生理学或医学奖。

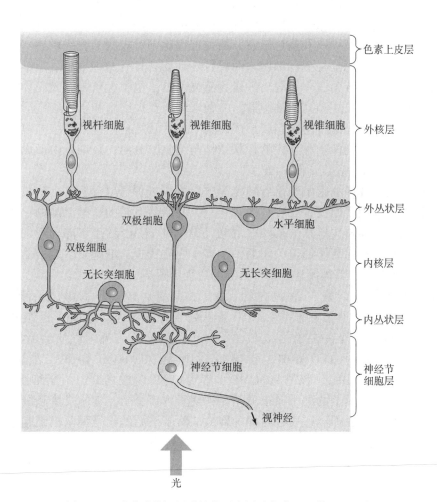

图 7–26　哺乳动物视网膜结构示意图（仿自 Hill 等，2016）

斑的中心区域分布着高密度的视锥细胞。黄斑的面积仅占整个视网膜面积的 1%，然而视神经中有 50% 的神经纤维负责传递来自黄斑的视觉信息。灵长类和部分鸟类都具有完善的黄斑结构，而一些其他脊椎动物的视觉敏锐区域分布较大，称为中央区（area centralis）。

"装反的"视网膜所带来的另一个后果是人类的视网膜上存在一个无法感光的盲点。视神经节的轴突形成在靠近晶状体的一侧，因此当这些轴突汇聚在一起后，需要穿透视网膜，形成视神经，并将视觉信号传递到大脑中。视网膜上的这一区域称为视盘（optic disc），由于这一区域没有感光细胞，不能感受光线，因此形成了一个盲点。有意思的是，我们通常意识不到盲点的存在。这是因为：其一，一只眼睛可以成像另一只眼睛盲点区域的图像；其二，我们视觉敏锐区域集中在黄斑处；其三，我们会做出下意识的快速眼球运动。这些都弥补了盲点带来的视觉缺陷。然而，我们可以通过图 7-27 中的小实验来察觉到盲点的存在。将书本放在距眼睛 20 cm 左右的位置，闭上你的左眼，用你的右眼正视图中的圆点。逐渐增加书本和眼睛的距离，随后你将会移动到一个位置，使得图中的三角形消失。此时，三角形在视网膜上成像的位置即为右眼视盘处，视野的这个区域被称为右眼的盲点。

图 7-27   盲点测试图

4. 脊椎动物的视觉信号传导

昆虫的感光细胞在接收到光刺激以后发生去极化，而脊椎动物的感光细胞在接收到光刺激以后发生超极化。脊椎动物的感光细胞分为视锥细胞和视杆细胞。其中视锥细胞对明亮的光线以及颜色敏感，而视杆细胞则对较暗的光线敏感。夜行性动物的视网膜上几乎完全是视杆细胞，而昼行性动物则具有两种细胞。视锥细胞和视杆细胞在结构上可分为三个部分。外段为感光部分，包含大量带有光受体的膜。内段含有细胞核、线粒体和其他细胞器。突触末端与双极细胞和水平细胞形成突触连接。感光细胞外段是许多由细胞膜形成的扁平的片状结构。视锥细胞外段的片状结构与细胞膜相连。视杆细胞外段的片状结构与细胞膜分离，在细胞内形成一个个独立的盘状结构，称为膜盘（图 7-28）。

视锥细胞和视杆细胞中光信号转变为电信号的过程可以分为 5 个阶段：①光激活视紫红质；②激活的视紫红质刺激 G 蛋白，并激活下游的磷酸二酯酶；③磷酸二酯酶使得细胞内环磷酸鸟苷（cGMP）浓度下降；④cGMP 浓度下降导致细胞膜表面的离子通道关闭；⑤离子通道关闭后，钠离子内流减少，细胞发生超极化。下面我们以视杆细胞为例，具体阐述光信号传导的过程（图 7-29）。

在黑暗环境中，视杆细胞内的 cGMP 浓度相对较高。cGMP 与细胞膜上的环核苷酸门控离子通道相结合，使得通道处于打开状态。此时，胞外钠离子持续内流，保持细胞处在去极化状态。受到光刺激激活的视紫红质会激活名为转导蛋白（transducin）的 G 蛋白。转导蛋白则会激活 cGMP 磷酸二酯酶（cGMP phosphodiesterase，PDE），该酶将 cGMP 水解为 5′- 单磷酸鸟苷。由于细胞内 cGMP 浓度的减少，细胞膜上的离子通道关闭，钠离子内流受阻，细胞发生超极化。超极化的视杆细胞会减少神经递质谷氨酸的释放。对于下游的给光型双极细胞来说，谷氨酸是抑制性的神经递质，因此，当谷氨酸释放减少时，给光型双极细胞被激活。

上述的光信号传导过程是一个级联放大反应，这使得一个光子的刺激就足以改变视杆细胞的极化程度。具体来说，一个光子可以激活一个视紫红质分子。而一个激活的视紫红质分子可以激活多个转导蛋白和磷酸二酯酶。在酶促反应的作用下，

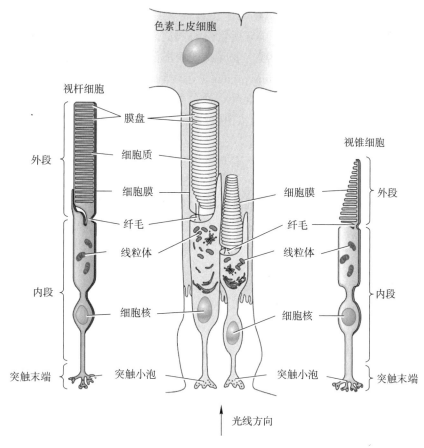

图 7-28 脊椎动物感光细胞结构示意图（仿自 Hill 等，2016）

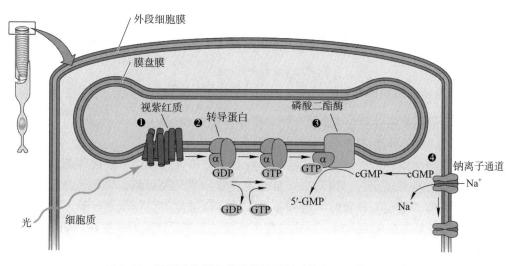

图 7-29 哺乳动物视觉信号传导过程（仿自 Hill 等，2016）

更多的 cGMP 被降解，从而引起大量离子通道的关闭。因此，一个光子刺激，可以减少 10^6 个钠离子流入视杆细胞，并使得视杆细胞的膜电位降低 1 mV。

5. 视紫红质的再生

当视紫红质被光激活，11- 顺式视黄醛转变为全反式视黄醛。为了使视紫红质具有再次感光的能力，全反式视黄醛需要再生为 11- 顺式视黄醛。这一再生过程可以是光化学反应，也可以是酶促反应。在昆虫中，再生过程主要是光化学反应。全反式视黄醛可以通过再吸收一个光子，直接转变为 11- 顺式视黄醛。因此，当昆虫受到光刺激时，一部分光能用于激活视紫红质，而另一部分光能则被用于视紫红质的再生。

对于脊椎动物来说，绝大多数的再生过程为酶促反应。在受到光刺激后，11-顺式视黄醛转变为全反式视黄醛，并与视蛋白解离。随后全反式视黄醛会在视黄醇脱氢酶的作用下，生成全反式视黄醇。全反式视黄醇随后被感光细胞内视黄醇结合蛋白（interphotoreceptor retinoid binding protein）运输到色素上皮细胞中。在色素上皮细胞中，全反式视黄醇被依次转变为全反式视黄醛和11-顺式视黄醛。随后11-顺式视黄醛再通过感光细胞内视黄醇结合蛋白运输回感光细胞中，并重新与视蛋白结合。

6. 颜色的感知

动物区分颜色的能力依赖于光色素对不同波长的光具有不同的敏感度。大部分昼行性动物进化出了感知颜色的能力。灵长类动物拥有三种对不同波长敏感的视锥细胞，即红色视锥细胞、绿色视锥细胞和蓝色视锥细胞。这些细胞中视蛋白的氨基酸序列存在差异。人类红色视锥细胞中的光色素的最大吸收波长是 560 nm，绿色细胞是 530 nm，蓝色细胞是 420 nm。而视杆细胞的最大吸收波长是 496 nm。事实上，视锥细胞也能被其最大吸收波长以外的光在不同程度上激活。因此，颜色的感知是不同视锥细胞群体按照不同比例激活后的共同结果。

不同动物对于颜色的分辨能力也不同。鱼类也拥有三群视锥细胞，其最大吸收波长分别为 455 nm、530 nm 和 625 nm。鸟类、小鼠和一些其他的脊椎动物能够看到紫外线。昆虫也具有感知紫外线的能力。例如蜜蜂感光细胞的最大吸收波长为 350 nm（紫外光）、450 nm 和 550 nm。许多对我们来说外表类似的白色的花，在紫外光下具有不同的特征，因此，蜜蜂可通过这些紫外光下的特征分辨不同的花，从而鉴别花粉来源。

☞ 在视觉研究方面，格拉尼特（Ragnar Granit）、哈特兰（Haldan Keffer Hartline）和沃尔德（George Wald）三位研究者因为发现了视觉形成的生理和生化过程，被授予了 1967 年诺贝尔生理学或医学奖。休伯尔（David Hubel）和维泽尔（Torsten Wiesel）两位研究者因为他们在视觉系统信息处理中的研究结果，被授予了 1981 年诺贝尔生理学或医学奖。

二、感觉传导通路

来自各感受器的神经冲动，除通过脑神经传入中枢以外，大部分经脊神经背根进入脊髓，然后分别经由各自的上行传导路径传至丘脑，再经换元抵达大脑皮层感觉区。

（一）脊髓的感觉传导功能

由脊髓传到大脑皮层的感觉传导路径可分为两大类。

（1）浅感觉传导路径

浅感觉传导路径传导痛觉、温觉与轻触觉。其传入纤维由背根的外侧部进入脊髓，在背角更换神经元后，再发出纤维在中央管前交叉到对侧，分别经脊髓-丘脑侧束（传导痛、温觉）和脊髓-丘脑腹束（传导轻触觉）上行抵达丘脑。浅感觉传导路径的特点是先交叉后上行，因此脊髓半离断后，浅感觉障碍发生在离断的对侧。

（2）深感觉传导路径

深感觉传导路径传导肌肉本体感觉和深部压觉。其传入纤维由背根内侧部进入脊髓后，即在同侧背索上行，抵达延髓下部薄束核与楔束核更换神经元，换元后其纤维交叉到对侧，经内侧丘系至丘脑。可见，深感觉传导路径的特点是先上行后交叉。因此，当脊髓半离断时，深感觉障碍发生在离断的同侧（图 7-30）。

来自头面部的痛觉和温觉冲动主要由三叉神经脊束核中继，而触觉与肌肉本体感觉主要由三叉神经的主核和中脑核中继，自三叉神经脊束核和主核发出的二级纤维交叉至对侧组成三叉丘系，它与脊髓丘脑束毗邻上行，终止于丘脑的后内侧腹核。

（二）丘脑及其感觉投射系统

在大脑皮层不发达的动物中，丘脑是感觉的最高级中枢。而在大脑皮层发达的动物中，丘脑接受除嗅觉外的所有感觉的投射，是最重要的感觉中继站，可进行感

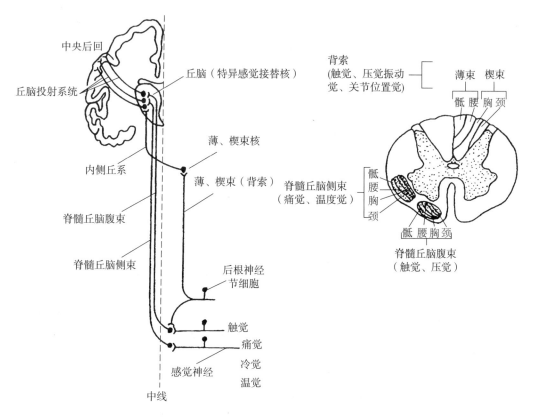

图 7-30 四肢和躯体的体表感觉传导通路及脊髓横断面示意图

觉的初步分析与综合。丘脑与下丘脑、纹状体之间有纤维彼此联系，三者成为许多复杂的非条件反射的皮层下中枢。丘脑与大脑皮质之间的联系所构成的丘脑 – 皮质投射，决定大脑皮质的觉醒状态与感觉功能。故丘脑的病变可能导致感觉异常，如感觉减退或感觉过敏等。

1. 丘脑的核团

根据神经联系和感觉功能特点，丘脑的核团大致可分为三大类。

（1）感觉接替核

这类核团主要有后腹核和内、外侧膝状体。它们接受第二级感觉投射纤维，并经换元后进一步投射到大脑皮层感觉区。

（2）联络核

这类核团主要包括丘脑枕核、外侧腹核与丘脑前核等。它们并不直接接受感觉的纤维投射，但接受来自丘脑感觉接替核和其他皮质下中枢的纤维，换元后投射到大脑皮质的特定区域，其功能与各种感觉在丘脑和大脑皮质水平的联系协调有关，故称联络核。

（3）髓板内核群

这类核团是靠近中线的内髓板以内的各种结构，主要有中央中核、束旁核和中央外侧核等，是丘脑的古老部分。一般认为，这类核团没有直接投射到大脑皮层的纤维，但它们接受脑干网状结构的上行纤维，经多突触接替换元后，弥散地投射到整个大脑皮层，起着维持和改变大脑皮层兴奋状态的重要作用。

2. 丘脑的感觉投射系统

根据丘脑核团向大脑皮层投射特征的不同，可将感觉投射系统（sensory projection system）分为两类，即特异投射系统（specific projection system）与非特异投射系统（non-specific projection system）（图 7-31）。

▶▶ 录像资料 7-4

感觉投射系统

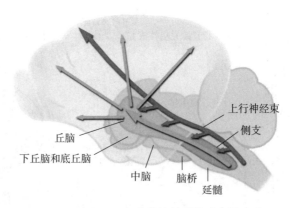

非特异性投射系统　　　　特异性投射系统

上行神经束
侧支
丘脑
下丘脑和底丘脑
中脑　脑桥　延髓

图7-31　感觉投射系统示意图

（1）特异投射系统

特异投射系统是指丘脑感觉接替核发出的纤维投射到大脑皮层特定区域，具有点对点投射关系的感觉投射系统。丘脑的联络核在结构上大部分也与大脑皮层有特定的投射关系，投射到皮层的特定区域，所以也归属于这一系统。

一般认为，经典的感觉传导通路是由三级神经元的接替完成的。第一级神经元位于背根神经节或有关脑神经感觉神经节内；第二级神经元位于脊髓背角或脑干有关的神经核内；第三级神经元就在丘脑感觉接替核内。特殊感觉（视、听、嗅）的传导途径比较复杂，视觉传导途径包括视杆细胞和视锥细胞在内，为4级神经元接替；听觉传导途径则由更多的神经元接替；而嗅觉传导通路与丘脑感觉接替核无关。所以，一般经典感觉传导通路就是通过丘脑的特异投射系统而后作用于大脑皮层的，其功能是引起各种特定感觉，并激发大脑皮层发出传出神经冲动。

丘脑特异性投射系统的特点是：无论在丘脑感受野和大脑皮层投射区都有很高程度的点对点的空间分布，即某一感受器的兴奋冲动只能引起丘脑中一定的核团发生兴奋，而丘脑一定神经核的兴奋只能引起皮层某一特定的区域兴奋。此外，全身皮肤和肌肉的各种感觉冲动由低级部位上传到丘脑时，都表现为明显的交叉性（头面部除外），即身体左侧传入冲动到达右侧丘脑的接替核群，身体右侧的与之相反。

（2）非特异投射系统

非特异投射系统是指由丘脑的髓板内核群弥散地投射到大脑皮层广泛区域的非专一性感觉投射系统。上述经典感觉传导通路中第二级神经元的轴突在经过脑干时，发出侧支与脑干网状结构的神经元发生突触联系，在网状结构内反复换元上行，抵达丘脑髓板内核群，然后进一步弥散地投射到大脑皮层广泛区域。因此，这一感觉投射系统失去了专一的特异性感觉传导功能，是各种不同感觉共同的上行通路。该投射系统的上行纤维进入皮质后分布在各层，以游离末端的形式与皮质神经元的树突建立突触联系，可使大量树突部分去极化，从而普遍提高大脑皮层的兴奋性。所以，该系统又被称为上行网状激活系统，维持觉醒状态。

☞"头悬梁，锥刺股"的古训说的就是这个道理。但如果大脑皮层过度疲劳，即使非特异性投射系统再强，也徒劳无功。

特异投射系统与非特异投射系统是形成特定感觉所必需的，二者之间具有密切的联系。大脑皮层觉醒状态是产生特定感觉不可缺少的基础，而非特异性传入冲动又来源于特异投射系统的感觉传入信息。正常情况下，这二者之间的相互作用与配合使大脑皮层既能处于觉醒状态，又能产生各种特定感觉。

三、大脑皮层的感觉分析功能

各种感觉传入冲动最后到达大脑皮层，通过精细的分析、综合而产生相应的感

觉。因此，大脑皮层是感觉分析的最高级中枢。大脑皮层的不同区域在感觉功能上
具有不同的分工，不同的感觉在大脑皮层有不同的代表区（图7-32）。

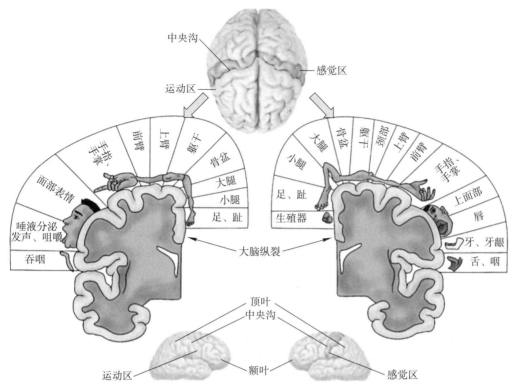

图 7-32　大脑皮层感觉和运动功能分区（仿自 Fox 等，2003）

1. 躯体感觉区

丘脑后外侧腹核接受脊髓丘脑束与内侧丘系的纤维投射，传导来自躯体的感觉，
投射到大脑皮层的躯体感觉区。躯体感觉区位于大脑皮层顶叶。不同演化程度的动
物大脑皮层躯体感觉区的确切定位有所区别。在灵长类动物中一般位于中央后回，
而该区在猫、犬和绵羊的皮层的定位比较靠前。低等哺乳动物（如兔和鼠等）的躯
体感觉区和躯体运动区基本重合在一起，统称感觉运动区。身体不同部位在躯体感
觉区的投影区域的大小与感觉功能的重要性和精细程度有关，同时也存在明显的种
属差异。例如兔，口唇和面部的投射区相对较大，并且投射到皮层的对侧；而绵羊
和山羊，面部的感觉却投射到皮层的同侧。

高等动物的躯体感觉区产生的感觉定位明确，性质清晰，表现为以下特征：
① 头面部以外的投射纤维左右交叉，即一侧的体表感觉投射到对侧大脑皮层的相应
区域。② 投射区域的空间安排是倒置的，即后肢代表区在顶部，前肢代表区在中间
部，头面部代表区在底部，但头面部代表区内部的安排是正立的。③ 投射区的大小
与体表感觉的灵敏度有关，感觉灵敏度高的口唇代表区大，而感觉灵敏度低的背部
代表区小。这是因为感觉灵敏的部位具有较多的感受器，大脑皮层与其相联系的神
经元数量也较多，这种结构特点有利于精细的感觉分析。

在人和高等动物的脑，还存在着次级躯体感觉皮层（secondary somatosensory
cortex）。它位于中央前回与岛叶之间，其面积较小，体表感觉在此区的投射是双侧性
的，空间安排呈正立位。它对感觉仅有粗糙的分析作用，其感觉定位不明确，性质
不清晰。

2. 本体感觉区

本体感觉区位于中央前回。目前认为，中央前回既是运动区，也是肌肉本体感
觉投射区。本体感觉（proprioception）是指肌肉和关节等的运动觉与位置觉。刺激人

脑的中央前回，可引起受试者试图发动肢体运动的主观感觉。如果切除动物的运动区，由本体感受器刺激作为条件刺激建立起来的条件反射就发生障碍。

3. 内脏感觉区

内脏感觉投射的范围较弥散，并与躯体感觉区有一定的重叠。例如，上腹部内脏的传入与躯干区重叠；盆腔的传入则投射于下肢代表区。此外，边缘系统的皮层部位也是内脏感觉的投射区。

4. 特殊感觉区

（1）视觉区

视觉区位于皮层的枕叶。在低等脊椎动物，如鱼类、两栖类和鸟类，它们的双眼分别位于头的两侧，来自两侧视网膜的视神经纤维在视交叉处全部左右交叉，来自左眼的视神经纤维全部投射到右侧的外侧膝状体，而后投射到右侧的视皮层。而在高等哺乳动物，这种交叉是不完全的。例如，马和兔大约有 10% 的纤维不交叉，而猫和犬大约有 20% 的不交叉，灵长类动物大约只有 50% 的纤维交叉到对侧。人的左眼颞侧和右眼鼻侧视网膜的传入纤维投射到左侧枕叶皮层；同样，右眼颞侧和左眼鼻侧视网膜的传入纤维投射到右侧枕叶皮层。所以，一侧枕叶皮层受损可造成两眼对侧偏盲，双侧枕叶损伤时可导致全盲。

（2）听觉区

听觉区位于皮层的颞叶。听觉投射是双侧性的，即一侧皮层代表区接受来自双侧耳蜗感受器的传入投射，故一侧代表区受损不会引起全聋。猫的双侧听觉皮层破坏会导致对声调的分辨能力永久丧失。不同音频感觉的投射区域有所不同。

（3）嗅觉与味觉

嗅觉在大脑皮层的投射区域随着进化而缩小，在高等动物位于边缘皮层的前底部区域，包括梨状区皮层的前部、杏仁核的一部分。味觉投射区在中央后回头面部感觉投射区的下方。味觉的投射是同侧的，破坏大鼠双侧味觉皮层会导致味觉识别障碍。

四、痛觉

疼痛（pain）指动物体对伤害性或潜在伤害性刺激（noxious stimulus）的感觉。疼痛发生时常伴有自主神经系统的反应，如肾上腺素的分泌、血压上升或者血糖升高等。疼痛可作为机体受损害时的一种报警系统，对机体起保护作用。但疼痛，特别是慢性疼痛或剧痛，往往使动物深受折磨，导致机体功能失调，甚至发生休克。

（一）伤害性感受器

☞ 痛感受器与身体其他感受器不同，很少发生适应，甚至可能因持续性伤害刺激而变得痛觉过敏，这一特性对于保护机体是十分重要的。

伤害性感受器（nociceptor）是背根神经节和三叉神经节中感受和传递伤害性信息的初级感觉神经元的外周末梢部分。形态学上是未特化的游离神经末梢，广泛地分布于皮肤、肌肉、关节和内脏器官。

一般认为伤害性感受器并无特殊的适宜刺激，任何形式的刺激只要达到一定强度而且对机体有伤害性，都可作用于伤害性感受器从而引起疼痛。也有人认为，伤害性感受器是特异性的，但其特异性不如其他感受器，因为它可以对其他各种强刺激起反应，如对电、机械与化学能量的刺激起反应。此外，温热性刺激也可以引起痛觉，但其引起伤害性感受器兴奋的阈值比引起温度感受器兴奋的阈值要高 100 倍以上。

近年来，疼痛的化学性感受学说已为人们所关注。该学说认为伤害性感受器实际上是一种化学感受器。在外伤、炎症、缺血以及缺氧等伤害性刺激的作用下，损伤组织局部释放或合成一些致痛的化学物质，主要包括 H^+、K^+、5- 羟色胺、组胺、缓激肽、P 物质、前列腺素、白三烯、血栓素与血小板激活因子等。它们在达到一定浓度时，或激活伤害性感受器，或使伤害性感受器致敏，产生痛觉传入冲动，进入中枢引起痛觉。

（二）皮肤痛觉

伤害性刺激作用于皮肤时，可先后出现快痛（fast pain）与慢痛（slow pain）两种性质的痛觉。快痛又称急性痛，是一种尖锐的刺痛，其特点是产生与消失迅速，感觉清楚，定位明确，常引起时相性快速的防卫反射。吗啡对快痛无止痛作用或作用很弱。快痛一般属生理性疼痛。慢痛又称次级痛，一般在刺激作用后 0.5～1.0 s 才能感觉到，特点是定位不太明确，持续时间较长，为一种强烈而难以忍受的烧灼痛，通常伴有情绪反应及心血管与呼吸等方面的反应，吗啡止痛效果明显。慢痛一般属病理性疼痛。在外伤时，上述两种痛觉相继出现，不易明确区分；皮肤有炎症时，常以慢痛为主。此外，深部组织（如骨膜、韧带和肌肉等）和内脏的痛觉，一般也表现为慢痛。

痛觉的二重性提示痛的神经支配有双重系统，即在痛觉传导上存在着不同传导速度的两类神经纤维。现已明确，快痛由较粗的、传导速度较快的 A_δ 纤维传导，其兴奋阈较低；慢痛由无髓鞘、传导速度较慢的 C 类纤维传导，其兴奋阈较高。痛觉传导的中枢通路比较复杂。一般地说，痛觉初级传入纤维经背根进入脊髓后，冲动主要沿两条途径上传：A_δ 纤维进入脊髓后，沿脊髓丘脑侧束的外侧部纤维上行，主要抵达丘脑后腹核，转而投射到大脑皮层初级体表感觉区，引起定位明确的快痛，称为皮层痛觉系统。C 类纤维进入脊髓后，在脊髓内弥散上行，沿脊髓网状束、脊髓中脑束与脊髓丘脑侧束内侧部纤维到达丘脑髓板内核群，换元后投射到大脑皮层次级体表感觉区和边缘系统（limbic system），引起定位不明确的慢痛，称为皮层下痛觉系统。

（三）内脏痛与牵涉痛

1. 内脏痛

内脏痛是伤害性刺激作用于内脏器官引起的疼痛。内脏痛可分为两类：一类是体腔壁的浆膜痛，如胸膜、腹膜、心包膜等受到炎症、压力、摩擦或牵拉等伤害性刺激时所产生的疼痛。这种痛的传入纤维混合在躯体神经内，痛的性质类似于深部躯体痛觉，较为弥散和持久。另一类是脏器痛，它是因内脏受到伤害性刺激，或者内脏本身被牵拉、缺血、痉挛所引起的。内脏痛觉通过自主神经内的传入纤维传入脊髓，沿着躯体感觉的同一通路上行，也经脊髓丘脑束和感觉投射系统到达皮层。

内脏痛是临床上常见的症状，常为病理性疼痛。与皮肤痛相比，内脏痛有两个明显的特征：其一为性质缓慢、持续、定位不精确和对刺激的分辨能力差；常伴有明显的自主神经活动变化，情绪反应强烈，有时更甚于疾病的本身。其二为能引起皮肤痛的刺激，如切割、烧灼等一般不引起内脏痛，而机械性牵拉、缺血、痉挛、炎症和化学刺激作用于内脏，则能产生疼痛。临床上观察到，肠管发生梗阻而出现异常运动、循环障碍和炎症时，往往引起剧痛，严重时甚至危及生命。

2. 牵涉痛

某些内脏疾病往往可引起体表一定部位发生疼痛或痛觉过敏，这种现象称为牵涉痛（referred pain）。每一内脏有特定牵涉痛区，如心肌缺血时，可出现左肩、左臂内侧、左侧颈部和心前区疼痛；胆囊炎、胆结石时，可出现右肩胛部疼痛；阑尾炎初期，常感上腹部或脐区疼痛。牵涉痛并非内脏痛所特有，深部躯体痛和牙痛也可发生牵涉性痛。

产生牵涉痛的机制，有会聚学说与易化学说。会聚学说认为，患病内脏的传入纤维和被牵涉部位的皮肤传入纤维由同一背根进入脊髓同一区域，聚合于同一脊髓神经元，并由同一纤维上传入脑，在中枢内分享共同的传导通路。由于大脑皮层习惯于识别来自皮肤的刺激，因而误将内脏痛当作皮肤痛，故产生了牵涉痛。易化学说认为，内脏痛觉的传入冲动，可提高内脏－躯体会聚神经元的兴奋性，易化了相应皮肤区域的传入，可导致牵涉性痛觉过敏。

▶▶ 录像资料 7-5
神经系统对运动的
调节

第四节　神经系统对躯体运动的调节

躯体运动是动物对外界环境变化产生应答反应的主要方式，是各种复杂行为的基础。任何形式的躯体运动，都以骨骼肌的活动为基础，各种不同肌群在神经系统的调节下，互相协调和配合，形成各种有意义的躯体运动。根据大量的动物实验和临床观察，神经系统不同部位对躯体运动的调节有着不同的作用。越是复杂的躯体运动，越需要高精度的神经系统的参与。

脊髓对躯体运动的整合能力有限，因此仅脊髓结构完整的动物只能完成牵张反射等极其简单的骨骼肌运动；延髓以下完整的动物不能很好地保持正常姿势，只能勉强站立；中脑以下完整的动物能较好地保持正常姿势，而且还有翻身、卧倒或站立等动态姿势反射的能力，但不能行走；丘脑以下完整的动物不但姿势正常，而且能跑、跳和完成其他复杂动作；大脑皮层完整的动物能极其完善地适应环境和完成高度精细复杂的躯体运动。

一、脊髓对躯体运动的调节

（一）脊髓腹角运动神经元

在脊髓腹角存在大量的运动神经元，它们的轴突经腹根离开脊髓后直达所支配的肌肉。这些神经元可分为 α、γ 和 β 三种类型。

1. α 运动神经元与运动单位

α 运动神经元既接受来自皮肤、肌肉和关节等外周的传入信息，也接受从大脑皮层到脑干等各上位中枢下传的信息，产生一定的反射传出冲动，调节肌肉的活动。因此，α 运动神经元可称为脊髓反射的最后公路。α 运动神经元发出 A_α 传出纤维，其末梢在肌肉中分成许多小支，每一小支支配一根骨骼肌纤维。因此，当这一神经元兴奋时，可引起它所支配的许多肌纤维收缩。由一个运动神经元及其所支配的全部肌纤维组成的功能单位，称为运动单位（motor unit）。一个运动单位所包含的肌纤维数目多少不一，参与粗、重运动的肌肉（如肱二头肌），其运动单位的肌纤维数目较多；而参与精细运动的肌肉（如眼外肌），其运动单位所包含的肌纤维较少。α 运动神经元的大小不等，不同大小的运动神经元可支配不同类型的运动单位。根据运动神经元对运动单位内肌纤维反应特性的不同，可将运动单位大致分为两类：一类为动态性运动单位，由轴突传导速度快的大运动神经元支配快肌纤维；另一类为静态性运动单位，由轴突传导速度慢的小运动神经元支配慢肌纤维。

2. γ 运动神经元

γ 运动神经元的胞体较 α 运动神经元的小，它们分散在 α 运动神经元之间。γ 运动神经元发出较细的 A_γ 传出纤维，分布于肌梭的两端，支配骨骼肌肌梭内的梭内肌纤维。当 γ 运动神经元兴奋时，梭内肌纤维收缩，从而增加了肌梭感受器的敏感性。在一般情况下，当 α 运动神经元活动增强时，γ 运动神经元的作用也相应增加，从而调节肌梭对牵张刺激的敏感性。

3. β 运动神经元

这是一种较大的运动神经元，其传出纤维可支配骨骼肌的梭内肌与梭外肌纤维。

（二）脊髓反射

脊髓是调节躯体运动最基本的反射中枢，通过脊髓能完成一些比较简单的躯体运动反射，包括牵张反射、屈肌反射和交叉伸肌反射等。脊髓反射的基本反射弧虽然较为简单，但在体内受高位中枢调节。

1. 牵张反射

牵张反射（stretch reflex）是指有神经支配的骨骼肌在受到外力牵拉而伸长时，能引起受牵拉的肌肉收缩的反射活动。牵张反射有两种类型，即腱反射和肌紧张。

（1）腱反射

腱反射（tendon reflex）又称位相性牵张反射，是在快速牵拉肌腱时发生的牵张反射，表现为被牵拉肌肉迅速而明显的缩短。例如，快速叩击股四头肌肌腱可使股四头肌受到牵拉而发生一次快速收缩，引起膝关节伸直，称膝反射（图 7-33）。叩击不同肌腱可分别引起不同的腱反射。腱反射的传入纤维直径较粗，传导速度较快；反射的潜伏期很短，其中枢延迟时间只相当于一个突触的传递时间，故认为腱反射是单突触反射。反射的效应器主要是大运动神经元支配的快肌纤维成分，这类运动单位的收缩力大，收缩速度快。

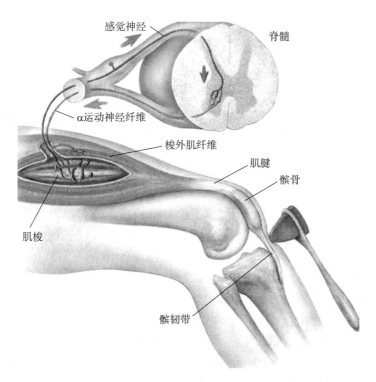

图 7-33　膝跳反射

（2）肌紧张

肌紧张（muscle tonus）又称紧张性牵张反射，是指缓慢而持续地牵拉肌腱所引起的牵张反射，表现为受牵拉肌肉持续发生紧张性收缩，致使肌肉经常处于轻度收缩状态。

肌紧张反射弧的中枢为多突触接替，属于多突触反射。效应器主要是肌肉收缩较慢的慢肌纤维成分。该反射的传出引起肌肉的收缩力量不大，只是阻止肌肉被拉长，因此不表现明显的动作，这可能是在同一肌肉内的不同运动单位进行轮换收缩而不是同步收缩的结果，所以肌紧张能持久维持而不易疲劳。肌紧张是维持躯体姿势最基本的反射活动，是姿势反射的基础，尤其对于维持站立姿势。因为站立时，由于重力的影响，支持体重的关节趋向于被重力所弯曲，弯曲的关节势必使伸肌肌

☞ 临床上常通过检查腱反射来了解神经系统的功能状态。如果腱反射减弱或消失，常提示反射弧的传入、传出通道或者脊髓反射中枢受损；而如果腱反射亢进，则说明控制脊髓的高级中枢作用减弱，提示高位中枢可能有病变，如大脑皮层运动区、锥体束受损等。

腱受到牵拉，从而产生牵张反射，使伸肌的肌紧张增强，以对抗关节的屈曲来维持站立姿势。如果破坏肌紧张反射弧的任何部分，则可出现肌紧张的减弱或消失，表现为肌肉松弛，以致不能维持躯体的正常姿势。

腱反射与肌紧张的感受器主要是肌梭（muscle spindle）。肌梭是一种感受机械牵拉刺激或肌肉长度变化的特殊感受装置（图7-34），属本体感受器。肌梭呈梭形，其外层为一结缔组织囊，囊内含有2～12条特殊肌纤维，称为梭内肌纤维（intrafusal fiber）；而囊外为一般骨骼肌纤维，称为梭外肌纤维（extrafusa fiber）。梭内肌纤维与梭外肌纤维平行排列，呈并联关系。梭内肌纤维的收缩成分位于纤维的两端。中间部是肌梭的感受装置，两者呈串联关系。因此，当梭外肌收缩时，梭内肌感受装置所受的牵拉刺激减少；而当梭外肌被拉长或梭内肌收缩成分收缩时，均可使肌梭感受装置受到牵拉刺激而兴奋。

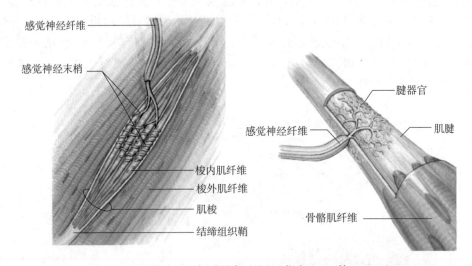

图7-34　肌梭（左）与腱器官（右）（仿自 Shier 等，2004）

当肌肉受到外力牵拉时，梭内肌感受装置被拉长，使肌梭内的初级末梢受到牵拉刺激而发放传入冲动，冲动的频率与肌梭被牵拉的程度成正比。肌梭的传入冲动沿 I_a 类纤维传至脊髓，引起支配同一肌肉的运动神经元活动，然后通过 A_α 纤维传出引起梭外肌收缩，从而完成一次肌牵张反射。

γ运动神经元兴奋时，并不能直接引起肌肉的收缩，因为梭内肌收缩的强度不足以使整块肌肉收缩。但由γ运动神经元传出活动所引起的梭内肌收缩，刺激了肌梭的感受装置，能使肌梭的敏感性提高，并通过 I 类纤维的传入活动，改变运动神经元的兴奋状态，从而调节肌肉的收缩。这种由γ运动神经元—肌梭—I_a 类传入纤维—α运动神经元—肌肉所形成的反馈环路，称为γ环路（γ-loop）。由此可见，γ运动神经元的传出活动对调节肌梭感受装置的敏感性与反应性，进而调节肌牵张反射具有十分重要的作用。在正常情况下，高级中枢可通过γ环路调节肌牵张反射，如脑干网状结构对肌紧张的调节可能是通过兴奋或抑制γ环路而实现的。

腱器官（tendon organ）是分布于肌腱胶原纤维之间的牵张感受装置，与梭外肌呈串联关系。其传入纤维是直径较细的 I_b 类纤维，它不直接终止于α运动神经元，而是通过抑制性中间神经元，抑制同一肌肉的α运动神经元的活动。腱器官是一种感受肌肉张力变化的感受器，对肌肉的被动牵拉刺激不太敏感，因为整个肌肉被牵拉时，比较坚韧的腱纤维受力不大；但它对肌肉主动收缩所产生的牵拉却异常敏感。在牵张反射活动中，一般随着牵拉肌肉力量的增强，肌梭传入冲动的增多，引起的反射性肌收缩也进一步增强。当肌肉收缩达到一定强度时，张力便作用于腱器官使之兴奋，通过 I_b 类传入纤维反射性地抑制同一肌肉收缩，使肌肉收缩停止，转而出现舒张。这种肌肉受到强烈牵拉时所产生的舒张反应，称为反牵张反射（inverse stretch reflex），其生理意义在于缓解由肌梭传入所引起的肌肉收缩及其所产生的张力，防止过分收缩对肌肉产生损伤。

2. 屈反射与交叉伸肌反射

肢体皮肤受到伤害刺激时，常引起受刺激侧肢体的屈肌收缩和伸肌舒张，使肢体屈曲，称为屈反射（flexor reflex）。如火烫、针刺皮肤时，该侧肢体立即缩回，其目的在于避开有害刺激，对机体有保护意义。屈反射是一种多突触反射，其反射弧的传出部分可支配多个关节的肌肉活动。该反射的强弱与刺激强度有关，其反射的范围可随刺激强度的增加而扩大。例如，当足趾受到较弱的刺激时，只引起踝关节屈曲，随着刺激的增强，膝关节和髋关节也可以发生屈曲。当刺激加大到一定强度时，则对侧肢体的伸肌也开始激活，可在同侧肢体发生屈反射的基础上，出现对侧肢体伸直的反射活动，称为交叉伸肌反射（crossed extensor reflex）。该反射是一种姿势反射，当一侧肢体屈曲造成身体平衡失调时，对侧肢体伸直以支持体重，从而维持身体的姿势平衡。

（三）脊休克

脊髓与脑完全离断的动物称为脊动物。与脑离断后的一段时间，其脊髓暂时丧失一切反射活动的能力，进入无反应状态，这种现象称为脊休克（spinal shock）。脊休克的主要表现有：在横断面以下脊髓所整合的屈反射、交叉伸肌反射、腱反射与肌紧张均丧失；外周血管扩张，动脉血压下降，发汗、排便和排尿等自主神经反射均不能出现。说明躯体与内脏反射活动均减弱或消失。随后，脊髓的反射功能可逐渐恢复。一般来说，低等动物恢复较快，动物越高等恢复越慢。例如，蛙在脊髓离断后数分钟内反射即恢复，犬类需几天，人类则需数周乃至数月。在恢复过程中，首先恢复的是一些比较原始、简单的反射，如屈反射、腱反射；而后是比较复杂的反射，如交叉伸肌反射、搔扒反射。

在脊髓躯体反射恢复后，部分内脏反射活动也随之恢复。如血压逐渐上升到一定水平，并出现一定的排便、排尿反射。由此可见，脊髓本身可完成一些简单的反射。脊髓内存在低级的躯体反射与内脏反射中枢。当脊髓横断后，由于脊髓内上行与下行的神经束均被中断，因此断面以下的各种感觉和随意运动很难恢复，甚至永远丧失，临床上称为截瘫。

脊休克的产生并非由造成脊髓离断的损伤性刺激引起，因为当反射恢复后，在原切面之下进行第二次脊髓切断并不能使脊休克重新出现。目前认为，脊休克的产生是由于离断的脊髓突然失去了高位中枢的调节，特别是失去了大脑皮层、脑干网状结构和前庭核的下行性易化作用。实验证明，切断猫的网状脊髓束、前庭束和猴的皮质脊髓束，均可产生类似脊休克的现象。可见在正常情况下，上述神经结构通过其下行传导束对脊髓施以易化作用，从而保证脊髓的正常功能状态。

高位中枢对脊髓反射既有易化影响，也有抑制性影响。例如，脊动物反射恢复后，屈反射较正常强，而伸肌反射往往减弱，说明高位中枢对脊髓屈反射中枢有抑制作用，而对脊髓伸肌反射中枢有易化作用。所以，低位脊髓横贯性损伤患者常因屈肌反射占优势而导致瘫痪肢体难以伸直。

二、脑干对肌紧张和姿势的调节

脑干包括延髓、脑桥和中脑。脑干除了有神经核以及与它相联系的上行和下行神经传导束外，还有纵贯脑干中心的网状结构。脑干网状结构是中枢神经系统中最重要的皮层下整合调节机构。脑干能完成一系列反射，通过调节肌紧张以保持一定的姿势，并参与躯体运动的协调。失去高级中枢的脑干动物具有站立、行走和姿势控制等整合活动的能力。

（一）脑干对肌紧张的调节

1. 脑干网状结构易化区与抑制区

脑干网状结构是由散在分布的神经元群和纵横交错的神经网络构成的神经结构。其主体在脑干的中央部，起自延髓后缘，穿过延髓、桥脑、中脑、下丘脑直到丘脑的腹部。网状结构中的神经纤维向后方与脊髓的神经元相连接，向前方与大脑皮层的神经元相连接。网状结构中的神经元与其他神经元有广泛的突触联系。据估计，一个网状结构神经元能够与多达 27 000 个其他神经元发生突触联系。脑干网状结构包括易化区和抑制区。

在正常情况下，易化与抑制肌紧张的中枢部位的活动相互拮抗而取得相对平衡，以维持正常肌紧张。但从活动的强度来看，易化区的活动较抑制区强，因此在肌紧张的平衡调节中，易化区略占优势。

（1）下行抑制系统　该系统兴奋时发放冲动到达脊髓，抑制四肢伸肌的牵张反射，四肢肌肉紧张性下降。该区受高位中枢的控制明显。

（2）下行易化系统　当该区域兴奋时，可使正在进行中的四肢牵张反射加强。该区域较大，贯穿整个脑干，既受高位中枢控制，又受上行传入系统的影响。

此外，除网状结构外，延髓的前庭核也有下行路径到达脊髓，加强伸肌的牵张反射。

☞ 大脑皮层、小脑皮层以及纹状体下行的冲动都可以加强该部分的活动。

2. 去大脑僵直

在中脑上、下丘之间横断脑干的去大脑动物，会立即出现全身肌紧张，特别是伸肌肌紧张过度亢进，表现为四肢伸直、头尾昂起、脊柱挺硬的角弓反张现象，称为去大脑僵直（decerebrate rigidity）。

在去大脑动物中，由于切断了大脑皮层运动区和纹状体等神经结构与脑干网状结构的功能联系，使抑制区失去了高位中枢的始动作用，削弱了抑制区的活动；而与网状结构易化区有功能联系的神经结构虽也有部分被切除，但因易化区本身存在自发活动，而且前庭核的易化作用依然保留，所以易化区的活动仍继续存在。因此，易化系统与抑制系统的活动失去平衡，使易化系统的活动占有显著优势。由于这些易化作用主要影响抗重力肌的作用，故主要导致伸肌肌紧张加强，而出现去大脑僵直现象。

（二）脑干对姿势的调节

中枢神经系统调节骨骼肌的肌紧张或产生相应运动，以保持或改正动物躯体在空间的姿势，称为姿势反射。不同的姿势反射与不同的中枢水平相关联。上述由脊髓整合的牵张反射和交叉伸肌反射是最简单的姿势反射。由脑干整合而完成的姿势反射有状态反射和翻正反射等。

1. 状态反射

状态反射（attitudinal reflex）指因头部与躯干的相对位置或头部在空间的位置改变，引起的躯体肌肉紧张性改变的反射活动。前者称为颈紧张反射，后者称为迷路紧张反射。状态反射是在低位脑干整合下完成的，但在正常动物中，因低位脑干处于高位中枢的控制下，状态反射不易表现出来，所以只在去大脑动物才明显可见。

（1）颈紧张反射

颈紧张反射（tonic neck reflex）是由于头部扭曲刺激了颈部肌肉、关节或韧带的本体感受器后，对四肢肌肉紧张性的反射性调节，其反射中枢位于颈部脊髓。实验

发现，将去大脑动物的头向一侧扭转时，下颏所指侧的伸
肌紧张性增强；头后仰时，则前肢伸肌紧张性增强，后肢
伸肌紧张性减弱；相反，若头前俯时，后肢伸肌紧张性增
强，前肢伸肌紧张性减弱。该反射对于维持动物一定的姿
势起重要作用。

（2）迷路紧张反射

迷路紧张反射（tonic labyrinthine reflex）是来自内耳迷
路椭圆囊和球囊的传入冲动对躯体伸肌紧张性的反射性调
节。该反射是由于头在空间位置改变时，耳石膜因所受的
重力影响刺激不同引起的，其反射中枢主要是前庭核。例
如，动物仰卧时，耳石膜受到的刺激最大，四肢伸肌紧张
性最高；俯卧时，耳石膜受到的刺激最弱，则四肢伸肌紧
张性最低。

2. 翻正反射

当动物被推倒或使它从空中仰面下落时，它能迅速翻
身、起立或改变为四肢朝下的姿势着地，这种复杂的姿势
反射称为翻正反射（righting reflex）（图 7–35）。

中脑动物可以保持接近正常的站立状态，而且在被推
倒后可以自行翻正。翻正动作并非单一的反射动作，而是
包括一系列的反射活动，它是由迷路感受器传入，在中脑
水平整合作用下完成的。最初是由于头在空间的位置不正
常，使迷路耳石膜受刺激，从而引起头部翻正；头部翻正

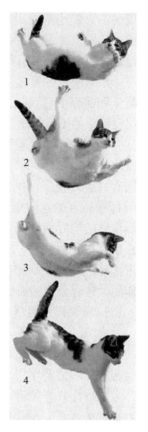

图 7–35　猫的翻正反射

后引起头和躯干的相对位置不正常，刺激颈部的本体感受器，导致躯干的位置也翻
正。由于视觉可以感知身体位置的不正常，因此在完整动物翻正反射主要是由于视
觉传入信息引起的。如果毁坏猫的双侧迷路器官并蒙住双眼，则其下落时不再出现
翻正反射。

三、小脑对躯体运动的调节

小脑是躯体运动调节的重要中枢。它通过三条途径与脑的其他部分联系，从而
发挥对躯体运动的调节作用：① 通过与前庭系统的联系，维持身体平衡；② 通过与
中脑红核等部位的联系，调节全身的肌紧张；③ 通过与丘脑和大脑皮层的联系，协
调与控制躯体的随意运动。按小脑的传入和传出纤维的联系可将其分为前庭小脑、
脊髓小脑与皮层小脑三个功能部分。

1. 维持身体平衡

维持身体平衡是前庭小脑（vestibulocerebellum）的主要功能。前庭小脑主要由
绒球小结叶构成，由于绒球小结叶直接与前庭神经核发生连接，因此其平衡功能与
前庭器官和前庭核的活动有密切关系。其反射途径为：前庭器官→前庭核→绒球小
结叶→前庭核→脊髓运动神经元→肌肉。绒球小结叶通过前庭核转而经脊髓下行纤
维的作用，调节脊髓运动神经元的兴奋与肌肉的收缩活动，以维持躯体运动的平衡。
绒球小结叶的病变或损伤可导致躯体平衡功能的障碍，但其随意运动的协调功能一
般不受影响。例如，当第四脑室的肿瘤压迫绒球小结叶时，患者站立不稳，但肌肉
运动协调仍良好。切除绒球小结叶的猴不能保持身体的平衡，但随意运动仍能协调。
可见，绒球小结叶对前庭核的活动有重要调节作用。

2. 调节肌紧张

小脑调节肌紧张与协调随意运动的功能主要是由脊髓小脑（spinocerebellum）完

成的。脊髓小脑由小脑前叶（包括单小叶）和后叶的中间带（包括旁中央小叶）组成。其中，小脑前叶的功能是调节肌紧张，小脑后叶中间带的功能主要是协调随意运动，但也有调节肌紧张的作用。

小脑前叶主要接受来自肌肉和关节等本体感受器的传入冲动，也少量接受视觉、听觉和前庭的传入信息；其传出冲动分别通过网状脊髓束、前庭脊髓束以及腹侧皮层脊髓束的下行系统，调节脊髓 γ 运动神经元的活动，转而调节肌紧张。

小脑前叶对肌紧张具有抑制和易化的双重调节作用。小脑前叶蚓部有抑制肌紧张的功能。试验观察到，刺激前叶蚓部可抑制去大脑动物的伸肌肌紧张，使去大脑僵直减退；相反，损伤前叶蚓部则出现伸肌肌紧张亢进。前叶蚓部抑制肌紧张的作用具有一定的空间定位，一般呈倒置关系。加强肌紧张主要是前叶两侧部的功能。刺激猴的前叶两侧部可使肌紧张明显增强。易化肌紧张区域的空间安排也是倒置的。在生物进化过程中，前叶对肌紧张的抑制作用逐渐减弱，而易化肌紧张的作用逐渐占优势。此外，小脑后叶中间带也有易化肌紧张的功能，它对双侧肌紧张均有加强作用。这部分小脑损伤后，可出现肌张力减退或肌无力现象。

3. 协调随意运动

协调随意运动是小脑后叶中间带的重要功能。由于后叶中间带还接受脑桥纤维的投射，并与大脑皮层运动区有环路联系，因此在执行大脑皮层发动的随意运动方面起重要的协调作用。当小脑后叶中间带受到损伤时，可出现随意运动协调的障碍，称为小脑性共济失调（cerebellar ataxia），表现为随意运动的力量、方向及限度等将发生很大的紊乱，动作摇摆不定，指物不准，不能进行快速的交替运动。患者还可出现动作性震颤（action tremor）或意向性震颤（intention tremor）。由此说明，这部分小脑在肌肉运动进行过程中起协调作用。

皮层小脑（corticocerebellum）是指后叶的外侧部，它仅接受来自大脑皮层感觉区、运动区和联络区等广大区域传来的信息，其传出冲动回到大脑皮层运动区。皮层小脑与大脑皮层运动区、感觉区和联络区之间的联合活动参与运动计划的形成和运动程序的编制。后叶外侧部损伤除可引起远端肢体的肌张力下降和共济失调外，还可引起运动起始的延缓。该部分小脑损伤的患者不能完成诸如打字和乐器演奏等精巧动作。

四、基底神经节对躯体运动的调节

1. 基底神经节的组成与神经联系

大脑皮层下一些主要在运动调节中起重要作用的神经核团，称为基底神经节（basal ganglia）。组成基底神经节的主要核团包括尾状核（caudate nucleus）、壳核（putamen）、苍白球（globus pallidus）、丘脑底核（subthalamic nucleus）、黑质（substantia nigra）等。其中尾状核和壳核合称纹状体（striatum）。

2. 基底神经节的功能

基底神经节的功能相当复杂。其主要作用是调节运动，同时也与随意运动的产生和稳定、肌紧张的控制以及本体感觉传入冲动的处理等均有密切关系。在人类中，基底神经节损伤可引起一系列运动功能障碍。临床表现主要分两大类：一类是运动过少而肌紧张亢进的综合征，如帕金森病（Parkinson's disease）等；另一类是运动过多而肌紧张低下的综合征，如舞蹈病（chorea）和手足徐动症（athetosis）等。

帕金森病的主要症状是全身肌紧张增强、肌肉强直、随意运动减少、动作迟缓和面部表情呆板。此外，患者常伴有静止性震颤（static tremor），多出现于上肢。目前一般认为，帕金森病的病变主要在中脑黑质，脑内多巴胺递质的缺乏是引起帕金森病的主要原因。在黑质和纹状体之间存在着两种相互拮抗的递质系统：一种是巴胺抑制系统，黑质是多巴胺能神经元胞体集中处，由此发出的多巴胺纤维投射到纹状体，对纹状体神经元起抑制作用；另一种为 ACh 兴奋系统，来自它的胆碱能纤维对纹状体神经元产生易化作用。正常时这两个系统保持平衡，从而保证正常肌紧张和运动的协调性。当黑质病变时，多巴胺能神经元受损，黑质与纹状体中多巴胺含量均明显减少，使多巴胺递质系统的功能减退，导致 ACh 递质系统的功能亢进，从而产生运动障碍。所以，临床上应用左旋多巴以增强多巴胺的合成，或应用 M 受体阻断剂以阻断 ACh 的作用，均对帕金森病有一定的治疗作用。

舞蹈病患者的主要临床表现为不自主的上肢和头部的舞蹈样动作，并伴有肌张力降低等现象。病理变化主要在纹状体。目前认为，舞蹈病的产生是由于纹状体中胆碱能神经元和 γ- 氨基丁酸能神经元功能减退，从而减弱了对黑质多巴胺能神经元的抑制，使多巴胺能神经元的功能相对亢进所致。此外，关于舞蹈病动作过多的现象，有人推测很可能是因为基底神经节对大脑皮层的抑制功能减退所引起的。

五、大脑皮层对躯体运动的调节

大脑皮层是中枢神经系统控制和调节躯体运动的最高级中枢，它是通过锥体系统和锥体外系这两条运动传导通路实现的。

（一）大脑皮层的运动区

高等动物，特别是人类的躯体运动受大脑皮层的控制。大脑皮层中与躯体运动有密切关系的区域，称为大脑皮层运动区。

1. 初级运动区

初级运动区，又称运动区或运动皮层，主要位于中央前回和运动前区。初级运动区对躯体运动的调节具有下列功能特征：① 交叉支配，即一侧皮层主要支配对侧躯体的运动，但头面部肌肉的运动，如咀嚼、喉及脸上部运动是双侧支配。② 具有精细的功能定位，即皮层的一定区域支配一定部位的肌肉，其定位安排与感觉区类似，呈倒置分布；后肢代表区在顶部，前肢代表区在中间部，头面部肌肉代表区在底部，但头面部内部的安排仍为正立位。③ 功能代表区的大小与运动的精细和复杂程度有关，即运动越精细、复杂，皮层相应运动区的面积越大。初级运动区与运动的执行以及运动所产生的肌力大小有关。

2. 辅助运动区

辅助运动区位于大脑皮层的内侧面（两半球纵裂内侧壁）、运动区之前。一般为双侧性支配，刺激该区可引起肢体运动与发声。

3. 次级运动区

次级运动区位于中央前回与岛叶之间，用较强的电刺激能引起双侧的运动反应，其运动代表区的分布与次级感觉区一致。

（二）运动传导通路

大脑皮层对躯体运动的调节是通过锥体系与锥体外系两大传出系统的协调活动完成的（图 7-36）。

1. 锥体系及其功能

锥体系（pyramidal system）是由大脑皮层运动区发出，控制躯体运动的下行系统，包括皮层脊髓束（锥体束）与皮层脑干束。

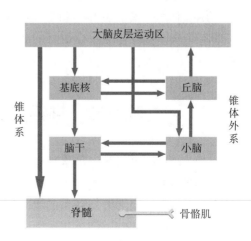

图 7-36 锥体系与锥体外系

☞ 其中 80% 的神经纤维在锥体中交叉后进入对侧的脊髓,其余 20% 的神经纤维在锥体中不交叉进入同侧脊髓,然后在脊髓内交叉到对侧。

锥体束一般是指由皮层发出、经内囊(inner capsule)和延髓锥体下行到达脊髓腹角的传导束;皮层脑干束由皮层发出、经内囊抵达脑干内各运动神经核团。皮层脑干束虽不通过锥体,但在功能上与皮层脊髓束相同,所以也包括在锥体系的概念之中。皮层脊髓束通过脊髓腹角运动神经元支配四肢和躯干肌肉,皮层脑干束则通过脑神经运动神经元支配头面部的肌肉。

电生理研究表明,运动越精细的肌肉,大脑皮层对其直接支配的单突触联系也越多,一般是前肢多于后肢,肢体远端多于近端。近年来的电生理研究还发现,刺激皮层时在支配远端肌肉的运动神经元上所引起的兴奋性突触后电位也最大。这些结果均表明,锥体束有控制肢体肌肉精细运动的重要功能。

锥体束中大量的下行纤维还可与脊髓中间神经元构成突触联系,易化或抑制脊髓的多突触反射,改变脊髓拮抗肌运动神经元之间的对抗平衡,使肢体运动具有合适的强度,以保持运动的协调性。

此外,有报道认为锥体束还有加强肌紧张的作用。如果将猴延髓锥体的左(右)半侧纤维切断,动物则表现为右(左)侧肌紧张减退,出现弛缓性麻痹,表明锥体束的正常功能是加强肌紧张。

2. 锥体外系及其功能

锥体外系(extrapyramidal system)是指锥体系以外的调节躯体运动的下行传导系统。它可分为经典的锥体外系、皮层起源的锥体外系和旁锥体外系。

经典的锥体外系起源于皮层下的某些核团,如尾状核和壳核等,经某些下行通路控制脊髓的运动神经元。

皮层起源的锥体外系是指由大脑皮层下行,并通过皮层下核团接替,转而控制脊髓运动神经元的传导系统。其皮层起源比较广泛,除运动皮层外,还包括次级运动区、辅助运动区及其他皮层。因此,锥体外系与锥体系的皮层起源有许多是重叠的。锥体外系的皮层细胞一般属中小型锥体细胞,其轴突较短,离开大脑皮层后,经皮层下的基底神经节、丘脑、红核、黑质、脑桥、延髓网状结构以及小脑等核团神经元中转,而后影响脊髓的运动功能。锥体外系对脊髓运动神经元的控制是双侧性的,它除影响 α 运动神经元外,还可激活 γ 运动神经元。旁锥体外系是指由锥体束侧支进入皮层下核团,转而控制脊髓运动神经元的传导系统。锥体外系皮层下结构除与锥体束下行纤维的侧支有联系外,还有上行纤维经丘脑与大脑皮层发生联系,形成反馈环路。

锥体外系的主要功能是调节肌紧张、维持身体姿势和协调肌群的运动。锥体系与锥体外系对于肌紧张有相互拮抗的作用,前者易化脊髓运动神经元,倾向于使肌紧张增强;后者则通过基底神经节和脑干网状结构等神经结构传递抑制性信息,使肌紧张倾向于减弱,二者保持相对平衡。

实际上,大脑皮层的运动功能都是通过锥体系与锥体外系的协同活动实现的,在锥体外系保持肢体稳定、适宜的肌张力和姿势协调的情况下,锥体系执行精细的运动。

第五节　神经系统对内脏活动的调节

▶ 录像资料 7-6 神经系统对内脏活动的调节

按照神经传出的路径可将神经系统对机体的调节人为划分为两类,即控制躯体运动的躯体神经系统和控制内脏活动的内脏神经系统。实际上,两者是在中枢神经系统的整合与协同下密切联系的统一体,一种神经活动的变化通常伴随着另一神经活动的改变。

内脏神经系统还有其他的命名方法。由于调节内脏活动的神经结构通常不受主观意识的控制而有一定的自律性，故称之为自主神经系统。相对于躯体的随意运动，自主神经系统所支配的内脏器官不能随意改变其空间位置，因此自主神经系统又被称为植物性神经系统。

自主神经系统的一个最显著特征是能够在很短时间内使内脏功能发生剧烈的改变。例如，在 3～5 s 之内，可以使心跳增加 1 倍；在 10～15 s 之内可使动脉血压上升 1 倍，或者在 4～5 s 之内可使血压下降以至昏迷；出汗可以在几秒钟内发生；膀胱也可在几秒钟内排空。

自主神经系统分为中枢和外周两部分。中枢部分包括脊髓、脑干、下丘脑以及大脑皮层，尤其是大脑边缘皮层等有关的神经结构。外周部分包括传入神经和传出神经，但习惯上仅指支配内脏器官的传出神经，并将其分为交感神经（sympathetic nerve）和副交感神经（parasympathetic nerve）两部分。

☞ 测谎器正是根据这些迅速的内脏活动变化来探测或反映其内心深处的情感活动波动的。

（一）交感神经和副交感神经的结构特征

与躯体运动神经相比，一个重要的差别是交感神经和副交感神经系统从中枢发出以后，在到达效应器之前都要在神经节中更换一次神经元。由脑和脊髓发到神经节的纤维称为节前纤维（preganglionic fiber），为有髓鞘的 B 类纤维。由节内神经元发出，终止于效应器的纤维称节后纤维（postganglionic fiber），属无髓鞘的 C 类纤维（表 7-8）。

表 7-8　交感和副交感神经的结构特征

项目	交感神经	副交感神经
起源	脊髓（T1～T12）、前腰段（L1～L3）侧角 "胸腰自主神经系统"	脑神经 Ⅲ（动眼）、Ⅶ（面）、Ⅸ（舌咽）、Ⅹ（迷走）副交感核；脊髓骶椎（骶椎 S2～S4）
外周神经节	椎旁神经节（交感链）椎下神经节（腹腔、肠系膜神经节等）	副交感神经节（靠近或在靶器官内）
节前纤维	较短	较长
节后纤维	较长	较短
反应范围	广泛（交感神经链）	局限（突触联系少）
分布范围	广泛（支配所有内脏器官）	局限（皮肤、肌肉内血管、肾上腺髓质、汗腺、竖毛肌等缺乏）
作用时间	潜伏期长，持续时间长	潜伏期短，持续时间短
神经递质	节前释放 ACh（N_1 受体） 节后释放 NA（α、β 受体） 汗腺、交感舒血管纤维节后释放 ACh（M 受体）	节前释放 ACh（N_1 受体） 节后释放 ACh（M 受体）

1. 交感神经

交感神经的节前纤维起源于胸、腰段脊髓（Tl 至 L3）侧角灰质细胞（图 7-20）。它们分别在椎旁或椎下神经节换元。其节后纤维分布极为广泛，几乎所有内脏器官、血管和汗腺等都受其支配，但肾上腺髓质例外。肾上腺髓质直接受交感神经节前纤维的支配，本身相当于一个交感神经节。交感神经的节前纤维较短而节后纤维相对较长。一根交感神经节前纤维可以与许多节后神经元发生突触联系。例如，猫颈上交感神经节中的节前与节后纤维之比为 1 :（11～17）。因此，交感神经兴奋时其影响的范围就比较广泛。

2. 副交感神经

副交感神经发源于脑干的第 Ⅲ、Ⅶ、Ⅸ 及 Ⅹ 对脑神经核和骶段脊髓（S2 至 S4）

灰质相当于侧角的部位（图7-37）。副交感神经的分布比较局限，某些器官不由副交感神经支配而只由交感神经支配，如皮肤和肌肉的血管、汗腺、竖毛肌、肾上腺髓质和肾等。在迷走神经内约有75%的副交感纤维，因此迷走神经支配着胸腔和腹腔内的多个内脏器官的功能活动。发源于骶段脊髓的副交感神经分布于盆腔内一些器官和血管。副交感神经的节前纤维较长而节后纤维较短，靠近所支配的器官。一根副交感神经的节前纤维只与几个节内神经元形成突触，如睫状神经节内的副交感节前与节后纤维之比仅为1∶2。所以副交感神经兴奋时，影响范围较为局限。

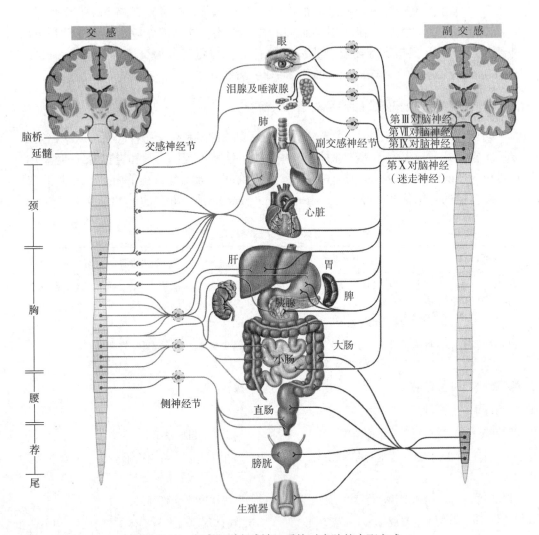

图7-37　交感和副交感神经系统对内脏的支配方式

（二）交感和副交感神经系统的功能特点

自主神经系统的功能在于调节心肌、平滑肌和腺体（消化腺、汗腺和部分内分泌腺）的活动。从总体上看，交感和副交感神经系统的活动具有以下几方面的特点。

1. 对同一效应器的双重支配

除少数器官外，一般组织器官都接受交感和副交感神经的双重支配，而交感和副交感神经的作用往往又是相互拮抗的（表7-9）。例如，迷走神经对心脏活动具有抑制作用，交感神经则具有兴奋作用，这样使神经系统能从正反两面灵敏地调节内脏的活动，以适应机体当时的需要。有时交感和副交感神经也表现为协同的作用。例如，支配唾液腺的交感和副交感神经对唾液分泌均有促进作用，但也有差别，前者引起的唾液分泌量少而黏稠，而后者引起的唾液分泌量多而稀薄。

在对能量代谢的调节方面，交感神经活动与能量消耗、储备动员以及发挥器官潜力有关，而副交感神经活动则与同化代谢、储备恢复和体能的调整有关。因此，交感神经和副交感神经一张一弛，既相互矛盾又协调统一，共同维持机体在不同条件下内环境的稳态。

表 7-9　交感神经和副交感神经的功能特征

组织器官	交感神经	副交感神经
眼部	瞳孔放大	瞳孔缩小
皮肤	竖毛肌收缩，汗腺分泌	—
心脏	心率加快，收缩力加强	心率减慢，收缩力减弱
呼吸	支气管扩张，肺通气量增加	支气管平滑肌收缩
脏器血管	收缩	舒张
肌肉血管	收缩或扩张	—
消化功能	抑制	兴奋
内分泌功能	交感－肾上腺系统 "fight or flight"	迷走－胰岛素系统 "relaxation and restoration"
总体反应	一般作用为"应急"：动员机体储备力量、适应环境紧急变化	一般作用为"同化"：休整功能、促进消化、储蓄能量、加强排泄和生殖功能等

2. 紧张性作用

在静息状态下自主神经经常发放低频的神经冲动支配效应器的活动，这种作用称为紧张性作用。例如，切断支配心脏的迷走神经后心率即加快，说明迷走神经对心脏的紧张性作用是抑制性的，而切断心交感神经时心率即减慢，说明交感神经对心脏的紧张性作用是兴奋性的。又如，切断支配虹膜环形肌的副交感神经，瞳孔即散大；切断支配其辐射状肌的交感神经，瞳孔即缩小，也说明自主神经系统紧张性作用的存在。

一般认为，自主神经的紧张性来源于中枢，而中枢具有紧张性的原因是多方面的，其中包括反射性和体液性原因。例如，来自主动脉弓和颈动脉窦压力感受器的传入冲动，对维持自主神经的紧张性活动具有重要作用；而中枢神经组织内二氧化碳浓度对维持交感缩血管中枢的紧张性活动也有重要作用。

3. 效应器所处功能状态的影响

自主神经的外周性作用与效应器本身的功能状态有关。例如，刺激交感神经可引起未孕动物子宫平滑肌的运动受到抑制，却可加强已孕子宫平滑肌的运动（作用的受体不同）。又如，刺激迷走神经，可使处于收缩状态的胃幽门舒张，而舒张状态的则收缩。副交感神经对小肠运动的影响也表现出相同的现象。

4. 对整体生理功能调节的意义

交感神经系统兴奋时，一般都是整个系统全部参加活动，使反应带有明显的全身性。这是因为交感神经与肾上腺髓质密切相连。当动物遇到各种紧急情况，如剧烈运动、失血、紧张、窒息、恐惧和寒冷时，交感神经系统的活动明显增强（同时肾上腺髓质分泌也增加），表现为一系列交感－肾上腺髓质系统活动亢进的现象。如心率增快，心缩力增强，皮肤与腹腔内脏血管收缩，血液储存库排出血液以增加循环血量，最终使动脉血压升高。此外，还可出现瞳孔扩大、支气管扩张、肺通气量增加、胃肠道活动抑制、肝糖原分解加速、血糖浓度升高、肾上腺素分泌增加等反应。其主要作用是动员体内许多器官的潜在能力，帮助机体度过紧急情况，以提高机体对环境急变的适应能力。

尽管交感神经系统的活动具有广泛性，但不同的刺激引起的反应还是有所不同的。如出血时主要引起心血管系统的紧急应答反应，而高温或严寒刺激则主要通过体温调节机制做出应答。不同部位的交感神经对相同刺激的反应方式和程度也表现为不同的整合形式，这主要与节后纤维所释放递质的化学性质和效应器官上相应受体的类型、数量和分布情况有关。

相比之下，副交感神经系统兴奋时，活动的范围比较局限，往往在安静时活动较强。这个系统的作用主要是保护机体、休整恢复、促进消化、积聚能量以及加强排泄和生殖等。例如，机体在安静时副交感神经活动加强，此时心脏活动抑制、瞳孔缩小、消化功能增强以促进营养物质吸收和能量补充等。

（三）内脏活动的中枢调节

1. 脊髓对内脏活动的调节

脊髓是内脏反射活动的初级中枢，交感神经和部分副交感神经发源于脊髓灰质侧角或相当于侧角的部位。脊动物在脊休克过去后，血压可以上升到一定水平，证明脊髓中枢可以完成基本的血管张力反射，能维持血管的紧张性，保持一定的外周阻力。此外，脊髓还能完成其他一些最基本的内脏反射，如排便反射、排尿反射、性反射、出汗和竖毛肌反射等。这些反射的反射弧均较简单，在失去高位中枢调节的情况下，并不能适应正常生理功能的需要。例如，在脊髓高位横断的情况下，由卧位到站立时会头晕。这是因为脊髓的交感中枢对心血管活动不能进行精细的调节，不能调节因体位变动引起的血压变化。同样，基本的排尿和排便反射虽能进行，但往往不能排空，更不能有意识地控制。由此可见，在正常生理状态下，脊髓的自主性神经功能是在上位的大脑高级中枢调节下完成的。

2. 低位脑干对内脏活动的调节

由延髓发出的副交感神经传出纤维支配头面部所有的腺体、心脏、支气管、喉、食管、胃、胰腺、肝和小肠等；同时脑干网状结构中也存在许多与心血管、呼吸和消化等内脏活动有关的神经元，其下行纤维支配脊髓，调节脊髓的自主神经功能。因此，循环和呼吸等许多基本生命现象的反射调节在延髓水平已能初步完成。由于诸如咳嗽、喷嚏、吞咽、唾液分泌、吸吮和呕吐等生理活动都需要有延髓的参与。一旦延髓受损，可立即致死，故延髓有"生命中枢"之称。

脑桥有角膜反射中枢和呼吸调整中枢。

中脑存在瞳孔对光反射中枢和视听探究反射中枢。此外，近年来的资料还表明，中脑是防御性心血管反应的主要中枢部位。刺激中脑的一定部位可引起典型的防御反应和有关的心血管活动变化，表现为非常明显的自主神经反应，如心缩加强加快、血压升高、瞳孔扩大和竖毛等。

3. 下丘脑对内脏活动的调节

下丘脑由第三脑室底部及其周围的一群核团构成，大致可分为前区、内侧区、外侧区和后区4个区。前区包括视前核、视上核、视交叉上核、室旁核和下丘脑前核等；内侧区又称结节区，包括腹内侧核、背内侧核、结节核和灰白结节，还有弓状核和结节乳头核；外侧区包括有分散的下丘脑外侧核；后区主要有下丘脑后核和乳头体核群。下丘脑与边缘前脑和脑干网状结构有密切的形态和功能联系，共同调节机体内脏活动。此外，下丘脑还可通过垂体门脉系统和下丘脑–垂体束调节腺垂体与神经垂体的活动。

下丘脑是皮层下最高级的内脏活动调节中枢。它把内脏活动与其他生理活动联系起来，调节体温、营养摄取、水平衡、内分泌、情绪反应和生物节律等生理过程。上述功能的调节在相关章节中已有详细叙述，其中体温调节将在后面的内容中介绍。

4. 大脑皮层对内脏活动的调节

（1）新皮层

新皮层是指在系统发生上出现较晚和分化程度最高的大脑半球外侧面结构。电刺激动物的新皮层，除引起躯体运动外，还可引起内脏活动的改变。例如，刺激皮层4区内侧面，能引起直肠与膀胱运动的变化；刺激4区外侧面，可产生呼吸与血管运动的变化；刺激4区底部，会出现消化管运动和唾液分泌的变化；刺激6区一定部位，会出现竖毛、出汗以及上、下肢血管的舒缩反应。如果切除动物新皮层，除感觉和躯体运动功能丧失外，很多自主性功能如血压、排尿和体温等的调节均发生异常。这些现象表明，新皮层与内脏活动密切相关，而且有区域分布特征。

（2）边缘系统

边缘系统是大脑皮层内侧面、环绕脑干背面的一个弓形皮层以及皮层下在功能上密切联系的神经结构的总称。例如，电刺激扣带回前部，可引起呼吸抑制或减慢、心跳变慢、血压上升或下降和瞳孔扩大或缩小等；刺激杏仁核可出现心率加快或减慢、血压上升或下降和胃蠕动加强等；刺激隔区可引起呼吸暂停或加强和血压升高或降低等。边缘系统对机体的本能性的行为与情绪反应也有明显的影响。它可能参与调控那些直接与个体生存和种族延续有关的功能，如进食、饮水和性行为等。目前认为杏仁外侧核以及基底外侧核是抑制性行为的部位，而杏仁皮层内侧区是兴奋性行为的部位。此外，切除边缘皮层会使动物丧失情绪反应，因此认为边缘系统与情绪反应有关。近年来研究发现，由杏仁核—下丘脑—隔区—额前叶腹内侧部形成一个脑回路，对情绪反应具有重要影响，这个回路上任何一个结构的损伤都会导致情绪异常。例如，刺激海马回和扣带回可引起动物"假怒"；切除双侧杏仁核，动物变得驯服。破坏隔区可导致情绪反应亢进。

第六节　神经系统对体温的调节

一、变温动物和恒温动物

机体内物质氧化分解释出的化学能最终都转化为热能，并不断释放到周围环境中去。周围环境中的温度变化又直接或间接地影响机体的产热和散热。这种过程称为机体和周围环境之间的热代谢。动物的热代谢有两种基本类型：一种是变温动物的热代谢类型，另一种是恒温动物的热代谢类型。

变温动物（poikilotherm）热代谢的主要特征是不具备调节产热和散热的能力。它们的产热活动完全受环境制约，并随着环境温度的升降而发生相应的波动。它们所产生的热能也不能在体内储存，而是全部从体内放散。因此，它们的体温几乎与周围环境温度相等，并随着环境温度升降。各种无脊椎动物和爬行类以下的低等脊椎动物都是变温动物。

恒温动物（homeotherm）热代谢的主要特征是具备调节产热和散热的能力。它们能把产生的热能积储一部分在体内，同时能在环境温度变化时调节产热和散热活动，使体温保持相对恒定（36~42℃），不会随环境温度变化而改变。鸟类和哺乳类都是恒温动物。体温调节保证了动物的新陈代谢能在较高水平上稳定地进行，并使环境温度变化的影响减少到最低限度。新生动物一般还没有建立完善的体温调节能力。环境温度变化能明显影响它们的体温，而且常可能由于体温调节紊乱而导致疾病。

恒温动物对体温的调节能力并不是无限制的。临界温度的上限和下限分别表示动物通过调节，能使体温保持正常水平的最高和最低的环境温度。在这两个界限的范围内是恒温区（zone of homeothermy），动物能通过调节保持体温正常。在恒温区内，有一个热稳定区或等热区（zone of thermal neutrality）（表7–10）。这时动物不需要进行产热或散热调节，就能保持正常体温。从动物生产角度分析，当环境温度在等热区内饲养动物最为适宜，经济效益也最高。当环境温度低于等热区时，动物就将增强产热来维持体温正常，当环境温度降到临界下限时，产热活动达到最高限度。环境温度变化的这一范围，叫化学性热调节区（zone of chemical thermoregulation）。与此相反，当环境温度高于等热区时，动物就将增强散热来维持体温正常，当环境温度上升到临界上限时，散热活动就达到最大限度。环境温度变化的这一范围，叫物理性热调节区（zone of physical thermoregulation）。

环境温度超过临界上限时就进入升温区（zone of hyperthermia）。这时动物不能有效地调节而导致体温升高，最终因体温过高而死亡。同样地，当环境温度下降到低于临界下限时就进入降温区（zone of hypothermia）。这时动物也将因不能有效地调节而引起体温下降，最终因体温过低而死亡。

表 7-10　几种动物的等热区

单位：℃

动物种类	等热区	动物种类	等热区
牛	10～15	豚鼠	25
猪	20～23	大鼠	29～31
羊	10～20	兔	15～25
狗	15～25		

二、动物的体温及其正常波动

（一）动物的正常体温

1. 动物身体各部位的温度

动物身体各部都有相对恒定的温度。但"体温恒定"并不意味着全身各部的温度相等。实际上动物身体各部的温度有差异，而且有些部位的温度差异很明显。例如血液的温度一般比内脏高，而内脏的温度又比体表高。内脏中，尤以心和肾温度最高，肝和胃肠道次之，肺较低。再比如体表各部以躯干和头部温度较高，躯干腹面又比背面稍高，腹面中央和腋窝最高。四肢温度从近端到远端逐渐降低。

2. 直肠温度

在生理学和动物医学实践中，一般通用直肠温度代表体温。选择直肠温度的原因是：① 它能较好地代表深部体温的平均值；② 它比体内其他许多部位的温度稳定；③ 测量方便，操作简单。不同动物的直肠温度不是一个固定值，而是一个比较狭窄的变动范围（表 7-11）。

表 7-11　不同动物正常体温的范围

单位：℃

动物种类	体温	动物种类	体温	动物种类	体温
黄牛	37.8～39.8[*]	绵羊	38.5～40.5[*]	兔	38.5～39.5
犊黄牛	38.5～40.0	山羊	37.6～41.0[*]	豚鼠	37.5～39.5
水牛	37.0～38.5[*]	小山羊	39.0～41.0	银狐	39.0～41.0
马	37.5～38.2[*]	狗（小种）	38.5～39.5	鸭	41.0～43.0
马驹	37.5～38.5	狗（大种）	37.4～38.5	鹅	40.0～41.0
猪	38.0～40.0	猫	38.0～39.3	鸡	40.5～42.0
仔猪	39.0～40.0	鹿	37.5～38.6	鸽	41.0～43.0

注：有 * 号的是参照的我国"屠宰家畜检验暂行规定"（1954）。

（二）体温的生理性波动

体温恒定是相对的，因受到多种因素的影响而在一定范围内呈现生理性波动。

1. 体温的年龄和性别差异

幼龄动物的体温一般比成年的高。幼龄动物在出生后的若干时间内，体温调节能力较弱，常因环境温度变化而使体温发生较大波动。雌性动物体温一般比同种雄性动物稍高。雌性动物发情和妊娠时体温升高，排卵时体温降低。

2. 体温的昼夜波动

体温常在一昼夜间有很规律的周期性波动（图 7-38）。昼行性动物的体温下午最高，以后逐渐降低，黎明前降到最低点，黎明后体温又逐渐升高，下午重新达到最高点，如此往复。夜行性动物的体温变化恰好相反。

对猴的试验证明：体温昼夜波动的主要原因是周围环境的周期性变化。这种波动实际上与动物的睡眠和觉醒有关，即睡眠时体温降低，觉醒时体温升高。体温昼夜波动的幅度有一定的物种差异，也与环境温度、季节、饮水和放牧条件有关。各种动物体温昼夜波动的幅度是：牛（舍饲）0.5℃，绵羊（放牧）1℃；驴2℃，骆驼体温昼夜波动的幅

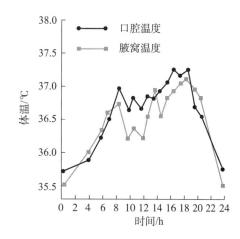

图 7-38　人体温的昼夜变化

度特别大，在夏季禁水时可达 6℃，允许随意饮水时不超过 2℃。

3. 影响体温的其他因素

进食一般都使直肠温度升高。山羊和绵羊进食后体温可升高 0.2~1.0℃；长期饥饿后体温下降 2.0~2.5℃。马大量饮水后体温下降 0.8~1.0℃。剧烈运动使体温显著升高，马强烈使役后体温可升高 4℃以上。

三、产热和散热

动物体温恒定是机体通过调节产热与散热保持动态平衡状态而实现的。

（一）产热

机体的所有组织器官都能不断地分解糖、脂类和氨基酸而产热。各器官中的氧化分解过程有的较强，有的较弱。同一器官在不同生理状态下，氧化分解过程也会发生增强或减弱的变化。

在体内，骨骼肌所占的比重最大，而且其中的氧化分解过程能大幅度地增强或减弱。所以骨骼肌对产热调节起主要作用。动物相对静息时，有 30%~40% 的热能由骨骼肌产生。骨骼肌轻微运动时，产热量就会显著增加。强烈肌肉运动会使产热量比平时增大几倍，甚至十几倍。这表明骨骼肌的活动情况是决定产热量的主要因素。

此外，肝、肾、心和瘤胃等都能产生大量热能，因而也在一定程度上影响产热。其余的组织器官，有的代谢强度较低，有的所占比重较小，对产热影响不大。

（二）热能的储存

动物一方面需要不断产热并把多余的热能释放到周围环境中去，另一方面又必须在体内储存一部分热能，用于维持它特有的高于环境温度的体温。动物在环境温

度为 0℃时维持体温所必需储存的热能量，可按下列公式计算： $\Delta Q = c \cdot m \cdot \Delta T$。

式中，ΔQ 是储存热，c 是动物体的比热，m 是动物的质量，ΔT 是体温。动物组织的比热平均是 3.5 kJ/（kg·℃），即要使每千克动物体组织温度升高 1℃，需要 3.5 kJ 热能。如果动物体重是 70 kg，体温是 37℃，为了维持正常体温，动物体内的储存热是： $\Delta Q = 3.5 \times 70 \times 37 = 9\,065$（kJ）。

（三）散热

散热常通过皮肤、肺、呼吸道、消化管和肾等器官进行。其中皮肤是主要散热器官。在正常情况下，通过皮肤扩散的热量占总散热量的 75%。皮肤散热活动的增强和减弱是调节散热过程的决定性因素。此外，从呼吸器官扩散的热量占 10%~15%，因而也明显地影响散热过程。而通过消化器官和排泄器官扩散的热量一般只有 1% 左右，对动物整体的散热过程影响不大。

散热是单纯的物理过程，主要有辐射（radiation）、传导（conduction）、对流（convection）和蒸发（evaporation）4 种方式。前三种散热方式实际上难以严格区分，常被统称为非蒸发散热（non-evaporative heat loss）。当皮肤温度高于环境温度时，非蒸发性热交换能有效地使动物散热。当皮肤温度低于环境温度时，非蒸发散热非但不能进行，而且成为动物获得热量的热交换形式。

1. 辐射

辐射是通过发射电磁波（主要是红外线）在物体间传递热能的物理过程。温度在绝对零度以上的所有物体都能发射红外线。两种物体间的温差越大，从高温物体辐射传递给低温物体的热量就越多。当环境温度较低时（如 20℃），辐射是动物散热的主要方式，通过辐射放散的热量可占总散热量的 70%。当环境温度升高到接近或超过皮肤温度时（如 35℃），动物不但不能通过辐射散热，而且还会接受外来的辐射热。因此，辐射散热首先取决于皮肤与环境之间的温差。其次，由于辐射必须通过体表进行，动物的有效体表面积就成为决定辐射散热的另一个主要因素。例如，当动物采取蜷缩姿势时，有效体表面积比伸展姿势要小得多，辐射散热量也明显减少。皮肤和被毛的颜色一般对辐射散热没有影响。因为动物皮肤发射出来的辐射热全部在电磁波的红外线区内，它与颜色无关。但动物在吸收太阳辐射热时，却在一定程度上决定于皮肤和被毛的颜色。因为太阳辐射大约有 50% 在可见光谱内，而体表的不同颜色对可见光谱有不同的吸收率。例如，白色表面能吸收可见光谱的 20%，而黑色表面可吸收 100%。太阳光谱中的另一半热量含在不可见的红外线内，各种颜色表面都能 100% 的吸收。

2. 传导和对流

传导是直接通过导体的接触，由温度较高的物体把热传递给温度较低的物体。对流是传导的特殊形式，它通过气体或液体的流动传递热量。动物散热时，首先通过组织的传导和血液的对流，把身体内部的热量传递到体表，再从皮肤表面传递给与皮肤接触的空气或其他物体。传导和对流的条件与辐射基本相同，即首先取决于皮肤与周围环境的温差，其次取决于有效体表面积。它与辐射的区别是热传递时必须要有热的导体直接接触。正常时，传导散热的导体是空气，导热性很小，所以这种散热方式在非蒸发散热中只占极小比重（1%~2%）。当有风时，由于空气流动较快，体表热量能较多和较快地通过流动的空气带走，散热效应增强。因此，影响对流散热的主要因素是空气流动的速度，即风速。风速越大，对流散热量越多。

水牛和猪常在气温升高时浸浴在冷水中。水的比热大，温度比气温低，导热性比空气高，能显著提高传导散热效果。同理，在潮湿空气中，水分子较多，传导散热比干燥空气多。

3. 蒸发

蒸发散热是通过体内水分由液态转化为气态而散热的。在 32℃时，每克水蒸发可带走 2.44 kJ 热能。蒸发是动物散热的重要方式之一。环境温度升高到接近体温时，非蒸发散热不能有效进行，蒸发散热就成为动物散热的唯一方式。决定蒸发散热的主要条件是周围环境，特别是空气的湿度。空气越干燥，蒸发散热越强烈。蒸发散热通过不感蒸发（insensible perspiration）和发汗（sweating）两种方式进行。不感蒸发是指有少量水分经常从皮肤表面、呼吸道和口腔黏膜等部扩散和蒸发。静息状态的哺乳动物在中等温度和湿度条件下有 20%～25% 的热量通过这种方式散失，其中通过皮肤蒸发的占 60%～70%，通过呼吸道蒸发的占 30%～40%。动物通过这种方式散失的热量较少，平均约占总散热量的 17%。在基础代谢条件下，皮肤和呼吸器官的不感蒸发是相对恒定的。

出汗在汗腺发达的动物（如马）中是气温升高时加强蒸发散热的最有效方式。在狗、羊、鸡等出汗能力很低的动物中，加强蒸发散热的主要方式是喘息和唾液分泌，使较多水分在口腔黏膜、舌面和呼吸器官中蒸发。

4. 非蒸发散热和蒸发散热的比例

前面提到，机体散热受到多种因素的影响：皮肤温度的升降、环境温度的高低、空气湿度的大小、空气流动的快慢、汗腺活动的强弱、呼吸频率的高低等。决定非蒸发散热的主要外部条件是环境温度，但对蒸发散热却并不产生多大影响。决定蒸发散热的主要外部条件是环境湿度，空气湿度降低促进蒸发散热，但对非蒸发散热却有一定的削弱作用。当环境温度较低时，非蒸发散热（主要是辐射）是主要散热方式。当环境温度逐渐升高时，非蒸发散热逐渐削弱，蒸发散热相应增强。当环境温度升高到接近体温时，非蒸发散热不能顺利进行，蒸发散热就成为主要和最有效的散热方式。以黄牛为例，气温 10℃时，非蒸发散热占 75%，蒸发散热占 25%；气温 20℃时，非蒸发散热占 60%，蒸发散热占 40%；气温 35℃时，非蒸发散热减少到 15% 以下，蒸发散热占 85% 以上。

四、产热和散热的调节基础

1. 血液循环

血液循环是体温调节的重要效应系统之一。无论在静息状态或应激状态，血液循环都能使热量在全身各部迅速地合理分布，并在皮肤和肢体为实现逆流热交换创造条件，控制机体与环境之间的热交换量。产热量最大的深部器官一般都有最高的血流量，能有效地带走多余热量，保持体内各部的温度相对恒定。

2. 血管的逆流热交换

动物皮肤中有极其丰富的血管，其中的动脉丛和静脉丛总是互相平行排列，而且较大的皮肤动脉常有两条平行静脉，深部动脉与静脉紧密贴近。当机体需要保持热能时，皮肤浅表静脉和毛细血管收缩，动静脉吻合支开放，使浅表血液循环形成短路。同时，深部的平行动静脉进行逆流热交换（countercurrent heat exchange）。结果静脉血温升高，动脉血温相应降低。这样，动脉血散失的大部分热量又重新由静脉血带回体内，减少热能耗散。当机体需要加强散热时，浅表静脉和毛细血管大量舒张，大部分动静脉吻合支关闭，动脉血中的热量传递给皮肤表面，使皮肤温度升高，加强散热。这时从皮肤返回心脏的血液主要由浅表静脉输送，深部动静脉之间的逆流热交换大大减弱。躯体深部的血管丛也有类似的逆流热交换过程，其中最重要的是颈动脉丛。颈动脉丛是狗、猫、绵羊、山羊、牛和某些有蹄类动物的特有结构。它是由颈内动脉分支进入颅腔前形成的小动脉网络，位于静脉翼状丛或海绵窦附近。这里的静脉血因受到鼻气流影响，温度较低。当动脉血流经颈动脉丛时，能与静脉窦血液进行逆流热交换而被冷却。因此灌流脑部的动脉血温度常稍低于体温。当动物通过喘息增强蒸发散热时，鼻腔气流速度加快，上呼吸道表面回流的静脉血温显著降低，逆流热交换相应增强，能有效地降低脑部血温。这是某些汗腺不发达和被毛稠密的动物具有较高耐热能力的重要原因。

3. 出汗

皮肤有两种类型的汗腺：局部分泌型汗腺（eccrine sweat gland）和顶浆分泌型汗腺（apocrine sweat gland）。局部分泌型汗腺在马属动物中很发达，能在热应激时大量出汗。支配这种汗腺的是肾上腺素能交感神经纤维。牛、山羊、绵羊、猪、狗和猫都没有或只有很少的局部分泌型汗腺，但有大量顶浆分泌型汗腺。这种汗腺由毛囊衍生，常遍布于整个体表，有一定的出汗功能。出汗对调节散热的重要性有明显的种属差异。马属动物能大量出汗。狗和猫几乎不出汗。牛有中等程度的出汗能力。羊和猪的出汗能力明显低于牛。骆驼过去认为不出汗，现已确定强烈热应激时能出汗，但不会润湿皮肤和被毛。

4. 呼吸急促和喘息

许多动物在热负荷时引起呼吸急促（polypnea），即通过鼻道的快速呼吸。有些动物在强烈应激时发生喘息（panting），即呼吸频率升高到 200～400 次/min 的张口呼吸，狗尤其突出。狗喘息时，呼吸频率能接近胸廓呼吸气流的谐振。这种呼吸频率使呼吸肌所做的功减少到最低限度，因而产热增加极少，散热效率大大提高。牛、马和骆驼等大动物较少发生喘息。因为喘息时呼吸肌所做的功明显增大，额外产热量在大动物中甚至会超过蒸发散失的热量。呼吸急促和喘息的特点是深度变浅，潮气量减少，无效腔比例增大，肺泡通气量并不会明显增大。这对防止肺泡过度通气是必需的。

5. 唾液分泌

张口喘息常伴有分泌大量浆液性唾液，同时舌部尽量伸出口外，扩大蒸发表面，增强散热效应。有些动物，如大鼠和小鼠汗腺不发达，也不喘息，而是常大量流涎：把唾液涂布在胸腹部皮肤表面，借以加强蒸发散热。牛炎热时也常流涎。

6. 寒战

动物突然进入寒冷环境时，常首先出现肌紧张增强，接着发生寒战（shivering）。寒战是骨骼肌的不随意运动，是一系列频率为 10 次/s 左右的肌肉震颤。寒战的特点之一是协同肌群和对抗肌群同时进行震颤性收缩，因而消耗于做功的能量极小。这样，就保证寒战产生的热量能最大限度地用于维持体温。寒战时，代谢率可提高 4 倍以上。从热力学角度分析，它比随意收缩能更有效地增加产热。但由于寒战需消耗大量糖原储备，一般难以持久。

7. 竖毛

毛皮动物和家禽抵抗寒冷的重要方式之一是竖毛（piloerection），即使全身的被毛或羽保持竖立状态，造成高效的热绝缘状态。毛羽竖立后，毛丛中形成一层热绝缘性极高的静止空气层，能有效地防止传导散热。毛羽竖立的机理是在交感神经控制下促使附着在毛囊深部的竖毛肌收缩。

8. 行为变化

动物处在炎热或寒冷环境时，常引起各种行为变化。有些动物在寒冷时蜷缩，而在炎热时伸展，借以调节热交换的体表面积。许多动物能在夏季寻找阴凉场所，减少吸收太阳辐射热。在炎热和潮湿环境中，动物常伸展肢体，伏卧不动，尽量地减少肌肉运动和降低代谢率。热应激时，动物食欲减退，生产力明显下降。冬季逆风行走时，动物常把头部调整到正对上风的方向，减少身体与冷风的接触表面。有些动物在寒冷环境中主动到阳光下曝晒，或互相聚集取暖。

五、体温调节的机理

生理性体温调节是典型的由生物自动控制系统完成的调节过程，如图 7-39 所示是体温调节的自动控制示意图。下丘脑体温调节中枢是控制器，它接受反馈装置的反馈信息，与调定点发出的参考信息进行比较、分析，得出偏差信息，再经处理后，向执行机构发出指令。执行机构由产热装置和散热装置两部分组成。它们接受指令后，改变相应的产热和散热反应，使深部温度（受控对象）维持正常，并以体温形式输出。当受控对象受到内外环境因素干扰而使体温波动时，能被温度感受器感受，并以状态信息的形式传递给反馈装置，再从这里发出反馈信息传递给控制器。

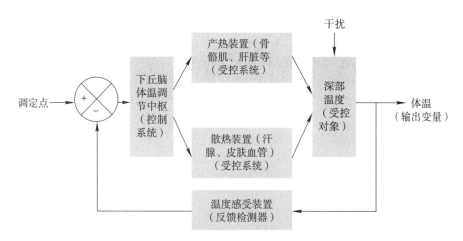

图 7-39 体温调节的自动控制示意图

（一）温度感受器

动物都有外周和中枢两类温度感受器，每类又可区分热和冷感受器两小类。它们的功能是分别感受外界和机体内部的温度变化。

1. 外周温度感受器

外周温度感受器主要分布在全身皮肤和某些黏膜中。它们在温度恒定条件下表现出稳定的放电。外界温度突然升高时，热感受器（warm receptor）的放电频率短暂地增大，然后稳定维持新的频率。冷感受器（cold receptor）的反应恰好相反，它们在外界温度突然下降时发生类似上述的反应。猫在皮肤温度为 38℃ 时，热感受器的放电频率达到最高点，而皮肤温度为 25℃ 时，冷感受器出现最高放电频率。当皮肤温度偏离这两种温度值时，放电频率都逐渐下降。

实验证明，躯体深部和内脏也具有温度感觉。

2. 中枢温度感受器

用微电极技术研究单个神经元的电生理活动时发现：下丘脑和脑干网状结构等部位有温度敏感性神经元。有些神经元在加温时放电频率增大，另一些在降温时放电频率增大（图 7-40）。它们分别被称为热敏神经元（warm sensitive neuron）和冷敏神经元（cold sensitive neuron）。热敏神经元主要集中在视前区-下丘脑前部。冷敏神经元大多数位于脑干网状结构中，少数位于下丘脑前区。脊髓也已发现有温度敏感性神经元。

（二）体温调节中枢

1. 体温调节中枢的定位

脊髓、脑干和下丘脑都有参与体温调节的中枢，其中起主要控制作用的是

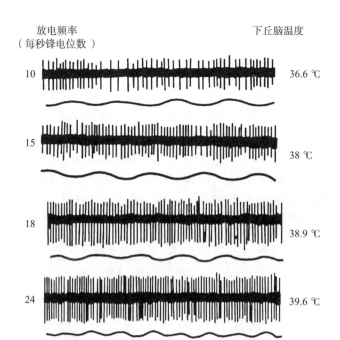

放电频率
（每秒锋电位数）　　　　　　　　　　　　下丘脑温度

10　　　　　　　　　　　　　　　　　　　　36.6 ℃

15　　　　　　　　　　　　　　　　　　　　38 ℃

18　　　　　　　　　　　　　　　　　　　　38.9 ℃

24　　　　　　　　　　　　　　　　　　　　39.6 ℃

s

图 7-40　下丘脑局部加温时热敏神经元放电的记录（上）和呼吸曲线（下）（猫）

下丘脑。

　　长期以来曾经认为下丘脑前区是散热中枢，后区是产热中枢，并认为两者之间有交互抑制关系。这就是所谓体温调节的"两个中枢学说"。进一步研究发现：视前区－下丘脑前部是对温度变化最敏感的部位。对这一区域加温，常引起皮肤血管舒张、喘息等与典型热应激完全相同的反应。冷却这一部位，则引起皮肤血管收缩和寒战等冷应激反应。但改变下丘脑后区的温度却并不引起明显的体温调节反应。这些实验结果显然不能用"两个中枢学说"解释。

　　目前倾向于认为：下丘脑前区是中枢温度敏感性神经元集中的部位，能灵敏地感受局部的温度变化。而下丘脑后区则可能是整合温度感受性冲动的部位。冷却胸腰段脊髓可使动物外周血管收缩和寒战。加温脊髓同一部位则引起与加温下丘脑前区相似的作用。脑干中的温度敏感性神经元还未能准确定位。

　　2. 体温调节的调定点学说

　　关于体温调节的机理，目前最流行的是调定点学说（set point theory）。这个学说认为在下丘脑内具有与恒温器的温度自动控制器相类似的调定点，调定点的高低就决定着体温的高低。视前区－下丘脑前部的温度敏感性神经元就起着调定点的作用。每种动物的温度敏感神经元对温度感受都有一定的阈值，如黄牛是 37.8～39.8℃，这个阈值就叫体温稳定的调定点。它决定动物各自特有的正常体温水平。如果体温偏离这个阈值，反馈系统就会把偏差信息输送到体温调节中枢，通过执行机构调整产热和散热活动，使体温恢复正常。例如，当体温超过阈值时，热敏神经元放电频率增大，使散热活动增强，同时冷敏神经元放电频率降低，使产热活动受到抑制，结果体温回降。当体温低于阈值时，发生与上述相反的变化，最后体温回升。

　　调定点的阈值可在受到外周温度感受器和其他因素的影响时变动。外周热感受器的传入冲动能使调定点下移，而外周冷感受器的传入冲动则使调定点上升。正常时，调定点上下波动的幅度很小，所以体温正常波动的范围很窄。但在病理性发热时，调定点的波动幅度就异常增大。这是因为热敏神经元受到致热原（pyrogen）作用后敏感性降低，对热刺激的感受阈值升高，使调定点水平升高到正常标准以上，体温即使超过正常，也不诱发散热反应，甚至引起相反反应而出现寒战（图 7-41）。

最近对猴的研究发现：用 NaCl 灌流下丘脑后部时引起体温升高，而在灌流液中加入一定量的 Ca^{2+} 时，NaCl 的升温作用就被抑制。类似的结果在其他动物中也可复制。根据这些试验，有人提出了调定点的离子假说，认为下丘脑后区中 Na^+ 与 Ca^{2+} 的浓度比例对于维持调定点的正常水平有重要作用。

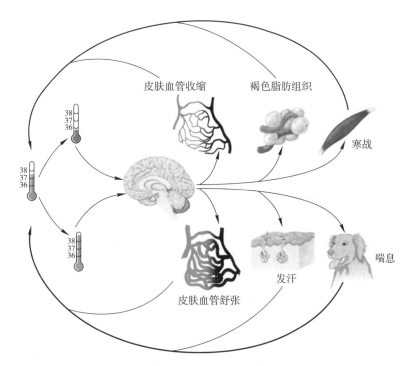

图 7-41　体温调节过程中的组织活动变化

3. 体温调节中枢的神经递质

关于体温调节中枢的神经递质，已在狗、猫和猴上进行过许多研究。用去甲肾上腺素微量注射到下丘脑前区时，能诱发与热应激相同的反应，使散热增加，体温下降。而用 5- 羟色胺注入同一部位时，则诱发与冷应激相同的反应，使产热增强，体温上升。但在兔和山羊中却得到相反的试验结果。用乙酰胆碱注入下丘脑前区和中间区时，能引起与冷应激相同的反应；但乙酰胆碱注入下丘脑后区时，则既能引起冷应激反应，也能诱发热应激反应。这些结果提示：下丘脑前区的冲动传递主要通过去甲肾上腺素和 5- 羟色胺两种单胺类递质；而后区的冲动传递则主要通过乙酰胆碱。

随后的研究又发现，有多种肽类活性物质在中枢神经系统内参与体温调节。其中铃蟾素、神经降压素、胆囊收缩素、β- 内啡肽、α- 促黑激素和促肾上腺皮质激素有降温作用；促甲状腺激素释放素、蛋氨酸脑啡肽和血管活性肠肽则有升温作用。

（三）体温调节的传出纤维

体温调节的传出纤维包括自主神经和躯体神经的运动纤维。自主神经主要是交感神经纤维。皮肤血管运动、汗腺分泌、竖毛肌收缩、组织内的物质代谢强度和肾上腺髓质释放的儿茶酚胺等，都通过交感神经纤维传导的冲动调节。只有狗和大鼠等依靠唾液蒸发散热的少数几种动物，才由支配唾液腺的部分副交感神经纤维参与体温调节。

躯体神经的运动纤维主要是脊神经的运动支。呼吸运动的改变、骨骼肌运动和肌紧张的改变，以及寒战，都由脊神经运动支传导的冲动来调节。

（四）激素的体温调节作用

垂体前叶能随着环境温度变化而调整促甲状腺激素（TSH）和促肾上腺皮质激素（ACTH）的分泌活动，而它们又分别受到下丘脑两种促激素促甲状腺激素释放激素（TRH）和促肾上腺皮质激素释放激素（CRH）的控制。冷应激时，TSH 和 ACTH 分泌增多。TSH 能通过甲状腺激素提高动物的代谢率，增加产热。ACTH 能刺激皮质酮等糖皮质激素的释放，再通过它们增强糖类、脂肪和蛋白质的分解代谢。肾上腺髓质释放的肾上腺素和去甲肾上腺素能增强细胞的代谢活动，产生热效应。甲状腺激素对这种效应有明显的协同作用。

垂体后叶释放的抗利尿激素也参与体温调节。在高温环境中，抗利尿激素分泌增多，尿量减少，使机体能在热应激时保留较多水分，适应蒸发散热的需要。

（五）大脑皮层的体温调节作用

正常时，下丘脑的体温调节中枢在大脑皮层控制下活动。切除大脑皮层后，动物虽然仍能保持体温相对恒定，但调节能力显著减弱，不能适应幅度过大和速度过快的环境温度变化。大脑皮层对体温调节的重要性还可从条件反射中得到证明。动物建立大量条件反射后，它们的体温调节能力就变得更加精确和灵敏。新生动物体温调节能力薄弱的主要原因之一是没有建立条件反射。动物适应外界温度改变所表现的各种行为大都有大脑皮层参与。

六、动物的耐热与抗寒

（一）动物的耐热

骆驼是耐热（heat tolerance）能力最强的动物。在炎热而干燥的环境中只要给予足够饮水，骆驼就能长期耐受环境高温。这是骆驼特别适应于沙漠气候的重要原因。骆驼对高温的主要调节方式是加强体表的蒸发散热和使体温升高。

绵羊有较好的耐热能力。它对高温的调节方式主要是喘息，出汗也有一定作用。气温为 32℃时，绵羊直肠温度开始稍有升高，至 41℃时出现喘息。在相对湿度不超过 65% 的 43℃环境中，绵羊一般可耐受几小时。绵羊的耐热能力有明显的品种差异：南方品种一般比北方品种有强得多的耐热能力。

马汗腺发达，皮肤较薄，一般有较好的耐热能力。气温为 30~32℃时，呼吸次数增加，但不出现喘息。热应激时，调节体温的主要方式是出汗。

黄牛对高温环境的耐受力比绵羊稍差。役用或肉役兼用的品种一般比乳牛耐热。荷兰牛在气温为 21℃时直肠温度就开始升高。气温继续上升，进食量减少，甲状腺活动降低，产奶量下降。在气温 40℃时，直肠温度可升高到 42℃，食欲废绝，产奶基本停止。牛对高温环境的主要调节方式是出汗，喘息只起次要作用。水牛汗腺不发达，皮肤坚厚，颜色深暗，散热效应较低而吸热较多，耐热能力不如黄牛。外界温度超过 25℃时，就出现呼吸急促。曝晒时体温迅速升高。它对高温环境的主要调节方式是水浴，依靠水的传导散热。在夏季，应尽量避免过久使役或在烈日下曝晒，并应让牛有机会在阴凉通风处休息，特别要注意让水牛有机会水浴。

猪对高温环境的耐热能力远不如绵羊，也比不上牛；仔猪的耐热能力弱于成年猪。气温为 30~32℃时，成年猪直肠温度就开始升高。在相对湿度超过 65% 的 35℃环境中，猪就不能长期耐受。气温达 40℃时，即使相对湿度很小，猪都不能耐受。直肠温度升高到 41℃是猪的致死临界点，常容易虚脱。猪对高温的主要调节方式是喘息。由于猪耐热能力很差，夏季应注意定时用冷水泼浇地面，人工协助散热，尤其要绝对避免长期驱赶，减少产热。

禽类呼吸时，空气通过气囊所产生的蒸发对散热有重要作用。气温升高时，禽类常明显喘息，并摄取较多水分。气温在27℃时，母鸡直肠温度开始升高，呼吸频率增加。气温升到38℃时，鸡常不能耐受。

空气湿度对各种畜禽的耐热能力都有很大影响。高温和高湿环境阻碍动物蒸发散热，显著削弱耐热能力。夏季畜禽舍内密度过大或通风不良常有碍体温调节；用通风不良的车船长途运输畜禽，特别是猪和鸡，极易发生死亡。

（二）动物的抗寒

动物的抗寒能力比耐热能力大得多。气温接近体温时（35~40℃），大多数动物都不能长期耐受；但气温比体温低20~30℃，甚至更低时，动物一般都能较好地耐受。牛、马和绵羊在气温降到−18℃时，都能有效地调节体温；在−15℃环境中，荷兰牛仍能维持相当正常的产奶量；猪的抗寒能力比其他动物低得多，成年猪在0℃环境中一般不能持久地维持体温，1日龄的仔猪在1℃环境中停留2 h就将陷入昏睡状态。

在等热范围内，空气湿度对体温调节并不发生多大影响。但在低温环境中，湿度增大将明显削弱各种畜禽的抗寒能力。冬季畜舍潮湿常引起动物体温下降。

（三）动物长期受冷的体温调节

动物长期受冷的体温调节可分成三类：冷服习（cold acclimation）；冷驯化（cold acclimatization）；气候适应（climatic adaptation）。

1. 冷服习

动物在寒冷环境中生活2~3周后，一般能形成冷服习。冷服习过程曾经在实验室中用小动物研究过。当动物进入寒冷环境时，寒战常常是增加产热、维持体温的主要方式。冷服习的主要变化是：动物由寒战性产热转变为非寒战性产热。冷服习后，动物抗寒能力增强，在极冷环境中能比一般个体生存得更久。在冷服习过程中，甲状腺和肾上腺活动增强，糖代谢率提高，棕色脂肪（brown fat）储存增多，与产热有关的酶系对去甲肾上腺素和肾上腺素的反应性提高。冷服习的特点是代谢率持续增强，但启动产热调节（化学性调节）的临界温度（t_c）并不明显降低。动物在30℃环境中生活4天后，冷服习效应消失。

2. 冷驯化

从夏季到冬季，气温逐渐降低，动物在这种条件下常出现冷驯化。要像冷服习动物那样长期依靠增加产热来维持体温，需要消耗大量能源储备，这对动物显然不利。冷驯化动物主要通过增强身体的热绝缘和减少散热来维持体温。这时，动物的毛羽和皮下脂肪都发生明显的季节性增厚，汗腺萎缩退化，表皮增厚，所有这些变化都能有效地提高皮肤热绝缘性能。同时，血管运动也发生相应改变，借以加强体热储存。冷驯化的特点是调整和提高机体保存体热的能力，同时使t_c值明显降低，但一般不增加产热。许多生活在极冷地区的动物，冬季的基础代谢率实际上比夏季还低。

3. 气候适应

气候适应是动物在寒冷环境中经过多代选择而发生的遗传性改变。气候适应并不改变动物的体温。寒带和热带地区的动物一般都有大致相同的直肠温度。寒带动物的体温调节特点是：皮肤具备最有效的热绝缘作用，皮肤深部血管有良好的逆流热交换能力，不过在冷的环境中并不增加代谢强度，但t_c值显著降低。例如，北极狗的t_c值是0~−10℃，北极狐的t_c值是−30℃；而热带动物的t_c值可高达25~27℃。

在炎热环境中，动物也能发生气候适应。例如，在热带沙漠中生活的骆驼，当天气酷热时，可使体温升高到接近、甚至超过环境温度。这种适应能使水分蒸发减少到最小限度，得以保持体内水分。

第七节　脑的高级功能

尽管从脊髓到皮层下的神经结构能够对机体感觉、躯体运动和内脏运动进行不同程度的整合及调节，但在正常生理条件下，上述活动都离不开大脑皮层的参与。大脑皮层是动物各种生理功能的最高级调节中枢。它除了参与感觉和躯体及内脏活动调节外，还具备更为复杂的整合功能，如觉醒与睡眠、学习与记忆以及各种复杂的动物行为等。

大脑皮层的功能是由其中的神经元以及复杂的神经网络完成的。神经冲动同样也是皮层神经元传递信息的载体。大脑皮层的神经元具有生物电活动。应用电生理方法记录皮层的生物电变化，是研究皮层功能和活动状态的重要手段之一。

一、大脑皮层的生物电活动

应用电生理方法，在大脑皮层可记录到两种不同形式的脑电活动：一种是刺激某特定感受器或感觉传入系统时，在大脑皮层相应区域引出的电位变化，称为皮层诱发电位（evoked cortical potential）；另一种是在无明显外加刺激作用的情况下，大脑皮层经常性地、自发地产生的节律性电位变化，称为自发脑电活动（spontaneous electrical activity of the brain）。脑电活动的形成机制，除了大脑皮层神经元本身的电生理特性以外，前者与特异感觉投射系统的活动有关，而后者则与非特异感觉投射系统的活动有关。

（一）皮层诱发电位

在动物实验中，人为刺激外周感觉器官、感觉神经或感觉传导通路上的任何一点，在中枢神经系统的任何有关结构记录到的电位变化，都称为诱发电位，在皮层相应的感觉区表面记录到的诱发电位，称为皮层诱发电位。皮层诱发电位由主反应和后发放两部分构成。主反应为先正后负的电位变化，出现在一定的潜伏期之后，一般为 5~12 ms。潜伏期的长短取决于刺激部位离皮层的距离、神经纤维的传导速度和传入途径中所经过的突触数目等因素。它很可能是皮层大锥体细胞电活动的综合反应。在主反应之后常有一系列正相的周期性电位变化，即为后发放，其节律一般为 8~12 次/s，它是皮层与丘脑感觉接替核之间神经环路活动的结果。在神经科学研究中，诱发电位可用于神经通路追踪。

在人医临床，诱发电位对于中枢和感觉传导途径损伤部位的诊断具有一定的价值。

（二）脑电图

脑电图分为两种。其中，将扣结状电极置于人或其他脊椎动物的头皮上，这些电极与一远置的（如耳垂）参考电极之间可记录到光滑而连续的自发电位波动，称为脑电图（electroencephalogram，EEG）。而当将动物的颅骨打开或在患者进行脑外科手术时，直接在皮层表面记录到的自发脑电活动，则称为皮层电图（electrocorticogram，ECG）。一般来说，皮层电图的振幅比脑电图大 10 倍，而节律、波形和相位则基本相同。

根据波形，脑电图由 4 种基本节律构成，即 α、β、θ 和 δ 节律（图 7-42）。一般地说，频率慢的波其波幅常较大，而频率快的波其波幅较小。各种波均可在皮层的不同区域记录到，但在不同脑区和机体的不同状态下，如安静、激动、困倦和睡眠等情况下，脑电图的波形有明显差异。

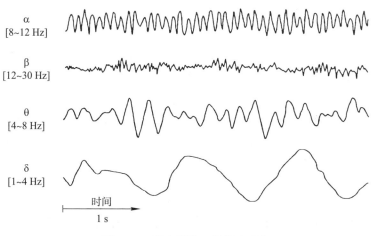

α
[8~12 Hz]

β
[12~30 Hz]

θ
[4~8 Hz]

δ
[1~4 Hz]

时间
1 s

图 7-42　脑电图的 4 种基本节律

（1）α波

α波频率为 8 ~ 12 Hz，振幅为 20 ~ 100 μV。正常人在清醒、闭目和安静时出现，在枕叶较显著。α波波幅常出现自小而大、自大而小的周期性变化，形成所谓的 α 节律的梭形。当受试者睁开眼睛或接受其他刺激时，α波立即消失出现快波，这一现象称为 α 阻断（α-block）。如果受试者再安静闭目，α波又重新出现。因此一般认为，α波是大脑皮层在安静状态时电活动的主要表现。

（2）β波

β波频率为 12 ~ 30 Hz，振幅为 5 ~ 20 μV。在睁眼视物、思考问题或接受其他刺激时出现，在额叶 m 区与顶叶区较显著。一般认为，β波是新皮层处于紧张状态时的主要脑电活动的表现。

（3）θ波

θ波频率为 4 ~ 8 Hz，振幅为 20 ~ 150 μV。该波在枕叶和顶叶较明显，在成人困倦时出现。幼儿时期，脑电频率较成人慢，常见 θ 波。

（4）δ波

δ波频率为 1 ~ 4 Hz，振幅为 20 ~ 200 μV。正常成人在清醒时几乎没有 δ 波，只有在睡眠时才出现。此外，在深度麻醉、智力发育不成熟的人，也可出现 δ 波。在婴儿时期，脑电频率较幼儿更慢，常可见到 δ 波。一般认为 δ 波或 θ 波可能是大脑皮层处于抑制状态时脑电活动的主要表现。

二、觉醒与睡眠

觉醒与睡眠都是生命活动不可缺少的生理过程。机体在觉醒状态下才能从事各种活动，对环境的各种变化产生应答；而睡眠可使机体的机能得以恢复，保护脑细胞的功能。睡眠功能障碍常导致中枢神经系统的功能失常。

（一）觉醒状态的维持

觉醒是动物进行正常活动的基础，但对它的发生和维持的机理至今尚不完全清楚。各种感觉冲动的传入对觉醒状态的维持十分重要。选择性破坏动物中脑网状结构的前端，动物即进入持久的昏睡状态，脑电波表现为同步化慢波。如果在中脑水

☞ 若你阅读至此时感觉到困意，说明此时你上行网状激活系统的激活程度不足。

平切断感觉特异传导途径，而不破坏中脑网状结构，则动物仍可处于觉醒状态。因此，觉醒状态的维持与脑干上行网状激活系统的作用有关。静脉注射阿托品能阻断脑干网状结构的唤醒作用，因而认为参与脑干网状结构上行唤醒作用的递质系统可能是乙酰胆碱。

（二）睡眠觉醒周期

不同种类的动物有不同的睡眠觉醒周期。大多数鸟类都在白天保持觉醒而在夜间进入睡眠。这种每昼夜只进行一次觉醒与睡眠交替的形式叫单相睡眠。成年灵长类动物和许多家畜，包括牛和羊等反刍动物都倾向于单相睡眠。许多野生动物和大多数哺乳动物的幼畜在一昼夜中呈现多次觉醒与睡眠交替的多相睡眠。马每昼夜交替 3~16 次（平均 9 次），猪白天 50%~60% 的时间睡眠，每昼夜有 10 次以上的交替。

（三）睡眠的时相变化

睡眠具有两种不同的时相状态，表现不同的脑电图波形特点，分别称为慢波睡眠和快波睡眠。

1. 慢波睡眠

与觉醒状态相比，其脑电图呈现同步化的高幅慢波，因而称为慢波睡眠（slow wave sleep）或同步化睡眠（synchronized sleep）。这时动物意识暂时丧失，视、听、嗅和触等感觉功能减退，骨骼肌反射运动和肌紧张减弱，并伴有一些自主神经功能的改变，如血压下降、心率减慢、瞳孔缩小、体温下降、呼吸减慢和胃液分泌增多等交感活动水平降低，而副交感活动相对增强的现象。

2. 快波睡眠

脑电波呈现去同步化的快波时相，称为快波睡眠（fast wave sleep）或去同步睡眠（desynchronized sleep）。在此期间，脑电波表现脑活动增强的特征，类似于觉醒状态。但实际上，各种感觉功能进一步减退，以致唤醒阈提高；骨骼肌反射活动和肌紧张进一步减弱，肌肉几乎完全松弛。由于在这个过程中，动物的行为表现与脑电变化特征不相符合，故又称为异相睡眠（paradoxical sleep）。此外，在异相睡眠期间还有间断的阵发性躯体和内脏活动变化，如快速的眼球转动，因而又称为快速眼动睡眠（rapid eye movement sleep）。快速眼球转动还常伴有部分躯体抽动、心率加快、血压上升和呼吸加快而不规则。

慢波睡眠和快波睡眠能互相转化。睡眠开始时，先进入慢波睡眠。持续一段时间后转入快波睡眠。首个快波睡眠周期持续时间较短，人一般为 10 min，而猪可达 30 min 左右，之后又转入慢波睡眠，随后再转入快波睡眠，如此反复进行。在整个睡眠过程中，两个时相可以反复转化。在正常情况下，慢波睡眠和快波睡眠均可直接转入觉醒状态，但觉醒状态不能直接进入快波睡眠，而只能进入慢波睡眠。

快波睡眠占整个睡眠期的比例在不同种类的动物也有所不同。肉食动物不仅每天的睡眠时间比较长，而且快波睡眠发生的频率和所占全部睡眠时间的比例也较高，而大多数草食动物不仅总的睡眠时间短，快波睡眠所占的比例也较小（表 7-12），这可能与动物在长期进化过程中的适应有关，处于深睡状态的草食动物容易成为肉食动物的猎物。睡眠的时间和类型与动物的年龄有关，幼龄动物每天的睡眠时间较长，并且快波睡眠所占的比例也较大，以后随着动物的发育成熟而逐渐减少。例如，30 日龄以内的新生犊牛 1 天 75% 的时间都处于睡眠状态，而几乎 1/2 的睡眠时间处于快波睡眠时相。

研究表明，腺垂体生长激素的分泌与睡眠的不同时相有关。在觉醒状态下，生长激素分泌较少，进入慢波睡眠后生长激素的分泌明显升高，转入快波睡眠后，生

表 7-12　不同动物 24 h 内觉醒和睡眠的比例（%）

种类	觉醒状态	慢波睡眠	快波睡眠
狐狸	38.9	51.1	10
猫	44.9	41.7	13.4
猪	46.3	46.4	7.3
大鼠	48	45	7
母牛	52.3	44.5	3.5
绵羊	66.5	31.1	2.4
兔	71.3	25.5	3.1
豚鼠	71.6	24.5	3.9
马	80	16.7	3.3

长激素分泌又减少。因此，慢波睡眠有利于生长和体力恢复。快波睡眠是正常生命活动所必需的。动物长期缺乏快波睡眠时，行为上变得易于激怒。如果动物在一段时间内快波睡眠不足，随后一段时间会补偿性地增加快波睡眠在整个睡眠中的比例。在动物试验中观察到，快波睡眠期间，脑组织的蛋白质合成率加快，因此快波睡眠与幼畜神经系统的发育和成熟有密切关系，并且动物机体可能在快波睡眠期间建立新的突触联系而促进学习记忆的活动。

人的研究表明：快波睡眠中将睡者唤醒，大多数人（约 80%）会诉说在做梦，而在慢波睡眠者只有 14% 的人说在做梦。前者梦的概念性较强，但生动性较差，内容常涉及近期生活中发生的事；后者梦的知觉性较强，尤其是视知觉，内容常较生动和稀奇古怪，但觉醒后很难回忆。

三、学习与记忆

动物通过多种多样的行为来适应环境的变化，维持生存并保证种族的繁衍。行为是一系列有次序、有目的、高度协调配合的反射活动的集合。其中大多数行为不是通过遗传获得的本能行为，而属于适应性行为，是后天在适应环境的过程中获得的。学习与记忆是动物建立并完善这些适应性行为模式的基础。学习与记忆是脑的高级功能，是两个相互联系的神经活动过程。学习是指新行为的获得或发展，即由于经验引起的行为改变；记忆则是指习得行为的保持与再现，即过去经验在大脑中的储存和再现。

（一）学习的形式

学习主要有两种形式即非联合型学习和联合型学习。

1. 非联合型学习

非联合型学习（non-associative learning）是一种简单的学习形式，不需要在刺激与反应之间形成某种明确的联系，不同形式的刺激使突触产生习惯化和敏感化的可塑性改变就属于这种类型的学习。

习惯化是指由于同一刺激物的重复出现引起行为反应的减弱。如动物在适应一段时间以后，对熟悉的固定饲养员的出现不再产生应激反应；而敏感化则正好相反，是指由于一种强烈或有害的刺激引起的反射性反应增强。如动物受到惊吓后，对所有其他刺激的反应都增强。敏感化对动物的适应有重要的意义，新的刺激使动物保持警惕以提防可能的捕食者和环境中其他潜在的有害刺激。

2. 联合型学习

联合型学习（associative learning）是两个事件在相近时间内重复发生，最后在脑内逐渐形成固定的联系，如经典的条件反射和操作式条件反射均属此种类型的学习。

▶️ 录像资料 7-7
非条件反射与条件反射

在动物试验中，给犬吃食物会引起唾液分泌，这是非条件反射，食物是非条件刺激。而给犬以铃声刺激则不会引起唾液分泌，因为铃声与食物无关，因此铃声称为无关刺激。但是，如果每次给犬吃食物之前先给以铃声刺激，然后再给以食物，这样多次结合后，当铃声一出现，动物就会出现唾液分泌。铃声本身是无关刺激，现在已成为进食的信号，因此又称为信号刺激或条件刺激。

这种通过无关刺激和非条件刺激在时间上反复多次的结合而建立的条件反射称为经典条件反射，这个反复结合的过程称为强化（reinforcement）。

操作式条件反射比较复杂，它要求动物完成一定的操作。例如，将大鼠放入实验笼内，当它在走动中偶尔踩在杠杆上时，即有食物出现。强化这一操作，如此重复多次，大鼠就学会了自动踩杠杆而得到食物。然后，在此基础上进一步训练动物只有在出现某一特定的信号（如灯光）后踩杠杆，才能得到食物的强化。训练完成后，动物见到特定的信号，就去踩杠杆而得食。这类条件反射的特点是，动物必须通过自己完成某种动作或操作后才能得到强化，所以称为操作式条件反射（operant conditioning）。这类条件反射是一种很复杂的行为，更能代表动物日常生活的习得性行为。

（二）条件反射活动的基本规律

条件反射概念的形成源自于 19 世纪中叶俄国的谢切诺夫（Ivan Sechenov）于 1863 年发表的《脑的反射》一书。他认为人的思想在实质上也是反射，从而强调了教育对于人类行为的决定性意义，并提出中枢抑制的概念，把反射分为兴奋和抑制两类。19 世纪后叶，英国的谢灵顿（Charles Sherrington）及其学派经长期的动物试验，对脊髓反射进行了详细的分析，认为神经系统的活动是对各种感受器传入冲动的整合作用。到 20 世纪初期，俄国的巴甫洛夫在谢切诺夫观点的启发下，运用客观的实验手段对高等动物的所谓心理活动进行实验分析，从而提出条件反射的概念。该理论认为条件反射是高级神经活动，反射并非机械般的工作，而是中枢神经系统接受了体内、外的刺激而进行分析综合后才发生的。这为我们理解高级神经活动的本质奠定了基础。

1. 建立经典条件反射的基本条件

条件反射的建立要求无关刺激与非条件刺激在时间上的多次结合，一般无关刺激要先于非条件刺激而出现。条件反射的建立与动物机体的状态和周围的环境有密切的关系。动物要健康、清醒和食欲旺盛，环境要避免嘈杂干扰。处于饱食状态的动物很难建立食物性条件反射，动物处于困倦状态时也很难建立条件反射。

2. 条件反射的泛化、分化和消退

当一种条件反射建立后，若给予和条件刺激相似的刺激，也可获得条件刺激效果，引起同样条件反射，这种现象称为条件反射的泛化。它是由于条件刺激引起大脑皮层兴奋向周围扩散所致。如果这种近似刺激得不到非条件刺激的强化，该近似刺激就不再引起条件反射，这种现象称为条件反射的分化。而条件反射的消退是指在条件反射建立以后，如果仅使用条件刺激，而得不到非条件刺激的强化，条件反射的效应就会逐渐减弱，直至最后完全消退。

3. 条件反射的生物学意义

机体对内外环境的适应都是通过非条件反射和条件反射来实现的。条件反射与非条件反射相比，无论在数量上还是性质上都有很大的区别。非条件反射的数量有限，而可形成的条件反射的数量几乎是无限的；非条件反射比较恒定，而条件反射具有很大的可塑性，既可以建立，也可以消退。因此条件反射具有较广泛、精确而

完善的适应性。此外，条件反射使动物具有预见性，能更有效地适应环境。例如，依靠食物性条件反射，动物不再消极地等待食物进入口腔，而是根据食物的形状和气味去主动寻找；也不再等食物进入口腔才开始消化活动，而是在此之前就做好消化的准备。

（三）记忆的过程

通过感觉器官进入大脑的外界信息，估计只有 1% 左右被长时间储存和记忆，而大部分被遗忘。被储存的信息都是对机体有重要意义的，尤其是反复作用的信息。根据信息储存的长短，记忆可分为短时记忆（short term memory）和长时记忆（long term memory）。人类的记忆过程可分成感觉性记忆、第一级记忆、第二级记忆和第三级记忆 4 个连续阶段。前 2 个阶段相当于短时记忆，后 2 个阶段相当于长时记忆。

感觉性记忆是感觉系统获得信息后首先在大脑感觉区储存的阶段，其性质粗糙，储存时间不超过 1 s。若经过分析处理，将那些不连续的、先后到达的信息整合成新的连续印象，即可转入第一级记忆。信息在第一级记忆中储存的时间也只有几秒钟，大多仅有即时应用的意义。如果反复学习运用，信息可在第一级记忆中循环；信息在第一级记忆中停留的时间逐渐延长，从而转入第二级记忆之中，记忆持续时间可达数分钟乃至数年不等。第二级记忆的有些记忆痕迹，如自己的姓名和每天都在进行的工作等，由于长年累月应用，不大会遗忘，这类记忆属于第三级记忆。它是一种牢固的记忆，常可保持终生。显然，上述各类记忆之间是相互联系的。其中，短时记忆是形成长时记忆的基础。

（四）学习和记忆的机制

现代神经生物学的研究指出，学习和记忆是通过神经系统突触部位的一系列生理、生化和组织学可塑性改变而实现的。

1. 神经生理学机制

学习过程是由许多不同的神经元参加的。神经元有一定的后放电作用，这种作用对后继刺激能产生易化效应，它可能是感觉性记忆的基础。此外，在脑的神经元网络中，回返环路的连续活动可能是第一级记忆的基础。近年来的研究表明，由海马—穹窿—下丘脑乳头体—丘脑前核—扣带回—海马所构成的回路，即海马环路，与第一级记忆的保持以及第一级记忆转入第二级记忆有关。当海马环路任何一个环节受到损坏时，均可导致近期记忆能力的丧失。进一步的研究还发现，当海马受到高频电脉冲的短暂刺激时，引起突触活动的长时程增强，其持续时间甚至可达 10 h 以上。由此认为，长时程增强（LTP）可能是学习记忆的神经生理学基础。实验表明，记忆能力强的动物的 LTP 大，而记忆能力差的动物的 LTP 小。

2. 神经生物化学机制

长时记忆可能与脑内物质代谢，特别是脑内 RNA 和蛋白质的合成有关。实验表明，长时记忆有赖于脑内蛋白质的合成；在动物脑内注射蛋白质合成抑制剂，动物不能建立条件反射，学习记忆能力发生明显障碍。中枢递质和神经肽也与学习记忆活动有关。

乙酰胆碱　可显著促进学习记忆行为。中枢乙酰胆碱递质系统的活动可能主要是通过海马环路与脑干上行网状激活系统两条通路，促进第一级记忆保持以及第一级记忆向第二级记忆转移。老年遗忘症很可能是由于脑内乙酰胆碱递质系统的功能衰退所致。

去甲肾上腺素　能增强学习记忆的保持过程。其作用机制可能是调节广泛脑区内的突触传入活动，增强环境中的信息传入，促进信息的储存与再现。

兴奋性氨基酸　可加强学习与记忆的保持。有人还提出，兴奋性氨基酸，如 N-

甲基－D－门冬氨酸（NMDA）受体通道是决定学习记忆的关键物质。目前认为，兴奋性氨基酸神经元传递功能减弱是引起老年性痴呆的另一个重要原因。

γ－氨基丁酸　能加快学习速度，促进记忆的巩固。

促肾上腺皮质激素　可增强记忆的保持，主要是促进短时记忆。

血管升压素　可增强记忆的保持，临床上用其治疗遗忘症收到满意效果。

此外，催产素、脑啡肽与β－内啡肽均损害记忆的保持，使记忆减退。

3. 神经解剖学机制

持久性记忆可能与新的突触联系的建立有关。实验表明，学习记忆活动多的大鼠，其大脑皮层发达，突触联系多。人类的第三级记忆的机制可能与此相关。近年来的资料还表明，海马及其相关结构是实现中期记忆的间脑结构；长期记忆是大脑联络区的功能；短期记忆可能涉及多个脑区，前额皮层的参与尤为重要，它涉及人类的高级学习记忆能力。

（五）家畜的动力定型

家畜在一系列有规律的条件刺激与非条件刺激结合的作用下，经过反复多次的强化，神经系统能够巩固地建立起一整套与刺激相适应的功能活动，表现出一整套有规律的条件反射活动。这种整套的条件反射称作动力定型。家畜在长期生活过程中所形成的"习惯"，实际上就是动力定型的表现。

在正常的饲养管理制度下，经常使家畜接受按一定规律出现的一系列条件刺激和非条件刺激结合在一起的刺激，可以使家畜建立一整套适应其生活环境的条件反射。当生活环境较长期地保持原有的变化规律时，这些条件反射就越来越精细和巩固，最后建立起动力定型。这时神经系统通过调节和整合活动，会使家畜体内所有的活动十分迅速而高度精确地适应环境。如果动力定型建立得十分巩固，只要动力定型中的第一个条件刺激出现，就可使一整套的反射活动有次序地自动发生。动力定型的原理对畜牧业实践有重要的指导意义。动物的饲养管理要求遵循一定的制度，要尽量做到有规律，就是为了有利于家畜建立和巩固动力定型，从而减轻皮层及皮层下高级中枢调节和整合活动的负担，并使家畜的各种生理活动最大限度地适应其生活环境，达到提高家畜生产性能的目的。

推荐阅读

BEAR M，CONNORS B，PARADISO M A. Neuroscience：exploring the Brain［M］. Burlington：Jones & Bartlett Learning，2020.

开放式讨论

人们现在已经可以方便地通过智能手机和网络实时传递视觉和听觉。请设计一套装置让人们可以进行嗅觉、味觉或触觉的传递。

复习思考题

1. 神经细胞（神经元）与胶质细胞在结构和功能上有何差别？它们彼此又有哪些联系？

2. 突触主要分哪几类？各自的基本结构是什么？其传递过程如何？

3. 经典的神经递质应符合哪些条件？

4. 神经纤维传导兴奋的特征有哪些？

5. 试比较兴奋性突触后电位和抑制性突触后电位的产生机制。

6. 何谓胆碱能纤维？哪些神经纤维属于这类纤维？

7. 何谓突触后抑制？请简述其分类及生理意义。

8. 简述突触前抑制的产生机制。

9. 交感神经与副交感神经在结构和功能上有何差别和互补关系？

10. 叙述特异投射系统与非特异投射系统的概念、特点及功能。

11. 简述脊休克及其产生机制。脊休克的产生和恢复说明了什么？

12. 何谓去大脑僵直？其产生机制如何？

13. 试述脊休克和去大脑僵直在形成上有何差别？分别反映了神经系统的哪些功能？

14. 试述内脏痛的特点。

15. 试述牵张反射的概念、产生机制及类型。

16. 小脑对躯体运动有哪些调节功能？

17. 自主神经系统有哪些功能特征？

18. 试述动物机体在寒冷和炎热环境中体温调节的机制。

19. 试述睡眠时相及其生理意义。

20. 何谓学习？学习的形式有哪些？

21. 条件反射和非条件反射有哪些主要区别？

更多数字资源

教学课件、自测题、参考文献。

第八章
内分泌生理

知识导图

【发现之路】人工合成结晶胰岛素

    胰岛素是一种神奇的物质，给广大糖尿病患者带来了福音，一经问世便得到了广泛关注。当美国的维格纳奥德（Vincent du Vigneand，1901—1974）于1953年合成了第一个天然多肽激素（他因此而获得了1955年度的诺贝尔化学奖），英国的桑格于1955完成了胰岛素的全部测序工作（他因此而获得了1958年度的诺贝尔化学奖）之后，人工合成胰岛素就成了一项世界性的热门课题。我国的人工合成胰岛素工作涉及中国科学院生物化学研究所、有机化学所、北京大学化学系等多家单位，参与人数最多时达到约800人。1965年我国科学家完成了牛结晶胰岛素的合成，这是世界上第一次人工合成多肽类生物活性物质。虽然该项成果与诺贝尔生理学或医学奖擦肩而过，但也是我国科研工作的杰出代表。

联系本章内容思考下列问题：

胰岛素是如何发挥降血糖作用的？糖尿病患者为何会经常出现胰岛素抵抗现象呢？

案例参考资料：

熊卫民. 回顾胰岛素的合成——杜雨苍研究员访谈录［J］. 中国科技史料，2002，23（4）：323-334.

李飞. 张滂院士谈中国人工合成胰岛素［J］. 科技中国，2006（10），74-77.

薛攀皋. 诺贝尔奖背后的历史真相［J］. 今日科苑，2009（01）：58-60.

薛攀皋. 关于向诺贝尔奖委员会推荐我国人工合成牛胰岛素成果的历史真相［N］. 科学时报，2005-09-16（A3）.

【学习要点】

    内分泌和激素的概念、激素的一般特征及作用机制；主要激素的生理作用和分泌调节及下丘脑－腺垂体－靶腺轴内分泌功能的调节机制。

众所周知，神经调节和体液调节对于动物机体功能而言是非常重要的调节系统。整体来讲，神经系统主要负责调节快速、精确的功能反应，在动物机体对外环境变化的适应中具有更重要的意义；而体液调节的核心内容就是内分泌系统，该系统倾向于比较持久的调节，通过协调不同组织、器官、系统的活动维持内环境稳态。内分泌系统包括机体内各种内分泌腺体，分散在组织中的内分泌细胞以及其分泌的具有特殊功能的活性物质——激素。

第一节　内分泌腺体与激素调节机体活动的细胞与分子基础

一、内分泌系统的进化

在脊椎动物类群中，内分泌系统的结构是在循环系统出现之后才形成的，这是因为只有循环系统建立后，才能将分泌的激素运输到靶组织。由于循环系统在不同动物类群中出现的时间不同，而且是独立的，因此内分泌系统出现的时间也是不一样的，如在脊椎动物和甲壳类动物中就没有密切的关系。

▶▶ 录像资料 8-1
内分泌概述

尽管动物的内分泌系统组成差异很大，但也有很多相似性，这些相似性可能源于古代后生动物中旁分泌通讯的基本信号传导机制。随着动物的进化，机体细胞与细胞之间的交流机制分化成复杂的内分泌系统。在所有的动物中，内分泌系统都依赖于相似的化学信使，即受体和信号转导通路。脊椎动物和无脊椎动物都含有胰岛素受体和其相关的信号转导通路、类固醇激素受体、磷脂酶 C 和腺苷酸环化酶。所有的脊椎动物，包括无颌的七腮鳗和盲鳗，都有一系列相关的类固醇激素，如雌激素、雄激素和糖皮质激素作为化学信使。在这些激素中，只有雌激素存在于无脊椎动物。相反，昆虫和甲壳类动物利用一系列不同的类固醇激素（与蜕皮素相关）作为化学信使。像脊椎动物类固醇激素那样，蜕皮素也是与细胞内受体结合，调节基因的转录。

☞ 由于这些基本相似性，才体现了不同动物的激素具有相似的功能。

☞ 有时，不同的动物利用不同的激素发挥相同的作用。

对于无脊椎动物和脊椎动物来讲，尽管内分泌系统在分子水平存在相似性，但在结构和组成上两者存在明显差异。无脊椎动物的内分泌腺很少，大多数内分泌信号转导通路使用的是神经激素，而不是腺体激素。例如，所谓的低等无脊椎动物（如腔肠动物和扁形动物）几乎没有生理活动调节激素，只有有限的几种神经激素，负责调节生长和发育。相反，高等的无脊椎动物（如环节动物、软体动物和节肢动物）、头索动物门和脊椎动物具有很多复杂的内分泌通路，调节许多生理过程。这种增加的复杂内分泌系统与增加的复杂循环系统密切相关，从而保证激素运输到远部靶细胞。总体而言，两者在内分泌系统的复杂性和身体结构组成的复杂性之间存在相关性。

高等动物的分泌腺分为两大类：外分泌腺和内分泌腺。凡分泌物经由导管流出体外或消化管腔的都称为有管腺或外分泌腺（exocrine gland），如汗腺、消化腺等。凡是没有导管的腺体或组织，其分泌物由腺细胞释放后直接进入血管或经组织间液间接进入血管的，则称为无管腺或内分泌腺（endocrine gland）（图 8-1）。要注意的是有些外分泌物中含有的激素属于外激素的范畴，它们发挥着动物与动物个体之间的信息交流，如性行为的诱导等。

内分泌腺、内分泌组织和细胞合成、释放或分泌某种或某些具有特异功能的活性物质，随着血流到达其他器官、组织或全身，从而引起靶器官/靶细胞某种特殊的活动效应，这些化学物质称为激素（hormone）。靶器官/靶细胞是指激素所作用的器官或细胞，该细胞具有与某种激素特异性结合的受体。一般来讲，激素作用到靶器

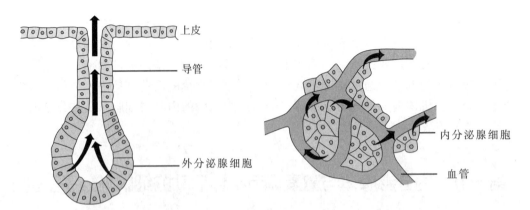

图 8-1　外分泌腺和内分泌腺（引自 Sherwood，2004）

官或细胞后，可引起靶器官分泌激素，后者通过反馈作用调节内分泌腺的功能，从而维持血液中激素的浓度处于合理水平，维持组织、器官以及全身的稳态。总体而言，内分泌系统在动物整体的作用主要是：①维持内环境的稳态；②调节新陈代谢的强弱；③调节组织细胞的分化、增殖和成熟；④调控生殖周期的活动。

　　值得注意的是，哺乳动物的内分泌调节系统虽然非常重要，但其功能又与神经调节系统密切相关。特别是上世纪 40 年代初以后，在下丘脑发现一些区域的神经细胞，它们既具有神经元的形态和功能，又能分泌特殊化学物质（神经递质）。这些化学物质经由血流或其他途径作用于垂体而发挥激素的作用。这就形成了另一支专门研究兼具神经和内分泌作用的新兴学科——神经内分泌学（neuroendocrinology），这类化学物质也被称为神经激素（neurohormone）。现在知道，神经内分泌系统对于调节一些具有周期性特征的机体活动具有十分重要的意义。随着科学研究的发展，上个世纪 50 年代以后，又发现了一些细胞所产生的活性物质可以直接作用于相邻的细胞，起着局部调节作用。这类细胞定义为旁分泌细胞（paracrine cell），其分泌的物质称为局部激素。由于这类激素很容易被破坏和灭活，因此无法运输到远处起作用。再后来，科学家们又发现有些细胞分泌的物质可以作用于分泌细胞本身而发挥调节作用。因此，自分泌（autocrine）这一概念应运而生。一般情况下，旁分泌和自分泌的活性物质多属于各种生长因子类。

☞ 神经和内分泌的结合使机体功能的调节趋于完善。反过来说明机体随着进化，功能更趋复杂。

二、内分泌细胞与靶细胞之间的相互联系

　　内分泌腺细胞分泌的激素要经过血液循环到达靶细胞才能调节靶细胞的活动，然而不同激素如何使不同靶细胞发生不同的反应呢？实际上，这不仅仅是内分泌细胞分泌的激素所要面临的问题，几乎所有的活性物质，包括神经递质以及各种生长因子也有同样的问题。

（一）细胞间交流的方式

　　所有动物从事任何活动的基础是不断地动员机体各种细胞之间的交流或通讯联系。细胞之间进行交流时，发出信息的细胞通常通过化学信使调节靶细胞的功能和活动（图 8-2）。动物细胞主要的信使传递方式之一是通过细胞膜上的缝隙连接（gap junction）直接作用到靶细胞中。但是很多细胞之间并没有直接的联系，因此这些细胞之间的信息联系只能通过间接的方式进行，即某种细胞释放某种化学信使进入到细胞外液中，通过运输到达靶细胞，然后与靶细胞上的受体结合，激活相应的信号通路从而引起该细胞或组织的反应。

　　另外，细胞释放的化学物质通过细胞外液扩散到相邻的细胞，并引起相邻细胞

☞ 缝隙连接是由多种连接蛋白构成的通道。小分子物质可根据通道构象的变化而通过。

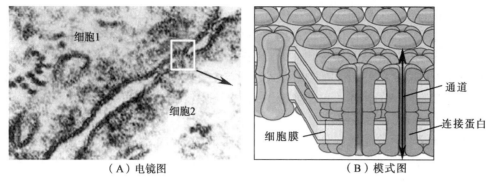

图 8-2 细胞间的缝隙连接（引自 Moyes，2007）

两个细胞之间形成缝隙连接，每个细胞提供一个半通道，每个半通道由 6 个连接蛋白组成。

发生反应的调节方式称为旁分泌调节。当发出化学信使的细胞释放的物质作用到自身从而影响信使细胞本身的反应，这种调节方式称作自分泌调节。由于通过细胞外液扩散的距离有限，很难迅速到达远处的靶细胞或组织，因此动物细胞间远距离的联系往往通过血液循环进行，即信息物质从细胞外液进入血液，随后通过血液循环到达靶细胞，这种调节方式称为内分泌（endocrine）调节，而这些进入血液的化学信使就是激素。除此之外，动物本身还会释放一些化学信使进入外环境，从而作用到其他动物个体，这些物质称为外分泌（exocrine）调节。尽管上述通过化学信使发挥作用的方式不同，但就其生物化学的本质来讲都有相同的特点。

（二）生物活性物质的运输和释放

众所周知，细胞是通过其磷脂膜与细胞外液分开的，因此细胞要释放信使物质首先要通过细胞内液、细胞膜然后进入细胞外液。鉴于信使物质的水溶性不同，其运输方式也各有差异。比如脂溶性物质很容易穿过细胞膜，但很难溶于细胞液和血液中；而水溶性物质容易溶解在细胞液和血液中但很难通过细胞膜。那么，细胞如何解决这样的问题呢？

1. 细胞释放信使的直接通道

对于那些紧密相连的细胞来说，细胞可以通过细胞间的缝隙连接将水溶性的小分子信使物质运输到相邻的细胞。缝隙连接是一类特殊的蛋白复合体，它在两个细胞之间提供了一个水相通道（图 8-2）。在脊椎动物中，缝隙连接是由 connexin 蛋白构成的复合体，而在无脊椎动物中是由 innexin 蛋白构成的。两个紧密相连的细胞，各自的细胞膜形成半个通道复合体，二者共同构成一个完整的通道复合体，这样水溶性的信使物质就可以通过这个通道从发出信使的细胞运输到相邻的细胞。该现象可以通过一个简单的实验加以证明，将荧光标记的小分子物质注射到一个细胞中（注意：该物质不能自由穿过细胞膜），如果细胞间存在缝隙连接的话，那么荧光物质就可以穿过细胞进入到另一个细胞或多个细胞，在荧光显微镜下很容易看到这一结果。

在大多数生理情况下，直接通过细胞间缝隙连接的物质主要是一些离子。就像我们前面已经学过的引起细胞动作电位产生的一些离子的转运主要是通过这种通道进行的。此外，其他一些小分子物质的穿膜过程也是通过缝隙连接进行的，包括大量的细胞间信息物质，如环腺苷酸（cAMP）和环鸟苷酸（cGMP）。实际上，缝隙连接并不仅仅是被动地允许某些物质的通过，它们还能通过通道的关闭和开放来调节细胞间物质通讯的交流。如增加细胞内钙离子水平和降低细胞内 pH 值都可以使缝隙连接关闭。利用现代分子生物技术证明，某些缝隙连接蛋白的磷酸化也会导致缝隙连接的关闭。

☞ 蛋白磷酸化作为表观修饰的一种，对于蛋白质功能的改变对于细胞活动的调节均十分重要。

2. 细胞释放信使的间接信号系统

通过缝隙连接直接将信使传递到靶细胞是一个非常有效的细胞间通信方式，但由于缝隙连接只能在彼此紧密相连的细胞间形成，对于那些距离较远的细胞如何进行通信交流就需要另外一种间接的方式，即首先要将信使物质释放进入到细胞外液，然后通过细胞外液的运输（包括血液）到达靶细胞，最后信使物质作用到靶细胞的受体，激活相应的信号通路。

在自分泌、旁分泌、内分泌、神经分泌及外激素分泌的交流系统中，主要差异是分泌信使物质的细胞类型和物质运输到靶细胞的方式，而在控制信使物质释放的机制、利用化学信使的形式和信号作用到靶细胞的机制等方面则有很高的一致性。在间接信号传递系统中，真正的差异是细胞通信的运输距离。由于自分泌和旁分泌中物质是通过简单的扩散作用到近距离的靶细胞上，因此这一系统的作用范围较小。当然，神经系统也有短距离的细胞间通讯联系，如在神经突触处，就有神经递质从上一个神经细胞的突触前膜释放出来通过突触间隙扩散到下一个神经细胞的突触后膜，进而调节下一个神经细胞的活动。这一点与旁分泌调节有相似性。而内分泌调节主要调节远距离的靶细胞或靶组织，其信号物质是以激素的方式进入血液循环系统，快速运输到靶细胞和靶组织。

由于各种通信系统利用的物质运输方式不同，运输的距离也不同，就造成了这些系统之间信息交流的速度有所不同。如自分泌和旁分泌的距离最短，它们的作用时间可在几秒内完成。相反，内分泌运输距离最长，因此其发挥作用所需的时间就最长，通常需要几十秒或几分钟的时间。这也是为什么内分泌的激素通常要比自分泌和旁分泌的物质半衰期要长的缘故。实际上，有些神经递质也释放进入血液循环发挥激素的作用，这种激素称为神经激素。内分泌细胞通常都是以腺体的形式存在，但也有许多激素并不是由内分泌腺体分泌的。如心房分泌的心房钠尿肽，其作用主要是调节血压。

由于不同的细胞间信息交流存在着许多相同的特征，因此下面我们将介绍细胞间信号传导的生化基础，这将为我们理解细胞间通信提供坚实的基础。

（三）信使物质的结构决定其信息通信的类型

动物中已知的细胞信号物质可以分为6类：多肽、类固醇、胺类、脂类、嘌呤类和气体类。所有已知的激素主要都是多肽类、类固醇类和胺类，而所有6类信使物质都含有自分泌、旁分泌或神经内分泌作用的物质。

一般来讲，信使物质根据结构特点分为脂溶性和水溶性两种，这一特性决定了细胞间的通信方式也明显不同。脂溶性物质容易穿过细胞膜，而水溶性物质不行。表8-1总结了这两类信使物质在信息传递过程中的异同点。

下面我们将分别介绍每类信使物质的生物化学特性，它们的释放、运输和如何作用于靶细胞。

表 8-1　脂溶性和水溶性化学信使的差异

特点	水溶性信使	脂溶性信使
储存位置	合成后储存在细胞内的囊泡中	不能储存，需要时再合成
分泌方式	胞吐	扩散
运输	溶在细胞外液中	多与载体蛋白结合
受体	跨膜受体	细胞内受体或跨膜受体
效应	快	慢或快

1. 多肽类

此类信使物质包括氨基酸、多肽和蛋白质。氨基酸一般发挥神经递质的作用，而多肽和蛋白质可以发挥内分泌、旁分泌、自分泌和神经递质或神经激素的作用。多肽和蛋白质由两个以上的氨基酸组成，一般来说少于50个氨基酸的称为多肽。

肽类激素一般都是以大分子的，无活性的前激素原形式（preprohormone）合成出来。前激素原不仅含有一个或多个肽类激素拷贝，而且还包含有一个能够导向多肽分泌的信号序列。该信号序列在前激素原被包装到分泌囊泡之前被剪切掉，就形成了无活性的激素原（prohormone）。分泌囊泡中含有将激素原分解的蛋白水解酶，后者可以将激素原水解为有活性的激素，然后通过胞吐方式将激素释放出来。

图8-3表示的是精氨酸升压素的形成与分泌的过程。精氨酸升压素是调节血压（高浓度时）和肾集合管水重吸收（低浓度时）的激素，而神经垂体素和糖蛋白的具体功能尚不十分清楚，很可能参与精氨酸升压素的运输和分泌。

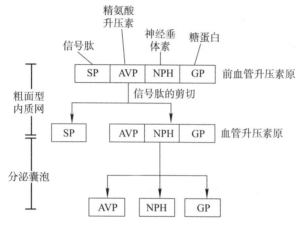

图 8-3　精氨酸升压素的加工过程（引自 Moyes，2007）

多肽和蛋白质信使物质是水溶性的，不能扩散穿过细胞膜。因此，它们在细胞中合成后通过胞吐（exocytosis）的方式释放到细胞外。多肽和蛋白质在粗面内质网合成后包装在释放小泡中，或贮存在囊泡中。大多数多肽激素和神经递质都是合成后贮存在囊泡中，只有在适当的机会被释放，但旁分泌的多肽信使物质如细胞因子（cytokine）只在需要时才会合成。

肽类激素从细胞中释放出来后必须通过细胞外液运输到靶细胞。由于肽类激素是水溶性的，很容易在细胞外液中通过简单扩散或血液循环运输到靶细胞。需要注意的是，由于细胞外液和血液中含有蛋白水解酶，所以肽类激素很容易被水解清除。我们把激素在血液中含量下降一半的时间称为激素的半衰期（half-life）。肽类激素的半衰期一般在几秒到几个小时之间。正是由于这种情况，发出信息的细胞必须持续地生产信使物质以保证靶细胞的反应适度。

由于肽类激素的水溶特性，这类激素不能够直接穿过靶细胞的细胞膜，而是与靶细胞膜上的特异受体结合（图8-4）。

一般来说，跨膜受体的细胞外部分含有配体结合区域。配体（ligand）是指与特异性蛋白结合的小分子物质的统称。借用这一名称，肽类激素实际上就是与跨膜受体蛋白结合的配体。跨膜受体蛋白还含有一个细胞内区域。当配体与受体结合后，受体的构象发生改变。跨膜受体与配体结合后可以激活细胞内的信号转导通路，迅速引起靶细胞的反应变化。通常这一过程是通过改变细胞膜的电位变化或通过改变下游蛋白、激酶的磷酸化来改变其功能的。

2. 类固醇类

在脊椎动物和无脊椎动物中，来源于胆固醇代谢途径的类固醇激素有着非常重

☞ 这些贮存肽类物质的囊泡膜是带负电性的，只有当细胞受到刺激而兴奋时，才在钙离子的作用下迁移到细胞膜并与细胞膜融合而发生胞吐反应。

☞ 临床上使用各种药物的时间间隔正是根据这一点获得的。

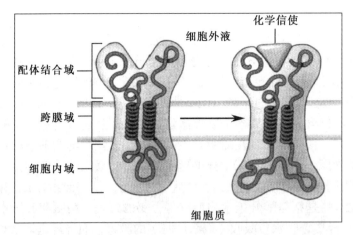

图 8-4 跨膜受体的结构示意图（引自 Moyes，2007）

要的作用。在某些组织中类固醇类物质还可以发挥旁分泌、自分泌以及外激素的调节作用。合成类固醇激素的代谢酶存在于细胞的滑面内质网或线粒体中。图 8-5 表示的是脊椎动物中一些类固醇激素合成的代谢通路。脊椎动物中有三种主要的类固醇激素：一是肾上腺皮质球状带分泌的盐皮质激素，如醛固酮。此类激素主要调节肾对钠离子的重吸收，对于维持机体的体液平衡和电解质平衡具有重要作用。二是肾上腺皮质束状带分泌的糖皮质激素，有时也称其为应激激素。该类激素作用比较广泛，可促进葡萄糖的合成、促进蛋白质的降解，产生氨基酸、促进脂肪酸的产生以及调节免疫系统和炎症反应等。三是包括雌激素、孕激素和雄激素在内的性类固醇激素。它们对于生殖系统的发育、生殖细胞的成熟以及胚胎在子宫中的发育等方面都有重要的作用。

☞ 这是一个非常重要的组织，其分泌的激素对于动物，特别是低等动物的生命活动起着十分重要的作用。

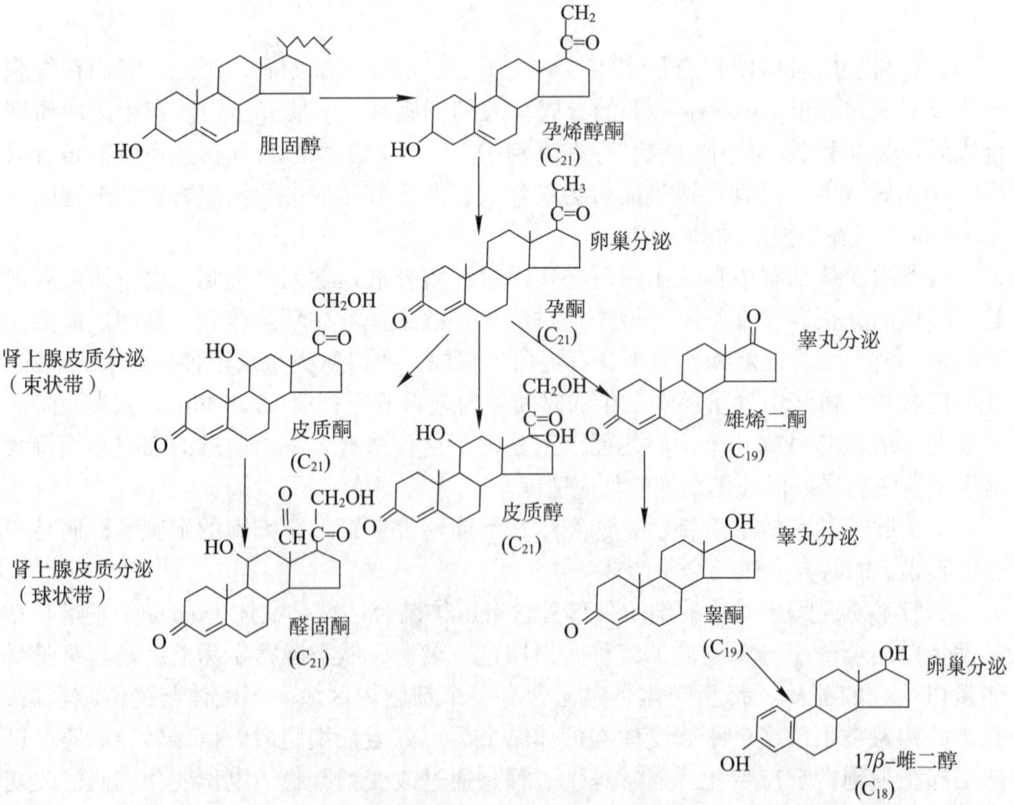

图 8-5 脊椎动物中类固醇激素的合成途径（引自 Nelson，2005）

胆固醇是脊椎动物 3 种主要的类固醇激素的前体物，这 3 种类固醇激素是：糖皮质激素（如皮质醇或皮质酮）、盐皮质激素（醛固酮）和性激素（如睾酮和雌二醇）。

在无脊椎动物中，类固醇激素的主要形式是蜕皮类固醇（ecdysteroid），主要调节节肢动物的蜕皮或换羽（molting）。而在其他无脊椎动物的作用还不清楚，可能与其发育和生殖有关。

由于所有的类固醇激素都含有几个碳环，因此一些人工合成的具有相似结构的化学物质结合到类固醇激素受体后，可模拟或阻断自然产生的类固醇激素的作用。因此，由这类物质污染环境后所造成的环境污染问题已经引起了国际社会广泛的重视。比如，杀虫剂DDT不仅可以导致人类精子数量减少以及增加乳腺癌和前列腺癌患病风险，还可以导致动物发育畸形，如阴茎短小和雌性化等。导致这些问题出现的主要原因是DDT类可以与雌激素受体结合，引起内分泌紊乱。从另外一个角度讲，正是由于这些人工合成类似物有这样的特点，可以将其作为类固醇激素的激动剂或阻断剂使用来研究类固醇激素的作用机理。

另外，类固醇激素合成后并不在细胞中贮存，而是按需生产且直接释放到细胞外液中。对于短距离内的靶细胞，类固醇激素可以通过细胞外液扩散；而对于长距离的靶细胞，激素必须与载体蛋白结合后才能运输到目的地。有些类固醇激素有其特异的载体蛋白，称作结合球蛋白（binding globulin），而有些激素是与一些通用的载体蛋白结合，如白蛋白（一种脊椎动物血液中通用的脂类载体蛋白）。载体蛋白的作用就是包围在脂类物质的外周，使其能够在细胞外液中变成水溶性的。脂溶性激素与载体蛋白的结合是可逆的。一般来说，脂溶性激素与载体结合成复合物与游离的激素之间的比例是99：1，游离类固醇激素和结合类固醇激素处于一种平衡的状态。当游离的和结合的脂溶性激素进入血液循环系统后被运输到靶细胞或靶组织中时，由于游离的物质进入靶细胞与其受体结合，就打破了游离和结合的平衡点，这样结合的脂溶性物质就释放出一部分类固醇激素以保持两者之间的平衡。可见，如果改变游离的或结合的激素量就可以改变与靶细胞受体结合的量，从而改变细胞的反应。根据这一原理，人们就很容易想到，如果不改变体内生产的激素的量，而只改变载体蛋白的量也可以影响靶细胞的反应效果。

☞ 当脂溶性激素与载体蛋白结合成复合物时没有活性功能，只有被释放出来才能发挥激素的特异功能。

脂溶性类固醇激素很容易穿过靶细胞膜进入到细胞内，与细胞膜上或细胞内的受体结合。有关类固醇激素受体研究最多的是它的核受体，核受体本身起着转录因子的作用，控制目的基因的表达。由于这一通路依赖于转录和翻译的变化，因此类固醇激素与受体结合后发挥作用就需要相对较长的时间。相反，当与膜受体结合时则可立刻启动细胞质内的信号转导通路，通过非基因组效应发生快速反应。

☞ 近年来科学家发现类固醇激素也有膜受体，特别是在神经系统中，预示着类固醇激素可借此实现对神经系统的快速调节。

3. 胺类激素

在细胞信号通信中发挥作用的胺类物质称作生物活性胺类（biogenic amine），许多胺类物质是由氨基酸合成的，常见的有以下几类：①由酪氨酸（tyrosine）合成的儿茶酚胺类（包括多巴胺、去甲肾上腺素和肾上腺素）激素。多巴胺在所有动物中都存在，起着神经递质的作用。去甲肾上腺素和肾上腺素也属于此类激素，存在于脊椎动物中，它们既是神经递质，也是旁分泌和内分泌激素。②由酪氨酸合成的对羟苯−β−羟乙胺和酪胺是非脊椎动物中非常重要的神经递质，并在脊椎动物也有活性，但具体生理作用尚不清楚。另外一种胺类激素是由酪氨酸合成的甲状腺素，其只在脊椎动物中发挥激素的作用。③由色氨酸（tryptophan）合成的5−羟色胺（5−HT）和褪黑素（melatonin）。5−羟色胺，又称血清素（serotonin），是所有动物群类的神经递质。褪黑素几乎存在于所有动物中，起着神经递质和激素的作用。在脊椎动物中，褪黑素调节昼夜节律和季节节律。尽管该激素在几乎所有的无脊椎动物中都存在，但其作用还不十分清楚。④由组氨酸（histidine）合成的组胺（histamine），在脊椎和无脊椎动物中起着神经递质和旁分泌作用，而且在免疫反应和过敏反应中也起重要的作用。

另外一种是由胆碱（choline）和乙酰辅酶A合成而来的乙酰胆碱，是在所有动物中都起重要作用的神经递质，也是脊椎动物神经肌肉接头处的主要递质。由于乙酰胆碱不是从氨基酸衍生而来，有时单独将其划分为独立的生物胺类型。

大多数生物活性胺物质都是水溶性的，合成后包装在囊泡中通过胞吐方式释放到细胞外液中。它们或是按需合成后释放，或是事先合成后贮存在囊泡中，再在适当的时候释放。由于该类物质大多是神经递质，因此本节只重点介绍甲状腺激素的有关合成和释放的内容。

▶▶ 录像资料 8-2
甲状腺

甲状腺激素的跨膜过程：人甲状腺位于气管上端两侧，分左、右两叶，两叶之间以峡部相连，形成盾甲状，故称甲状腺。甲状腺的主要结构是腺泡（滤泡）。腺泡壁由一层柱状上皮细胞构成，泡腔中有胶体物，即腺上皮细胞分泌的含有甲状腺激素的甲状腺球蛋白（thyroglobulin）。当腺泡细胞分泌功能旺盛时，细胞呈柱状且泡腔容积减小；而当功能低下时，细胞为扁平状，泡腔扩大。此外，腺泡之间还有一些形态不同的旁细胞分散地存在着。

☞ 甲状腺旁细胞的主要功能是分泌降钙素。

甲状腺激素（thyroid hormone）是由甲状腺分泌，主要包括四碘甲腺原氨酸（3,5,3′,5′-tetraiodothyronine，T_4）和三碘甲腺原氨酸（3,5,3′-triiodothyronine，T_3）两种，它们都是酪氨酸碘化物。T_4、T_3 经过内环（酪氨酸环）经 5- 脱碘酶（D3）作用分别生成无生物学活性的 3,3′,5′- 三碘甲腺原氨酸（rT_3）和 3,3′- 二碘甲腺原氨酸（3,3′-T_2）；一部分 T_4 在外环（酚基环）经 5′- 脱碘酶（D2）的作用产生 T_3 发挥其生物学作用，T_3 的活性是 T_4 的 3~8 倍。血浆中的游离 T_3 并不都是由甲状腺腺泡细胞释放出的，其中 2/3 是由 T_4 在血液中或其他组织细胞脱碘而成的。T_4 的半衰期约为 6~7 天，而 T_3 约为一天。

甲状腺腺泡细胞膜上有碘泵，可逆浓度差将血浆中的碘离子（I^-）摄入到腺泡细胞中。因此，血液中 I^- 主要进入甲状腺中，甲状腺内 I^- 与血清中 I^- 的比值是 1：25。合成甲状腺激素的主要原料是碘和酪氨酸，合成的部位在甲状腺球蛋白上。其合成过程主要包括以下 3 个步骤（图 8-6）：

（1）聚碘作用（iodination of tyrosine）

由肠道吸收的碘，以 I^- 的形式存在于血液中。由甲状腺滤泡上皮细胞膜上的 Na^+-K^+ ATP 酶活动提供的能量以主动转运形式通过上皮基底膜进入细胞内。

（2）碘的活化（iodine activation）

I^- 的活化是一种氧化过程。摄入上皮细胞的 I^- 被甲状腺过氧化酶（thyroperoxidase）催化后，在甲状腺球蛋白的酪氨酸残基上将氢原子取代或碘化。

甲状腺功能亢进时，滤泡上皮聚碘能力加强，摄入碘量增加。反之，甲状腺功能低下时，聚碘能力明显减弱。促甲状腺激素加强聚碘过程。SCN^- 和 ClO_4^- 能与 I^- 发生竞争转运，因而抑制甲状腺聚碘。临床上常用甲状腺对 ^{131}I 摄取能力作为诊断甲状腺功能及治疗甲状腺功能亢进的方法之一。

（3）酪氨酸碘化（iodination of tyrosine）

甲状腺球蛋白的酪氨酸残基上的氢原子被碘原子取代或碘化，首先生成一碘酪氨酸残基（MIT）和二碘酪氨酸残基（DIT），然后两个 DIT 分子的偶联生成 T_4（DIT+DIT），或一个 MIT 分子与一个 DIT 分子偶联生成 T_3（MIT+DIT）。此外还能合成少量 rT_3。MIT 和 DIT 脱碘后可形成碘和酪氨酸，用于重新合成甲状腺素。

☞ 甲状腺激素的分泌分两步，一是先以甲状腺球蛋白的形式以胞吞方式进入细胞质，再以甲状腺素的形式自由扩散出细胞质。

腺泡腔中的甲状腺球蛋白的分子质量很大（67 kDa），不能透出腺泡。它只能以胶体滴的形式通过胞饮作用由腺泡腔进到腺泡上皮细胞内，与细胞质中的溶酶体融合后，在蛋白水解酶的作用下分解出 T_4、T_3 以及 MIT 和 DIT。尽管甲状腺激素是由水溶性的甲状腺球蛋白合成而来，但甲状腺激素却是脂溶性的，可以轻易地穿过溶酶体膜和细胞膜。这样，T_4、T_3 可扩散出腺泡细胞，并通过血液循环作用到靶细胞上。

甲状腺激素的运输：T_3、T_4 进入血浆后，约 99% 与血浆蛋白结合，成为特殊的

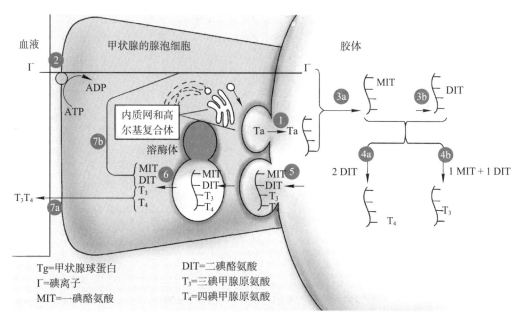

图 8-6 甲状腺激素合成与释放的模式（引自 Sherwood，2004）

甲状腺素结合球蛋白。与甲状腺激素结合的蛋白质有三种，即甲状腺激素结合球蛋白（thyroxine-binding globulin，TBG）、前蛋白和清蛋白，其中以 TBG 最多，占 60%。甲状腺素被血液运输到靶细胞并与靶细胞的质膜上或胞内受体结合，其中胞内受体也起着转录因子的作用。当激素与受体结合后改变了目的基因的转录水平。可见，甲状腺激素来自于蛋白质，但其作用机理却与类固醇激素相似。甲状腺激素对于调节机体的代谢率和哺乳动物的体温具有重要作用。

4. 其他信使物质

蛋白质类（多肽类）、类固醇类和胺类等都属于激素，但还有许多具有神经递质和旁分泌作用的化学物质并不属于这三类。比如一些脂类、嘌呤类甚至还包括一些气体。其中许多都是近年来发现并证明具有重要生理学意义的信号物质，有些被证明在疾病发生过程发挥重要作用，包括炎症反应、疼痛和心血管疾病等。

花生酸与脂类信使物质 花生酸是人们很早就知道的化学物质，起着神经递质和旁分泌信号物质的作用。脂溶性的花生酸可以自由穿过细胞膜与核受体结合，或直接与跨膜受体结合。绝大多数自然产生的花生酸在细胞外液中的半衰期很短，几秒钟内就被降解。这样它们很难运输到远方的靶细胞，也就很难发挥激素样的作用。大多数花生酸都是花生四烯酸的衍生物，而花生四烯酸广泛存在于细胞膜的磷脂中。图 8-7 表示了花生酸的合成通路。从花生四烯酸到形成各种花生酸产物主要通过两大途径：一是通过脂氧合酶形成白细胞趋化因子和脂氧素类；另一条通路是通过环氧化酶产生前列腺素、前列环素和血栓素。其中前列腺素是目前研究的最多的一类花生酸，因为其在机体局部浓度的升高会使机体产生痛觉。通常使用的去痛剂，如阿司匹林和布洛芬的工作原理就是阻断前列腺素的合成。

花生酸也可以发挥神经递质的作用，如有的可以结合脑中的大麻醇受体。该受体也可以与大麻植物的四羟基大麻醇结合发挥生物学作用。

一氧化氮 在动物机体中，已明确具有化学信使作用的气体分子有三种，分别是 NO、CO 和 H_2S。NO 是第一个被证明发挥化学信使作用的气体分子，其作用机理相对比较清楚。在一氧化氮合酶（NOS）催化作用下，精氨酸与氧生成 NO 和瓜氨酸（citrulline）。动物中有三种 NOS：一种是诱导型 NOS（iNOS），受特殊信号的诱导表达并催化合成 NO；一种是内皮型（eNOS），任何时候都表达；还有一种是神经型 NOS（nNOS），主要在神经系统中表达。NO 在细胞外液中的半衰期很短（2~30 s），

☞ 花生酸及其衍生物是人类临床上应用最早的物质之一。其作用十分广泛。

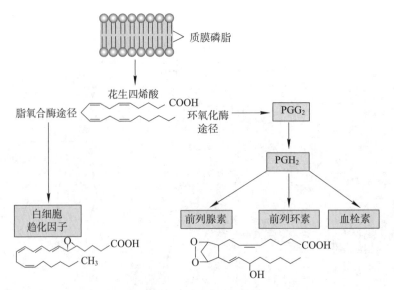

图 8-7 前列腺素的合成（引自 Fox, 2004）

☞ 正是由于一氧化
氮的扩张血管作用，
其在雌性动物妊娠过
程中如何通过对母体
向胎儿提供血液进行
调节引起了生殖生物
学家的重视。

因此只能发挥旁分泌或神经递质的作用。NO 的生理作用很广泛，如它可以促进血管平滑肌的舒张，造成血管扩张效应，使血液更多的流向该区域。此外 NO 对于免疫系统也发挥着旁分泌调节的作用。值得一提的是，NO 还参与甲状腺素调节葡萄糖转运蛋白（glucose transporter）的表达，从而影响卵泡的发育及卵母细胞成熟。

由于 NO 是一种气体，所以可以轻易地穿过细胞膜扩散到靶细胞。NO 作用到靶细胞发挥作用可以通过三条通路，其中一条重要的通路就是激活细胞内的鸟苷酸环化酶。鸟苷酸环化酶催化 cGMP 的形成，cGMP 再激活下游特异的蛋白激酶（PKG），使其下游各种靶蛋白磷酸化从而发挥生理功能。细胞内形成的 cGMP 可以被细胞内存在的磷酸二酯酶（PDE）迅速降解，进而终止 cGMP 的信号作用。大家知道的抗阳痿药物"伟哥"（Viagra），之所以有效就是因为它可以阻断 PDE 的作用导致 cGMP 在细胞中的持续存在引起支配阴茎的血管平滑肌舒张，使更多血液进入的结果。

☞ 神经调质指的是
可以改变其他信号物
质（如神经递质）的
活性的一类细胞信号
分子。

嘌呤类　目前已知发挥神经递质或神经调质以及旁分泌作用的嘌呤类物质，包括腺苷、一磷酸腺苷、三磷酸腺苷和鸟嘌呤核苷酸等。嘌呤类的作用广泛，如腺苷酸通过调节免疫系统促进创伤愈合，改变脊椎动物的心跳节律，也是脑中潜在的镇定类神经递质之一。嘌呤类通过不同的方式从细胞中释放，如：腺苷酸通过特异的核苷酸转运蛋白运输通过细胞膜；而其他一些嘌呤类是先被包装到囊泡中，然后通过胞吐过程释放到胞外。如果这些嘌呤属于信号物质，则在靶细胞膜中与细胞膜中的跨膜受体结合发挥作用。这类受体称作嘌呤能受体。

（四）靶细胞的通信联系

上述各类信号物质作用到靶细胞上都要通过与其各自的受体结合后才能发挥作用。当配体与受体结合后引起受体的构象发生变化，这种变化对靶细胞来说就是一个信息传递的过程。水溶性配体与跨膜受体结合后通过受体构象的变化将信息传递到细胞内，而不需要配体进入细胞。而脂溶性配体在自由穿过膜的过程中可以与其膜受体结合，也可以进入细胞与细胞内受体结合。

1. 受体的分类

根据靶细胞中受体存在的部位不同，可分为细胞膜受体和细胞内受体。

（1）细胞膜受体

细胞膜受体是镶嵌在细胞膜上的一种糖蛋白，其结构一般分为三部分：细胞膜外区段、质膜部分和细胞膜内区段。细胞膜外区段含有许多糖基，为亲水部分，是识别激素并与之结合的部位，而肽链疏水区段插入双层脂质中。激素与受体结合后，必须通过细胞膜 G 蛋白介导，才能发挥生物效应，所以这种受体称为 G 蛋白偶联受体（G-protein-coupled receptor）。

（2）细胞内受体

细胞内受体分胞质受体和核受体两种。胞质受体含有两个亚基，它们以二聚体形式存在于胞质中，两个亚基各自均能与一分子激素结合，形成激素受体复合物，将激素转移到核内，结合到染色质上发挥作用。核受体位于细胞核内，它由一条多肽链组成，有三个结构域组成，分别为激素结合结构域、DNA 结合结构域和转录激活结构域。激素与核受体结合形成激素 – 受体复合物后，即可启动基因调节的过程，转录特异的 mRNA，进而合成相应的蛋白质。

2. 受体与配体的特异性

受体与配体的结合是非常严格和特异的。这是因为受体与配体的结合区域有特殊的类型，只允许那些和受体结合区域相适应的结构分子有效结合，就像一把钥匙开一把锁那样。靶细胞能否对配体发生反应，取决于靶细胞上或细胞内能否表达相应的受体。由于所有细胞所处的细胞外液是相同的，因此也就有相同的信号物质位于细胞周围，而只有表达相应受体的细胞才能与相应的配体结合并产生反应。

☞ 正是由于这种受体与配体特异性的结合，才导致了动物机体对不同的信号做出不同的反应。

动物体中存在成千上万的信号物质，但只有某种细胞或某类细胞才能对某些信号物质发生反应，这完全取决于动物机体细胞中的受体类型。尽管并不是某种细胞对所有信号物质都能发生反应，但大多数细胞同时拥有多种受体类型，也就意味着可以对许多信号物质发生反应。

我们把那些结构相似并能与自然受体结合，且激活受体产生相应生理效应的人工化学物质称作某种自然受体的激动剂（agonist），而把那些虽然能够与受体结合但不能激活受体的化学物质称作受体的抑制剂（inhibitor）。例如，植物中的箭毒块茎碱（tubocuraine）虽然可以与神经肌肉接头处的受体结合，但不能产生肌肉收缩现象。因为该物质是乙酰胆碱受体的拮抗剂，使神经信号不能作用到骨骼肌上，因此会引起肌肉麻痹。

☞ 激动剂和抑制剂的发现使人们在研究激素和受体作用关系时发展的药物，反过来这些药物的发现又为人们进一步研究激素和受体的作用原理提供了工具。

3. 受体的结构特性

受体都是由含有多个区域的大分子蛋白质构成的，其中配体结合区域含有与信号物质结合的位点。蛋白的其他区域包括功能活性区，它使细胞内的信号转导分子相互作用而引起下游信号分子的活性变化。配体结合区域的结构决定了配体与受体相互作用的性质，而功能区域决定了靶细胞反应的性质。

（1）受体的结合和功能特性

许多受体属于一个大的基因家族的一部分。该基因家族可以生成许多相似的蛋白，称作蛋白异构体，各自具有不同的特性。受体异构体通常含有相同的配体结合区域，但具有不同的功能区域。受体的这种特性保证了相同的信号物质对不同的靶细胞具有不同的功能。例如：肾上腺素可以引起肺脏小支气管平滑肌的舒张，但对小肠血管平滑肌的作用却是促进收缩，原因就是在这两处的平滑肌细胞中表达的是不同的肾上腺素受体异构体。

☞ 由于这些异构体所处的组织不同才造成了同一激素对不同组织的作用不同这一效果。

（2）受体与配体结合的规律

受体与配体结合也符合质量作用定律，即受体与配体的结合是可逆的。当配体的浓度升高时，配体趋向于与受体结合。受体与配体结合的数量越多则细胞的反应性就越大，但是配体与受体结合的数量在细胞中不可能无限增加，因为受体的结合能力具有饱和性。即当受体的结合能力达到饱和点时，增加再多的配体也不会引起细胞更大的反应。

（3）受体数量的变化

靶细胞上受体的数量可以发生改变，细胞的受体数量越多，就可与更多的配体结合，从而引起靶细胞更大的反应。换句话说，拥有受体数量多的靶细胞对配体的敏感性就高。

靶细胞中受体的数量随时改变，这种现象可以通过注射某种物质观察到。例如，鸦片类物质（包括鸦片、吗啡、可卡因、海洛因等）可以结合并激活机体的阿片肽受体，特别是激活大脑中的阿片肽受体。该受体的正常功能是抑制疼痛和产生舒适的感觉。当有人经常滥用毒品如海洛因时，靶细胞上的阿片肽受体数量就会下调，以降低舒适信号的强度来达到维持体液平衡的目的，这种现象被称作受体的下调（down-regulation）。

受体数量也可以被上调（up-regulation）。例如，咖啡因与腺苷酸受体结合后就可以增加腺苷酸受体的数量。腺苷酸是一种抑制性神经递质，当它与其受体结合后，导致脑兴奋性下降，产生镇定的效果。咖啡因是该类受体的拮抗剂，可以与该受体结合但不能激活该受体，其结果就是阻断了腺苷酸的镇定作用，从而产生兴奋效果。大脑对这种物质的作用所产生的反应是增加受体的数量。受体的上调导致对自然产生的腺苷酸敏感性增加，以达到平衡兴奋与镇定的效应，最终使大脑的活动从咖啡因的兴奋作用恢复到正常水平。

（4）受体与配体亲和力的变化

受体与配体结合的能力可以用解离常数（dissociation constant，K_d）来表示。K_d的定义是细胞上一半的受体与信息物质结合时配体的浓度。这样，当受体的亲和力高时，其解离常数就低，而受体的亲和力低时其解离常数就高。另外，我们也可以用亲和常数（affinity constant，K_a）来表示受体与配体之间结合的能力。K_a定义为解离常数的倒数。亲和常数越高，则受体的亲和力越高，受体与配体就结合得越紧密。在固定的配体浓度下，亲和力越高的受体产生的反应就越大。

有些激素受体的亲和常数非常高（$>10^8$ L/mol），因此即使激素的浓度很低时也能与受体结合。相反，一些神经递质和旁分泌物质的受体亲和常数很低（10^4 L/mol），需要在较高的浓度时才能引起细胞的反应。

☞ 这就是为什么激素的含量非常低，只有用非常灵敏的技术才能测定出来。另外也说明激素的含量稍有变化就可以影响细胞活动的原因。

亲和力可随生理或药理因素的变化而改变，受体数目可受激素浓度的影响。受体数量愈多的靶细胞，对激素的反应愈敏感。如动物性周期的不同阶段，卵巢颗粒细胞膜上的卵泡刺激素（FSH）受体的亲和力是不相同的。某一激素与受体结合时，其邻近受体的亲和力也可出现增高或降低的现象。有人用淋巴细胞膜上胰岛素受体进行观察发现，如长期使用大剂量的胰岛素，将出现胰岛素受体数量减少，亲和力下降的现象；当把胰岛素的量降低后，受体的数量和亲和力可恢复正常。许多种激素（如促甲状腺激素、绒毛膜促性腺激素、促黄体激素、卵泡刺激素等）都会出现上述情况。

当血液中某种激素浓度升高时，靶细胞中该激素受体数量减少及亲和力降低，称为减量调节或简称下调；当激素浓度降低时，受体的数量和亲和力又迅速回升，称为增量调节或简称上调。如催乳素、卵泡刺激素、血管紧张素等都可以出现上调现象。可见，激素受体调节与激素的浓度相适应，受体的合成与降解处于动态平衡之中。机体通过调节靶细胞的受体数目，来改变对激素的敏感性。

（5）信号物质的失活

只要配体持续与受体结合就会持续引起靶细胞的反应。因此，为了保证机体的活动随时可调，就必须使信号物质及时消失。配体–受体复合物的活性可通过不同的方式进行调节。最简单的清除信号物质的方式是通过细胞外液清除。例如，肝脏和肾脏的酶可以降解多种循环系统中的激素。当激素在循环血液中的浓度下降后则进入组织液的激素就下降，因此结合到受体的激素量就减少。

　　然而，通过血液循环系统清除激素的过程比较缓慢，需要几分钟甚至几小时的时间。而有些活动的调节需要在很短的时间内完成，那么，如何清除信号物质就需要通过以下几条通路来完成。

　　临近细胞的摄取作用　即通过其他细胞摄取局部细胞外液中的信使物质，从而减少作用于靶细胞的信使物质的数量。神经突触之间的神经递质通常都是通过这种方式进行。因此，这一过程往往都是临床医学上的药物治疗靶点。例如，常用的选择性 5- 羟色胺重新摄取抑制剂（SSRI）可以抑制 5- 羟色胺从突触间隙的重新摄取，进而增加了突触间的 5- 羟色胺浓度，使 5- 羟色胺与受体结合的量增加。SSRI 主要用于治疗精神抑郁。

　　酶降解通路　即细胞外液中存在降解某些神经递质或旁分泌物质的酶类，可以在短时间内将多余的信使物质降解掉。

　　受体 - 配体复合物内陷　即靶细胞膜受体与配体结合后通过受体配体复合物内陷进入靶细胞内。内陷的复合物或被降解（造成受体下调），或被靶细胞重新利用。

　　受体磷酸化途径　结合后的复合物中的受体还可以通过受体的磷酸化（或其他相似的修饰）使受体的功能失活。

三、信号转导通路

　　通过前面的介绍，我们知道激素（配体）和受体的类型及浓度都可以影响靶细胞的反应，那么配体和受体结合后如何引起细胞反应呢？我们知道细胞中有许多信号转导通路，受体的变化将与不同的信号转导通路相连，最终引起细胞的反应。细胞内的信号转导通路就像无线电台的转播台一样，有如下成分构成：接受器、转播器、放大器和反应器。在细胞中受体的配体结合区起着接受器的作用，通过与配体结合来接受信使物质的信息；受体的其他区域通过构象变化起着转播器的作用；信号转导通路起着放大器的作用（通过一定数量的下游分子的激活）；而整个细胞最终的活动就是一个反应器。

　　所有的细胞内信号转导通路都有相似的运作方式（图 8-8）。当配体与受体结合后引起受体构象的变化；受体构象的变化本身就是一个信号，它将无活性的底物 A 激活后再将其底物 B 激活，以此类推，直到最终的底物被激活。实际上，一个单独的信号物质与其受体结合后引起的受体构象变化，可以引起不同的底物 A 激活，而不同的底物 A 又可以引起其下游不同的底物 B 激活，以此类推，就像"瀑布"一样，最初的一点可以引起最终的无数点的物质活性变化，当然这种最终信号的放大作用会根据参与分子的多少而定。

　　由于细胞具有许多信号通路，而且有些是非常复杂的。受篇幅的限制，本书只介绍下列与生理过程有重要作用的通路。根据受体的特性和配体的作用途径将这些信号转导通路大体分为与细胞内受体相关的通路、配体控制的离子通道通路、受体 - 酶通路和 G 蛋白偶联受体通路。细胞内受体通路指的是脂溶性信使物质与细胞内受体结合后的通路；配体控制的离子通道通路指的是通过改变靶细胞膜离子通透性的变化引起的反应；受体 - 酶通路指的是受体与配体结合后通过激活或灭活细胞内酶的活性来改变细胞的反应；G 蛋白偶联受体通路指的是配体与受体结合后通过与受体偶联的 G 蛋白再激活下游的信号转导通路，最后引起细胞的反应。

☞ 与 GTP 有关的一类膜蛋白。

（一）胞内受体通路

　　通过调节胞内受体通路发挥作用的激素主要是类固醇激素和甲状腺激素。激素与具有转录因子作用的胞内受体结合后，通过受体构象的变化与靶基因特定的 DNA

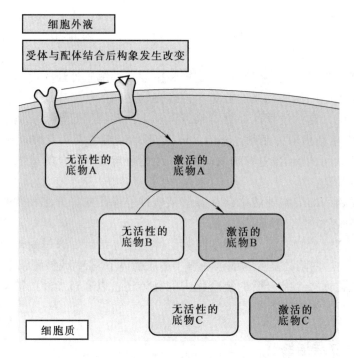

图 8-8　配体与受体结合后的信号转导模式（引自 Moyes，2007）

☞ 配体与胞内受体结合发挥作用都要通过基因的转录、翻译等过程，因此其作用的起效时间较长，一般都需要 8~10 h。

序列结合调节基因的转录水平，增加或降低 mRNA 的产生。胞内受体有三个功能区域：配体结合区、DNA 结合区和转录激活区。一旦脂溶性信使物质穿过靶细胞膜就结合到受体的配体结合区域，引起受体构象的变化并激活受体，当位于细胞内的受体与配体复合物进入到细胞核内，受体的 DNA 结合区就与特定的 DNA 结合，调节 DNA 的转录。而位于细胞核内的受体本身就是与 DNA 结合的，当配体穿过核膜与细胞核内的受体结合后，激活后的受体就可直接调节 DNA 的转录。细胞内受体的 DNA 结合区与靶 DNA 附近的特定序列结合，该序列称为反应元件（responsive element）。由于每种细胞内受体的 DNA 结合区域只识别特定的反应元件序列。一旦受体结合到反应元件，受体的转录活性区域就会与其他转录因子相互作用调节靶基因的转录水平，增加或降低 mRNA 的产生。许多重要的内分泌激素的作用机理都是通过这一途径实现的，包括性激素、肾上腺皮质激素等。

当受体激活并启动 DNA 转录时通常都是先启动一些特殊的基因，如编码其他的一些相关转录因子的基因，随后共同来调节靶基因的转录，这本身就是一个信号转导过程的放大机制。在激活的细胞内受体和转录因子之间的相互作用效果有很大的不同。同样的受体可能增加一些基因的转录，而降低另外一些基因的转录。可见，一个脂溶性的配体所引起的靶细胞的反应非常复杂。由于这些信使物质引起的效应是通过改变靶细胞基因转录的变化，因此靶细胞发生反应所需的时间相对较长。一般情况下，能够检测到的第一个分子变化的时间约 30 min，而后续的反应则需几小时甚至几天。

脂溶性物质也可以与细胞膜受体结合，在这种情况下，靶细胞的反应是非常快的，关于这方面的作用机理还不完全清楚。如甲状腺激素如何通过神经细胞膜上的 $\alpha_v\beta_3$ 受体调节细胞发育尚在研究之中。

（二）配体控制的离子通道通路

与配体和受体结合的通路相比，配体控制的离子通道相对简单和直接一些。当配体结合到门控离子通道上，则引起蛋白构象发生变化，从而打开位于细胞膜中的蛋白通道使离子穿过细胞膜（根据膜两侧离子的电化学梯度改变细胞的膜电位）

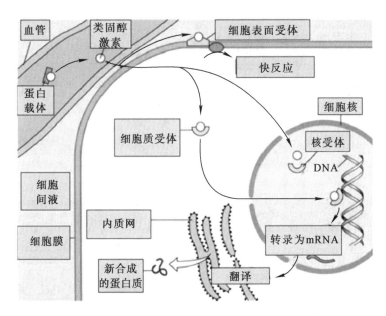

图 8-9　胞内受体的信号转导通路（引自 Silverthorn，2009）

（图 8-10）。由于门控通道的改变引起的细胞膜电位的变化是非常快的。一般情况下，一个信使分子可以打开一个离子通道；快速通道可以允许多个离子的通过，以达到扩大信号的作用。

（三）受体 – 酶机制

受体 – 酶复合体含有一个细胞外配体结合区、一个跨膜区和一个细胞内催化区。其中配体结合区含有一个可以与特异性信使物质结合的区域。当配体与该区域结合后，引起受体构象发生变化，使得信号通过细胞膜激

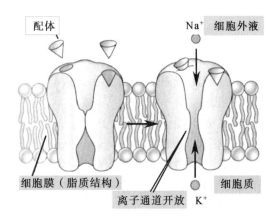

图 8-10　配体控制的离子通道结构示意图
（引自 Hill，2008）

活受体与酶复合体的催化区。该催化区起着酶的作用，并激活下游信号通路的分子。受体 – 酶复合体信号通路包括对效应靶分子磷酸化或去磷酸化过程。通过多级磷酸化过程，使得原有的信号逐级放大，最终引起靶细胞的反应。

这里我们介绍三种主要的和内分泌有关的受体 – 酶复合体通路：受体 – 鸟苷酸环化酶通路；受体 – 酪氨酸激酶通路；受体 – 丝氨酸 / 苏氨酸激酶通路。动物中大多数信号通路是受体 – 酪氨酸激酶通路，也有许多是受体 – 丝氨酸 / 苏氨酸激酶通路，其主要是在生长和发育过程中起重要作用。

1. cGMP 通路

当配体与受体 – 鸟苷酸复合体结合后，受体通过构象变化激活鸟苷酸环化酶（图 8-11）。激活的鸟苷酸环化酶促进 GTP 分解产生第二信使 cGMP。cGMP 可激活 cGMP 依赖的蛋白激酶（PKG），PKG 可催化胞内蛋白质的磷酸化，也可激活蛋白磷酸酯酶，进一步水解底物蛋白质中磷酸化酪氨酸残基上的磷酸基团。磷酸化的蛋白分子再将下游蛋白分子磷酸化。以此类推，将初始信号逐级传递并放大，最终引起细胞的反应。实际上，在信号通路中的许多蛋白分子都具有激酶的活性，可以使其下游分子磷酸化并激活。目前，了解最清楚的受体 – 鸟苷酸环化酶复合体是心钠肽通路。心钠肽主要是受血压的增加刺激心房肌产生的一类关系密切的多肽，其作用

☞ 心钠肽（ANP）系统主要有三种，除了 ANP 外，还有在脑部发现的 BNP 以及在其他组织发现的 CNP。它们的受体有三个类型。

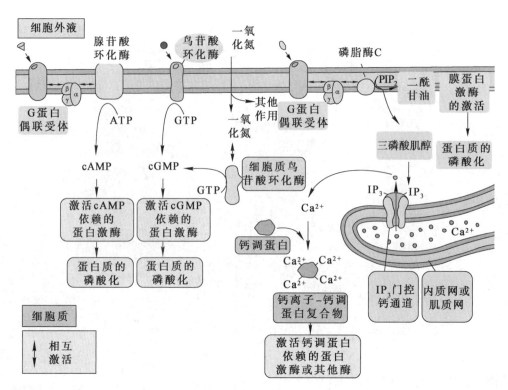

图 8-11　细胞内的信号通路（引自 Hill，2008）

机制在泌尿系统中已有介绍。此外，第九章中将介绍其参与调节卵母细胞减数分裂的相关机制。

2. 受体酪氨酸激酶通路

受体酪氨酸激酶（receptor tyrosine kinase，RTK）的特征是胞内结构域本身具有酪氨酸激酶活性。目前已有超过 50 多种受体酪氨酸激酶，其中大多数与细胞的生长和增殖有关。激活这类受体的配体主要是各种生长因子，如胰岛素、表皮生长因子、血小板源生长因子、血管内皮生长因子和肝细胞生长因子等。当信使物质结合到受体上时，结合的受体形成二聚体（图 8-12）。二聚化的受体可以互相将复合体中的酪氨酸残基磷酸化，这一过程称作酪氨酸的自动磷酸化。磷酸化的受体再激活下游蛋

☞ 细胞中很多分子的活化都需要蛋白单体的聚合，有的还需要三聚化或四聚化。

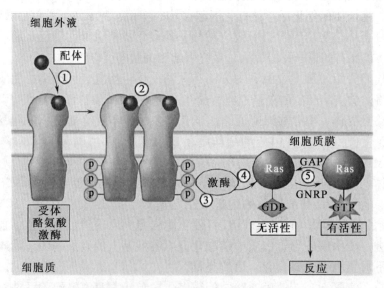

1. 配体与受体结合；2. 受体二聚化和自身磷酸化；3. 磷酸化的受体与蛋白激酶相互作用；

4. 蛋白激酶与 Ras 相互作用；5. Ras 的两种形式

图 8-12　受体酪氨酸激酶通路（引自 Moyes，2007）

白分子，使信号逐级传递并放大，最终引起细胞发生反应。

在生长因子与其受体结合后，一般首先激活第一个下游蛋白分子 Ras。Ras 与 GTP 结合并水解 GTP。Ras 实际上起着一个使 GTP 酶是否处于活性状态的开关作用，当与 GTP 结合可使 GTP 酶处于活性状态，而当与 GDP 结合时则处于无活性状态。此外，GTP 酶激活蛋白（GAP）和鸟嘌呤 – 核苷酸释放蛋白（GNRP）也可以使 Ras 分别处于活化或非活化状态。受体 – 酪氨酸激酶通过 GAP 和 GNRP 来调节 Ras 的活性。

☞ Ras 最先是作为原癌基因被发现的。

之后，Ras 激活信号通路下游信号分子的丝氨酸 / 苏氨酸的磷酸化将信号传递下去。动物细胞中有许多丝氨酸 / 苏氨酸的磷酸化的级联反应，其中最重要的就是 MAP 激酶。首先，激活的 Ras 磷酸化激活 MAPKKK，后者接着磷酸化激活 MAPKK，然后 MAPKK 再磷酸化激活 MAPK。激活的 MAPK 激活其他蛋白激酶以及细胞内蛋白和转录因子 ELK-1 和 Jun。这些转录因子调节其他能够调控不同基因表达的转录因子的转录。这样，最初通过受体 – 酪氨酸通路引起的细胞内信号分子的磷酸化级联反应就将原始信号逐级传递并放大。由于在这种细胞内的磷酸化级联反应中 Ras 具有广泛的调节细胞生长和代谢的作用，因此，编码 RAS 的基因一旦发生突变，就会引起细胞生长发育的异常。据统计，大约有 30% 的人类癌症的发生是由于 RAS 的异常造成的。这种突变造成即使没有配体激活 Ras 的条件下，Ras 也会持续表达并处于活性状态，从而造成细胞持续生长和分裂增殖，产生癌症。

☞ MAPK 是丝裂原激活蛋白激酶的缩写，它是细胞分裂过程中最重要的激酶之一。以此类推，MAP 就是丝裂原激活蛋白。

另一个酪氨酸激酶受体就是胰岛素受体。当配体与受体的胞外区的 α 亚基结合后引起受体的二聚化后，便引起胞内区（β 亚基）酪氨酸的自动磷酸化。二聚化的胞内区本身也起着酪氨酸激酶的作用，可以磷酸化下游信号分子。在胰岛素受体通路中最有名的一个靶分子叫作胰岛素受体底物，该分子起着将蛋白质与信号通路中的其他信号蛋白对接的作用。

另外值得注意的是，酪氨酸激酶受体有别于酪氨酸激酶结合型受体（tyrosine kinase-associated receptor）。后者首先被激活，随后才在胞内侧与胞质中的酪氨酸激酶结合并激活，进而磷酸化下游信号蛋白的酪氨酸残基，引发相应的生物效应。激活此类受体的配体是各种生长因子和肽类激素，如干扰素、生长激素、催乳素和瘦素等。

3. 受体 – 丝氨酸 / 苏氨酸激酶通路

此类受体胞内结构域具有丝氨酸 / 苏氨酸激酶活性。当配体与受体 – 丝氨酸 / 苏氨酸激酶复合体结合后，受体构象变化直接导致丝氨酸 / 苏氨酸激酶激活。激活的丝氨酸 / 苏氨酸激酶磷酸化其他蛋白分子，最终磷酸化整个级联反应。该系统中的典型代表就是转化生长因子 –β（transforming growth factor-β，TGF-β）。

TGF-β 受体和相关信号通路突变的研究发现：TGF-β 受体是一个含有两个独立蛋白的复合体，分别称作 TGF-βⅠ 和 TGF-βⅡ 受体。当 TGF-β 与受体结合后，Ⅰ 型和 Ⅱ 型受体相互作用，Ⅱ 型受体随后磷酸化 Ⅰ 型受体以激活其胞内催化区。激活的 Ⅰ 型受体的胞内催化区再磷酸化下游一系列靶蛋白（称作 Smad）的特异性丝氨酸和苏氨酸残基。磷酸化的 Smad 转位到细胞核与其他核蛋白互作调节靶基因的转录。

☞ Smad 信号通路是 TGF-β 作用的经典信号通路。

（四）G 蛋白偶联受体通路

G 蛋白偶联受体（G protein-coupled receptor）被配体激活后，作用于与其相偶联的 G 蛋白，继而引发一系列信号蛋白为主的级联反应。G 蛋白偶联受体即无通道结构，也没有酶活性，所以又称为代谢型受体。此类受体介导的信号转导主要有多种信号蛋白和第二信使参与完成。信号蛋白一般包括 G 蛋白偶联受体、G 蛋白、G 蛋白效应器和蛋白激酶等。G 蛋白偶联受体控制许多重要的生理功能，其信号转导通路具有多样性。然而所有这些受体在启动该信号通路时的第一步都是相似的，即都需要激活异源三聚体 G 蛋白家族的一个成员。

异源三聚体 G 蛋白的名称源于它们能够结合和水解 GTP，它们都有三个不同的亚基构成（α，β，γ），α 亚基含有与鸟苷酸结合的位点，而 β 和 γ 亚基相互紧密地结合在一起，通常被认为是一个单独的功能组（βγ 亚基）。G 蛋白偶联受体信号通路的一般特点是通过 G 蛋白来激活下游的信号放大酶分子（图 8-11）。当配体与受体结合后，受体构象变化将信号传到 G 蛋白的 α 亚基，引起 G 蛋白构象的变化，该变化使 α 亚基结合的 GTP 水解释放 GDP，从而激活 α 亚基。激活的 α 亚基然后从 βγ 亚基中脱离下来，相互脱离的 α 亚基和 βγ 亚基进而与下游目的分子相互作用。

研究比较清楚的 βγ 亚基的下游靶分子是离子通道，可使离子通道开放，允许离子根据其电化学梯度和离子浓度梯度进入或流出细胞。离子的运动引起膜电位的改变，直接引起靶细胞的反应。下面介绍几种和 G 蛋白偶联受体相关的信号通路：

1. 酶放大通路

该通路催化细胞内小分子第二信使的转化，使之成为活化状态。一个分子的活性酶可以催化成千上万个分子的第二信使发生转化。进而大大地扩大了原始信号。第二信使再激活或抑制下游信号通路分子。尽管 G 蛋白偶联受体多种多样，但所有的 G 蛋白都是通过四种第二信使分子中的一种发挥作用（即 Ca^{2+}、cGMP、IP_3 和 cAMP），表 8-2 总结了这四种第二信使通路的异同点。

表 8-2　第二信使及其作用

第二信使	前体	合成酶	功能	效应	第一信使（举例）
Ca^{2+}	无	无	结合到钙调蛋白上	改变酶的活性	血管紧张素 II
cGMP	GTP	鸟苷酸环化酶	激活 PKG	磷酸化蛋白，打开或关闭离子通道	心房钠尿肽
cAMP	ATP	腺苷酸环化酶	激活 PKA	磷酸化蛋白，打开或关闭离子通道	肾上腺素
IP_3	PIP_2	磷脂酶 C	激活 PKC，刺激钙离子释放	改变酶的活性，磷酸化蛋白质	血管升压素

2. cAMP 通路

cAMP 是第一个被发现的第二信使物质。动物机体中许多重要的生理功能都是通过 cAMP 发挥作用的，因此该通路的研究很多也较为清楚。有两种 G 蛋白与 cAMP 信号通路相互作用：兴奋性 G 蛋白（G_s）和抑制性 G 蛋白（G_i）（图 8-11）。这两种 G 蛋白的区别在于它们的 α 亚基不同。G_s 和 G_i 都可以和腺苷酸环化酶作用，调节 cAMP 的产生。当配体与 G_s 偶联受体结合后，G_s 蛋白的 α 亚基与细胞膜中的腺苷酸环化酶结合并激活腺苷酸环化酶，导致细胞内 cAMP 的水平升高。而当配体与 G_i 偶联受体结合后，G_i 蛋白的 α 亚基与细胞膜中的腺苷酸环化酶结合并抑制腺苷酸环化酶的活性，导致细胞内 cAMP 的合成量下降。

cAMP 一旦合成，便与细胞内的腺苷酸依赖的蛋白激酶 A（PKA）通过调节亚基结合。调节亚基与 cAMP 结合后改变调节亚基的构象使之与 PKA 的催化亚基解离，这样就激活了 PKA。催化亚基进一步磷酸化下游信号分子，引起细胞的反应。

☞ 正常情况下，PKA 的调节亚基和催化亚基结合，此时 PKA 没有活性。

该信号系统的磷酸化级联反应很快，几秒到几分钟就可启动反应。在这一反应系统中，丝氨酸/苏氨酸磷酸酶可以将由 PKA 磷酸化的蛋白去磷酸化。因此，信号通路中蛋白质的磷酸化程度是由 PKA 和丝氨酸/苏氨酸磷酸酶的活性大小决定的。

当 cAMP 升高，刺激 PKA 的活性则导致反应向靶蛋白磷酸化的方向移动。反之，当 cAMP 下降，则反应向靶蛋白去磷酸化方向移动。机体内一些含氮类激素如肾上腺素、黄体生成素和抗利尿激素等，都是作为第一信使与受体结合后通过激活 G_s，促进细胞内 cAMP 升高，然后通过 cAMP-PKA 信号通路发挥生理功能。

3. cGMP 通路

G 蛋白也可以通过激活鸟苷酸环化酶产生 cGMP 作为第二信使。cGMP 激活 PKG 信号通路，该通路磷酸化许多下游信号分子。此外，一些 G 蛋白偶联受体还利用不同的信号转导通路。当配体与受体结合后，α 亚基沿细胞膜侧向移动，结合并激活磷酸二酯酶（PDE）。PDE 催化 cGMP 向 GMP 转化，造成细胞内 cGMP 水平下降。细胞内 cGMP 下降导致 cGMP 从细胞膜上的钠通道上解离出来，则钠通道关闭。钠离子进入细胞减少使膜电位发生变化，可见这是一个将化学信号转化为电信号的一个信号转导过程。

> ☞ 鸟苷酸环化酶有两种形式，一种是存在于细胞膜的粒性鸟苷酸环化酶，一种存在于细胞质的可溶性鸟苷酸环化酶。

4. 磷脂酰肌醇通路

肌醇 - 磷脂信号通路（图 8-11）首先是在昆虫唾液腺细胞中发现的，该信号通路参与许多重要的生理功能。当配体与受体结合后，激活的受体活化 G 蛋白 q（G_q），后者再激活肌醇特异的磷脂酶 C（磷脂酶 C-β）。该酶一旦激活就迅速地（一秒钟内）将细胞膜中磷酸化的膜磷脂（磷脂酰肌醇二磷脂，PIP_2）分解，产生三磷酸肌醇（IP_3）和二酰甘油（DAG）。IP_3 和 DAG 作为第二信使在磷脂酰肌醇通路中分别发挥作用。

IP_3 是一种水溶性物质，生成后很快就从细胞膜中进入细胞质中，结合并激活内质网膜上受 IP_3 控制的 Ca^{2+} 通道，导致 Ca^{2+} 从内质网中释放出来。细胞质内 Ca^{2+} 增加反过来可以进一步激活 Ca^{2+} 通道的开放，继发性地引起内质网中更多 Ca^{2+} 的释放。细胞质内 Ca^{2+} 作为第二信使则进一步引起细胞的反应。IP_3 失活非常快，主要受去磷酸化酶控制，因此 Ca^{2+} 很快就会通过主动转运从细胞质中重新转运回内质网，终止细胞的反应。一旦配体与受体解离，一秒钟之内 IP_3 的活性就会消失。有些 IP_3 可以被进一步磷酸化形成 IP_4，它一般是调节一些反应较慢、持续时间较长的细胞反应。

> ☞ 负责骨骼肌收缩的钙离子的释放和回收就是 IP_3 参与的。这就是为什么骨骼肌收缩和舒张能够在神经系统参与下随心所欲的原因。

对于 DAG 来讲，属于脂溶性物质，可以启动两个不同的信号转导通路。与 IP_3 不同，留在细胞膜中的 DAG 可以被分解成花生酸产物的底物花生四烯酸。此外，DAG 可以激活 Ca^{2+} 依赖的激酶 PKC。细胞内 Ca^{2+} 升高（源于 IP_3 的作用）促进 PKC 移向细胞膜与 DAG 发生反应，并被激活。激活的 PKC 进一步使下游信号物质包括 MAPK 磷酸化，最终引起细胞的反应。

5. 钙离子 - 钙调蛋白通路

细胞内 Ca^{2+} 的流动可通过 IP_3 作用触发胞内钙库释放，也可通过 G 蛋白与 Ca^{2+} 通道相互作用使钙通道开放来实现。细胞内 Ca^{2+} 增加后，就会启动靶细胞内的信号转导级联反应。在细胞内，能够与 Ca^{2+} 结合的蛋白统称为钙结合蛋白，其中最重要的就是钙调蛋白（calmodulin，CaM）。大多数 Ca^{2+} 介导的信号转导都需要通过 CaM 来实现。CaM 有 4 个 Ca^{2+} 结合位点。CaM 与 Ca^{2+} 结合后被激活，随之再激活下游许多信号物质。目前知道 CaM 可以与细胞内多达 100 多种蛋白质相互作用，其中最主要的一类蛋白就是丝氨酸 / 苏氨酸激酶家族，这类蛋白被称作钙离子 - 钙调蛋白依赖的蛋白激酶（CaM 激酶）。CaM 激酶家族中研究最多的是 CaM 激酶 II，它在中枢神经系统的儿茶酚胺类神经元中含量很高。当这些细胞中 Ca^{2+} 增加时就会激活 CaM II，后者使酪氨酸羟化酶磷酸化（该酶是儿茶酚胺合成的关键酶）。CaM 激酶在动物中的作用很多，如有的 CaM 激酶与学习和记忆有关，敲除该基因的小鼠就学不会游泳等。

> ☞ 钙通道有许多类型。

6. 信号通路之间的相互关系

Ca^{2+} 和 cAMP 信号通路在许多层面可以发生相互作用。例如：Ca^{2+}-CaM 与腺苷酸环化酶之间的互作。在 PKA 信号通路中腺苷酸环化酶是第一个放大酶系，催化 cAMP 的产生。同样，Ca^{2+}-CaM 也与能够降解 cAMP 的磷酸二酯酶相互作用，因此 Ca^{2+} 在调节 cAMP 信号过程中也发挥重要作用。反过来，PKA 可以磷酸化 Ca^{2+} 通道进而调节钙通道的活性。PKA 和 CaM 通常使相同靶蛋白的不同位点发生磷酸化。可见，细胞中的信号转导通路并不是简单的直线关系，而是通过相互的网络联系产生的复杂反应，因为一个细胞同时可能接收到许多信号，其反应结果必然是各种信号通路之间相互交流的结果。

四、激素发挥调节作用的方式

前面我们学习到激素要发挥调节作用就必须与其相应的受体结合才能实现其功能。然而，生物体作为一个整体，其中的任何一种活动都必然影响到机体其他系统的活动，激素对某种活动的调节如何配合整体的活动，具有关系到物种进化的重要意义。本小节我们将学习激素如何适可而止地对靶细胞或靶器官进行调节的一些基本方式。

1. 反馈性调节

（1）局部反馈性调节

激素和旁分泌或自分泌因子的反馈调节可以发生在局部，也可以通过长距离调控实现。旁分泌和自分泌信号与局部生理调节有关，此时局部的血液流动对于旁分泌信号的局部反馈调节具有重要意义。当一个细胞或组织活动增强时，耗氧量就增加。如当肌肉收缩时，它们利用有氧代谢产生能量，使得线粒体活动增加，消耗更多的氧，导致局部氧含量的下降。此时供应该组织血氧的局部血管内皮细胞受到刺激释放旁分泌信号物质。该信号物质作用到血管平滑肌上使之松弛，导致血管扩张。血管扩张可使得更多携氧的血液流进该组织，以解决局部组织缺氧的问题。同时由于血液流动增多，还能将旁分泌信号物质带走。机体通过这一局部负反馈环路，维持局部组织的活动变化在稳定状态范围内。实际上，旁分泌信号引起的局部血管扩张远不是这么简单，因为随着局部组织氧含量的下降，会引起许多因子的变化，而这些因子可能都对血管扩张也发挥作用，其中之一就是嘌呤类物质腺苷酸。前面我们讲过，腺苷酸可以结合一种 G 蛋白偶联受体。大多数血管平滑肌细胞上的腺苷酸受体是 A2 型受体，通过 cAMP 调节的信号转导通路发挥作用。该受体激活后引起平滑肌的舒张，导致血管扩张，使更多的血液流入局部组织，并带走多余的腺苷酸。

（2）长距离反馈性调节

神经和内分泌系统通过其分泌的递质或激素都反馈调节远距离组织的生理活动。最简单的长距离反馈调节是在内分泌调节系统中，称作直接反馈通路。此情况下，内分泌细胞本身可以感受到细胞外液的变化并释放信号物质作用到机体其他靶细胞和靶组织，通过靶细胞的反应使机体活动达到平衡。例如，心钠肽（ANP）就是通过这一直接反馈通路发挥作用的。哺乳动物心房的牵张感受器感受到心房细胞膜增加的张力（血压变化引起）后便分泌 ANP。ANP 通过血液循环运输到肾的靶细胞产生利尿作用，从而引起血压下降。下降的血压反馈到心房又使心房细胞膜的张力下降，ANP 的分泌随之减少。

除了上面介绍到的比较简单的直接反馈通路外，实际上机体的反馈调节环路还有许多更加复杂的方式。如一级反馈通路（图 8-13），该通路中，感觉器官感受到刺激后，发送信号通过神经系统到达整合中枢（如脑部），中枢神经元通过神经递质或神经激素作用到特异的靶器官并引起反应。此类神经或神经激素通路称为一级反应通路，这是因为只通过一步就将整合中枢和反应联系在了一起。在脊椎动物中，大多数调节通路都要比直接反馈通路和一级反应通路复杂，如二级反应和三级反应通路。在一级反应通路中只有一个控制点，而在二级或三级通路中就有 2 个或 3 个控制位点。

☞ 反馈环路等级的划分是指在神经系统的参与下还有多少个腺体分泌的激素参与。比如，只有一种激素参与的就叫一级反馈通路。

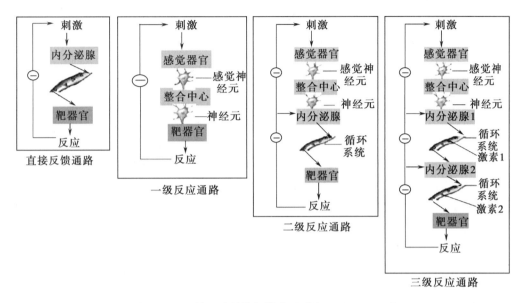

图 8-13　反馈环路的等级模式（引自 Moyes，2007）

图 8-13C 表示的是典型的二级反应通路，该通路中感觉器官接收到信号刺激后，将信号送到整合中枢，整合中枢通过分泌神经递质或神经激素通过神经元传递到内分泌器官，后者分泌的激素进入血液循环后，再作用到靶器官引起反应。而在三级反应通路中（图 8-13D），感觉器官接收到信号刺激后，将信号传递到整合中枢。整合中枢通过分泌神经递质或神经激素作用于内分泌器官，并引起内分泌器官分泌激素。此类激素随着血液循环作用于激素靶细胞，并与靶细胞受体结合引起其他激素分泌，后者再作用到与其对应的靶细胞并引起反应。激素发挥反馈性调节的方式有两种：负反馈调节和正反馈调节（参见第一章）。

2. 转化性调节

前面讲过激素的数量是决定其效应的一个重要指标，通过控制激素的生成量或分泌量就可以达到控制激素作用的目的。实际上激素水平不仅在激素释放以前可被调节，而且在释放后也可被调节。某些器官组织含有对激素进行分解代谢的酶，可以增强或减弱其活性，从而产生调节效果。比如甲状腺产生的四碘甲腺原氨酸（T_4）在许多组织，特别是在肝脏中可转化为活性更高的三碘甲腺原氨酸（T_3）；睾酮在某些组织可转化为作用更强的 5α- 二氢睾酮；孕酮在某些组织可转变为无活性的 20α- 羟孕酮等。机体本身在进化中不仅形成了各种各样的内分泌细胞产生各种激素，同时还形成了这样一种能够控制激素代谢和转化的方式来调节激素的活性和数量。

☞ 在了解激素的功能时，时刻要从整体出发，不仅了解激素本身的作用，还要时刻注意激素代谢后的作用。这对临床用药具有重要的指导意义。

3. 允许性调节

机体内激素的种类很多，每种激素都发挥其特殊的功能。激素之间的相互作用也可成为其作用调节方式。雌激素可以增强孕酮对子宫的作用，因此雌激素水平的改变是孕酮作用的影响因素之一。

有的激素本身对某些组织并无直接生物活性，然而该激素是另一种激素在这种组织发挥作用的必需条件。比如糖皮质激素对血管平滑肌本身无直接作用，但只有在一定浓度糖皮质激素存在的条件下，去甲肾上腺素才能对血管平滑肌产生较强缩血管反应。胰高血糖素对糖代谢的作用也需糖皮质激素存在，这称为糖皮质激素的"允许作用"。在感染、休克等应激状态下，糖皮质激素对机体的保护作用可能也与其"允许作用"有关。

4. 变数性调节

近年来研究证明：许多激素具备调节靶细胞膜受体或胞浆受体数量和亲和力的能力。一般来说，靶细胞周围激素的浓度越高，其受体数量越少，反之受体数量则越多，二者呈现负相关趋势。机体通过改变受体的数量来调节靶细胞对激素的反应性，前者称为"下调"，后者称为"上调"。

在临床上，较长时间使用吗啡类药物的病人可对其产生耐受性，如本章前面介绍到的吸食毒品的瘾君子。其结果就是，吸毒者为了获得同样的舒适感觉，就会不断地增加海洛因的用量。当吸毒者停药后，数量下降的脑中阿片肽受体对内源性内啡肽的敏感性下降，就会引起停药症状，如恶心、呕吐、肌肉痛和骨痛。撤药一定时间之后，受体数量恢复正常，停药症状逐渐消失。同样，长期使用儿茶酚胺类药物的病人对儿茶酚胺的反应性也会降低，这种现象称为"脱敏"，"脱敏"的一个重要原因就源于激素的"下调"。相反，病人长期使用β肾上腺素能受体阻断剂心得安后，突然停药会导致受体数量增加，从而引起停药效应。现实生活中一个典型的例子就是喜欢喝咖啡的人必须喝的越来越多才能维持原来的兴奋状态。习惯喝咖啡的人早晨起来必须喝几杯咖啡才能完全从睡意中清醒过来，因为只有这样才能抵抗由于大脑腺苷酸受体上调后对于腺苷酸的高度敏感性。如果习惯喝咖啡的人试图突然停止喝咖啡，脑中的高水平腺苷酸受体就会使这些人对自然产生的腺苷酸异常敏感，产生瞌睡的感觉。

激素除通过增减靶细胞的受体数量调节自身的作用外，还可通过增减某些靶细胞受体数量来调节另一种激素的作用。例如，雌激素可以增加卵巢中颗粒细胞与黄体生成素及促卵泡激素的受体数量，从而增强这两种激素的作用。而孕酮则可以降低子宫中雌激素受体的数量。

此外有些激素（如胰岛素）与膜受体的结合可触发细胞将激素受体复合物通过胞饮作用摄入胞浆，称"胞内化"（internalization）。这也可以成为减少膜受体数量的一种方式。

▶ 主要指患者长期使用激素类药物后产生的对该药依赖的变化。一旦突然停药后，由于受体数量的下降或增加，内源性激素无法达到适宜的作用效果而引起的一系列临床症状。

▶▶ 录像资料 8-3
神经内分泌系统

▷ 例如，甲状腺激素缺乏可影响神经系统的发育。

第二节　神经内分泌系统

前面介绍过机体的调节系统主要是神经系统和内分泌系统。这两个系统在调节机体活动时虽然各有侧重，但并不是完全独立工作的，在很多方面两者相互影响、互相协调，特别是在反馈调节过程，两者关系十分密切，共同完成对生命活动的完美调节。其中，神经系统的下丘脑和内分泌系统的垂体之间的关系尤为重要，本节将重点介绍这一部分。

一、垂体激素的反馈调节

脊椎动物的垂体可以分泌多种具有调节动物生长、生殖和代谢等重要生理功能的激素。鉴于这些激素的重要性，大家可以看到本书中不断讲到它们的作用。垂体通过漏斗柄与下丘脑联系密切（图 8-14）。垂体分为垂体前叶（腺垂体）和垂体后叶（神经垂体），此外垂体还有中叶，位于前叶和后叶之间。垂体中叶主要分泌促黑素（melanocyte-stimulating hormone，MSH）和促肾上腺皮质激素（adrenocorticotropic hormone，ACTH）。在成年哺乳动物中，中叶只是很薄的一层细胞，不容易与垂体前叶区分。

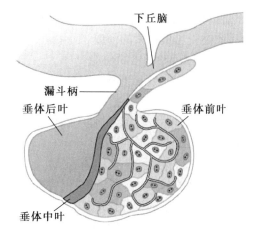

图 8-14 人垂体结构示意图（引自 Guyton，2005）

（一）垂体的血液供应

供应垂体的血液来自垂体的背（上）动脉和腹（下）动脉，背动脉来自基底动脉环，腹动脉来自颈内动脉。前者的血液主要支配腺垂体，后者的血液主要支配神经垂体。值得注意的是，哺乳动物的腺垂体并不直接接受背动脉的血液，而是在背动脉进入垂体前先在正中隆起和漏斗柄处形成特殊的毛细血管网，然后再由毛细血管的静脉支配到腺垂体并在其内再次形成毛细血管网，这一血液支配通路称为垂体门脉系统。在正中隆起和漏斗柄构成的毛细血管网（门脉的第一级毛细血管丛），与来自下丘脑的神经纤维末梢紧密接触，因此，下丘脑神经核团中的神经元所分泌的肽类物质可以进入该毛细血管。

☞ 哺乳动物中有两个门脉系统值得注意。一是负责营养物质吸收的肝脏门脉系统；二就是负责下丘脑和垂体联系的垂体门脉系统。

（二）垂体后叶激素

1. 垂体后叶的激素及其释放

垂体后叶激素有两种：一是血管升压素，简称升压素（vasopressin），也称抗利尿激素；另一种称为催产素（oxytocin）。两者的化学结构十分相似，都是由 8 个氨基酸组成的多肽。不同的是催产素的第二位氨基酸由升压素的精氨酸变成了亮氨酸（图 8-15）。

精氨酸加压素（多数哺乳类和人）：甘-精-脯-半胱-门冬-谷-苯丙-酪-半胱

赖氨酸加压素（猪）：甘-赖-脯-半胱-门冬-谷-苯丙-酪-半胱

催产素（哺乳类）：甘-亮-脯-半胱-门冬-谷-苯丙-酪-半胱

催产素（两栖类）：甘-精-脯-半胱-门冬-谷-苯丙-酪-半胱

图 8-15 垂体后叶激素的肽链结构

*注：2 个半胱氨酸作为 1 个胱氨酸计算，故其化学组成被认为是八肽。

垂体后叶实际上并不是一个独立的组织器官，而是下丘脑神经元轴突的延伸部分（其中升压素的合成以下丘脑视上核为主，催产素主要为下丘脑室旁核合成）。神经元胞体合成催产素和升压素后包装在分泌颗粒中，沿着轴突运输到位于垂体后叶的轴突末梢。激素分泌后直接由垂体后叶进入血液作用到靶细胞。在这个反应中，由于只有一步反应（即下丘脑神经元分泌激素）连接整合中枢和效应器，因此催产素和升压素的分泌调节属于一级反馈环路。

☞ 垂体后叶激素都是与神经垂体束结合后运输到轴突末梢。

2. 催产素的正反馈环路

大多数激素的调节都是通过负反馈环路进行的，但催产素是一个正反馈调节的例子。催产素既是神经递质也是激素，作用比较广泛。在哺乳动物中，其重要功能之一是调节子宫的收缩。在分娩开始时，胎儿从子宫向产道排出过程中，由于胎儿体位的变化引起子宫颈压力改变，使得子宫颈牵张感受器兴奋，随后此类信号传递至脑部中枢并引起垂体后叶释放催产素。催产素与子宫平滑肌的受体结合后，引起子宫肌收缩，随之推动胎儿向子宫颈口运动，从而进一步刺激子宫颈并增加压力。

通过这种正反馈作用，引起更多催产素的释放，直到胎儿产出、解除对子宫颈的压力后才终止了催产素的释放。

3. 垂体后叶激素的功能

（1）抗利尿激素（升压素）的作用

① 抗利尿激素的主要生理作用是抗利尿作用而不是升血压。其抗利尿作用的机理详见第六章。至于增加血压的作用，则需要很大的药理剂量才能引起小血管平滑肌收缩，产生升压效应。

② 抗利尿激素还具有促肾上腺皮质激素释放激素（corticotropin releasing hormone，CRH）的作用，促进促肾上腺皮质激素的释放。

（2）催产素的生理作用

☞ 原因是雌激素可以促进子宫平滑肌催产素受体数量的增加。

① 催产素具有强烈刺激子宫平滑肌收缩作用，其作用效果与子宫的机能状态有关，它对非孕子宫平滑肌作用较小，而对妊娠子宫平滑肌作用较大（对此敏感）。催产素对处于雌激素优势下的子宫平滑肌具有强烈的刺激作用，这种情况发生在卵巢周期的卵泡期和妊娠的后期。其生理学意义是：动物在排卵前处于雌激素的高峰期，而这时恰恰是哺乳动物的性容受期，这有助于精子运输至输卵管；在妊娠后期，雌激素水平开始升高，加强了催产素的功能，有助于分娩的顺利进行。

② 催产素能促进乳腺肌上皮细胞收缩，引起排乳。此外，催产素还能促进曲细精管肌样细胞收缩，促进精子的运输。

4. 垂体后叶激素的调节

（1）抗利尿激素分泌的调节

① 视上核或第三脑室附近存在着可感受渗透压变化的渗透压感受器。当血浆渗透压降低时，可引起该感受器兴奋、促进抗利尿激素的释放，并通过肾脏调节尿量的变化。

② 血容量降低可兴奋左心房及大静脉内的容量感受器，引起抗利尿激素的释放。

③ 体循环动脉压降低可兴奋颈动脉窦和主动脉弓的压力感受器，引起抗利尿激素的释放。

如果上述情况相反，则调节抗利尿激素释放的通路受到抑制，减少了抗利尿激素释放。如血容量增加则抑制感受器兴奋，进而抑制抗利尿激素的释放。

此外，精神刺激、创伤等应激状态均可通过中枢神经系统引起抗利尿激素的释放。一些激素，如甲状腺激素、糖皮质激素及胰岛素缺乏时血浆抗利尿激素也会升高。

（2）催产素分泌的调节

① 妊娠末期，子宫体受刺激造成子宫颈受到压迫或牵引时，引起其释放。

② 吸吮乳头时刺激该处的感受器可引起催产素的释放。排乳反射即是神经内分泌反射的一个例子。吮乳或挤乳时所构成的视觉和触觉刺激是母畜泌乳的条件。这种条件能促使催产素释放进入血液循环，作用于乳腺的肌上皮细胞，引起的收缩对腺泡产生压力，使乳汁流入乳腺的管道系统而发生排乳（图 8-16）。

③ 精神紧张、酒精等可抑制催产素的释放，而 GnRH、雌激素和睾酮促进其释放。

（三）垂体前叶激素

1. 腺垂体细胞类型

腺垂体大体分为嫌色细胞与嗜色细胞两大类，后者按其颗粒对色素的亲和力，又分为嗜酸性与嗜碱性细胞两种。

（1）嗜酸性细胞（acidophilic cell）

占腺垂体细胞总数的 40% 左右。细胞质内有许多颗粒，含有两种细胞，分别是

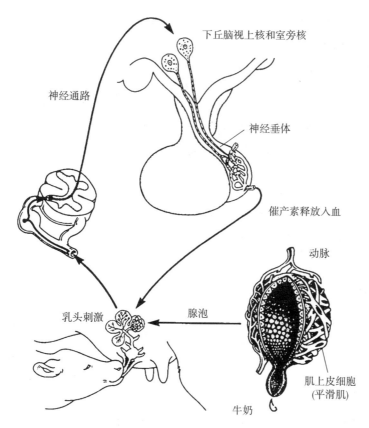

图 8-16 排乳反射的发生

合成和分泌生长激素（growth hormone，GH）的生长激素细胞（α 细胞），以及合成和分泌催乳素（prolactin，PRL）的催乳激素细胞（ε 细胞）。

（2）嗜碱性细胞（basophilic cell）

约占腺垂体细胞总数的 11% 左右，主要由 4~5 种细胞组成，分别是促性腺激素细胞（δ 细胞），合成和分泌黄体生成素（luteinizing hormone，LH）和促卵泡激素（follicle stimulating hormone，FSH）；促甲状腺激素细胞（β₂ 细胞），合成和分泌 TSH；促肾上腺皮质激素细胞（β₁ 细胞），合成和分泌 ACTH；黑色细胞素细胞（中间部细胞 β₁ 细胞），合成和分泌 MSH；促脂解激素细胞，合成和分泌促脂解激素（lipotropin，LPH）。

（3）嫌色细胞（chromophobic cell）

约占腺垂体细胞总数的 50%，胞质内几乎无颗粒，一般属于已定向分化的贮备细胞，少数是未分化的尚无分泌功能的细胞。

2. 腺垂体激素的化学特性

（1）属于纯蛋白质单链结构的激素

此类激素有生长激素和催乳素两种：前者分子质量约为 22 kDa，由 188~191 个氨基酸构成，后者分子质量为 23~24 kDa。

（2）属于糖蛋白质激素

此类激素有三种，分别是 FSH、LH 和 TSH。它们均由 α 和 β 链两个亚基构成。值得注意的是，三种激素的 α 链相同，而 β 链的差异则是激素表现特异性的关键因素。

（3）属于多肽类的激素

此类激素有三种，分别是 ACTH、MSH 和 LPH。ACTH 是 39 个氨基酸的多肽，其生物学活性在前 24 个氨基酸上。MSH 有两种：一是有 13 个氨基酸组成 α-MSH，二是有 18 个氨基酸组成的 β-MSH。LPH 也有两种，其中 α-LPH 由 58 个氨基酸组成，

☞ 实际上，当动物怀孕形成胎盘时，灵长类和马属动物的绒毛膜分泌的绒毛膜促性腺激素也是由与此相同的链和不同的链构成，其功能与 LH 相同，受体也相同。

而 β-LPH 由 91 个氨基酸组成。

3. 腺垂体激素的作用

（1）GH

GH 的作用有：①直接作用于全身的组织细胞，使之增生肥大；②促使骨骼增长发育，关节、骺软骨，结缔组织的增生肥大；③促进蛋白质的合成，在胰岛素协同下促使氨基酸进入细胞并加速细胞核内 DNA 和 RNA 的合成；④动员贮脂以供机体利用；⑤加强糖原异生，减少外周组织对葡萄糖的利用，使血糖升高；⑥对水盐代谢有平衡调节作用。

如果因年幼时患垂体疾病，临床上会出现身材异常高大的巨人症（gigantism）或身材异常矮小的侏儒症（dwarfism）。如果成年后由于骨骺已钙化融合，长骨不再生长，GH 分泌过多只能刺激肢端骨和面骨边缘变厚及其软组织异常增生，以致形成手指、足趾粗大、鼻大唇厚、下颌突出等症状，称为肢端肥大症（acromegaly），或出现肝、肾增大的内脏肥大症。

（2）PRL

PRL 的作用有：①主要是促进乳腺的生长、发育和乳汁的形成，但 PRL 在完成这一功能时需要其他几种激素的协同。例如，乳腺导管的生长需要 GH、糖皮质激素和雌激素等的协同；乳腺腺泡增生需要雌激素、孕激素以及胎盘催乳素等；合成乳汁及泌乳时则需催产素、胰岛素、T_3 和 T_4 等的协同。②具有促黄体作用，如啮齿类的黄体；对绵羊和人的黄体功能也有调节作用。③对雄性来讲，在睾酮存在的条件下催乳素能够促进前列腺和精囊腺的生长，并增强 LH 对间质细胞的作用，提高睾酮的合成。然而，患高催乳素血症的男性会出现性欲低下、阳痿、不育等临床症状。

（3）FSH 和 LH

FSH 和 LH 的作用有：① FSH 促进卵泡颗粒细胞的增生、膜细胞发育及雌激素的合成与分泌，在这一过程中需要 LH 的协同作用。对雄性来讲，FSH 刺激睾丸支持细胞（Sertoli cell）分泌雌激素、抑制素（inhibin）和雄激素结合蛋白（androgen binding protein），促进生精上皮发育和精子的形成。② FSH 与 LH 可协同促进卵泡发育、成熟及排卵。同时还促进排卵后的黄体发育及孕酮的合成和分泌。对雄性来说，LH 促进睾丸间质细胞（Leydig cell）分泌睾酮，故 LH 又被称为间质细胞刺激激素（interstitial cell stimulating hormone）

（4）TSH

TSH 的作用有：①促使甲状腺增生肥大，血流增加，使滤泡上皮细胞变成高柱状；②促进甲状腺激素的合成和释放；③促进脂肪溶解、释放游离脂肪酸。

（5）ACTH

ACTH 的作用有：①促进肾上腺皮质的增生和皮质类固醇的分泌，主要是促进激素合成和释放，其中以糖皮质类固醇为主。ACTH 分泌过多使肾上腺分泌皮质醇增多，引起皮质醇增多症（Cushing's syndrome）。ACTH 分泌过少，引起肾上腺皮质功能低下，产生低血压、高热、昏迷、低血糖等乃至死亡。②对肾上腺皮质以外的作用主要是对下丘脑的反馈性抑制作用；促进肾上腺素合成；动员储存的脂肪，使血浆中游离脂肪酸升高；降低血糖，增加细胞中糖原的含量；促进肌细胞摄取氨基酸，引起血中氨基酸下降。对神经系统而言，短期作用使大脑皮层细胞活动加强，长期作用反而使大脑活动减弱；刺激肾球旁细胞分泌肾素。

（6）MSH

MSH 结构与功能均与 ACTH 有密切关系，主要作用是促进黑素细胞中的酪氨酸酶的合成和激活，催化酪氨酸转变为黑色素，使皮肤、毛发、虹膜等部位颜色加深。

（7）LPH

主要是促进脂肪的水解。

4. 腺垂体激素的调节

腺垂体激素的合成与分泌都是受下丘脑神经细胞分泌的各种特异的多肽激素调控的。而腺垂体本身分泌的激素大都是通过负反馈分别抑制下丘脑神经细胞分泌控制各自的激素。

二、下丘脑神经激素的调节

下丘脑神经元合成和分泌的神经激素通过轴突末梢释放进入门脉系统，运输到垂体前叶后作用于各种内分泌细胞，促进或抑制垂体前叶激素的分泌（图 8-17）。垂体门脉系统的主要作用是将下丘脑激分泌的激素迅速而直接地运至腺垂体，不会通过体循环而遭到冲淡或耗损。

（一）下丘脑调节性多肽

下丘脑与腺垂体之间无神经联系，但下丘脑神经元的轴突末梢通过垂体门脉系统运送多种具有生物活性的物质来调节垂体激素的分泌活动。这些由下丘脑神经元释放的活性物质总称为下丘脑调节性多肽（hypothalamic regulatory peptide，HRP）。其中对腺垂体具有兴奋作用的称为释放激素，而对腺垂体具有抑制作用的称为释放抑制激素。目前研究的最多也最为清楚的有 9 种。在这 9 种调节性多肽中，其中 4 种已人工合成，下面分别叙述：

（1）促甲状腺激素释放激素（thyrotropin releasing hormone，TRH）

TRH 为三肽结构，分子量为 362，其作用是：促 TSH 分泌；促 PRL 分泌。

（2）生长激素释放抑制激素（又称生长抑素，somatostatin）

116 个氨基酸的大分子肽裂解而来的 14 肽，其分子结构呈环状，在第 3 位和第 14 位半胱氨酸之间有一个二硫键。其作用是：抑制 GH 释放；抑制 TSH、ACTH 和 PRL 的分泌。实际上生长抑素还可以抑制许多与代谢有关的其他激素，包括胰高血糖素（glucagon）、胰岛素（insulin）和促胰液素（secretin）等，因而人们称它为激素的抑制物。

（3）促性腺激素释放激素（gonadotropin releasing hormone，GnRH）

GnRH 为十肽结构，可促进垂体 FSH 和 LH 的合成与分泌，但促进 LH 分泌是 GnRH 的基本生理功能。

☞ 可分别促进 FSH 和 LH 的释放。

（4）催乳素释放抑制素（prolactin inhibitory hormone，PIH）

目前证明 PIH 就是多巴胺（DA），其对于 PRL 的释放具有强烈的抑制作用。在正常情况下，这种抑制作用占优势。

此外还有生长激素释放激素（growth hormone releasing hormone，GHRH）、催乳素释放激素（prolactin releasing hormone，PRH）、促肾上腺皮质激素释放激素（corticotropin releasing hormone，CRH）、促黑素释放素（melanocyte-stimulating hormone releasing hormone，MRH）和促黑素抑释素（melanocyte-stimulating hormone releasing-inhibiting hormone，MIH）等。

（二）下丘脑 - 腺垂体以及下游靶腺激素的反馈调节

图 8-17 表示了下丘脑神经激素与垂体前叶激素的关系。人们最早知道 PRL 的功能是调节乳腺分泌乳汁，实际上它对性行为和生长发育也有广泛的作用，还可调节一些脊椎动物幼虫的发育及电解质和体液的平衡。PRL 是垂体前叶分泌的，与 GH 一样都是仅仅通过二级反馈环路调节的激素。即大脑起着调节 PRH 和 GH 分泌的整合中枢的作用，刺激下丘脑释放 PRH/PIH 或者是 GHRH 进入到垂体门脉系统，然后这些下丘脑神经激素调节腺垂体的 PRL 或 GH 的释放，而 PRH 或 GH 直接作用到其靶

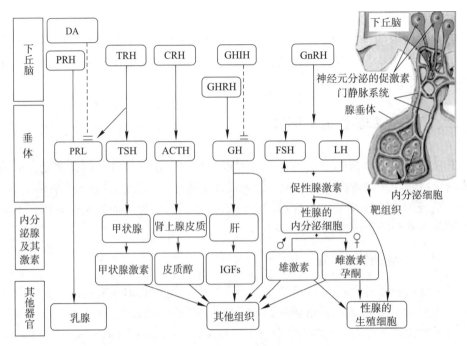

图 8-17 下丘脑激素对腺垂体激素分泌的控制（引自 Silverthorn，2009）

细胞组织，如乳腺或骨骼肌等。

与 PRL 和 GH 不同的是，大多数垂体前叶激素可以刺激其他内分泌腺激素的分泌，进而引起靶细胞的反应，这属于三级反馈环路的调节。这些垂体前叶激素通常称为促激素（tropic or trophic hormone）。例如，下丘脑神经元释放的 GnRH、TRH 以及 CRH 等分别调节垂体前叶分泌 FSH/LH、TSH 和 ACTH，而 FSH/LH、TSH 或 ACTH 分别刺激性腺、甲状腺或肾上腺皮质分泌性激素、甲状腺素或糖皮质激素。这些最终产生的激素再分别作用到各自靶细胞发挥生物学作用。三级反馈环路的调节要比其他环路复杂，因为该环路中任何一种激素浓度发生变化都会引起整个环路中其他激素的合成和释放发生变化，最终引起负反馈调节。如性激素浓度过高就会抑制下丘脑和垂体促激素的释放。

▶▶ 录像资料 8-4
机体重要生命活动的
激素调节

第三节　机体重要生命活动的激素调节

激素几乎可以调节所有的生理活动过程，本章中不可能对所有激素的调节机制做详尽的介绍。下面仅以三个与激素调节有关的过程作为案例，来说明激素调节的重要原则：一是糖代谢的激素调节；二是机体应急反应和应激反应的激素调节；三是血钙平衡的激素调节。之所以选择这三项内容来说明激素调节的重要性，是因为糖代谢是机体能量供应的主要生化过程，应急反应和应激反应是机体对环境变化做出反应的重要过程，而血钙平衡决定了细胞兴奋性的高低。它们对正常生命活动的影响非常关键。

一、糖代谢的激素调节

我们知道，细胞的代谢可以分为同化过程和异化过程。激素通过调节这两者之间的平衡，来维持能量供应和消耗之间的稳态。

（一）胰岛素的负反馈调节作用

大多数动物细胞外液的葡萄糖浓度都维持在一个相对稳定的状态。哺乳动物血糖的控制更加精确。作为能量的来源，哺乳动物的大脑细胞对葡萄糖的依赖更强。如果葡萄糖浓度下降过多，脑细胞就不能活动，反过来，如果葡萄糖浓度过高，就会破坏血糖的渗透平衡，导致机体的代谢紊乱。血糖的精确调控就是依赖于激素的负反馈调节。

1. 胰岛素对血糖的负反馈

胰岛素是调节哺乳动物血糖的最重要的激素之一。胰脏是一个含有外分泌腺和内分泌腺功能的复合腺体。外分泌腺分泌消化酶进入消化道。在外分泌腺组织中分散的内分泌细胞团称作胰岛，发挥内分泌功能。当血糖升高时，胰岛中的 β 细胞就会分泌胰岛素。

升高的血糖可提高 β 细胞代谢率，随之引起细胞中 ATP 水平的增加。升高的 ATP 信号引起 ATP 依赖的钾离子通道关闭，继而引起细胞发生去极化。该膜电位变化将引起电压依赖的钙离子通道开放，使钙离子进入细胞内。细胞内增加的钙离子发挥第二信使的作用，引起含有胰岛素的分泌小泡发生胞吐过程并释放胰岛素。胰岛素通过血液循环到达靶组织，如肝脏、脂肪以及肌肉。在靶细胞上，胰岛素与其受体结合并激活受体（酪氨酸激酶受体），然后发生自动磷酸化，启动复杂的信号转导通路，最终结果就是促进各组织细胞对葡萄糖的摄取和贮存，导致血糖的下降。血糖下降后，对 β 细胞的作用消除，胰岛素分泌也随之下降，这是一个典型的负反馈调节机制。人类胰岛素信号转导的缺陷将会引起糖尿病的发生。

☞ 糖尿病的发生机制不同。Ⅰ型糖尿病主要是胰岛 β 细胞出现问题造成的。Ⅱ型糖尿病主要是代谢紊乱造成的，有的是不依赖于胰岛素的。

2. 血糖反馈调节的其他形式

上面讲的是一个不依赖于大脑整合中枢的血糖反馈调节的例子。实际上，胰岛素分泌可以被许多其他因素调控。消化道的牵张感受器能够感受到消化道食物的存在，并发出信号到达消化道局部的神经网络系统。紧接着消化道神经系统发出信号直接到达胰岛，引起胰岛素的分泌，这一过程甚至要比血糖升高引起的胰岛素分泌还要快。糖尿病病人由于平常在饮食上非常注意对糖类物质的摄取，因此受上述调节效应影响容易造成机体处于低血糖状态，这一点要十分注意。处理这种状态的一个简单而有效的办法就是遇到低血糖时吃块糖或含糖食物都能有效地减轻症状。这种由局部消化道神经系统调节的胰岛素分泌属于二级反馈通路。此外，消化道分泌的胆囊收缩素也可以刺激胰岛素的分泌。当消化道的葡萄糖敏感细胞检测到食物中的葡萄糖时，就会刺激胆囊收缩素的分泌。注意，胆囊收缩素调节的通路不属于我们前面介绍的任何一级反馈调节通路，尽管该调节通路包含两种激素，但没有神经系统的参与。这个例子说明，反馈调节通路并不是一个完全固定的概念，而是非常复杂的过程。

（二）胰岛素与胰高血糖素的关系

第二种直接与哺乳动物血糖平衡有关的激素是胰高血糖素。胰高血糖素是胰岛 α 细胞分泌的多肽激素，具有很强的促进糖原分解和糖异生作用，使血糖明显升高。当血糖浓度降低时，α 细胞分泌胰高血糖素，经过血液循环到达靶细胞，作用到其受体，引起靶细胞释放葡萄糖，使血糖浓度升高。胰高血糖素的受体是 G 蛋白偶联受体，刺激腺苷酸环化酶的活性，导致 cAMP 升高，通过 PKA 信号转导通路，最终引起靶细胞葡萄糖的释放。可见胰岛素和胰高血糖素的作用是相反的，两者相互拮抗（图 8-18）。

胰岛素和胰高血糖素对葡萄糖的调节都是负反馈调节。当血糖升高时，胰岛素分泌，引起靶细胞摄取和贮存葡萄糖以降低血糖浓度；而当血糖降低时，胰高血糖素分泌，促进靶细胞释放葡萄糖，使血糖升高。胰岛素与胰高血糖素是一对作用相反的激素，它们都与血糖水平之间构成负反馈调节环路，使血糖的调节更为精确。许多激素都具有这样的特点，相互组成拮抗的一对来精确调节某种生理过程。

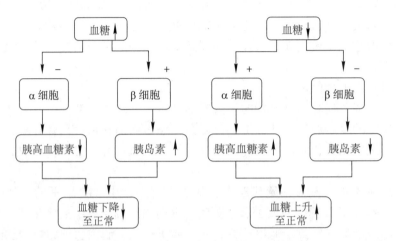

图 8-18　胰岛素和胰高血糖素对血糖调节的关系（引自 Sherwood，2004）

（三）激素的相互叠加和协同作用

与胰高血糖素一样，肾上腺素和皮质醇也能促进血糖的增加。图 8-19 表示的是一个实验的结果。该实验中将胰高血糖素、肾上腺素和皮质醇分别或联合注射到实验动物（狗）中。结果显示，单独注射这三种激素都可以引起血糖的升高。当胰高血糖素和肾上腺素联合使用时，血糖浓度的升高恰好是两者分别使用时相加的效果。这种现象我们称为激素的叠加效应。

究其原因是因为肾上腺素与肝脏细胞上的 G 蛋白偶联受体结合，通过腺苷酸环化酶介导的信号通路激活 PKA，这一点与胰高血糖素信号通路相似（也是通过 PKA）。尽管这两种激素是与不同的 G 蛋白偶联受体结合，但它们都激活 PKA，因此其作用效果是两种激素单独作用时的总和。

皮质醇是参与应激反应的激素，属于类固醇类激素。从图上可以看到，皮质醇单独作用对血糖的影响很小，它是通过细胞内受体发挥作用的，这一点与肾上腺素和胰高血糖素不同，它的作用起效较慢。然而当它与肾上腺素和胰高血糖素联合注

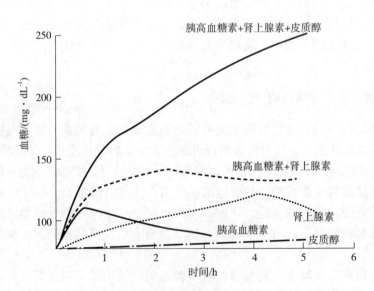

图 8-19　激素对血糖调节的协同作用（引自 Moyes，2007）

射时，其升高血糖的作用效果明显高于三者的总和，这种效应就是协同作用。

（四）高血糖激素控制节肢动物的细胞外葡萄糖

像脊椎动物一样，许多无脊椎动物也有调节细胞外葡萄糖浓度的机制。例如，甲壳动物（如蟹和虾）含有一种称作甲壳类高血糖激素（crustacean hyperglycemic hormone，CHH）的物质，对葡萄糖的调节起主要作用。该结果是研究者将蟹的眼柄提取物注射到蟹体内后引起高血糖效应而发现的。CHH 是在蟹的眼柄处 X 小体分布的分泌性神经元的胞体合成的，该处的神经元投射到一个叫作窦腺（sinus gland）的区域，该区域起着贮存和释放神经激素的作用。窦腺释放 CHH 进入循环系统，运输到全身各种靶细胞，与靶细胞上的跨膜受体结合，激活鸟苷酸环化酶，使细胞内 cGMP 的浓度升高。cGMP 激活下游信号通路使葡萄糖从靶细胞中释放出来进入循环系统，引起高血糖。

CHH 对血糖的调节也通过负反馈方式实现的。当血糖浓度高时，窦腺中的神经内分泌细胞膜的钾通道处于开放状态，钾离子游出细胞引起超极化状态。当血糖水平下降时，钾离子通道关闭，则细胞去极化，引起 CHH 的释放。CHH 通过循环系统作用到靶细胞，并使靶细胞将葡萄糖释放入血液，从而升高血糖。此外，还有一些因素也可以影响 CHH 的释放，如外环境的变化，包括季节、光照、温度以及水环境的盐度变化等都可以通过神经系统的信号输入引起窦腺细胞活性的变化，改变 CHH 的释放量。CHH 除了调节血糖浓度外，还可以调节脂代谢。

尽管 CHH 主要是通过血糖浓度的变化反馈调节血糖的平衡，但甲壳类高血糖激素的释放也可以通过正反馈通路进行调节。当 CHH 与靶细胞上的受体结合后，激活的受体可以促进糖酵解。其终产物之一是三碳的乳酸，进入血液后运输到 X 小体和窦腺时，由于该处的神经内分泌细胞对乳酸很敏感，因此会释放更多的 CHH。可见 CHH 的释放是受血糖和血中乳酸共同调节的结果。

二、内分泌对血钙浓度的调节

哺乳动物机体主要是通过内分泌调节血钙，其中参与调节的激素主要包括甲状旁腺素、降钙素和 1,25- 二羟维生素 D_3（$1,25\text{-}(OH)_2\text{-}D_3$）等。机体的钙离子主要来自于食物并经消化道进入血液循环。进入血液的钙离子主要有三个去向：一是进入骨组织（机体最大的钙库），以羟磷灰石的形式存在；二是进入其他组织细胞，特别是肌肉组织和神经细胞以及其他可兴奋细胞，维持细胞的兴奋性；三是随粪尿排出体外。

机体正常时，一方面在破骨细胞（osteoclast）作用下，骨质不断被溶解，移出钙离子（也称骨质吸收），以增加血钙浓度。另一方面又在成骨细胞（osteoblast）的作用下，不断地利用血钙形成新的骨质（accretion），造成骨质新生。机体所含的无机磷约 80% 是在骨组织中，其余 20% 是以有机磷或核酸的形式存在各种组织细胞中。血浆无机磷很少，主要是与血浆蛋白结合形成的有机磷。血浆中钙离子与无机磷的关系有明显的规律，一般是当血钙下降时，血磷升高；而血磷升高时，则血钙下降。

（一）甲状旁腺素对血钙的调节

甲状旁腺素（parathyroid hormone，PTH）是甲状旁腺主细胞合成和分泌的激素。细胞最初合成的是 115 个氨基酸的前 PTH 原（pre-pro-PTH），然后转变为 90 个氨基酸的 PTH 原，最后才形成含有 84 个氨基酸的直链多肽，分子量为 9 500 的 PTH。PTH 的靶器官主要是骨骼和肾脏（图 8-20）。PTH 对骨骼的作用相对复杂，可直接或间接作用于骨细胞，既促进骨形成，又促进骨吸收，从而调节骨转换。正常情况下，PTH 抑制成骨细胞中胶原的生成，促进破骨细胞对骨质的溶解，并加强对骨质的吸收（移出），其净效应是增加骨钙释放于血，提高血钙浓度。持续服用大剂量 PTH 可使破骨细胞活动增强，促进骨吸收，加速骨基质溶解，同时增加骨钙和骨磷释放入，使血钙和血磷浓度升高，最终导致骨量减少、骨质疏松；间歇服用小剂量 PTH 则可使成骨细胞活动增强，促进骨形成，骨量增加。

PTH 对肾脏的作用是促进高活性的维生素 D_3，即 $1,25-(OH)_2-D_3$ 的生成，从而间接地把骨质中的钙动员出来进入血液。此外，PTH 促进远端小管对钙的重吸收，使尿钙减少，血钙升高，同时还抑制近端小管对磷的重吸收，增加尿磷酸盐的排出，使血磷降低。对小肠来说，PTH 可激活肾内的 1α- 羟化酶，后者可使 25- 羟维生素 D_3（$25-OH-D_3$）转化为有高度活性的 $1,25-(OH)_2-D_3$，从而间接地促进小肠对钙、磷的吸收。

PTH 只接受血钙浓度的调节，血钙低时促进 PTH 的分泌，而血钙高时则抑制其分泌，是典型的直接反馈调节模式。如手术切除甲状旁腺就会引血钙下降，神经肌肉异常兴奋，造成阵发性手足抽搐（tetany），就是因为 PTH 下降，导致大量的钙离子滞留在组织细胞中，使神经肌肉的兴奋性增强所致。

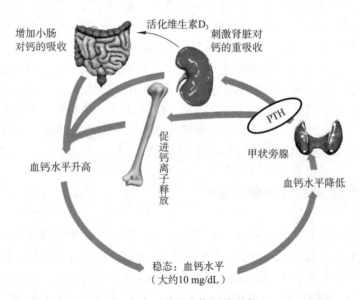

图 8-20　PTH 对血钙水平的调节作用（引自 Reece，2011）

（二）降钙素对血钙的调节

血钙的调节不仅受 PTH 的调节，同时它还受降钙素（calcitonin，CT）的调节。CT 是甲状腺滤泡附近的旁细胞（C 细胞）所分泌的激素，是由 32 个氨基酸组成的直链多肽，分子量约 3 500，现已可人工合成。CT 的靶组织与 PTH 一样，但作用恰好相反，其作用效果是使血钙降低。CT 在高钙饮食后维持血钙的稳定发挥重要作用，而 PTH 分泌高峰出现晚，对血钙浓度发挥长期调控作用。

降钙素的分泌也是受血钙浓度的调节。当血钙浓度升高时，促进降钙素的分泌，而血钙浓度下降时，降钙素分泌减少。

（三）维生素 D 及其代谢产物对血钙的调节

机体从食物摄取的维生素 D，或者皮肤所含的 7- 脱氢胆固醇经阳光紫外线照射而形成的维生素 D，都是 D_3，也称胆钙化醇。维生素 D_3 的活性很低，进入肝脏后，在肝细胞羟化酶的作用下形成 $25-(OH)-D_3$，然后再在肾脏中进一步羟化成 1，

25-(OH)$_2$-D$_3$ 并进入血液。在血液中它们都与血浆蛋白结合，其中以 1,25-(OH)$_2$-D$_3$ 在血中含量最少，但活性最强。1,25-(OH)$_2$-D$_3$ 的作用是促进破骨细胞活动，提高血钙浓度以及作用于小肠黏膜增加对钙、磷的吸收。

　　1,25-(OH)$_2$-D$_3$ 在肾脏的生成既受 PTH 的促进，又受 CT 的抑制。反过来当血中 1,25-(OH)$_2$-D$_3$ 含量升高时，又可抑制 PTH 的分泌。可见血钙的调节是比较复杂的（图 8-21）。一旦机体摄入维生素 D 不足，或 D$_3$ 不能羟化成有活性的 1,25-(OH)$_2$-D$_3$，就会引起临床上见到的佝偻病（ricket）。

☞ 临床上出现的这一状况往往都是与钙离子的缺乏有关，而钙离子的缺乏分两种情况：一是细胞内缺钙，这种情况不一定是整体缺钙的结果，而是与钙离子进入细胞发生障碍有关。

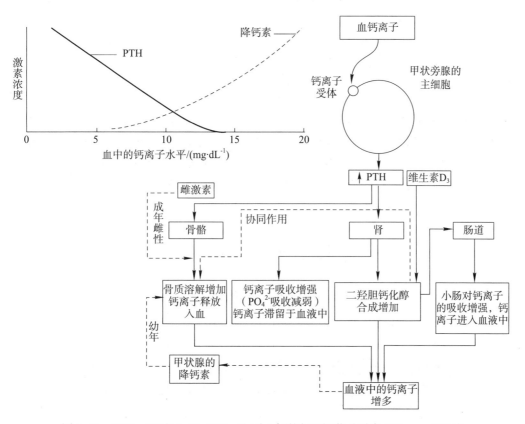

图 8-21　PTH、CT 和 1,25-(OH)$_2$-D$_3$ 对血钙的相互调节（引自 Willmer，2004）

　　血钙浓度降低在临床上常见的主要有两种情况，一种是引起神经肌肉异常兴奋，产生阵发性手足抽搐，而另一种恰好相反，引起的是肌肉收缩无力（肌无力）。同样是血钙降低为什么会引起两种截然相反的结果？其原因并不一定是机体缺钙造成的。前一种情况产生的原因主要是因为大量的钙离子进入组织细胞内使细胞过度兴奋产生的结果。前面介绍过促使钙离子从血液中进入组织细胞的激素主要是 CT，它不仅促进大量的钙离子进入骨细胞，也促进钙离子进入其他组织细胞。而 PTH 和 1,25-(OH)$_2$-D$_3$ 则是引起钙离子从组织细胞中进入到血液。如果机体正常饮食并不缺钙的情况下，而 PTH 和 CT 也分泌正常，则引起该症状的主要原因应该是维生素 D 缺乏造成的。对于缺钙引起肌肉收缩疲软的情况，其原因可能有二：一是机体真正缺钙，造成组织细胞中的钙离子过少。二是 PTH 和 CT 的分泌紊乱，致使钙离子分配不均造成的。

三、应急反应和应激反应的激素调节

　　动物的应急反应和应激反应是生命有机体适应外界环境变化的一个重要机制，它把神经调节和内分泌调节完美地结合在了一起。正是由于它的重要性，有关应激

的内容在本书中进行了反复介绍。

当脊椎动物的感觉器官接收到警觉刺激（如天敌的出现）后，会启动一种复杂的行为和生理反应，称作战斗或逃跑反应，该反应归于内分泌系统和神经系统共同作用的结果。

（一）交感神经系统对应急反应的调节

当动物察觉到危险信号的出现，其感觉神经发出信号到达大脑。大脑对来自各种感觉器官的信号进行整合后，决定对刺激进行相应的处理。如果大脑认为该刺激是一种威胁，就会发出指令通过运动神经引起肌肉的收缩，必要时动物要逃跑或飞走。同时，下丘脑激活交感神经系统。激活的交感神经系统发出信息到达靶器官，如心脏和血管平滑肌等组织，引起这些组织的血流量增加并调整血流的分配。如将流经消化系统的血液减少而增加工作骨骼肌的血流量，同时增加呼吸的深度和频率，为动物做好战斗或逃跑的准备提供更多的氧气和能量。

20世纪初著名生理学家坎农提出的应急学说（emergency theory）就是依据交感神经可以直接支配肾上腺髓质发挥动物应急这一功能的作用建立的。当外界环境发生紧急变化时，如畏惧、严重焦虑、剧痛、失血、脱水、暴冷暴热以及缺氧窒息等，常引起该系统兴奋，使得心率加快、血压升高、皮肤和内脏血管收缩、支气管通气量加大、瞳孔扩大增加视野及血糖升高等（图8-22）。

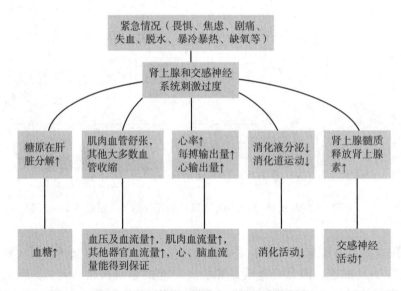

图8-22　机体多系统参与应急反应的调节

交感神经系统除了发挥直接支配心血管系统的作用外，还影响其他内分泌器官的活性。例如，交感神经活动降低胰岛素的分泌而增加胰高血糖素的分泌，结果是使血糖升高，以备动物战斗或逃跑时的能量需求。交感神经还可以刺激肾上腺。哺乳动物的肾上腺是位于两侧肾脏附近的致密器官，含有两种组织类型。肾上腺皮质位于肾上腺外侧，分泌盐皮质激素（如醛固酮）、糖皮质激素（如皮质醇）和少量类固醇激素（如雄激素）。肾上腺的中间部分称作肾上腺髓质，是由嗜铬细胞组成的，分泌肾上腺素和去甲肾上腺素。

交感神经的神经末梢分泌神经递质——乙酰胆碱，作用到肾上腺髓质嗜铬细胞的受体，使该细胞释放去甲肾上腺素或肾上腺素，进入血液循环系统。其中去甲肾上腺素与肾上腺素释放的比例因动物的不同有所不同。如在角鲨鱼中，嗜铬细胞只分泌一种儿茶酚胺——去甲肾上腺素；而在青蛙中，去甲肾上腺素占55%～70%。相反，在哺乳动物则主要释放肾上腺素。

前面已经介绍过，肾上腺素和去甲肾上腺素均与 G- 蛋白偶联受体结合，该受体称作肾上腺素能受体，因此这两种激素对靶细胞的作用效果是很快的。它们有许多靶组织，包括心脏、肺脏和肌肉等。

动物一旦面临严重的环境刺激，就会由于交感神经的兴奋立刻激活肾上腺髓质系统释放肾上腺素和去甲肾上腺素，使动物可以随时做好应对的准备，或战斗或逃跑。

（二）下丘脑 – 垂体轴对动物应激反应的调节

前面介绍的是动物面临恶劣环境刺激情况下通过交感神经系统和肾上腺髓质系统为应付紧急状况所作的调节性反应，持续时间较短。而有时候动物面临的环境变化是持续时间比较长的，如恶劣的天气变化、长途运输、疲劳过度、生活环境拥挤以及精神严重创伤等等，此时仅仅是应急反应就显得不够。因此，上世纪 30 年代，病理生理学家塞里（Seyle）又提出了"应激反应（stress）"调节，即"抗紧张作用"，包括下丘脑 – 垂体内分泌反应。当下丘脑受到应激刺激的激动时，会增加促肾上腺皮质激素释放激素的分泌，通过垂体门脉系统作用到垂体前叶的促肾上腺皮质激素细胞上引起 ACTH 的分泌（图 8-23）。通过血液循环，ACTH 作用到肾上腺皮质细胞的 G 蛋白偶联受体并与之结合，激活腺苷酸环化酶产生 cAMP。cAMP 激活 PKA 激酶后，通过磷酸化激活下游蛋白分子使胆固醇从细胞质的储存池中释放进入胞质，并被运输到线粒体中。胆固醇作为类固醇激素合成的前体物质，在线粒体中被利用合成糖皮质激素。在人类和鱼类中，皮质醇是主要的糖皮质激素，而在大鼠和小鼠皮质酮则是主要的糖皮质激素。两者结构相似，它们在应激反应中的作用也相似。

☞ 胆固醇进入线粒体是一个非常复杂的过程，原因是胆固醇是强脂溶性的物质，而线粒体外膜是水溶性的，必须在类固醇合成快速调节蛋白（steroidgenic acute regulatory protein）的作用下才能进入外膜。

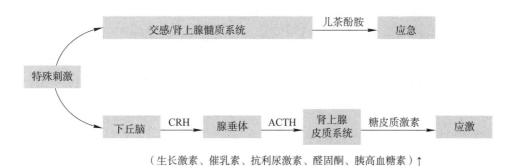

图 8-23　机体神经内分泌系统参与应急反应和应激反应的调节

由于是疏水性物质，糖皮质激素与靶细胞的受体结合后，引起受体构象变化，结合物迁移到核内调节基因的转录。糖皮质激素有许多功能，包括促进脂类和蛋白质的裂解、促进血糖升高等。由于这些作用都是通过基因转录和翻译的变化实现的，其起效要比那些与膜受体结合的激素慢。正是由于这样，它在应激反应中的作用主要是参与战斗或逃跑反应后的恢复过程以及适应过程。糖皮质激素的促代谢功能有助于机体在剧烈反应后恢复能量的平衡。

（三）不同脊椎动物肾上腺的组织差异

在所有脊椎动物中，儿茶酚胺和糖皮质激素都参与了应激反应，但不同类群的动物分泌这些物质的肾上腺组织结构有很大的不同。哺乳动物肾上腺组织结构致密有序；爬行动物和鸟类的肾上腺也像哺乳动物那样致密，但分泌糖皮质激素的肾间细胞和分泌肾上腺素的嗜铬细胞是混在一起的，不像哺乳动物那样有皮质和髓质之分。

而在两栖动物中肾间细胞和嗜铬细胞混在一起并沿着肾形成一条带状结构。在软骨鱼中，肾间细胞形成相当致密的器官，位于肾上，但嗜铬细胞却是位于肾前的体腔中，形成松散的团块。骨鱼完全缺失明显的肾上腺，肾间细胞只是在肾前部的血管周围形成单层细胞层，嗜铬细胞的位置有很大变化，通常与肾间细胞交叉存在。尽管结构上有如此之大的差异，但在应激反应中的功能是相似的。

第四节　机体其他内分泌腺体及其激素

前三节较详尽地介绍了多种激素的作用和调节机制，包括下丘脑激素、垂体激素、胰岛分泌的激素、甲状腺激素、肾上腺髓质和皮质激素以及甲状旁腺素和降钙素等，但由于动物机体之间内分泌系统的差异很大，不可能在本章中一一介绍，再加上本书其他章节中关于功能调节方面都要介绍不同激素的调节功能，所以，本节仅简单总结一下脊椎动物具有的其他一些主要激素的类型和功能特点（表8-3）。

表8-3　脊椎动物的主要激素

分泌组织	激素	化学分类	主要功能	主要靶组织或细胞
松果体	褪黑素	胺类	昼夜和季节节律；参与初情期的启动	神经系统
多种组织	前列腺素	脂肪酸衍生物	促进黄体的溶解；促进子宫平滑肌的收缩	卵巢、子宫平滑肌
胸腺	胸腺素	肽类	参与免疫系统的调节	免疫系统组织细胞
心房细胞	心钠肽	肽类	调节钠离子水平和血压	肾
肝	血管紧张素	肽类	调节醛固酮分泌；调节血压	肾、血管平滑肌各种组织细胞
胃和小肠	促胃液素、胆囊收缩素、促胰液素等	肽类	调节营养物质的消化和吸收；调节食物的摄取	消化道组织细胞
胰腺	生长抑素、胰多肽	肽类	调节血糖和其他营养物质；调节代谢	多种组织细胞
肾上腺	醛固酮、皮质醇	类固醇类	促进肾小管的保钠排钾；参与应激反应和糖代谢	肾小管、多种组织细胞
肾	促红细胞生成素、肾素	肽类	促红细胞生成；激活血管紧张素原	骨髓造血细胞、血管组织
脂肪组织	瘦素	肽类	参与食物摄取、代谢；参与生殖活动的调节	神经系统、消化道等
睾丸和肾上腺皮质	雄激素	类固醇类	调节精子生成、第二性征、蛋白质合成、红细胞生成等	睾丸、下丘脑/垂体及多种组织
卵巢	雌激素、孕酮松弛激素	类固醇类肽类	调节卵巢发育、雌性第二性征雌性生殖管道的发育；维持妊娠和乳腺发育；参与胎儿的分娩	雌性生殖系统
胎盘	雌激素和孕激素、绒毛膜促性腺激素、绒毛膜生长激素、胎盘催乳素	类固醇类糖蛋白蛋白质	共同参与胎儿和母体子宫的发育以及乳腺的发育	雌性生殖系统和乳腺

推荐阅读

RICHARD W H，GORDON A，ANDERSON W，et al. Animal Physiology［M］. 3th ed. Sunderland：Sinauer Associates，Inc.，2012.

开放式讨论

机体是如何通过有限的内分泌激素来完成动物生长发育这一复杂的功能的？

复习思考题

1. 比较内分泌、旁分泌和自分泌以及神经之间信息交流的差异。
2. 比较蛋白质类激素和类固醇激素在合成、分泌、运输以及作用到细胞中发挥功能的差异。
3. 从靶细胞的角度来看，内分泌激素和旁分泌激素在发挥作用时有没有本质上的区别？为什么？
4. 为什么有些激素的分泌形式采用的是胞吐方式，而有些却不能贮存，只能是随着需要边合成边释放？
5. 跨膜受体的三个主要结构是什么？分别起什么作用？
6. 以糖代谢为例，说明内分泌紊乱现象。
7. 分析血钙缺乏的原因，并提出临床应用的方针。
8. 为什么激素在发挥作用时，其信号转导能够呈现"瀑布"样的反应？
9. 举例说明神经 – 内分泌调节过程中反馈调节的等级。

更多数字资源

教学课件、自测题、参考文献。

第九章
生殖生理

知识导图

【科学家故事】孜孜以求的"精子人"——张民觉

　　70多年前，在美国马萨诸塞州的一个实验生物研究所，两位生殖生理学博士反复用家兔的卵母细胞和刚射出的精子做体外受精实验，但却屡屡受挫。俩人自我调侃道："连愚蠢的兔子都能办到的事，我俩却办不到，真是不争气！"其中一位自称"卵子人"，叫平卡斯（Gregory Pincus）；另一位对精子的研究感兴趣，自称"精子人"，即美籍华裔学者张民觉（Min-chueh Chang，1909—1991）。

　　1945—1951年，张民觉利用家兔开展了孜孜不倦的研究。1950年，他首次提出了卵龄与子宫内膜发育的"同步化理论"。他还发现哺乳动物及灵长类的早期胚胎几乎都要5~7天才能着床，且都存在精子（而非卵母细胞）先到达输卵管等待受精的现象。他心想：莫非是精子需要在雌性生殖道内停留一段时间并发生某些变化才有受精能力？基于这个想法，他最终在1951年和澳大利亚的奥斯汀（Colin Russel Austin）二人同时发现：在受精前，精子存在"获能"现象，即"张-奥原理"，从而开创了进行哺乳动物体外受精的先河。根据这个原理，张民觉将家兔交配后，从母兔子宫内回收精子并与卵母细胞在体外受精，再经借腹怀孕成功地得到了仔兔（1959）。20年后，英国两位医生应用该方法实现了世界首例"试管婴儿"布朗（Louise Brown）的诞生。为了纪念他，人们把布朗称为"张民觉的女儿"。

　　张民觉在精子和卵子发育、受精和人工节育等基础研究领域中取得的突破性进展为世界生殖医学的起步和发展都做出了卓越的贡献。不仅如此，人们利用人工授精、借腹怀胎和同期发情等技术极大地提高了家畜繁殖的效率，促进了动物育种和农业生产水平的提高。

联系本章内容思考下列问题：

　　张民觉先生被誉为"试管婴儿之父"和"口服避孕药之父"。他的科研经历和科学成就对你有什么启发？

案例参考资料：

牛芳.张民觉生殖生理学研究［D］.太原：山西大学，2010.

CHANG M C. Fertilizing capacity of spermatozoa deposited into the fallopian tubes［J］. Nature，1951，168（4277）：697-698.

AUSTIN C R. Observations on the penetration of the sperm in the mammalian egg［J］. Aust J Sci Res B，1951，4（4）：581-596.

AUSTIN C R. The capacitation of the mammalian sperm［J］. Nature. 1952，170（4321）：326.

【学习要点】

　　性腺和内外生殖器官的性别决定；睾丸的生理功能及内分泌调控，精子的发生与成熟；卵母细胞的发生与成熟调节；卵泡的结构与功能；胚胎的着床与分娩的调节机制；雌激素、孕激素的合成与分泌调节；前列腺素在黄体溶解和胎儿分娩中的作用机制。

生物通过生殖（reproduction）实现亲代与后代个体间生命的延续，即遗传信息的传递。对于物种个体而言，其一生有无生殖活动并不影响个体发育；但就种群而言，生殖则是保证其种族延续的最基本特征。在有限的资源和环境条件下，遗传和变异与环境的选择压力相互作用导致了生物进化。而在这个过程中，如何平衡生理需求和繁衍后代以保证最大的生殖效应，则是动物进化的动力和源泉。

生殖是生命活动的基本特征之一。

众所周知，当环境条件非常艰苦时，若无父母照顾则新生动物（人类婴儿尤其如此）很难成活。为了保证物种繁衍，动物进化出了两种基本类型的生殖策略，即产生相对较少的后代但投入大量的能源来培育后代（K型），如人类和家畜；以及尽快繁殖并产生大量后代但很少提供照顾（r型），如昆虫。采用K型策略的动物通常在生长到足够大（生命的中后期）时才开始其生殖活动，以便保证积累到足够的能源来生产体型较大且健康的后代。例如，几维鸟每次只产一个蛋（是其他鸟蛋的6倍大），不仅蛋的重量占母体的20%，其体积也能占据母体大部分体腔。为了支持几维鸟蛋的生长，亲鸟必须增加超出平时约3倍的食物摄取量（蛋发育后期的体积增大还会压迫胃脏和限制母亲摄食）。对于采用r型策略的典型代表如蝗虫来讲，其繁殖的速度快到会迅速威胁到大面积的植物生态的程度。当然，上述分类依据是有相对性的。例如啮齿类动物相对生殖较早且产仔数量较多（r型），但其对后代也会付出很多照顾（K型）。可见随着动物的进化，其生殖策略或多或少发生了融合。

实际上，不同动物所选择的最适生殖策略并不如上所述那么简单。有些低等动物会以献出自己的生命为代价来延续其种群。例如终生单次生殖的动物（如太平洋鲑鱼），一旦其后代出生则亲代会因为无能量可用而很快死亡。相反，终生多胎（反复生殖）的动物（如家畜）一生可有多次生殖周期。由于其每次繁殖时都保留足够其自身存活的能量以便再次生殖，故而有利于确保动物有多次机会繁衍后代。从表面上看，这两种动物的生殖策略可能需要完全不同的生理系统。但奇怪的是，两种相似的动物有时也会表现出完全不同的生殖策略。如大西洋鲑鱼属于终生多次生殖动物，而太平洋鲑鱼总体上属于终生单次生殖动物。然而，当太平洋鲑鱼在陆地内驯养后就会演化出反复生殖的能力。由于这两种鱼在基因型上相似，因此发生这种变化只能说明是其生理类型发生了调整，主要是复杂的激素变化控制了动物的生殖策略变化。

动物生殖现有三种主要方式，即卵生、胎生和卵胎生。这三种生殖方式的区别在于卵子在受精前后的命运不同，且不同的生殖方式需要不同程度的父母照顾。① 卵生动物排出的卵完全在外部环境中利用卵中的能源发育。其精卵结合可在外环境中完成，如大多数鱼类；也可在体内完成，如鸟类和爬行类。父母关照的程度依动物进化的程度高低而表现出从无到有的特点。如昆虫很少表现父母对胚胎的关注，而大多数鸟类则具备护卫鸟蛋和喂食幼鸟的特性。② 胎生动物使用体内受精的方式且胚胎在体内发育。在早期发育过程中，胚胎会从母体获得大量营养。这其中，具有胎盘的哺乳动物是最典型的代表，但某些鱼类、蛇和蜥蜴等也采用这种方式。这类动物的特点是雌性的生殖道可为子代提供营养物质，包括子宫产生的简单营养物质子宫乳或更为复杂的来自于子宫血管的营养。③ 卵胎生动物具有前两种方式所共有的特点，即利用体内环境实现受精，胚胎主要是体内发育。在子宫中发育时，胚胎利用卵黄囊中的营养而不是母体的营养。当动物成熟时，卵在母体内孵化。这种方式常见于鱼类（包括鲨鱼）、爬行动物和许多无脊椎动物。

录像资料 9-1
生殖的基本过程

有意思的是，有些物种可在不同的生殖方式中相互转变。例如，盐水虾既可是卵胎生产出自由生存的幼虾，也可是卵生产出带有外壳的原肠胚。同样，在单一的动物种群中，其群体的生殖策略也可能不同。例如，线蜥就具有卵生和胎生群体。软骨鱼类（如鲨鱼）和鳐类会产出受精的卵并随后漂浮在洋流中；部分鲨鱼是卵胎生，而另一部分是胎生。在一些鲨鱼中行卵胎生的胚胎会主要靠卵中的营养生存，但在某种程度上也会靠吃生殖道中自己的兄弟姐妹而存活下来。

整体上，尽管在生殖过程的各个阶段都有许多功能基因或蛋白质发挥重要作用，但它们都是受机体的神经内分泌系统所控制的，特别是哺乳动物在这一点上表现得尤为突出。因为哺乳动物的生殖过程是一个更加精细稳定的周期性过程，因此后续我们主要是以哺乳动物为主，讲解生殖过程的基本规律和调节方式。

第一节　性腺和配子发育的控制

生物生殖的基本方式包括无性生殖（asexual reproduction）和有性生殖（sexual reproduction）。无性生殖的特征是单个个体可分成两个及以上相同或不同的部分，仅有一个亲本参与且生殖过程中无配子生成。有性生殖的特征是特化的雌性和雄性配子细胞发生融合，形成的合子同时携带有两个亲本的遗传信息。在动物出现之前，早期的真核生物（如原生生物）已经形成了有性生殖的能力。大多数动物都具有有性生殖现象。在大部分有性生殖中，配子的大小是不同的（异形配子），雄性的睾丸产生小的配子——精子，而雌性的卵巢产生大的配子——卵子。虽然卵子和精子的产生有明显的不同，但都需要经历减数分裂过程。

☞ 有性生殖是保证遗传多样性的根本，也是大千世界无奇不有的奥秘所在。

正是有了有性生殖，动物才能在复杂的生态环境中成功繁衍后代。在整个生殖过程中合子的基因组变化发生在 3 个水平上：第一，动物产生的配子的基因组最初是由父母本提供的。例如，若 1 个动物个体任一体细胞内均具有 23 对染色体，则该个体能产生超过 8×10^6 种存在基因差异的配子。第二，在减数分裂过程中，染色体重组能够产生源自父母染色体的杂交染色体，进一步扩大了遗传上具有唯一性的配子的总数。第三，通过受精产生的二倍体后代是唯一经过上面两个过程选择下来的具有不同类型基因型配子的结合体。正是由于这个原因，有性生殖的每一个后代既不像它的同胞也不像它的父母。因此，有性生殖产生的群体是不同基因型的集合体。

动物的生命周期起源于单个细胞，在不同的发育阶段经过不断分裂增殖（如合子期、囊胚期和原肠期），形成不同的组织，进而形成一个具备各种功能的整体。新生的个体进一步发育、生长，到达性成熟。个体的生殖特性通常是在胚胎发育阶段随着性腺的形成而建立的。性腺组织包括能够产生配子的细胞和支持配子产生的体细胞组织。性腺的发育和其中配子的产生为整个生殖做好了准备。所有有性生殖的过程，包括性别决定、配子生成、交配、受精和胚胎发育，都依赖于多组织细胞的整合，而这些整合过程都依赖于神经及内分泌系统的调节。

生殖系统包括性腺（gonad）、运输配子的生殖管道以及可以为配子成熟提供调节性活性分子、营养和液体的附属组织。生殖系统与其他系统相比有两大特点。第一，生殖系统发挥生理功能的时间是在初情期后，而其他系统则在动物出生后即具备功能。第二，生殖系统的结构存在较大的性别差异，而其他系统在雌雄性个体之间的差异细微。雌性性腺发育为卵巢（ovary），而雄性性腺发育为睾丸（testis）。

一、生殖系统的发育

（一）遗传信息控制性腺的形成

性腺的发育受遗传信息控制。性腺由原始生殖细胞（primordial germ cell，PGC）、生殖嵴表面的体腔上皮（因此称作生殖上皮）以及上皮下的间充质细胞共同发育而成。生殖细胞是最早决定分化方向的细胞之一。在低等动物如线虫、果蝇和部分脊椎动物如蛙，其未受精卵中含有很多特异性定位于卵细胞内的生物大分子。受精卵分裂后，若其中某个子细胞中含有这些分子时，则会定向分化为卵细胞。这些大分子大多为一些 mRNA。例如 *Vasa* 就是其中对性别决定必需的一种 mRNA，但其具体作用机制尚不清楚。哺乳动物的卵细胞胞质相对来讲是均质的，因此不存在上述情况。若其胚胎为雄性，则其 PGC 细胞中携带 XY 性染色体。Y 染色体短臂上的性别决定区（SRY）编码并表达性别决定因子，促使性腺中的 PGC 向睾丸方向分化。反之，在带有 XX 性染色体的个体，其 PGC 细胞则向卵巢方向发展。

近年来，与 SRY 相辅相成的另一个影响生殖细胞分化的因素，即发生在 PGC 到达生殖嵴前后的表观遗传修饰，也受到了重视。当将 XY 的 PGC 植入 XX 的生殖嵴或反过来移植，这类移植的细胞都在启动减数分裂后发生凋亡，因而无法最终形成有功能的生殖细胞。这些实验恰恰说明了位点特异性的基因甲基化（即基因印记）及组蛋白的修饰等在生殖细胞的分化调节中发挥着重要的作用。

胚胎期卵巢发育的始动过程是 PGC 从卵黄囊迁移到生殖嵴（genital ridge），即性腺原基（图 9-1）。如在人类胚胎第 5～6 周时，约有 1 000 个 PGC 进入生殖嵴中。一旦进入生殖嵴，PGC 细胞的行为就表现出了明显的性别差异。进入生殖嵴的 PGC 会启动有丝分裂。如小鼠 PGC 细胞数目由原来不到 100 个，快速增加到大约 25 000 个。但随后，小鼠雄性生殖细胞会在胚胎期 15.5 天停止分裂，直到生后 1～2 天才重新启动分裂。而雌性则不同，其生殖细胞会继续有丝分裂的同时快速启动减数分裂。在人第 11～12 周时和小鼠第 13.5 天起，部分生殖细胞即进入减数分裂，但减数分裂不会完成，而是在人类妊娠中期和小鼠 18.5 天左右时停滞于第一次减数分裂前期，直至其性成熟前后才会在促性腺激素的作用下恢复减数分裂。目前认为，启动减数分裂的关键物质主要来自于中肾的维生素 A 的衍生物视黄酸（retinoic acid）。它通过扩散进入生殖嵴中的生殖细胞后与其核受体结合，会诱导与 DNA 复制和染色体联会形成具有关键作用的 *Stra8* 等基因的表达，从而启动减数分裂进程。

性索（sex cord）是由来源于生殖嵴的体腔上皮细胞在胚胎性腺的皮质区间充质组织中增生形成的，呈不规则的条索状。在雌性，性索细胞随后分化为能够包围卵母细胞的颗粒细胞（granulosa cell），而生殖嵴的间充质细胞将最后分化转变为膜细胞（theca cell）。这三种细胞有机地结合起来，最后形成卵泡。卵泡的结构包括卵母细胞、颗粒细胞和膜细胞。在雄性，受性别决定因子的影响，性索细胞与表面上皮细胞分离，深入间充质并形成界限清晰而又彼此吻合的细长而弯曲的条索（睾丸索）。

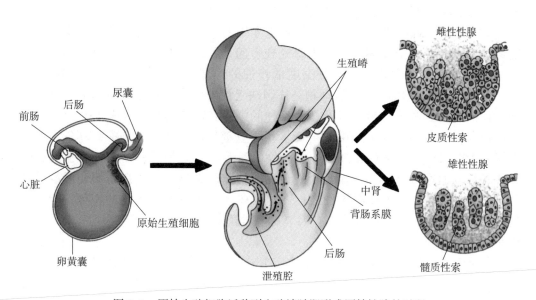

图 9-1 原始生殖细胞迁移到生殖嵴随即形成原始性腺的过程

睾丸索在初情期时演化为曲细精管，而其中的性索细胞随后分化为支持细胞，为生精细胞提供营养、保护和支持。睾丸间充质细胞分化为间质细胞。值得注意的是，由于支持细胞包裹于 PGC 外部且表达可降解视黄酸的关键酶 Cyp26b1，导致视黄酸无法进入 PGC，因而雄性的减数分裂无法启动。雄鼠出生后，其支持细胞自身开始合成而非降解视黄酸，因而可以诱导精原干细胞启动减数分裂。

胚胎睾丸的发育与卵巢有相似之处，即 PGC 迁移到生殖嵴并在由体腔上皮细胞内陷形成的性索中分裂增殖。睾丸与卵巢发育的主要不同之处是：睾丸中性索内陷直达胚胎性腺的髓质并在那里与来自中肾（或原肾）的髓索相连。中肾管［又称沃尔夫管（Wolffian duct）］发育成与曲细精管有直接连接的附睾、输精管和尿道，因此雄性生殖细胞是通过一个密闭的管道系统被转运至体外的。由于卵巢组织与最终要分化成为输卵管［oviduct；来源于米勒管（Müllerian duct）］的管道没有直接连接，最后的结果是成熟的卵母细胞不能经由管道排到卵巢外，而只能从卵巢表面的组织破裂口中排出。与其他低等脊椎动物不同的是，哺乳动物的输卵管末端特化形成输卵管伞，能够将卵巢排出的卵母细胞有效接纳入管腔。有些动物的卵母细胞排卵后通过包围卵巢的卵巢膜（bursa）进入输卵管伞，卵巢膜的作用是使卵母细胞可以向膜的开口和输卵管伞口处移动。

（二）睾酮决定内外生殖器和大脑的性别分化

☞ 性腺的发育受遗传因素控制，而雄激素则决定内外生殖器的性别分化。这就是为什么在个体发育的特殊阶段受到环境激素，特别是环境雄激素的污染时会造成动物生殖器官性别转换的主要原因。

生殖管道系统和外生殖器的性别分化受发育中的性腺的控制。① 如果个体为雌性则米勒管发育成输卵管、子宫、子宫颈和阴道，而沃尔夫管退化。引起这两个管道变化的重要因素是睾酮（雄激素）。如果个体为雄性，则睾丸网产生米勒管抑制因子（Müllerian inhibiting substance/anti-Müllerian hormone）引起沃尔夫管发育，而米勒管退化。因此，米勒管是"永久性"结构而沃尔夫管是"暂时性"结构（因为在雄激素作用下它才发育）。在外生殖器性别分化过程中，5α-还原酶的出现对于雄激素发挥作用是非常重要的，因为睾酮必须在细胞内受该酶的催化转化成二氢睾酮才能使组织发生雄性化。② 哺乳动物外生殖器是顺应性腺发育的方向而发育的。如果个体在基因型（或遗传型）上是雌性的，则外生殖器组织会折叠（阴唇）形成阴门，有 1 个阴蒂会发育。如果个体为雄性，则睾丸中合成的雄激素会促进阴茎（相对于雌性的阴蒂）和阴囊（相当于阴唇）的发育。同样，雄激素缺乏对外生殖器的形成有不利影响。③ 个体性别分化的最终完成伴随着下丘脑的性别分化。在出生前后时期，其下丘脑接触到雄激素后，可引起其中的性别中枢（性别决定核）核团雄性化。若没有雄激素，则下丘脑性别中枢将默认发育为雌性中枢。

除了遗传型性别决定，即染色体决定性别的机制外，还有非染色体决定性别的方式存在于某些动物体内。其中研究较多的是胚胎发育过程中环境中的物理化学因素决定性别的方式，尤其是温度依赖性的性别决定（temperature dependent sex determination, TSD）。爬行动物往往因缺乏性染色体而常见 TSD 方式，其中包括所有的鳄鱼和海洋乌龟中以及一些品种的蜥蜴和陆地乌龟。发生 TSD 时，动物的受精卵在某种中间环境温度中可产生相同数量的雄性和雌性。一些乌龟在低于中间温度时只产雄性，而在高于中间温度时只产雌性。相反，一些蜥蜴在高温时只产雄性，而在低温时只产雌性。鳄鱼比较特殊，其雌性后代在高温和低温时都处于优势，但在中间温度时雄性后代占绝大多数。采用 TSD 方式的物种，受全球温度变化的影响，也因此该物种有因单一性别群体过大或过小而导致物种消亡的可能性。

有研究认为，TSD 和遗传型性别决定方式很有可能具备相同的信号转导通路。对于 TSD 型爬行类来讲，温度是其信号转导通路上游的决定因子，而下游可能也通过类似于哺乳类 Sry 基因来调控其性别决定。目前已经在爬行类动物的常染色体上找到了类似哺乳类动物的 *Sry* 基因，即类 *Sry* 基因（Sry related autosomal），但并未发现其在性别决定中起作用。总之，TSD 方式决定性别的机制和意义还需要深入研究和探讨。

另外，激素和营养等外界因素也会参与一些低等生物的性别决定过程。

二、下丘脑－垂体对生殖的控制

生殖活动过程的多样性主要受神经内分泌的调控，这一点可以从参与生殖过程需要多样化激素参与加以体现。由于不同的激素与其受体结合后通过不同的信号转导系统发挥各自的作用，因此有必要先介绍一些有关机体生殖调控生理的特征，尤其是哺乳动物的生殖生理，包括排卵、妊娠、分娩和分娩后的关照等过程中激素的作用特点。

1. 下丘脑和垂体前叶分泌的激素控制性腺的活动

性腺的活动受下丘脑和垂体前叶的控制。下丘脑是一个体积相对较小的中枢神经组织结构，位于大脑底部的中间，被第三脑室分成两部分。它实际上构成了第三脑室的腹侧壁和侧壁。下丘脑有许多神经元核团（统称核），分别分泌一些可控制垂体活动的肽类激素。例如，负责分泌促性腺激素释放激素（GnRH）的神经细胞所在的核团，包括下丘脑视前区、内侧视交叉前区以及弓状核等多个部位均可释放肽类激素。这些肽类激素或直接通过神经元轴突到达神经垂体，或通过垂体门脉系统进入腺垂体。垂体对下丘脑相关肽类激素刺激的反应是产生或分泌对性腺活动有重要作用的一些激素，主要包括促卵泡激素（FSH）、黄体生成素（LH）和催乳素（PRL）。

下丘脑与腺垂体的联系不像与神经垂体那样直接，而是在下丘脑与腺垂体之间的正中隆起处有一个静脉门脉系统与正中隆起相连。下丘脑分泌的可控制腺垂体的物质从下丘脑的正中隆起处释放到局部，再通过门脉系统的血液循环到达腺垂体。例如，分泌 GnRH 的核团之一是正中视前核，而多巴胺（DA）则是在弓状核中产生。这两种物质从下丘脑通过轴突运输到正中隆起，并在那里被释放进入门脉系统。

2. 垂体前叶分泌的控制生殖过程的激素

垂体包括三个部分：前叶，称腺垂体或远侧部；中间叶，也称中间部；后叶，也称神经垂体或神经部。它们是由不同的胚层发育过来的，其中远侧部来自内胚层（源自咽背部的小憩室，称神经颊囊）；中间部和神经部均来自神经胚层。腺垂体所生成的蛋白质激素中与生殖调控相关的主要是促性腺激素，包括 FSH 和 LH，以及 PRL。FSH 和 LH 在卵泡发育和排卵中有协同作用。其中，FSH 在精子发生、卵泡发育和卵母细胞成熟过程中起主要作用；而 LH 在卵泡最后成熟和排卵中起主要作用，同时也参与精子发生过程调控。这些激素中，促性腺激素和 TSH 均为糖蛋白激素，其分子中都含有与其功能有关的糖类。PRL 是腺垂体分泌的第三种对生殖过程有重要作用的蛋白质激素，主要是对哺乳动物的乳腺发育和泌乳起作用。

神经垂体分泌的催产素（OXT）也是参与生殖调控的一个重要激素。

三、促性腺激素释放的变化

1. 腺垂体细胞合成的促性腺激素的分泌受下丘脑控制

腺垂体细胞所合成的促性腺激素的分泌主要特点是呈现波动性分泌（或称为脉冲式释放），而非持续性分泌。而且，这一波动性分泌活动受下丘脑 GnRH 神经元的波动性分泌所决定（图 9-2）。这种分泌活动的重要性可以通过下述事实来说明：如果以持续注射的方式给动物注射 GnRH，则会导致该系统的下调，即引起垂体中促性腺激素分泌水平的下降。这是因为当促性腺激素细胞膜上 GnRH 受体持续地被外源补充的 GnRH 结合时，会扰乱其细胞内与促性腺激素合成和释放有关的信号通路。

一般来说，促性腺激素分泌的波动性在发情周期的卵泡期增加，而在黄体期降低。具体表现是：性腺分泌的雌激素可通过负反馈调节机制，降低促性腺激素分泌的波幅而促进波的频率，而孕酮则通过负反馈机制，降低波的频率而增加波的幅度。这说明，在卵泡期波的频率增加是由于孕酮的缺失，而波的幅度降低是由于雌激素的出现造成的（图 9-3）。这种频率增加而波幅下降相结合的特征，对于调节发育中的三级（有腔）卵泡最后阶段生长所需的营养供应是非常重要的。

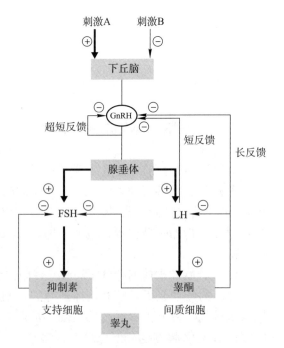

图 9-2　下丘脑–垂体–性腺（睾丸）激素之间的相互调节

2. 促性腺激素的分泌受性腺激素的反馈调节

下丘脑和腺垂体分泌的激素可促进性腺激素的合成。反过来，性腺激素分泌增加也会通过反馈机制来影响下丘脑和垂体激素的释放。

首先，孕酮和睾酮对促性腺激素波动频率的影响主要是在下丘脑水平，而雌激素则可通过作用于垂体和下丘脑两个器官来影响促性腺激素的分泌。尽管这些激素作用的部位有种间差异，但在下丘脑中，孕酮和雌激素对抑制促性腺激素分泌的负反馈作用位点位于正中隆起正上方的弓状核，而刺激促性腺激素释放的正反馈调节中枢则位于下丘脑前部的视前区。雄性动物对促性腺激素分泌的控制机制与雌性相似。下丘脑 GnRH 的波动性释放影响促性腺激素的波动性分泌，后者进一步引起睾丸中睾酮的波动性分泌。要注意的是，雌雄性别间的一个主要差异是雄性中不存在雌性促性腺激素的正反馈释放调节机制，精子在导管系统中不断地生成和排出。因此，上述过程不需要促性腺激素峰的出现。

在特定时间段，这些激素对促性腺激素的分泌起抑制作用（负反馈调节），特别是雌激素能够负反馈抑制促性腺激素的分泌。这是因为在雌激素浓度低时负反馈机制更加灵敏。例如，在卵巢摘除后，由于雌激素对下丘脑和腺垂体的抑制作用被清除，导致分泌到血液中的促性腺激素浓度大幅度增加。这种现象与绝经期妇女体内促性腺激素浓度升高的机制类似。与此相反，在排卵卵泡发育的最后时期，持续升高的雌激素反而会使促性腺激素分泌增加，这种调节属于正反馈调节。这是因为在有腔卵泡最后发育阶段的一天或几天内，由于卵泡中颗粒细胞的大量增殖，雌激素分泌快速增加，造成下丘脑 GnRH 波动性释放的频率增加，最终引起垂体促性腺激素分泌增加，即引起促性腺激素（主要是 LH）的排卵前峰出现。促性腺激素峰出现的目的是诱导卵泡内的变化，尤其是诱导卵母细胞成熟和导致卵泡破裂并排卵。促性腺激素峰的持续时间相对较短（一般 12～24 h），这是由于随着卵泡对促性腺激素排卵前峰的反应，卵泡中颗粒细胞发生功能分化，其所分泌的雌激素会出现下降所致。可见这种启动卵泡排卵的特殊生理机制是有反馈性的，因为卵泡能够将自己的成熟状态通过雌激素信号传递给下丘脑和腺垂体。随着卵泡的逐步成熟，雌激素的生成量增加，最终经正反馈机制诱发排卵（图 9-4）。

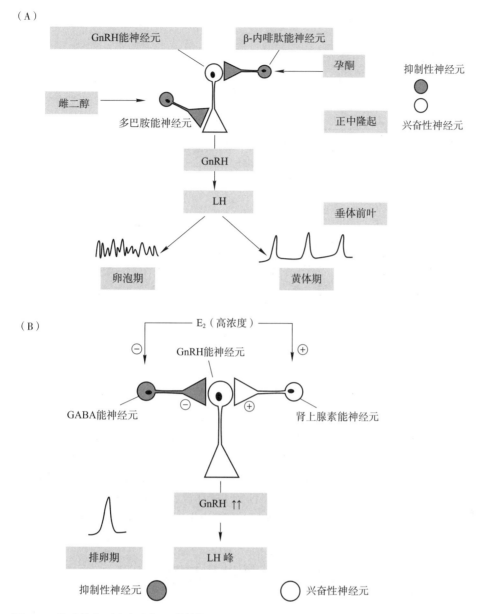

图 9-3　腺垂体分别在卵泡期和黄体期（A）及排卵期（B）波动性分泌促性腺激素的特点

（改自 Longstaff，2006）

　　其次，促性腺激素的分泌还受到下丘脑和性腺中产生的其他肽类和蛋白质激素的调节。如由发育中的卵泡颗粒细胞分泌的一种蛋白质激素——抑制素（inhibin）能抑制促性腺激素的分泌。特别是在卵泡发育的最后时期，抑制素对 FSH 分泌的抑制作用更明显。此外，下丘脑产生的 β- 内啡肽能够抑制 LH 分泌（当注射到体循环时），但是这种调节作用的生理机制仍需进一步证明。

　　3. 腺垂体分泌 PRL 的过程也存在神经及反馈调节机制

　　尽管 PRL 的分泌具有波动性特点，但其分泌的调节主要依赖于抑制性调节机制。① 下丘脑腹侧弓状核中产生的 DA 是 PRL 分泌的强有力的抑制物。如果切断垂体柄或将垂体移植到其他位置（如肾囊中）以使垂体与下丘脑之间的联系断开，则 PRL 分泌增加。多巴胺的激动剂（如溴隐亭）可用来抑制 PRL 分泌（用于治疗高催乳素血症）。② 雌激素能够通过降低 PRL 细胞对 DA 的敏感性和增加 GnRH-R 的数量来促进 PRL 的分泌。③ 血管活性肠肽（VIP）也是强有力的 PRL 分泌刺激物。其作用主要是通过抑制下丘脑中 DA 的合成而实现的。④ 神经递质 GABA 也参与了对 PRL 的调节。

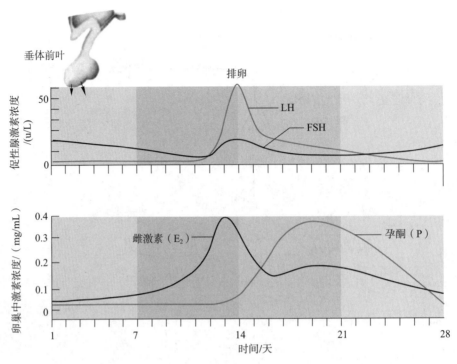

图 9-4 人排卵过程中垂体促性腺激素和雌激素（主要是雌二醇）的分泌

（改自 Silbernagl，2009）

尽管有关 GnRH 和 PRL 之间的生理关系还不清楚，但在 PRL 分泌细胞中发现有 GnRH-R。GnRH 的合成与 ADH 和 OXT 一样，先是合成一个大分子的前体物。该分子有一个含 56 个氨基酸的 C 末端区域，称为 GnRH 相关肽（GnRH associated peptide，GAP）。尽管 GAP 可以刺激 FSH 和 LH 释放，但是 GnRH 仍然被认为是促性腺激素释放的决定激素，因此认为 GAP 更重要的作用可能是抑制 PRL 的分泌。

第二节　雄性生殖系统

一、雄性哺乳动物生殖系统的解剖结构

（一）雄性生殖系统的组成

雄性生殖系统是由许多与生精和输精有关的器官组成的。完成生精和输精的功能需要神经内分泌和生殖系统的协调。

雄性生殖器官包括 1 对位于阴囊（scrotum）中的睾丸（testis；由精索和外提睾肌支持）、2 个附睾（epididymis）、2 个输精管（deferent duct）、副性腺（accessory sexual gland）和阴茎（penis）。副性腺包括 1 对壶腹腺、1 对精囊（精囊腺）、1 个前列腺和 1 对尿道球腺（Cowper 腺）。动物会因为品种不同其副性腺的出现、睾丸的方向、阴茎的类型以及精液射入雌性生殖道的位置都不同（表 9-1）。

1. 阴囊与睾丸

阴囊、提睾肌以及睾丸动脉和阴茎的血管结构为睾丸提供了温度调节的环境。所有家畜都有阴囊。它实际上是一个含皮下弹性纤维和肌肉层（称作肉膜）的皮囊。睾丸动脉的血管被睾丸静脉网（蔓状丛）围绕，为睾丸提供了一个热量逆流交换的机制，这对于睾丸的温度调节是至关重要的。肉膜和提睾肌会随着环境温度的变化

☞ 泌尿系统生理调节中，肾髓质部也存在一种物质的逆流交换机制。

表 9-1 不同物种雄性生殖器官差异

项目	牛、鹿和山羊	马	猪	狗	猫	羊驼
睾丸方向	尾部垂直向下	头尾水平状	尾部向上	头尾水平状	尾部向上	尾部向上
壶腹	+	+	±	±	−	±
精囊	+	+	+	−	−	−
尿道球腺	+	+	++（发达、较大）	−	+	+
前列腺	+	+	+	+	+	+
阴茎类型	弹性纤维S形状	管状	弹性纤维S形状	管状	管状	弹性纤维S形状
精液射入部位	阴道	子宫	子宫颈	阴道	阴道	子宫颈/子宫

和触觉刺激而收缩和舒张。有些动物（如马）的阴囊含有大量的汗腺和皮脂腺，为温度调节提供了更完善的机制。

在哺乳动物中，正常的睾丸功能（特别是正常的生精功能）依赖于低于正常体温的睾丸内温度。因此在正常的雄性家畜中，睾丸位于腹腔之外的阴囊中。不同家畜睾丸降入阴囊的的时间有所不同，如马发生在妊娠 9~11 月间；牛在妊娠 3.5~4 月间；绵羊在妊娠 80 天左右；猪在妊娠 90 天左右；狗在产后 5 天左右；猫在产后 2~5 天间；而骆驼通常是在出生时。在多数大动物中，睾丸通过腹股沟内环进入阴囊，并在出生后 2 周左右完成在阴囊中的最终定位。但仍有许多动物在出生时睾丸处于腹股沟处，几周或几个月后才降入阴囊。如狗的睾丸在出生后 14 周下降不常见。6 月龄狗不会再发生睾丸下降。马的睾丸有时在出生后 2~3 年才下降。如果睾丸不能降入阴囊则称作隐睾。隐睾睾丸更容易发生精索扭曲，而且其发生肿瘤增生的概率要高于正常者 10 倍。尽管隐睾发生的确切机制还不完全清楚，但似乎与遗传及动物品种有关。隐睾在猪、狗和马中最常见，而在牛、绵羊和鹿中少见。

睾丸是雄性生殖系统最重要的器官，其所有功能都是受神经内分泌调节的。睾丸表面被以浆膜（固有鞘膜），浆膜内为白膜，即睾丸最外层，它是一层致密的结缔组织，白膜于睾丸头端形成一条结缔组织囊进入睾丸实质构成纵隔。纵隔向四周发生许多放射状结缔组织小梁并和白膜相连，称中隔。中隔将睾丸实质分成许多锥形小叶，基部在睾丸表面而尖部朝中央（图 9-5A）。狗睾丸的中隔厚而完整；羊和猫睾丸的中隔构造不完全（故小叶分界不明显）；大熊猫睾丸的中隔较发达。

睾丸的功能包括：产生类固醇激素（主要是雄激素）、通过生精过程产生单倍体生殖细胞以及产生睾丸液。前两个作为睾丸的主要功能，分别发生在间质细胞和曲细精管（convoluted seminiferous tubule）中，睾丸液由曲细精管和睾丸网产生。

从功能上讲，睾丸由三个部分组成：一个是间质组织部分，含有间质细胞，位于曲细精管周围，可分泌睾酮。另外两个部分位于曲细精管内。一是基底部，含有通过有丝分裂形成的精原细胞（spermatogonium）。而靠近管腔的部分代表着一个特殊的环境。在这里，精母细胞进入减数分裂并由此分化形成精子细胞和精子（图 9-5B）。在曲细精管内，营养生殖细胞的支持细胞胞体较大，从基底部一直扩展到靠近曲细精管的管腔侧。支持细胞间的缝隙连接将基底部和管腔侧分开并形成睾丸血-睾屏障（blood-testis barrier）的主要部分。血-睾屏障将曲细精管液和血浆中化学物质彼此隔绝，在维持精子发生的微环境与睾丸免疫豁免环境中发挥着重要功能。睾丸液含有较高浓度的钙、钠等离子和少量的蛋白质。睾丸液的主要作用是维持精子的生存，并有助于精子向附睾头部移动。

☞ 哺乳动物睾丸内的温度变化对精子的生成影响很大。尽管隐睾睾丸能够产生睾酮，但因睾丸温度过高导致其不能生产正常的精子。因此，双侧隐睾的动物是不能生育的。

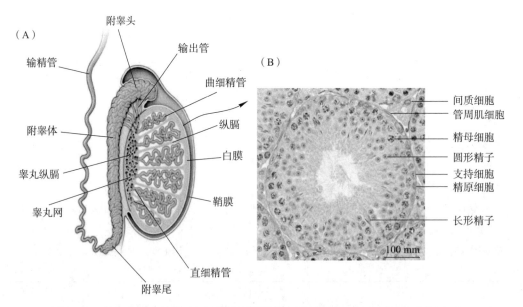

图 9-5   睾丸与附睾结构（A）及曲细精管周细胞及管中各级生精细胞结构（B）

2. 附睾

曲细精管将其内容物（主要是精子）排入到睾丸网中，睾丸网再将精子和液体排入到附睾中。

附睾（epididymis）是精子的暂时储存器官。附睾是一个很长的卷曲状的单个管道（猫约 2 m 长，马约 80 m 长），分附睾头、体和尾三部分（图 9-5）。附睾不仅是输送精子的通道，也是精子浓缩、成熟和获得受精能力的重要环境。附睾头由 10~30 条睾丸输出管盘曲组成，借结缔组织联结成若干附睾小叶（也称血管圆锥），这些附睾小叶联结成扁平而略呈杯状的附睾头贴附于睾丸的前缘；附睾体由各条小叶中的输出管汇成一条弯曲的附睾管，随附着缘延伸变成细长的附睾体；附睾体在睾丸的尾端扩张而形成附睾尾。附睾管管壁由环状肌纤维和假复层柱状纤毛上皮构成。

附睾的机能包括 4 个方面：① 吸收及分泌作用。附睾头和体部上皮细胞吸收来自睾丸的较稀精子悬浮液中的水分，使精子被浓缩后贮存于附睾尾。附睾液中含有许多睾丸液所不存在的有机物，如甘油磷酰胆碱、三甲基羟基丁酰甜菜碱以及精子表面附着蛋白等。这些物质与维持渗透压、保护精子及促进精子成熟有关。② 贮精作用（称作性腺外精子库）。精子通过附睾头部和体部的时间相对固定，不会因为射精而改变。不同动物中精子经历这一过程的时间大体相似（2~5 天），而储存在附睾尾部的时间在不同的动物中差异很大，而且这一时间会因为雄性的性活动频率而减少（几天）。性活动停止 7~8 天就可使附睾尾部的精子数量增加到最多；如果每天或每 2 天有一次性活动则可使附睾尾部的精子数量减少 25% 以上。附睾尾储存的精子经 60 天（45~90 天不等）后仍具受精能力。但精子在附睾尾储存过久活力还是会降低，且会因为畸形精子比率增加最后死亡而被吸收。例如，公猪两侧附睾可存精 2 000 亿个，其中 70% 在尾部；公羊两侧附睾可存精 1 500 亿个，其中 68% 在尾部。附睾具有贮精功能的原因可能是其上皮可分泌营养物质供精子发育所用；其弱酸环境（pH 6.2~6.8）能抑制精子活动；管内高渗环境可使精子脱水，导致其无法保持可运动状态，故精子不运动；附睾温度较低。精子由此可减少能量消耗而处于休眠态进而可长期贮存。③ 促使精子成熟。由睾丸精细管产生的精子刚进入附睾时，其颈部常有原生质滴存在，说明精子尚未完全发育成熟。当精子通过附睾过程时，原生质滴后移。这种形态变化与附睾的物理及化学变化有关，它能增加精子的运动和受精能力。此外，附睾管分泌的磷脂质及蛋白会裹在精子表面，形成脂蛋白膜将精子包被，从而可在一定程度上防止精子膨胀，也能抵抗外界环境的不利影响。精子在通过附睾管时还能获得负电荷，可防止精子彼此凝集。④ 运输精子：附睾借助纤毛上皮的活动及管壁平滑肌的收缩达到上述目的。精子在附睾中运行时间：羊为13~15 天，猪为 9~12 天。

3. 输精管与副性腺

输精管通过腹股沟环进入腹腔并将附睾尾部与盆腔的尿道连在一起。在大多数动物中输精管的末端膨大形成壶腹，如马和牛。其他动物中输精管末端要么没有壶腹，要么即使有也是在解剖上与输精管分开。壶腹起着另外一个精子储备库的作用。

☞ 结扎雄性动物的双侧输精管也是实现绝育的有效手段之一。

副性腺分泌物及输精管壶腹部（如牛、马和狗）的分泌物混合组成精清（seminal plasma），与来自附睾尾的精子悬浮液共同组成精液。副性腺液含有营养类、酸碱缓冲类和其他一些功能尚不清楚的物质。每个副性腺对射出精液中所含物质的贡献与动物种类有关。副性腺分泌液的性质和分泌量与精液的浓度、体积以及每次射精液的特点有关。

不同家畜副性腺的基本特征各异：① 精囊位于膀胱颈部附近的壶腹两侧。在牛、绵羊和鹿中，这些器官呈坚实的、有窄腔的分叶状结构；而在马和猪中则更像囊状；狗和猫缺少精囊。② 所有的雄性动物都有前列腺，并且其前列腺与盆腔的尿道密切相连，但不同的动物其大小和形状有差异。猫与狗有相对明显的前列腺（特别是狗）。③ 猫的尿道球腺几乎与前列腺一样大，但狗没有尿道球腺。马和牛尿道球腺很小，呈圆形卵巢状结构，位于盆腔尿道接近坐骨弓的附近。猪的位置与马和牛相似但呈柱状且体积较大。④ 骆驼缺精囊腺，尿道球腺和前列腺都很小。

4. 阴茎

雄性动物的交配器官是阴茎。所有哺乳动物的阴茎都呈柱状结构，从坐骨弓处一直延伸至腹腔腹壁的脐部。阴茎体部有一层厚的纤维状囊（白膜）围绕。该膜含有大量的腔隙（阴茎海绵体）以及直接围绕在尿道周围的海绵体。

阴茎勃起是一个依赖于植物性神经调节的活动，同时血管、神经和内分泌系统也参与协调。阴茎勃起时，受交感神经调节的坐骨海绵体平滑肌收缩，导致静脉血回流被阻断；同时副交感神经调节的海绵体松弛，导致这些海绵体腔充满血液，因此阴茎变长变硬。

（二）精液排出

精液排出是指精子以及副性腺液体排入腹腔尿道的过程，该过程受交感神经支配的输精管平滑肌收缩和副性腺经胸腰反射性收缩控制。

射精是将精液从尿道强力排出的过程，该过程是由于副交感神经支配的球海绵体肌、坐骨海绵体肌和尿道肌肉骶部反射性诱导的节律性收缩造成的。射精后，骶部交感神经支配的海绵体腔的平滑肌张力增加，促进了血液的回流，缩阴肌收缩使阴茎回缩到包皮内。

二、精子发生

成年雄性动物的曲细精管由几层生殖上皮细胞组成。这些细胞本身经过有丝分裂不断增殖。其中一些精原细胞（spermatogonium）逐渐分化成为初级精母细胞（primary spermatocyte）。初级精母细胞再通过第一次减数分裂产生两个次级精母细胞（secondary spermatocyte），每个细胞都只含有一半数量的染色体。经过进一步的减数分裂过程，这些细胞转变为精子细胞（spermatid）。此时，这些精子细胞仍然只含有非配对的 23 条染色体。然后，精子细胞经过一系列的包括体积减小和形态变长在内的细胞转化过程，最终形成精子（sperm）。

（一）精子发生的基本过程

1. 精子发生

精子发生（spermatogenesis）一般包括三个过程：① 精母细胞发生，即精原细胞经过数次有丝分裂，分化为精母细胞；② 减数分裂（meiosis）；③ 精子形成。精母细胞发生完成两个重要的功能：第一，紧贴曲细精管基膜的 A 型精原细胞经过有丝分裂自我更新，产生不直接进入定向分化的精原细胞并保持干细胞特性。这些干细胞的分裂使雄性动物在整个生命期具有持续生产精子的能力。第二，A 型精原细胞转化成 B 型精原细胞。B 型精原细胞进一步分化形成初级精母细胞，这些细胞比精原细胞更靠近曲细精管的管腔侧。初级精母细胞经过 DNA 复制后，通过第一次减数分裂形成次级精母细胞，细胞的位置也更靠近管腔侧。次级精母细胞不经过 DNA 复制且会迅速进入第二次减数分裂并最终产生精子细胞。这些细胞靠近管腔侧。新形成的圆形精子细胞（round spermatid）不经过分裂，而是进一步通过精子形成过程，分化形成成熟的蝌蚪状精子。精子形成的主要特点包括由高尔基体形成顶体，细胞核浓缩和延长以及鞭毛形成和细胞质释放。

在生精小管中进行的精子发生是高度组织化的过程。一般而言，精原细胞位于生精小管基底小室，紧贴基膜，依次向管腔侧为精母细胞、精子细胞和精子。精子形成正好出现在精子细胞以蝌蚪状精子的形式释放到曲细精管靠近腔面的部分（精子排放）之前。所以，精子发生除了以上所述的三个过程外，还包括生精细胞经历由生精小管基底面逐渐移向管腔并最后释放精子于管腔的空间移位过程，即生精细胞转位。

形态学观察发现，生精细胞在生精上皮中的排列并非随机，而是严格有序的。而且，处于不同发生阶段的生精细胞形成特定的细胞组合，称为细胞群（cell association）。生精小管的同一横切面，由各种不同的生精细胞群组成，称为期（stage）。啮齿类动物生精小管同一横切面的细胞群一般处于同一期，而由于人的精子发生过程在生精小管上呈螺旋形推进，故在人的睾丸切片中，一个生精小管的横断面可见两个或更多不同发育阶段的细胞群。

以精子发生过程中，生精小管某一横断面的细胞组合变化的时间为参考，把从某一特定的细胞组合开始，到下一次出现同一细胞组合所经历的时程，称为一个精子发生周期（spermatogenic cycle）。同时，精子发生还表现为沿着生精小管长轴，不同生精细胞组合以一定规律有序排列并依次出现的波浪式过程。因此，把同一细胞组合在生精小管的长轴上周期性出现的现象称精子发生波（spermatogenic wave）。其中，"周期"强调的是时间，而"波"强调的是空间。

不同种动物之间精子发生周期各不相同，但同种动物精子发生周期经历的时程是一个恒定的常数。例如，人的生精上皮中的精子发生周期历时约 16 天，大鼠和牛约为 13 天，猪约为 9 天，羊和兔约为 10 天，小鼠约为 8.6 天，而马约为 12 天。以人为例，其整个精子发生需要 4 个周期（每个周期可以分为 6 期），每周期历时约 16 天，故人的精子发生过程约有 64 ~ 70 天。哺乳动物中，猪的整个精子发生过程约耗时 44 ~ 45 天，牛约为 54 ~ 60 天，绵羊为 49 ~ 50 天，马约为 50 天，大鼠约为 48 天，小鼠约为 35 天，而兔约为 47 ~ 52 天。

一般来说，从 A 型精原细胞转化到射精精子之间的间隔时间也相对稳定。绵羊和牛为 60 ~ 70 天，猪、狗和马为 50 ~ 60 天，而灵长类约为 70 ~ 80 天。因此，当家畜睾丸生精过程受到损伤后至少需要 60 天才能产生一批新的成熟的射精精子。

2. 精子结构

每个成熟的精子都含有头、颈、体和尾部（图 9-6）。精子的头部包有一个特殊的帽子状结构，称作顶体（acrosome）。顶体是一个富含透明质酸酶和蛋白酶的结构。顶体中的酶一旦释放出来，即可帮助精子头部穿透卵母细胞膜而进入卵母细胞。在

☞ 人的精子发生需 64 ~ 70 天，生精小管产生的精子进入附睾约需 14 天，因此，应用抗精子发生药物或物理抗生育等方法后进行起效观察，至少需要 80 天。

▶▶ 录像资料 9-2
精子形态结构

精子中，可与卵母细胞受精的细胞核物质呈致密状位于精子头部。精子中部（体部）含有线粒体，其功能在于为穿入到尾部的微管提供能量便于尾部运动。精子的尾部富含 ATP。该物质分解时释放的能量可帮助精子在雌性生殖道内向前运动到子宫颈，并穿过子宫颈到达输卵管与卵母细胞会合。

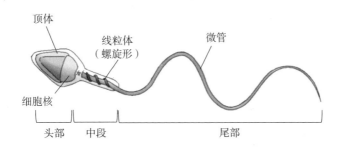

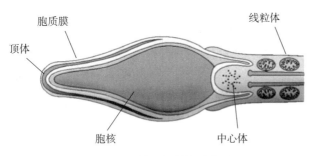

图 9-6 精子的结构示意图

从理论上讲，1 个牛或者绵羊的 A 型精原细胞通过有丝分裂和减数分裂过程，最终可以发育形成 16 个初级精母细胞和 64 个精子。而实际上在精子发生过程中，大量的精细胞发生了退化和死亡。在人类，大约 40% 的生精细胞在减数分裂的后期退化死亡。精子每天的产量与睾丸体积呈强相关，而且不会受到性活动频率的影响。由于睾丸的体积不同，不同动物的产精量也有很大区别。例如，狗每天的产精量约为 3.7×10^8 个；猪每克睾丸组织每天产生精子约 $2.4 \times 10^8 \sim 3.1 \times 10^8$ 个，猪每天的产精量约为 1.62×10^{10} 个；羊每克睾丸组织每天产生精子约 2.4×10^8 个。

3. 精子获能（capacitation）

当精子在睾丸的曲细精管内形成并被移出睾丸时，具备了运动能力但不具备与卵母细胞受精的能力。精子在雌性生殖道运动的过程中要发生进一步的生理生化变化，以使其能够获得一种穿透卵母细胞外围的透明带并与卵母细胞融合的能力，此即精子获能（sperm capacitation）。这一现象是华裔美国人张民觉先生发现的。获能的关键效应是清除精子细胞表面干扰受精的糖蛋白。这些糖蛋白最初的作用可能是保护精子。精子获能是一个可逆的过程，获能精子一旦与精浆和附睾液接触，又可以去获能（decapacitation）。

目前尚不清楚精子在附睾中的成熟仅仅是一种成熟时间的补偿，还是需要依赖附睾中富含激素、酶和营养物质来促进精子的某些变化。近年来的研究表明，附睾中合成的许多多肽类物质负责精子的活化和精子运动能力的产生。

要启动一个新个体的发育，需要雄性配子运输到雌性生殖道与雌性配子受精。其中涉及两个问题。① 精子活力问题。在附睾中浓缩和储存的精子细胞代谢方式逐渐从氧化代谢（需氧的）转变为糖酵解代谢（厌氧的）。在这种状况下，精子细胞处于代谢降低的状态。通常，精子在附睾内可以存活数周（表 9-2）。但成熟的精子经过射精而排到雌性生殖道后，一般只能存活 1~5 天（有些野生动物的精子则可存活数周或数月）。成熟的精子在生殖道只能代谢一种特殊的糖，即果糖。在偏碱性环境

☞ 精子获能的发现为现代生物技术诸如试管婴儿、胚胎移植、动物克隆以及转基因动物生产技术等均奠定了基础。

☞ 有关精子在雌性生殖管道向前运输的机制至今仍是一个谜。对这一问题的揭示将会极大地推进计划生育和有害生物节育技术的发展。

中精子的活力加强而在较高的酸性环境中精子的活力迅速下降并死亡。随着现代生物技术的发展，人们已经可以通过体外冷冻保存的方法将精子保存一年或几年而保持精子的活力不受损伤。② 精子的选择问题。在雌性生殖道内游动的精子能否到达输卵管壶腹部是有选择性的，即并不是所有的精子一起到达卵细胞附近而是只有少数能到达卵细胞所在区域且仅有一个精子与卵子受精。目前的解释是精子到达输卵管壶腹部可能是受化学趋向性物质吸引所致。这种趋化物质（可能是钠肽类）由输卵管上皮分泌并受促性腺激素的调节。而精子含有这种物质的受体。因此，只有含有该受体的精子可以运输到输卵管壶腹部与卵子受精。

表 9-2   各种动物精子在输卵管中维持活动能力和受精能力的时间

动物	活动能力	受精能力	动物	活动能力	受精能力
小鼠	13 h	6 h	羊	48 h	24 ~ 48 h
大鼠	17 h	14 h	奶牛	96 h	24 ~ 48 h
豚鼠	41 h	21 ~ 22 h	猪	–	24 ~ 48 h
兔	–	28 ~ 32 h；43 ~ 50 h	马	144 h	144 h
雪貂	–	36 ~ 48 h；126 h	蝙蝠	140 ~ 156 d	138 ~ 156 d
狗	268 h	134 h（估计）	人	48 ~ 60 h	24 ~ 48 h
鸡	–	数周	蛇	–	3 ~ 4 a

注：改自张天阴等（1996）。

（二）睾丸间质细胞和支持细胞控制生精的过程

哺乳动物的精子细胞是在睾丸的曲细精管中由生精细胞生产的，但精子的发生离不开曲细精管外的间质细胞与管内支持细胞这两种体细胞的支持和调节。

间质细胞数量约占间质组织的 80%。细胞圆形或多边形。核圆形居中而胞质呈强嗜酸性。间质细胞是机体唯一合成睾酮（体内雄激素的主要代表）的细胞。间质细胞分泌的睾酮不仅控制精子发生，还参与机体多种生理功能的调节。

支持细胞位于生精细胞柱之间的间隙，是生精上皮中唯一的体细胞，数量恒定，占成年生精上皮的 25%。每个支持细胞都很大，大约可以与 50 个生精细胞接触。在生精过程中，支持细胞作用广泛：① 毗邻的支持细胞彼此建立了包括紧密连接在内的多种连接，用于构成血 – 睾屏障；② 支持细胞的不同部位为处于不同发育阶段的各级生精细胞提供了精密的微环境；③ 由于曲细精管内缺乏血管分布，发育后期的生精细胞距离管壁越来越远，其代谢能力减弱，但通过支持细胞则可为生精细胞提供营养和各种生长因子；④ 支持细胞产生的雄激素结合蛋白可以用于调节雄激素在支持细胞内的功能，包括信号通路的启闭和物质的代谢等；⑤ 介导睾丸对 FSH 的反应和分泌其他生精调节因子；⑥ 吞噬残体与凋亡的生精细胞，一方面可清除自身抗原防止自身免疫反应，另一方面将被吞噬的残体与凋亡的细胞作为能源。表 9-3 总结了生殖激素在雄性哺乳动物性发育和生殖活动中所发挥的主要效应。

从精原细胞发育到精子细胞的过程，伴随着一系列细胞结构和功能的协同变化：① 许多前体物质通过胞质间桥进入精子细胞和相邻的体细胞。② 在精子生成的最后阶段，精子细胞重新组装其微管形成轴纤丝并定位于鞭毛之内。鞭毛的长度和结构在不同的动物中有很大的差异。有些动物的精子几乎没有，而有些动物的鞭毛可以长达 6 cm（如果蝇）。③ 精子的细胞质大量消失而只留下含有大量位于轴纤丝基部的线粒体，胞质包装变得致密（图 9-7）。④ 细胞核内的 DNA 也重新组装，即将组蛋白换成精子特异性蛋白——鱼精蛋白以保持 DNA 的高度浓缩和转录沉寂。一旦这种

表 9-3　生殖激素在雄性哺乳动物性发育和生殖的主要效应

激素	来源	主要功能
对性成熟的影响		
雄激素	睾丸	产生第二性征，促进腋毛生长、声音变粗和维持性欲
对生精的影响		
GnRH	下丘脑	促进垂体前叶 LH 的释放、FSH 的合成和释放
LH	垂体前叶	促进睾丸间质细胞中雄激素的合成和释放
FSH	垂体前叶	促进睾丸支持细胞功能，刺激生精过程
雄激素	睾丸	促进睾丸支持细胞功能，刺激生精过程
孕酮	精囊	作用于配偶的子宫，影响精子的活力

结构变化完成，精子细胞就从支持细胞的包围中释放到曲细精管管腔内。此时的精子尚不能游动和受精，精子的运输就在雄性生殖管道内进行，而且只有在附睾内经过一系列的修饰后才能进一步成熟。

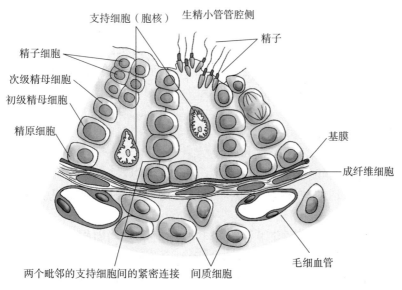

图 9-7　处于精子发生不同阶段的生精细胞相对位置和形态结构示意图

三、精液

精子生成后在雄性生殖道内存于液体环境，即精液（semen）中。精液的成分主要来自于睾丸和相关的副性器官，其 pH 值约为 7.4。根据动物的物种不同，个体每次射精的量在几百微升到几毫升不等。不同动物的精液中精子的数量也有很大的不同，从每毫升几百万到几千万、甚至几亿个不等。尽管在受精过程中真正进入卵母细胞内并受精的只有一个精子，但在自然受精过程中仍然需要同时有大量的精子进入雌性生殖道内以确保受精成功。例如，人类每次射精液中的精子浓度平均为 2.0×10^8 个 /mL，如果低于这个数值则往往造成不育。这是因为精子与卵母细胞的受精过程是随机的，而且精子从阴道运动到输卵管壶腹部的过程中会有大量的丢失。

▶▶ 录像资料 9-3
精液及精子呼吸

四、精子生成的激素调控

精子生成的调控主要受激素调节。其中最主要的激素是睾酮、雌二醇、LH 及

☞ 有关激素对精子生成的调节研究尚不能完全解释精子生成的机理。

FSH。另外 GH 和 PRL 可能也参与了对精子生成过程的调节。

在胚胎睾丸发育的过程中，睾酮刺激原始生殖细胞转化为 A 型精原细胞。此后，这些精原细胞保持分化的静止状态一直到初情期。初情期后，精原细胞开始重新分裂形成 B 型精原细胞并进一步转化为初级精母细胞。目前尚不十分清楚这一转化过程受何种因素调节。一般认为这一过程可能不依赖于促性腺激素和性腺类固醇激素的调节，但可能受 GH 的调控。而初级精母细胞进一步分化的过程却似乎依赖于 LH 及由 LH 作用于睾丸间质细胞而使其分泌高浓度睾酮的调节。然而，给缺乏睾丸间质细胞的男性注射一定量的睾酮并不能有效地促进精子生成。可见精子的生成调节很复杂。

精子细胞最终分化成精子需要 FSH 的持续作用。FSH 与支持细胞膜上的 FSH-R 结合后，通过蛋白激酶 A 系统实现对支持细胞的调控，主要是促进支持细胞内蛋白质的合成过程，特别是雄激素结合蛋白的产生和分泌，从而促进雄激素向曲细精管的转运、调控精子发生功能。但在啮齿类动物中，只需在精子细胞转化为精子的最初阶段接触 FSH 即可。LH 可能也通过直接和间接的作用参与这一过程。另外 PRL 通过其在睾丸中存在的受体协同 LH 发挥作用。

近年来从卵巢中的颗粒细胞和睾丸中的支持细胞中分离纯化得到了一种分子量为 10 000 和 30 000 的糖蛋白激素抑制素。抑制素已被证明是反馈调控 FSH 分泌和精子生成过程中非常重要的激素。抑制素反馈调节 FSH 分泌并参与精子生成的过程如下：FSH 刺激睾丸支持细胞分泌精子发育所需营养物质；同时支持细胞释放抑制素作用于腺垂体，抑制 FSH 的过度产生。抑制素正是通过这种方式维持了 FSH 的恒定水平并最终使精子生成保持恒定。

五、雄激素的功能

▶ 录像资料 9-4
雄激素的生理作用

哺乳动物的睾丸可以产生睾酮（testosterone）、雄烯二酮和脱氢表雄酮等雄激素，但其中睾酮是最具活性和含量最多的一种。因此，睾酮通常被认为是最重要的雄激素。

游离的睾酮从睾丸间质细胞中合成和分泌后进入到周围的毛细血管中，其中 98% 的睾酮与球蛋白结合形成复合物。这种结合形式的睾酮无法进入细胞内，所以并不能发挥其生物学功能。只有游离形式的睾酮才是其发挥作用的有效形式。

睾酮作用的靶细胞有两种类型。一种是前列腺细胞，该细胞含有 5α- 还原酶。该酶可将睾酮转化为在前列腺的活化形式，即二氢睾酮后起作用。而在其他睾酮靶细胞，如骨骼细胞和肌肉细胞等中，睾酮直接作用于这些细胞而不需转化。

睾酮的作用原理是：与靶细胞质内或细胞核内的受体结合形成激素 - 受体复合物，进而与染色体上的核蛋白结合并激活 DNA 的转录，形成大量的 RNA 并最终产生各种细胞内蛋白质和酶，使靶细胞产生各种功能改变。

睾酮除了对精子的生成过程有重要的调节作用外，还对雄性成年动物的初级和次级性征的发育起着调节作用。初情期后，睾酮促进阴茎、阴囊和睾丸的发育。其对雄性动物次级性征的影响包括：①促进面部和阴部毛发的生长。男性的头部毛发脱落也与睾酮有关。研究表明，没有睾丸的男性不会发生"秃头"现象（除了遗传性脱发外）。②睾酮可促进动物喉部黏膜增生并使喉头变大，这种变化可使雄性发出的声音不同于雌性动物。③睾酮对于肌肉组织的发育具有很强的影响。它能促进骨骼肌细胞线粒体的发育并使肌肉变得强壮。④睾酮促进所有皮脂腺的分泌。人类面部容易起"粉刺"的原因之一就是皮脂腺分泌过于旺盛。⑤睾酮可促进骨基质的总量增加和骨骼强度增大。⑥雄激素对于造血系统中红细胞的生成也有非常重要的刺激作用。

☞ 由于雄激素具有显著的促进骨骼肌发育的作用，提高运动成绩，所以非法使用该类激素的现象屡禁不止。需要注意的是，使用该类物质会严重影响身体健康。

六、机体对雄激素分泌的调节

下丘脑－垂体－睾丸轴是调节机体雄激素分泌水平稳态的关键。在正常生理条件下，睾丸间质细胞只有在受到由腺垂体分泌的 LH 的作用下才会分泌睾酮。睾酮分泌量的多少一般与 LH 的量成正比。而腺垂体分泌 LH 的功能主要是受下丘脑分泌的 GnRH 调节的。LH 作用于睾丸间质细胞上的 LH 受体，引起间质细胞增殖和分泌睾酮。分泌出来的睾酮经过血液循环反馈作用于下丘脑，抑制 GnRH 的分泌，进而引起 LH 分泌量的减少，并最终导致睾酮分泌量的下降。反过来，当血液中睾酮下降到一定浓度时，其对下丘脑的负反馈抑制作用下降或消失，GnRH 分泌增加并诱导 LH 分泌并最终促进睾酮分泌量的增加。机体通过这种调节方式来维持血液循环中睾酮的水平，使其处于相对恒定的水平。

此外，人绒毛膜促性腺激素（hCG）由于其分子结构与 LH 有很高的同源性且受体与 LH 的相同，所以在体外也可以刺激睾丸间质细胞分泌睾酮。

第三节　雌性生殖系统

一、雌性哺乳动物生殖系统的解剖结构

雌性生殖系统与雄性相似，也包括内生殖器官和外生殖器官。其中，内生殖器包括位于盆腔中的卵巢（ovary）、输卵管（oviduct）和子宫（uterus）。

1. 卵巢

卵巢表面为单层扁平或立方状上皮细胞层，无浆膜覆盖，故发育成熟后的卵泡可在卵巢任何部位排卵。上皮深部为薄层致密结缔组织构成的白膜，血管和神经由卵巢门进入内部，此处无皮质但有成群的较大上皮样细胞（门细胞）。卵巢的实质由结缔组织构成，分为皮质部和髓质部。卵巢的内部结构分为三个区域，其中主要的区域是位于上皮下的皮质区。该区含有大量的位于卵泡中的卵母细胞。各卵泡间由梭形基质细胞和网状纤维细胞构成的卵巢基质充盈。卵巢的另外两个区域分别是较薄的疏松结缔组织构成的髓质区（与皮质间界限不清，含有许多非同源性细胞组分）和富含弹性纤维、血管、神经和淋巴管的卵巢门网区。这两个区域都含有一些能分泌类固醇激素的细胞。这些细胞在生殖过程中，特别是在卵巢发育过程中具体起何种调节作用目前尚不十分清楚。

卵巢组织的结构有明显的随年龄变化而发生改变的特点，主要表现为皮质区卵泡发育呈周期性改变。在正常雌性动物的繁殖期，通过显微观察可以在卵巢皮质区看到处于不同发育时期、体积大小不一的卵泡。

☞ 卵泡是雌性性腺——卵巢的基本结构和功能单位。其数量的多少决定其一生生殖能力的大小。

2. 输卵管

输卵管是连接卵巢与子宫的管道，由系膜包被，多呈弯曲状。输卵管可分为三部分。① 漏斗部（伞部）。它是输卵管通向腹腔的开口，呈漏斗状且边缘皱襞呈伞状。② 输卵管壶腹部。壶腹部是管的前 1/3 段，较粗大，为精子与卵母细胞相遇和受精的部位。③ 输卵管峡部。该部位于管后 2/3 段，较细，与壶腹部连接处称为壶峡连接部；与子宫角尖端相连接处称为宫管连接部。输卵管管腔分为 3 层。①黏膜层。包括黏膜上皮和固有层，其中上皮细胞为纤毛上皮，间或有无纤毛的黏液细胞。黏膜层纤毛可向子宫方向颤动。②平滑肌层。包括内环肌和外纵肌，二者间无明显界限。③浆膜层。构成输卵管外膜。

从功能上看，输卵管既是运载配子和早期胚胎的通道，也是可分泌营养液的器官，且其分泌活动受激素控制：①具备输送卵子和精子的功能。其动力来自纤毛运动、输卵管蠕动和液体流动。②为精子获能、受精及受精卵的卵裂提供了理想场所。③分泌机能。输卵管的分泌旺盛时期多在动物发情期，分泌物主要是黏多糖和黏蛋白。

3. 子宫

子宫大部分位于腹腔，小部分位于骨盆腔。其背侧为直肠，腹侧为膀胱，前方接输卵管而后方接阴道。子宫借助于子宫阔韧带而悬挂于腰下腹腔中。子宫由左右两个子宫角、子宫体和子宫颈三部分组成。根据结构不同可分为4种类型：①双角子宫，见于马、驴和猪；②双间子宫（对分子宫），见于牛、羊和梅花鹿；③原始的双子宫，多见于兔子、小鼠和狸獭等；④两个子宫完全愈合为一的单子宫，多见于人和非人灵长类（无子宫角）。这些不同类型子宫的进化方向是由原始的双子宫向单子宫发展。其特点是单子宫动物的产仔数目通常较双子宫者少。

子宫壁组织结构可分为三层。①黏膜层。包括黏膜上皮和固有膜，其中黏膜上皮为单层柱状具有分泌作用；浅层固有膜为星形胚型结缔组织细胞，其中存在巨噬细胞；深层固有膜为子宫腺细胞（呈分支管状），可分泌黏液。在灵长类中，该层可分为功能层和基础层。其中的功能层会发生周期性的生长和脱落。②肌层。包括外侧纵行肌和内侧环行肌。③浆膜层。构成子宫外膜。

从功能上看，子宫的生理功能有4个方面：①是精子进入输卵管及胎儿娩出的通道；②提供精子获能所需理化条件及胎儿生长发育的营养与环境；③调控雌性动物的发情周期；④其末端的子宫颈是子宫的门户，也是协助选择优质精子的场所之一。

4. 阴道和外阴

阴道是雌性动物的交配器官和产道。外阴结构属于交配器官。

二、卵子发生与卵泡发育

（一）卵子发生的基本过程

大多数动物中，雌性在其生命的早期就产生了足够的配子并持续保留以便在生育期利用。哺乳动物卵母细胞的发生及发育基本过程如下：在胚胎期，原始生殖细胞迁移到生殖嵴后会迅速通过有丝分裂增殖成为卵原细胞。之后，卵原细胞启动第一次减数分裂变成初级卵母细胞（primary oocyte）并长期阻滞在第一次分裂前期的双线期，此时细胞核呈泡状结构，称为生发泡（germinal vesicle，GV）。人类初级卵母细胞形成始于胚胎期8～9周，而小鼠在胚胎期13.5天左右。初级卵母细胞随后会被周围的前体颗粒细胞包裹，形成原始卵泡结构并长期维持在静息（休眠）状态。当动物进入初情期后，在每一个发情周期中从原始卵泡开始，迅速成长起来的成熟卵泡中的卵母细胞才会在促性腺激素的诱导作用下恢复并完成第一次减数分裂，此时生发泡破裂，第一极体被排出，成为次级卵母细胞（secondary oocyte）。次级卵母细胞快速启动第二次减数分裂并再次阻滞于分裂中期。直到排卵后，当卵母细胞与精子受精时减数分裂才得以完成，排出第二极体，此时的卵母细胞才能真正称为卵子。若卵母细胞没有受精，则细胞会很快死亡溶解。图9-8简要说明了小鼠卵巢中卵子的发生及与之相对应的卵泡发育过程。

通常，卵母细胞（oocyte）是指处于减数分裂过程中的雌性生殖细胞。卵子（egg）是指受精的配子（已完成减数分裂过程），而卵细胞（ovum）一般表示单个细胞，但也与雌性生殖道产生的非细胞物质有关。与精子发生不同的是，卵母细胞会经历两次减数分裂阻滞以使其与整个卵泡的发育同步。卵子发生起始于胚胎期。卵母细胞的减数分裂不仅早在胚胎期早期便已启动，且历时时间很长（如人类部分卵

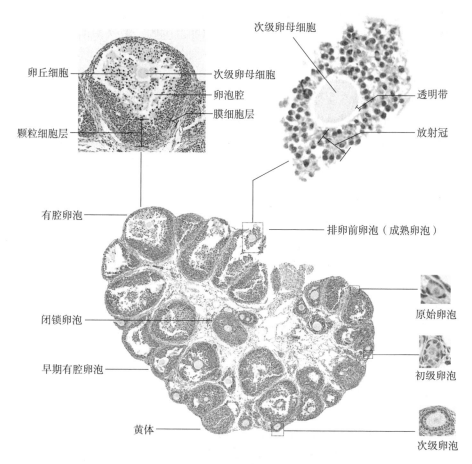

图 9-8　小鼠卵巢中处于不同发育阶段的各级卵泡的形态结构

母细胞可维持减数分裂阻滞长达 50 年）。

卵泡（follicle）由卵母细胞及包围在其外围的体细胞共同构成，是卵巢的基本功能单位。卵泡发育是一个连续变化的过程，大致经过原始卵泡（primordial follicle）、初级卵泡（primary follicle）、次级卵泡（secondary follicle）和三级卵泡（tertiary follicle）4 个阶段（图 9-9）。其中，三级卵泡包括早期有腔卵泡、晚期有腔卵泡即格拉夫卵泡（Graafian follicle）和最终的排卵卵泡。当部分原始卵泡被选择性地激活之后，卵泡即进入了生长阶段，并被称为生长卵泡。生长卵泡的概念涵盖了从初级卵泡、次级卵泡到三级卵泡的范围。处于生长卵泡中的初级卵母细胞称为生长状态的卵母细胞（growing oocyte），而位于排卵卵泡中的卵母细胞则称为生长完全的卵母细胞（fully grown oocyte）。对人类来讲，其卵巢中各级卵泡的分类也是相似的，只不过人类卵泡达到有腔卵泡阶段后其分类会更细而已。随着卵泡的生长，其中的卵母

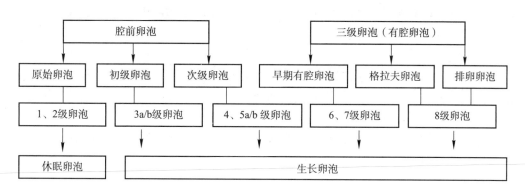

图 9-9　卵泡发育的基本过程及各发育阶段卵泡的分类方法

细胞直径不断增大而卵泡颗粒细胞不断增殖。卵泡一旦开始进入生长阶段后，其发育命运无法逆转，即要么成为成熟卵泡排出成熟卵母细胞，要么走向闭锁（atresia）。卵泡闭锁属于细胞程序性死亡或凋亡。

1. 原始卵泡

雌性哺乳动物的基本生殖单位是原始卵泡。原始卵泡由休眠卵母细胞和外周单层扁平前体颗粒细胞构成。作为雌性生殖资源的储备池，原始卵泡储备具有数量大、寿命长等特点，是天然储备资源。原始卵泡数量因动物种类和年龄而异，人类原始卵泡的形成最早始于第15周龄，最初有大约6×10^7个，出生时人约10^7个，而小鼠出生后有约10^4个，大动物也有几百万个。此后，处于各种发育阶段的卵泡都会发生退化闭锁而损失。闭锁卵泡中的卵母细胞也会随之死亡。到了初情期（人为青春期）时，原始卵泡数量已显著下降，如人类降至约$2 \times 10^5 \sim 4 \times 10^5$个，小鼠约$5 \times 10^3$个，猪约$4.2 \times 10^6$个。闭锁的卵泡被炎症细胞侵入，卵泡最终被结缔组织充盈，即卵泡处形成卵巢斑。人类40～50岁时卵巢中不足1 000个卵泡时，月经会因此停止。

☞ 原始卵泡储备的生理性耗竭是导致女性生育衰老和绝经发生的重要原因；病理性卵泡异常耗竭则是多种卵巢疾病如卵巢早衰发病的重要原因之一。

经典理论认为，在雌性出生前后建立的原始卵泡储备库是其一生中卵母细胞的唯一来源。雌性要获得成熟的配子首先要激活休眠的原始卵泡进而启动生长（即原始卵泡激活），这是卵泡发育的初始募集（initial recruitment）阶段。处于生育期的雌性每个生殖周期中往往只激活极少数的原始卵泡使之生长发育，而绝大多数卵泡仍将维持休眠以便为后续周期提供可用资源。这种休眠状态小鼠能维持长达1年，而人类则可能长达40～50年。动物个体在其出生前后已形成原始卵泡库储备的基础上，结合出生后卵泡大部分休眠而少部分激活的平衡调节策略，共同调控着雌性的生育寿命和生殖健康。以正常女性一生计算，大约可以排出400多个卵母细胞，剩余的卵泡及其中的卵母细胞均会在发育的不同阶段退化闭锁。

目前认为原始卵泡的激活需要卵泡体细胞、卵母细胞及卵泡微环境的共同参与。其中，来自颗粒细胞的雷帕霉素靶蛋白复合体（mTORC1）和来自卵母细胞的3-磷脂酰肌醇激酶（PI3K）信号通路均在各自细胞内发挥了关键作用。这其中，颗粒细胞所分泌的干细胞因子（SCF/KITL）发挥了关键性媒介作用。以上述机制为基础，目前已可初步实现体外激活原始卵泡的目标，这为利用早期卵泡提升辅助生殖技术效率解决不孕不育提供了新的可能方案。

2. 初级卵泡

由原始卵泡激活后形成。卵泡的结构特点是：① 卵泡体细胞的形状由扁平变为立方或者柱状。② 初级卵母细胞逐渐增大，胞质内容物增多且外围出现颗粒状物质（即皮质颗粒，为一种溶酶体，在受精过程中防止多精入卵）。③ 初级卵母细胞与体细胞间出现卵周隙。体细胞和卵母细胞同时伸出凸起或微绒毛伸向卵周隙。两种细胞借此途径沟通信息和进行物质交换，且二者的分泌物共同形成的透明带结构（zona pellucida）会完整包绕卵母细胞。透明带是一种由多种多糖透明带蛋白构成的多孔海绵状结构。④ 初级卵泡生长缓慢。卵泡生长后期，卵泡周围基质中的梭形细胞构成卵泡膜结构。FSH受体在卵泡体细胞中表达以便为FSH作用于卵泡并保障卵泡继续发育而避免发生闭锁创造条件。

3. 次级卵泡

次级卵泡发育开始于第二层颗粒细胞的形成。这个阶段的卵泡仍然没有形成卵泡腔，因而属于腔前卵泡，但因其受到各种内分泌、旁分泌及营养供应等微环境因素影响，其生长为卵泡进入有腔阶段奠定了重要基础。

与初级卵泡相比，次级卵泡的结构特点是：① 卵泡体细胞（颗粒细胞）数目的大量增加和细胞分层明显。颗粒细胞的多层化是该阶段的一个重要特征。② 出现了卵泡膜层结构。卵泡外围出现全新的膜层结构（theca layer）也是本阶段卵泡发的特征性结构之一。膜层细胞是包裹在卵泡颗粒细胞外围的一层特殊细胞。从结构上

☞ "Theca" 源于拉丁语，意指外壳或外套。

可以分为两层，即内膜层（theca interna）和外膜层（theca externa）。其中，内膜层含有具备内分泌功能的膜细胞，而外膜层由纤维组织及结缔组织细胞共同构成。卵泡内外膜层中均含有大量的血管组织、免疫细胞和一些细胞外基质成分。卵泡膜层因此同时发挥了支持营养卵泡和作为与周围微环境相对独立开的屏障作用的功能。③ 卵泡体细胞分化明显。次级卵泡体细胞中表达更多更丰富的促性腺激素受体，从而为卵泡后期的快速发育奠定了坚实基础。这主要表现为颗粒细胞和膜细胞分别表达 FSH 受体和 LH 受体。而这两种受体在不同类型细胞膜上的特异性表达也是卵泡之所以能大量合成雌激素来调节机体内分泌，促进卵泡成熟和排卵的关键。

4. 三级卵泡

随着次级卵泡继续发育，卵泡内的颗粒细胞间会出现空腔并有液体充盈，这样的卵泡又称为有腔卵泡（antral follicle）。与此相对应，我们把出现卵泡腔之前的生长卵泡统称为腔前卵泡（preantral follicle）（图 9-9）。卵泡腔内的液体称为卵泡液，其组成成分既包括血浆的渗出液，也含有卵母细胞和颗粒细胞分泌物。

三级卵泡的特点如下：① 初级卵母细胞经过生长，增大达到最大体积。如人的卵母细胞直径达到 $120 \sim 150 \mu m$，小鼠达 $80 \mu m$。透明带厚达 $5 \mu m$。② 紧贴透明带的柱形体细胞呈放射状，称为放射冠（corona radiata）。随着颗粒细胞的增殖和卵泡液体积的增加，卵泡腔被逐步扩大，导致初级卵母细胞、透明带和放射冠结构被挤向卵泡腔一侧并突出于卵泡腔形成半岛样结构，即卵丘（cumulus oophorus）。此时，包绕初级卵母细胞外围的体细胞称为卵丘细胞（cumulus cell）；被卵泡液排挤到卵泡四壁的体细胞排列紧密且较小，称为壁层颗粒细胞（mural granulosa cell）。③ 卵泡液内含物质丰富，包括 FSH、LH、AMH、雌激素及其他生物活性物质如 C 型钠肽（CNP）等。④ 颗粒细胞继续表达 FSH 受体及雌激素合成所必需的芳香化酶，因而使得卵泡对促性腺激素的刺激反应敏感。膜细胞表达 LH 受体，因而会接受 LH 的作用而参与卵泡激素合成。

生理情况下，三级卵泡仅出现于哺乳动物进入初情期之后，且其后续发育显著依赖于以下丘脑 - 垂体 - 卵巢轴为主的各类激素，尤其是促性腺激素（FSH 和 LH）的调节。处于生育期的哺乳动物受卵巢所产生的雌激素的周期性变化影响，其卵巢中发育至三级阶段的卵泡会被周期性地募集并启动快速发育，最终会有一个或多个生长最充分的卵泡（优势卵泡）会发育至排卵卵泡阶段并排卵。

5. 格拉夫卵泡

三级卵泡继续发育，其卵泡腔进一步扩大就成了格拉夫卵泡。格拉夫卵泡的命名源自 17 世纪荷兰解剖学家格拉夫（Reinier de Graaf）。他率先在兔卵巢中描述了这种结构。

在人类，格拉夫卵泡代表着有腔卵泡中一些相对体积大（直径约 $0.4 \sim 23$ mm）的卵泡群。尽管这类卵泡的体积差别较大，且可能存在于女性月经周期的不同阶段，但其基本结构却都相似。其卵泡的大小主要由卵泡腔的体积或者说卵泡液的多少所决定。在人类，这类卵泡的卵泡液体积差异较大，从 $0.02 \sim 7.0$ mL 不等。在处于卵泡期的卵巢中，卵泡体细胞的增殖、卵泡腔的增大和卵泡液的增加都是卵泡被优势化选择的前提。

6. 成熟卵泡

当三级卵泡体积扩展达到卵巢皮质的整个厚度，甚至突出于卵巢表面，卵泡壁变薄，卵泡液体积增加到最大时，称为成熟卵泡或排卵前卵泡（preovulatory follicle）。成熟卵泡因液体压力而使得卵泡壁、白膜和生殖上皮变薄，卵巢表面局部缺血形成较透明的卵泡斑（follicle stigma）。人的月经期第 11 ~ 13 天时优势卵泡已增大至 18 mm 左右。一般排卵前卵泡直径在 15 ~ 25 mm 之间。小鼠排卵前卵泡的直径约为 500 μm，牛约为 10 ~ 14 mm，而座头鲸为 5 cm 左右。由于成熟卵泡颗粒细胞数量达

以 AMH 为例，早期有腔卵泡是产生 AMH 的主要来源。AMH 的表达水平也与卵泡储备数量动态相关。AMH 主要影响与卵泡发育相关的各种重要的酶、激素和各种细胞因子（bFGF、KITL 及 KGF）的合成，进而调控卵泡的命运。血液中 AMH 的浓度与卵泡腔中 AMH 浓度成正比，故临床上往往将 AMH 水平的变化作为判断卵泡储备是否充足的参考指标之一。再比如，CNP 可以与卵丘细胞膜上的特异性受体结合，通过受体自身的酶活性促进 cGMP 的合成，进而可以进入卵母细胞内部阻滞卵母细胞减数分裂提前恢复。

到了最大，因此可合成的雌激素量也最多，最终为雌激素通过正反馈调节刺激 LH 峰出现并诱导卵母细胞恢复减数分裂和排卵奠定了基础。多胎动物在 1 个发情周期内可有数个到数十个生长卵泡同时发育到成熟卵泡并排卵。单胎动物仅有 1 个卵泡发育成熟并排卵。

与哺乳动物相比，水生和陆生脊椎动物卵子的结构不同。大多数鱼类和两栖类产生的卵子结构简单，卵子与卵黄相互接触。通常，两栖类和鱼类的卵子在生殖管道向下移动时，其生殖管道会分泌一层黏液包围未受精卵。卵排出后进入水中，且从卵中孵出的幼体在水中完成其生殖成熟。对昆虫来讲，雌性会产生坚硬的蛋白质外壳来包围卵子，以保护其不至于脱水。与昆虫的蛋白质样外壳不同的是，爬行类和鸟类的卵子外壳是由碳酸钙形成的。鸟类的蛋壳有一层较厚的碳酸钙沉积，很脆但很难变形。许多爬行类的蛋壳与鸟类相似，但有些种类（如鳄鱼和乌龟）的蛋壳是皮状的可弯曲的。这是因为其蛋壳的碳酸钙盐被分隔在不同的区域因而使得蛋壳可变形甚至在有水的情况下可膨胀。这类动物蛋的后续发育都由卵黄为其提供能量来源，且都拥有黏液性的水合蛋白，具有减震的作用。

（二）卵泡体细胞对卵母细胞发育的支撑作用

卵母细胞的成熟质量是决定雌性动物生育能力和妊娠结局的关键因素之一。影响卵母细胞成熟质量的因素错综复杂，除了卵母细胞本身以外，卵泡体细胞的支持、营养和调节作用也不可或缺。脊椎动物的卵母细胞通常接受来自于体细胞的前体物以合成自身所需物质。而在无脊椎动物中则有不同的类型。例如，果蝇卵母细胞可从其周围的营养细胞中汲取营养。而这些营养细胞正是那些不能分化成卵母细胞的卵原细胞形成的。对于人类和小鼠等哺乳动物在卵母细胞被优选出来形成原始卵泡阶段，是否也会从周围合胞体结构中获得营养支持尚无定论。

对哺乳动物来讲，卵泡体细胞对卵母细胞发育的支撑作用可以概括为两个方面。① 卵泡内颗粒细胞间通过缝隙连接彼此交流物质和信息。同时，颗粒细胞也可通过其细胞质膜的突起穿过透明带后与卵母细胞接触，这种物理联系为卵母细胞生长发育不仅提供营养支持，也方便了二者间通过缝隙连接进行信息交流；反过来，卵母细胞也会通过分泌旁分泌因子如细胞生长分化因子 9（GDF9）和骨形态蛋白 15（BMP15），调控颗粒细胞的发育与功能来协调微环境因素，共同控制卵母细胞自身的发育与成熟。如在小鼠和绵羊中，缺少 GDF9 和 BMP15 会使卵泡的生长和发育停止在初级卵泡阶段。② 由于卵母细胞膜上没有促性腺激素的受体，因此促性腺激素调控卵母细胞生长和成熟必然要以卵泡体细胞为中间媒介。例如，膜细胞胞膜上表达的 LH 受体和颗粒细胞胞膜上表达的 FSH 受体是颗粒细胞接受促性腺激素刺激后合成雌激素的前提条件。这也是促性腺激素调控卵泡发育的关键环节。

（三）腔前卵泡的发育调节

卵泡发育从原始卵泡开始，要经历漫长的历程才能最终成熟并排卵。如人类从原始卵泡发育到有腔卵泡之前就可能历时 10 年。在这个过程中，机体对卵泡发育的调节具有阶段性特点。

1. 原始卵泡的激活

激活原始卵泡的始动因子可能与其外周体细胞受局部环境因素影响而首先被激活有关，例如干细胞因子（KITL/SCF）可能就是受环境因子作用而经旁分泌途径刺激卵泡激活的。但促性腺激素似乎并不控制这一始动过程，因为在垂体摘除动物卵巢中的卵泡仍可以发育到腔前卵泡阶段。

2. 初级卵泡的发育调节

在小鼠和绵羊中，由初级卵泡卵母细胞产生的旁分泌因子（如 GDF9 和 BMP15

☞ 目前认为，卵母细胞的发育与成熟受到卵泡微环境中多种因素（包括激素、生长因子、代谢产物与营养供应以及卵与其周围的颗粒细胞之间的对话等）的复杂调控，其具体的机制还远未阐明。

等）可能通过促进颗粒细胞增殖和影响颗粒细胞的排列方式，从而在卵泡从初级向次级转变中发挥着必不可少的作用。此外，颗粒细胞广泛表达的间隙连接蛋白（主要是 CX43）所发挥的调节作用也至关重要。同时，GDF9 对卵泡膜细胞层的形成发挥了重要作用。

3. 次级卵泡颗粒细胞中雌激素的合成机制

在次级卵泡发育阶段，颗粒细胞所合成的雌激素（estrogen）对调节卵泡发育至关重要。问题是颗粒细胞自身不能合成雌激素合成的前体物（雄激素和雄烯二酮），而膜细胞合成雌激素的能力又很小，因此单靠某一种体细胞合成足量的雌激素都不具备条件。那么，雌激素是如何由卵泡体细胞合成的呢？

▶▶ 录像资料 9-5
雌激素的生理作用

经过多年的研究，人们发现机体利用卵泡中这两种体细胞在性激素合成和分泌方面的互补性，以及发现促性腺激素受体在颗粒细胞和膜细胞上的特异性表达特点，回答了上述问题，这就是所谓的"两促性腺激素两细胞学说"（图 9-10）。首先，膜细胞在 LH 的作用下分泌雄激素。随后，雄激素通过固有膜到达颗粒细胞。在这里，雄激素在 FSH 诱导产生的芳香化酶的作用下被转化成雌激素（雌二醇）。而随着卵泡的逐步发育，雌激素对颗粒细胞的增殖又发挥了正向调节作用。而随着颗粒细胞的有丝分裂加快，其所分泌的雌激素进一步刺激了卵泡生长，卵泡变得越来越大。同时，雌激素的另一个作用是进一步促进颗粒细胞表达 FSH 受体。在这种情况下，有腔卵泡对 FSH 会变得格外敏感，甚至在 FSH 分泌相对稳定的情况下卵泡也能快速生长。

☞ 腔前卵泡和有腔卵泡的主要区别在于颗粒细胞增殖分泌的液体使卵泡中出现充满液体的空腔。

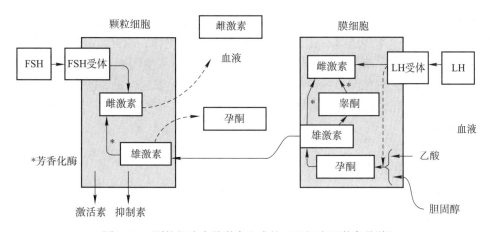

图 9-10　颗粒细胞中雌激素生成的"两细胞两激素学说"

（四）有腔卵泡的发育调节

有腔卵泡的出现是以卵泡腔中出现液体并将颗粒细胞分开为特征的。有腔卵泡形成后，促性腺激素的刺激才是最终诱导卵母细胞成熟并排卵的主要因素。一旦优势卵泡进入快速生长期，其发育进程便不可阻挡，但卵泡仍然需要在最后几天受到适当的促性腺激素的刺激，否则卵泡也将闭锁死亡。

当卵泡腔开始形成时，卵母细胞的尺寸已经达到了最大。卵泡发育到有腔阶段意味着卵泡快速生长阶段的开始。此时，哺乳动物卵泡大小从最初的不足 1 mm 直径，迅速生长到 12～16 mm 大小，具体依物种不同而异（如马属动物科可达 30～50 mm 大小）。相反，在鸟类则不会形成有腔卵泡，但卵母细胞会增大至 3～4 cm。卵泡生长的部分原因是颗粒细胞和膜细胞的增殖，但更重要的是卵泡腔的扩大。随着卵泡的生长，合成的雌激素的总量也会增加。

在有腔卵泡发育的后期，卵母细胞被几层卵丘细胞包裹，后者通过壁层颗粒细胞与卵泡壁接触。这种结构构成了卵母细胞生长发育所需营养的立体支撑体系。同时，FSH 和雌激素的双重作用促使颗粒细胞中产生的 LH 受体进一步增加，反过来，LH 的分泌持续增加对颗粒细胞上 FSH 受体的表达有抑制作用。最终随着卵泡的进一步发育增大，有腔卵泡中的雌激素分泌量持续增加到峰值后，导致促性腺激素（主要是 LH）的分泌出现了排卵前峰值。

☞ 一旦卵泡的颗粒细胞上表达 LH 受体，就标志着该卵泡进入了成熟期。

FSH 对卵泡生长发育有刺激效应的时间是在动物进入初情期之后。此时，基础分泌量的 FSH 会促进一部分卵泡缓慢生长变大。在动物的每个发情周期中，随着黄体的退化，均会有一小部分体积（人类 2~5 mm）较小的但具有后期生长能力的早期有腔卵泡（形成于约 80 天前），随着体内 FSH 的波动性分泌增加而迅速生长，此为周期性卵泡募集（cyclic recruitment）。在人类每个月经周期开始阶段，总会有大约 10~25 个腔前卵泡及早期有腔卵泡通过周期性募集，开始向大的有腔卵泡转变。大约在女性卵泡期的第 6~9 天，当卵泡直径达到 10 mm 时就是优势卵泡选择阶段。卵巢中会出现第二次卵泡选择，即在上述已经发育起来的众多卵泡中，仅有 1 个卵泡（优势卵泡，dominant follicle）会被优选出来继续发育并排卵。在一些多胎动物，如牛和马（可能还包括绵羊和山羊）中，在发情期周期中只有很少几个优势卵泡发育（似乎每天只有几个卵泡开始发育），而在另一些动物（如猪、猫和狗），则会有数个至数十个卵泡发育，若摘除其中一个卵巢，则剩下的卵巢的代偿能力会增强，结果是明显增加单个卵巢中的排卵数目，但一般不超过两个卵巢排卵数目的总和。

☞ 人工诱导幼畜或成年家畜排卵及不孕妇女排卵时，就是通过控制 FSH 的起始注射剂量、维持剂量及持续时间等来实现对卵泡发育成熟数量的控制，最终实现单排卵或者多排卵的目的的。

通过周期性募集，早期有腔卵泡受促性腺激素刺激而逐步发育为优势卵泡。卵泡优势化选择是能否进入下一步发育进而成熟的前提。优势卵泡的选择为最终排出的卵母细胞具有最优的发育能力，保证后代个体的质量奠定了基础。目前对优势卵泡选择的机制尚不清楚，但很可能与卵巢局部该卵泡中产生的雌激素的含量较高相关。由于优势卵泡本身已具有比其他卵泡更多的 FSH 受体，因此可补偿低 FSH 水平的不足并继续发育，而那些未被优选出的卵泡则可能会发生闭锁。尽管 LH 对卵泡选择不是必需的，但它在调节优势卵泡的形成过程中也起着相当重要的作用，因为 LH 可通过提高芳香化酶底物——雄烯二酮的合成量来起作用。两侧卵巢中的非优势卵泡会发生闭锁。

三、排卵和黄体的控制

（一）排卵

排卵（ovulation）是指成熟卵泡在 LH 排卵前峰的作用下，促使卵母细胞恢复减数分裂排出第一极体，卵泡壁破裂和卵母细胞及放射冠结构从卵泡腔中排出到卵巢表面的过程。排出的卵母细胞及放射冠通常会被输卵管伞摄取并存留于输卵管壶腹部等待受精。实际上，雌性排出并发生受精的卵母细胞是次级卵母细胞，而不是成熟的卵母细胞，只不过通常为了方便，人们将处于初级到次级阶段的卵母细胞都称为卵母细胞。

要激发卵母细胞的第二次减数分裂过程，就必须依赖于精子进入次级卵母细胞内，否则次级卵母细胞将永远无法完成整个减数分裂过程。在这次减数分裂过程中，次级卵母细胞中一半的染色体被很少的胞质包裹后排出，形成第二极体。而剩余的含 n 个未配对的半套染色体被留在了真正的成熟卵母细胞中。此时单倍体母源染色体单位和单倍体父源染色体单位共同完成受精过程。如果此时第一极体尚未退化，它也会同时完成第二次减数分裂。卵泡破裂排卵意味着卵泡期的结束和黄体期的开始。不同动物卵母细胞排卵后维持受精能力的时间有差异（表 9-4）。

育龄期妇女平均每隔 28 天排卵一次，多数情况下每次排 1 枚卵。两侧卵巢交替进行。大多数哺乳动物排出的卵母细胞直径介于 70~140 μm 之间。不同动物种类的卵母细胞大小有差异，但与成年动物体重比例大小无显著相关性。例如，鼩鼱体重只有数十克但其卵母细胞直径可达 150 μm；而成年牛的体重虽然近 500 kg，但其卵母细胞直径只有 138 ~ 143 μm。绵羊卵母细胞的直径平均为 147 μm。此外，卵细胞大小与排卵前卵泡大小的比例关系也不明显。

比较卵子发生和精子发生过程，我们会发现卵子发生过程中除了染色体分离所花费的时间更长和胞质分离不对称之外，其他各个步骤均与精子发生是一致的。精子发生中 1 个初级精母细胞会形成 4 个单倍体精子细胞，1 个初级卵母细胞也会形成 4 个单倍体卵母细胞（假定第一极体退化时间晚于次级卵母细胞完成第二次减数分裂）。在精子发生过程中，每个子细胞最终均形成 1 个高度特化的、具有运动能力的精子。这些精子中的胞质和细胞器的数量都是被优化过的，因其最大的目标是仅仅提供构成新个体的一半基因。在卵子发生中，仅有 1 个子细胞最终能发育成为成熟的卵母细胞并得到最多的胞质。这种不均等胞质分裂非常重要，原因是卵母细胞除了要提供给新个体一半的基因，还需要为其早期受精卵提供足够多的胞质组分以支持其生长发育。而巨大的、未分化的卵母细胞含有海量的营养物质、细胞器、细胞骨架和酶类蛋白质。其余 3 个子细胞，即极体都迅速退化，其所含染色体最终被刻意丢弃了。

表 9-4　各种哺乳动物卵母细胞维持受精能力的时间

动物	时间 /h	动物	时间 /h
兔子	6~8	猪	约 20
豚鼠	不多于 20	羊	15~24
大鼠	12~14	乳牛	22~24
小鼠	8~12	马	约 24
金田鼠	5；12	恒河猴	不到 24
雪貂	约 36	人	不超过 24

注：改自张天阴等（1996）。

1. 大动物排卵卵泡的选择——黄体期开始选择

人们很早就发现大动物的卵巢在黄体期便有卵泡发育。例如，借助超声波示波器观测牛发情周期中卵泡发育的动态变化后发现，在黄体期就有卵泡的生长和退化现象，这一点与灵长类有所不同，后者一般会在黄体退化时才开始启动募集。这可能是有腔卵泡发育到排卵的周期在家畜中约为 10 天，在灵长类要稍微长一些的原因。母牛一个发情周期中，排卵发生后往往会有几个卵泡发生波先后出现，而每个卵泡波中往往只有几个大的优势卵泡生长发育。有研究发现人类也存在这种现象。大多数卵泡发生的闭锁的时间很有特点，通常发生在下一波卵泡开始生长之前。如图 9-13 所示，第一波优势卵泡的退化大约发生于黄体期的中期，同时伴随着第二波优势卵泡开始快速生长。第二或第三波优势卵泡是否能成为排卵卵泡取决于黄体退化时卵泡所处的发育时期（图 9-11）：如果第二波优势卵泡在黄体退化时已经开始退化，那么第三波优势卵泡会发育成优势排卵卵泡。

从超声波学和内分泌研究看，似乎在大家畜中有腔卵泡的最后发育速度有两个不同的时期。第一期发育相对较慢（为 4 ~ 5 天），而紧接着的第二期则会加速生长（也为 4 ~ 5 天），这种快速发育可以延续到排卵时。由于卵泡发育的最后生长期能够在黄体期就开始，可见这一时期的卵泡始动是在促性腺激素释放（在黄体期）相对慢的波动频率影响下发生的，而卵泡的快速生长需要促性腺激素释放波的快速频率出现在快要排卵的第 3 ~ 4 天时，这个时间正好与黄体退化开始相关，后者可能因孕

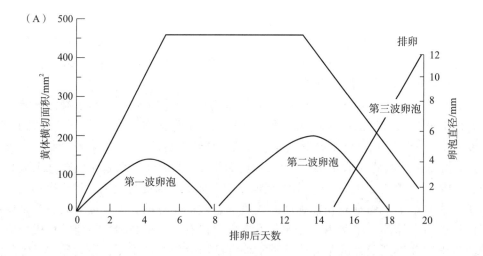

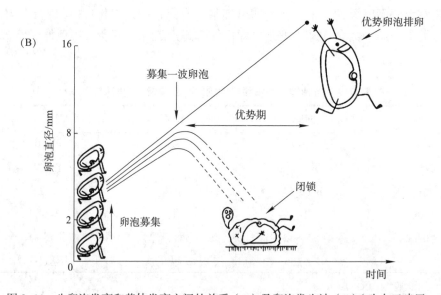

图 9-11　牛卵泡发育和黄体发育之间的关系（A）及卵泡发生波（B）（改自王建辰，1997）

激素水平下降，导致其所引起的负反馈效应减弱而使促性腺激素分泌的波动频率被动性增加。

2. 优势卵泡的维持

目前关于优势卵泡如何维持其主导地位的机制尚不清楚，但普遍接受的机制之一就是优势卵泡能够分泌抑制其他有腔卵泡发育的物质，其中之一是抑制素。抑制素可特异性地抑制垂体中 FSH 的分泌，但优势卵泡可以补偿低 FSH 水平并继续发育，原因是它本身已具有比其他卵泡多得多的 FSH 受体。随着优势卵泡的生长发育，其所分泌的雌激素和抑制素的水平也随之增加，以至于对 FSH 的分泌的阻断作用也因此增强，但雌激素并不会干预 LH 的脉冲式释放频率。当优势卵泡的尺寸足够大（牛排卵卵泡直径下限为 10 mm，猪为 7 mm），卵泡所分泌的雌激素达到阈值，则排卵前的 LH 峰出现。

3. 雌激素诱导的促性腺激素排卵前峰出现，引起排卵

成熟卵泡所产生的高浓度雌激素既刺激颗粒细胞的生长和发育，也向下丘脑和腺垂体发出信号，正反馈作用于下丘脑和腺垂体引起 LH 的分泌峰。与此同时，颗粒细胞分泌的抑制素到达垂体前叶后，可特异性地作用于 FSH 分泌细胞以阻止 FSH 分泌出现峰值。雌激素对下丘脑分泌 GnRH 的调节与雌激素调节多种神经细胞的兴奋性有关（见图 9-3）。最终，雌激素通过相当复杂的机制引起 LH 峰值出现并诱导成

熟卵泡排卵（图 9-12）。LH 的排卵峰开始于排卵前约 24 小时（大多数家畜，包括牛、狗、猪和羊）。

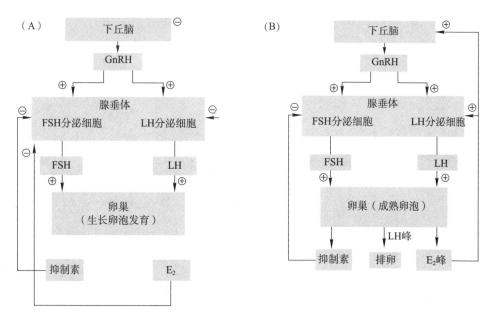

图 9-12　下丘脑 - 垂体 - 卵巢轴激素的分泌规律及其对卵泡发育（A）和排卵（B）的作用（改自 Sherwood，2004）

☞ 血液中有适度恒定的雌激素水平对 LH 分泌会产生负反馈作用，而在排卵前，进一步升高的雌激素水平对 LH 分泌会产生正反馈作用，前提是高浓度雌激素的持续时间要足够长。研究发现非人灵长类血液中雌激素水平上升 3 倍并保持 24 h 只发挥负反馈调节效应，但若延长至 36 h 甚至更长时间后则 LH 分泌在短暂下降后就会出现分泌峰值（与排卵前峰相似）。

有意思的是，在 LH 峰值出现之前，卵母细胞和颗粒细胞在卵泡中一直受到可能来自卵泡液的某些抑制性物质的控制而无法恢复减数分裂。长期以来，人们认为这些抑制性物质可能有两种类型，其中一种是卵母细胞抑制因子，它可防止卵母细胞提前恢复减数分裂，但到目前为止还没有分离出该物质。目前广为接受的抑制卵母细胞减数分裂恢复的物质可能是一些能够引起卵母细胞中 cAMP 水平持续升高的物质，即 C 型心钠肽（CNP）；另一个物质是黄体化抑制因子，它可防止颗粒细胞提前黄体化。

LH 对卵泡颗粒细胞的作用有多个方面。首先，在卵泡发育的最后阶段，FSH 和 LH 可能对颗粒细胞的旁分泌功能存在接续转换调节。研究表明，颗粒细胞中分泌的 CNP 可能通过其在卵丘细胞中的受体激活蛋白激酶 G 从而合成 cGMP。cGMP 经颗粒细胞与卵母细胞间的物理通道（缝隙连接）进入卵母细胞。进而通过 cGMP 降低磷酸二酯酶 3A（PDE3A）的活性促使卵母细胞中 cAMP 的水平升高，最终抑制卵母细胞的成熟。在卵泡生长阶段，FSH 通过其受体促进颗粒细胞中雌激素的合成，后者经颗粒细胞及卵丘细胞中雌激素信号通路促进 CNP 及其受体表达，因此维持了 CNP 的功能，而 LH 峰来临之后的关键作用之一就是抑制 CNP 及其受体的表达，从而解除上述阻断效应（图 9-13）。此外，CNP 的作用可能还与提高该阶段卵母细胞的胞质成熟质量有关。在 LH 峰出现前，FSH 的另一个重要作用可能是维持颗粒细胞中的旁分泌因子，尤其是 EGF 样生长因子（如 AREG 等）的表达处于低水平。这种低水平可能与 FSH 维持了细胞内表观遗传修饰因子（如组蛋白去甲基化酶 3）的高水平进而使得组蛋白被去乙酰化，进而阻止 AREG 等表达有关。一旦 LH 峰到来，LH 通过其膜受体迅速将颗粒细胞胞内组蛋白去乙酰化酶 3 降解，从而解除了 FSH 对细胞分泌 AREG 的抑制效应，使得卵丘细胞扩展及卵母细胞减数分裂等均得以恢复（图 9-14）。LH 峰对颗粒细胞的第二个影响是始动其黄体化，即促使颗粒细胞由分泌雌激素为主转为以生产孕酮为主。这一过程在排卵发生前就已开始了。随着 LH 峰的出现，伴随着孕酮分泌的增加，雌激素分泌下降，FSH 的分泌也因此被下调。LH 峰的第三个作用是刺激颗粒细胞产生诸如松弛素和前列腺素 F-2α（PGF2α）等物质，影响卵泡膜层结缔组织的连续性。这些物质和其他一些未知的物质可在纤维细胞中形成小泡，通过这些小泡中含有的能够降解结缔组织中胶原基质类物质来干扰膜细胞功能，最终由于结缔组织的崩溃而引起卵泡的破裂排卵。

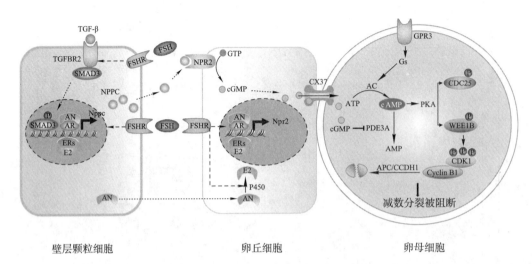

图 9-13　FSH 促进卵母细胞生长并维持卵母细胞减数分裂阻滞的分子机制

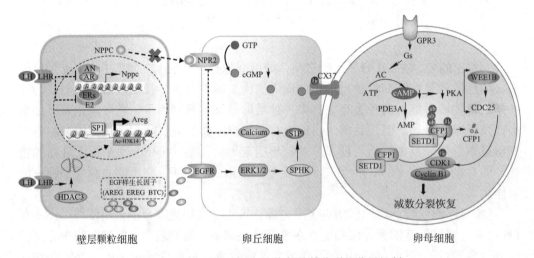

图 9-14　LH 诱导卵母细胞恢复减数分裂的分子机制

（二）黄体的形成与调节

1. 黄体的形成及其分泌物——孕酮

卵泡排卵后残留结构中的颗粒细胞和膜细胞在 LH 的作用下发生黄体化，形成了一个临时性的内分泌腺体结构，即黄体（corpus luteum，其中 luteum 意为"黄色"而 corpus 意为"体"）。不过在绵羊、猪和大鼠，其黄体的颜色是粉色。黄体由卵泡壁上的膜细胞及卵泡内的颗粒细胞构成。尽管颗粒细胞是黄体中的主要细胞，但膜细胞对于黄体结构的组成也起重要作用。此外，卵泡在排卵后塌陷折叠，随之围绕颗粒细胞的组织（特别是固有膜）分解，膜层中的血管出血进入卵泡腔，从而为黄体细胞功能得以维持提供了营养通路。黄体的主要功能是分泌大量的孕酮（progesteron，P_4），以及一定量的雌激素及抑制素，这是子宫做好妊娠始动和妊娠维持的基础。实际上，颗粒细胞从分泌雌激素转化为分泌孕酮的过程（即黄体化）开始于 LH 排卵前峰的出现，并且这一过程在排卵时被加快。

分化形成的颗粒黄体细胞主要分泌孕激素和松弛素（relaxin），而膜黄体细胞主要分泌雌激素。在大多数家畜中，排卵后 24 小时内黄体就开始合成孕酮。在有些动物（包括狗和灵长类），在出现 LH 排卵前峰过程中只产生少量的孕酮。对狗来说，这种分泌特点对于其性容受性的外在表现是非常重要的影响因素。

2. 黄体维持的重要物质

机体中，在生理条件下可以维持黄体功能的激素不都是 LH。在大多数排卵后的家畜中，不论其是在妊娠还是非妊娠情况下 LH 都是最重要的促黄体激素，也就是维持黄体功能稳定的关键激素。通常，以低频率释放的 LH（每 2～3 小时一次释放波）可以维持黄体不发生退化。但在啮齿类动物中，PRL 则是最重要的促黄体激素。动物的交配行为启动了 PRL 的释放，这对于黄体的维持是很重要的。绵羊是目前发现的唯一由 PRL 调节其排卵后黄体功能的一种家畜。此外，17-β 雌二醇是母兔体内维持黄体的关键激素。

正常的卵泡发育过程程序化地决定了一旦排卵就会有黄体的接续性发育，而一旦黄体退化，随即就会有新的卵泡开始周期性募集。由于黄体被溶解后无法继续分泌雌激素、孕激素和抑制素，造成其对腺垂体的负反馈抑制解除，腺垂体因此得以重新开始分泌 FSH 和 LH。二者启动了新卵泡的生长，从而开启了新的卵巢周期。因此临床上更重视控制黄体退化的因子，而不是促进黄体形成的因子。

（三）黄体的退化或溶解与调节

黄体细胞分泌孕酮和雌激素的同时，也分泌少量的抑制素。抑制素作用于腺垂体后，具有阻断其分泌 FSH 的作用。而随着血浆中 FSH 和 LH 的水平逐步降低，最终导致黄体的彻底退化，该过程称为黄体溶解（luteolysis）。在大家畜中黄体的退化是发生在排卵后 14 天左右，主要的始动因子来源于子宫内膜合成和释放的 PGF2α。黄体细胞退化并被巨噬细胞吞噬，血管萎缩，结缔组织迅速填充并形成纤维化组织结构，该结构称为白体（corpus albicans）。由此，黄体期结束，一个完整的卵巢周期完成了运转。育龄女性黄体的最终溶解发生在黄体期的第 12 天，大约是月经周期的第 26 天，早于月经 2 天发生。黄体溶解导致雌激素和孕激素的缺乏，月经期的出现。

1. 非妊娠哺乳动物的黄体退化受子宫中 PGF2α 分泌的控制

对排卵后未妊娠的大家畜来讲，其黄体的退化是动物尽早进入下一个生殖周期的关键前提。一方面，在妊娠动物中，排卵后黄体的功能期必须保持足够长时间。这是因为新发育的胚胎所合成和释放足够的、可替换黄体所分泌的孕酮以维持妊娠的物质需要较长的时间；反之，在非妊娠动物中，黄体的生命时期要尽可能地相对短，以便下一个生殖周期能够及早开始。大动物的黄体期通常都在 14 天左右（非妊娠情况）。这样，随着黄体溶解，优势卵泡发育大约 1 周后就可以排卵。这也是大动物（马、牛和猪）的发情周期大多都间隔约 3 周的原因。

目前已认识到子宫分泌的 PGF2α（二十碳非饱和脂肪酸，是花生四烯酸的代谢产物之一）是引起大家畜（包括牛、马、猪和羊）黄体退化的关键物质。尽管在临床上已经用 PGF2α 疗法来诱导狗和猫的黄体溶解以治疗子宫积脓或诱导流产等，但还没有证明 PGF2α 对猫和狗以及灵长类的黄体退化有明确的生理作用。PGF2α 的作用特点因物种不同而存在一些差异。例如，在母牛和母绵羊中，PGF2α 从一个子宫角合成，只能影响同侧卵巢的黄体生命期。但在母猪或母马体内，一侧子宫角合成的 PGF2α 足够使两侧卵巢的黄体退化。这种影响可能与子宫组织合成的 PGF2α 的总量以及其代谢率存在物种差异有关。

关于 PGF2α 如何从子宫中运输到卵巢从而发挥作用的模式有如下两种看法：① 通过局部的子宫静脉到卵巢动脉的逆流循环实现（图 9-15）；② 通过体循环运输实现。其中，逆流循环运输的观点认为，子宫内膜所产生的高浓度的 PGF2α 会在血

☞ 这就是畜牧业上通过控制黄体退化来影响动物下一个排卵周期启动，以便实现大批家畜同步化发情（及排卵），以及随后实施人工授精以高效而方便地对动物繁殖进行管控的原因和基础所在。这也是人类辅助生殖技术得以实现的理论基础之一。

☞ 1923 年，勒布（Leo Loeb）有关黄体退化机制的研究中，通过豚鼠子宫切除实验证明了子宫对于黄体退化的重要性。由于子宫切除可延长豚鼠的黄体期，他因此认为子宫一定是产生了某种可终止黄体活动的物质。遗憾的是，这一发现持续多年没有受到重视。直到 1950 年代，人们在牛、猪和绵羊的子宫切除研究中得到了相似结果后才最终认同了子宫控制黄体期的概念，至少在大家畜和豚鼠中这种观点是成立的。

液循环回流途中沿着浓度梯度经子宫－卵巢静脉与卵巢动脉之间的物理接触途径直接扩散到卵巢动脉血管中，进而到达黄体组织。体循环运输则是指高浓度的该物质需要通过体循环系统的长距离运输最后到达黄体。鉴于 PGF2α 通过肺组织后一次就可被血管内皮快速代谢掉多达 90% 以上，因此大家畜要么通过上述特殊的逆流循环运输系统将 PGF2α 保存下来以发挥其溶解黄体的作用，要么就得依靠子宫内膜大量合成才能满足需要。

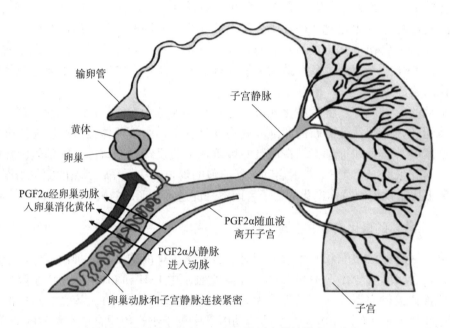

图 9-15　子宫合成的前列腺素（PGF2α）运输到卵巢的模式（改自 Baird，1984）

PGF2α 合成和释放的类型对于其溶解黄体效应是很重要的。通常，黄体的溶解需要在 4 小时内至少有 4 ~ 5 个分泌波出现才能完成。如果在黄体完全溶解之前波动的间隔明显增加（如 12 小时），则黄体会恢复功能（即使其类固醇合成能力有所下降）。

关于可诱导黄体溶解的 PGF2α 的合成机制尚不完全清楚。一个可能的解释是卵泡所分泌的雌激素引起 PGF2α 的合成和释放，而 PGF2α 可能与内皮素 1（endothelin-1）协同配合引起黄体溶解。在绵羊中，PGF2α 波动起始后，子宫和卵巢之间发生如下相互作用：首先 PGF2α 影响黄体功能，使孕酮合成下降和催产素释放增加以减少孕酮合成；同时，催产素还可以与子宫内膜细胞上的受体作用，启动另一轮 PGF2α 合成以溶解黄体。在孕酮浓度下降到基础水平后 6 ~ 12 小时（即黄体完全溶解）时，PGF2α 合成即停止。非妊娠的狗和猫似乎不存在这样的系统，其黄体期分别为 70 天和 35 天。

2. 对子宫合成 PGF2α 的干扰会影响大家畜黄体期的长短

如果干扰子宫内环境，动物黄体期的时间就会发生明显变化。在妊娠状况下，胚胎的出现终止了 PGF2α 的合成，从而使黄体功能继续维持。缺少一个子宫角能够导致那些受同侧子宫角控制（局部控制）动物的黄体期延长。

在非妊娠的大家畜中，由于细菌感染引起的子宫内膜炎症反应能够导致明显的 PGF2α 合成和释放，引起黄体提前溶解和缩短发情周期。应该注意的是，在大家畜中只要不出现子宫异常，黄体功能几乎都是正常的。但对于马，其子宫在非感染的情况下也经常发生不适当的 PGF2α 的合成和释放，导致黄体期延长，这种情况似乎具有遗传倾向。因此，在大家畜中若发现其发情周期缩短，则说明可能有子宫感染。

☞ 大多数哺乳动物的黄体溶解受前列腺素的控制。而前列腺素的浓度和释放频率以及运输到卵巢的途径在不同的动物中有所不同。

四、卵巢周期

（一）卵泡期、黄体期和排卵类型在动物中的差别

1. 卵泡期和黄体期的区别

非妊娠动物的卵巢周期是指两次排卵之间的间隔。该周期由两部分组成：从卵泡周期募集起始开始的卵泡期和接下来的黄体期，两个时期的分界线是排卵。不同动物卵泡期和黄体期的关系有很大区别。在灵长类中，卵泡期和黄体期完全分开。只有黄体完全溶解后，卵巢中才能发生明显的卵泡生长。而如前所述，大家畜在其黄体期就会有明显的卵泡生长。例如，在母牛的黄体开始溶解时就可观察到一个大的有腔卵泡。在母马中，生长的卵泡甚至可以在黄体期发生卵泡排卵（约5%的周期可以观察到）。可见，在大家畜中卵泡生长是重叠于黄体期的。这种情况导致大家畜（17~21天）的周期要比灵长类短（28天）。从黄体溶解到排卵的间隔大家畜（5~10天）也比灵长类短（12~13天）。一般来讲，从有腔卵泡生长发育到排卵的时间间隔，两者之间没有明显的区别。只是卵泡最后生长发育的过程在大家畜需要10天左右，而灵长类为12~13天。

2. 排卵类型

关于动物排卵的类型，目前看有两类，即诱发排卵和自发排卵。① 自发排卵（spontaneous ovulation）动物。对于大家畜（猪、马、牛和羊）和大鼠、小鼠、豚鼠及灵长类，其排卵均属于自发性周期性行为。排卵过程由有腔卵泡所分泌的高水平雌激素始动，通过正反馈效应刺激LH排卵前峰的释放，但其中也涉及到神经调节。例如，在大鼠排卵前12小时左右给予戊巴比妥类神经传导阻滞药物，则其排卵会延后24小时。某些鸟类在不与雄鸟交配的条件下，会维持每天排卵的状态达很多天。② 诱发排卵（reflex/induced ovulation）是指相当一部分哺乳动物的排卵的发生是受位于阴道和子宫颈部位的感觉神经末梢的受体在交配时［机械或精液组分（骆驼）］受到刺激，以及来自眼睛、耳朵和鼻子等部位的神经传入冲动，共同将信号汇聚于下丘脑腹侧部，进而引起垂体分泌LH出现峰值，从而替代了雌激素的作用引发排卵。这种反射性排卵动物包括兔、猫、水貂、雪貂、骆驼、驼马（非洲驼）和羊驼等。尽管这种诱发排卵被认为是更原始的类型，但除了哺乳动物之外，仅在少数其他类群中发现存在该现象的证据，如鞭尾蜥蜴、乌鞘蛇和长颈海龟。需要强调的是，此过程仍会以血液中有升高的雌激素水平作为前提和基础。在没有交配刺激时，其卵巢中一群已发育完成的卵泡会维持成熟状态几天后开始退化。在猫体内，其卵泡生长历时8~9天，而卵泡发育和退化经历6~7天，界限较清晰。而另一些动物，如驼马和羊驼的两个卵泡生长波之间也有一些重叠，甚至出现密切重叠（如兔）的情况。

再介绍一类特殊的具有明显的季节性生殖周期的动物。鹿、绵羊和山羊是短日照发情动物（short-day breeder）的代表，即当每年日照时间变短时才会有发情周期出现；而熊、仓鼠和马则是长日照发情动物（long-day breeder），即当每年日照时间变长时才会有发情周期出现（图9-16）。绝大多数食肉动物，如熊、犬、狐狸和狼等属于季节性单次发情（seasonally monoestrus），这是指在发情季节仅表现为单次发情，并伴随一个很长的发情间期（即无周期性发情现象的时期）。比如，绝大多数母犬一年中只有两次发情周期，但犬类的每次发情期会延长至多天，从而增加了在此期间找到配偶的几率。母羊在秋季发情开始，具有规律的16天发情周期，发情会在春季停止。研究证实，控制母羊季节性周期的主要是环境的光照刺激。在生殖季节，母羊只表现1天的发情行为，排卵发生在发情开始后24小时左右。

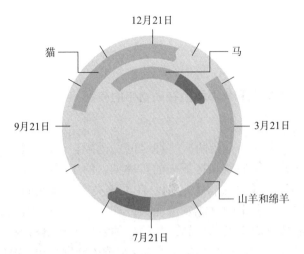

图 9-16　季节性发情动物的发情周期与日照的关系（改自 Reece 等，2015）

（二）有些动物黄体期的长短受交配调整

在啮齿类中，卵巢周期的黄体期因交配而延长。黄体期的持续时间在未交配时只持续 1~2 天。交配诱导了 PRL 的释放，从而使得黄体期延长至 10~11 天（尽管没有受孕），这种现象通常被称为假孕。犬类也会因为交配行为的出现而导致 PRL 水平升高，引起临床假孕，出现非妊娠的母狗筑窝、泌乳和饲养其他动物等行为。

五、生殖周期

（一）生殖周期的类型：发情周期和月经周期

用于描述哺乳动物生殖周期的名词有两个，即发情周期（estrous cycle）和月经周期（menstrual cycle）。发情周期是指由前一次发情（排卵）开始到下一次发情（排卵）开始的整个时期。月经周期特指人类和非人灵长类，是指自青春期开始，子宫内膜在卵巢分泌的激素作用下出现周期性变化，即每隔 28 天左右发生一次内膜脱落、出血、修复和增生的现象。每个月经周期从月经第 1 天起至下次月经来潮前 1 天为止。不论是发情周期还是月经周期，周期的第 1 天在许多动物中都是紧跟在黄体期结束后开始。

☞ 这些名词的使用为利用动物的某些外在特征来准确地鉴定生殖周期的一个特殊阶段（均与排卵的时间有关），以便理解其机制和便于临床上进行诊疗提供了便利。

一般地，在限制性发情（季节性发情）的动物（性容受性阶段）中使用发情周期这个名词。发情前期的开始定义为周期的开始。在灵长类中，其生殖周期的大多数时间是性容受的，使用月经周期这个名词。月经（阴道中排出带有血块和组织的液体）的开始定义为周期的开始。

☞ 由于灵长类（包括人类）是高度发达的动物，其神经内分泌系统特别容易受到各种环境变化的影响，包括情绪的影响，所以其生殖内分泌会受此影响而紊乱。

另外，尽管两种类型的生殖周期都开始于黄体期结束后的相似的时间（即黄体期后很快就开始），但排卵的时间是不同的。这是因为灵长类黄体期和卵泡期是明显分开的，排卵至少发生在月经开始后的 12~13 天。在大多数家畜中，卵泡期与黄体期重叠，因此排卵的时间发生的要早一些。家畜排卵的预测要比灵长类容易，因为发情通常与 LH 排卵前峰的释放和排卵密切相关。灵长类卵泡发育的始动在受到不同原因（包括应激）的刺激时往往会被推迟，这样就对灵长类排卵时间的预测造成了困难。

1. 家畜的发情周期

家畜发情周期既可以用行为（行为和性腺活动）变化来描述其是否处于发情期（包括发情前期、发情后期）或间情期，也可以用性腺活动来区分是处于卵泡期（发情前期和发情期）还是黄体期（发情后期和间情期），后者的条件是动物卵泡和黄体间可区分。① 牛的卵巢状态可用直肠诊断准确地确定，因此牛的分类通常使用卵巢的状态进行，即卵泡期和黄体期。② 狗和猫的卵巢状态可通过血清中孕酮的水平来确定。若能鉴定出一个黄体，就能做出其卵巢活动正常的判断，因为黄体代表着卵泡生长和排卵的最后阶段。另外，狗有一个正常的不发情阶段，持续大约 3 个月，它将间情期和发情前期分开。③ 由于马、牛和羊的黄体通过直肠触摸是相对难确定的，所以通常用性行为来对发情周期进行分类，即发情期和非发情期。绵羊每年生理性的繁殖期持续 6~7 个月，期间会有多次重复的发情周期出现（若未出现怀孕）。绵羊的发情周期比其他家畜短，原因是其有腔卵泡的生长期短 3~4 天。

2. 发情周期的阶段性特点

发情周期以啮齿类的发情周期特征为参考，被分成不同的阶段，这些阶段或者表示动物的行为或者表示性腺的状况，包括：① 发情前期（proestrus），表示卵泡发育的阶段，发生于黄体开始退化时并在发情时结束；② 发情期（estrus），表示性容受性阶段；③ 发情后期（metaestrus），表示黄体开始发育的阶段；④ 间情期（diestrus），表示黄体成熟期的阶段（图 9–17）。家畜发情前期通常在黄体期结束后的 48 h 内开始，但狗和猪除外。猪的发情前期开始于黄体期结束 5~6 天后。灵长类动物月经开始于黄体期结束后 24 h 内。

▶▶ 录像资料 9–6
发情周期及鉴定

3. 啮齿类动物发情周期的特点

啮齿动物，如小鼠、大鼠及仓鼠是多次发情动物，即除了妊娠外一年中都能重复发情。大、小鼠的发情周期是 4~5 天。发情前期（约 12 h）的特征是黄体的功能性退化，阴道涂片几乎全是有核上皮细胞，排卵前卵泡急剧增大。发情期时伴随着大量卵泡迅速成熟，子宫增大和阴道黏膜迅速增生，导致角质化鳞状细胞脱落。出现上述现象 10~14 h 后，大鼠会排卵。发情后期（也是在 10~14 h），卵巢产生黄体且子宫体积和血管化降低。间情期（48~70 h）的特征是其阴道涂片几乎完全是白细胞，此时黄体退化，子宫进一步萎缩。啮齿动物发情周期的关键事件是排卵。卵泡的发育和雌激素的生产受 LH 和 FSH 刺激。当血液中雌激素含量高时，FSH 释放降低而 LH 分泌增强。LH 峰依赖于下丘脑 GnRH 能神经元的功能。这些神经元反过来受内源性和昼夜节律产生机制的控制（可能是在下丘脑的上交叉核）。若损伤大鼠上交叉核，会导致其持续发情、不育并拒绝雄性与之交配。

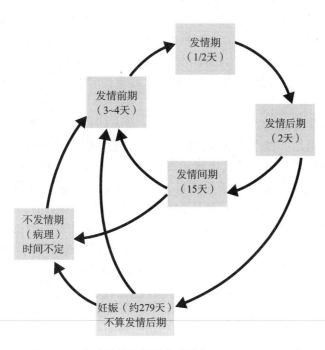

图 9–17　大动物的发情周期（引自 McDonald，1989）

（二）初情期和生殖衰老期

1. 初情期——第一次排出成熟生殖细胞的时间

雄性初情期（puberty）是指第一次能够生成足够数量的精子以使雌性受孕的时期。从实践的角度考虑，牛、猪、绵羊和马的初情期被定义为可以射出含有 5.0×10^7 个精子的精液，其中大于 10% 的精子应该是有活力的。但要注意，初情期与性成熟并不是同步的，一般性成熟要晚几个月或数年（根据动物种类不同而不同）。雌性动物在具备规律的生殖周期前，也必须经历初情期这个阶段。雌性初情期意指动物生殖活动的开始，出现排卵（是精确判定初情期的依据）和不完全的发情行为。

▶ 录像资料 9-7
性反射

2. 初情期出现的生理调节机制

随着初情期的来临，垂体逐渐受到 GnRH 波动性释放的影响，以及性腺受到 LH 和 FSH 波动性分泌的刺激是建立初情期所必需的。目前，有关调节动物初情期出现的生理机制主要源于对绵羊的研究。下丘脑在初情期始动过程中起着关键的作用。GnRH 在下丘脑的合成和释放增加会促使促性腺激素呈波动性分泌，同时促进卵泡生长。在初情期之前，垂体、性腺以及性激素依赖性靶组织对性激素的刺激就已经产生了反应，但 GnRH 和促性腺激素的分泌被控制在较低的水平，原因是下丘脑对雌激素的负反馈抑制效应非常敏感。因此，决定羔羊初情期的关键之一是下丘脑的成熟程度，即当绵羊体重增长满足要求时其下丘脑才趋于成熟，从而使其对雌激素负反馈抑制的敏感性下降。身体成熟对初情期至关重要。家畜初情期的年龄一般为：猫 6～12 月龄，牛 8～12 月龄，狗 6～12 月龄，山羊 7～8 月龄，马 12～18 月龄，绵羊 7～8 月龄。

3. 影响初情期出现的因素

尽管许多因素都参与调节中枢神经系统对内分泌系统的调节，但是对于动物生殖来讲，影响初情期发生时期的主要因素是品种、能量摄取、出生的季节（光周期）以及在围初情期时身边有无兄弟姐妹（牛和猪）相互影响等。例如在兔子，其初情期会在大概 3～4 月龄时到来。在猪、牛和马，其初情期一般在 6～7、10～15 和 15～18 月龄不等。圈养的狼的初情期会从野生的 2 岁左右缩短到与现代犬类相似的 6～12 月龄。

首先，初情期的始动首先依赖于身体的发育程度，如牛约为 275 kg，绵羊约为 40 kg，而狗需要在达到成年体重 2～3 个月后，否则动物的初情期就会延迟。同种动物中，体型小的品种较体型大者更早进入初情期。有证据显示，各种代谢信号会影响到下丘脑神经元的发育及 GnRH 的释放频率。如果限制动物和人类的营养供应，则会阻断其促性腺激素释放，因此动物的体重和营养会对其生殖功能的发挥产生影响。

其次，瘦素在初情期的建立中可能发挥了重要的作用。瘦素是脂肪细胞合成的一种肽类激素，也是一种潜在的节食因子。它可能发出一种信号提醒下丘脑，即机体所储存的代谢物质足以启动其生殖系统发挥功能。基于这种模型，下丘脑弓状核的瘦素应答神经元会分泌神经递质吻素（kisspeptin）。吻素很可能介导了雌激素对 LH 释放的正反馈和负反馈效应。此外，吻素的释放也受机体的营养状态控制。如在初情期营养缺乏的大鼠中，其吻素的 mRNA 水平下调；而给予慢性低营养状态的初情期大鼠吻素后，其被抑制的 LH 和雌激素水平会得到上调。在某些物种中，瘦素可能仅仅扮演一种允许作用的角色，作为计量机体功能的一个指标，而不是发动初情期到来的始动因子。例如在猴子中，其体内瘦素的水平在初情期到来的阶段并不发生改变。畜牧业生产中的实践证明，当给动物饲喂高蛋白的饲料时会导致促性腺激素的快速释放和排卵率的上升，而瘦素在其中所起到的作用未知。

第三，对羔羊来讲，光照期的改变（主要是指由长日照向短日照的转换，而不是光照期缩短后的影响）对其进入初情期非常重要。羔羊在初情期前必须经历1个长日照时期。例如，北半球的绵羊通常在12月到次年3月间出生，其初情期一般在次年的秋季（9月下旬或夏至后13周）。这是因为长日照结束（夏至）时，下丘脑对雌激素的负反馈敏感性才会下降，进而促性腺激素水平升高使得卵泡生长得以持续下去。此外，春季出生的小猫到秋季时按理也可进入初情期，但若其只接受自然光照则会推迟几个月再进入，往往是在下一个繁殖季节（6～8月龄时）时出现。而秋冬季出生者的初情期则会晚1年再出现。再比如，大约20%的恒河猴初情期出现在约30月龄时的晚秋或早冬，这可能与其营养好生长快导致神经内分泌系统成熟较早有关。而绝大多数恒河猴则晚于该时间点约12个月，即42月龄左右时才发生。可见，初情期的发生是有窗口期的，即动物必须进入合适的（日照减少的）时期才能使初情期发生。③在某些物种中，为了协调出生与有利的气候条件，光周期（日光长度）的变化对性腺功能有显著影响。例如，在日照变长的过程中绵羊和山羊的睾丸呈退行性改变，当日照变短时恢复。反之，马的睾丸功能会随着光周期变长而增强。牛和猪的睾丸功能受光周期影响很小。

4. 初情期开始时机体的神经内分泌系统的变化

初情期的发生通常导致卵巢活动在一个相对较短的时期内建立周期化，如羊羔在几周到1个月内。这个过程中，神经内分泌系统的变化对初情期的启动有重要的调节作用。

（1）前已述及，对性腺激素，以及瘦素有敏感应答的下丘脑吻素能神经元很可能通过影响GnRH能神经元的兴奋性，间接参与对初情期早期的控制，相关机制仍在深入研究。

（2）羔羊初情期的第1个内分泌变化是LH排卵前峰的出现。这可能是由发育的卵泡分泌的雌激素所诱导出现的（图9-18）。LH峰的出现导致第1个黄体结构产生。随着该黄体的退化，后续新的LH峰出现并引起排卵和形成具备正常完整生存期的黄体。此后，羔羊的周期性卵巢活动便会形成规律。羔羊在初情期始动时就具备开始正常的卵巢活动（在第1次发情时若配种即可怀孕）的能力，但往往会在开始启动有限的黄体期和停止卵巢活动一段时间（几周到1个月）后再开始卵巢活动。与成年动物比较，一般卵巢周期开始较晚的羔羊其卵巢活动停止得较早，这与其对雌激素负反馈的响应（抑制卵泡发育）出现得较早有关。研究发现动物对在春、夏期间经历的长日照的不应性反应是卵巢活动建立的关键因素，因此成年绵羊在每年进入繁殖季节时都经历2次LH峰属于初情期的重演的观点，在一定程度上是不准确的。

（3）松果体在夜晚出现分泌褪黑素（melatonin）的高峰。褪黑素在控制睡眠—觉醒的转换的同时，其受日照长短的影响对性腺也有抑制作用。这是光周期对性腺功能影响的主要机制。褪黑素介导了羊（可能还有其他物种）对光周期的应答。一

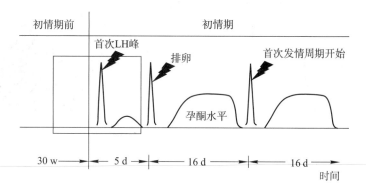

图9-18　绵羊的周期性卵巢活动（引自Foster，1979）

般情况下，季节性短日照发情动物，只要暗环境的持续时间达到一定要求就可以合成足够的褪黑素，进而促使下丘脑释放 GnRH 的量增加。反之，在长日照发情动物其繁殖季节的终止与光耐受性（photo refractoriness）的发展有关，即过长的日照无法维持其繁殖周期。在鸟类，这与促性腺激素释放抑制激素（gonadotropin inhibitory hormone，GnIH）的增加导致 GnRH 的减少有关。例如处于孵卵期间的鸟类，其GnIH 的水平是增加的，从而抑制了该时期的促性腺激素的释放。

（4）对于公羔羊，其初情期的到来也是羔羊对雄激素反馈抑制变得不敏感（导致更多 LH 以及雄激素释放）的关键时期，通常约在生后 15 周龄时。精子发生通常在初情期开始，但主要受 FSH 调节的精子发生，由于其过程较长，导致公羔在 30 周龄前通常不能具备繁殖能力。受光周期抑制效应而停止了的精子发生要想重新启动，则必须依赖于 FSH 的刺激。

5. 灵长类的初情期和绝经期

人类的下丘脑 - 垂体 - 性腺轴的功能性分化是在胎儿时期和快出生时开始，在儿童时期受到抑制，直到十几年后重新活化。青春期前期的儿童分泌的 LH 和 FSH 量很低，表明下丘脑 - 垂体 - 性腺轴的功能很低。这种低水平的促性腺激素分泌会因为注射性腺激素进一步降低，表明儿童的下丘脑 - 垂体 - 性腺轴对性激素的负反馈调节非常敏感。青春期前的儿童下丘脑 - 垂体 - 性腺轴的抑制是通过抑制 GnRH合成和波动性释放实现的。在初情期，灵长类出现周期性卵巢活动需要的时间较长，往往第 1 个明显的卵泡生长会以排卵失败而告终。在恒河猴中，在月经初期（或第一次经血）后通常需要 3~6 个月才能发生初情期排卵。人类正常卵巢周期（包括排卵和黄体形成）建立前 1 年，会发生卵泡生长但不排卵的情况。

雌性哺乳动物生殖能力的获得起始于初情期，但许多灵长类、一些啮齿类、鲸鱼、犬类、兔子、大象和家畜的生殖能力会在中年期终止。这一点与雄性不同，雄性后半生的生殖能力尽管会逐步减退，但始终具有生殖能力。灵长类生殖衰老的发生源于卵巢（图 9-19）。① 灵长类卵巢活动停止以及月经永久性停止，称作绝经（menopause）。例如人类通常发生在 45~50 岁。绝经的开始主要体现在月经周期紊乱上，由于卵泡发育匮乏和排卵衰竭导致雌激素匮乏或雌激素的负反馈抑制效应减弱，促性腺激素分泌可能有所增加。但最终结果是卵泡活动停止，雌激素水平下降负反馈抑制消失而促性腺激素浓度明显增加。② 绝经是由于在整个性腺中存留的绝大部分卵母细胞消失所致（实际上是卵巢衰竭）。由于卵泡数量的绝对值不足（少于 1 000个左右）导致卵泡无法从原始阶段再发育的原因还不清楚，推测可能与促性腺激素受体缺乏，无法保障卵泡进入激素依赖期继续发育有关。③ 与灵长类相比，生殖衰老在其他动物中并不明显，部分原因可能与其寿命本身较短有关。但狗是个例外，

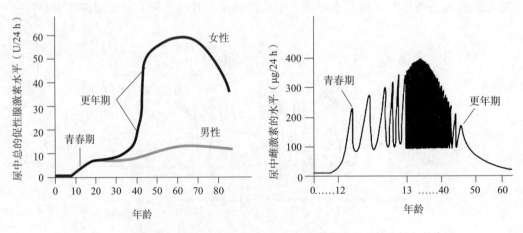

图 9-19　人类尿液中促性腺激素 FSH（左）和雌激素（右，仅女性）的水平

其发情周期间隔会随年龄增大从 7.5 个月增加到 12~15 个月。不管怎么说，在灵长类发生的绝经现象在家畜中不会发生。

六、妊娠和分娩

妊娠（pregnancy）是子代新个体的产生和孕育过程，包括受精、着床、妊娠的维持以及胎儿的生长。而分娩（parturition）是指当胎儿在母体内经过一段时间的孕育而发育成熟时，母体将胎儿及其附属物从生殖道内排出体外的生理过程。

（一）受精

个体的发育始于卵母细胞和精子在输卵管的融合。有性生殖生物的个体发育需要两性配子相互结合和融合，形成双倍体合子（或称为受精卵）才能启动，这一过程称为受精（fertilization）。

哺乳动物受精过程大致如下：① 当在雌性生殖道内获能的精子穿过成熟卵母细胞外周卵丘细胞层后，精子会与卵母细胞透明带相互识别和结合。这种初级作用诱发精子顶体外膜与质膜发生多点融合，精子头部以胞吐方式将顶体内容物（水解酶类）释放以利于精子穿过透明带，此过程称为精子的顶体反应（acrosomal reaction）。顶体反应主要指从顶体帽中释放水解酶，这一点对于精子穿透颗粒细胞和透明带到达卵母细胞质膜是非常重要的。其中，透明质酸酶使卵母细胞周围颗粒细胞间基质的重要成分透明质酸分解，而顶体素（一种蛋白水解酶）则负责消化卵母细胞周围的非细胞成分。这两种酶的作用都有助于精子穿透并进入卵母细胞。顶体反应也可改变精子的表面结构，使精子与卵母细胞更容易融合。再有，顶体反应还可导致精子尾部呈鞭毛样运动以驱动精子向前挺进。② 完成了顶体反应后的精子会与透明带发生次级识别和结合，此时顶体反应释放的水解酶与精子本身运动协同作用，使精子穿过透明带。③ 精子穿过透明带到达卵周隙后，精子头部赤道段的质膜和顶体内膜又与卵质膜发生结合和融合，精子（主要是遗传物质）进入卵母细胞。④ 卵母细胞释放皮质颗粒使得透明带变硬以阻止其他精子穿过，避免了多精子受精。⑤ 卵母细胞完成第二次减数分裂，排出第二极体。

从不同动物的受精方式上，可以将受精分为体内受精和体外受精两种。① 采用体内受精的动物包括爬行类、鸟类、哺乳类、某些软体动物、昆虫及某些鱼类和少数两栖类。② 许多鱼类和部分两栖类选择将精子和卵子同时排出体外，最终受精发生在雌体产卵孔附近或在水中。

大多数雌性哺乳动物发情并接受交配后，雄性的精液是被射入到雌性阴道的，但家畜中的狗、马和猪的精子可直接被射入子宫颈和子宫内。因为精子属于外源物质，它会诱导雌性的白细胞迅速进入子宫腔，因此雌性生殖道的环境对于精子的存活一般是不利的。在动物进化过程中，雌性生殖道发育出了特殊的结构来帮助精子存活，如子宫颈和输卵管。一方面，精子通过子宫颈的过程既需要借助自身的快速运动，也需要借助雌激素诱导子宫颈分泌稀薄黏液以便形成可供其通过的通道，这一点在灵长类尤其重要。研究发现，精子从阴道到达输卵管末端的输卵管伞口最快的仅需几分钟。但这种所谓的快速运输的精子在途中受到了损伤，故而并不参与受精。由于子宫颈黏液的稀化正好发生在排卵前，故而是推断灵长类排卵时间的参考因素之一。另一方面，精子通过运动逐渐（从头到尾）充满输卵管的宫管结合部和壶腹部并储存起来（整个输卵管储存部被充满需几个小时）。壶腹部能够持续地释放少数精子以使到达输卵管的卵母细胞很快发生受精。

哺乳动物受精过程中涉及配子之间复杂的相互作用。由于哺乳动物精子在受精之前必须先获能，因此其在排卵前积聚于雌性生殖道是产生最高生殖力的重要保障。

☞ 有关人类生殖衰老或早衰的机制目前是一个世界性的难题。有关绝经造成的综合征不仅影响了妇女的生活质量，更严重的是引起了许多社会问题。这也是世界范围内科学家关注的课题。

▶▶ 录像资料 9-8
受精过程

一方面，雌性一般在排卵前 24 小时内有性容受性行为（在自然交配过程），即使在诱发性排卵的动物（如猫），从交配到排卵也需要 24 小时或以上的间隔。该现象反映了机体为精子在这段时间内率先完成获能是提供了时间上的保障的。实际上动物本身已进化成这样的系统，即精子总是处于准备受精的状态，而且该观点也与发现精子的寿命要比卵子的寿命长 1 倍的现象相符。临床实践中，给动物或育龄期妇女实施人工授精也基本按照这个生理规律进行操作，即通常在排卵前几小时进行授精。另一方面，在雌性配子出现之前雄性配子就在输卵管中出现的事实同时表明：卵母细胞在到达壶腹部时已具备了受精的条件，这在大多数动物都是如此，即卵母细胞受精的先决条件是它必须在受精前完成第一次减数分裂，而且通常是在排卵前即完成。马和狗在这方面比较特殊之处在于该过程发生在排卵后（狗至少是在排卵后 48 小时）。如前所述，精子通常都要在受精前在输卵管中等候卵母细胞成熟。因此，为了适应这种情况，狗和马的精子要比其他动物的精子生命期更长。

精子一旦进入卵母细胞内，卵母细胞就要经历许多变化以启动胚胎发育。主要事件包括细胞质内游离 Ca^{2+} 浓度升高、皮质颗粒胞吐和阻止多精受精、第二次减数分裂恢复和第二极体释放、雌性染色体转化为有核膜包被的雌原核、精子的致密染色体（受鱼精蛋白作用）松散开来并重新浓缩化进而转化为有核膜包被的雄原核、雌雄原核内 DNA 复制、雌雄原核在卵子中央部位相互靠近、核膜破裂及染色质混合等。此外，配子受精前特有的甲基化标识和基因组印记被替代为胚胎特有的模式（即重编程过程）。随后受精卵经过多次分裂到达囊胚阶段。此后很快形成不同的胚层，并分化形成不同的复杂组织直到形成胚胎。

（二）着床前胚胎发育和胚胎着床

1. 着床前胚胎发育

植入子宫之前的胚胎发育过程被称为着床前胚胎发育（preimplantation embryo development）。一旦受精完成，受精卵通常要在输卵管中发育到桑椹胚（morula）或早期囊胚（blastocyst）后再迁移到子宫中（图 9-20）。在胚胎到达子宫时，并不会立刻发生着床，而是游离于子宫腔。以小鼠为例，受精卵形成后，早期胚胎经过数次卵裂形成类似桑椹的实心细胞团，称为桑椹胚。随着细胞分裂次数的增加，胚胎在 3.5 天左右时，内部出现充满液体的腔且细胞分化为明显的两群，分别称为内细胞团和滋养层细胞，此时的胚胎称为胚泡或囊胚。此时，子宫也有一些相应的变化：① 在早期胚胎边发育边向子宫移行的这段时间里，子宫有足够的时间完成炎症反应，清除其余精子。② 子宫内膜腺体在发育中的黄体分泌的孕酮作用下，会分泌营养胚胎的物质，主要是一些子宫上皮分泌物、细胞碎屑、白细胞等混合物。需要强调的是，这些营养物质对于胚胎在着床前阶段的发育的主要营养来源，包括较丰富的蛋白质（马可达 18%，牛 10%）和脂肪（约 1%）等。家畜比灵长类更加依赖于子宫分泌物来支持妊娠。例如牛和马，植入的第一个步骤开始于妊娠的第 25～30 天，然后还需要 1 周到 10 天的时间胚胎才能明显地通过植入部位获得大量的营养。

2. 胚胎着床（implantation）

伴随着进入子宫的胚胎继续发育，包围在其外周的透明带会发生破裂以使胚胎从裂缝中孵化出来（兔子和豚鼠在着床后脱离透明带）。此后，处于活化状态的胚泡与处于接受态的子宫相互作用，导致胚胎滋养层与子宫内膜建立紧密联系的过程，称为胚胎着床或植入。子宫处于接受态的时期称为"着床窗口"，此时子宫环境有利于胚泡着床，但持续时间有限（表 9-5）。胚胎植入的本质是囊胚的滋养外胚层与母体子宫腔上皮细胞及基质细胞间的相互作用。

一般认为，着床窗口的子宫接受性与胚泡活化状态是两个独立的事件。只有胚

☞ 人工授精（artificial insemination）是指通过非性交方式将精液放入雌性生殖道内，使其受孕的一种技术。

☞ 卵母细胞在排卵前一直处于第一次减数分裂的前期，即双线期或核网期。只有在促性腺激素峰出现后才恢复并完成第一次减数分裂，排出第一极体。

☞ 母马具有分辨受精卵和非受精卵的能力，即其非受精卵通常滞留在输卵管内而受精卵则会迁移到子宫中去。

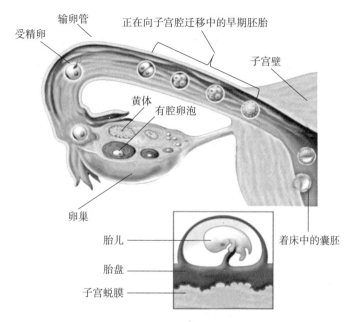

图 9-20 人类早期胚胎发育、着床及胎盘结构建立（引自 Dey 等, 2010）

胎发育到胚泡阶段和子宫分化到接受态同步进行时，胚胎才能正常着床。不同物种的胚胎着床时间有所差异（表 9-5）。人类胚胎一般发生在受精后第 6～7 天，完成于第 11～12 天。人类胚胎往往在子宫后壁靠中线处，但着床率一般不高于 30%，早期妊娠失败产妇中近 75% 是源于胚胎无法正常着床。这可能与发育不正常胚胎与子宫间的信息交流失败有关。

表 9-5 常见动物的胚胎着床时间

单位：天

动物	胚泡形成时间	胚胎入子宫时间	着床时间	假孕后黄体退化时间	妊娠期
小鼠	3	3	4.5	10～12	19～20
大鼠	3	3	6	10～12	21～22
兔子	3	3.5	7～8	12	28～31
猫	5～6	4～8	13～14	?	28～31
狗	5～6	8～15	18～21	?	53～71
牛	8～9	3～4	17～20	18～20	277～290
绵羊	6～7	2～4	15～16	16～18	146～151
山羊	6～7	2～4	15～16	?	112～115
猪	5～6	2～2.5	11～14	16～18	112～115
马	8～9	4～10	28～40	20～21	330～345
人	4～5	4～5	7～9	12～14	270～290

注：改自 Chavatte-Palmer 等（2007）。

胚胎着床主要的方式可以分为 4 类：① 表面着床（superficial implantation），胚胎的滋养层细胞仅与子宫的腔上皮细胞接触，但并不穿过子宫腔上皮。各种物质在母体与胎儿间交换时要经过 6 层完整结构：母体血管内皮、子宫结缔组织、子宫内膜上皮、胎儿绒毛膜上皮、绒毛膜间充质组织及胎儿绒毛膜血管内皮。家畜中，猪、牛和羊属于此类着床。② 侵入式着床（intrusive penetration），是指胚泡由子宫内膜上皮细胞之间侵入，侵入深度至少达到上皮细胞下的基底层（basal lamina）。各种物质在母体与胎儿间交换时要经过5层结构：母体血管内皮、子宫结缔组织、胎儿绒毛膜上皮、绒毛膜间充质组织及胎儿绒毛膜血管内皮。见于鼬类动物及反刍类动物妊娠后期胎盘。③取代式着床（displacement penetration），见于鼠类，是指胚泡的滋养层细胞首先使子宫内膜的上皮细胞脱落，然后取而代之开始着床过程。④融合式着床（fusion penetration）是指胚泡的滋养层细胞首先与子宫内膜的上皮细胞融合，然后进一步植入子宫内膜。胎盘绒毛浸浴在子宫结缔组织的血液中，各种物质在母体与胎儿间交换时要经过3层完整结构：胎儿绒毛膜上皮、绒毛膜间充质组织及胎儿绒毛膜血管内皮。这类胚泡着床时，子宫内膜在妊娠激素的影响下发生一系列的蜕膜化（decidualization）（包括子宫基质细胞的增生、子宫腺体和血管结构的重建）。此时的子宫内膜称为蜕膜。多见于兔类、灵长类及人。

　　胚胎发育和子宫接受态的建立主要是由雌激素和孕酮相互协调实现的。不过，雌激素只是对大小鼠胚胎着床是必需的，而对猪、豚鼠、兔及仓鼠着床则不是必需条件（仓鼠及豚鼠有孕酮就足够了）。同样，孕酮对人类胚胎的着床起主要作用，至于来自卵巢的雌激素是否必需有待研究。

　　在大多数动物种类中，胚胎持续发育直到胎儿从雌性生殖道或卵壳中产出。也有少数动物的早期囊胚（100～400个细胞）（低于2%）在子宫中游离，并不立即着床，子宫也处于非接受态，称为胚胎发育延迟（delayed implantation）。出现这种情况的原因是动物需确保其后代出生在适合其生存的环境条件下。目前发现有130多种哺乳动物能通过延迟其胚胎着床来控制胚胎发育。一些哺乳动物（如海豹和熊猫）的着床延迟很明显，而其他哺乳动物种类则择机发生着床延迟。例如，啮齿类可在产仔后很快交配，在哺乳期的延迟着床达几周时间。哺乳动物的着床延迟可以是几天或几周，有的可达11个月，如河獭。

　　3. 妊娠识别信号

　　在妊娠之初，为了避免黄体按照正常周期规律进行性退化，以保持孕酮能够持续分泌，进而维持子宫内膜功能保证胚胎发育、着床、胎盘形成及胎儿的正常发育，需要在孕体和母体之间建立某些识别信号以便进行信息交流和表明妊娠已经建立。在这方面，各种动物妊娠识别的机制差异很大，但大多数都是以激素作为识别信号的。例如，人类的妊娠识别信号为绒毛膜促性腺激素（hCG）；猪为雌激素；牛、羊为滋养层糖蛋白干扰素τ（interferon τ）；马为绒毛膜促性腺激素（equine chorionic gonadotropin, eCG），即孕马血清促性腺激素（pregnant mare serum gonadotropin, PMSG）；啮齿类为催乳素或交配行为。家畜进行妊娠识别的时间有所区别，如牛为发情周期的第16～17天，绵羊为第12～13天，猪为第10～12天，马为第14～16天。

▶▶ 录像资料 9-9
PMSG 的生理作用

　　从免疫学角度看，胚泡植入是一个同种异体植入过程，因此如何避过母体的免疫排斥对于胚胎能否顺利发育至关重要。因此，人类胚泡很早就分泌出了妊娠识别信号，即hCG。hCG的出现无论在胚胎植入过程中还是在早期妊娠维持过程中，都为实现母体的免疫抑制发挥了非常重要的调节作用。

☞ hCG 也是临床上利用孕妇血液或尿液检测早孕的靶分子。

　　4. 胎盘形成及其功能

　　胎生脊椎动物胚胎发育过程中所形成的结构中，有些并不构成胚胎本体而只是对胚胎起保护、营养和物质交换作用。这些胎儿的附属结构即胎盘（placenta）。它是由胎膜的尿膜绒毛膜和妊娠子宫黏膜共同构成，前者称为胎儿胎盘，后者称为母体胎盘。如人类胎盘在妊娠足月时为圆形或椭圆形盘状结构，中间厚边缘薄，且边缘会过渡为折返形成胎膜的结构。胎盘本质上是妊娠期间由胚膜和子宫内膜联合长成的实现母子间交换物质的器官。同时，胎盘还是一个临时性内分泌器官。

　　如前所述，由于不同动物胚胎的着床方式不同，与子宫接触的紧密程度也就不同，从而决定了胎盘的血液循环方式和胎盘屏障的层次。除了表面着床（上皮绒毛胎盘）的种属外，所有的哺乳动物胚胎均穿过子宫上皮及相连的基底层，从而与母体建立明确的血管联系。其中，表面着床和侵入式着床动物的胎盘中，其胎儿绒毛膜与母体子宫内膜接触时子宫内膜无损伤或损伤轻微，故分娩时母体胎盘与胎儿胎盘部分完整分离，无出血无子宫内膜脱落，又称为非蜕膜胎盘。而高等灵长类动物及犬猫妊娠时，整个子宫内膜均发生了蜕膜化，故称为蜕膜胎盘。这类胎盘由于侵入子宫组织较深，破坏较大，因此分娩时子宫出血较多，且蜕膜组织部分或大部脱落。

5. 妊娠维持需要黄体期的延长

妊娠建立后需要一定的时间维持和完成胎儿的发育、生长和成熟过程，即妊娠维持。妊娠的维持不仅需要一个静息的子宫环境和具有一定张力的宫颈，还需要一个相对"休眠"的免疫系统，同时母体各个系统都发生了不同程度的适应性反应。参与维持妊娠的因素一方面来自于内分泌系统，如雌激素、孕激素、松弛素以及不同物种的胎盘组织所合成的一些促性腺激素等的调节；另一方面也与局部的免疫抑制始终存在相关，例如研究发现母体的雌激素、孕激素以及前列腺素PGE2分别能够在小鼠妊娠的早、中和晚期诱导母体血液和子宫产生一类淋巴细胞调节性细胞（Treg 细胞），由此可抑制机体的免疫系统，确保胚胎在着床过程中不被排斥。

如前所述，子宫 PGF2α 的合成和释放对于黄体活动受子宫控制的动物（如牛、马、猪和羊）妊娠的建立是关键因素。PGF2α 波动性分泌的消失对于大家畜黄体期的延长和妊娠的建立是非常关键的。目前认为，妊娠建立后能否维持，与胚胎出现导致母体产生了某种可调节了子宫 PGF2α 合成的物质有密切关系。例如，牛和绵羊中一种来源于胚胎的与干扰素分子结构相似的特殊蛋白质（trophoblastin）是在妊娠14 天前产生的，对妊娠建立有重要作用。另外，胚胎在生殖道中的运动对于妊娠识别也是重要的。对于马，胚胎在妊娠第 16 天附植前，要在整个 2 个子宫角内移动。猪的子宫中至少需要一定数量（4 个）的胚胎出现，才能识别妊娠，这可能是因为只有胚胎达到足够数量才能占据足够多的子宫内膜面积。多胎动物还利用跨子宫迁移来最大限度地提供胚胎发育的机会，这一过程有助于妊娠过程的识别。其结果是，或者 PGF2α 的合成受到抑制（牛），或者 PGF2α 的分泌类型发生变化（绵羊），即由波动性分泌转变为持续性分泌。

其他物种的妊娠维持也很有特点。例如，猫排卵后不论是否发生妊娠，黄体都持续 35～40 天，可见黄体活动的早期变化对其妊娠建立不是必要的。猫的胚胎着床发生在妊娠约 13 天时，此时胎儿胎盘负责影响和扩大黄体的活动以便妊娠的维持。有研究认为妊娠 20 天时胎盘合成的松弛素协同孕酮可能支持了猫的妊娠维持。再比如狗妊娠时其黄体期并不延长，反而非妊娠狗的黄体期（70 天）通常要比妊娠狗的还要长。尽管尚不清楚参与狗妊娠维持的促黄体物质源于何处，其孕酮的分泌水平总会在妊娠 20 天左右或着床后几天内开始上升。对于灵长类，在其妊娠开始时黄体的维持依赖于 hCG。胚胎植入后 24～48 h 后，hCG 开始分泌并随黄体中孕酮的合成迅速增加。人类妊娠时其黄体功能延长发生在正常黄体期结束前 4～5 天。

（三）胎盘的内分泌作用

胎盘是临时性内分泌器官，它除了分泌孕酮、雌激素、松弛素、促性腺激素及催乳素等外，还分泌其他激素。如人类胎盘还可分泌绒毛膜生长素、绒毛膜促甲状腺激素、妊娠特异性蛋白、缩宫素酶、ACTH、TRH、GnRH 及 β- 内啡肽等。

1. 孕酮

胎盘最重要的功能是产生孕酮以维持妊娠。孕酮由胎盘的合体滋养层细胞分泌，

☞ 妊娠的建立需要黄体的持续存在。如何使正常按期溶解的黄体持续保持功能，也是目前生殖生物学家力求解决的问题。

☞ 从内分泌的角度来看，胎盘是动物体内最大的腺体（临时内分泌腺体）。它几乎具有下丘脑、垂体和性腺的所有内分泌功能。

主要是黄体酮。在灵长类很可能在胚胎植入后 2 ~ 3 周胎盘就能分泌孕酮，随着妊娠的进展，孕激素水平逐渐升高，到妊娠末期可达黄体期水平的 10 倍。在家畜中，胎盘中孕酮的分泌发生较晚（绵羊一般是在 150 天妊娠的第 50 天，马一般是在 340 天妊娠的第 70 天，猫一般是在 65 天妊娠的第 45 天）。但有些动物（牛、山羊和猪）的胎盘不能分泌足够的孕酮来维持妊娠。

2. 雌激素

胎盘分泌的雌激素有三种，即雌酮、雌二醇和雌三醇，其中主要是雌三醇。

☞ 不论是哪种哺乳动物，胎盘产生雌激素都需要胎儿的介导。实际上，胎儿本身的发育状况才是决定是否出生的关键。

与孕酮不同的是，胎盘雌激素的产生需要胎儿和胎盘的相互协同。研究认为，胎儿性腺的间质细胞可能是这种互作的关键，因为该细胞在妊娠后半期在胎儿性腺中要比母体中的大。① 灵长类动物与马的胎盘因缺乏 C17 羟化酶，因此妊娠晚期分娩启动所需的雌激素无法直接由孕酮转化而来。但灵长类动物包括人类胎盘可以利用胎儿和母体肾上腺来源的脱氢表雄酮硫酸酯作为前体，从而绕过 C17 羟化酶的催化步骤来进行雌激素的合成，即胎盘为胎儿供应孕烯醇酮（孕酮的直接前体物），随后胎儿肾上腺皮质将孕烯醇酮转化为 C-19 雄激素——脱氢表雄酮，后者再被转运到胎盘后转化成雌激素。人妊娠时的主要雌激素是雌三醇。母血中雌三醇可达非孕时的 1 000 倍，而雌二醇和雌酮为非孕期的 100 倍。由于胎儿参与雌三醇的产生，故可通过检测母体血浆中雌三醇的浓度来确定胎儿发育是否正常。② 其他家畜妊娠期间雌激素的产生发生在妊娠较晚期，但可能不通过胎儿为媒介。这可能与胎盘中表达雌激素合成关键酶有关（但绵羊胎儿可的松对于这种酶的产生很关键）。

3. 绒毛膜促性腺激素

包括人类（和灵长类动物）胎盘绒毛组织的合体滋养层细胞分泌的 hCG 和马尿囊绒毛膜细胞产生的 eCG。hCG 与 LH 有高度的同源性。其主要的功能包括促使月经黄体向妊娠黄体转变、促进雌激素、孕激素的合成并调整母体的免疫功能。eCG 是目前在家畜中唯一被鉴定出的绒毛膜促性腺激素，因妊娠母马的血清中含量较高，故又称为孕马血清促性腺激素（PMSG）。eCG 促进妊娠初级黄体分泌孕酮并有助于次级黄体的形成（通过卵泡的黄体化或排卵形成的）。eCG 对于妊娠维持的必要性还不清楚，因为初级黄体对于妊娠维持已足够了。

4. 其他激素

胎盘还产生一些蛋白质及多肽类激素。① 松弛素。松弛素可引起韧带和相关的围绕在盆腔产道周围的肌肉松弛，允许胎儿最大限度地扩张产道。松弛素还可能协同孕酮支持妊娠维持。猪、牛和灵长类的黄体在妊娠期间也可生产松弛素，并在分娩前随黄体溶解而被释放。其他家畜（如猫、狗和马）的松弛素产自胎盘且分泌高峰始于妊娠前期，即分别在妊娠的 20、20 和 70 天时，且在整个分娩过程中维持高水平。② 胎盘 PRL。该激素似乎具有 GH 和 PRL 的基本作用。如在奶牛中，它对乳腺腺泡发育和确定下一个泌乳期等都有重要作用。另外，垂体 PRL 在妊娠时也增加并对分娩期间乳腺腺泡发育也很重要。在灵长类，其产生发生在绒毛膜促性腺激素分泌降低时。在山羊和绵羊的妊娠后期胎盘 PRL 的分泌也有增加。在妊娠后期，PRL 分泌的增加受雌激素作用于腺垂体影响。人胎盘生乳素（human placental lactogen，HPL）由 191 个氨基酸组成，自合体滋养细胞产生。妊娠 6 周的母血中可检测到，至妊娠 34 ~ 35 周达高峰。其水平可反映胎盘功能的变化。HPL 的功能主要为促进蛋白合成、促进胎儿生长、促进糖原合成和脂肪分解、增加游离脂肪酸、促进乳腺腺泡发育、抑制母体对胎儿的免疫反应，因而对妊娠的维持有重要作用。

（四）分娩

1. 分娩的启动

分娩最初的刺激是来自胎儿本身，但分娩的发生是因胎儿激素、神经、机械性的伸长等多种因素互相协调所致。

一般认为出生时成熟度较高的动物（如家畜类）基本上都是胎儿肾上腺产生的糖皮质激素主导分娩启动，同时下丘脑和腺垂体起着重要的支持作用。研究表明：无论是破坏绵羊胎儿垂体前叶还是摘除胎儿肾上腺都导致妊娠期的延长。例外的情况是，尽管有袋类动物出生时成熟度很低，但胎儿肾上腺仍然主导其分娩启动。人类的分娩启动机制较复杂，其胎膜、胎儿、胎盘和子宫等均参与了分娩启动，但胎膜在其中起的作用可能比较大。

胎儿肾上腺皮质的成熟对于分娩的始动是至关重要的。这可能是由于肾上腺皮质逐渐对胎儿垂体分泌的促肾上腺皮质激素（ACTH）变得敏感的结果。胎儿肾上腺分泌的皮质醇的重要作用是诱导胎盘雌激素的合成增加。而雌激素的作用则会从多个方面促进分娩，包括促进前列腺素合成及增加子宫肌细胞膜电位活性使之对催产素敏感性增加等。该过程在牛发生在分娩前 25～30 天，在猪发生在分娩前 7～10 天，而在绵羊发生在分娩前 2～3 天。另有研究发现，肾上腺成熟的时间受遗传控制，因为同一子宫中若有不同品种绵羊胎儿（通过胚胎移植实现这一点），则分娩前不同胎儿肾上腺皮质激素（可的松）产生的时间具有品种特征性。

2. 分娩的过程及调节

分娩的过程可以大致分为三个阶段，即子宫颈开口期（从子宫收缩到宫颈完全扩张，包括胎儿出现在子宫颈的内口）、胎儿娩出期（真正分娩的阶段）和胎膜（衣）娩出期。在多胎生产的动物（如猫、狗和猪）中，胎膜通常是在每个胎儿产出后很快排出的。在单胎动物中，胎盘一般是在胎儿产出后很快产出或在几小时内产出。与分娩发动相关的调节因素可总结为以下几点。

① 母体及胎儿的内分泌调控。前已述及，孕酮在妊娠期的重要作用是维持子宫肌层的静止和促进子宫颈回缩。妊娠后期，雌激素开始通过刺激收缩蛋白的产生和缝隙连接的形成而影响子宫肌层，前者增加子宫的收缩能力，而后者通过增加平滑肌细胞间的联系以促进收缩过程。最后子宫从静止状态转变为收缩状态，其中最重要的是子宫颈松弛、开放以便胎儿的产出。不过，分娩启动除了需要孕酮撤退和雌激素激活子宫平滑肌外，还必须有促进子宫收缩激素的合成增加。雌激素分泌增加会促进前列腺素（特别是 PGF2α）的分泌增加和诱导子宫肌层中催产素受体合成。一般认为，前列腺素是分娩启动时收缩子宫的最后通路，而催产素则为分娩启动后进一步加强子宫收缩的激素。

雌激素促进前列腺素合成并促进分娩的机制大致如下：雌激素通过促进磷脂酶 A2 来影响溶酶体的功能，最终增加了前列腺素合成所需花生四烯酸的浓度，这对前列腺素合成的增加奠定了基础。PGF2α 对子宫肌层的关键作用是释放细胞内的钙离子。钙离子与肌钙蛋白结合后促进肌动蛋白和肌球蛋白复合体形成，进而始动收缩过程。PGF2α 对子宫颈细胞内基质的直接作用导致基质中胶原丢失和多聚氨基葡糖增加，后者影响胶原纤维的聚合。PGE 和 PGF2α 使子宫颈松弛和扩张以允许胎儿产出。一旦 PGF2α 分泌开始，就会促进肌肉收缩和子宫颈的松弛，分娩的真正时相就被激活。此外，产后 PGF2α 持续维持分泌峰对于胎膜的排出和通过促进子宫肌层收缩降低子宫的体积也至关重要。对于家畜来说，PGF2α 可能是产后短期内降低子宫体积最重要的因素，因为在产后几小时内动物表现出阶段性的不安定或疼痛表情（说明子宫肌肉收缩）。在有些动物（如牛、山羊、狗和猫）中，PGF2α 合成和释放始动了黄体的退化（发生在分娩前 24～36 h），随之孕酮的完全下降在分娩前 12～24 h 完成。尽管在这些动物中孕酮的降低对于分娩是必需的，但在本质上并不是始动分娩的关键因素，这是因为它只是随着 PGF2α 的释放导致黄体溶解的一种结果，子宫肌肉的收缩也是孕酮水平下降的直接体现。马与灵长类相似，即尽管在分娩过程中孕酮浓度也是维持在一定水平，但 PGF2α 仍能克服孕酮对子宫肌层活动的

☞ 分娩的始动和完成需要多种激素的配合。胎儿可的松始动胎盘雌激素的产生，雌激素诱导前列腺素的产生引起黄体的退化和松弛激素的产生，进而启动胎儿的分娩。而胎儿通过刺激生殖道进一步引起催产素的释放，来加快这一过程。

▶▶ 录像资料 9-10
分娩

☞ 所有胎盘类哺乳动物的妊娠维持都与孕酮有关，在孕期任何阶段抑制孕酮的功能都会造成流产或早产。因此，母畜在妊娠足月时体内孕酮的撤退或水平下降便成为分娩启动的关键环节。

抑制效应。

② 机械性因素。随着胎儿的发育，宫腔容积逐渐增大，对子宫下段和宫颈起到机械性的扩张作用，子宫壁的张力因之增加，有利于分娩的发动。催产素的释放是通过所谓的条件反射（Ferguson 反射）实现的。实验表明，仅当胎儿进入产道时才会有明显的催产素释放。该反射的传入通路是通过脊髓的感觉神经到达下丘脑的神经核，其传出途径包括神经垂体中催产素的释放并经血液循环到达子宫。

③ 神经介质的调控。分娩的发动也可能与神经介质的释放有关。子宫受交感神经和副交感神经支配。交感神经活动可刺激子宫收缩，副交感神经则相反。但是将支配子宫的神经系统破坏并不能阻止分娩，说明神经系统对分娩并不是完全必需。

④ 母体免疫系统激活促进了分娩发动。当胎儿发育成熟时，孕酮及 PGE2 浓度急剧下降，使得胎盘的免疫作用减弱，出现免疫排斥而将胎儿排出。

推荐阅读

杨增明，孙青原，夏国良 . 生殖生物学［M］. 2 版 . 北京：科学出版社，2019.

开放式讨论

随着我国社会经济的快速发展，环境的恶化、职业化和社会化程度的增加以及晚婚晚育比例的升高，产生了大量新的生殖健康问题。据《中国不孕不育现状调研报告（2009）》显示：我国育龄人群的不孕不育率 10 年内从 3%～5% 上升至 10%～15%；患者人数每年递增 220 万且呈年轻化趋势。这些生殖疾病不但给个人带来了沉重的经济和精神负担，也严重影响着家庭的稳定及社会的和谐发展。例如，仅在 2003 年就有 133 万～211 万女性忍受着自发流产的折磨。同样，男性精子质量也不容乐观。1934—1996 年及 1938—1990 年的两项欧美发达国家的调查表明，在过去的半个世纪中，欧美男性精子数量下降了约 50%。每次射精的平均体积由 1940 年的 3.40 mL 下降到 1990 年的 2.75 mL，平均精子浓度由 1.13 亿个 /mL 下降到 6 600 万个 /mL。我国 1981—1996 年的数据也显示男性精子总数降低了 30.6%，精子活率、正常形态比率也分别下降了 10.4% 和 8.4%。据此，一位生殖生理学家在某次学术会议中发出了警语："在此室内任一男子的精子数仅及其祖父当年的一半。"由此推断，过几个 50 年，人类的精子数可能达不到繁衍后代的起码要求！

经辅助生殖技术（assisted reproductive technology）孕育婴儿是有效的助孕手段。目前发达国家通过 ART 技术体系孕育的婴儿数累计已达 500 万。我国仅 2011 年就完成 20 万例 ART 治疗周期，但出生婴儿数只有 5 万余人（出生率不足 25%），说明目前的 ART 技术还存在很多不足。

我们应当如何保护环境，发展生殖科学，促进人类生殖健康实现优生优育？

复习思考题

1. 试述睾丸间质细胞和支持细胞在精子发生和成熟过程中的作用及机制。
2. 试述精子获能的过程和意义。
3. 试述卵母细胞减数分裂的过程与卵泡形成的关系。
4. 试述雌激素在卵巢中产生的 "两促性腺激素两细胞学说"。
5. 为什么胎儿在子宫中生长发育不受母体的排斥？

6. 试述胎儿分娩过程中内分泌激素的重要作用。

更多数字资源

教学课件、自测题、参考文献。

第十章
泌乳生理

知识导图

【概念阐述】母爱行为与父爱行为

母爱伟大、父爱深沉，然而母爱与父爱源于何处呢？

1968年，研究人员通过向未曾生育的雌鼠体内输入哺乳期雌鼠的血浆，接受血浆的雌鼠表现出筑巢、舔舐等满满的母爱行为。科研人员发现，通过换血的方式就可以实现母爱的传递，这是因为血液中含有影响母爱行为的生物活性物质，其中影响最深刻、最具有特异性的当属催乳素。在雄性中，催乳素可通过MPOA-Gal神经元调控父爱行为。怀孕雌性动物的配偶也经历激素的变化来改变其父性行为，且父性行为的程度或技巧与激素变化和经验有关。例如在仓鼠中，父性照顾开始于分娩时，父亲会像助产士那样帮助幼崽的出生。在幼崽生长的早期，父亲的照顾体现在不让幼崽四处乱跑以及助其保暖等方面。在有父性照顾行为的哺乳动物中，雄性血液中的催乳素水平要高于其他雄性动物。有趣的是，其他一些动物种类如鱼类和鸟类也表现有父性照顾行为，并同样与催乳素有关。由此可见，母爱与父爱的多少都与机体内分泌，尤其是催乳素水平密切相关。

联系本章内容思考下列问题：

催乳素是如何改变雄性中枢神经系统来影响父性行为的？

案例参考资料：

STAGKOURAKIS S，SMILEY K O，WILLIAMS P，et al. A Neuro-hormonal circuit for paternal behavior controlled by a hypothalamic network oscillation［J］. Cell，2020，182（4）：960–975.

【学习要点】

乳腺的发育及调节机制；乳的生成；泌乳的发动和维持；初乳对幼畜的生理意义；排乳的神经内分泌调控机制。

对于哺乳动物来讲，母体分娩后就会分泌并排出乳汁（个别动物分娩前就会分泌少量乳汁），从而满足新生儿生存的需求。这是因为幼崽出生后，消化道尚未发育完全，不能采食和消化常规的食物，只能消化和吸收乳汁中所含有丰富的蛋白质作为能源来保障其生存和生长发育、矿物质和维生素等营养物质。因此，母体乳腺的发育好坏将直接影响新生儿的健康生长。乳汁是由乳腺分泌细胞通过摄取血液中的营养物质后合成的。乳汁被分泌至乳腺腺泡腔内的过程，称为泌乳（lactation/milk secretion）。乳腺发育及泌乳活动是哺乳动物最突出的生理特征，也是雌性所具备的第二性征的具体体现。

☞ 由于哺乳动物通过乳汁营养其后代，所以乳腺分泌乳汁的能力就决定了后代的存活率。另外，哺乳过程也决定了哺乳动物产出的后代数远少于爬行类、两栖类和鸟类。

第一节 乳腺的基本结构与发育

一、乳腺的基本结构

☞ 录像资料 10-1
乳腺结构

乳腺是由皮脂腺衍生而来的，属于外分泌腺。哺乳动物雌性和雄性都有乳腺（除有袋类的雄性），但一般只有雌性的乳腺才能充分发育并泌乳。乳腺通常都是成对的结构，其数目、形状、大小及位置因动物种类不同有很大的差异。例如，山羊、马和绵羊是一对，牛是两对且都位于腹股沟部；而猪有 7 到 9 对，位于腹白线两侧；灵长类是一对，位于胸部。在牛、马和羊等家畜中，成对的乳腺是两个密切接触的结构，称为乳房（udder）。其中奶牛的乳腺含有 4 个乳区，每个乳区都有一个乳头。

☞ 1990 年代中期，马来西亚研究者发现当地的雄性果蝠可以生产和分泌乳汁。实际上，男性在某种程度上（内分泌组织的病理性变化）也能够诱导其静止的乳腺细胞产生乳汁。

乳腺主要由两类组织构成，一类是由乳腺腺泡和导管系统构成，是发挥其合成、分泌和排乳功能的实质部分；另一类是由结缔组织和脂肪组织构成的起支持作用的间质部分。

（一）实质

1. 腺泡

乳腺的实质部分主要由乳腺腺泡和导管组成。腺泡是泌乳的基本单位，腺泡越多泌乳能力越强。处于泌乳期中的腺泡是呈鸭梨形的囊状结构，由单层腺上皮构成。上皮细胞附着在富有毛细血管网的基质上。腺泡上皮细胞通过血液获取合成乳汁所需要的各种营养物质。

多个腺泡聚集成腺泡群或小叶（图 10-1），并向终末乳导管开口。值得注意的是，各小叶间的腺泡彼此轮流进行泌乳活动。部分腺泡上皮变薄，而腺泡腔内充满分泌物；另一些腺泡上皮较厚，细胞内积聚大量分泌物，但腺泡腔狭窄。腺泡上皮呈现典型的分泌细胞特点，细胞内含有发达的内质网、线粒体和高尔基复合体等细胞器；腺泡细胞膜上有催乳素受体，后者

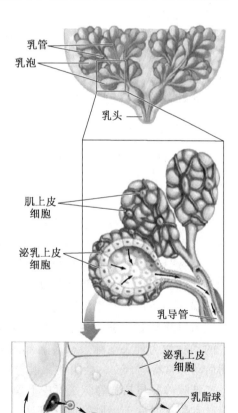

图 10-1 乳腺结构图
（引自 Noyes，2008）

可介导催乳素作用于细胞，促进其分裂和分化，增加酪蛋白的分泌及乳汁的合成。

腺泡外表面上有树状突起并形成网状结构的肌上皮细胞，也称星芒细胞，该细胞在垂体后叶释放的催产素的作用下产生收缩，从而使腺泡内的乳汁排入导管系统。

2. 导管系统

导管系统是乳腺中排出乳汁的管道系统。每个腺泡与终末导管相连，随后通过小叶内腺管向小叶间集乳管开口，再逐级汇合成中等大的乳导管和 5～15 条大的乳导管并开口于乳腺基部的乳池，腺泡分泌的乳汁最后注入乳池中贮存。在乳房基部，乳腺乳池与乳头乳池也相通。每个腺泡和细小乳导管外层都围绕一层肌上皮细胞，并互相连接成网，这些结构收缩后可将腺泡中乳汁排出。较大的乳导管和乳池周围有平滑肌围绕，后者通过收缩参与乳汁排出。此外，乳头部有环形平滑肌排列并形成乳头管括约肌，从而保持非排乳时期乳头处于闭锁状态。在乳头壁的中部有丰富的纵行血管，充血时能使乳头勃起，因而称为乳头海绵体。

动物乳腺导管系统的构成及乳头管的数目具有种属差异性，许多动物的乳导管部分扩大形成乳窦以便储存乳汁。反刍动物如牛、羊的乳池发达，乳腺储存空间很大。牛乳导管汇成 8～12 条大乳导管通到腺乳池，但只有一个乳头乳池及乳头管开口在外。猪、猫、狗、兔等动物的乳腺没有乳腺乳池和乳头乳池，每个乳头上有两个或多个乳头管。如兔乳导管最后汇集成 6～8 条大乳导管，并均在乳头上有开口通向外界。人约有 12～20 条乳导管通向乳头，每一条都在乳头的基部扩大成乳窦。

3. 乳池

乳池是乳腺中贮存乳汁的结构，分为上部的乳腺乳池和下部的乳头乳池，上下两乳池相互畅通。牛乳腺乳池的容积约为 100～400 mL，乳头乳池的容积约为 30～45 mL。乳池内表面为光滑有皱褶的黏膜，并在乳腺乳池和乳头乳池交界处形成大的环状皱褶，将两者分开，该结构称为乳池棚。乳头乳池下端有一通向体外的细管，即乳头管。乳头管向皮肤外的开口称乳头管口（图 10-1），而乳头管的开放和关闭由管口周围的括约肌控制。

（二）间质

间质主要由结缔组织和脂肪组织构成（图 10-1），其中包含有血管、淋巴管、神经和韧带等组织，起保护和支持腺体组织的作用。

1. 血管

在乳房的每侧有两条动脉和三条静脉。每一个腺泡周围也都有稠密的毛细血管网，从而保证了乳腺丰富的血液供应。

动脉分别是乳房动脉和会阴动脉。前者是分布到乳房的主要动脉，主要来自阴部外动脉。如牛的两条阴部外动脉通过腹股沟穿出腹腔后分为两条，一条进入左半侧乳房，一条进入右半侧乳房，成为乳房动脉。每条动脉进入乳腺后分为前乳房动脉和后乳房动脉，随后各自再分支成小动脉到乳腺各实质部分，构成血管网。乳头上的动脉称为乳头动脉。来自阴部内动脉的会阴动脉分布于后乳区的后上部，与乳房后动脉常有吻合支，会阴动脉也为乳腺供应血液。

乳腺静脉包括乳静脉（腹皮下静脉）、阴部外静脉和会阴静脉。乳静脉由乳房前静脉和乳房基底前静脉在乳房基底前缘汇合而成。乳静脉沿腹下体壁向前延伸至腹壁的乳井，并向上进入腹腔，随之向前进入胸腔下部后成为胸内静脉并汇入腔前静脉。阴部外静脉由乳房前静脉和乳房后静脉汇合而成，与阴部外动脉伴行，并通过腹股沟管进入腹腔，然后再汇入髂外静脉。会阴静脉分布于后乳区的后上部，经坐骨弓进入盆腔，再进入阴部内静脉。

乳腺静脉的总横断面积比动脉大许多倍，所以流经乳腺的血液流速相对比较缓慢，从而为腺泡生成乳汁提供有利条件。对于奶牛来讲，每生成 1 L 牛奶就需要

500 L 血液流过乳房。如果奶牛的日产乳量为 40 L，那么就需要 20 000 L 的血液流经乳房，相当于每日心输出量的 1/5。

2. 淋巴

乳房腺体区域分布有丰富的小淋巴管，后者在腺小叶间集合成淋巴管。淋巴管向上进入乳房基底后端上方的乳上淋巴结，再经腹股沟管至深腹股沟淋巴结，或从乳上淋巴结分出淋巴管走向外生殖器和直肠。乳腺皮肤和乳头部也有丰富的淋巴网。

3. 神经

乳腺中有丰富的传入和传出神经。传入神经主要为感觉神经，来自第一、第二腰神经的腹股沟神经和会阴神经。腹股沟神经通过腹股沟管后，主要分支于乳房实质部分的腺组织、血管以及乳头平滑肌，也分出一些分支分布于乳房中部的皮肤。腹股沟神经在乳头受到刺激后引起腺泡排空的神经体液反射中起重要的作用。由第二、三、四荐神经腹侧支合成的会阴神经主干分布于乳房后部的皮肤。

乳腺传出神经来自交感神经系统。刺激交感神经可使乳腺内的血液循环显著减少，泌乳量也相应下降。这是因为乳腺平滑肌对神经递质肾上腺素和去甲肾上腺素均极其敏感所致。这也是泌乳母牛受到惊扰时产奶量明显下降的主要原因。

此外，乳腺中有各种内、外感受器，可感受机械、温度、化学等刺激，从而对泌乳起到反射性调节的作用。

4. 支持结构

乳房还有一个能够支持携带大量乳汁的系统。该系统由来源于腹部被膜的弹性结缔组织形成，位于乳腺之间。另外，来源于上耻骨韧带和下耻骨韧带形成的非弹性的侧面悬挂韧带在不同程度上也进入乳腺的侧面，形成乳房组织间结缔组织框架的一部分。如果没有此类支持系统，乳腺组织会由于乳汁重量的压迫而发生崩解。奶牛乳房本身虽不很重，但在泌乳期内携带有大量的乳汁和血液后，重量可达 40 kg 以上。

结缔组织和脂肪形成的衬垫不仅包围了乳腺的腺泡和导管系统，而且这些组织还穿入腺体内将其分割为若干小叶（每个小叶一般含有 200 个左右的腺泡）。小叶又被较厚的结缔组织隔开后形成腺叶。因此，导管系统通常根据它们的位置分为小叶内、小叶间、叶内和叶间导管。

另外，起悬挂和支持作用的组织还有皮肤、韧带和腱组织。结缔组织使皮肤附着于乳房上，并使乳房前部附着于腹壁上。皮肤对乳腺主要起保护作用，使其不受损伤和不被病菌侵害。外侧悬韧带和正中悬韧带也是乳房的主要支持结构，从悬韧带分出大量纤维板，横穿进腺组织后与其中的结缔组织网络互相连接。这样，在正中悬韧带和两侧的外侧悬韧带之间就构成多层的吊床式装置，分层支持乳房，使腺组织不会受到乳房本身重量的压力而塌陷，也不会妨碍乳房内的血液循环。

有些原始哺乳动物如单孔类，乳腺是一种特化的汗腺且不具有乳头，乳汁通过导管渗出到母亲的皮毛上并聚集到表面的凹痕处贮存。

☞ 袋鼠具有较为复杂的乳腺和独立的乳头，婴儿可被直接固定到乳头处进行哺乳。

二、乳腺的发育及调节

（一）乳腺的发育过程

哺乳动物的乳腺发育起始于胎儿期，出生后乳导管延伸并穿透基质，之后伴随初情期的到来而有不同程度的生长，直到妊娠晚期或泌乳早期（如大鼠、小鼠、兔等）才达到完全发育状态。泌乳结束后，原有的乳腺组织逐渐萎缩、分泌细胞消失，但乳腺肌上皮细胞仍然存在。

1. 胚胎期

在胚胎早期，乳腺组织由外胚层腹侧面开始增厚，相继发育成乳带、乳条、乳索、乳冠、乳丘和乳芽。乳芽是乳腺发育的主要结构，起初呈扁豆状，之后变为圆球形和锥形，而且细胞增殖很快，此期乳芽为初级乳芽。初级乳芽的中心形成一个管道，之后在乳芽近端形成乳腺乳池，远端形成乳头乳池和乳头管。初级乳芽细胞增殖、分支为二级乳芽，形成大导管进入乳腺。乳头是由乳蕾表层突出部的细胞发生角质化形成，而呈球果状的乳蕾则是在早期胚胎皮肤下部长出的。在初级乳芽发育成乳池和乳头管后，乳蕾逐渐消失，细胞角质化变成栓塞。犊牛出生两周后，栓塞溶解使乳头管与外界相通。

雄性动物的乳腺也可发育到乳芽阶段，但雄性胎儿分泌的少量睾酮可引起间充质聚集于乳芽中心，致使乳芽细胞死亡。有的雄性动物如小鼠、大鼠、马等没有乳头，这是因为乳芽细胞死亡以后乳芽上皮细胞从皮肤分离，不能伸到表面形成乳头。有的雄性动物虽有乳头但间充质破坏了乳芽的生长和发育，乳腺发育终止在原始阶段。

2. 从出生到初情期

从出生至初情期到来之前，由于机体低水平的雌激素作用使得乳房与身体其他部位一样，处于一种平稳发育阶段。出生时，乳腺只有很小的腺乳池和极不发达的导管系统，但纤维结缔组织和脂肪组织发育良好，并具有类似于成熟乳腺那样的分叶结构。从出生到初情期，乳房增大的主要原因是纤维结缔组织和脂肪增生，而腺组织中只有导管稍微生长。研究者发现，在此时期大鼠乳腺的生长大致可区分为两个阶段：①在23日龄以前，乳腺导管的生长速度与身体生长速度相等，称为等速生长期；②24日龄后，导管生长的速度大约为身体生长速度的3倍，称为异速生长期。在小鼠和恒河猴的研究中也得到了类似的结果。

3. 性成熟后

雌性动物达到性成熟后，乳腺发育伴随着发情周期而发生周期性变化。此时，在垂体促性腺激素的作用下，卵巢类固醇激素合成与分泌均增加。其中雌激素在生长激素的协同下，通过增加细胞膜的通透性和细胞外液的积聚、血管和血流速度，促进 DNA 和蛋白质的合成而实现乳腺导管系统的广泛增殖。在每次发情周期中的卵泡期，乳腺导管系统迅速生长，并在黄体期开始形成少量发育不全的腺泡。反之，在间情期，不仅乳腺停止生长，而且导管系统稍微缩小。在循环往复的发情周期中，导管逐渐形成分支复杂的导管系统，乳房体积也明显增大，但一般不形成真正的腺泡。对于发情周期较短的动物，如小鼠和大鼠的乳导管逐渐生长，分支增多，但腺泡尚未形成。猪、羊、牛和人等性周期较长的动物，在雌激素、孕激素、催乳素及生长激素的协同作用下，乳导管逐渐加长、变厚、分支增多。导管上皮细胞在发情期呈方形，有分泌功能；在黄体期则呈圆柱形，管腔萎缩。人和反刍动物乳腺的间质和支持组织增长也较快。

☞ 用适当的激素处理雄性动物，并不能使它们的乳腺充分发育，其主要原因就是由于雄性乳腺中没有发育良好的脂肪 – 结缔组织衬垫。

乳房内的脂肪 – 结缔组织衬垫，对引导腺体正常生长发育起着决定性的作用。对腺组织进行离体培养时，只有在成纤维细胞存在时才能正常生长，并形成导管和腺泡，反之则发育成不规则的腺细胞薄层。

4. 妊娠期

大鼠妊娠后，根据其组织学和细胞学特征可将乳腺发育大体分为两个时期：第一个时期是乳腺增殖期，出现于妊娠前半阶段或前 2/3 时期，此期主要是由于细胞加速分裂，使导管系统分支，同时形成腺小叶和出现腺泡；第二个时期是乳腺增大期，处于妊娠后期，主要表现为已经形成的腺上皮的生长、腺泡腔充盈以及导管系统积聚分泌物。

牛妊娠期间的乳腺生长发育与大鼠并不完全相同。对于尚未交配的 30 月龄左右母牛，乳腺的主要导管系统已发育到最大长度。妊娠开始后，乳腺导管系统的长度不再明显增加。随着妊娠的发展，高水平的孕酮和雌激素促使乳房不断加快生长，主导管沿着结缔组织衬垫生长，并分出许多侧支形成小叶间导管。妊娠至 4~5 月时，小叶已经很明显，同时也出现了没有分泌腔的腺泡和终末乳导管。第 6 个月时，坚实的腺泡渐渐出现分泌腔，腺泡和导管的体积不断增大，使腺小叶明显扩大，大部分脂肪衬垫被腺组织取代。同时，乳房内的血管和神经纤维也不断增生。妊娠第 7~9 月时，腺泡进一步增大并可观察到很多有丝分裂现象，腺上皮开始具备分泌功能。同时，小叶间和叶间的结缔组织隔膜都伸长和变薄，在组织结构上接近于泌乳的乳房。初期分泌物呈蜂蜜样，以后分泌能力逐渐加强。产前三周，乳房显著增大，合成乳糖和乳脂所需的酶开始出现。约在产前两天，乳汁合成的能力趋于完善，出现合成高潮，腺泡分泌初乳。

5. 泌乳期

乳腺在妊娠中后期已基本发育成为一个完全分化的成体器官，但发育尚未停止，此期乳腺上皮细胞始终保持分裂直到泌乳早期。这段时期乳腺的发育主要表现在乳腺实质、DNA 合成和乳腺细胞数量的增加。在胰岛素、糖皮质激素、催乳素、生长激素和催产素等激素的作用下，酪蛋白、α乳清蛋白、乳糖等乳汁成分大量合成。直到分娩且开始泌乳时，乳腺才成为分化和发育完全的成体器官，开始正常的泌乳活动。

6. 干乳期

当泌乳活动从高峰明显下降时，乳腺就开始逐渐回缩。在泌乳后期和干乳期前，乳腺中已经有大部分腺小叶丧失正常功能。在干乳期或仔畜断奶时，乳腺内压增大，乳腺细胞体积逐渐缩小、分泌腔逐渐消失、终末导管萎缩。最后腺小叶退化，腺组织被结缔和脂肪组织所替代，乳汁合成停止。乳腺逐渐退化和萎缩，残留乳汁缓慢被吸收，同时通过抑制合成乳汁相关的酶来降低有关激素水平，促进乳腺的退化，从而彻底终止泌乳活动。在干乳期，受激素影响而无黄体的大鼠，其乳腺中所有小叶腺泡系统消失。但对于性周期较长的动物，因为干乳期有功能黄体期，所以保留了一些腺泡的结构。

总体来讲，哺乳动物乳腺的功能性分化与生殖周期密切相关。以小鼠乳腺的发育模型为例，新生小鼠虽有初级乳导管系统，但生长很缓慢，直到青春期才明显加快；在未交配之前雌鼠的导管继续发育形成腺小叶，后者分布于整个乳房的脂肪组织；导管分支和腺泡的生长主要是在妊娠和分娩过程中完成；腺泡上皮的终末分化是在妊娠结束、分娩和泌乳开始时完成的。在断乳之后腺泡上皮萎缩，乳腺将重塑，几周后恢复到成熟未交配时的状态（图 10-2）。

（二）乳腺生长发育的调控

乳腺的发育受神经系统的调节，但起主要调控作用的则是内分泌系统。调节乳腺发育的激素主要有雌激素、孕酮、生长激素、促肾上腺皮质激素和催乳素等，甲状腺激素、胰岛素和松弛素及妊娠后期胎盘合成的催乳素也参与乳腺的发育。近年来，越来越多的研究表明胰岛素样生长因子（IGF）也是调节乳腺发育的重要因子。

1. 体液调节

（1）类固醇激素

调节乳腺发育的类固醇激素主要是雌激素和孕酮。雌激素起着关键的作用，它一方面可刺激乳腺导管生长，另一方面能显著增加乳腺细胞孕酮受体表达量，从而加强孕激素作用的效果。在青春期和妊娠期，雌激素和孕酮能协同刺激乳腺小叶腺泡的发育。研究表明，给切除卵巢的大鼠连续注射 17β- 雌二醇和孕酮 19 天后，乳腺上皮细胞内 DNA 含量增加并接近正常妊娠第 18~20 天的水平。给未妊娠的山羊

☞ 除遗传因素外，乳腺的发育是多因子参与的复杂过程，任何单一的处理方法要想使乳腺发育良好都是不现实的。

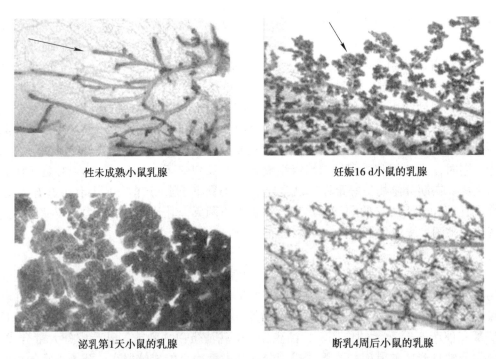

性未成熟小鼠乳腺　　　　　　　　妊娠16 d小鼠的乳腺

泌乳第1天小鼠的乳腺　　　　　　断乳4周后小鼠的乳腺

图10-2　小鼠生殖周期不同阶段乳腺腺泡和导管系统发育状况（引自 Hennighausen，1998）

和牛注射大剂量的雌激素和孕酮后，乳腺小叶腺泡同样广泛生长。在此过程中，雌激素起主要的作用，而孕酮只是起加强作用。在奶牛、母羊、猪等动物的妊娠期中，乳腺腺泡的发育与血中雌激素水平的升高有关。体内、体外实验也表明，雌二醇和孕酮都能促进牛乳腺腺泡的生长。雌激素能促进乳腺生长，主要表现在明显增加性成熟前牛乳腺组织中 α 乳球蛋白的合成，并协同催乳素促进 α 乳球蛋白的分泌。众所周知，α 乳球蛋白是乳糖合成酶的成分之一。雌激素增强催乳素促进 α 乳球蛋白分泌的机制，可能与其增加催乳素受体数目有关。而孕酮在使 α 乳球蛋白分泌增加的同时，却减弱催乳素的促乳效应及降低催乳素和雌二醇的协同作用。泌乳一旦启动，机体孕酮含量降低，而雌二醇、生长激素、前列腺素 F-2α（PGF2α）和胎盘催乳素等激素分泌增加，此类现象在家兔和绵羊中也得到了证实。值得注意的是，乳腺癌的发病及增生与雌激素、孕激素受体均密切相关。

（2）催乳素

催乳素主要来自垂体前叶，另外有些动物，如大鼠和灵长类的胎盘也会合成催乳素。大量的研究表明，催乳素在乳腺发育、启动和维持泌乳中都起着重要的作用。催乳素可协同雌激素和孕酮等卵巢类固醇激素促进乳腺小叶腺泡生长和上皮细胞增殖。切除垂体抑制催乳素分泌后，会抑制雌二醇和孕酮促进乳腺的发育作用。将大剂量的催乳素和生长激素给予肾上腺、性腺、垂体均切除的大鼠，可引起乳腺导管的生长和分叉以及中等程度的小叶腺泡发育。溴隐亭抑制大鼠、奶牛、山羊和猪血液中的催乳素水平后，可阻止乳腺发育和乳的生成；而利血平则通过提高奶山羊血浆催乳素水平，使空怀奶山羊产奶。分娩前，机体中催乳素急剧升高，可使乳的生成加快，并激发泌乳。

催乳素促进乳腺发育的机制仍不十分清楚，其可能直接作用于乳腺的催乳素受体，或间接地通过上调雌激素和孕酮受体，或者通过调节乳腺组织对其他激素反应的敏感性来实现。也有研究表明，催乳素如同生长激素一样，能通过诱导肝脏产生一种催乳素协同因子而间接刺激乳腺细胞增生。大量研究表明，催乳素与其受体的结合率随着妊娠过程的发展而逐步增加，且还可调节其受体数量。此外，雌激素和孕酮可增加空怀母羊乳腺中催乳素受体，而雌激素可直接刺激绵羊垂体前叶细胞分

☞ 溴隐亭是一种多巴胺受体激动剂，属于麦角灵的衍生物。该药抑制垂体前叶激素催乳素的分泌，可用于治疗由泌乳素过高引起的各种病症，如合并闭经或无排卵的乳溢患者，本药可使其排卵及月经周期正常化。另外，该药能降低血浆中生长激素和催乳素水平，改善病人的临床症状和糖耐量。

☞ 利血平是一种吲哚型生物碱，可通过影响交感神经末梢中去甲肾上腺素摄取进入囊泡而致使其被单胺氧化酶降解，耗尽去甲肾上腺素的贮存，妨碍交感神经冲动的传递，因而使血管舒张、血压下降，作用缓慢、温和而持久。

泌催乳素。

对于有些动物，胎盘也是催乳素的主要来源。妊娠小鼠和大鼠胎盘催乳素合成增加，并与胎鼠及乳腺的发育呈正相关。研究表明，妊娠后期切除垂体并不影响乳腺的充分发育，而大鼠胎盘提取物能刺激切除垂体和卵巢大鼠的乳腺发育。在妊娠期，特别是中、后期，机体处于高催乳素水平且胎盘催乳素、垂体催乳素、生长激素有共同的受体结合位点，从而与受体发生竞争性结合。然而，对乳腺发育起重要作用的是胎盘催乳素而非垂体催乳素。胎盘催乳素在妊娠期可作用于乳腺和黄体，且这两个部位可竞争性结合催乳素。妊娠末期，随着黄体的逐步退化，胎盘催乳素主要作用于乳腺并加速其生长发育。抑制妊娠绵羊垂体催乳素的分泌对乳腺发育无影响。妊娠绵羊的胎盘催乳素在促进乳腺生长方面能替代或补充垂体催乳素，其他反刍动物中也有类似报道。

（3）生长激素、胰岛素样生长因子

生长激素不仅能调节机体生长和组织代谢，还能协同雌激素促进乳腺导管生长、加强催乳素促进乳腺腺泡生长。摘除大鼠或小鼠垂体、肾上腺及卵巢后，注射生长激素、肾上腺皮质激素和雌激素后仍能刺激乳腺导管生长和次级乳芽形成。牛生长激素也能刺激乳腺上皮细胞大量增殖。这些结果表明，生长激素对乳腺发育具有直接作用。此外，生长激素还能增加乳腺血流量，调节体内营养成分向乳腺汇集，从而间接地促进乳腺发育。

生长激素对奶牛的乳腺发育、乳汁生成和泌乳的维持起重要作用。目前认为，维持反刍动物泌乳的激素是生长激素。实验表明，反刍动物的泌乳一旦开始，溴隐亭对泌乳并无明显影响。给产后 3 个月的绵羊静脉注射氟哌啶醇（多巴胺受体拮抗剂），虽能升高血中的催乳素，但产奶量并不增加。奶牛应用生长激素后明显增加了产奶量，这可能是由于生长激素抑制乳腺纤维蛋白溶酶的产生，从而延缓了乳腺的退化。将 3~4 周龄大鼠的乳腺与高浓度的生长激素共培养后发现，生长激素可诱使小叶腺泡发育和酪蛋白基因表达。

近些年研究表明，由生长激素刺激肝脏产生的 IGF，能够通过乳腺细胞中特异性的受体促进乳腺发育。因此，生长激素对乳腺生长的作用受 IGF-Ⅰ调控，而且 IGF 在乳腺发育中起着极其重要的作用，主要表现在以下几个方面：①生长激素刺激大鼠乳腺内 Igf-Ⅰ mRNA 产生，且成年动物乳腺中有 IGF-Ⅰ表达；② Igf-Ⅰ mRNA 在人乳腺基质中亦存在，且乳腺细胞中存在 IGF-Ⅰ受体；③ IGF-Ⅰ能明显促进乳腺癌细胞的生长；④乳腺上皮细胞产生和分泌 IGF-Ⅰ结合蛋白，并调控 IGF-Ⅰ活性；⑤两种形式的 IGF-Ⅰ，即 IGF-Ⅰ与 des-（1-3）IGF-Ⅰ（缺少 N 末端 Gly-Pro-Glu 三肽的 IGF-Ⅰ类似物，由 67 个氨基酸组成），与雌二醇联合作用于垂体切除的雄鼠，可替代垂体前叶或生长激素，显著增加乳腺终端嫩芽数目，并诱导腺泡结构的形成。另外，过表达 des-（1-3）IGF-Ⅰ的转基因大鼠泌乳后乳腺的退化被延缓了，但机制尚不完全清楚。

（4）松弛素、胰岛素和甲状腺素

乳腺发育除上述激素或因子的调控外，还受松弛素、胰岛素和甲状腺激素等的调控。松弛素对妊娠后期猪乳腺组织生长有促进作用，并可加强诱导的乳腺导管和基质生长发育，而且还能促进离体猪乳腺组织的有丝分裂。用抗大鼠松弛素的单克隆抗体注射妊娠中期、晚期的大鼠（中和内源性松弛素）后，乳腺发育严重受阻，且产后因乳头发育不良而不能泌乳。低浓度猪松弛素能引起人乳腺 MCF7 癌细胞系增生，而高浓度猪松弛素却抑制这些细胞的生长。

胰岛素对乳腺也有良好的促进作用。体外培养妊娠绵羊的乳腺时，胰岛素有明显的促乳效应。然而，胰岛素受体数量随着妊娠的进展，呈现出先升高后下降的趋势（妊娠 50 天时最高），这与牛的试验结果相一致。这表明，由于细胞的分化，每个细胞的受体数目随着细胞膜的增加而被"稀释"。

甲状腺激素是调节机体代谢重要的激素之一，由甲状腺合成，主要有 T_3 和 T_4 两种，而 T_3 是 T_4 在 5′- 甲状腺激素单脱碘化酶的作用下脱碘而成。用牛生长激素处理空怀黑白花母牛后，发现其产奶量增加的同时血浆 T_3、T_4 水平均升高，且乳腺组织中 5′- 甲状腺激素单脱碘化酶的活性增加 2 倍，而肝、肾中 5′- 甲状腺激素单脱碘化酶的活性不受影响。因此认为，甲状腺激素增加产奶量可能归因于升高的有生物活性的 T_3。

2. 神经调节

神经系统对乳腺发育的调控主要是通过下丘脑分泌的调节性多肽来实现的。一般来讲，下述 4 条神经内分泌轴都参与乳腺发育和泌乳调控：①下丘脑 – 垂体 – 性腺轴；②下丘脑 – 垂体生长激素或催乳素轴；③下丘脑 – 垂体 – 肾上腺轴；④下丘脑 – 垂体 – 甲状腺轴。下丘脑调节性多肽神经元的功能除受垂体激素或外周激素的反馈性调节外，还受多种神经递质（如多巴胺、5- 羟色胺等）或神经肽（内啡肽、血管活性肠肽等）的调节。由于其调节过程及机理相当复杂，现在仍不完全清楚。

第二节　乳汁的分泌

▶▶ 录像资料 10-2
泌乳的发动与排乳

一、泌乳的发动

☞ RNA 与 DNA 比率的增高说明，在分娩前后动物乳腺的泌乳活动变得明显活跃了。

泌乳发动是指乳腺器官由非泌乳状态向泌乳状态转变的功能性变化过程，即乳腺上皮细胞由未分泌状态转变为分泌状态所经历的一系列细胞学变化的过程。这个过程通常出现在妊娠后期和分娩的前后。在这个过程中，乳腺上皮细胞中 RNA 水平明显增高（RNA/DNA 比值在妊娠后期小于 1，而在泌乳期该比值则超过 2）。

泌乳启动过程依赖于一系列特定激素的调控。实验证明，多数处于非泌乳状态的动物（包括非妊娠的动物）的乳腺经过特定激素处理后，在一定程度上都会启动泌乳。不同动物的泌乳发动时间也各有差异，如反刍动物约在血清孕酮水平较高的妊娠中期时乳腺腺泡会发生分泌活动，啮齿类在临产前开始分泌乳汁，而人和灵长类动物一般在分娩之后开始泌乳。根据对反刍动物的研究，将泌乳的启动分为两个阶段：第一个阶段发生在妊娠后期，这时乳腺开始分泌少量，含有特殊成分如酪蛋白和乳糖的乳汁。第二个阶段是指伴随着分娩的发生，乳腺大量分泌乳汁的起始阶段。该阶段发生在分娩前后，孕酮水平下降而催乳素维持高水平的关键时期。

（一）泌乳发动过程的两个阶段

1. 第一阶段：腺泡上皮细胞的变化

乳腺腺泡在此阶段会合成和分泌少量的乳汁。在妊娠早期和中期，腺泡上皮细胞的核型比较规律，粗面内质网和高尔基体都较小，线粒体较少。在妊娠后期，腺泡上皮细胞的核型变得不规则，其粗面内质网和高尔基体急剧肥大，线粒体增多。在此阶段，会合成初乳和免疫球蛋白。另外，乙酰辅酶 A 羧化酶、脂肪酸合成酶以及泌乳相关的其他酶类合成增多，同时氨基酸、葡萄糖以及其他合成乳汁所必需物质的摄取转运系统也明显活跃。第一阶段的长度在各种动物中也各不相同，例如山羊（妊娠期为 5 个月）的始于产前 3 个月，而大鼠（妊娠期为 21 天）的第一阶段仅开始于产前 30 小时。

2. 第二阶段：全乳的分泌

在妊娠后期，动物乳腺已经具备了泌乳的能力，但全乳的分泌一般在分娩前后才会发生。一般来讲，泌乳发动的第二阶段通常要短于第一个阶段。在此阶段中，伴随分娩的临近启动，血液中孕酮浓度下降、催乳素和糖皮质激素浓度升高，动物乳腺开始分泌全乳。牛泌乳发动的第二阶段开始于分娩前的 0~4 天，一直延续到产后若干天；猪和小鼠的第二阶段一般开始于分娩前不久或分娩时。人类一般要到产后 2 天才开始，这主要是由于怀孕女性血液中的孕酮浓度要到分娩时才开始下降的缘故。

在泌乳发动第二阶段的起始，乳汁量快速增多，同时乳腺从血液中摄取营养物质的代谢过程也明显加强。在几天之内乳腺即从分泌初乳过渡为分泌全乳的状态。在人类妊娠的最后 3 天，乳腺细胞中实际上有低水平的酪蛋白和 β 乳球蛋白合成，乳脂在细胞和腺泡中积累。然而直到临产时才有少量 α 乳清蛋白的合成。

乳糖的合成是泌乳发动的关键步骤。在乳糖的合成过程中，α 乳清蛋白的 mRNA 在粗面内质网内完成翻译，并与半乳糖基转移酶在高尔基体中发生相互作用，合成乳糖。乳糖的合成使水分渗入高尔基体和分泌小泡，这个过程保证了大量乳汁的分泌，也是泌乳启动第二阶段最典型的标志。与此同时，乳汁其他成分的合成也加快了。值得注意的是，α 乳清蛋白基因的转录与分娩相关的激素（孕酮的下降、糖皮质激素和催乳素的升高）变化密切相关（图 10-3）。

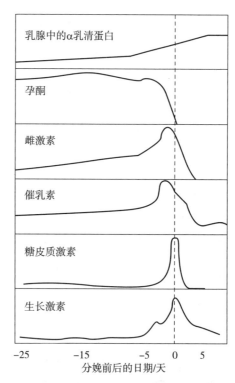

图 10-3　牛分娩前后泌乳发动相关激素以及 α 乳清蛋白的变化
（引自 Tucker，1994）

（二）泌乳发动过程中的激素变化

分娩前后，机体血液中很多激素浓度都发生了剧烈变化，而这些变化又与泌乳的内分泌体系密切相关。一般归为两类激素，一类是对泌乳有抑制作用的激素，在分娩前后其分泌水平（浓度）降低（如孕酮）。另一类是对泌乳有促进作用的激素，在分娩前后其分泌水平（浓度）升高，其中一些激素是泌乳发动所特有的（图 10-3）。在分娩前几天，孕酮开始下降而雌激素增高至峰值，后者进而促进催乳素分泌。其中，催乳素峰的出现对于整个泌乳的启动过程至关重要，特别是对全乳分泌的发动（泌乳发动的第二阶段）更为重要。在分娩前后，还会出现糖皮质激素峰和生长激素峰。

（1）催乳素

在许多哺乳动物的泌乳发动过程中，催乳素都起着非常重要的作用。在妊娠期间，催乳素水平变化不大，但血液中孕酮、雌二醇、肾上腺类固醇激素和胎盘催乳素的含量较高。分娩时，随着黄体溶解、胎盘膜破裂、类固醇激素水平下降，特别是孕酮分泌突然减少，同时催乳素分泌增加，从而在生理上触发泌乳活动。

催乳素通过与乳腺分泌细胞上的催乳素受体结合而直接作用于乳腺。催乳素受体数目的变化与泌乳发动的机制非常吻合。在泌乳发动的第一阶段，催乳素受体数目开始增多，然后受体数量基本保持稳定，直到泌乳发动的第二阶段（分娩前后），催乳素受体数目再一次增多。催乳素是泌乳发动由第一阶段向第二阶段转变的关键因素，而且催乳素抑制剂可阻止泌乳。然而血液中催乳素浓度的升高并不一定能刺激乳腺分泌，可见催乳素受体数量的变化对于泌乳发动非常重要。

另外，催乳素与其受体的结合首先引发核蛋白体 RNA 和酪蛋白 mRNA 的增多，可见催乳素调控着酪蛋白基因的表达。当然，催乳素还可以调控其他乳蛋白的生物合成。

（2）孕酮

孕酮对于妊娠期小叶腺泡的发育具有重要的作用，同时孕酮使母畜保持妊娠状态，而不启动分娩和泌乳。切除黄体或用其他方法降低孕酮水平后会引起流产并启动泌乳。这样看来，孕酮在泌乳发动过程中可能主要作用还是抑制泌乳的发动。

在妊娠期给母畜注射孕酮会抑制乳糖、α 乳清蛋白和酪蛋白的合成。孕酮直接作用于乳腺来降低催乳素诱导的 α 乳清蛋白分泌的能力，同时还抑制由催乳素诱导的其他乳汁成分的合成。孕酮还能抑制由催乳素诱导的催乳素受体合成的过程，同时还和糖皮质激素竞争糖皮质激素受体，减弱糖皮质激素和催乳素的协同作用。

（3）雌激素

雌激素具有诱导泌乳发动的作用。在泌乳发动的两个阶段中，血清中的雌激素浓度均发生明显变化。牛产前一个月左右雌激素浓度显著上升，分娩前两天达到峰值，然后迅速下降。一般认为，雌激素通过促进催乳素以及垂体分泌的其他激素的释放来间接诱导泌乳发动。另外，雌激素和糖皮质激素一样能增加乳腺细胞膜上催乳素受体的表达，因而在泌乳发动中雌激素与糖皮质激素、催乳素在细胞水平上有协同作用。在小鼠和牛中，雌激素可以直接促进离体培养的乳腺组织合成酪蛋白和乳清蛋白。

（4）糖皮质激素

糖皮质激素在动物泌乳发动过程中也起着十分重要的作用。糖皮质激素处理妊娠母牛后可启动泌乳。对于大部分物种来讲，催乳素需要联合使用糖皮质激素才能有效地发动泌乳。研究发现，皮质醇能诱导乳腺上皮细胞中粗面内质网和高尔基体发生变化，这种变化是催乳素诱导乳蛋白合成的必要条件。因此，糖皮质激素的协同作用在催乳素泌乳启动过程中是非常必要的。

（5）胰岛素和生长激素

胰岛素和生长激素对于泌乳发动的作用机制尚不清楚。胰岛素和 IGF 可能参与葡萄糖的摄取，而葡萄糖是合成乳糖所必需的物质。胰岛素也可能参与乳蛋白基因的表达。生长激素或许通过增加 IGF 的分泌间接影响泌乳发动。

（6）其他因子

泌乳发动的第二阶段还依赖来源于乳腺和身体其他部位的组织因子。在子宫和乳腺中合成的 PGF2α 可抑制泌乳，因此在临产前若干天，母畜乳腺中的 PGF2α 的活性受到抑制从而减少对泌乳的抑制作用。分娩后，新生儿对乳腺的吮吸作用可促使乳汁从乳池中排出，而乳腺中的 PGF2α 也会随着乳汁排出体外。如果新生儿的数量少于母畜乳头的数量，那么未被吮吸的乳腺会明显退化，这是因为乳腺中没有被移除的 PGF2α 会持续产生抑制泌乳的作用。同时新生儿对母畜乳头的吮吸也能刺激与泌乳发动相关的激素分泌。

二、泌乳的维持

泌乳发动后，乳腺能在相当长的一段时间内持续进行泌乳活动，这就是泌乳的维持阶段。母畜分娩后持续分泌乳汁的时期，称为泌乳期。母牛产犊后，乳汁分泌量迅速增加，并在产后 4~6 周达到高峰并保持几个月，随后泌乳量逐渐下降，整个泌乳期可以维持 300 天左右。

在泌乳的维持阶段，乳腺细胞数量和乳产量的变化受内分泌和神经系统双重调节。如果乳腺没有频繁的排空过程，即使激素水平很高也不能持续维持泌乳，这意味着泌乳的维持不是单纯由激素调控的。当然单纯的吮吸和挤奶动作也不能维持泌乳，但吮吸动作或乳腺排空是维持泌乳所必需的。

目前认为，泌乳的维持至少是受一组激素的联合作用实现的。这一组激素称为泌乳激素群，其中包括催乳素、生长激素、甲状腺素和糖皮质激素。

（1）催乳素

在不同的动物中，催乳素在泌乳维持过程中的作用存在很大的差异。在一些非反刍动物（如兔子）中，单独使用催乳素处理就可以维持泌乳。在大鼠泌乳早期，大量外源性催乳素通过增强乳腺上皮组织代谢促进泌乳。催乳素活性受抑制后，兔子泌乳基本停止，而啮齿类动物的乳产量可下降 50%。对于大多数非反刍动物和反刍动物，催乳素只是维持泌乳激素群中的一种，单独使用时并不能维持乳腺泌乳。例如，抑制牛或羊的催乳素活性对乳产量的影响很小。通常认为，挤奶动作或哺喂行为会诱导催乳素的释放，而且泌乳维持阶段的催乳素波较临产前泌乳启动相关的催乳素波要小。

（2）生长激素

生长激素在促进机体各器官生长和保障各种生理过程得以完成中都发挥着重要的作用。生长激素可促进乳腺中乳糖、蛋白质、脂肪的合成，对泌乳维持有着重要作用。牛生长激素（bovine somatotropin）可以使奶产量提高 10%～40%，在美国已经商业化生产并应用于许多奶牛场，但在实验动物中应用生长激素却并不影响乳量。

（3）肾上腺皮质激素

切除肾上腺的家畜不能维持泌乳，可见完整的肾上腺对于泌乳的维持是必需的。肾上腺皮质激素对泌乳的作用存在剂量依赖性，生理水平的糖皮质激素可促进泌乳，而高剂量的糖皮质激素却能抑制泌乳。

（4）甲状腺激素

给泌乳期母牛注射甲状腺激素，可以在短期内（几个星期）提高牛奶分泌量，而超过七个星期则不再产生影响。乳蛋白质主要成分为酪蛋白，而酪蛋白碘化即为甲状腺球蛋白。因此，应用甲状腺球蛋白在泌乳早期能提高泌乳量 10%，在泌乳后期能提高泌乳量约 15%～20%。但这种对泌乳量的促进作用仅能维持 2～4 个月，随后泌乳量将低于正常水平。因此不能在整个泌乳期给家畜饲喂甲状腺球蛋白，否则会降低总的产奶量。

（5）卵巢类固醇激素

生理剂量的雌激素对维持泌乳有促进作用，而高剂量的雌激素却抑制泌乳。雌激素与孕酮协同抑制泌乳的作用大于单独使用雌激素的作用。单独使用孕酮对泌乳的维持没有影响，因为此时乳腺中孕酮的受体已经大大减少。

（6）乳排空对泌乳维持

泌乳的维持主要受激素调控，但乳的排空等局部因素也是重要调节参数。小鼠、大鼠和兔等动物，如果在泌乳期中断哺乳则乳腺将迅速回缩，但在停止哺乳后仍刺激乳头则乳腺还能保持泌乳功能。挤奶动作或者母畜的哺乳行为可能触发泌乳维持相关激素，特别是催乳素的释放。来自乳头的神经冲动能抑制下丘脑中催乳素释放抑制因子的分泌，引起促肾上腺皮质激素释放因子的释放，使催乳素和促肾上腺皮质激素分泌增加，从而诱导乳汁分泌。如果乳腺内乳汁大量聚积而不能排出，会导致乳腺内压增高。乳腺内压增高后会刺激交感神经，使得乳腺外周的血流量减少，从而使得泌乳相关的激素和所需的营养物质减少。同时，腺泡腔内会聚积反馈性泌乳抑制因子（feedback inhibitor of lactation），抑制乳汁的进一步合成和分泌。相反，如果家畜的哺乳活动较频繁则会刺激乳腺的生长和提高泌乳量。可见，乳的排空对于维持泌乳也是必需的因素。

三、乳汁的排出

乳腺上皮细胞生成乳汁后，连续分泌到腺泡腔。随着乳汁充满腺泡腔及细小乳导管后，通过多种反射活动使得乳汁积聚于乳导管和乳池，最后整个容纳系统充满乳汁。为了持续性地维持乳汁生成，必须通过吸吮或采奶将乳汁从乳腺中排出。如果奶牛的乳汁在 16 h 之内没有被排出，则乳汁的生成就会受到抑制。在采奶之前，由于大部分的乳汁存在于乳导管和腺泡内，如果乳汁排除不畅，则通过吸吮和采奶刺激的乳汁进入乳池的过程就会很慢，排出的奶量也会随之减少。母牛的尿液中出现乳糖可以作为乳房过度充盈的指标，这是因为乳房容纳系统充满后，腺泡中的乳糖被重吸收入血液，进而通过尿液排出体外。

1. 排乳反射时相

一般来讲，乳的排出包括两个时相，第一个就是通过吸吮和采乳，将乳池和大导管中贮存的乳汁排出，该过程排出的乳汁称为乳池乳（cistern milk）；第二个则是在排乳反射作用下，乳腺腺泡细胞和导管周围的平滑肌收缩，将腺泡中的乳汁挤入导管和乳池系统，继而排出，该过程排出的乳汁称为反射乳（reflex milk）。对于奶牛来讲，第一时相排出的乳约占排乳量的 30%，第二时相排乳量占 70% 之多。

2. 排乳反射过程

排乳反射是通过神经内分泌反射来实现的（图 10-4）。当吸吮或触摸乳头时，乳腺受到的刺激通过脊索背根感觉神经传递到下丘脑的室旁核和视上核的神经元，在此合成催产素并将其在神经末梢处释放。

刺激信号到达下丘脑后几秒钟，就会引起催产素的释放。催产素作用到腺泡和导管外周的平滑肌并使其收缩，收缩后对乳腺产生的压力迫使乳汁在很短的时间内（1 min 左右）流出。乳头内的压力增加通常在刺激后 1 min 就可明显观察到。催产素的释放通常只持续几分钟，一般在乳汁开始流出时就应该迅速开始采乳，并在几分钟内完成，这一点是很重要的。早期用机械或手工采乳的过程通常是在 4~5 min 内完成的。

其他能够引起催产素释放的感觉刺激还包括发生在排乳通路附近的听觉、视觉或嗅觉刺激。引起催产素释放的刺激是始动生乳的被动部分，而引起催乳素释放的刺激才直接影响生乳过程。

3. 排乳抑制

当机体受到异常刺激时，如嘈杂环境，更换挤乳时间、人员、地点、设备，不规范操作或者机体异常疼痛、恐惧、不安等，会通过较高级中枢作用到下丘脑排乳反射中枢使得催产素合成和释放减少，从而降低排乳功能。另外，机体受到异常刺激后，还可以通过交感神经系统兴奋和刺激肾上腺髓质释放肾上腺素，使得血管收缩，流经乳腺血流量减少，从而抑制排乳。

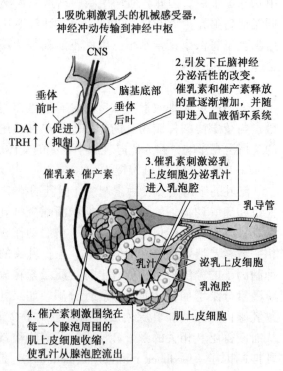

图 10-4　乳腺腺泡和泌乳的激素调控
（引自 Hill，2008）

四、乳汁的成分

乳汁中含有胎儿所需的水、盐和营养物，但乳汁的内容会随时间而变。根据泌乳的时间节点，可分为初乳和常乳。

1. 初乳

母体在分娩期或分娩后最初几天内分泌的乳称为初乳（colostrum）。初乳色黄而浓稠，最初 1～2 天内，初乳成分接近于母体血浆，随后成分发生明显改变，其中富含免疫保护物质、生长因子、矿物质和维生素 A 和 D 等。初乳中还含有胰蛋白酶抑制剂，可以防止初乳中的重要活性物质在婴儿消化道内被降解。此时，婴儿胃肠道可以直接将抗体运输到体内的循环系统。

2. 常乳

随着初乳的消耗，乳腺生产富含脂类和碳水化合物的乳汁，这时乳腺分泌的乳汁称为常乳（ordinary milk）。其中磷脂提供能量并作为生物合成的底物，而乳汁中的糖除了更为复杂的寡糖外，主要是乳糖（通常叫作乳汁糖）。糖类不仅是婴儿组织利用的能量来源，而且还是重要的生物合成底物，特别是那些复杂的寡糖类，对于细胞膜的糖脂和糖蛋白补充非常重要。乳汁中还含有大量的蛋白质，主要是酪蛋白（通常叫做乳汁蛋白），为生物合成提供所必需的氨基酸。另外，高度磷酸化的酪蛋白可以结合钙离子，使得婴儿食物中几乎 90% 的钙离子都结合到酪蛋白颗粒的结构中。

常乳中出现的两个新物质是乳糖和酪蛋白，这与哺乳动物进化密切相关。乳糖是哺乳动物乳汁中特有的糖类，由乳糖合成酶产生。该酶是两个蛋白的复合物，即半乳糖苷转移酶和乳清蛋白。半乳糖苷转移酶在所有的真核生物中都有，是许多在高尔基复合体中催化糖基化反应的酶的一种，它负责将半乳糖加到各种大分子物质上，包括蛋白质和脂类。有意思的是，大多数初级乳腺产生的分泌物主要来自于血液中的一些成分中，如纤维蛋白。进一步发育的乳腺则主要依赖于乳腺本身合成的分子。因此，人们认为进化导致了这种从依赖血液成分（如纤维蛋白）到依赖乳腺本身合成的类似纤维蛋白分子的转变。

第三节　催乳素控制父母的行为

催乳素除了影响泌乳外，还影响母性行为。妊娠和泌乳导致激素调节通路的重塑，包括激素的合成和受体的表达。哺乳动物中，催乳素和类固醇激素相互协作改变了雌性大脑和行为的变化。这种重塑起始于妊娠开始并持续到整个泌乳过程。雌性动物在接触与自身无关的新生儿时逐渐获得母性行为。母性行为的获得与催乳素合成增加及下丘脑正中视前区催乳素受体表达密切相关。当敲除雌性小鼠催乳素受体后，母体很少饲养其幼儿。有意思的是，具有多次生产和饲养幼儿经验的雌性动物其体内催乳素的水平要比初产动物的低，这可能是由于经产动物的下丘脑对催乳素的敏感性更高。动物中母亲照顾幼崽的特性是通过不断演化形成的。雌性是照顾后代的主要执行者，而雄性的作用主要用于交配。在某些哺乳动物中，也发生父性照顾后代的行为，主要是狗、啮齿类以及很少的灵长类。有趣的是，父性照顾似乎也受催乳素的控制。

☞ 海洋哺乳动物的乳汁中乳脂超过60%，使得婴儿可以积累大量的脂肪用于绝缘外界的环境。

☞ 乳腺是一个非常好的例子用以说明在进化过程中通过对已有基因的修饰和解剖结构的改变来产生一些新的物质。乳汁的产生和乳腺的性质反映了一种独特的生物化学、生理调节和解剖结构的整合。动物品种、饲料、季节、饲养管理等因素都会影响乳汁的成分及理化性质。

推荐阅读

SHINGO T，GREGG C，ENWERE E，et al. Pregnancy-stimulated neurogenesis in the adult female forebrain mediated by prolactin［J］. Science，2003，299（5603）：117-120.

SCOTT N，PRIGGE M，YIZHAR O，et al. A sexually dimorphic hypothalamic circuit controls maternal care and oxytocin secretion［J］. Nature，2015，525（7570）：519-522.

KOHL J，BABAYAN B M，RUBINSTEIN N D，et al. Functional circuit architecture underlying parental behaviour［J］. Nature，2018，556（7701）：326-331.

DULAC C，O'CONNELL L A，WU Z. Neural control of maternal and paternal behaviors［J］. Science，2014，345（6198）：765-770.

开放式讨论

影响奶牛产奶量的因素有哪些？其可能机制是什么？

复习思考题

1. 简述泌乳的概念。
2. 简述参与乳腺生长发育的主要激素。
3. 简述初乳的成分及其对幼畜的生理意义。
4. 简述泌乳的发动和维持的调节。
5. 简述排乳及排乳的调节。

更多数字资源

教学课件、自测题、参考文献。

第十一章
免疫生理

知识导图

【发现之路】抗疟药物青蒿素的发现

恶性疟疾是主要由恶性疟原虫引起的一种细胞内感染性寄生虫病。疟原虫寄生在按蚊体内，通过按蚊叮咬人体后进入血液，先感染肝细胞再感染红细胞。由于胞内病原体的生活史几乎全部在细胞内完成，其抗原很少会释放到血液中诱发中和抗体，而人工诱发的中和抗体又无法进入细胞内杀灭它们，因此无法用常规疫苗进行预防。

青蒿民间又称臭蒿或苦蒿，是一年生草本菊科植物，可在我国南北方普遍生长。我国民间和古代医药学家就有祖传的青蒿治疟经验以及青蒿治疟时的制法。针对热带地区出现的抗药性恶性疟疾亟须治疗的问题，国家科委和中国人民解放军总后勤部组织国家科委、军队直属单位及有关医药科研、教学和生产单位于 1967 年 5 月 23 日成立 523 项目，从而拉开了抗疟新药研究的序幕。随后，经过 523 项目广大科研人员的科技攻关，我国获得了有一定抗疟活性的青蒿素。当时，北京的卫生部中医研究院中药研究所首先提取了青蒿素，屠呦呦作为科研组长利用冷乙醚制备了高收量和高抗疟效率的青蒿素。青蒿素作为具有过氧桥结构的独特分子挽救了成千上万疟疾患者的宝贵生命。正因为如此，屠呦呦获得了 2015 年的诺贝尔生理学或医学奖。她认为，青蒿素是传统中医药送给世界人民的礼物，对防治疟疾等传染性疾病、维护世界人民健康具有重要意义。

青蒿素的发现体现了在党和政府领导下发动群众，依靠群众，"集中力量办大事"的威力，也体现了个人贡献与集体成就对原创性科学研究同样重要。在科学研究的探索中，每位研究人员应该在坚持既定研究方向的同时，还要不断地推陈出新，只有这样才能做出对于科学发展有推动作用的成就。

联系本章内容思考下列问题：

1. 疟疾的感染机制及激发的免疫反应是什么？青蒿素抗疟的作用机理是什么？
2. 不同种类的新冠病毒疫苗分别是如何激活免疫系统发挥预防病毒感染作用的？

案例参考资料：

张剑方. 迟到的报告：五二三项目与青蒿素研发纪实 [M]. 广州：羊城晚报出版社，2006.

曾庆平. 万千宠爱集于一身：2015 年诺贝尔生理学或医学奖解读 [J]. 科学通报，2015，60（36）：3523-3526.

【学习要点】

免疫系统的组成；免疫系统的功能；中枢免疫器官；外周免疫器官；抗体；抗原；先天性免疫应答；获得性免疫应答；抗原加工呈递途径；体液免疫；细胞免疫；B 细胞；T 细胞；免疫耐受；自身免疫耐受；免疫调节；调节性 T 细胞。

　　早期研究认为免疫（immunity）是机体抵抗病原微生物感染的能力，对机体起保护性作用。但随着研究的深入，人们发现机体由抗感染引起的免疫反应也可能会导致机体机能损伤或罹患疾病。现代的免疫学理论认为，免疫是动物机体的一种生理功能。机体的免疫系统通过先天性免疫和获得性免疫对外来抗原产生正向免疫应答以清除抗原，而对自身抗原产生负向应答，以调节机体产生适度的免疫应答类型、强度和持续时间，以维持自身生理平衡与相对稳定。机体免疫调节十分复杂，涉及免疫分子、免疫细胞及不同系统间的相互作用，任何一个环节出现异常，均可导致免疫失调，引起自身免疫疾病、超敏反应、感染或肿瘤等免疫相关疾病的发生。

第一节　免疫系统的组成及功能

　　目前认为，免疫是机体识别"自己"，排除"异己"的保护性反应，目的是维持机体内环境的平衡和稳态。机体通过识别"自己"维持对自身抗原的无应答状态（免疫耐受），以防止自身免疫疾病的发生；而排除"异己"则主要是对外来的病原微生物及异物等进行清除。

一、免疫系统的组成

　　机体的免疫系统（immune system）由免疫器官、免疫细胞及免疫分子组成。

（一）免疫器官

　　免疫器官（immune organ）是免疫细胞发育成熟、定居、分化和增殖，进而产生免疫应答的场所。根据功能不同，免疫器官可分为中枢免疫器官和外周免疫器官，两者通过血液循环和淋巴系统相互联系。在中枢免疫器官内发育成熟的免疫细胞会迁移到外周免疫器官行使免疫功能，而外周免疫器官之间的免疫细胞也能进行循环和迁移。

　　1. 中枢免疫器官

　　中枢免疫器官是免疫细胞分化、发育和成熟的场所。哺乳动物的中枢免疫器官包括胸腺和骨髓。

　　胸腺（thymus）位于胸骨柄后方，分左、右两叶，由淋巴组织构成。动物及人类胸腺在初情期（青春期）前保持良好发育，但在青春期后随年龄增加而逐渐萎缩退化，常被脂肪组织所代替。胸腺表面有结缔组织被膜，结缔组织伸入实质内将胸腺分成许多不完全分隔的小叶。小叶周边为皮质（cortex），深部为髓质（medulla）（图11-1）。皮质主要由胸腺细胞和上皮性网状细胞构成。胸腺是T淋巴细胞（简称T细胞）分化、发育和成熟的场所（图11-2）。在骨髓中分化形成的前体T细胞经血流进入胸腺，在由皮质浅层向髓质迁移中完成其分化发育过程中，大部分细胞发生凋亡，只有一小部分发育为成熟的T细胞，然后由皮质和髓质交界处进入毛细血管，再随血流迁移到外周免疫器官中。此外，胸腺还具有内分泌功能，分泌胸腺素（thymosin）及激素类物质。其中，胸腺素是一类促细胞分裂的、具有生理活性的多肽激素。

　　骨髓（bone marrow）不仅是重要的中枢免疫器官，也是造血器官，是各种

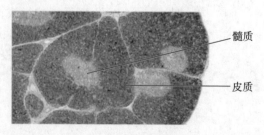

图11-1　胸腺组织切片图
（引自Punt等，2018）

☞ 胸腺素可使由骨髓产生的干细胞转变成T细胞，具有增强细胞免疫功能的作用，对体液免疫的影响不大。

髓质

皮质

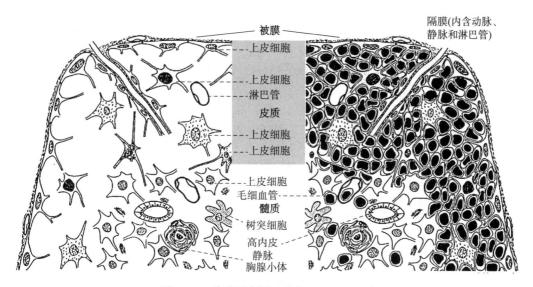

图 11-2 胸腺示意图（引自 Pabst，2019）

免疫细胞和血细胞的发源地。其中骨髓位于骨髓腔内，包括红骨髓和黄骨髓，具有免疫和造血功能的是红骨髓。骨髓由基质细胞、造血干细胞（hematopoietic stem cell，HSC）和毛细血管等构成。骨髓基质细胞及其分泌的细胞因子为 HSC 提供了其增殖、分化、发育和成熟的微环境。红骨髓能够产生 HSC。HSC 可分化为髓样造血干细胞（或髓样祖细胞）和淋巴样干细胞（或淋巴祖细胞）两个谱系（lineage）。髓样造血干细胞在骨髓进一步分化为红细胞、白细胞、巨噬细胞等各种血细胞。部分淋巴样造血干细胞在骨髓中分化为 B 淋巴细胞（简称 B 细胞）和自然杀伤细胞。自然杀伤细胞迁移至外周血，而 B 细胞存在于骨髓、脾和淋巴结当中；另一部分淋巴样干细胞则迁移到胸腺中分化为 T 细胞，进而定居于淋巴结和脾等免疫器官（图 11-3）。因此，骨髓对于维持机体的免疫力和正常生命活动是非常重要的。

2. 外周免疫器官

在中枢免疫器官内发育成熟的免疫细胞经血液循环迁移至外周免疫器官，在接受抗原刺激后激发机体的免疫应答，进而发挥其免疫功能。外周免疫器官包括脾、淋巴结和黏膜相关免疫组织。

脾（spleen）是人体最大的外周免疫器官，位于人体腹腔左上方，颜色暗红、质软而脆。脾的表面是结缔组织被膜。被膜的结缔组织深入脾脏实质内形成脾小梁（trabeculae）。内部实质主要由红髓（red pulp）及白髓（white pulp）组成。红髓由脾索和血窦组成。脾索中含大量 B 细胞、巨噬细胞和树突细胞等；而脾窦中充满了血液。进入脾的小动脉周围会形成白髓，其主要功能是对抗外来微生物感染。白髓由动脉周围淋巴鞘（periarteriolar lymphoid sheath，PALS）、淋巴滤泡（lymphoid follicle）和边缘区（marginal area）组成，主要有 T 细胞、B 细胞及巨噬细胞。脾的血液供应由小梁动脉维持，其分支进入实质形成中央动脉（图 11-4），其周围被厚层淋巴组织所围绕，称为 PALS。PALS 周围主要是 T 细胞区域，还分布有少量树突细胞和巨噬细胞。PALS 旁边分布着淋巴滤泡，未接受抗原刺激的称为初级滤泡（primary follicle），受到抗原刺激后则称为次级滤泡（secondary follicle）。次级滤泡的生发中心有抗原激活后的 B 细胞、记忆性 B 细胞等。

脾是免疫细胞的定居地，其中 B 细胞约占脾内免疫细胞总数的 55%，在外来抗原的刺激下转化为浆细胞并产生抗体，发挥体液免疫作用。T 细胞占全身循环 T 细胞的 25%，当其被来自抗原呈递细胞的信号激活时，参与细胞免疫反应。脾中含有大量的巨噬细胞（macrophage），后者具有强大的吞噬抗原颗粒的作用，并能作为抗原呈递细胞，调节免疫应答。树突细胞（dendritic cell）是专职的抗原呈递细胞（antigen

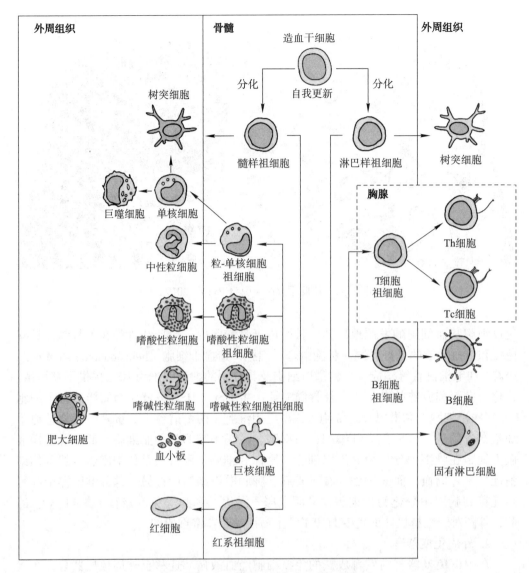

图 11-3 造血作用（引自 Punt 等，2018）

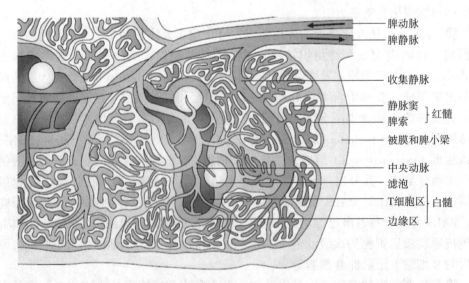

图 11-4 脾脏结构示意图（引自 Mebius 等，2005）

presenting cell，APC），能够加工呈递抗原，参与机体的免疫反应。

淋巴结（lymph node）是重要的外周免疫器官，常成群聚集，沿淋巴管在全身分布。正常的淋巴结很小，表面光滑、柔软，与周围组织无粘连。淋巴结内 T 细胞约占 75%，B 细胞约占 25%。淋巴结表面是结缔组织被膜，被膜向内部的实质延伸形成淋巴小梁。被膜下为皮质区，淋巴结中心部位为髓质区。皮质区浅层称为浅皮质区，是 B 细胞定居地，称为 B 细胞区或胸腺非依赖区（thymus-independent area）。与脾脏的淋巴滤泡相似，未受抗原刺激的初级滤泡体积较小，次级淋巴滤泡的生发中心内主要为活化增殖的 B 细胞。皮质深层的副皮质区主要是 T 细胞定居地，称为 T 细胞区或胸腺依赖区（thymus-dependent area）。髓质区由髓索和髓窦组成，髓窦类似脾脏的红髓。髓索与副皮质区的淋巴组织相连，由淋巴组织纵行排列而成（图 11-5）。髓窦内的巨噬细胞主要吞噬和清除外来的病原微生物及异物。淋巴结副皮质区内的毛细血管后微静脉（post-capillary venule）也称高内皮小静脉（high endothelial venule）。在中枢免疫器官内发育成熟的 T 细胞和 B 细胞经血液循环穿过高内皮小静脉进入淋巴结的皮质区，再迁移到髓窦（图 11-6）。

淋巴结的主要功能是作为成熟 T 细胞和 B 细胞的重要定居地，参与淋巴细胞再循环，滤过淋巴液，产生免疫应答。当局部感染时，细菌、病毒或癌细胞等可沿淋巴管侵入，引起局部淋巴结肿大。

☞ 局部淋巴结指引流某个器官或某个部位淋巴的第一级淋巴结，临床上统称为哨卫淋巴结。

3. 黏膜免疫系统

黏膜系统是机体防御病原微生物从黏膜入侵的重要屏障，也是发生黏膜免疫应答的场所。机体约一半的淋巴组织存在于黏膜系统。黏膜免疫系统（mucosal immune

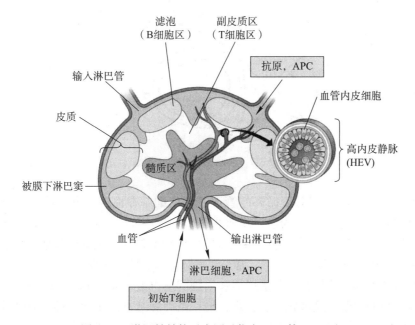

图 11-5 淋巴结结构示意图（仿自 Punt 等，2018）

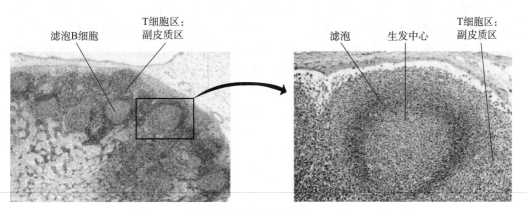

图 11-6 淋巴结组织切片图（引自 Punt 等，2018）

system）包括分布于黏膜固有层及上皮组织内散在的免疫细胞、淋巴组织及淋巴结等，常见于呼吸道黏膜、消化道黏膜、泌尿生殖道黏膜、扁桃体及阑尾等部位。小肠黏膜上许多密集在一起的淋巴小结组成的卵圆形的淋巴组织区称为派氏集合淋巴结（Peyer's patch node，PP 结）。PP 结是小肠黏膜免疫系统的重要组成部分。小肠表面覆盖着一层微皱褶细胞，又称 M 细胞。M 细胞能识别胃肠道内外来的病毒和病原菌等抗原物质，进行吞噬后将肠腔内抗原转运给巨噬细胞和树突细胞，进而呈递给 T 细胞，激活肠道局部的 T 细胞和 B 细胞，产生局部的黏膜免疫应答（图 11-7）。

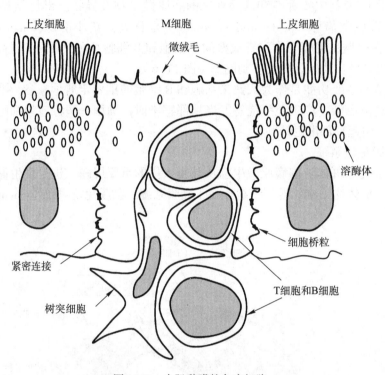

图 11-7　小肠黏膜的免疫细胞

淋巴管是淋巴液回归血液循环的管道。免疫细胞在血液、淋巴液、淋巴器官和组织间反复循环的过程，称为淋巴细胞再循环（lymphocyte recirculation）。淋巴管包括毛细淋巴管、淋巴管、淋巴干及淋巴导管。组织液进入毛细淋巴管成为淋巴液，进入淋巴系统。浅层淋巴管位于皮下，常与浅静脉伴行，收集皮肤和皮下组织的淋巴液。深层淋巴管与深部血管伴行，收集肌肉和内脏的淋巴液。血液循环中的免疫细胞通过脾动脉进入脾的白髓，经脾索、脾血窦，最后由脾静脉进入血液循环。流经淋巴结的血液循环中的免疫细胞穿越高内皮小静脉进入淋巴结的相应区域定居，再由输出淋巴管经淋巴干、胸导管或右淋巴导管重新进入血液循环。血液循环中的免疫细胞还可穿过毛细血管壁进入组织间隙，通过淋巴液回流返回血液循环。机体通过淋巴细胞再循环实现了体内免疫细胞的合理分布，且各部位的免疫细胞不断得到相应的补充，有利于免疫细胞与外来抗原的充分接触，并使活化后的免疫细胞能及时迁移到炎症部位，产生有效的免疫应答。淋巴细胞再循环使得某些免疫细胞选择性地迁移并定居在外周淋巴组织和器官的特定区域，称为淋巴细胞归巢（lymphocyte homing），此过程是在免疫细胞表面的归巢受体及其对应配体分子的相互作用下完成的。

鸟类的中枢免疫器官包括胸腺、腔上囊 [cloacal bursa，又称法氏囊（bursa of Fabricius）] 和骨髓。鸟类的外周器官包括脾、淋巴结和哈德腺（Harder's gland），胸腺、脾和淋巴结基本结构与人类的基本相似。腔上囊是鸟类动物特有的中枢淋巴器官，由于被意大利解剖学家法布里休斯（Hieronymus Fabricius）发现，又被称法氏囊。法氏囊位于泄殖腔的后上方，在幼体时期发达，成体后则失去囊腔形成具有淋

☞ 摘除法氏囊的雏鸡血液中缺乏 γ 球蛋白，且没有浆细胞，注射疫苗也不会产生抗体。

巴上皮的腺体结构。法氏囊是鸟类 B 淋巴细胞分化和发育的主要场所，也是抗体形成所必需的。人类和哺乳动物没有腔上囊，其功能由骨髓代替。哈德腺又称瞬膜腺，仅在部分动物存在，在鸟类则较发达。哈德腺位于眼窝中腹部，眼球后的中央，分布有 T 细胞和 B 细胞，能够在接受抗原刺激后分泌特异性抗体，抗体通过泪液被带入上呼吸道黏膜，在上呼吸道免疫中发挥重要作用。

☞ 鸡新城疫的弱毒疫苗等通过滴眼免疫，主要在哈德腺进行免疫应答，产生抗体。

（二）免疫细胞与免疫分子

免疫系统中的免疫细胞及免疫分子作为免疫系统的重要组成部分，在机体免疫过程中发挥着重要的作用。免疫细胞包括所有参与或辅助机体免疫应答产生的细胞。根据参与机体免疫应答类型的不同，免疫细胞可分为先天性免疫细胞及获得性免疫细胞。先天免疫细胞主要包括中性粒细胞、单核 - 巨噬细胞、树突细胞、自然杀伤（natural killer，NK）细胞和 NK T 细胞等。获得性免疫细胞主要包括 T 细胞和 B 细胞。各种免疫细胞的特点及功能将在第二节进行介绍。

免疫分子（immune molecule）主要指由一些免疫活性细胞或相关细胞分泌的参与机体免疫反应或免疫调节的蛋白质及多肽物质，主要包括免疫球蛋白、补体和细胞因子等效应分子，以及免疫细胞膜表面表达的各类分子（包括主要组织相容性复合体、白细胞分化抗原、黏附分子和各种受体）。

1. 免疫球蛋白（immunoglobulin，Ig）

抗体（antibody，Ab）是 B 细胞在抗原刺激下分化为浆细胞并分泌产生的球蛋白，能够与相应抗原发生特异结合。免疫球蛋白指的是具有抗体活性的或化学结构与抗体相似的球蛋白。抗体属于免疫球蛋白，但免疫球蛋白并非都具有抗体活性。如 B 细胞表面的 Ig 分子，只能与特异性抗原结合，并无抗体活性。

☞ Ig 通常具抗体活性，但因其为结构复杂的大分子糖蛋白，故也具抗原性。将 Ig 作为免疫原，可在异种动物、同种异体或自身体内诱导产生不同程度的免疫反应。

（1）抗体的基本结构

天然抗体分子由两条相同的相对分子质量较大的重链（heavy chain，H）和两条相同的相对分子质量较小的轻链（light chain，L）构成。H 链和 L 链之间通过二硫键连接，而链间通过离子键、氢键及疏水作用，形成完整的抗体分子。抗体的类别不同，则其链间二硫键的位置和数量存在差异（图 11-8）。不同抗体的氨基酸序列的差异集中于 H 链和 L 链的近 N 端，将此部分氨基酸序列高度变化的区域称为可变区（variable region，V）。H 链可变区为 V_H，L 链可变区为 V_L。抗体结合抗原的特异

☞ 美国医学家埃德尔曼（Gerald M. Edelman）和英国免疫学家波特（Rodney Robert Porter）因发现了抗体的化学结构而共同获得 1972 年诺贝尔生理学或医学奖。

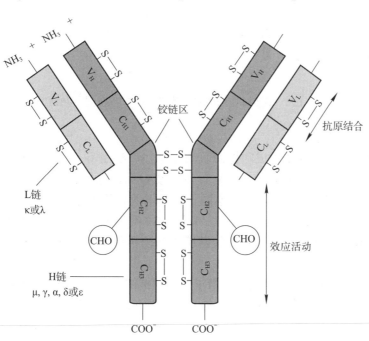

图 11-8　抗体的结构

性源自可变区的氨基酸序列的差异。在 V_H 和 V_L 各有 3 个区域的氨基酸序列和排列顺序高度变化，称为高变区（hypervariable region），此部位是抗原表位的结合部位，与抗原空间构象互补。靠近 H 链和 L 链 C 端的氨基酸序列相对恒定，变化较少，称为恒定区（constant region，C）。L 链和 H 链的 C 区分别称为 C_L 和 C_H。L 链只含一个 C_L 结构域，而 C_H 所含结构域的数量因 Ig 类别而异。IgM 和 IgE 的 C 区含 4 个结构域：C_H1、C_H2、C_H3 和 C_H4，而 IgG、IgD 和 IgA 的 C 区含 3 个结构域：C_H1、C_H2 和 C_H3。C 区在维持免疫球蛋白的基本结构和功能发挥中具有重要作用。铰链区（hinge region）位于 C_H1 和 C_H2 之间，不是所有 Ig 都有铰链区，IgM 和 IgE 缺乏铰链区。

　　Ig 分子铰链区对蛋白酶敏感，可被不同蛋白酶水解为各种片段。在木瓜蛋白酶的作用下，Ig 分子被裂解为三个片段：两个相同的单价抗原结合片段（fragment antigen binding），称为 Fab 段；以及一个可结晶的片段（fragment crystalizable）的 Fc 段。在胃蛋白酶作用下裂解为一个大片段和若干小分子碎片：大片段称为 F（ab'）$_2$，由两个 Fab 段和铰链区组成；小分子碎片 PFc' 无生物活性；在巯基乙醇还原下形成 H 链和 L 链（图 11-9）。

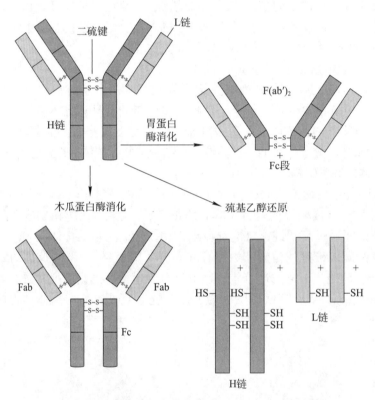

图 11-9　免疫球蛋白的水解片段（引自 Punt 等，2018）

（2）抗体的类型

　　抗体 H 链氨基酸残基组成和排列顺序有 α、γ、δ、ε 和 μ 五种，将对应的含有不同 H 链的 Ig 分为五类：IgM、IgG、IgA、IgD 及 IgE。根据同一 Ig 分子的 H 链氨基酸残基组成和二硫键数目与位置差异不同，将 Ig 分为不同亚型：IgG 分为 IgG1、IgG2、IgG3 和 IgG4 共 4 个亚型；IgA 分为 IgA1 和 IgA2 两个亚型；IgM、IgD 和 IgE 目前尚未发现不同亚型。抗体 L 链氨基酸残基组成和排列顺序有 κ 或 λ 两型，正常人血清中 κ 链大约是 λ 链含量的 2 倍。

　　IgM 是机体受到外来抗原刺激后最早产生的抗体，发挥早期抗感染作用。

　　IgG 是血清中含量最多的 Ig。人的 IgG 分为 IgG1、IgG2、IgG3 和 IgG4 共 4 个亚型。IgG 是唯一能主动穿过胎盘的抗体，发挥天然被动免疫作用，保护幼畜及新生儿抗感染。再次免疫应答时 B 细胞产生的抗体主要是 IgG，是主要的抗感染抗体。

IgA 包括血清型和分泌型两种，血清型 IgA 是单体分子，免疫作用较弱。分泌型 IgA（secretory IgA）为二聚体，主要存在于呼吸道、消化道、泌尿生殖道黏膜表面以及唾液、眼泪和乳汁中，在黏膜抗感染免疫中发挥重要作用。

IgD 在血清中含量很低，易被蛋白酶水解，故半衰期短。IgD 包括血清型和膜型，血清型 IgD 的功能尚不明确；膜型 IgD 是 B 细胞抗原受体组分，是 B 细胞发育成熟的标志，参与抗原的特异识别。B 细胞活化后，其细胞表面的 IgD 逐渐消失。

IgE 是在血清中含量最少的一类免疫球蛋白，主要由黏膜固有层中的浆细胞合成，半衰期最短。IgE 具有很强的亲细胞性，可与肥大细胞和嗜碱性粒细胞膜上的高亲和性 Fc 受体结合，形成致敏细胞，介导 I 型超敏反应。此外，IgE 还参与抗寄生虫感染免疫。

超敏反应（hypersensitivity）是指机体受到抗原持续性刺激或同一抗原再次刺激后，产生的一种以生理功能紊乱和组织细胞损害为主的特异性免疫应答，本质上属于异常或病理性的免疫应答，具有特异性和记忆性。根据反应发生速度、发病机制和临床特征，将其分为 I、II、III 和 IV 型。I 型超敏反应发生快，消退也快，以生理功能紊乱为主，由 IgE 介导产生，无补体参与，有明显个体差异和遗传倾向，故又称速发型超敏反应、变态反应（allergy）或过敏反应（anaphylaxis），是临床最常见的一类超敏反应。II 型超敏反应是由 IgG 或 IgM 与靶细胞表面相应抗原结合后，在补体、吞噬细胞和 NK 细胞等参与下，引起的以细胞溶解或组织损伤为主的病理性的免疫反应，又称细胞溶解型或细胞毒型。III 型超敏反应又称免疫复合物型或血管炎型超敏反应，是由中等大小可溶性免疫复合物在一定条件下沉积于局部或全身毛细血管基底膜，通过激活补体和在血小板、嗜碱性粒细胞、中性粒细胞参与下，引起以充血水肿、局部坏死和中性粒细胞浸润为主要特征的炎症性病理损伤。IV 型超敏反应是由效应性 T 细胞与相应抗原作用后，引起以单核细胞浸润和组织细胞损伤为主要特征的炎症反应。此类超敏反应发生较慢，当机体在此接受同一抗原刺激后，常需要经过 24~72 h 才出现炎症反应，故又称迟发性超敏反应（delayed type hypersensitivity）。

（3）抗体的生物学功能

① 特异性结合抗原：抗体可直接与病原微生物的抗原特异性结合，能够封闭病原体和毒素的毒力结构，发挥中和作用。抗体本身与微生物上的抗原结合不能直接杀伤带有特异抗原的靶细胞，通常需要补体或巨噬细胞等共同发挥效应以清除病原微生物。

② 激活补体：当抗体与抗原结合时，其铰链区构型发生改变，暴露 IgG 的 C_H2 或 IgM 的 C_H3 结构域的补体结合位点，激活补体的经典途径；凝聚的 IgA、IgG4 和 IgM 可激活补体的旁路途经，导致对靶细胞的杀伤和溶解作用。

③ 结合 Fc 发挥效应：体内多种细胞具有 Ig 的 Fc 受体。抗体的 Fc 段与吞噬细胞表面的 Fc 受体（FcγR）结合，促进其吞噬功能的作用称为抗体的调理作用。抗体的 Fc 段可与 NK 细胞、巨噬细胞、单核细胞的 FcγR 结合，发挥抗体依赖的细胞介导的细胞毒作用（antibody dependent cell-mediated cytotoxicity），导致靶细胞溶解。IgE 的 Fc 段可与肥大细胞及嗜碱性粒细胞的受体结合，促使生物活性物质的合成和释放，引起 I 型超敏反应。母体 IgG 能通过 Fc 段选择性结合胎盘滋养层细胞表达的新生 Fc 受体，转移到滋养层细胞内，再进入胎儿血液循环。分泌型 IgA 可通过黏膜上皮细胞进入消化道及呼吸道黏膜表面，参与黏膜免疫。

目前可通过传统的方法用抗原免疫动物或通过细胞工程和基因工程技术分别制备多克隆抗体（polyclonal antibody）、单克隆抗体（monoclonal antibody）或基因工程抗体（genetic engineering antibody）。

☞ 临床常见的 I 型超敏反应性疾病如药物过敏性休克、花粉过敏引起的过敏性鼻炎或支气管哮喘、食物过敏和皮肤过敏等。

☞ 临床常见的 II 型超敏反应性疾病如输血反应、新生儿溶血症（母子 Rh 血型不符引起的）和自身免疫性溶血性贫血等。

☞ 临床常见的 III 型超敏反应性疾病如在反复注射抗原（如狂犬病疫苗、胰岛素）后，局部可出现水肿、出血、坏死等炎症反应。

☞ 临床常见的 IV 型超敏反应如感染性变态反应、接触性皮炎和结核菌素的皮试检测等。

2. 补体（complement，C）

补体是存在于机体细胞外液中的一组经活化后具有酶活性的不耐热球蛋白。早在 19 世纪末博尔代（Bordet）通过实验发现，新鲜血液中含有一种不耐热的成分，可辅助特异性抗体介导免疫溶菌作用，故称为补体。正常情况下，多数补体成分以非活化形式存在，经活化后有生物活性，其活化过程是一系列丝氨酸蛋白酶的级联酶解反应。根据补体系统各成分的功能，可将其分为补体固有成分、补体调节蛋白和补体受体。补体固有成分指直接参与补体激活途径的成分，共有 14 个分子：C1（含 C1q、C1r 和 C1s）、C2、C3、C4、C5、C6、C8、C9、B 因子、D 因子和 P 因子。

补体调节蛋白以可溶性或膜结合形式存在，通过调节补体激活途径中的关键酶来控制补体活化强度和范围的蛋白分子，包括血浆中的 H 因子、I 因子和 C1 抑制物等；以及存在于细胞膜表面的膜辅助蛋白（CD46）和衰变加速因子（decay acceleration factor）等。补体受体（complement receptor，CR）存在于不同细胞膜表面，有 CR1-CR5、C3aR 和 C5Ar，其能与相应的补体活性片段结合，介导多种生物效应。机体多种组织细胞均能合成补体，其中干细胞和巨噬细胞是补体产生的主要细胞。感染部位的单核 / 巨噬细胞可产生全部补体成分。补体的代谢率极快，每天约有一半血浆补体被更新。在疾病状态下，补体代谢变化更为复杂。

3. 细胞因子（cytokine，CK）

细胞因子是由活化的免疫细胞和某些基质细胞合成和分泌的高活性、多功能的小分子物质。细胞因子均为低分子量的多肽或糖蛋白，是在免疫细胞活化和效应阶段产生的，其可以通过自分泌、旁分泌及内分泌的方式，通过与靶细胞表面相应的受体结合发挥作用。一种细胞可以分泌多种细胞因子，一种细胞因子可由多种细胞产生。细胞因子通过与其受体结合发挥其作用。细胞因子受体属于跨膜蛋白，其胞外区与相应细胞因子结合，胞浆区启动受体激活后的信号转导，进而发挥其生物学作用。一般按照细胞因子的结构和功能，将其分为白细胞介素、干扰素、肿瘤坏死因子、集落刺激因子、趋化因子和生长因子共 6 类。

白细胞介素（interleukin，IL）主要由白细胞产生，并在白细胞间发挥作用而得名。目前发现其来源和靶细胞都很广泛。目前发现有 38 种：IL-1 至 IL-38。IL 主要调节细胞间相互作用，参与造血和炎症过程。

干扰素（interferon，IFN）因具有干扰病毒的感染和复制的功能而得名。根据来源和理化性质的不同，将其分为 I 型和 II 型 IFN。I 型 IFN 包括 IFN-α 和 IFN-β，II 型 IFN 即 IFN-γ。I 型 IFN 主要发挥抗病毒、免疫调节等作用，而 II 型 IFN 主要激活巨噬细胞、抗病毒和诱导 Th 细胞分化。

肿瘤坏死因子（tumor necrosis factor，TNF）是一种能使肿瘤发生出血坏死的细胞因子，包括 TNF-α 和 TNF-β。活化的单核巨噬细胞产生 TNF-α，激活的 T 细胞产生 TNF-β，其主要发挥杀死和抑制肿瘤、免疫调节、促进炎症反应和抗病毒作用。

集落刺激因子（colony stimulating factor，CSF）指的是能刺激体外半固体培养基中的骨髓造血前体细胞的细胞集落形成和生长的细胞因子，包括粒细胞集落刺激因子（G-CSF）、巨噬细胞集落刺激因子（M-CSF）、粒细胞 - 巨噬细胞集落刺激因子（GM-CSF）等。此类细胞因子的功能主要是刺激不同发育阶段的 HSC 和祖细胞的增殖分化，还可促进成熟细胞的功能。

趋化因子（chemokine）是一类对靶细胞具有激活和趋化作用的同源细胞因子。分为 4 个亚家族：CC 亚家族、CXC 亚家族、C 亚家族和 CX3C 亚家族。CC 亚家族：近 N 段有 2 个相邻的半胱氨酸，如对单核、T、嗜碱性和树突细胞有区划和激活作用的单核细胞区化蛋白 -1（MCP-1）。CXC 亚家族：其 N 端有 1 个 CX（任意其他氨基酸）C 基序，如趋化白细胞到达急性炎症部位的 IL-18。C 亚家族：其近 N 端只有 1 个半胱氨酸，如对 T、NK 和树突细胞有趋化作用的淋巴细胞趋化蛋白。CX3C 亚家族：其 N 端有 1 个 CX3（3 个任意其他氨基酸）C 基序。

除上述细胞因子外，还有转化生长因子（TGF-β）、血管内皮生长因子（VEGF）和表皮生长因子（EGF）等。

4. 白细胞分化抗原（leukocyte differentiation antigen）和 CD 分子

白细胞分化抗原是指 HSC 分化成熟为不同谱系、各个谱系分化的不同阶段以及成熟细胞活化过程中，出现或消失的细胞表面标记分子。通常，以单克隆抗体鉴定为主要方法，将来自不同实验室的单克隆抗体所识别的同一种分化抗原归为一个分化群（cluster of differentiation，CD）。CD 分子是位于细胞膜上的一类分化抗原的总称，其种类多，分布也很广。用 CD 加数字序号命名细胞表面抗原或分子，目前人类 CD 分子编号从 CD1 到 CD350。与 T 细胞功能相关的主要是 CD3、CD4、CD8、CD28 和 CD45 分子等。与 B 细胞功能相关的主要是 CD19、CD20 和 CD40 分子等。CD 分子作为功能性生物分子，参与多种生物学效应。

5. 黏附分子（adhesion molecule）

黏附分子指一类调节细胞与细胞间、细胞与细胞外基质间相互接触和结合的一类分子。黏附分子大多为糖蛋白，少数为糖脂。黏附分子分为整合素家族（integrin family）、选择素家族（selectin family）、免疫球蛋白超家族（immunoglobulin superfamily）、钙黏素或钙离子依赖的细胞黏附素家族（Ca^{2+}-dependent cell adhesion molecule family，cadherin）。整合素分子在体内分布广泛，其配体是细胞外基质，具有参与免疫细胞间黏附、调节机体发生和发育、参与伤口修复及血栓形成等多种生物学功能。选择素表达于白细胞、活化的内皮细胞和血小板表面，具有参与炎症发生、淋巴细胞归巢、凝血及肿瘤转移等生物学过程的功能。免疫球蛋白超家族成员均以配体或受体方式表达于细胞表面，介导细胞间黏附和信号传递，参与免疫细胞发育分化、炎症反应、淋巴细胞归巢和再循环。钙黏素家族是在 Ca^{2+} 存在时可以抵抗蛋白酶的水解，介导细胞间相互聚集的一类黏附分子，对生长发育中的细胞选择性聚集具有重要意义。

6. 主要组织相容性复合体（major histocompatibility complex，MHC）

MHC 早期是在组织器官移植中被发现的、引起排斥反应的抗原，称为移植抗原（transplantation antigen）或组织相容性抗原（histocompatibility antigen）。机体参与排斥反应的抗原系统有 20 多个，引起迅速和强烈排斥反应的抗原为 MHC。MHC 指的是包含编码 MHC 分子的基因及其相关基因的 1 个染色体区域。人的 MHC 称为人类白细胞抗原（human leukocyte antigen，HLA）基因复合体，位于第 6 号染色体上。HLA 分为 I 类基因、II 类基因和免疫功能相关基因 3 个区。HLA I 类基因有 HLA-A、HLA-B 和 HLA-C 3 个座位，其编码产物称为 HLA I 类分子。I 类基因只编码 HLA I 类分子的 H 链，L 链即 β2 微球蛋白的编码基因位于第 15 号染色体上。HLA I 类基因包括 HLA-DR、HLA-DP 和 HLA-DQ 3 个亚区，其编码产物称为 HLA II 类分子（表 11-1）。小鼠的 MHC 被称为 H-2 基因复合体，位于 17 号染色体上。I 类基因包含 K、D 和 L 3 个座位，I 类基因编码 I 类分子的 H 链，L 链即 β2 微球蛋白的编码基因位于第 2 号染色体上。II 类基因由 Ab、Aa、Eb 和 Ea 共 4 个座位组成，分别编码 Aβ、Aα、Eβ 和 Eα 四种肽链，A 和 Aα 肽链形成异二聚体的 I-A 分子，Eβ 和 Eα 肽链形成异二聚体的 I-E 分子（表 11-2）。

表 11-1 人 HLA 复合体

MHC	I			II						III	
基因产物	HLA-B	HLA-C	HLA-A	HLA-DP		HLA-DQ		HLA-DR		C′蛋白	TNF 淋巴毒素
	α	α	α	α	β	α	β	α	β		

表 11-2　小鼠 MHC 复合体

MHC	H2-K	Ⅰ		Ⅱ				Ⅲ	
基因	α	H2-D	H2-L*	H2-A		H2-E		C′ 蛋白	TNF
产物		α	α	α	β	α	β		淋巴毒素

　　MHC Ⅰ 类分子广泛分布于机体有细胞核的细胞表面。不同组织细胞表达 MHC Ⅰ 类分子的密度不同，白细胞、脾、淋巴结及胸腺免疫细胞表达最高，肌肉、神经组织和角膜细胞表达最少。MHC Ⅰ 类分子的重要生理功能是将加工处理好的抗原肽呈递给 CD8+ T 细胞，参与细胞免疫应答。正常生理情况下，MHC Ⅱ 类分子主要表达在 DC、B 细胞、单核 / 巨噬细胞等专职的 APC 细胞上，病理情况下某些细胞可异常表达 MHC Ⅱ 类分子，如胰岛的 β 细胞。MHC Ⅱ 类分子主要功能是加工处理外源性抗原为抗原肽，呈递给 CD4+ T 细胞，参与细胞免疫应答。

二、免疫系统的功能

　　免疫系统的生理功能主要表现在三个方面。①免疫防御（immune defense）：免疫系统通过产生正常的免疫反应来清除外来的病原微生物（细菌、真菌、病毒、支原体、衣原体和寄生虫等），达到自我防御的目的。②免疫监视（immune surveillance）：免疫系统识别体内发生突变的细胞，并通过免疫反应进行清除，防止肿瘤的发生。③免疫自稳（immune homeostasis）：免疫系统识别和清除自身衰老或损伤的细胞，并识别自身抗原，通过进行免疫调节以维持机体内环境的平衡和稳定。机体在正常的生理状态下，免疫系统通过调节免疫应答的平衡发挥其保护性作用，但当免疫功能异常时则会使机体发生病理变化，引起免疫相关性疾病。

第二节　免疫应答

　　正常生理状态下，机体免疫系统通过识别"自己"和"异己"，对外来抗原产生正向免疫应答以清除抗原，而对自身抗原产生负向应答，以维持自身动态平衡与相对稳定，避免发生自身免疫疾病。机体免疫系统对抗原产生的正向免疫应答可分为先天性免疫（innate immunity）和获得性免疫（adaptive immunity）两类。先天性免疫也称固有免疫，是机体天然具备的免疫防御功能，不具有特异性；获得性免疫也称适应性免疫，是机体与抗原接触后激发的免疫反应。机体免疫系统对特定抗原刺激形成的特异性免疫低应答或无应答状态，称为免疫耐受（immune tolerance）。引起变态反应的抗原称为变应原（allergen）。诱导免疫耐受的抗原称为耐受原（tolerogen）。

一、抗原

　　抗原（antigen，Ag）是指能够刺激机体免疫系统产生免疫应答，并与免疫应答产物结合，发生特异性反应的物质。正常生理状态下，机体免疫系统在无外来抗原刺激时处于静止状态。当抗原进入免疫系统被相应的免疫细胞识别后，会引起免疫应答。抗原具备免疫原性（immunogenicity）和免疫反应性（immunoreactivity）两个重要特性。免疫原性指抗原诱导机体发生特异性免疫应答，产生抗体或致敏免疫细胞的能力。免疫反应性又称抗原性（antigenicity），指抗原能与相应的免疫效应物质（抗体或致敏淋巴细胞）在体内外发生特异性结合的能力。同时具有免疫原性和

☞ 一般来说，具有免疫原性的物质同时具有抗原性，但反之不然。

抗原性的物质称为完全抗原（complete antigen），大多为分子量较大的蛋白质。仅具有抗原性而不具有免疫原性的物质称为半抗原（hapten）或不完全抗原（incomplete antigen），多为小分子化合物，常与大分子载体偶联成为完全抗原，即可诱导产生针对半抗原的抗体。常见的半抗原有多糖、类脂、核酸和某些小分子化合物和药物等。

（1）抗原的分类

抗原种类较多，根据不同标准可分为不同种类。

① 根据产生抗体时是否需要辅助性 T 细胞（T helper cell，Th）的参与，可将抗原分为胸髓依赖性抗原（thymus dependent antigen，TD-Ag）和非胸腺依赖性抗原（thymus independent antigen，TI-Ag）。大多数 TD-Ag 为蛋白质抗原，刺激 B 细胞产生抗体时依赖于 Th 细胞的辅助，如病原微生物、血细胞和血清蛋白等。TI-Ag 刺激机体 B 细胞产生抗体时不需要 Th 细胞的辅助，如细菌的脂多糖（lipopolysaccharide，LPS）、荚膜多糖及聚合鞭毛素等少数抗原。

② 根据抗原与机体的亲缘关系可将抗原分为异种抗原、同种异型抗原、自身抗原和异嗜性抗原（heterophilic antigen）。异种抗原指来自另一物种的抗原性物质，包括病原微生物、细菌及其产物和动物免疫血清。同种异型抗原指同一物种不同个体间存在的抗原，又称同种抗原，如血型抗原及人的 HLA。自身抗原指能够引起机体自身免疫应答的自身组织成分。异嗜性抗原指存在于微生物、动物及人之间的共同抗原，与种属无关，如传染性单核细胞增多症病原体（EB 病毒）与绵羊红细胞之间有共同抗原，临床可根据患者血清能否与绵羊红细胞发生凝集反应来诊断患者是否感染了 EB 病毒。

人工抗原是指经过人工改造或人工构建的抗原，包括合成抗原与结合抗原两类。合成抗原是依据蛋白质的氨基酸序列，用人工方法合成蛋白质肽链或一段短肽，并与大分子载体连接，使其具有免疫原性。结合抗原是将天然的半抗原（如小分子的动、植物激素、药物分子、化学元素等）与大分子的蛋白质载体连接，使其具有免疫原性的抗原，一般用于免疫动物以制备出针对半抗原的特异性抗体。

（2）抗原的特异性

抗原的特异性是指抗原刺激相应的免疫细胞使其活化并产生特定的免疫应答，以及抗原只能与相应的免疫应答产物（抗体或效应 T 细胞）结合产生免疫效应。抗原的特异性是引起获得性免疫应答的重要因素。抗原分子中具有一定组成和结构、能与其相应抗体或致敏淋巴细胞发生特异性结合的化学基团，称为抗原决定簇（antigenic determinant），也称抗原表位（epitope）。由蛋白质分子一级结构中连续性排列的氨基酸组成的称为线性表位（linear epitope），又称顺序表位（sequential epitope）；由不连续排列的若干氨基酸组成的，在空间上形成特定构象的称为构象表位（conformation epitope），该表位依赖于蛋白质肽链的空间折叠。在免疫应答中，与 T 细胞表面识别受体（T cell receptor，TCR）结合的抗原表位称为 T 细胞抗原表位，大多为线性表位。T 细胞抗原表位需要抗原经过 APC 加工，并与其 MHC 分子结合呈递到细胞表面才能被 TCR 识别。与 B 细胞表面识别受体（B cell receptor，BCR）结合的抗原表位称为 B 细胞抗原表位，一般为构象表位。B 细胞表位可直接与 BCR 识别，无需 APC 细胞加工呈递。

抗原表位是免疫细胞和抗体分子识别抗原的标志，是免疫反应具有特异性的基础。抗原分子越大，决定簇的数目越多。一个抗原分子上能与相应抗体发生特异结合的抗原决定簇总数称为抗原结合价。大多天然抗原分子表面具有许多相同或不同的抗原决定簇，能与相应的抗体分子结合，称为多价抗原；有些抗原只能与一种抗体分子中的一个抗原结合部位结合，称为单价抗原，如肺炎球菌荚膜多糖水解产物只有一种抗原决定簇。抗原表位的性质、数目、位置和空间构象都会影响抗原的特异性。

☞ 通常蛋白质类表位含 5~15 个氨基酸残基，多糖类表位含 5~7 个单糖残基，核酸类表位含 5~7 个核苷酸残基。

☞ 同一抗体对具有相同或相似抗原决定簇的不同抗原的反应，称为交叉反应。

（3）影响抗原免疫原性的因素

抗原的免疫原性与抗原的异物性、抗原的理化性质、抗原进入机体的方式和宿主方面的因素均有关。

在个体发育中，机体的免疫系统对自身抗原产生耐受，即不能识别，不产生免疫应答，而对"非己"抗原能够识别，并产生免疫应答。凡化学结构与机体自身成分不同或与机体免疫系统从未接触过的物质称为"异物"。抗原免疫原性的本质是异物性，一般来说抗原与宿主的亲缘关系越远，异物性越强，其免疫原性就越强。如鸡的卵清蛋白引起鸭的免疫应答较弱，但能够刺激家兔较强的免疫应答。

抗原的理化性质包括化学性质、分子量、分子结构、空间构象及其物理性状。一般蛋白质成分的天然抗原具有较强的免疫原性，如糖蛋白、脂蛋白、多糖类（血型抗原）及 LPS（细菌内毒素）等。正常生理状态下核酸分子一般不具有免疫原性，但在肿瘤或细胞过度活化状态下，某些 DNA 和组蛋白也具有免疫原性并可能诱导相应自身抗体产生。某些条件下，核酸与载体蛋白连接后免疫原性增强。脂类物质一般无免疫原性。通常，抗原分子分子量越大，其免疫原性越强。抗原分子质量小于 5 kD 或大于 10 kD 大多无免疫原性。抗原的空间构象决定其能否与免疫细胞表面的抗原受体结合，抗原表位与免疫细胞表面的受体相互接触的容易程度不同，则表现出的免疫原性不同。如环状结构的蛋白质比其直链分子免疫原性更强，蛋白聚合体比其单体分子免疫原性更强，颗粒性抗原较其可溶性抗原免疫原性更强。

抗原的剂量、免疫途径、次数、免疫间隔时间和佐剂不同，刺激机体免疫系统产生的免疫应答类型和强度不同。抗原剂量需要通过免疫实验来确定，剂量过高或过低均可能引起免疫耐受。免疫途径包括皮内注射、皮下注射、肌肉注射、腹腔注射、静脉注射、口服、吸入及黏膜系统给药（滴鼻、灌胃等）等，不同免疫途径激发的免疫应答类型、程度和机制不同。免疫次数、免疫间隔时间和佐剂都会对抗原引起的免疫应答产生影响。不同的抗原需要进行实验来确定其最佳的免疫次数、间隔时间及佐剂，以达到理想的免疫效果。

不同动物个体对抗原产生免疫应答的能力存在差异。正常生理状态下成年动物比幼年和老年动物对抗原的免疫应答能力更强，雌性动物比雄性动物产生的抗体水平更高。病原微生物感染或免疫使用抑制剂都会影响机体免疫系统针对抗原产生的免疫应答。

☞ 佐剂（adjuvant）是指一种先于抗原或与抗原混合同时注入动物体内，能非特异性地改变或增强机体对该抗原的特异性免疫应答，发挥辅助作用的物质。不同类型佐剂的效应不同，如弗氏佐剂主要诱导 IgG 类抗体，明矾佐剂诱导产生 IgE 类抗体。

二、先天性免疫

先天性免疫是动物机体出生时就具有的，是动物在长期进化中逐渐建立起来的针对外来病原体的天然防御功能，可通过遗传获得，是机体的第一道防线。

（一）先天性免疫系统组成

先天性免疫由组织屏障、先天性免疫细胞和效应分子共同组成。

1. 组织屏障结构

组织屏障结构包括覆盖在体表的皮肤及与外界相通的腔道内的黏膜，它们共同构成皮肤和黏膜屏障，可机械阻挡病原体的入侵。皮肤和黏膜产生的分泌液含有多种杀菌和抑菌物质，如胃液中的胃酸、泪液、唾液、呼吸道、消化道和泌尿生殖道分泌液中的溶菌酶、抗菌肽等，这些物质组成抵御病原微生物入侵的化学屏障。寄居在皮肤和黏膜表面的正常菌群可通过竞争营养物质或分泌杀菌和抑菌物质等途径抵御病原微生物的侵袭。

2. 先天性免疫细胞

参与先天性免疫的细胞主要有中性粒细胞、单核 / 巨噬细胞、树突细胞和 NK 细胞等。中性粒细胞详见第二章。

（1）单核/巨噬细胞：血液中的单核细胞进入全身组织器官后成为巨噬细胞，可表达 MHC 分子作为 APC，参与介导获得性免疫应答。巨噬细胞因所处部位不同而有不同形态和名称。巨噬细胞具有很强的吞噬功能，可吞噬入侵机体的细菌、异物及机体内衰老死亡的细胞碎片，是参与先天免疫的主要效应细胞。

（2）树突细胞：广泛分布于脑组织外的全身组织和器官，细胞数量较少，因细胞有许多树枝状突起而得名。树突细胞是专职的 APC。在先天性免疫应答早期，树突细胞摄取抗原后，对抗原进行加工和呈递，参与获得性免疫的启动过程。树突细胞还是体内重要的免疫调节细胞，可通过分泌不同的细胞因子来调节免疫反应。

（3）NK 细胞：主要分布于外周血和脾脏，不表达特异性抗原识别受体。研究表明 NK 细胞通过表面的杀伤活化和杀伤抑制受体与靶细胞表面相应配体结合，直接特异性杀伤靶细胞。

3. 效应分子

先天免疫的效应分子主要包括补体、细胞因子、防御素和溶菌酶等。补体主要在抗体存在下，参与灭活病毒、杀灭和溶解细菌及促进巨噬细胞功能。抗原抗体复合物能够激活补体系统，增强对病原微生物的杀伤作用。机体被病原微生物感染后，多种免疫细胞受到刺激后活化产生多种细胞因子，如 IL-1、IL-6、TNF-α、Ⅰ型 IFN 等，参与先天性免疫应答。防御素主要通过增加细胞膜通透性、诱导病原微生物产生自溶酶、趋化和增强吞噬细胞的杀伤效应发挥其功能。

（二）先天性免疫应答

先天性免疫应答是指先天性免疫细胞和效应分子识别并结合病原体及其产物或体内衰老、畸变细胞等抗原性异物后被迅速激活，产生相应的生物学效应，将异物杀伤或清除的过程。先天性免疫应答发生在感染后 $0 \sim 96$ h，先天性免疫细胞不表达特异性抗原受体，但可通过其模式识别受体（pattern recognition receptor，PRR）识别特定微生物及其产物共有的、高度保守的、微生物生存和致病性必需的分子结构，即病原相关分子模式（pathogen associated molecular pattern，PAMP），产生非特异性免疫反应，并启动获得性免疫应答。PAMP 包括 LPS、磷壁酸（lipteichoic acid）、肽聚糖（peptidoglycan）、非甲基化的胞苷酸鸟苷基基序（cytidine phosphate guanosine，CpG）和双链 RNA 等。PRR 普遍表达于先天性免疫细胞表面或体液中，其在进化上十分保守。PRR 主要包括分泌型、膜结合的内吞型、膜结合的信号转导型以及胞质的信号转导型。分泌型 PRR 主要包括甘露糖结合凝集素（MBL）和 C 反应蛋白（C-reactive protein，CRP）。MBL 在肝脏合成，被释放入血清后结合致病微生物表面的甘露糖成分，激活补体或发挥调理作用。CRP 可通过结合细菌细胞壁磷脂酰胆碱来发挥效应。内吞型 PRR 包括清道夫受体和甘露糖受体，主要表达于巨噬细胞，通过介导对病原体的摄入和运输参与抗原的加工和处理。膜结合的信号转导型主要有 Toll 样受体（Toll-like receptor，TLR），目前发现人类有 10 个 TLR 基因，而小鼠有 13 个 TLR 基因。不同 TLR 识别不同的配体，如 TLR4 识别细菌的 LPS，TLR9 可识别很多病毒或细菌中的非甲基化的 CpG 二核苷酸（图 11-10）。TLR 识别 PAMP 后，将先天免疫细胞活化或功能信号传递给获得性免疫细胞，增强获得性免疫反应。胞质的信号转导型 PRR 主要包括 RIG（retinoic-inducible gene，视黄酸诱导基因）样受体和 NOD（nucleotide-binding oligomerization domain，核苷酸结合寡聚化结构域）样受体。先天免疫细胞通过 PRR 与相应病原体的 PAMP 配体识别，启动不同类型和不同程度的获得性免疫反应。

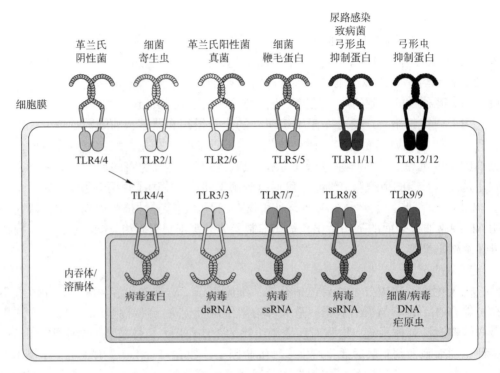

图 11-10　免疫细胞 TLR 的分布（引自 Punt 等，2018）

三、获得性免疫

获得性免疫是指机体接触抗原后，针对此抗原产生的免疫应答，又称特异性免疫（specific immunity）。获得性免疫应答包括 T 细胞介导的细胞免疫应答（cellular immunity）和 B 细胞介导的体液免疫应答（humoral immunity）。获得性免疫应答过程主要包括抗原识别阶段、获得性免疫细胞活化、增殖及分化阶段和效应阶段。

（一）T 细胞和细胞免疫应答

1. T 细胞分化发育

T 细胞是胸腺依赖淋巴细胞（thymus-dependent lymphocyte）的简称。胸腺是 T 细胞分化、繁育和成熟的场所。

不同分化发育阶段的 T 细胞在胸腺微环境中的细胞因子、基质细胞及上皮细胞的诱导和调控下，经历双阴性（double negative）的 $CD4^-CD8^-$ 细胞、双阳性（double positive）的 $CD4^+CD8^+$ 细胞后进入髓质，再经过阳性选择和阴性选择，最终发育为仅表达 $CD4^+$ 或 $CD8^+$ 单阳性（single positive）的成熟 T 细胞，形成具有免疫功能的 T 细胞库。其中，阳性选择发生在胸腺深皮质区，指的是双阳性 T 细胞识别胸腺上皮细胞表面的自身 MHC 分子，能与 T 细胞受体结合的细胞可以存活下来继续分化为 $CD4^+$ 或 $CD8^+$ 的单阳性 T 细胞；95% 以上不能与自身 MHC 分子结合的细胞则发生凋亡。阴性选择发生在皮质和髓质交界处及髓质区，指的是经历阳性选择的细胞如果能和此处细胞表面的自身抗原 –MHC 分子复合物发生高亲和力结合，即被诱导凋亡；反之则继续发育为成熟 T 细胞。经过阴性选择清除了自身反应性 T 细胞克隆，获得了对自身抗原的耐受性，是 T 细胞获得中枢免疫耐受的主要机制（图 11-11）。

2. T 细胞主要表面分子

T 细胞表面表达多种形式不同的功能分子，参与 T 细胞介导的细胞免疫反应，也是区分不同 T 细胞亚群的重要表面标志。主要包括 T 细胞受体（T cell receptor, TCR）、CD3、CD4/ CD8、共刺激分子、细胞因子受体及丝裂原受体等。

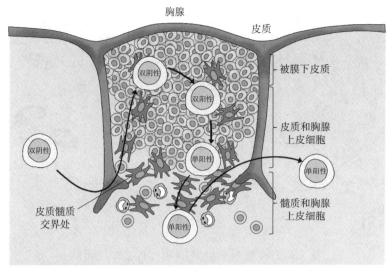

图 11-11 T 细胞发育的微环境（引自 Punt 等，2018）

所有 T 细胞均表达 CD3 分子，故 CD3 分子是鉴定 T 细胞的标记分子。TCR 是 T 细胞的特征性标志，其不能直接识别抗原表位，只能识别 APC 细胞表面呈递的抗原肽 -MHC 复合物，再与 CD3 分子形成 TCR-CD3 分子复合物，将识别的抗原信号传递到细胞内，此为 T 细胞活化的第一信号。CD4 和 CD8 为 T 细胞活化的辅助受体，参与第一信号的传导。CD4 分子主要表达于 Th 细胞，与 APC 细胞表面的 MHC Ⅱ 类抗原结合。CD8 分子主要表达于细胞毒性 T 细胞（cytotoxic T lymphocyte，Tc 或 CTL）表面，与靶细胞表面的 MHC Ⅰ 类抗原结合，加强 T 细胞与 APC 细胞间的亲和力，参与 CTL 细胞活化信号的转导。Th 细胞活化还需要第二信号，即共刺激分子（co-stimulatory molecule）信号，是为初始 T 细胞完全活化提供共刺激信号的细胞表面分子及其配体，包括正向共刺激分子 CD28、可诱导共刺激分子（inducible co-stimulator，ICOS）、CD40 配体（CD40 ligand，CD40L）；负向共刺激分子细胞毒性 T 淋巴细胞相关抗原 4（cytotoxic T lymphocyte antigen 4，CTLA-4/CD152）、程序性死亡因子（programmed death 1，PD-1）。CD28 是第一个被发现的共刺激分子，是协同刺激分子 B7 的受体。B7 分子包括 B7.1（CD80）和 B7.2（CD86）。CD28 与 B7 结合诱导 T 细胞活化。ICOS 分子表达于 T 细胞，其配体为 ICOSL。ICOS 介导的共刺激信号与 CD28 相似。CD40L 主要表达于活化 Th 细胞，其通过刺激 APC 细胞成熟而促进 T 细胞活化。CTLA-4 与 CD28 同源，其配体也是 B7 分子，但其结合 B7 能力显著高于 CD28 分子。CTLA-4 与 B7 结合抑制 T 细胞活化。PD-1 与相应配体结合产生抑制信号，抑制 T 细胞增殖及细胞因子产生，对负调控外周组织中的免疫反应起重要作用。

T 细胞表面表达的很多细胞因子受体，与相应的细胞因子结合，是 T 细胞活化、增殖和分化的第三信号（图 11-12）。T 细胞表面还表达多种丝裂原受体，通过结合丝裂原来非特异性地诱导 T 细胞活化和增殖。刀豆蛋白 A（concanavalin A）和植物血凝集素（phytohemagglutinin）是常用的 T 细胞丝裂原，通过与 T 细胞表面的丝裂原受体结合，可在体外刺激 T 细胞进行非特异性增殖。

2018 年诺贝尔生理学或医学奖授予美国科学家艾里森（James P. Allison）和日本科学家本庶佑（Tasuku Honjo），以表彰他们发现抑制负向免疫调控用于癌症治疗的全新理论和方法。一方面，CTLA-4 蛋白具有负向抑制（刹车）T 细胞受体的功能，而临床肿瘤患者的 T 细胞高表达 CTLA-4。当用单克隆抗体阻断 CTLA-4 通路后，小鼠的肿瘤区域显著减小。有鉴于此，艾里森首次将免疫抑制分子 CTLA-4 引入肿瘤治疗中，并为癌症的治疗提供了全新的策略——抑制负向免疫调控通路，松开"刹车"，使免疫功能正常化。他因此提出的"免疫检查点"理论也成了目前癌症免疫治疗领

☞ 丝裂原（mitogen），又称有丝分裂原，是指非特异性多克隆激活 T/B 细胞发生有丝分裂的物质，无需 APC 呈递，属于非特异性的淋巴多克隆激活剂，广泛应用于机体免疫功能的检测。

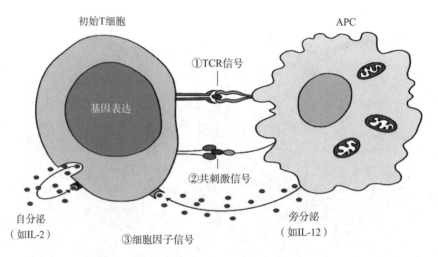

图 11-12　T 细胞激活信号（引自 Punt 等，2018）

域最瞩目的明星。本庶佑首次发现了另一个重要的对 T 细胞受体起抑制作用的受体 PD-1。随后大量的基础和临床实验证实，针对 PD-1 及其配体 PD-L1 通路设计的单克隆抗体对多种肿瘤具有良好的治疗效果。如目前临床广泛应用于实体瘤患者治疗的派姆单抗就是针对该通路的。

3. T 细胞亚群

根据 T 细胞表面标志分子及功能特点，将其分为多个亚群。不同 T 细胞亚群的研究也是近年来免疫学研究的热点之一。

（1）根据 TCR 类型不同 T 细胞分为 αβT 细胞和 γδT 细胞。其中，αβT 细胞即通常所指的 T 细胞，是介导获得性免疫的主要细胞群，其细胞表面表达标志性分子 CD3。根据 CD4 和 CD8 分子表达不同，αβT 细胞可分为 CD4⁺ T 和 CD8⁺ T 细胞。而 γδT 细胞主要分布于皮肤、小肠等黏膜及皮下组织，对抗原多肽识别无 MHC 限制性，主要识别未处理的多肽抗原和 CD1 分子呈递的抗原。γδT 细胞是先天性免疫的组成部分，在皮肤和黏膜抗感染免疫中发挥重要作用。

（2）根据功能不同 T 细胞分为 Th、Tc 和调节性 T 细胞（regulatory T cell，Treg）。Th 细胞主要包括 Th1、Th2、Th17 及 Tfh（follicular helper T cell，滤泡辅助性 T 细胞）等不同的细胞亚群（图 11-13）。未完全分化的 Th 细胞称为 Th0 细胞。Th0 细胞在 IFN-γ 和 IL-2 等细胞因子作用下分化为 Th1 细胞；在 IL-4 等细胞因子作用下分化为 Th2 细胞；在细胞因子 TGF-β 和 IL-6 诱导下分化为 Th17 细胞。Th1 细胞通过分泌 IL-2 和 IFN-γ 等以增强巨噬细胞功能、辅助 B 细胞产生抗体、促进其他 T 细胞亚群活化和增殖等，介导细胞免疫反应，从而在抵御胞内病原体感染中发挥重要作用并参与多种慢性炎症及自身免疫疾病的病理过程。Th2 细胞通过分泌 IL-4、IL-5 和 IL-13 等刺激 B 细胞增殖及产生抗体，参与体液免疫反应。在正常生理条件下，Th1/Th2 处于互相调节和制约的平衡状态，当平衡被破坏会导致机体的病理改变。Th17 是新发现的一个细胞亚群，因其分泌细胞因子为 IL-17 而得名，IL-23 对其分化后增殖和维持起重要作用。Th17 主要通过分泌效应细胞因子 IL-17 和 IL-22 介导多种炎症、自身免疫疾病、抑制排斥反应及肿瘤的发生过程。Tfh 是新发现的一个辅助 B 细胞参与体液免疫的 T 细胞亚群，分布在外周免疫器官的滤泡内。Tfh 细胞表达趋化因子受体 CXCR5，主要通过分泌 IL-21 发挥其功能。

Tc 细胞主要是 CD8⁺ T 细胞，通过细胞表面的 TCR 识别 MHC I 类分子呈递的抗原肽，利用穿孔素（perforin）和颗粒酶（granzyme）等特异性杀伤靶细胞，进而参与 T 细胞免疫应答。Tc 细胞在抗病毒感染、抗肿瘤和移植排斥反应中发挥重要作用。根据所分泌细胞因子的不同，将 Tc 细胞分为 Tc1 和 Tc2 细胞亚群。

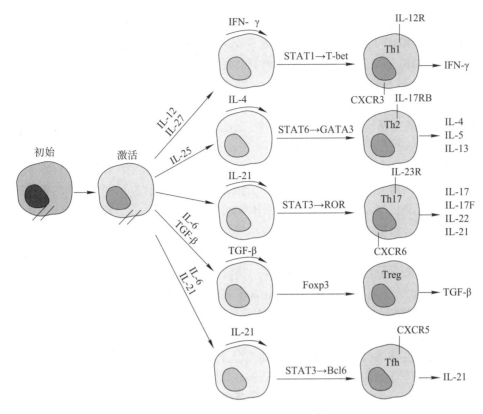

图 11-13 Th 细胞分化（引自 Nurieva 等，2010）

Treg 细胞是一群具有免疫抑制功能的 CD4⁺ T 细胞，分为天然性调节 T 细胞（natural regulatory T cell，nTreg）和诱导性调节 T 细胞（inducible regulatory T cell，iTreg）。nTreg 是机体天然存在的 CD4⁺CD25⁺Foxp3⁺Treg 细胞，占正常人或小鼠外周血及脾 T 细胞的 5%~10%。叉头样转录因子（forkhead helix transcription factor 3，Foxp3）是 Treg 细胞的特征性转录因子，既影响其分化又影响其抑制功能。Treg 细胞主要通过直接接触和分泌细胞因子 TGF-β 及 IL-10 负向调节免疫应答，参与自身免疫疾病、感染性疾病、器官移植及肿瘤等多种疾病的发生和发展。iTreg 细胞是在小剂量抗原及免疫抑制细胞因子作用下由 T 细胞诱导产生的，包括 Tr1 和 Th3 细胞。Tr1 细胞在抗原刺激和 IL-10 诱导下产生，通过分泌 IL-10 和 TGF-β 发挥免疫抑制作用。Th3 细胞是在口服抗原诱导耐受机制中发现的，主要产生 TGF-β，在口服耐受和黏膜免疫中发挥作用。

（3）根据活化阶段可将 T 细胞分为初始 T 细胞、效应 T 细胞和记忆性 T 细胞。初始 T 细胞（naive T cell）指未经抗原刺激的 T 细胞，又称静止 T 细胞，存活期较短，表达 CD45RA 和高水平 L- 选择素（CD62L），主要功能是识别抗原。效应 T 细胞（effector T cell）由初始 T 细胞接受抗原刺激后活化，经过增殖和分化释放效应细胞因子的功能性 T 细胞，表达 CD45RO 和高水平 CD44，以及高亲和力 IL-2 受体（CD25），但 CD62L 表达很低。效应 T 细胞的主要功能是向炎症部位或某些器官组织迁移，在炎症局部发挥其作用。记忆性 T 细胞（memory T cell）可由初始 T 细胞直接分化而来，也可能由效应 T 细胞分化而来，可长期存活，并自发增殖维持一定数量。记忆性 T 细胞表达 CD45RO 和高水平 CD44，当细胞再次遇到抗原刺激后会迅速活化以清除抗原。

4. 细胞免疫应答

（1）抗原加工呈递途径

T 细胞不能直接识别完整的抗原，而需要 APC 细胞将加工后的抗原肽 -MHC 分子复合物递呈给 T 细胞表面的 TCR 识别。在机体特异性免疫应答过程中，能摄取和加工抗原，并将其呈递给 T 细胞的一类细胞称为 APC。DC 细胞、单核 / 巨噬细胞、B 细胞等能表达 MHC Ⅱ 类分子的细胞称为专职 APC，而其他内皮细胞、成纤维细胞等也可以表达 MHC Ⅱ 类分子，也有一定的抗原呈递能力，称为非专职 APC。机体所有的有核细胞都可以表达 MHC Ⅰ 类分子。T 细胞通过 TCR 特异性识别抗原肽，同时还要识别与抗原肽结合的 MHC 分子，称为 MHC 限制性，即 APC 的 MHC Ⅱ 分子结合的外源性抗原只能呈递给 CD4⁺ T 细胞；APC 的 MHC Ⅰ 分子结合的内源性抗原只能呈递给 CD8⁺ T 细胞。

来源于细胞外的抗原称为外源性抗原，如细菌、细胞、蛋白质抗原；细胞内合成的抗原称为内源性抗原，如病毒感染细胞合成的病毒蛋白。两种来源的抗原加工递呈途径过程和机制不同。外源性抗原被 APC 摄入细胞内，形成吞噬小体与溶酶体融合形成内体，被酸性环境中的蛋白酶水解为多肽片段。MHC Ⅱ 类分子在粗面内质网合成，并与恒定链（invariant chain）结合为九聚体，在恒定链引导下进入抗原肽所在的内体。随后恒定链被蛋白酶降解，只留下在 MHC Ⅱ 类分子抗原结合槽内的相关恒定链短肽（class Ⅱ–associated invariant chain peptide，CLIP）。在 HLA–DM 分子协助下，CLIP 被降解，抗原肽与 MHC Ⅱ 类分子融合形成抗原肽 –MHC Ⅱ 复合物，由高尔基体运送至 APC 表面，呈递给 CD4⁺ T 细胞进行识别。此途径称为外源性抗原加工呈递途径，也称溶酶体途径或 MHC Ⅱ 类分子途径。内源性抗原产生于胞质，被胞质内的蛋白酶体降解为多肽片段，由抗原加工相关转运体（transporter associated with antigen processing，TAP）选择性主动转运至内质网腔。在内质网内抗原肽与新合成的 MHC Ⅰ 类分子结合，形成抗原肽 –MHC Ⅰ 类分子复合物，经高尔基复合体转运至细胞膜，呈递给 CD8⁺ T 细胞进行识别。此途径称为内源性抗原加工呈递途径，又称胞质溶胶途径或 MHC Ⅰ 类分子途径（图 11–14）。此外，有些抗原还通过交叉呈递（cross presentation）途径进行抗原呈递。交叉呈递途径指 APC 摄取外源性抗原，进行加工处理后，通过 MHC Ⅰ 类分子途径，形成抗原肽 –MHC Ⅰ 分子复合物，呈递给 CD8⁺ T 细胞。同样，内源性抗原进行加工处理后，也可通过 MHC Ⅱ 类分子途径，形成抗原肽 –MHC Ⅰ 分子复合物，呈递给 CD4⁺ T 细胞。

（2）细胞免疫反应

T 细胞介导的免疫应答，又称细胞免疫反应（cellular immune response），指 T 细胞接受抗原刺激后，发生活化和增殖，分化形成效应性细胞，以排除抗原为目的的生理过程。该应答同时形成 Tm 细胞。初始 T 细胞完全活化需要两个信号刺激，第一为抗原识别信号，即通过 TCR 与 APC 呈递的抗原肽结合，使 T 细胞活化并具有抗原特异性；第二为共刺激分子信号，即 APC 与 T 细胞表面的共刺激分子结合，其中最重要的是 T 细胞表面的 CD28 分子与 APC 表面相应配体 B7 分子的相互作用，以传递信号促进 IL-2 产生，刺激 T 细胞活化和保护 T 细胞免于凋亡。此外，T 细胞活化还需要多种细胞因子的参与，包括 IL-2、IL-4、IL-12 等。被激活的 T 细胞通过有丝分裂发生克隆扩增，并进一步分化为效应 T 细胞，并在趋化因子存在下到达抗原聚集部位。抗原性质和局部微环境中的细胞因子类型是 T 细胞分化为不同效应 T 细胞亚群的关键。如 IL-2 和 IFN-γ 等促进 Th0 细胞分化为 Th1 细胞；IL-4 等促进 Th0 细胞分化为 Th2 细胞；IL-1β 和 IL-6 促进 Th0 细胞分化为 Th17 细胞，进而发挥各自细胞亚群的应答效应。同样，CTL 细胞可接受靶细胞的抗原及共刺激分子刺激信号，增殖和分化为效应细胞，主要通过释放穿孔素和颗粒酶来杀伤靶细胞。

（二）B 细胞和体液免疫应答

成熟 B 细胞主要分布于淋巴结的淋巴小结、脾的淋巴小结及外周血内。B 细胞是不均一的细胞群体，其表面标记分子是识别抗原、接受信号刺激产生应答的物质基础，也是其分为不同细胞亚群的重要依据。成熟的初始 B 细胞如未遇到抗原，在数

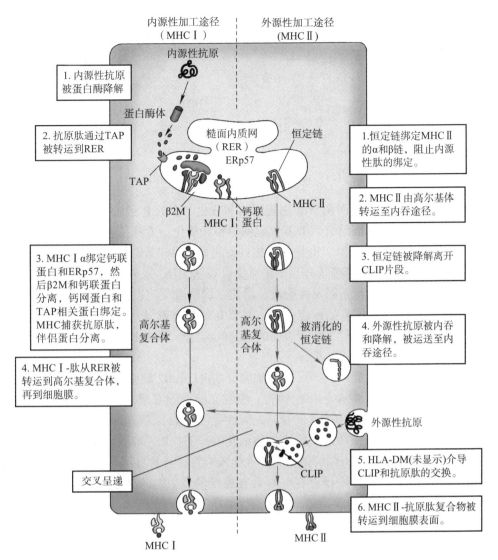

内源性加工途径
（MHC I）

外源性加工途径
（MHC II）

内源性抗原

1. 内源性抗原
被蛋白酶降解

蛋白酶体

糙面内质网
（RER）
ERp57

恒定链

1. 恒定链绑定MHC II
的α和β链，阻止内源
性肽的绑定。

2. 抗原肽通过TAP
被转运到RER

TAP

β2M

钙联
蛋白

MHC I

MHC II

2. MHC II由高尔基体
转运至内吞途径。

3. MHC I α绑定钙联
蛋白和ERp57，然
后β2M和钙联蛋白
分离，钙网蛋白和
TAP相关蛋白绑定。
MHC捕获抗原肽，
伴侣蛋白分离。

高尔基
复合体

高尔
基复
合体

被消化的
恒定链

3. 恒定链被降解离开
CLIP片段。

4. 外源性抗原被内吞
和降解，被运送至内
吞途径。

4. MHC I-肽从RER被
转运到高尔基复合体，
再到细胞膜。

外源性抗原

交叉呈递

CLIP

5. HLA-DM(未显示)介导
CLIP和抗原肽的交换。

MHC I

MHC II

6. MHC II-抗原肽复合物被
转运到细胞膜表面。

图 11-14 外源性与内源性抗原加工呈递途径（引自 Punt 等，2018）

周内即会死亡；如遇到抗原会发生活化和增殖，分化为浆细胞产生抗体。

1. B 细胞分化发育

B 细胞早期分化发育与骨髓微环境有密切关系。B 细胞分化阶段分为在中枢免疫器官的抗原非依赖期和在外周免疫器官的抗原依赖期。抗原非依赖期从 HSC 开始分化，经历共同淋巴样祖细胞（common lymphoid progenitor，CLP）、祖 B（progenitor B，pro-B）细胞、前 B（precursor B，pre-B）细胞、未成熟 B（immature B）细胞和成熟 B 细胞几个阶段，此过程不需要抗原刺激，伴随膜表面分子和转录因子表达的改变、免疫球蛋白的基因重排等（图 11-15）。如未成熟 B 细胞不识别自身抗原，则迁至外周发育为成熟 B 细胞。如未成熟 B 细胞与骨髓表面的自身抗原发生反应，则会死亡，引起克隆清除，这是 B 细胞自身免疫耐受的主要机制。抗原依赖期指的是成熟 B 细胞在外周免疫器官接受抗原刺激后，在淋巴滤泡增殖形成生发中心，并被活化，成为活化 B 细胞，进而分化为浆细胞，产生抗体。活化 B 细胞中的一部分可分化为记忆性 B 细胞，并可存活数月至数年。当再次遇到相同抗原刺激时，记忆性 B 细胞很快活化和分化，并于短时间内产生高水平抗体。

2. B 细胞表面分子

B 细胞表面分子包括 B 细胞受体（B-cell receptor，BCR）、MHC 分子和不同 CD 抗原分子、细胞因子受体、Fc 受体、补体受体以及丝裂原受体。BCR 是 B 细胞特异性识别抗原的受体，也是 B 细胞的特征性标志。不同发育阶段的 B 细胞表面可表

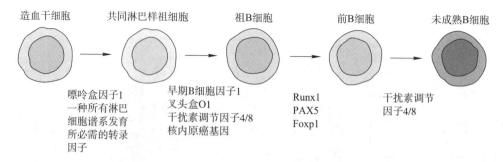

图 11-15　B 细胞发育（引自 Punt 等，2018）

达不同细胞因子受体，进而调节 B 细胞增殖和分化。多数 B 细胞表达 IgG Fc 受体 II（FcγR II），可与 IgG Fc 段结合调节 B 细胞的增殖和活化。美洲商陆丝裂原（pokeweed mitogen）既是 T 细胞丝裂原，也是 B 细胞的丝裂原；LPS 是常用小鼠 B 细胞丝裂原，可非特异性地刺激 B 细胞有丝分裂。B 细胞可表达 MHC 分子，可作为 APC 进行抗原呈递发挥作用。B 细胞不同发育阶段、活化、增殖阶段均表达不同 CD 分子，其中 CD19、CD20 是所有 B 细胞的标志分子，调节 B 细胞增殖与分化；CD40 是 B 细胞表面的共刺激分子受体，可与 T 细胞表面的 CD40L 结合，促进 B 细胞活化。

3. B 细胞亚群

根据标明标志及功能不同，可将 B 细胞分为 B1 和 B2 细胞两个亚群。B1 细胞在胚胎发育中出现较早，主要分布在胸腔、腹腔和肠壁固有层，识别 TI-Ag。B1 不依赖于 T 细胞，主要产生 IgM 抗体，参与先天性免疫。B2 细胞即通常所指 B 细胞，依赖 T 细胞，介导 T 细胞依赖性抗原产生体液免疫应答。B2 细胞在体内出现较晚，分布于免疫器官，主要产生 IgG 抗体参与体液免疫应答，还具有抗原呈递和免疫调节功能。近年研究发现，机体中还存在一群具有免疫调节功能的 B 细胞亚群，称为调节性 B 细胞（regulatory B cell，Breg）。

4. 体液免疫反应

B 细胞在外周淋巴组织接受特异抗原刺激后，活化、增殖并分化为浆细胞，通过产生抗体发挥清除抗原的作用。由于 B 细胞产生的抗体存在于体液中，故称体液免疫应答。B 细胞针对 TD 和 TI 抗原产生不同的免疫应答。TD 抗原被 B 细胞表面的 BCR 识别，此为 B 细胞活化的第一信号。同时，初始 T 细胞将由树突细胞经外源性抗原呈递途径将抗原肽-MHC II 类分子复合物呈递给 CD4[+] T 细胞，以及树突细胞表达的 B7 分子为 T 细胞提供第二活化信号。活化的 CD4[+] T 细胞开始表达共刺激分子 CD40L、多种细胞因子、趋化因子 CXCR5，具备了为 B 细胞提供第二活化信号的能力。在趋化因子作用下，活化的 CD4[+] T 细胞向淋巴滤泡方向移动，而初步活化的 B 细胞向 T 细胞区移动，二者在 T 细胞区与滤泡相遇，并通过 B 细胞表达的 CD40 与 CD4[+] T 细胞表达的 CD40L 相互作用，为 B 细胞活化提供第二信号。此过程中一些 CD4[+] T 细胞高表达 CXCR5，在趋化因子作用下进入淋巴滤泡，称为 Tfh 细胞。Tfh 细胞表达 ICOS、IL-21 及转录因子 Bcl-6，对 B 细胞在生发中心成熟及分化为浆细胞有重要作用。生发中心内快速分裂的 B 细胞称为中心母细胞，其不断分裂，经过体细胞高频突变及亲和力选择，只有表达高亲和力受体的子代 B 细胞才能存活下来，最终成为浆细胞或记忆性 B 细胞。浆细胞通过分泌抗体，在抗感染、抗肿瘤、保护胎儿和新生儿免受感染及某些自身免疫疾病中发挥作用。

TI 抗原常被称为 B 细胞丝裂原，如细菌的 LPS。高浓度丝裂原作为多克隆活化剂，激活多个 B 细胞克隆；低浓度丝裂原的抗原决定簇与 BCR 结合提供 B 细胞活化第一信号，其丝裂原结构与 B 细胞丝裂原受体结合，提供 B 细胞活化第二信号。B 细胞活化和分化后形成浆细胞分泌抗体。此外，某些丝裂原，如肺炎链球菌的荚膜多糖，能与多个 BCR 结合，使 BCR 交联进而活化 B 细胞。

抗原第一次刺激机体产生的免疫应答称为初次应答（primary response），其特点是经过1~2周的时间血液中才会出现抗体，以IgM为主，IgG和IgA类型的抗体出现稍晚，抗体维持时间短，亲和力和特异性较低。同一抗原再次刺激机体引起的免疫应答为再次应答（secondary response），其特点是潜伏期2~3天，抗体浓度迅速上升，维持时间长，抗体以IgG为主，亲和力和特异性高（图11-16）。

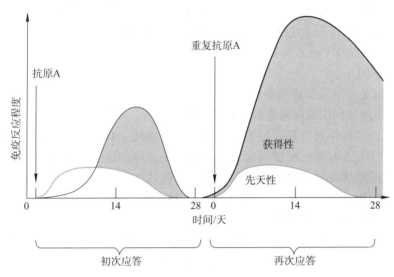

图11-16　初次应答与再次应答（引自Punt等，2018）

四、免疫耐受

免疫耐受是机体免疫系统的一种引起负向免疫应答的主动反应过程，需耐受原诱导，具有特异性和记忆性，对其他抗原可产生正常应答。免疫耐受不同于免疫抑制和免疫缺陷。免疫抑制是由于应用免疫抑制剂，抑制了免疫系统的功能，而停用免疫抑制剂面应会自动恢复。免疫缺陷是由于免疫系统结构的完整性受到破坏，引起的非特异性免疫抑制或无反应。

（一）影响免疫耐受形成的因素

大量研究结果证实，免疫耐受的形成和维持需要抗原与免疫系统的接触。抗原进入机体后能否诱导免疫耐受，主要与抗原和机体两方面因素有关。

（1）抗原因素

抗原性质、剂量和免疫途径影响免疫耐受的形成。分子量小、可溶性或非聚合单体不易被APC摄取、加工和呈递给T细胞，易于诱导免疫耐受的形成。诱导免疫耐受的抗原剂量与抗原种类、性质及接种动物的种类、品系、年龄不同而异。过高或过低的抗原剂量均易诱导免疫耐受。剂量过高可能通过诱导免疫细胞凋亡或Treg细胞活化，进而抑制免疫应答；剂量过低则不足以使T细胞活化。抗原经静脉注射最容易诱导免疫耐受，腹腔注射次之，皮内、皮下注射和肌肉注射最难。口服抗原可刺激机体产生分泌型IgA，引起黏膜免疫应答，但却导致全身的免疫耐受，可能原因是口服抗原大分子经胃肠道消化作用降解为小分子，降低了免疫原性。

（2）机体因素

机体因素主要与动物种类和品系、机体发育程度、年龄和生理状态有关。胚胎期和新生动物极易产生长期或维持终生的免疫耐受，与此时期免疫系统尚未发育成熟有关。成年个体由于免疫系统成熟，很难诱导耐受的产生。动物种类和品系不同，其诱导免疫耐受的难易程度也不同。如大鼠和小鼠在各个时期均易诱导免疫耐受，而兔、有蹄类及灵长类动物仅在胚胎期容易诱导耐受产生。机体处于免疫抑制状态利于免疫耐受的诱导。研究证明，联合使用抗原与免疫抑制剂易于诱导耐受。常用的免疫抑制剂有环磷酰胺、环孢菌素 A 和糖皮质激素等。

（二）免疫耐受形成的机制

免疫耐受的形成机制比较复杂，目前尚未完全清楚。根据免疫耐受形成时期和部位不同，免疫耐受可分为中枢耐受和外周耐受。中枢耐受（central tolerance）指 T、B 细胞在发育分化过程中遇到自身抗原后形成的免疫耐受，而外周耐受（peripheral tolerance）指发育成熟的 T、B 细胞接触抗原后形成的免疫耐受。二者形成机制有所不同。

（1）中枢免疫耐受形成机制

T 和 B 细胞分别在胸腺和骨髓微环境中进行发育，细胞表达功能性抗原识别受体 TCR 和 BCR，二者分别与基质细胞表达的自身抗原肽 -MHC 分子及其自身抗原高亲和力结合，启动细胞凋亡而被淘汰，即阴性选择，导致该细胞克隆被清除。如果胸腺和骨髓微环境基质细胞缺陷导致阴性选择下降或选择障碍，则出生后易患自身免疫疾病，如人类的重症肌无力与胸腺基质细胞缺陷密切相关。

（2）外周免疫耐受形成机制

经历中枢耐受机制的自身反应性 T、B 细胞并非全部被清除，其中的少数细胞可进入外周组织，通过多种外周耐受机制被清除或被其自身反应性抑制，进而维持自身免疫耐受。

T 细胞主要通过克隆清除、克隆无能、免疫忽视及免疫调节细胞等形成外周耐受。健康成年个体外周自身反应性 T 细胞持续接触较高浓度的自身抗原而被激活，可导致自身反应性 T 细胞克隆被清除，其机制可能与活化诱导的细胞凋亡（activation-induced cell death，AICD）有关。T 细胞完全活化需要 APC 提供双信号，如缺乏共刺激分子信号会出现 T 细胞克隆无能。由于自身抗原存在于免疫豁免部位（胸腺、睾丸和脑等）或浓度过低，导致潜在的自身反应性 T 细胞不对其产生免疫应答，称为免疫忽视。机体存在多种负向调节作用的免疫细胞参与外周耐受的形成。Treg 细胞是主动维持免疫耐受的专职细胞，可通过直接接触和分泌 IL-10 及 TGF-β 等细胞因子抑制自身反应性 T 细胞的功能。此外，耐受性树突细胞（tolerogenic dendritic cell）等调节性免疫细胞也参与外周耐受的形成。

B 细胞可在多种条件下发生凋亡或功能被抑制，形成 B 细胞外周耐受。机体外周的自身反应性 B 细胞可通过表面的 Fas 分子与表达 FasL 分子的活化 T 细胞接触，进而诱导 B 细胞凋亡，清除被自身抗原激活的 B 细胞，维持 B 细胞自身耐受。由于 T 细胞已被诱导产生耐受，导致自身反应性 B 细胞缺乏 Th 细胞的辅助不能充分活化，呈现无应答状态。由于多种抑制性受体的参与可能导致与自身抗原低亲和力的 B 细胞克隆失能。

随着对免疫耐受机制研究的不断深入，通过建立或打破免疫耐受已成为临床防治某些疾病的新方法。如临床利用过继输入 Treg 细胞或耐受性 DC 细胞以诱导产生自身抗原的免疫耐受，可减轻或缓解自身免疫疾病；通过减少 Treg 细胞数量或抑制其功能，也可增强机体免疫应答，从而促进对肿瘤的临床治疗。

第三节 免疫调节

免疫调节（immunoregulation）是机体一种正常的生理现象，指在抗原驱动的免疫应答过程中，免疫细胞之间、免疫细胞与免疫分子之间以及免疫系统与其他系统之间的相互作用，以调节机体产生适度的免疫应答类型、强度和持续时间，维持免疫系统的正常功能。正常生理状态下，机体免疫系统通过识别"自己"和"异己"，对外来抗原产生正向免疫应答以清除抗原，而对自身抗原产生负向调节免疫耐受，以维持自身生理平衡与相对稳定。机体免疫调节十分复杂，包括分子、细胞及系统间的相互作用，任何一个环节出现异常，均可导致免疫失调，引起自身免疫疾病、超敏反应、感染或肿瘤等免疫相关疾病的发生。

一、免疫分子的调节

免疫分子包括抗原、抗体、细胞因子等参与免疫应答过程，均可发挥不同的调节作用。

抗原刺激直接启动机体的免疫应答，并发挥调节作用。在一定剂量范围内，抗原浓度与免疫应答水平呈正相关，但抗原剂量过低或过高在一定条件下可诱导产生免疫耐受。两种结构相似的抗原进入机体后，可产生抗原竞争，即竞争共同的APC。当APC呈递前一种抗原后，对后一种抗原的呈递能力下降，导致机体对后者免疫应答能力减弱。如临床上不同微生物合并感染引起的病情较严重属于抗原竞争现象。

特异性抗原刺激B细胞产生相应抗体后，可抑制其后抗体的进一步产生，这属于负反馈调节。具体原因为特异性的IgG抗体分子与抗原结合后，促进吞噬细胞对抗原的吞噬和清除，降低了抗原对免疫细胞的刺激，进而抑制抗体的产生。此外，抗原与抗体结合形成了免疫复合物，其中的抗原与B细胞的BCR结合，而抗体的Fc段与其B细胞FcR结合，使BCR与FcR交联，向B细胞发出抑制信号，进而抑制B细胞活化和抗体产生。

细胞因子种类很多，作用广泛，且不同细胞因子互相影响和协同形成了复杂的细胞因子网络。很多细胞因子如IL-1和IL-2可激活免疫细胞，正向调节免疫应答；有些细胞因子如IL-10、TGF-β等可抑制免疫细胞活化，负向调节免疫应答。

此外，补体、免疫细胞膜分子、黏附分子和MHC分子在免疫应答中也发挥一定的调节作用。

二、免疫细胞的调节

参与免疫调节的免疫细胞主要包括T细胞、B细胞、NK细胞及巨噬细胞等。各种免疫细胞通过直接接触或分泌细胞因子对免疫应答进行直接或间接的免疫调节，以维持机体正常的功能。

T细胞分为Th1、Th2、Th17、Tfh及Treg细胞等不同的细胞亚群，其中Th1和Th2细胞可通过各自分泌的细胞因子下调彼此的生长和分化，Th1细胞分泌的IFN-γ抑制Th2细胞的增生，而Th2细胞分泌的IL-4和IL-5等可抑制Th1细胞分化。在抗原引起的免疫应答中，Th1细胞参与的细胞免疫和Th2细胞参与的体液免疫是一个动态平衡过程（图11-17）。Treg细胞是主要发挥免疫抑制作用的T细胞亚

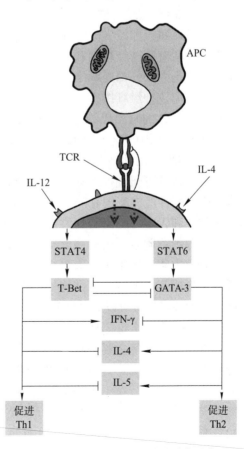

图11-17 Th1与Th2细胞的动态平衡
（引自Punt等，2018）

群，其通过细胞间直接接触和分泌 IL-10 和 TGF-β 行使免疫抑制功能，调节机体的免疫应答。Treg 细胞包括机体自然存在的天然 Treg（natural Treg，nTreg）和抗原诱导产生的 Treg（inducible Treg，iTreg）。

B 细胞主要通过分泌抗体和呈递抗原发挥正向调节免疫应答的功能。研究表明 B 细胞中存在一个具有负向调节免疫应答功能的 Breg 细胞亚群，主要通过细胞间直接接触和分泌细胞因子 IL-10 和 TGF-β，在自身免疫应答、炎症、感染和免疫耐受中发挥调节作用。

NK 细胞主要在抗肿瘤和抗病毒感染免疫中发挥其对靶细胞的杀伤作用。此外，NK 细胞还具有免疫调节作用，主要通过产生不同的细胞因子调节 T 细胞与 B 细胞的分化和成熟。

巨噬细胞通过吞噬进行抗原的消化降解，进而减弱抗原的刺激作用，抑制免疫应答。此外，机体免疫系统还存在抑制性巨噬细胞，其被激活后可分泌前列腺素，后者通过抑制 T 细胞和 B 细胞的分化抑制机体的免疫应答。

三、免疫系统与神经、内分泌系统的相互调节

大量研究证据表明，免疫系统与神经、内分泌系统间存在着双向调节作用。神经系统通过植物性神经和神经内分泌对免疫系统进行调控，而免疫系统则通过细胞因子、神经肽和激素两条途径作用于神经系统。神经、内分泌和免疫系统通过一套共同的信息分子及其相应的受体实现系统间网络状的联系和相互调节。

1. 免疫系统的神经支配

支配免疫系统的神经比较复杂，研究报道不多，尚需要进行更多的解剖、生理及功能研究。

（1）骨髓的神经支配

关于骨髓的神经支配研究报道较少。研究表明猫和家兔的骨髓中有丰富的神经分布，包括有髓神经纤维和无髓神经纤维。外部神经由骨组织外进入骨髓腔有两个途径：一是大部分神经纤维伴随骨滋养动脉经过滋养孔进入骨髓腔，并在滋养动脉周围分支形成神经纤维束，神经纤维束相连为神经丛；二是小部分神经纤维伴随小血管，通过骨的哈弗氏管进入骨髓腔。骨髓细胞之间有粗细不等的神经纤维走行，以无髓神经纤维居多。红骨髓比黄骨髓中神经纤维多。

（2）胸腺的神经支配

神经系统可通过神经分布、神经递质和活性因子等直接或间接地调节胸腺的功能。胸腺的神经支配较复杂，其主要受植物性神经的支配，其中迷走神经、膈神经、喉下神经和舌下神经降支均发出神经纤维到达胸腺。胸腺内的神经纤维分支末梢终止于胸腺细胞附近，还有些分支伴随小血管走行或环绕小血管，形成血管周围神经丛。研究表明，成年大鼠胸腺皮质和髓质内的神经纤维分布明显不同。其髓质神经纤维可形成复杂的网络状结构，且胸腺细胞膜上具有肾上腺素能受体和乙酰胆碱受体，表明神经纤维可以通过释放神经递质影响胸腺细胞的分化与成熟。

（3）脾脏的神经支配

支配脾的神经主要是腹腔交感神经节后纤维，由脾门伴随脾动脉进入脾，大部分神经与小梁动脉伴行进入实质。胆碱能神经既与脉管系统伴随分布，也在脾脏实质内有分布，且分布于不同结构的神经纤维相互连接。迷走神经终止于脾动脉附近间接支配脾。研究表明，脾神经纤维结构处于不断重塑中，这与机体不断接受刺激，免疫系统与神经内分泌系统同时不断地感受刺激做出应答，并进行协调和调节有关。脾感觉神经纤维来自双侧第 4 胸椎（T4）到第 3 腰椎（L3）节段脊神经节和双侧迷走神经下节，伴随交感神经走行进入脊髓。利用神经追踪法将荧光金及假狂犬病毒

注入脾并观察标记的阳性神经元的分布后发现中枢神经系统与脾之间可能有下列通路联系：① 下丘脑室旁核—延髓迷走神经背核—脊髓侧角的交感节前神经元—交感神经腹腔节节后神经元—脾脏；② 脾脏感觉神经末梢—脊神经节感觉神经元—脊髓后角神经元—延髓孤束核—下丘脑感觉中枢。

（4）淋巴结的神经支配

不同种动物淋巴结的神经支配大致相似，主要由植物性神经支配，但不如胸腺和脾脏的神经分布的致密和均一。乙酰胆碱酶阳性神经纤维的分布局限于包膜和包膜下区膜下，而儿茶酚胺阳性神经纤维则进入淋巴结并形成血管周围丛。近期研究发现神经纤维束伴随血管从淋巴结的门部进入，有细小的神经纤维离开血管并分布于淋巴组织内，对淋巴结内的免疫细胞有一定的调节作用。在大鼠肠系膜淋巴结注射假狂犬病毒后能够在下丘脑室旁核内观察到被标记的阳性神经元，表明下丘脑室旁核与淋巴结间存在着直接的神经环路联系；在大鼠腹腔注射 LPS 后下丘脑室旁核有 FOS 蛋白（免疫刺激下激发原癌基因 *c-fos* 表达 FOS 蛋白）阳性细胞的分布，表明下丘脑室旁核是与免疫功能调节相关的脑区和高级整合中枢之一。

2. 神经、内分泌对免疫系统的调节

神经系统、内分泌系统主要通过神经纤维、神经递质和激素共同调节免疫系统的功能。神经递质和激素分子通过免疫细胞上相应的神经递质和激素分子受体发挥调节免疫应答的作用。神经系统可通过广泛分布于免疫器官中的交感神经和副交感神经以及神经递质对免疫细胞进行调节。交感和副交感神经末梢与免疫细胞紧密接触，通过释放去甲肾上腺素和乙酰胆碱等神经递质对免疫细胞产生作用。如去甲肾上腺素与免疫细胞表面的肾上腺 β_2 受体结合后抑制免疫细胞的功能；乙酰胆碱与免疫细胞表面的 M 受体结合促进免疫细胞功能。应激刺激下，机体可通过下丘脑－垂体－肾上腺轴释放促肾上腺皮质激素，后者几乎对所有的免疫细胞都有抑制作用；反之，生长激素、雌激素、甲状腺激素和胰岛素等激素则可增强免疫应答，参与调节机体的应激反应以恢复机体正常的生理状态。神经和内分泌系统还可通过产生细胞因子作用于免疫系统，如下丘脑和垂体可产生 IL-1、IL-6 及白血病抑制因子等，肾上腺可产生 IL-6 等。另有研究表明精神因素可影响人机体免疫系统的功能，如人情绪低落时使 T 细胞对植物血凝集素的敏感性降低、NK 细胞活性降低。

3. 免疫系统对神经、内分泌系统的调节

免疫系统主要通过产生的细胞因子（IL-1、IL-2、IL-6、TNF-α 和 IL-6 等）作用于神经和内分泌系统，从而影响和调节神经和内分泌系统的功能。如 IL-1 可作用于垂体，通过促肾上腺皮质激素促进肾上腺皮质激素水平升高。目前发现，免疫细胞可合成促肾上腺皮质激素、内啡肽、促甲状腺激素、生长激素、催乳素、绒毛膜促性腺激素等神经递质及内分泌激素等。

中枢神经系统和免疫系统利用激素、神经递质、神经肽和免疫细胞衍生物作为介质来进行信息交换。内分泌系统和外周神经系统也通过彼此间的多种联系而共同发挥作用。当在距离较远的免疫和神经内分泌结构之间发生信号交换时，建立一个长环路；当免疫－神经－内分泌交流是基于旁分泌信号的交换时，则无论是在外周还是在中枢水平都会建立局部相互作用。长环路和局部相互作用也是相互连通的。免疫－神经－内分泌网络的活动程度可以在免疫系统水平上受到内部或外部抗原激发影响，或在中枢神经系统的水平上受到感觉和心理社会刺激的影响（图 11-18）。总之，神经、内分泌与免疫系统互相影响，相互调节，共同维持机体内环境的相对稳定和平衡状态，以保障机体正常生理活动的完成。

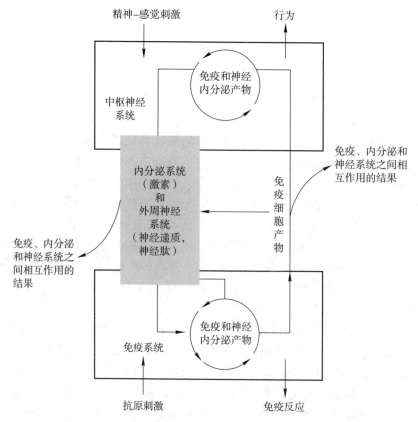

图 11-18　中枢神经系统和免疫系统利用激素、神经递质、神经肽和免疫细胞衍生物作为介质进行
信息交换（引自 Besedovsky 等，1996）

推荐阅读

PUNT J，STRANFORD S A，JONES P P，et al. Kuby immunology［M］. 8th ed. New York：W. H. Freeman and Company，2018.

开放式讨论

1. 机体免疫系统是如何对抗新型冠状病毒感染的？
2. 机体是对自身抗原的免疫耐受是如何维持的？

复习思考题

1. 免疫系统由哪些部分组成？免疫系统的功能是什么？
2. 什么是中枢免疫器官和外周免疫器官？
3. 抗原刺激反应的重要特性有哪些？
4. 影响抗原免疫原性的因素有哪些？
5. 什么是抗体？抗体有哪些生物学功能？
6. 什么是先天性免疫和获得性免疫？两者有何区别？
7. T 细胞分为哪些细胞亚群？
8. 细胞免疫应答的抗原呈递方式有几种？各有什么特点？
9. 什么是体液免疫应答？有何特点？
10. 什么是免疫耐受，它是如何形成的？
11. 神经、内分泌与免疫系统是如何进行相互调节的？

12. 新型冠状病毒感染人体后，机体免疫系统是如何进行免疫防御的？哪些免疫细胞会参与针对新冠病毒的免疫反应？

13. 细菌感染和病毒感染引起的机体免疫反应有何不同？

14. 免疫系统如何通过免疫调节维持机体正常免疫功能？

更多数字资源

教学课件、自测题、参考文献。

郑重声明

高等教育出版社依法对本书享有专有出版权。任何未经许可的复制、销售行为均违反《中华人民共和国著作权法》，其行为人将承担相应的民事责任和行政责任；构成犯罪的，将被依法追究刑事责任。为了维护市场秩序，保护读者的合法权益，避免读者误用盗版书造成不良后果，我社将配合行政执法部门和司法机关对违法犯罪的单位和个人进行严厉打击。社会各界人士如发现上述侵权行为，希望及时举报，我社将奖励举报有功人员。

反盗版举报电话　　（010）58581999　58582371
反盗版举报邮箱　　dd@hep.com.cn
通信地址　北京市西城区德外大街4号　高等教育出版社法律事务部
邮政编码　100120

读者意见反馈

为收集对教材的意见建议，进一步完善教材编写并做好服务工作，读者可将对本教材的意见建议通过如下渠道反馈至我社。

咨询电话　400-810-0598
反馈邮箱　gjdzfwb@pub.hep.cn
通信地址　北京市朝阳区惠新东街4号富盛大厦1座　高等教育出版社总编辑办公室
邮政编码　100029

防伪查询说明

用户购书后刮开封底防伪涂层，使用手机微信等软件扫描二维码，会跳转至防伪查询网页，获得所购图书详细信息。

防伪客服电话　　（010）58582300